发电厂热工自动化技术丛书

热工自动化设备安装调试技术

丛书主编／孙长生　主编／俞成立　主审／叶江祺

内 容 提 要

本丛书由中国自动化学会发电自动化专业委员会、电力行业热工自动化技术委员会编写，共11册，内容包括燃煤、燃机、核电机组的整个热力系统、热工过程控制设备与系统、设计与安装调试、运行维护与检修、热工技术与监督管理、故障分析处理与过程可靠性控制等多方面。

《热工自动化设备安装调试技术》是丛书的第八册，共分4章，主要内容包括热工安装调试知识、热工仪表与控制装置安装、热工仪表与控制装置调试以及热工安装调试管理。

本书兼顾热工设备安装调试基础知识和工程实践，是一本实用的工程技术类参考书，可供从事发电厂热工自动化系统设计的人员及大专院校相关专业师生阅读使用，也可作为安装调试过程热工专业人员继续教育或岗位专业培训教材。

图书在版编目（CIP）数据

热工自动化设备安装调试技术/俞成立主编．—北京：中国电力出版社，2016.11（2020.4重印）
（发电厂热工自动化技术丛书/孙长生主编）
ISBN 978-7-5123-8584-9

Ⅰ.①热… Ⅱ.①俞… Ⅲ.①火电厂-热力工程-自动化设备-设备安装②火电厂-热力工程-自动化设备-调试方法 Ⅳ.①TM621.4

中国版本图书馆CIP数据核字（2015）第282247号

中国电力出版社出版、发行
（北京市东城区北京站西街19号 100005 http://www.cepp.sgcc.com.cn）
北京天宇星印刷厂印刷
各地新华书店经售
*
2016年11月第一版 2020年4月北京第二次印刷
787毫米×1092毫米 16开本 31.25印张 748千字
印数 2001—2500册 定价**96.00**元

《发电厂热工自动化技术丛书》

主 编 单 位

丛书组织编写单位： 中国自动化学会发电自动化专业委员会
电力行业热工自动化技术委员会

丛书主编单位： 国网浙江省电力公司电力科学研究院
中国电力企业联合会科技发展服务中心

各分册主编单位：

第一册 《热工自动化系统及设备基础技术》
——华北电力科学研究院有限责任公司

第二册 《汽轮机热力过程控制系统》
——神华国华(北京)电力研究院有限公司

第三册 《锅炉热力过程控制系统》
——国网湖南省电力公司电力科学研究院

第四册 《单元机组及厂级控制系统》
——广东电网公司电力科学研究院

第五册 《脱硫、脱硝、公用及辅助控制系统》
——广东电网公司电力科学研究院

第六册 《燃气轮机发电机组控制系统》
——中国华电集团电气热控技术研究中心
国网浙江省电力公司电力科学研究院
江苏华电戚墅堰发电有限公司等

第七册 《压水堆核电站过程控制系统》
——大亚湾核电运营管理有限责任公司
中广核运营有限公司

第八册 《热工自动化设备安装调试技术》
——中国能源建设集团浙江火电建设有限公司
国网浙江省电力公司电力科学研究院
浙江省电力建设有限公司等

第九册 《热工自动化系统检修维护技术》
——国网浙江省电力公司电力科学研究院等

第十册 《热工过程技术管理与监督》
——国网浙江省电力公司电力科学研究院等

第十一册 《电厂热控系统故障分析与可靠性控制》
——国网浙江省电力公司电力科学研究院等

序

热工自动化系统在发电厂机组安全稳定运行中的地位已不言而喻。热工自动化专业技术从主体上涉及热控系统设计、安装、调试、运行维护、检修和技术管理方方面面。因此不断提高发电厂热工专业人员的技术素质与管理水平，是发电企业的一项重要工作。

热工专业人员既要有扎实的专业理论基础，又要有丰富的专业实践经验，同时还要求有一定的热力系统知识。因此，热工专业知识的掌握，应该是基础理论联系实际经验、热力过程结合控制系统设备的渐近过程。随着技术的发展和新建机组的不断增加，新老电厂的热工专业人员都面临着专业知识和技术素质再提升的需求。

为了给热工专业人员提供系统、完整、实用、可操作、案例丰富的教材，推动热工专业培训工作的深化，造就业务精湛娴熟的专业人才队伍，电力行业热工自动化技术委员会根据专业知识的要求，组织编写了本套《发电厂热工自动化技术丛书》。丛书汇集了一批热爱自己的事业、立足岗位、善于吸取前人经验、勤于钻研、勇于实践的行业资深前辈、热工专家和现场技术人员的集体智慧。尤其可贵的是，在专业技术竞争激烈的今天，他们将自己长期用心血与汗水换来的宝贵经验，无私地奉献给了广大读者，相信本套丛书一定会给广大电力工作者和读者带来启发和收益。

希望本套丛书的出版，能推动热工专业运行、维护、检修及管理人员学习专业知识、深入技能培训进而提升专业人员技术水平和解决生产过程实际问题的能力，涌现出更多的热工专业技术人才，为强健我国热工自动化人才队伍，在保证发电机组安全稳定、经济、节能环保运行中发挥作用，为国民经济的增长与繁荣作出贡献。

中国大唐集团公司副总经理
电力行业热工自动化技术委员会主任委员

二〇一六年十月

前　言

随着科学技术的发展、机组容量不断增大，热工技术日新月异，热工自动化系统已覆盖到发电厂的各个角落，其技术应用水平和可靠性决定着机组运行的安全经济性。同时，热工自动化技术及设备的复杂程度不断提高，新工艺、新需求、新型自动化装置系统层出不穷，对热工专业人员掌握测量和控制技术提出了更高要求。新建机组数量的不断增加伴随着对热工人员需求的不断上升，又对热工专业人员的专业知识和运行维护能力提出了更高层次的要求。因此提高热工自动化系统的技术水平与运行可靠性，以人为本，通过加强热工人员的技术培训，提高热工人员的技术素质，是热工管理工作中急需的，也是一项长期的重要工作。

为了推动热工培训和技能竞赛工作的开展，协助各集团做好热工专业的技术培训工作，提供切合实际的系统培训教材，根据金耀华主任委员的意见，由电力行业热工自动化技术委员会主持、浙江省电力公司电力科学研究院和中国电力企业联合会科技服务发展中心牵头，华北电力科学研究院有限公司、神华国华（北京）电力研究院有限公司、湖南省电力公司电力科学研究院、广东电网公司电力科学研究院、中国华电集团电气热控技术研究中心、大亚湾核电运营管理有限责任公司、中国能源建设集团浙江火电建设有限公司、江苏华电戚墅堰发电有限公司、华电杭州半山发电有限公司、浙江浙能嘉兴发电有限公司、浙江萧山发电厂、浙江浙能金华燃机发电有限责任公司等单位参加，编写了本套丛书，这套丛书主要有以下特点：

（1）热工自动化系统及设备与热力系统融为一体，便于不同专业人员的学习，加深学习过程中的理解。

（2）由浅入深，内容全面，包含了燃煤、燃气、核电机组，概括了火力发电厂的整个热力系统、热工过程控制设备与系统、安装调试与检修运行维护、热工监督与管理和故障分析处理技术。

（3）按主设备的划分进行编写，适合发电厂热工专业因分工不同而开展的培训需要。

本丛书主要从应用的角度进行编写，作者均长期工作在电力建设和电力生产的第一线，不仅总结、提炼和奉献了自己多年来积累的工作经验，还从已发表的大量著作、论文和互联网文献中获得许多宝贵资料和信息进行整理并编入本丛书，从而提升了丛书的科学性、系统性、完整性、实用性和先进性。我们希望丛书的出版，有助于读者专业知识的系统性提高。

在丛书编写工作的启动与丛书编写过程中，参编单位领导给予了大力支持，众多专家在研讨会与审查会中提出了宝贵的修改意见，使编写组受益良多，在此一并表示衷心感谢。

最后，特别感谢浙江省电力公司电力科学研究院和中国电力联合会科技发展服务中心，没有他们的支持，也就没有本套丛书的成功出版。

《发电厂热工自动化技术丛书》编委会

2016 年 10 月

编者的话

随着热工自动化系统在电力生产过程中的广泛应用和覆盖面扩展，其可靠性对机组安全经济运行和电网稳定的影响也在逐渐增加，而可靠性又在很大程度上取决于机组热控设计阶段的设计质量、基建阶段的设备安装调试质量、生产阶段的运行维护检修质量。这些过程中的任一环节，如控制系统及逻辑、信号取样及配置方式、测量和执行设备、电缆、电源、热控设备的外部环境，以及为其工作的设计、安装、调试、运行、维护，检修人员的素质等出现问题，都会降低热工系统的运行可靠性，引起设备误动或机组跳闸。

浙江省电力公司电力科学研究院，根据电力行业热工自动化技术委员会的安排，在热控系统状态评估与可靠性措施研究中，就火电厂多年来因热工原因引起的设备二类及以上障碍的故障原因进行了调研、收集、归类分析和统计，数据表明，这些故障因设计、安装、检修维护不当引起的比例不小于40%。通过开展热控可靠性过程控制进行改善，在一定程度上可以预控和消除。因此提高从事热控专业人员技术素质，做好热控系统设计、基建安装调试到运行、维护、检修的全过程质量工作，对提高热控设备和系统运行的安全可靠性至关重要。

在中国自动化学会发电自动化专业委员会的组织下，我们组建了《热工自动化设备安装调试技术》编写组，经过几年多的研究、探讨和精心编撰。全书共分4章，详细介绍了热工设备安装调试基础知识、热工设备安装、热工设备调试和热工安装及调试管理。其中，俞成立主持了全书框架和各章节主要内容的讨论与确定、编写过程书稿的审查；俞成立、华国钧、施可登、孙长生、蒋晓明、张来平制定全书的编写大纲，并总体统筹协调参编单位和人员的编写任务。书中第一章由华国钧、施可登、孙长生、张来平、丁俊宏、慕洪峰编写，由孙长生、张来平统稿；第二章由王永军、姚万军、王剑平、孙长生、吕国华、陶德胜、冯妹良、郑安明、杨靓编写，王永军、姚万军统稿；第三章由张来平、陈霄峰、陈国清、孙长生、王孟、孙耀、杨勇、滕舟波、石庐、徐晖、慕洪峰、柳卫荣编写，张来平、陈国清统稿。第四章由施可登、俞成立、张来平、华国钧、王剑平编写，由施可登统稿。孙长生、张来平负责了全书的统稿和完善，陈国清负责了全书的校对。

编写过程，参考、借鉴了资深专家叶江祺高级工程师编著的《热工仪表及控制装置》、《热工测量和控制仪表的安装》书中部分章节内容。

本书由叶江祺高级工程师主审。

本书的编写得到了参编单位领导的大力支持，编写过程中也参阅了大量正式出版的专业图书、行业规程、中国能源建设集团浙江火电建设有限公司相关技术资料、产品说明书与图纸等，在此一并表示感谢。

最后，鸣谢参与本书策划和幕后工作人员，对大家的付出表示诚挚的感谢！本书若有不足之处，恳请广大读者不吝赐教。

《热工自动化设备安装调试技术》编写组

2016 年 10 月

目录

第一章 热工安装调试基础

对热力设备及系统的热工参数进行检测的仪表，称为热工仪表；对热力设备及系统的工艺过程进行检测与控制的独立装置，称为热工控制装置；采用计算机、通信和屏幕显示技术实现对生产过程的数据采集、控制和保护等功能，利用通信技术实现数据共享的多计算机监控系统称为分散控制系统。本书将其统称为热工自动化系统和设备。掌握丛书第一册热工自动化技术基础知识，了解第二册至第五册发电厂生产过程、热力流程和控制需求，熟悉热工自动化系统和设备的安装或调试基础内容和第九册过程监督要求，是成为一位出类拔萃的热工专业人员的必要条件。

第一节 热工安装基础

大型发电厂中，热工测量与控制设备遍布全厂，成千上万个测量与控制设备及对应的信号，好比控制系统的神经网络。在广泛采用计算机控制技术的今天，新机组投产时的安全、经济、稳定运行，在很大程度上取决于基建阶段热工设备的安装质量。根据热工自动化网站（www.pptau.com）的故障案例统计，新建机组的热控误动有60%来自于安装和调试，一些故障是由非常基础的安装缺陷引起的。因此，从事安装的热工人员，需掌握热工安装基础知识，从热工测点、取样系统、控制设备安装位置、电缆敷设及接线、接地、伴热等的安装规范性做起，消除或减少安装中存在的隐患，这是减少因热工安装质量原因引起运行机组热工系统与设备异常，提高热控系统可靠性的关键。

一、安装基本知识

（一）基本概念

1. 安装术语

（1）取源部件、敏感元件、仪表测点与仪用阀门。取源部件指测量工艺设备与管道连接温度检测元件（仪表）或压力、流量测量管路间的安装附件，直接与热力设备（或管道）连接。如在工艺设备与管道上安装测温元件时用的温包插座、取压时连接用的专用管件、引出口及取源阀门（也称一次阀门）、压板或法兰、差压水位测量用的平衡容器、安装节流装置用的法兰、冷凝装置及节流件上下游侧的直管段等，均属于取源部件的范畴，但不包括检测元件。

敏感元件即检测元件，也称为传感器，指直接或间接地与被测介质相接触，能够灵敏地直接感受被测物理变量并及时做出响应，转换成适于测量需求的元件或器件。根据传感器所测量的物理现象的性质，有多种不同形式和不同名称的测量传感器，如安装在主设备、容器或管道上的测温元件、压力测量部件、流量测量装置、电磁波接受传感器、物位测量传感器、成分分析取样传感器、机械量测量传感器、物料称重传感器、监视检出装置、光纤传感器和无线电传感器等。

仪表测点指检测元件和取源部件的安装位置点，均在工艺设备或工艺管道上。仪表测点的位置选择，直接影响介质的测量精度，因此选择时有很多限制条件，如不同性质测点的前后顺序、直管道距离、取样方向等，并且敏感元件安装后要求严密、无泄漏，并应随同热力设备或管道一起做严密性试验。

仪用阀门有一次阀、二次阀、排污阀和平衡阀。与取样部件连接的称为一次阀，也称取源阀或根部阀；分别连接测量信号管路与测量仪表的阀门称为二次阀，在测量仪表检修维护时起隔离作用；用于排除测量信号管路介质内的沉淀物及污垢的阀门称为排污阀；差压信号测量，在启动或检修维护时，要保持正压室和负压室的压力平衡，防止单侧受压过高而损坏测量部件而设置的阀门，称为平衡阀。

（2）仪表管路。热工自动化系统安装中使用的仪表管路，是指公称通径为 $\phi4\sim\phi40$mm，能满足热工参数测量和控制用管路的总称，通常包括如下管路：

1）测量管路：把被测介质自取源部件传递到测量仪表或变送器，进行压力、差压（流量和液位）等信号测量的管路。

2）信号管路：用于气动仪表之间传递气压信号的管路。

3）气源管路：为气动仪表及气动执行设备提供动力或信号气源的空气管路。

4）取样管路：从管道或容器内引出介质样品，用于成分分析的管路。

5）辅助管路：包括用于仪表管路防冻的蒸汽伴热管路，用于排放冲洗仪表管路介质的称排污管路，用于冷却测量介质的称冷却管路。

（3）电线、电缆与补偿导线。电线是由一根或几根柔软的导线组成，是用以传导电能的载体，其外部通常包以轻软的护层；电缆由一根或多根相互绝缘的导体外包绝缘和保护层制成。电缆与电线一般都由芯线、绝缘包皮和保护外皮三个部分组成。电缆有电力电缆、控制电缆、补偿电缆、屏蔽电缆、高温电缆、计算机电缆、信号电缆、同轴电缆、耐火电缆等，它们都是由多股导线组成的。

电缆的型号组成与顺序是：系列代号—材料特征代号—结构特征代号；规格：芯数×标称截面。涉及热工专业的电缆型号有如下几种。

1）控制电缆如 KVVP2。其中，K-系列代号；V（聚氯乙烯绝缘）V（聚氯乙烯护套）—材料特征代号；P（编织屏蔽）—结构特征代号。

2）计算机电缆：DJYPVP—对数×芯数×标称截面。其中，DJ—电子计算机，Y—绝缘材料为聚乙烯，P—对绞屏蔽，V—外护层为聚氯乙烯，P—总屏蔽。

3）耐高温电线。聚四氟乙烯绝缘电线 FF4 和 FF4P3，用于长期处于高温的场合。

4）阻燃电缆。在控制和计算机电缆型号前加 ZR，一般热工电缆都选择阻燃电缆。

5）补偿电缆（导线）。在一定温度范围内（包括常温）具有与所匹配热电偶热电动势相同标称值的一对带有绝缘层的导线，用它们连接热电偶与测量装置，以补偿它们与热电偶连接处的温度变化所产生的误差。补偿导线有 R、K、E 分度号之分，安装时必须与热电偶的分度号相匹配；补偿精度有精密型和普通型两种，前者补偿误差小于 1.5℃，后者补偿误差小于 2℃。

设计与施工过程中，要确保热工电缆的型号与规格符合现场实际需求，测量及控制回路的线芯截面应不小于 1.0mm²，对于截面为 1.0～1.5mm² 的普通控制电缆不宜超过 30 芯；单根电缆的实用芯数超过 6 芯时，应预留一定的备用芯；设计为冗余的信号，其电缆应相互独立敷设。

（4）测量信号管路安装坡度、电缆敷设距离。为防止测量取样管路中存在异常的水或气泡等介质，影响测量准确性，测量信号管路要保护一定的坡度，其中液体压力测量管路为 1∶100；水位或流量测量管路为 1∶12；气体测量管路为 1∶100。当满足不了要求时，则应在液体测量管路的最高点装设排气阀，气体测量管路的最低点装设排水阀。

电缆敷设时，信号电缆与动力电缆之间应保持一定的距离（参见 DL/T 5120.4—2009 附录 E 的规定），以防止电缆间的电容耦合和磁场耦合产生干扰；区域环境温度应满足正常使用时电缆导体的温度不高于其长期允许的工作温度，热表面间的位置、距离应符合要求。

（5）常规检测与仪表。检测是直接响应被测变量，并将它转换成适于测量的形式，进而确定量值等的一组操作。

检测仪表接收感受件的信号处理后，通过常用的模拟、数字或屏幕方式显示装置，向相关人员反映被测介质参数在数量上的大小变化。它可以是变送器、传感器或自身兼检测元件及其显示装置的仪表，也可以是响应被测变量，并将它转换成适于测量元件或器件形式，输出信号和接点（或带有参数显示和接点输出）进行显示、报警或保护联锁控制的仪表，亦称检出器。

安装于现场的检测仪表，通常称为一次仪表，其特点是直接安装在工艺管道、设备上或测点附近，与被测介质有接触，测量并显示工艺参数，有的能将被测变量转换后发送，如弹簧压力表、玻璃管温度计和变送器等。

仅接受由检测元件、传感器和变送器等一次仪表送来的远传电气或气动信号，显示所检测的工艺参数量值的表计，称为二次仪表，通常安装于控制盘柜上，不直接与被测介质接触。

就地常规测量仪表，指就地压力表、温度计、液位计、流量计和远传信号仪表等，其中远传信号仪表中最常用的是各类变送器和状态开关。前者是接受检测元件、传感器或直接接受工艺系统的物理、化学变量，并将其变换成标准化模拟信号输出的一种测量装置。后者是接受检测元件、传感器或直接接受工艺系统的物理、化学变量，并将其变换成标准化模拟信号输出的一种测量装置。

检测仪表的安装，包括测量仪表和控制仪表两部分。前者一般包括温度指示仪表、压力指示仪表、差压指示仪表、变送器、成分分析仪表、显示仪表等。后者一般包括温度开关、压力（差压）开关、流量开关、物位开关、行程开关和控制装置（单元）等。

（6）报警抑制。报警抑制是对报警信息的一种处理方法，如在某些工况（如启动）下，介质参数虽然达到报警限值，但并不属于异常现象，为不影响正常监视而闭锁报警的措施。

设备停运及设备启动时，应有模拟量和数字量信号的“报警闭锁”功能，以减少不必要的报警。可由操作员站上实施这一功能。启动结束后，“报警闭锁”功能应自动解除，“报警闭锁”不应影响对该变量的扫描采集。

(7) 控制设备与调节装置。控制设备指能够根据指令控制被控对象状态变化的设备，如电动或气动执行机构、电磁阀、气动阀、电动门和气动阀等。

控制装置由执行机构和附件两部分组成。附件包括过滤器减压阀、电气阀门定位器、手轮机构、阀位开关、阀位变送器、气路电磁阀等。执行机构是控制阀（挡板）的推动装置，它按输出信号的大小产生相应的推力，使推杆产生相应的位移（直行程或角行程位移），从而带动控制阀的阀芯动作；阀芯直接与介质接触，其动作使控制阀只有直通与截断两种结果时，则称为二位式控制；其动作如果是通过改变控制阀的节流面积实现调节作用时，称为连续调节控制。

调节装置指由执行机构驱动直接改变操纵变量的机构，如控制阀、风门挡板等。

(8) 智能仪表。智能仪表是内装有微处理器，可对测量值进行数据处理（包括远程调校），输出数字信号，或同时还输出标准模拟信号，具有双向通信和自诊断能力的仪表。当其通信规约符合 IEC 国际现场总线标准时，可称为现场总线仪表。

智能电动执行机构是配有功率控制部分（将输入电信号转换放大，以控制电动机启动、停止和旋转方向的电气装置）、微处理器及可加装数字通信接口，具有闭环控制功能，并能够进行故障诊断的电动执行机构，当其通信规约符合 IEC 国际现场总线标准时，可称为现场总线执行器。

现场总线变送器与现场总线执行器，通称为现场总线仪表，即内嵌相应通信模件，符合 ISO 或 IEC 等国际标准所规定的现场总线通信协议，并可直接与现场总线网络链接的仪表。

(9) 烟气连续监视系统（CEMS)。烟气连续监视系统（CEMS）是通过采样方式或直接测量方式实时、连续地测定火电厂排放的烟气中各种污染物浓度的监视系统。全面的锅炉烟气连续监视系统主要由烟尘检测子系统、气态污染物检测子系统、烟气排放参数检测子系统、系统控制及数据采集处理子系统组成。

(10) 全炉膛火焰丧失。全炉膛火焰丧失是一种指令，表示煤粉燃烧锅炉炉膛熄火。根据炉膛结构有不同定义：如四角喷燃炉膛，若采用单燃烧器火焰检测方式，当每一层火焰检测器检测到的灭火信号大于 2/4 时，定义为全炉膛火焰丧失。若采用全炉膛火焰检测方式，当每一层 2/4（有的采用 3/4）或以上的火焰检测器检测不到火焰信号时，定义为全炉膛火焰丧失。而对墙式燃烧或 W 形燃烧式炉膛，当检测到灭火信号大于某一数量（可根据燃烧器数量及制造厂要求确定）时，定义为全炉膛火焰丧失。

(11) 防护等级与防爆等级。防护等级是指电气设备的外壳防止人体、固体异物、水进入壳内，造成人员伤害、设备损坏等有害影响的能力，表示为“IPXX”，其中第一特征字表示外壳防止人体、固体异物进入的防护等级，共有 0～6 七个级别；第二特征字表示外壳防止水进入壳内造成有害影响的能力，共有 0～8 九个级别。

防爆等级 ExdⅡBT4，其中 Ex 为防爆总标志；d 为结构形式，隔爆型；Ⅱ为类别，工厂用；B 为防爆级别，B 级；T4 为温度组别，T4 组，最高表面温度小于或等于 135℃。

(12) 热工图纸。

1) 管道仪表图。对称 P&ID 图在过程工业中用于表示管路、设备和仪表在工艺过程中相关连接关系的一种示意图。图中一般表示出主要工艺系统管道和设备上的检测仪表和控制设备（如压力、温度、流量、物位等参数的测量仪表）。

2）SAMA图。基于美国科学制造商协会（SAMA）“仪表与控制系统功能图制图”PMC22.1标准所规定的图例符号和制图规定，用于表示控制系统逻辑或控制策略的功能框图。

3）仪表回路图。一种符号性地表示出标识有回路内控制元件及其控制元件间互连关系的单一控制回路的工程图纸。特殊情况下也可在一张图纸上表示出多个组合控制回路。

4）仪表接管图或仪表连接图。是示意仪表（或控制元件）与工艺管线/设备（或盘箱柜等）之间具体工艺过程或电气互连安装的详图。图中通常包括仪表工艺或电气连接安装示意图、具体安装材料规格及用量清单等。

2. 热工设计安装制图符号及仪表端子常用标志

热工设计安装制图及仪表端子是现场安装施工及单体调试的重要参考依据，热工设计安装制图（P&ID）图形符号参见附录A；仪表端子常用标志见附录B。

3. 热工安装工作界限

（1）热工设备安装范围包括全厂热控仪表检测、显示、记录系统，自动调节系统，保护联锁及工艺信号系统，程序控制系统，以及计算机监控系统。

（2）热工设备安装内容包括：

1）取样装置和检测元件（温度、压力、流量、转速、振动、物位、位移等物理量等的一次传感器）的安装（取样部位、插入深度、方向、检修位置）、防护（防水、防灰堵、防人为损坏）及挂牌等。

2）脉冲管路（一次门后的管路）的敷设（排列、陡度、远离高温）、防护（防爆、防冻、防腐）、连接（取源、配管、排污、阀门耐压）、密封性试验和挂牌。

3）二次线路（补偿导线、补偿盒、热工电缆等）的电缆敷设（排列、与热源间距、护套管、二次接线盒及端子排、标志牌等）、接线（线号标志、松紧、屏蔽层接地）和绝缘检查。

4）显示（或指示）仪表及控制设备的现场安装（环境、固定、标志）、防护（防水、防燃、防损、防误动），单体设备调校和校验，测量系统综合误差校验。

5）电源系统连接。

6）保护、联锁及工艺信号：连接保护设备安装、就地设备防雨、防燃、事故按钮的防人为误动措施。

7）自动调节系统：锅炉模拟量控制系统、主机数字式电液控制系统、给水泵汽轮机电液控制系统、主机高低压旁路控制系统等系统安装。

（3）热工重要仪表划分。

1）锅炉方面：汽包水位、汽包饱和蒸汽压力、汽包壁温，主蒸汽压力、温度、流量，再热蒸汽温度、压力，主给水压力、温度、流量，直流炉中间点蒸汽温度，直流炉汽水分离器水位，排烟温度，烟气氧量（二氧化碳），炉膛压力、磨煤机出口混合物温度，煤粉仓煤粉温度，煤量，燃油炉进油压力、流量，燃气炉进气压力、流量，过热器管壁温度，再热器管壁温度等。

2）汽轮机、发电机方面：主蒸汽压力、温度、流量，再热蒸汽温度、压力，各级抽汽压力，监视段蒸汽压力，轴封蒸汽压力，汽轮机转速，轴承温度，轴承回油温度，推力瓦温度，排气真空，排汽温度，调速油压力，润滑油压力，供热流量，凝结水流量，轴承振动，发电机转子、定子冷却水压力、流量，轴向位移，差胀，汽缸转子膨胀差，汽缸与法兰螺栓温度，发电机定子线圈及铁芯温度，发电机氢气压力等。

3）辅助系统方面：除氧器蒸汽压力，除氧器水箱水位，给水泵润滑油压力，高压给水泵轴承温度，热网供汽、供水终管的温度、流量、压力等。

（4）热工设备与其他相关设备的责任分工划分原则。压力和差压信号取样及承温承压测量信号管路前（一次阀门及阀门之前）的设备由机务专业负责，其余的均由热工专业负责。

温度信号取样由热工专业负责，其中高温高压取样温包的与焊接相关的工作及焊接质量检查、试验与确认工作，由金属监督专业负责。

流量节流装置及其辅助设备的装卸、检修、更换衬垫和水位计测量筒的装卸工作均由机务专业负责，热工专业协助并负责质量验收。

调节机构（阀门、挡板等）安装及关闭与全开位置的确定由机务专业负责，执行机构的安装及与执行机构的连接由热工专业负责。热力过程程序控制系统用的开度可调整的阀门，其阀门由机务专业负责，动力电缆由电气负责，电动装置由热工专业负责。

热工用交、直流总电源，电气专业负责送至热工电源盘或热工盘的电源总开关入口端子排处。与热工设备有关的电气设备的信号装置及其回路，以热工盘下端子板为界，电气侧归电气专业负责。

电气系统测量用热工仪表的装卸和检修，由电气专业负责。

汽轮机、锅炉的热工保护用电磁阀或电磁铁的机械部分由机务专业负责，电磁控制部分由热工专业负责。

锅炉火焰检测装置的冷却风系统、主管路系统由机务专业负责，炉膛火焰检测探头及分支路由热工专业负责。

汽轮机旁路控制系统的阀门电动机、锅炉给粉机电动机、给煤机电动机（或滑差电动机）及相应动力电缆由电气专业负责，控制回路由热工部门专业负责。

控制用压缩空气气源及管路系统由机务专业负责，分支管路及控制部分由热工专业负责。

凡以上未能包括的其他设备的分工问题，视具体情况由主管部门会同有关部门协商确定。

（二）安装通用要求

1. 安装准备

（1）技术准备。收集相关图纸，如系统图、设备清册、技术协议、订货合同、厂家资料和说明书、性能试验图纸等。进行图纸会审，注意核对测点开孔位置、仪表数量和型号规格、主管道材质等，检查设计院图纸与厂家图纸是否一致等，重点关注四大管道、汽轮机本体、发电机本体、给水泵汽轮机本体、锅炉汽水系统等测点和相应的性能试验测点的设计位置，是否满足测量可靠性和安装、维护方便性的要求。尽可能早的发现问题，予以处理。

编制作业指导书或施工方案、开工报告、安全和技术交底、焊接技术交底、危险因素清单、作业风险控制计划等技术文件，按审批程序通过审批，安装单位技术专责应在安装前对相关管理和施工人员进行交底和签字，以便科学地组织施工，确保安装质量。

（2）人力资源准备。取源部件、敏感元件及仪表的安装，因机组型号、设计的不同和施工周期的差别（一般施工高峰期为 4～5 个月），所需人员也相应不同，但所需工种要求一样，涉及的高压焊工和仪表安装工均需持证上岗。施工前对施工人员进行安全和技术培训、考核，使其掌握施工要领。

（3）机工具准备。热工系统安装用的主要机工具配备见表 1-1，数量与工程周期和机组容量有关，根据实际需求和成本控制要求增减。

表 1-1　　主要机工具配备

序号	名称	规格	单位	备注
1	电焊机		只	
2	砂轮切割机		只	
3	火焰割具		把	
4	磁力钻		套	含配套钻头
5	角向磨光机		只	
6	电源盘		只	
7	电钻		只	含配套钻头
8	电磨		只	
9	锉刀	平锉、圆锉、半圆锉	套	
10	水平尺		把	
11	焊条筒		只	
12	个人常用工具		套	

（4）消耗材料准备。由于机组容量不同，即使相同容量各工程设计也有所差异，实际工程量有一定差别，热工系统安装用消耗材料的准备与实际需求也各有差异，表 1-2 列出了主要消耗材料的准备单供参考。

表 1-2　　主要消耗材料准备单

序号	名称	规格	单位	备注
1	砂轮切割片	$\phi400$	片	
2	角向磨光片	$\phi100/\phi150$	片	
3	电磨头子		个	
4	焊丝		kg	规格型号符合焊接技术交底要求
5	焊条		kg	
6	钢丝碗刷		个	
7	砂布		张	
8	密封胶		支	
9	生料带		卷	
10	槽钢	8 号	m	固定支架用
11	打孔角铁	∠40×4	m	
12	抱箍		个	

(5) 热工取源部件和连接过程垫片材质的选用。

热工取源部件和连接过程垫片材质的选用参照附录C要求。

2. 安装作业条件

(1) 施工前管理。施工前，设计院的施工图纸、有关技术文件及制造厂技术资料和安装使用说明书齐全；施工图纸已经过会审；施工组织专业设计已经过审批；作业指导书或施工方案、开工报告、安全和技术交底、焊接技术交底、危险因素清单、作业风险控制计划等技术文件已编制，按审批程序通过审批，并对相关管理和施工人员进行交底和签字。

热工安装设备、材料、配件、施工机具、监视和测量设备基本齐全，测量设备经检定或校准合格，并在有效期内。

根据设备清册和装箱单，到物资部门领取所需元件时，要仔细核对型号、规格、数量、长度和设备编号、外观和配件，应符合设计、说明书要求和实际需要。对有问题的设备与元件同物资部门、供货方、监理方一起做好记录，并及时通知有关部门联系供应商及时更换与处理，以防耽误安装工期。

安装前搬运过程中，应注意保护测量元件、端面不受损伤，弹簧、螺母和螺钉不得丢失。

安装需要加工附件的，应根据设备清册加工相应数量和规格的附件，并保证其材质符合要求。焊接主管道上的合金钢材料取样短管和插座前，均应进行光谱试验，以确认其材质合格并符合主管道或设备的要求。

(2) 施工环境。需安装测温元件的机务设备已就位，土建场地平整；施工现场环境光线充足，夜间施工已配备足够的临时性或永久性照明且具备热工自动化设备的施工条件。

在高空施工时，必须有人、机防坠落措施。使用脚手架前应检查验收是否合格，施工时必须挂好安全带，挂在上方牢固可靠处；作业人员应衣着灵便，衣袖、裤脚应扎紧，穿软底鞋；机工具、设备、材料在高处使用、传递时，严禁抛掷；根据需要必须配备安全保险绳、工具包，并系挂牢固。使用梯子前应检查梯子是否轻便牢固，无霉变，使用时底脚应有防滑措施或专人扶持，不能两人同时使用一个梯，梯子的最高两档不得站人，梯子上作业超过2m时应系好安全带。

对施工预留孔洞进行封盖或设立围栏。出入顶棚时需走施工通道，不得随意翻穿越栏杆和孔洞。严禁任意拆除或改动孔洞盖板、栏杆、安全网等，必须拆除或改动的，应先办理申请手续，按要求做好安全措施后，方可拆除或改动。工作结束后，及时恢复。

焊接时所用焊丝或焊条规格型号符合交底要求。电焊作业时，电焊机接地符合要求，焊机外壳应接地，电焊龙头线无裸露，焊接地点应干燥，焊接结束必须检查应无冒烟物。使用火焰割具施工时，氧气、乙炔瓶的放置要符合规定，氧气、乙炔管布置整齐，施工点具有防火措施。正确使用氧乙炔开气程序，不使用老化漏气的氧乙炔管线，使用前后仔细检查，及时关气和清理现场，正确使用防护用品，气瓶与切割点保持距离。

机工具、测量器具在使用之前均应进行检查，机工具应有检验合格证，测量器具应有计量检验合格证及有效使用期限。

(3) 施工人员。涉及热工安装的施工人员，必须经相应项目的技术考核合格并取得资格证书，持证上岗，接受针对本工程的培训、技术与安全交底，了解、熟悉本工程施工相关的施工图纸、厂家说明及工艺安装要求，方可进行作业。

施工前核对设计院施工图纸与厂家施工图纸应一致；一般同一设备与元件，设计院系统图和厂家施工图有不同的编号，安装位置与安装方法要求应以厂家图纸为准，元件编号以设计院系统图编号为准。

焊工必须持证上岗，穿戴必须符合要求；凡担任工作压力大于0.1MPa的压力容器及管道焊接的焊工和在受监检承压部件上焊接非承压件的焊工，以及焊接热处理人员，必须经相应项目的技术考核合格取得资格证书，并在作业前经过焊接技术交底，方可进行作业。

进入炉内安装前，应按规程办好工作票，并有专人监护；现场脚手架及施工照明应满足施工要求，燃烧器内的移动照明电源应低于36V；作业时按规程系好安全带，手持的手动工具应配有安全绳。

(4) 设备环境。选择就地设备与元件的安装位置时，应保证测量与控制设备能准确、灵敏、安全、可靠工作，不会受机械损伤，环境温度、振动、干扰及腐蚀性应符合规程要求，且注意布置整齐美观，安装地点采光良好，安装高度、位置应在人员可行走的通道附近，保证运行和维修人员便于观察、检查操作方便。电线、管路敷设沿途远离热源、振动源、干扰源及腐蚀性场所。安装在露天场所的仪表应有防雨措施，环境温度可能低于零度的场所应做好防冻措施，在有粉尘的场所应有防尘密封措施。

焊接前依照厂家图纸及设计院图纸仔细核对固定装置和金属壁材质，并对固定装置和金属壁进行材质光谱分析，依照焊接技术交底及焊接工艺卡确认焊接所有焊丝。

热工设备室内安装，应注意避免振动、高温、低温、灰尘、潮湿等影响，采用空调的控制室和电子设备室等的空气调节参数应符合相关规定，并密封良好。

3. 安装标识

安装结束前，检查安装后的敏感元件、取源部件和仪表应挂有标志牌，标明的编号、名称及用途等（差压测量还应标明正、负）应与设计一致，字迹清晰、不褪色，字体易辨认，并且以颜色醒目程度区别其重要性等级（通常红色为保护，黄色为报警，无色为一般），以便警示运行和检修人员。

4. 验收

验收标准为DL 5190.4—2012《电力建设施工技术规范　第4部分：热工仪表及控制装置》和DL/T 5210.4—2009《电力建设施工质量验收及评价规程　第4部分：热工仪表及控制装置》。安装前应熟悉安装验收标准，安装过程中按安装验收标准要求严格施工，验收时按验收标准逐项进行。

5. 成品保护

管道测孔开凿后，一般应立即焊上插座或取压短管；插座或取压短管焊接冷却后应采取临时措施进行封闭（一般采用胶带封堵或加工特制堵头进行封堵），如不能及时焊接插座或取压短管，则应对管道的开孔采取临时封闭措施（一般采用胶带封堵）；取样装置安装后，也要及时采取相应的临时封闭措施，防止异物掉入测孔内。

设备安装后，要做好防压、防损等保护措施。

二、安装过程控制

（一）热工测点

电力行业标准对多数热工测点的安装位置都给出了明确的规定，但在实际工程中发现，以下问题容易被忽视，影响热控系统的可靠性。

（1）同一管段上邻近装设流量、压力、温度测点时，温度测点安装在介质流向的上游，工况变化时将导致流量、压力测量的不稳定。

（2）汽轮机润滑油压取样点应选择在油管路末端压力较低处，但实际安装在注油器出口处的现象较为普遍。其安全隐患是当润滑油母管末端油压低于动作压力时，保护系统可能不能及时动作。

（3）测量元件在安装上容易出现以下问题：安装位置悬空，造成运行中无法进行检查和检修；测量元件与主设备相碰，存在损坏的危险；测量元件安装在保温层内，可能导致高温下的损坏或产生附加测量误差。

（4）炉膛压力测量单侧集中布置或二侧布置时采用三取二方式（其中一侧取二点），不能准确反映炉膛压力变化，运行过程中当发生测点上方的塌焦、测点定期吹扫、堵焦后处理等情况时，会影响信号的正确测量，可能导致炉膛压力保护的拒动或误动。

（5）温度测量元件插入被测介质的有效深度不符合行业标准的要求，插入过深将增加元件折断的可能，插入深度不够将增加测量误差。

（二）热控取样系统

气体测量管路的最低点积水，或液体测量管路的最高点存在气泡时，测量系统的输出信号将不能及时反映被测介质的动态变化，从而会增加测量误差。因此，电力行业标准对测量管路的敷设有明确的规定：仪表测量管路应保持一定的坡度，且不应出现倒坡。否则，气体测量管路的最低点应安装排水阀，液体测量管路的最高点应安装排气阀。但几乎在所有的工程中都发现，上述问题还是容易被忽视，影响热控系统的可靠性。此外，热控取样系统还发现以下常见问题：

（1）冗余参数共用一个测点和一次阀，运行中无法进行变送器排污等检修工作。增加了测量偏差，或增加了保护误动或拒动的可能。

（2）冗余参数测量时共用一根测量管路，增加了保护误动或拒动的概率。

（3）高温高压测量回路取样一次阀前的管路敷设和管材不符合电力行业标准，降低了取样系统的可靠性。

（4）汽包水位差压测量系统在取样阀门和平衡容器的安装、取样管路的敷设、保温、伴热等方面可能存在问题，带来故障隐患。

（5）取样系统伴热不当导致测量参数异常，如测量管路未全程保温或未全程伴热，未保温或未伴热处结冰；差压测量正负压管未分开保温，一根伴热带故障引起差压管伴热不均匀；高温高压参数测量管路的伴热电缆，直接接触测量管路，排污时可能引起伴热电缆损伤。

三、安装主要节点及流程

（一）安装主要节点

（1）施工准备阶段：主要做好技术准备和人员组织两部分。

1）技术准备主要是技术人员熟悉图纸和施工组织总设计，学习合同技术规范，了解施工标段接口分工和工程执行标准，开展专业施工组织设计、施工方案或作业指导书的编制，进行材料、设备领用计划的编制等。

2）施工人员组织：进行施工班组的划分和人员计划的落实，并根据工程进展有序进行人员进场工作。

（2）前期施工工作：主要是开展盘柜底座制作、电缆埋管安装、桥架和就地支架安装等。

（3）DCS受电节点：完成控制室和电子室盘柜安装、盘间电缆敷设和接线，为开展热工DCS通道测试和现场分部调试做好准备，本节点也是工程里程碑节点中唯一的热工节点。

（4）配合锅炉水压：主要是完成锅炉水压前所有锅炉本体系统一次阀门和一次元件安装、完成水压相关阀门的调试工作。

（5）配合汽轮机扣缸：主要是完成汽轮机扣缸前相关缸内热工测点安装工作。

（6）配合锅炉酸洗：主要是完成汽轮机炉前系统碱洗和锅炉酸洗相关系统的热工测点和控制设备的安装工作，如循环水系统、工业水系统、凝结水系统、辅汽系统、给水系统和相关化学制水和排水系统等。

（7）配合锅炉冲管：主要是完成锅炉点火冲管所需系统的热工测点和控制设备的安装工作，包括基本完成锅炉系统的热工安装和大部分汽轮机系统的投用。具备汽轮机盘车条件、需要投用电泵和汽泵等。

（8）配合整套试运行：完成全部系统热工安装和分部调试工作。

（二）主要节点流程

主要节点流程见图1-1。

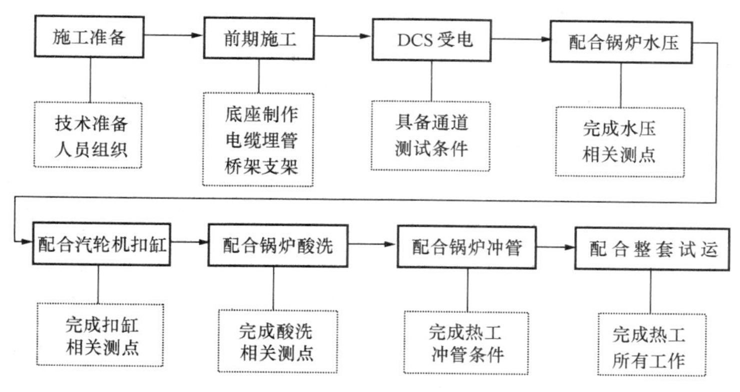

图1-1　主要节点流程

第二节　调试基础知识

每一台热工自动化设备都是为机组的安全、稳定和经济运行服务，由于其安装位置和所属的系统不同，在机组运行中起着监视、报警、保护和执行等不同的作用，因此，每台热工仪表设备的特性和调试要求也不尽相同。热工调试任务是根据仪表设备的系统属性、安装位置和不同作用对其进行调整，使其达到最佳工作状态，确保机组安全稳定经济运行。

一、调试基本知识

（一）基本概念

1. 自动调节系统常用图形符号

我国电力行业标准DL 5028—2015《电力工程制图标准》给出了热工自动调节系统常用的标准图形符号参见附录D。

2. 调试工作界限

热工安装与单体调试及分系统调试紧密联系，彼此间又因工作技能和技术要求不同有所分工，一般常规热工安装与热工单体调试，热工单体调试与热工分系统调试工作界限如下：

(1) 常规压力表、温度表现场显示表：热工安装负责现场取样开孔（管道或设备预留设计取样孔除外）、保护套管安装，仪表管及一次阀、二次阀安装及现场显示表计安装；热工单体调试负责显示仪表校验及投运后的正确性。

(2) 热电偶、热电阻测温热工元件：热工安装负责现场测温元件的安装、电缆（补偿导线）的敷设及接线。单体调试负责测温元件信号线路回路的正确性核查，以及设备投运远程信号显示的正确性。

(3) 压力、差压变送器、压力开关：热工安装负责取样点开孔（管道、设备设计预留取样点除外），一次阀、二次阀、取样仪表管、变送器设备按技术及质量要求安装和信号电缆敷设接线；热工单体负责按设计量程校验、定值校验、液位差修正、仪表管路、信号线路回路的正确性核查，以及设备投运远程信号显示的正确性。

(4) 物位测量类仪表（如浮球式液位、超声波液位、电接点液位等）：热工安装负责物位测量仪表的安装、电缆敷设及接线；热工单体调试负责物位仪表量程校验、定值设定、信号回路正确性核查，以及设备投运远程信号显示的正确性。

(5) 流量测量类仪表（如：涡轮流量计、电磁流量计、转子流量计等）：热工安装负责物位测量仪表的安装、电缆敷设及接线；热工单体调试负责物位仪表量程校验、定值设定、信号回路正确性核查，以及设备投运远程信号显示的正确性。

(6) 分析类仪表［如导电仪、露点仪、酸（碱）浓度仪、氧化钙分析仪等］：热工安装负责测量探头及分析仪的安装、电缆敷设及接线；热工单体调试负责分析仪表量程校验、定值设定、信号回路正确性核查，以及设备投运远程信号显示的正确性。

(7) 气动执行机构（二位式、调节型）：热工安装负责仪用空气气源管路的安装、气动执行机构的控制电缆敷设及接线；热工单体调试负责气源管路的冲洗、执行机构的开关性能行程调试、控制信号回路核查、三断保护试验（调节阀）、配合远程联动试验。

(8) 电动执行机构（二位式、调节型）：热工安装负责动力、控制电缆敷设及接线；热工单体负责电动执行机构的单体开关行程性能调试，行程力矩设置、控制回路核查，配合远程联动试验。

(9) 就地设备控制带PLC控制的设备：热工单体安装负责信号元件及控制设备的安装、电缆敷设及接线；热工单体负责一次元件的校验和被控机构单体调试，配合分系统联动试验；热工分系统调试负责整体控制回路的调试和性能调试。

(10) FSSS（炉膛安全监控系统）：热工安装负责点火枪、油枪、高能点火器、火检、

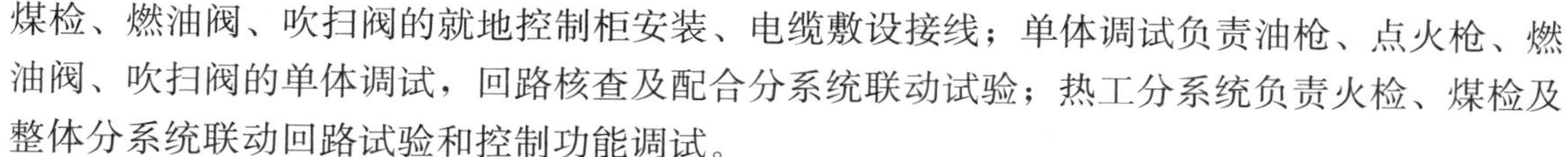

煤检、燃油阀、吹扫阀的就地控制柜安装、电缆敷设接线；单体调试负责油枪、点火枪、燃油阀、吹扫阀的单体调试，回路核查及配合分系统联动试验；热工分系统负责火检、煤检及整体分系统联动回路试验和控制功能调试。

（11）DEH（汽轮机数字电液控制系统）、TSI（汽轮机的安全监测系统）、ETS（汽轮机的危急遮断系统）：热工安装负责一次元件的安装、电缆敷设及接线；热工单体负责一次元件的校验；热工分系统调试负责控制回路及性能调试。

（二）调试通用要求

1. 调试基本技能

调试人员是机组基建阶段的把关人员，其工作责任心、专业知识和技能，将影响控制系统的调试质量，对机组能否安全稳定投运有很大影响。实际上分部试运考验的是调试人员的工作责任心和仔细程度（只要安装、调试中存在错误或不完善的地方，在分部试运和机组运行过程中总是要暴露出来，因此调试人员不能存有任何侥幸心理，要小心加仔细，确保每一根芯线、每一个I/O点都正确无误），而机组运行考验的是调试人员的专业技术素质和综合技术水平（否则调试中难以发现控制系统逻辑中存在的隐患，也难以参与到控制系统故障原因分析与查找中）。要做一名合格的调试人员，掌握以下基本技能是必须的。

调试人员应牢记安全施工规程，熟悉各种热工图形符号、逻辑图和系统图；了解各测量信号的现场取样点和对应一次阀门位置，测量与控制设备和对应接线柜盒的现场安装位置，各信号连接的来龙去脉和相互间关系，安装与调试工艺要求；掌握所承担的调试任务对应的专业规程要求、调试和故障分析查找技能；熟悉现场的整个系统流程，熟悉现场每个系统的测点及位置，熟悉DCS各操作画面，能快速找到某一测点、阀门、电动机，查看点的实时状态，对阀门、电动机进行操作；熟悉各逻辑功能块的特性，能看懂逻辑组态图，并尽量记住一些主要设备和重要测点的联锁、保护逻辑；能够利用趋势图功能、报警记录、操作员事件信息等，对某一点或几点的历史数据、某一时段的历史报警和某一时段的操作记录进行查询和运行分析；掌握查线技能，确保负责调试的回路接线正确，无假接、虚接和多股线的毛头外露隐患，确认接线紧固无松动，公用线均为环路连接。对机组分部试运过程有整体认识，掌握每个系统的试运需要具备的条件。

2. 单体调试人员应掌握的基本技能

单体调试工作包括测量仪表单体校验、查线、控制设备单体调试、测量仪表综合误差测试、控制设备联调等，这些工作都是为后面的系统调试、分部试运和整套试运做准备。所以，作为一名合格的单体调试人员应具备以下技能。

（1）熟悉规程和标准表的选用。熟悉各类仪表校验规程的校验内容、方法及要求和各类误差的含义与计算方法。

熟悉各种标准仪器的使用方法、校验用标准仪表的选择、仪器的零位偏差、有效期、与被校对象的阻抗匹配等计量要求（如标准仪器选择时，其允许误差的绝对值应不大于被测表的1/4，零位偏差应符合精度要求）；校验分布式控制系统（DCS）通道时，注意标准器的选择（如检验DCS热电阻通道时应使用电阻箱而不用校准仪，校验DCS热电偶通道时应使用电位差计或校准仪的毫伏挡，而不用校准仪的温度挡）等。

（2）掌握各类仪表的校验要求。调试人员应经过计量考试，取得计量校验资格证，并熟悉测量与控制仪表的工作原理、工作校验环境要求、掌握调试内容、方法与基本要求，调试时要特别注意以下事项：

1）仪表校验前应进行外观和绝缘检查，通电热稳定后再进行仪表校验；校验时，各校验点的误差应调至仪表所能调整的最小值，以防现场环境温度变化引起误差超差。力学类仪表校验至量程上限时，应关闭校准器通往被检仪表的阀门进行耐压试验；精度计算时注意量程范围和精度等级，校验后的仪表误差宜小于或等于2/3允许基本动作误差。

2）压力表校验时，仪表允许误差计算要注意上限值的精度等级与其他点的不同，校验点通常选择准刻度点进行，校验时应进行轻敲位移偏差检查。

3）智能变送器校验时，初次校准时应施加被测物理量进行（以后校准可以通过手操器进行），当仲裁检定时应施加被测物理量校准；调整阻尼不影响变送器测量准确度，安装户外的变送器时应选择具有防雷功能或在现场加电容。

4）压力开关校验时，振动试验检查接点不应产生抖动，铭牌上未给出准确度等级或无分度值的开关和控制器，其设定点动作差应不大于测量量程绝对值的1.5%；恢复差不可调的开关元件，其恢复差应不大于设定值允许动作差绝对值的2倍，恢复差可调的开关元件其恢复差应不大于设定值允许动作差的1.5倍。重复性误差校准时设定点动作误差连续测定3次；其值应不大于开关或控制器允许设定值误差的绝对值。

5）热电偶校验时，进行感温元件的绝缘电阻测试，注意铠装热电偶测量端是否接地，新安装于高温高压介质中的套管应具有材质检验报告，其材质的钢号及指标应符合规定要求。

6）系统综合误差校验时，应按系统中预热时间最长的仪表预热时间进行预热；在测量系统的信号发生端（温度测量系统可在线路中）输入模拟量信号，在测量系统的显示端记录显示值，进行系统综合误差校准；若综合误差不满足要求，应对系统中的单体仪表进行校准或检修。

进行上述校验时，应保证元件、部件和仪表的校验记录完整，检验报告齐全，对校验不合格设备及时与厂家或业主联系，做好备品备件的领用或元件的更换工作。

为了有效及时地跟随工作进度，调试人员应熟悉现场的整个系统流程、熟悉现场每个系统的测点及位置；对机组控制系统的分部试运、冲管和整套启动的各阶段过程有整体认识，对每个子系统的试运和投运所需具备的条件有充分了解，能及时将分管的调试设备随着系统的启动投入运行，对投运过程中出现的问题能及时进行分析、查明原因并消除。

3. 系统调试人员应掌握的基本技能

系统调试人员应熟悉系统的热力流程和控制过程，分散控制系统原理、结构、性能指标与测试。掌握各控制系统的SAMA图逻辑及相互关系和组态软件技术，对机组控制系统的分部试运过程有整体认识，对每个子系统的试运所需具备的条件应充分了解。

大机组热工的系统调试工作，通常分工为数据采集系统（DAS）调试、开关量控制系统（OCS）或顺序控制系统（SCS）调试、炉膛安全监控系统（FSSS）调试、模拟量控制系统（MCS）调试、汽轮机数字电液控制系统（DEH）调试、旁路控制系统（BPS）调试、汽轮机监视和保护系统（TSI）调试等。

二、调试过程控制

（一）调试控制的基本要求

1. 调试控制的一般要求

发电单位组织有关工程技术人员对设计院提供的保护联锁定值清册进行会审，会审后的保护联锁定值清册应由生产单位技术最高负责人会签后下发。如需更改保护定值，须经设计院或者业主单位下发联系单后进行并做好记录。

新投产机组热控系统的调试工作，应由有相应资质的调试机构承担。新装和改建机组在调试开始前，调试单位应针对机组设备装置的特点及系统配置，编制详细的调试方案、调试计划和调试记录表格样张，调试方案内容应包括各系统、装置的组成、功能以及调试步骤、完成时间和质量标准。调试计划应详细规定分部试运和整机启动两个阶段中应投入的项目、范围和质量要求，经审核后按规定进行调试。

调试单位和监督、监理单位应参与工程前期的设计审定及出厂验收等工作。新投产机组热控系统的启动验收应按国家及行业的有关规定进行。调试单位应在发电企业和电网调度单位的配合下，逐套对分散控制系统、保护系统、模拟量控制系统和顺序控制系统按 DL/T 659—2006《火力发电厂分散控制系统验收测试规程》、DL/T 655—2006《火力发电厂锅炉炉膛安全监控系统验收测试规程》、DL/T 657—2015《火力发电厂模拟量　控制系统验收测试规程》和 DL/T 658—2006《火力发电厂开关量　控制系统验收测试规程》的试验项目和要求进行各项试验。

安装、调试单位应将设计单位、设备制造厂家和供货单位为工程提供的热控技术资料、专用工具和备品配件，以及仪表检定记录、调试记录、调试总结等有关档案材料列出清单，全部移交生产单位。

2. 测量系统的验评

（1）标准仪器仪表。检定和调试校验用的标准仪器仪表，应具有有效的检定证书，装置经考核合格，开展与批准项目相同的检定项目。无有效检定合格证书的标准仪器仪表不应使用。

（2）仪表校验。除了无法拆卸校验外，原则上所有热工仪表（包括变送器、补偿导线、补偿盒、测温袋、节流装置、测温元件等）安装前均需进行检查和校验，校验方法应符合规定要求（如压力开关不能横着校验、直着安装；压力表校验应记录轻敲位移；热电偶校验必须用高温炉，不能用便携式校验炉；压力仪表校验至最高量程时要进行耐压试验；智能变送器校验必须施加物理量进行等），压力开关或控制器校验精度等级为控制器铭牌给出的等级。若铭牌上未给出准确度等级或无分度值的开关和控制器，其设定点动作差应不大于量程的 1.5%；恢复差不可调的开关元件，其恢复差应不大于设定值允许动作差绝对值的 2 倍，恢复差可调的开关元件，其恢复差应不大于设定值允许动作差的 1.5 倍。重复性误差值应不大于开关或控制器允许设定值误差的绝对值。校验应连续三遍，取其误差最大值。原则上，所有的仪表应确认校验合格并贴有校验合格计量标签后方可安装（如安装前未校验，则进行系统综合误差测定前，应进行仪表的单体校验）。安装后，对重要热工仪表应作系统综合误差测定，确保仪表的综合误差在允许的范围内，并填写热工仪表安装前检定证书和综合误差报告（节流装置填写复核尺寸数据报告）。

小信号模件通道处理精度测试时，应保证标准信号源（校正仪）的阻抗与模件阻抗相匹配，内外供电电源相对应（热电阻通道应用电阻箱，热电偶通道应用电位差计或校正仪的毫伏挡进行校验）。

DCS模件通道精度计算的精度标准以合同标准为准，合同未给出的按行业标准。通常基建阶段要求，输入模件分别为设计量程的0.2%（弱信号）和0.1%（强信号），输出模件为设计量程的0.25%；生产标准要求输入模件分别为设计量程的0.3%（弱信号）和0.2%（强信号），输出模件为设计量程的0.25%。精度计算时要注意量程范围（上限量程减去下限量程），如变送器量程应是16mA，避免用20mA进行精度计算错误。

（3）测量系统质量验评。对测量系统质量进行监督的最有效手段，是进行测量系统质量抽测，通过抽测可以确认：各测量回路连接是否正确；模拟量测量单元一次仪表校验量程与CRT显示量程是否一致；热电偶正负极性连接是否有错；压力测量的液位修正是否与实际相符；系统的综合精度是否满足要求；开关量信号所连接的开闭触点是否符合设计。

检查测量系统测试记录：重点检查重要模拟量系统综合误差测试记录，其综合误差应满足系统精度要求。

抽测测量系统质量：模拟量输入信号综合精度，模拟量输出信号综合精度，开关量输入信号状态正确性。开关量输出信号状态正确性抽测，一般抽测30～50点，合格率应达97%以上。

抽查压力测量的液修：压力测量系统的液修，如设置在DCS，核对安装单位提供的压力测量系统液修值，应与实际相符。也可以在进行仪表综合误差抽测时，同时检查其液修应与经过实际核对的液修值相符。

报警与保护联锁定值核对：核对DCS中的设置是否与经过审批的报警保护联锁的定值表和延时时间一致。

3. 分散控制系统的相关控制

分散控制系统交、直流电源电压等级分配和分布应合理，接地及电阻值、电源电缆和信号之间的布置方式应符合要求。

机组倒送电时应提供DCS系统复原报告，复原报告内容至少应包括系统硬件配置和外观检查、系统软件配置、电源电压测试、控制系统基本性能测试、系统基本应用软件功能测试及通道精度测试。机组投入试生产前，应提供分散控制系统完整的基本性能与应用功能试验报告。

除非厂家有明确说明，否则拔、插机架上的模件时，工作人员必须备好防静电接地环，并有可靠的接地。模件离开机架后，必须立即装入专用防静电袋中，并妥善保存。

所有的硬件、软件的修改均要执行规定的程序，任何涉及到系统安全的操作均需有工作人员监护。

严禁在计算机控制系统中使用非本计算机控制系统的软件。除非软件升级或补丁的需要，严禁在计算机控制系统中使用非本系统格式化或读写过的软盘、光盘、磁带等。本系统专用存储介质，也不得与其他计算机系统交换使用。

建立计算机控制系统硬件、软件故障记录更换台账和软件修改记录台账，详细记录系统发生的所有问题（包括错误信息和文字）、处理过程和每次软件修改记录。组态和参数修改后必须及时打印有关图纸或数据备份，机组整套启动前应做好控制系统的数据备份工作。

工程师站、操作员站等人机接口系统应分级授权使用。每一级用户应设定用户口令，口令字长应大于6个字符并由字母数字混合组成，定期修改并做好记录，妥善保管。严禁非授权人员使用工程师站或操作员站的系统组态功能。

检查模拟量测量参数的采样周期、显示周期和“不灵敏区”设置，应满足机组运行的需要。检查画面参数显示的位数应符合测量系统精度要求，工程单位应符合法定计量单位要求。

4. 可靠性验评的控制

核对DCS的报警和保护定值设置，应与经过会审批准发布的报警保护定值清单一致。

核对DCS保护逻辑的延时时间，应符合设计、相关规程或安全运行的要求（比如炉膛压力保护信号延时最长不超过3s，汽包水位保护信号延时最长不超过5s等）。

检查DCS的故障诊断功能，重点是变化速率诊断功能已设置。模拟量信号变化速率保护功能的正确设置，可以避免或减少这类故障引起的保护系统误动。一般来说，模拟量信号超量程、变化速率超定值后，DCS系统将该信号的联锁保护功能自动被屏蔽并报警，待信号正常后再自动（或手动）恢复相应功能。

核对报警优先级的设置应满足运行实际需求。

抽测操作员站、工程师站、过程控制站等的控制器负荷率和网络通信负荷率，应符合合同要求。

微机控制系统调试结束后，必须将组态信息及时拷贝备份，一式两份，并硬拷贝一份。备份需编好顺序和日期，有专人保管储藏，备份要定期读写，防丢失已拷贝的信息。

5. 调试竣工资料移交的控制

工程建设一般要求竣工资料与机组同步移交。因此，机组整套启动前应将竣工资料整理完成，并报审。热工调试包括全厂热工单体调试及测量信号回路调试调试报告。调试竣工资料一般包含以下内容：

（1）单位工程开工报告。

（2）工程概况。

（3）工程质量报验单。

（4）单位工程质量检验评定表。

（5）标准室相应资质证书、校验员资格证书、标准计量设备检定证书。

（6）仪表校验报告，电动阀门、气动阀门、电动执行器和气动调节门调整试验检查表。

（二）调试验评的过程控制

1. 仪表校验

仪表校验过程中常遇到抽查仪表合格率低、精度误差超标、保护误动，主要有下列几种情况：

（1）校验值与规定值不符，如给水泵流量定值偏高导致误跳。

（2）压力开关校验报告上无精度指标，其校验数据按规程精度计算不合格，但结论为合格。

（3）误差计算时精度标准应用错误，如DCS通道精度计算时，基建标准（大信号

0.1%，小信号0.2%）误用生产监督标准（大信号0.2%，小信号0.3%）；量程范围选择错误（变送器校验量程与DCS内设置量程不一致，变送器校验计算精度时量程应是16mA而误用20mA）。

（4）计量仪表精度本身不满足要求，如标准仪表压力表零位偏差。

（5）校验方法不规范，如炉膛压力开关校验时横放，安装时竖放，结果差可达70Pa。

（6）仪表校验精度不高，校验记录单上的校验数据差值偏大（接近允许误差），有的精度刚好在误差限内，环境变化或稍运行一段时间后精度就可能不合格。

（7）计量仪表选用错误：某调试单位交资料室的DCS复原报告，校验记录上通道精度未计算，结论均为合格，检查核算其中有20%不合格，后查明原因是校验时计量仪表选用错误所致的（由于阻抗不匹配或有源无源原因，一些DCS通道校验时不能使用数字计量仪表）。

（8）就地温度表校验后固定螺母未紧固，现场检查时拧动温度表头，温度值随着变化，从而出现冷态下各温度表显示值偏差大。

2. 计量仪表

分析仪表抽查合格率低的原因，发现计量仪表本身不满足要求是其中之一。

（1）有些单位计量器具未送检即作为标准器具使用，抽查中发现存在正在使用的一些计量仪表无送检报告，或不合格的计量仪表继续使用的情况；使用不合格的标准器具校表或使用大量程、低准确度等级表检定小量程、高准确度等级表；一些电厂标准压力表外借锅炉汽轮机现场试验，因振动和冲击造成标准压力表“零偏”或精度下降，一些工作人员操作不当，导致标准表计失准，从而引起仪表准确率下降。

（2）因制造质量、送检回厂运输途中的振动以及使用不当也会导致标准压力表零偏超差。抽查某些现场计量室的精密压力表（竖直后看零位），会不同程度地发现表计的机械零位偏差不满足要求，有的严重超标，如抽查某基建工程，工地计量室内精密压力表中有6台不满足要求。

（3）手提式温度校验炉不宜作为标准温度校验装置使用，但相当多的基建单位调试时，用手提式温度校验炉当作标准温度校验装置使用。

（4）多功能校准仪表，指示清晰直观，读数正确，小巧便利，一表多能，使用方便，与模拟表相比，各项性能指标均有大幅度的提高。但根据其工作原理，这类仪表也有不足之处，就是易受电磁干扰、环境温度影响大、温度补偿功能差，而现场使用时常常疏忽了这些缺点，如一些DCS的热电阻通道校验，应使用标准电阻箱而不宜使用校准仪的热电阻功能进行；热电偶通道校验首先要确认校准仪是否适合DCS通道校验，通常应输入物理量毫伏信号，而不宜使用温度信号，因为校准仪通常都有外置式补偿和内置式补偿两种，两种补偿精度都存在相当的偏差，而不满足精度要求。此外现场使用时，对校准仪精度是否满足测量要求往往未予以足够重视。

3. 报警保护定值设定

报警保护定值设定是否符合要求，直接影响保护联锁系统动作的正确性。在过程质量控制监督工作中，除主保护的定值较少发现不符合设计要求的情况外，其他的报警保护信号定值设定不符、未设置或设置不合理、一些现场压力开关定值未进行标高修正的情况还时有存

在，使得一些报警信号频繁发生，还有一些报警信号描述错误等。降低了保护报警信号的作用，影响了系统的可靠性。

4. DCS故障诊断功能设置

在基建过程监督工作开展早期，进行机组整套启动前的监督评估时，往往发现DCS故障诊断功能未很好设置，多数温度测量信号变化速率保护功能未设置（有的DCS无该功能，需要通过模块组态构成）；延时时间不符合安全运行要求（如火焰保护信号延时10s），过量程信号保护功能设置存在隐患（如电泵出口流量大信号开再循环门）。

5. 电源系统调试

工程中发现的问题有：UPS电源试验内容不全，试验时未接录波器以记录电源切换时间；只对DCS电源进行了冗余切换试验，没有对其他热工电源盘进行试验；重要电源系统的切换时间未进行试验或无试验记录，重要控制系统的一些电源隐患未能及时发现；电源插件接触不良，电源插头松动等。

6. DCS控制器

使用功率消耗高的控制器，依赖风扇冷却，风扇故障率高。设计配置不当，造成控制器负荷率高。控制器配置不当造成危险集中，控制器故障导致机组跳闸甚至发生全厂停电事故。

7. DCS电源系统

DCS电源系统，虽然都采用了1：1冗余方式，但在实际验评过程或运行中，发现子系统及过程控制单元柜内电源系统出现的问题仍较多，具体如下：

（1）电源回路连接不良，电源底板至电源母线间连接电缆的多芯铜线与线鼻子间，因铜线表面氧化接触电阻增大引起压降增加。ETS系统（汽轮机危急遮断保护系统）的CPU以及模板供电通过单个插头供电，若该插头松脱就会引起整个ETS失电。

（2）保护输出采用正逻辑，当DCS两路电源失去或MFT继电器柜两路直流电源失去时，不能触发MFT，存在保护拒动的可能。

（3）火检柜内火检电源与照明电源共用，当照明设备故障时将引起火检失电源。互为备用的设备共用同一电源。一些重要系统设计了两路电源，但未设计自动冗余切换装置，降低了可靠性。

（4）有的DCS系统和主保护系统，当部分电源或全部电源失去时，监视和报警系统不能准确提示。

8. 冗余

不少保护联锁回路采用了单点信号，降低了保护联锁系统的动作可靠性。有些系统虽然是按冗余系统设计，但并未做到真正的冗余。比如，将冗余的通信口做在了同一块模件（有的甚至在同一个插接件），将冗余的保护信号组态在了同一块模件，当模件（插接件）发生故障时冗余失效。冗余的数据通信网络线没有在物理路径上分开布线，甚至将接头也做在一起，当意外情况（如施工）发生时冗余失效。

9. 硬接线与通信

单元机组保护发出的锅炉、汽轮机和发电机的跳闸指令，以及联跳制粉系统、油燃烧器、关闭过热器和再热器喷水截止阀、调节阀等的重要保护信号，不应通过安全等级较低的其他控制系统处理后再转传至安全等级较高的保护系统。这些重要保护信号，不能仅通过通信总线传送，还应通过硬接线直接接至相应控制对象的输入端。

三、热工控制系统调试的主要节点

DCS 调试是整个机组基建调试的一部分，DCS 调试应根据整个基建调试的进度要求及时调整，为保证机组整个基建调试的顺利进行创造条件。火电机组基建调试几个大的节点主要包括：倒送电、酸洗、冲管、整套启动、正式投入商业运营。其中整套启动又分空负荷试运、带负荷试运、满负荷 168h 运行三个阶段。

基建机组的调试进度，总体上是围绕着主设备的进度节点展开，热工系统的调试任务要做好节点任务的控制。新建机组 DCS 调试与机组基建调试主要节点的关系简要流程图如图 1-2 所示。

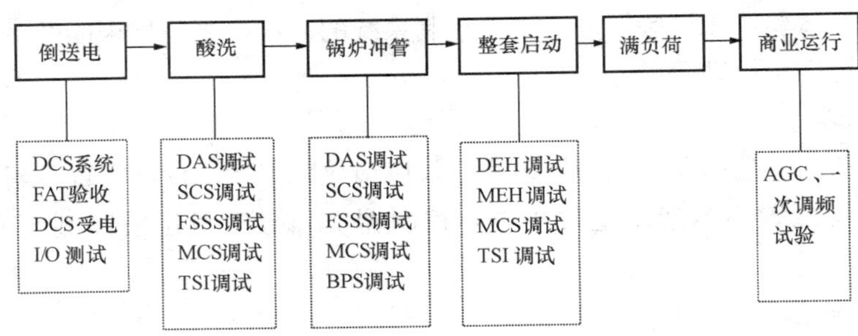

图 1-2　新建机组热控系统调试简要流程图

1. 倒送电

新建机组为了动力设备的试运行，需要由电网系统反过来向发电厂送电，我们通常称为倒送电。

2. 化学清洗

化学清洗是火电机组调试中的重要节点，通过水冲洗将制造和安装过程中可能进入设备和系统的氧化铁皮、铁锈、焊渣、泥砂、保温材料等杂物冲洗掉，提高系统的清洁度；通过化学清洗，使系统内的油性物质、含硅化合物及腐蚀产物减少到最低程度；通过酸洗除去管壁上锈蚀产物，并在金属表面形成一层钝化膜，减缓热力设备的腐蚀和结垢，为机组启动时给水品质尽快合格创造条件。

3. 冲管

锅炉过热器，再热器管内及其蒸汽管道内部的清洁程度，对机组的安全经济运行及能否顺利投产关系重大。为了清除在制造、运输、保管、安装过程中残留在过热器、再热器及管道中的各种杂物（如焊渣、氧化锈皮、泥砂等），必须对锅炉的过热器、再热器及蒸汽管道进行蒸汽冲洗，以防止机组运行中过、再热器爆管和汽机通流部分损伤，提高机组的安全性和经济性，并改善运行期间的蒸汽品质。

4. 整套启动

机组冲管结束后，具备整套机组整套启动试运，按照“空负荷试运、带负荷试运和满负荷试运”三个阶段对机组进行整套启动调试。

第二章 热工仪表与控制装置安装

从事热工自动化系统设备安装的热工人员，应掌握热工自动化技术与安装基础知识，熟悉DL 5190.4、DL/T 5210.4、DL/T 1012—2006《火力发电厂汽轮机监视和保护系统验收测试规程》等相关的热工规程，了解GB 50168—2006《电气装置安装工程电缆线路施工及验收规范》，DL/T 869—2012《火力发电厂焊接技术规程》，DL 5009.1—2014《电力建设安全工作规程　第1部分：火力发电》、DL 5027—2015《电力设备典型消防规程》、DL/T 774—2015《火力发电厂热工自动化系统检修运行维护规程》和DL/T 261—2012《火力发电厂热工自动化系统可靠性评估技术导则》等现行的国家标准、行业标准和国家行政部门发布的有关施工中的电气、焊接、安全、防火等工作的规定。施工过程中，应确保安装后的测量与控制系统设备避免振动、高温、低温、灰尘、雨水、潮湿、腐蚀、爆炸等影响，能准确、灵敏、安全、可靠地工作，并且布置整齐美观，安装地点采光良好，维护方便，使用的各种标志牌，其文字和代号应正确、清晰且不易脱落褪色。

热工自动化系统设备安装后，其取源部件及敏感元件安装的合理性，现场设备安装位置的可维护性、电缆与测量管路安装的规范性、冗余设计设备全程冗余的连续性，电缆接线的可靠性等，应满足机组安全经济运行的需要。

第一节　取源部件、敏感元件及仪表的安装

本节内容包括取源部件加工、测点开孔与部件安装，温度测量元件安装，压力测量装置安装，流量测量装置安装，液位测量装置安装，物位测量仪表安装，成分分析取样装置安装，以及机械量测量装置安装。

一、取源部件的加工、测点开孔与部件安装

取源部件的安装位置均在热力设备或管道上，其导管及阀门等附件直接或间接地与介质接触，长期承受被测介质的压力和温度，因此在材料选择、壁厚的确定、结构设计、安装焊接等方面，要从安全角度全面考虑，以确保其在规定参数条件下长期安全可靠运行。安装质量和随同热力设备（或管道）进行耐压（或严密性）试验的数据，应符合质量验评要求。

取源部件的安装工艺流程如图2-1所示。

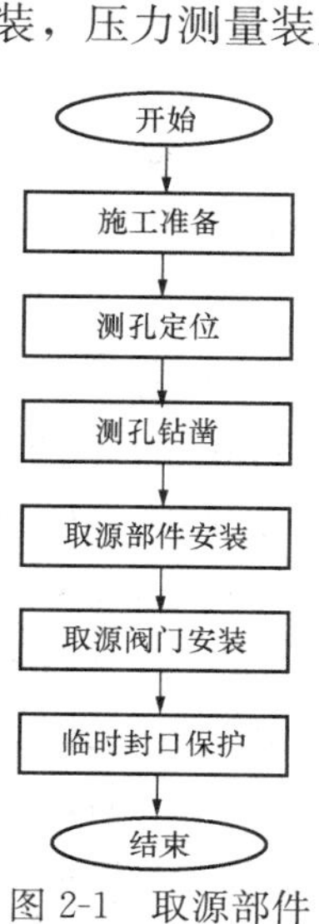

图2-1　取源部件的安装工艺流程

安装取源部件时的开孔、施焊及热处理工作，必须在设备及管道的衬里防腐、清洗、严密性试验和保温前完成，如机组的循环水管、凝结水补水管、开闭式水管等管道上的测点，应在防腐处理前完成开孔和焊

接工作，不得在已经封闭和保温的热力设备或管道上开孔、施焊；如必须进行时，应制定有保证内部清洁和外部整齐的措施，并办理批准手续后方可进行。开孔后应立即焊上插座，否则应有防止异物掉入孔内的措施。而油系统管路上取源部件的开孔、焊接与安装，需在油管路密封及油管路进油前全部完成。

（一）取源部件安装准备

1. 作业条件

（1）检查安装通用规定条件已满足。

（2）取源部件安装涉及的高压焊工和仪表安装工均需持证上岗，且已接受技术和安全交底，了解、熟悉有关的施工图纸、厂家说明及工艺要求，已准确掌握测点位置及安装要求。

（3）取源部件安装所需的机工具与材料已准备到位；带螺纹的插座，其规格和螺纹与待装测温元件的规格及螺纹相配套。

（4）安装需要加工附件的，应根据设备清册加工相应数量和规格的附件，并保证其材质符合要求。焊接合金钢材料时，主管道、取样短管和插座，均应进行光谱试验，以确认其材质合格并符合主管道或设备的要求。

2. 插座和取压短管的选择与加工

（1）超临界及以下机组插座和取压短管的选择与加工。插座的材质应符合被测介质的压力、温度及其他特性（如黏度、腐蚀性等）要求，原则上应与管道材质相同；合金钢插座安装前后应进行光谱分析确认。

根据 DL/T 5182—2004《火力发电厂热工自动化就地设备安装、管路、电缆设计技术规定》，当被测介质参数 p=17～25.4MPa，t=500～566℃时，汽水系统中一次门前取压短管及导管材质均采用 12Cr1MoV 或与主管道同材质。因此，取源部件中的压力、流量和液位测点的取样短管，中、高压参数等级的多采用材质为 12Cr1MoV、管径为 ϕ25×7mm 的加强型短管［如图 2-2（a）、图 2-2（b）所示］；超临界参数时，加强型短管的壁厚还应加大，如图 2-2（c）所示；低压参数时，可用与测量导管相当的无缝钢管制成的短管。取压短管长度通常采用国内火电机组热工安装施工规范及安装单位的习惯做法，根据保温层的厚度确定，一般为 250mm 左右（露出最终保温层 100mm 左右）。

热电偶、热电阻和温度计的插座一般采用加工与管道同材质的温包，如图 2-3（a）和图 2-3（b）所示。带螺纹固定装置的测温元件、插座元件安装前，必须核对其螺纹尺寸与测温元件相符。

（2）超超临界机组。对于超超临界机组，现规程无法适应、当插座材质无法满足与管道材质相同的要求时，其插座的材质应经根据金属专业人员的要求选用（相应提高材质档次）。

超超临界机组与超临界机组最大的不同点是主蒸汽压力、温度以及再热蒸汽温度的进一步提高。由此带来水汽流程所涉及的受热面、管道、阀门、工艺部件和高压缸及高压缸入口前几级叶片材料要求的提高。在这些管道或工艺部件上装设测量仪表时，就需要特别注意取源部件材料的耐温耐压问题以及焊接工艺，如不按规范就会给机组的安全运行留下隐患。

目前，就超超临界百万机组而言，其蒸汽参数已远超出 DL/T 5182—2004 规定的压力温度范围，因此需要考虑采用 DL/T 5182—2004 中表 5.2.1 中“与主管道同材质”这一规定。超超临界百万机组的锅炉出口集箱、主汽管、再热汽管及汽轮机高温部件多采用进口新

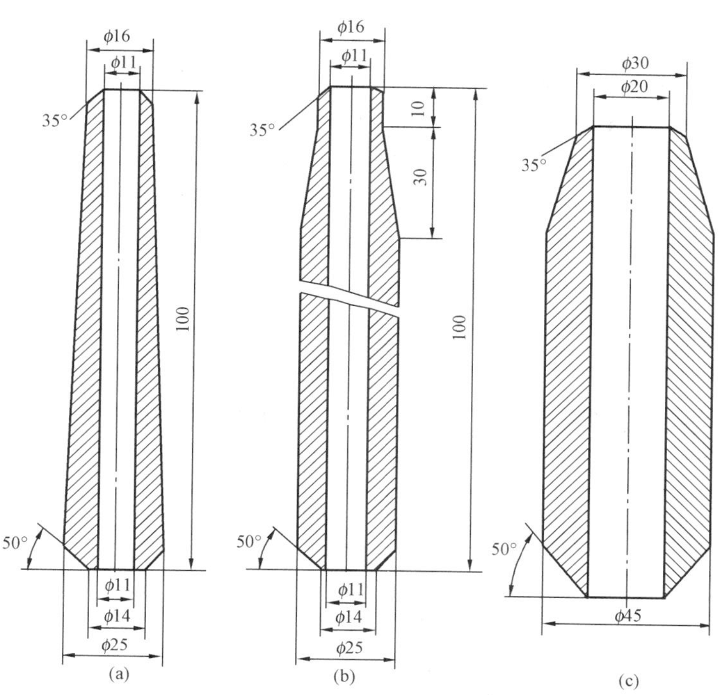

图 2-2　取压短管加工图（单位：mm）

（a）高压参数取压管 1；（b）高压参数取压管 2；（c）超临界及以上参数加强型取压短管

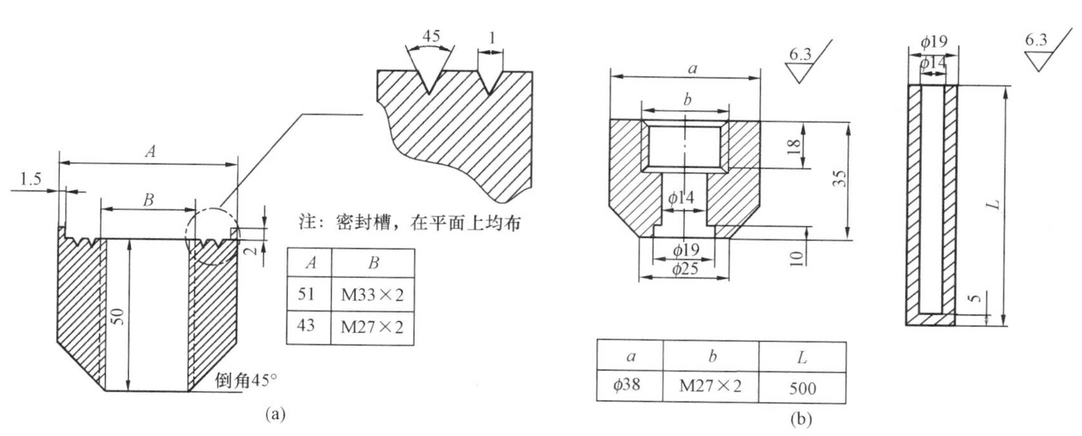

A	B
51	M33×2
43	M27×2

a	b	L
φ38	M27×2	500

图 2-3　热电偶、热电阻温包和套管加工图（单位：mm）

（a）热电偶/热电阻温包加工图；（b）温度计温包和套管加工图

型的 P91、P92、P122 几种铁素体耐高温合金钢，其中档次最高者是 P122，这是一种新型的 12Cr 钢。因此，一次门前取压短管及导管采用新型 12Cr 钢的 T122 管，可满足 600℃超超临界参数在各种场合的取源要求。但此种类型的小口径管在市场上很难采购，同时存在异种钢焊接的问题，因此在超超临界百万机组上，一次仪表门前的一次取压短管，通常采用“与主管道同材质”且在市场上可采购的导管。

取压短管的长度，只要满足阀门留在保温层以外即可，但用于高温场合的一次阀，实际

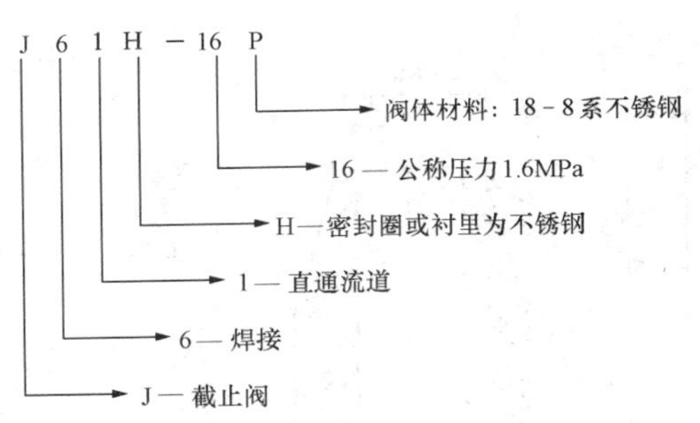

图 2-4　阀门型号的编号含义

运行中一次阀本身阀体温度将达到 370～400℃，虽然该温度尚在一次阀正常运行允许范围之内，但久而久之将影响阀门的可靠性及使用寿命。此外如果选用工艺阀门作为取源一次阀，由于阀门本身重量增加而往往需要加装固定支撑，因此，一次阀前导管的长度与形式都应重新考虑。

3. 取源阀门选择

阀门型号通常包含了阀门的类型、驱动方式、连接形式、结构特点、公称压力、密封面材料、阀体材料等要素，图 2-4 所示为阀门型号的编号含义，表 2-1 是电厂（截止阀）型号编制代码含义。

表 2-1　　电厂（截止阀）型号编制代码含义

阀门类型	驱动形式	连接形式	结构形式（截）	密封面和衬里材料	公称压力（PN）	阀体材料
A：安全阀 D：蝶阀 G：隔膜阀 H：止回阀 L：节流阀 J：截止阀 P：排污阀 Q：球阀 S：疏水阀 U：柱塞阀 X：旋塞阀 Y：减压阀 Z：闸阀	1. 电磁-液动 2. 电-液动 3. 蜗轮 4. 正齿轮 5. 伞齿轮 6. 气动 7. 液动 8. 气-液动 9. 电动 手轮、手柄式扳手等直接传动的阀门无编号	1. 内螺纹 2. 外螺纹 4. 法兰 6. 焊接	阀瓣非平衡式 1. 直通流道 2. Z 形流道 3. 三通流道 4. 角式流道 5. 直流流道 阀瓣平衡式 6. 直通流道 7. 角式流道	T：铜合金 H：不锈钢 Y：硬质合金钢 X：橡胶 Q：衬铅 P：渗硼钢 G：玻璃 J：衬胶	A：2.5MPa B：5MPa C：10MPa D：API602800LB（磅） E：15MPa F：25MPa G：AISI2500LB API 为美国石油学会 AISI 为美国钢铁学会	A：钛及钛合金 C：碳钢 H：Cr13 不锈钢 I：铬钼钢 K：可锻铸铁 L：铝合金 P：18-8 系不锈钢 Q：球墨铸铁 R：Mo2Ti 不锈钢 T：铜及铜合金 V：铬钼钒钢 Z：灰铸铁

仅从各厂商提供的阀门温度、压力参数考虑，普通仪表阀及工艺阀均可作为高温高压仪表阀使用，但从设计、制造、结构、安全及工程造价等综合因数考虑，低温、低压测量的取源阀门可以使用针型阀，但高温高压测量的取源阀门必须使用工艺阀。

4. 安装注意事项

（1）施工前应熟悉安装通用要求，并检查确认均已满足。

（2）插座和取样短管安装过程，使用磨光机进行打磨时，磨光片固定应牢固、不受潮、无裂纹，使用前应检查电气回路的绝缘情况，使用时应戴防护镜，面部与磨光机保持 30cm 以上距离；待机械确已停转后才可放置，及时切断电源。

（3）在管道或设备的侧面（或底部）使用磁力钻开孔时应有防止突然失电而坠落的措施。

（二）测点位置选取与开孔

1. 测点开孔位置的选择

高温高压管道上测点开孔，通常在管道配管厂出厂前已完成，热工应与热力设备、管道专业配合，按设计和制造厂技术文件要求，检查确认这些预留孔和已安装的取源部件符合DL/T 5190.4的要求。其他测点需要现场开孔，开孔位置应按照设计或制造厂的规定进行；如无规定时，可根据工艺流程系统图中的位置，本着方便取源部件及敏感元件的安装、检修、维护的原则开孔，但要注意以下几点。

（1）测孔应选择在管道的直线段上。因为在直线段内，被测介质的流束呈直线状态，最能代表被测介质的参数。测孔应避开阀门、弯头、三通、大小头、挡板、人孔、手孔等对介质流速有影响或会造成泄漏的地方。

（2）不宜在焊缝及其边缘上开孔及焊接。

（3）取源部件之间的距离应大于管道外径，但不小于200mm。

（4）压力和温度测孔在同一地点时，压力测孔必须开凿在温度测孔的前面（按介质流动方向，如图2-5所示），以免因温度元件阻挡使流体产生涡流而影响测压。在同一处的压力或温度测孔中，用于自动控制系统的测孔应选择在前面。

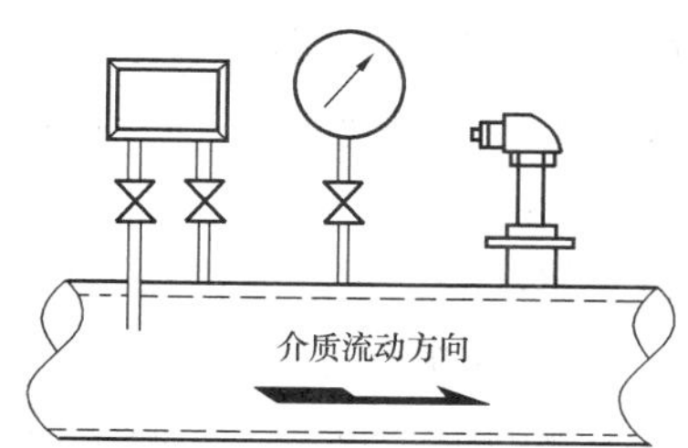

图2-5　取源部件安装流程图

（5）如在同一管道段上有多点压力或温度测孔用于不同控制回路时，其测孔的顺序应为自动、保护、测量，以提高自动测量信号的稳定性。此外根据独立性原则，测量、保护与自动控制用信号，不宜合用一个测孔。

（6）蒸汽管的监察管段用来检查管子的蠕变情况，严禁在上面开孔和安装取源部件。

（7）高压等级以上管道的弯头处不允许开凿测孔，测孔离管子弯曲起点不得小于管子的外径，且不得小于100mm。

（8）取源部件及敏感元件应安装在便于维护和检修的地方，若在高空处，应有便于维修的设施。

（9）流量、压力测孔与管道上调节阀的距离，上游侧应大于2D；下游侧应大于5D（D为工艺管道内径）。

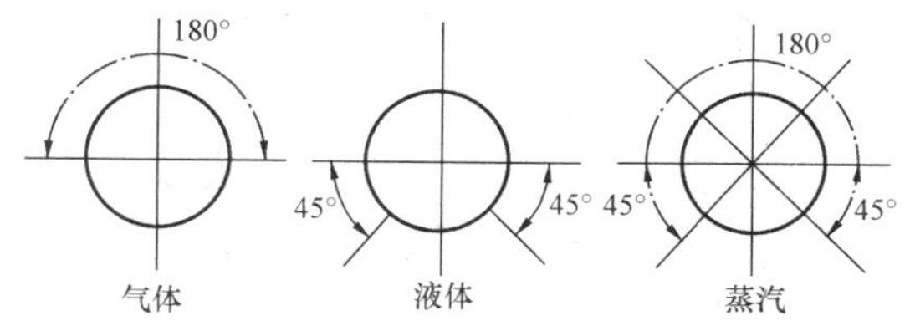

图2-6　压力测点的安装位置选择示意图

（10）水平或倾斜管道上压力测点的安装方法如图2-6所示。测量气体介质，应保证测量管道中的少量凝结液能顺利流回管道，不至于进入测量管路及仪表而造成测量误差，因此取压口应在管道的上半部。测量液体介质，应使测量管道中液体内析出的少量气体能顺利地流回管道，不至于进入测量管路及仪表而导致测量不稳定；同时还应防止管道底部的固体杂质进入测量管路及仪表，因此取压口应在管道的下半部，但不能在管道的底部，通常选择在管道水平中心线以下并与水平中心线成0°～45°夹角的范围内。测量蒸汽介质，应保持测量管路内有稳定的冷凝液，同时也要防止管道底部的固体杂质进入测量管路和仪表，因此蒸汽的取压口应在管道的上半部及水平中心线以下0°～45°夹角的范围内。

（11）汽轮机润滑油压测点应选择在油管路末段压力较低处，以保证管路末端油压低时保护能可靠动作。0.1MPa及以下液体压力测点开孔，应选择其标高和距离尽量接近测量仪表，以减少由于液柱引起的附加误差；凝汽器的真空测点应开在凝汽器的喉部的中心点上部。

（12）煤粉锅炉一次风压的测点位置，离喷燃器距离应不小于8m，防止受炉膛负压的影响而不真实，且各测点至喷燃器间的管道阻力应相等。二次风压的测点应在二次风调整门和二次风喷嘴之间，考虑到这段风道很短，因此测点应尽量离二次风喷嘴远一些，同时各测点至二次风喷嘴间的距离应基本相等为宜。

（13）炉膛压力测点应能反映炉膛燃烧的压力变化的真实工况，如果位置过高，与过热器距离过近会使测量的负压偏大；位置过低时离火焰中心距离近，测量的压力不稳定，对负压锅炉还可能出现正压；选在单边侧墙也不能反映炉内压力的真实变化（炉内四周压力不均衡），因此炉膛压力测点位置至少应取在锅炉两侧（最好左、右侧和前墙三边）、喷燃室火焰中心上部，并在锅炉水冷壁管的间隙中取样。

（14）锅炉烟道上的过热器、省煤器、空气预热器的前后烟气压力取样点，应取在烟道左右两侧的中心线上。大型锅炉通常在烟道前后侧取压，此时测点应在烟道断面的四等分线的1/4与3/4线上；左右两侧压力测点的安装位置必须对称，并与相应的温度测点处于同一横断面上。

2. 测点开孔

测孔的开凿，一般应在热力设备和管道正式安装前或封闭前进行，如必须在已冲洗完毕的设备和管道上开孔时，除证实其内没有介质外，还必须有防止金属屑粒掉入设备和管道内的措施（如开凿的同时用吸尘器吸取铁屑）。当有异物掉入时必须设法取出（如用铁丝裹着双面胶带、小块磁铁或吸尘器等）。

在压力管道和设备上开孔时，采用机械钻孔（通常用磁性钻或扳钻）。施工前先将取源部件的型号用记号笔标识在取源部件醒目的位置上，标识要清晰可见。冲头在开孔部位的中心位置打出一点，用与插座内径相符的钻头对准该点，保持钻头中心线与本体表面垂直进行钻孔，钻孔应满足直径误差小于或等于1mm，垂直偏差小于或等于3mm；刚钻透即停钻，移去钻头，取出孔壁上的铁片；圆锉去除孔四周毛刺。

烟、风道上开孔时，先将取源部件放置在需要安装的位置上，用笔在其边缘勾画出轮廓，然后用氧一乙炔焰沿着画线进行切割，但不得使用电焊割除，切割前先将钢筋焊在要割下来的铁板上，在切割结束后，可以方便地将割下来的铁板取出，防止掉入管道或设备内；在切割结束后，用扁铲剔去熔渣，再用圆锉或电磨等修正测孔，使取源部件能插进测孔中（测孔的孔径可等于，但不得小于取压插座或取压装置的内径）。

现在由于新型合金钢的应用，焊接要求比较高，所以四大管道测点的开孔与插座焊接，一般在管道配管厂按设计要求位置完成。

（三）取源部件的安装

1. 安装焊接要求

热力设备或管道上现场开孔的插座安装，采用焊接时，应遵照焊接及热处理的相关规

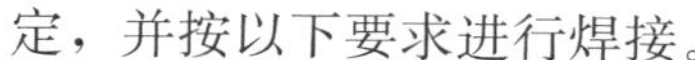

定，并按以下要求进行焊接。

（1）合金钢部件的材质应符合设备技术文件的规定；安装前必须进行材质复查，并在明显部位做出标记；同时，要特别注意根据焊接技术交底中不同钢材所对应的焊条（焊丝）要求选择焊接用的焊材。

（2）焊接前，检查插座应有焊接坡口，用锉刀或砂布打磨坡口及测孔的周围，直到出现金属光泽，并清除掉测孔内边的毛刺。

（3）因压力、差压测量的是静压力，因此，压力、流量的测量取源部件严禁超出被测设备或管道的内壁。测温元件插座焊接时，应用石棉布覆盖丝扣以防止焊渣溅入。

（4）插座的安装步骤为找正、点焊、复查垂直度、施焊，焊接过程中禁止摇动焊件。安装结束后应核对标记，标记不清者应再进行一次材质复查。合金钢焊件点焊后，必须先经预热并达到钢号对应的预热温度后才允许焊接，焊接后的焊口必须进行热处理。插座焊接或热处理后，必须检查其内部，确认不存在焊瘤。

（5）带螺纹的插座焊接后应用合适的丝锥重修一遍螺纹。插座或取样短管焊后应采取临时措施（如胶带包扎）封口，防止异物落入孔内。性能试验用的温度插座需加工堵头封堵。

此外，在保温的管道上安装时，取压短管和温度插座应有足够的长度，使其端部能露在管道保温层外面（如图 2-7 所示）。

图 2-7 保温管道上安装的取源部件

2. 取源部件的安装工艺

（1）取压部件安装工艺。取压装置（或称取样部件、取压短管）用以摄取容器或管道的静压力，因此将制作好的取压短管插入测孔内时，其端头应与内壁齐平，不得伸入内壁且均无毛刺（否则会使介质产生阻力，形成涡流，并受动压力影响而产生测量误差），插入后进行点焊，再调整，使取压短管安装垂直偏差小于或等于 2mm，然后进行满焊。

取压装置的形式应根据被测介质的特性选择，常用的安装方式如下。

1）凝汽器的真空测点在凝汽器喉部的中心点上，取样装置的安装如图 2-8 所示。包括扩容管、疏水容器、回水管等部分。扩容管从凝汽器喉部插入并向下倾斜，管端不封口，便于管内凝结水流回凝汽器，管内两排 $\phi5$ 的小孔朝下，背向低压缸排汽方向。扩容管经导压管引出接至疏水容器的上部，疏水容器下部接回水管，经一定高度的水封 U 形弯管与热井相通。测量仪表的导压管从疏水容器顶部接出，疏水容器的安装标高应使容器中位线高于凝汽器的最高水位。这样，疏水容器的上半部在运行中始终处于汽侧，测量仪表的导压管内不

图 2-8 凝汽器真空测点安装位置

会因水封而受影响。

2）测量蒸汽、水、油等介质压力的取压装置由取压插座、导压管和取源阀门组成，一般情况取源阀门应直接安装在取压插座后；如果操作不方便，可以加装导压管延伸后安装取源阀门，但这种情况下要考虑导压管的安全系数。

3）测量含有微量灰尘的气体压力时，应采用有防堵功能或带有吹扫结构的取压装置，利用连续在测点内通风的方法防测点堵塞。其中烟、风、煤粉取压管，在水平管道上安装时，防堵装置应与管道垂直，偏差小于或等于 0.5mm；在炉墙和垂直烟道上安装的取压装置与水平线所成的夹角以 60°为宜。根据含灰量的大小选用取压装置的直径和堵头形式，测量的气体压力含灰尘量较少时，导压管通常采用公称直径 DN25～DN40 的镀锌管，堵头采用丝口连接；测量的气体含灰尘量较多时，导压管采用 ϕ60 的钢管。测量炉膛压力时，取压装置安装在炉膛拼装时进行，安装时倾斜向上，与水冷壁的角度成 60°为宜，如图 2-9（a）所示。现在炉膛压力及烟风系统压力取压广泛采用补偿式风压测量防堵吹扫装置，如图 2-9（b）所示。补偿式风压测量防堵吹扫装置由两大部分组成：恒气流控制箱和取样吹扫器。该装置的测量原理是利用连续在测点内通风的方法使测点防堵，并利用流体力学的动压补偿方法消除因反吹扫空气产生的压差，从而保证准确的测量值，具有结构合理、安装方便、永不堵塞、测量准确等一系列优点。此外，取压装置安装时，应根据设备或管道保温层的厚度，焊接相应长度的加长管，确保取压装置引出口检修方便。

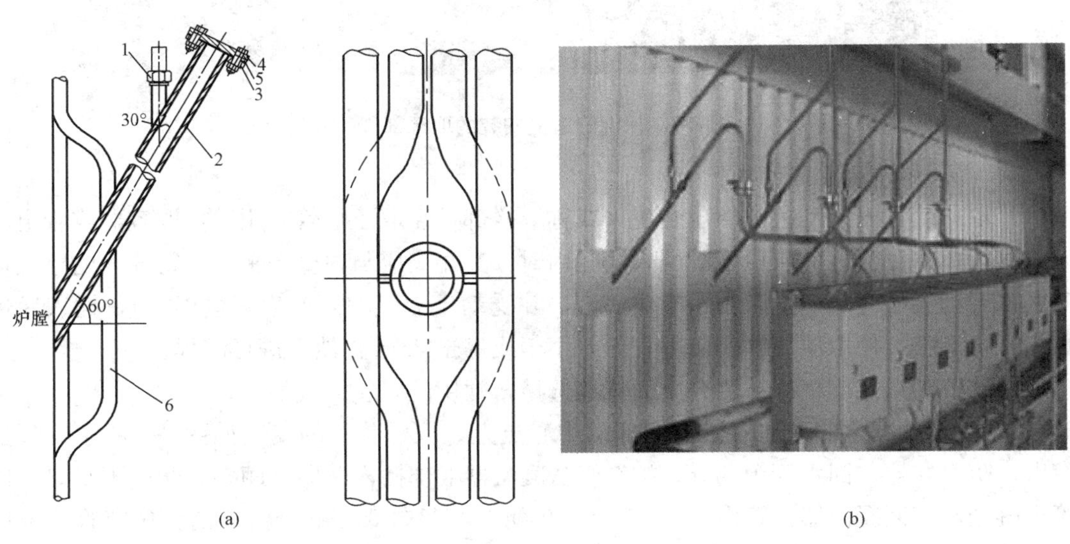

图 2-9 炉膛压力取压装置及防堵吹扫装置安装示意图

（a）炉膛压力取压装置的安装图；（b）补偿式风压测量防堵吹扫装置

1—可拆卸管接头；2—取压管；3—法兰；4—法兰堵头；5—石棉垫；6—锅炉水冷壁管

测量气、粉混合物压力时，取压装置必须带有足够容积的沉淀器将煤粉与空气分离后，靠煤粉重量返回气、粉管道。其中带直立沉淀器的风压取压装置，适用于周围空间较宽广的场所，取压管采用公称直径 DN70～DN100、长 1m 以上的镀锌管，其安装方法如图 2-10 所示。在水平管道上安装时，取压装置与管道介质流向成 45°角，在垂直管道上安装时，取压装置下部的弯曲半径尽可能大，并尽量避免安装在流速上升的垂直管道上。煤粉管道上取压装置垂直安装在顶部。风压的取压孔径应与取压装置外径相符，以防堵塞，取压装置应有吹扫用的堵头和可拆卸的管接头。

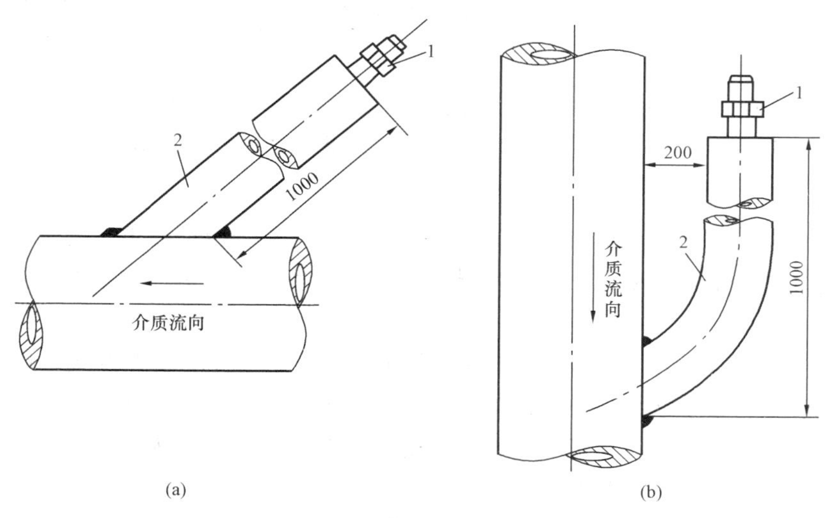

图 2-10 带有直立沉淀器的风压取压装置安装

(a) 安装在水平管道上；(b) 安装在垂直管道上

1—可拆卸管接头；2—直立沉淀器取压管

(2) 温度插座安装工艺。温度插座安装前，应确认插座的型号、丝扣与测温元件配套（提前与测温元件试装）后，方可进行安装；安装在烟、风、制粉管道上的温度插座，应根据其安装位置的保温层厚度加装一段加长管（但要保证元件插入深度为管道的 1/3～1/2），使温度插座露在保温层外，以便温度元件的更换。温度插座插入测孔后点焊、调整，然后进行满焊，焊接应符合焊接规范要求。

温度插座安装应满足测温元件插入深度的要求：其中高温高压（主）蒸汽管道的公称通径不大于 250mm 时，插入深度宜为 70mm，公称通径大于 250mm 时，插入深度宜为 100mm；一般流体介质管道的外径不大于 500mm 时插入深度宜为管道外径的 1/2，外径大于 500mm 时插入深度宜为 300mm；回油管道上测温器件的测量端，必须全部浸入被测介质中；当测温元件过长时，可在测孔与温度插座之间增加加长管（注意规格、材质与温度插座相同），使测温元件的插入深度满足测量要求。在直径为 76mm 以下且公称压力不大于 1.6MPa 的管道上安装的温度插座，也可采用在弯头处沿管道中心线迎着介质流向的方向进行安装［如图 2-11（a）所示］，低压管道上的温度插座可以倾斜安装，其倾斜方向应使感温端迎向流体［如图 2-11（b）所示］，也可采用加装扩大管的方法［如图 2-11（c）所示］安装。

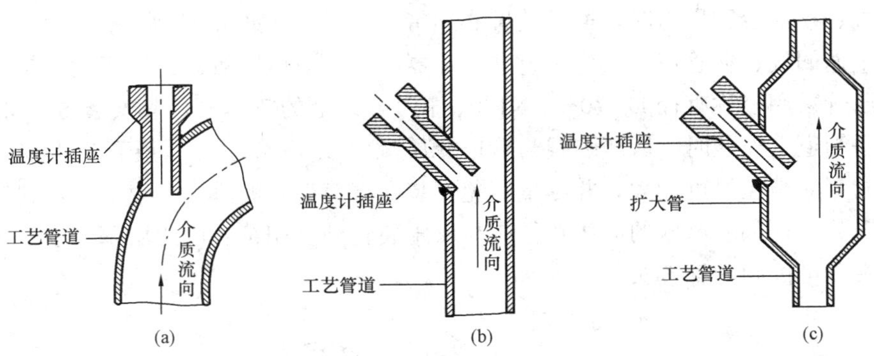

图 2-11　弯头、垂直、76mm 以下管道上温度计插座安装示意图

(a) 弯头处温度插座安装；(b) 直通管温度插座倾斜安装；(c) 加装扩大管后温度插座安装

3. 取源阀门的安装

(1) 连接形式。安装时要确保取源阀门的型号、规格符合设计要求，安装箭头与介质流向相同。安装方式根据阀门型号不同而各异，其与取样短管和测量仪表管的连接方式有以下几种。

1) 焊接连接用于焊接式截止阀，焊接方式有对接焊方式和承插焊方式。用于高压的阀门焊接，如主蒸汽、给水系统，宜采用对接焊；其他的可采用对接焊或承插焊方式。若截止阀焊接口内径与连接短管直径接近，可直接对焊，若截止阀焊接口内径与连接短管内径差异在 1mm 以上，应采用变径管过渡。

2) 法兰连接：适用于连接形式为法兰的截止阀。

3) 螺纹直接连接：适用于连接形式为管内螺纹的截止阀。

4) 压垫式接头连接：适用于内螺纹或外螺纹的碳钢或合金钢截止阀的连接。

(2) 取源阀门的安装要求。安装前，检查取压阀门的型号规格应符合设计要求；经严密性试验且合金钢、不锈钢等材质的阀门光谱分析合格后，方可安装。

安装时，阀门阀体上的箭头指示方向与介质的流向一致，或使被测介质的流向由阀芯下部导向阀芯上部，不得反装。其阀杆应处在水平线以上的位置（如图 2-12 所示），以便于操作和维护。安装焊接阀门时，应使焊接阀门入口中心线与取压管中心线同心，不得错口。

高温高压取源阀门，应为两个阀门串联焊接，均露出保温层；安装位置应尽可能接近取样点并方便操作和维护，否则应考虑加装操作平台。阀门无法固定时，应制作阀门支架进行安装。

当阀门直接焊在插座上时，可根据实际情况决定是否采用支架进行固定，如采用支架固定时，支架应考虑热膨胀，阀门采用抱箍固定在支架上或用管卡固定阀门两端管子在支架上。支架的固定，在低温低压容器或管道上可采用焊接方式，在高温高压和合金钢材料制成的容器或管道上采用抱箍卡接，在其他钢结构上采用焊接方式，但要考虑到本体的膨胀（如取样短管与阀门间的连接管采用 S 形或 U 形管，支架或阀门抱箍上的螺栓孔采用椭圆形长孔，以便于固定时调节）。

当选用工艺阀门作为仪表一次阀时，由于阀门本身重量增加而往往需要加装固定支撑，通常的做法可考虑适当延长一次阀前仪表导管长度或将一次阀前仪表导管制作成一个膨胀弯

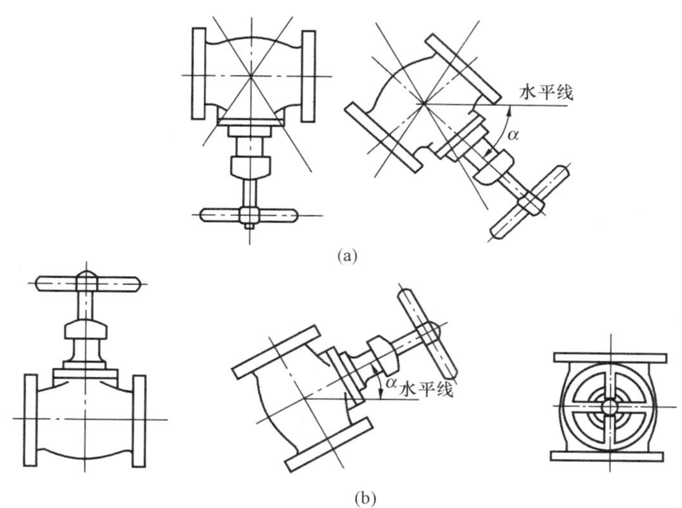

图 2-12　取源阀门的安装
(a) 不正确的阀门安装位置；(b) 正确的阀门安装位置

(如图 2-13 所示，膨胀弯的具体尺寸可视弯管机的具体情况而定)，来降低一次阀的运行温度，消除因工艺管道膨胀、振动所引起的焊口应力，增加提高阀门的可靠性和使用寿命。此外，为防止汽或水积聚，膨胀弯的弯头应水平方向布置。

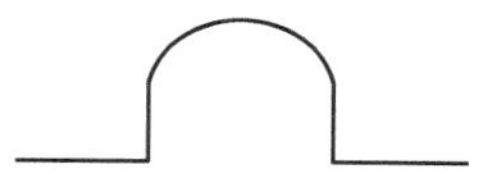
图 2-13　膨胀弯示意图

测量高温高压水、汽的取源阀门，安装位置应位于工艺管道取压口的下方，以使阀门前的管路有水凝结而降低阀门的运行温度，延长阀门的使用寿命。

4. 取源部件安装后的成品保护

管道测孔开凿后，一般应立即焊上插座或取压短管；插座或取压短管焊接冷却后应采取临时措施进行封闭（一般采用胶带封堵或加工特制堵头进行封堵），如不能及时焊接插座或取压短管的，则应对管道的开孔采取临时封闭措施（一般采用胶带封堵）；取样阀门安装后，同样要及时采取相应的临时封闭措施，防止异物掉入阀孔内。

5. 压力取源部件的安装验收

汽、水、油管路压力取源装置安装检查验收见表 2-2；烟、风、煤粉管道压力取源装置安装检查验收见表 2-3（注：本章内所有安装检查验收表均参照 DL/T 5210.4—2009《电力建设施工质量验收及评价规程　第 4 部分：热工仪表及控制装置》相关规定。表格内所提及的各附录和规定即为该验收及评价规程所附的附录和规定）。

表 2-2　　汽、水、油管路压力取源装置安装检查验收

工序	检验项目		性质	单位	质量标准	检验方法和器具
测点位置	测点部位				符合设计	核对
	测孔与焊缝间距				在焊缝或热影响区外	观察
	压力与温度测孔*	位置	主控		按介质流向，压力测孔在温度前	观察
		距离		mm	>D，且>200	用尺测量

续表

工序	检验项目		性质	单位	质量标准	检验方法和器具
测点位置	倾斜或水平管上测孔方向	蒸汽	主控		水平中心线上或下45°夹角内	观察
		气体	主控		在水平中心线以上	观察
		液体	主控		在水平中心线以下45°夹角内	观察
取源装置安装	取压短管材质				符合设计	核查
	测孔直径与取压短管内径偏差			mm	0.5～1	用尺测量
	测孔光洁度				光滑、无毛刺	观察
	取压短管垂直偏差			mm	≤2	用尺测量
	取压短管插入管内的位置		主控		不超出管内壁	观察
	焊接及热处理				符合DL/T 5210.7—2010的规定	核查
	安装位置				符合设计	观察
	进出口方向				正确	
取源阀门安装	安装固定				端正牢固	观察
	与管路连接				牢固，无渗漏	
	型号、规格				符合设计	核查
	垫片材质				符合DL/T 5210.4—2009中附录B	核查
	标志牌				内容符合设计，悬挂牢靠，字迹不易脱落	核对

* 当直管段长度满足要求时，压力与温度测孔位置不受限制。

注 *D*为被测管道外径。

表2-3　烟、风、煤粉管道压力取源装置安装检查验收

工序	检验项目	性质	单位	质量标准	检验方法和器具
测点位置选择	测点部位			符合设计、安装维修方便	核对观察
	测孔与焊缝间距			在焊缝或热影响区外	观察
	两测孔间距		mm	＞*D*，且＞200	用尺测量
	测孔位置			左右侧对称	观察
取源装置安装	测孔直径与取压管内径偏差		mm	0.5～1	用尺测量
	测孔光洁度	主控		光滑、无毛刺	观察
	分离器取源装置垂直偏差		mm	≤0.5	用尺测量
	炉墙取压管伸入位置	主控		与炉墙内壁齐平	观察
	炉膛取压管倾斜度			30°～45°	用尺测量
	风压防堵装置	主控		角度和方向符合制造厂规定	核对
	焊接			符合DL/T 5210.7—2010的规定	核对
	严密性			严密不漏	检查风压记录
	标志牌			内容符合设计，悬挂牢靠，字迹不易脱落	核对

注 *D*为被测管道外径。

二、测温元件的安装

测温元件安装一般包括：汽、水、油管道上测温元件安装；烟、风、煤粉管道及设备上测温元件安装；测量金属壁温无固定装置的铠装热电偶安装；测量金属壁温可动卡套装置的铠装热电偶安装和测量金属壁温的专用热电阻的安装。其工艺流程图如图 2-14 所示。

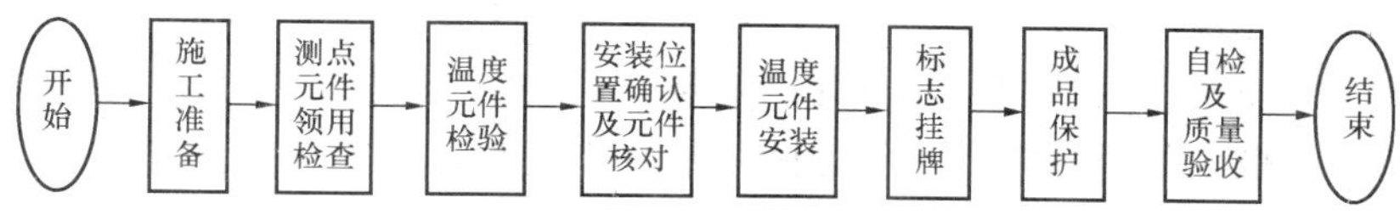

图 2-14　测温元件安装工艺流程图

（一）测温元件安装准备

1. 作业条件

施工前应熟悉第二章中安装通用要求，并检查确认均已满足。

测温元件必须经检验合格，并贴有合格证后方可使用。带螺纹的插座，其规格及螺纹与待装测温元件的规格及螺纹应相配套。

2. 加工件的选择与加工

插座的形式、规格与材质必须符合被测介质的压力、温度及其他特性（如黏度、腐蚀性等）的要求。带螺纹固定装置的测温元件插座安装前，必须核对其螺纹尺寸（应与测温元件相符）。

3. 安装注意事项

（1）安装前应注意检查测量元件的绝缘符合要求、极性标识正确，特别是接壳式测温元件，安装后测量端已接地而无法再测量其对地绝缘，因此要确保检查正确。

（2）金属壁温元件安装时，与承压部件有关部位的焊接工作，应在水压试验前完成。固定装置与被测金属壁应焊接严密、牢固。安装测量元件时，要保证测量端与金属表面紧密接触，可靠固定并一起保温。由于金属壁温元件的安装施工周期长、各专业的立体交叉作业多且安装空间小，因此安装过程要做好防护措施，用石棉布对壁温元件进行缠绕包扎，以避免焊接过程中产生的焊花击伤或焊接时产生的接地现象损伤壁温元件。同一走向的铠装热电偶敷设，应整齐、美观，引出部分应加装保护管。

（3）做好隐蔽工序签证和记录。隐蔽测量件的安装，应同时有两人以上工作并进行复核、记录和签证。安装后保温前应复核挂牌编号与设计测点编号的一致性、接线的正确性和元件的完好性，最简单直接可靠的方法是用乙炔焊枪或电吹风对被测量端加热（前者要保持足够的距离），通过另一端测量信号值的变化来进行判断，确保可以正常使用。

（4）测量金属壁温无固定装置的铠装热电偶时应插入紧密、稳固；测量烟、风、煤粉管道及设备的测温元件，应安装紧固、严密；接线线端连接正确、牢固；测温元件拆回校验时盒盖必须装好，防止灰尘进入。

（二）带保护套管的感温元件安装

1. 安装前检查

通用安装要求满足，用 500V 绝缘电阻表测量热电偶绝缘电阻应大于或等于 100MΩ，用100V绝缘电阻表测量铂热电阻的绝缘电阻应大于或等于100MΩ、铜热电阻绝缘电阻应大于或等于50MΩ。在元件的搬运过程中应注意保护温度计的玻璃、热电偶、热电阻的接线盒及连接螺纹完好。做好防可动卡套接头遗落措施。

2. 基本安装方式

有保护套管和固定装置的测温元件，通常采用插入式安装方法，保护套管直接与被测介质接触。根据测温元件固定装置结构的不同，安装形式主要有以下几种。

(1) 螺纹固定安装。其中固定装置为固定螺纹的有热电偶、热电阻、双金属温度计等，可将其固定在有内螺纹的插座内，它们之间用垫片作密封；固定装置为可动螺纹的双金属温度计，可将其插入带内螺纹或外螺纹的插座内，之间加密封垫，再用可动外螺纹或内螺纹压紧密封。

安装前应检查插座螺纹和清除内部的氧化层，并在螺纹上涂擦防锈或防卡涩的涂料。测温器件与插座之间，应装垫片并保证接触面密封。若插座全部在保温层内，则应从插座端面起向外选用松软的保温材料进行保温。

(2) 活动紧固装置安装。如压力式温度计、无固定装置的热电偶或热电阻，测温元件安装前缠绕石棉绳，放置密封垫片，套下紧固座，用紧固螺母压紧石棉绳，以固定测温元件使其密封。这种形式的优点是插入深度可调，但只适用于工作压力为常压的测量。

图2-15 套管与插座密封焊

(3) 直接焊接安装。测温元件套管与插座间采用焊接安装方法，多用于中温中压或高温高压管道上的热电偶和热电阻安装，焊接前应先抽出热电偶或热电阻芯，将温度套管插入固定座，插入深度确定好后先点焊、调整垂直度再密封焊，待焊接冷却后再装入热电偶或热电阻芯，以免高温损坏元件，如图2-15所示。

(4) 法兰安装。法兰式热电偶或热电阻安装时，先在元件上的法兰与固定在短管上的法兰间放上垫片作密封用，然后通过螺栓紧固。

(5) 卡套固定式安装。将温度套管插入固定座，确定好插入深度，并在温度套管上做好标记，焊好在固定座上，然后插入铠装垫电偶或热电阻，用卡套接头紧固。铠装热电偶或热电阻采用卡套装置固定时，热电偶浸入被测介质的长度应不小于其外径的6～10倍；铠装热电阻浸入被测介质的长度应不小于其外径的8～10倍。

3. 安装工艺

(1) 汽、水、油管测温元件安装。

1) 插入深度。热电偶或热电阻插入管道的深度，当高温高压蒸汽管管道外径D大于250mm时宜为100mm，不大于250mm时宜为70mm。对于一般流体管道，当外径D大于500mm时插入深度宜为300mm，不大于500mm时插入深度宜为$1/2D$。

压力式温度计的温包、双金属温度计的感温元件、回油管道上测温器件的测量端必须全部浸入被测介质中。容器中安装感温件时，其插入深度应能反映被测介质的实际温度。直径小于76mm的管道上安装感温件时，应加装扩大管或选用小型感温件。

2) 安装方向。在公称压力不大于1.6MPa时，热电偶、热电阻也可采用在弯头处沿管道中心线迎着介质流向插入［如图 2-16（a）］所示。当测温元件安装于高温高压汽水管道上时，应垂直于管道中心线；低压管道上倾斜安装时，应使感温端迎向流体，如图 2-16（b）所示。

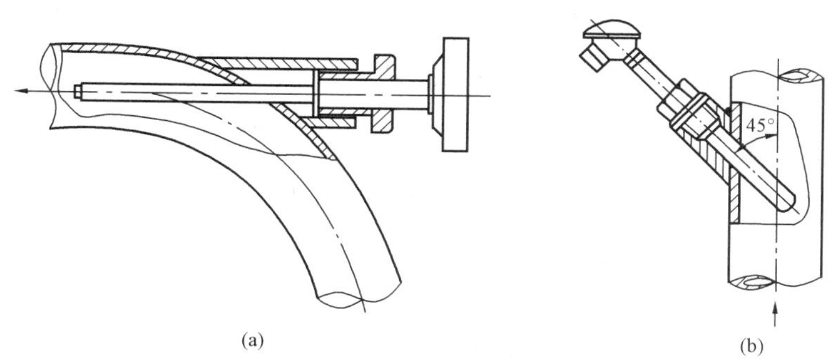

图 2-16 低压管道上测温元件可采用的安装方式
（a）垂直弯头处测温元件安装方式；（b）倾斜管道上测温元件安装方式

3）注意事项。安装于高温场所的元件接线盒应采用瓷接线柱；安装于隐蔽处或机组运行中人员无法接近的地方时，其接线端应引到便于检修的场所。所有测温元件接线盒的进线口不应朝上，水平装设的应朝下，以防止杂物等落入接线盒内；接线后的进线口应封闭，防止雨水进入，热电偶接线连接补偿导线时应注意正负极性的正确性。

压力式温度计的温包应立装，毛细管应敷设于槽盒或开槽钢管内，沿途弯曲半径应不小于 50mm，环境温度应较稳定，过热、过冷场所应采取隔离措施，有防止损坏或折断的保护措施，剩余部分毛细管应盘绑固定。其显示仪表安装位置应便于检修，且尽可能和温包安装位置处于同一水平位置，以消除液柱差的静压力引起的测量误差。双金属温度计应安装便于观察和不受机械损伤的地方。

汽轮机七级抽汽和八级抽汽温度的测温元件，一般采用带固定卡套螺栓的铠装热电偶，在管道上安装通常带有温包套管。焊接温包套管后，铠装热电偶从卡套孔里引出到凝汽器外壁时，要注意检查固定卡套的橄榄碗是否密封，若是开口橄榄碗必须更换密封橄榄碗，否则就会影响凝汽器真空度。

承受压力的插入式测温元件，采用螺纹或法兰安装时，安装前各结合面应先使用凡尔砂和专用磨具进行研磨、清除干净，然后按规定选用垫圈（当压力大于 6MPa，温度大于 425℃时密封垫圈应用不锈钢齿形或石棉绕不锈钢垫圈；当压力小于 6MPa，温度小于 425℃时，密封垫圈可用退火紫铜垫圈），紧固后确保结合面处的密封。常用密封材料品种及适用范围见表 2-4。

安装前应对固定插座螺纹进行检查，螺纹不好的可用丝锥处理。对于承受压力的插入式测温元件应在丝扣部分涂擦适量防锈和防卡涩的石墨粉或二硫化钼，以利于拆卸。安装时使用合适的扳手，可套管加长扳手的力臂进行紧固。

表 2-4　　常用密封材料品种及适用范围

垫片		适用范围		
种类	材料	压力（MPa）	温度（℃）	介质
纸垫	青壳纸		<120	油、水
橡胶垫片（HG 20627—2009）	天然橡胶	≤0.6	−50～90	水、海水、空气
	合成橡胶	≤1.0	−30～100	
工业橡胶板（GB/T 5574—2008）		≤1.0	−20～100	水、空气
合成纤维橡胶垫片（GB/T 9129—2003）	无机	<2.0	−40～290	空气、蒸汽、水、惰性气体
	有机	<2.0	−40～200	
聚四氟乙烯垫	聚四氟乙烯板	≤4.0	−196～260	水、氢气、浓缩碱、溶剂、润滑油、抗燃油
	聚四氟乙烯包覆垫	≤4.0	0～150	水、酸碱、溶剂
柔性石墨复合垫	低碳钢	≤11.0	≤400	水、蒸汽
	0Cr18Ni9		≤650	
缠绕式垫片	柔性石墨	1.0～16.0	≤650	水、蒸汽、空气、惰性气体
	聚四氟乙烯		≤200	水、酸、碱
金属平垫	铝	<4.0	≤200	水
	铜	4.0～16.0	≤300	润滑油
	低碳钢	4.0～25	≤400	水、蒸汽
	0Cr13，1Cr13	6.4～42.0	≤540	水、蒸汽
	0Cr18Ni9	6.4～42.0	≤600	水、蒸汽
金属齿形垫	10 或 08、软铁	4.0～42.0	≤400	水、蒸汽
	0Cr13		≤540	
	304 或 316		≤650	
	0Cr19Ni9		≤600	
	00Cr17Ni14Mo2		≤450	
金属环垫	10 或 08、软铁	6.4～42.0	≤400	水、蒸汽
	0Cr13		≤540	
	304 或 316		≤650	
	0Cr19Ni9		≤600	
	00Cr17Ni14Mo2		≤450	

注　本表摘自 DL 5190.4—2012。

（2）烟、风、煤粉管道及设备测温元件安装。烟、风、煤粉管道及设备测温元件安装示意图如图 2-17 所示，安装后要求元件装配紧固、严密、不漏。

安装的测温元件，若插入深度大于 1m 时，应优先选择垂直安装方式，否则应加装图 2-18 所示的保护管或支撑架以防弯曲。

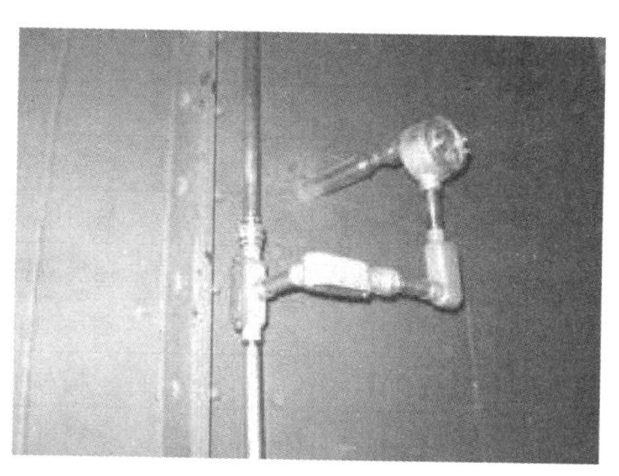

图 2-17 烟、风煤粉管道及设备测温元件安装示意图

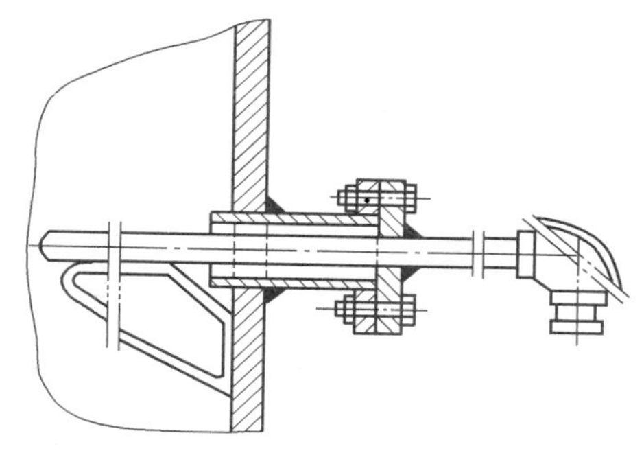

图 2-18 支撑架的安装方式

在介质流速较大的低压管道或气粉混合物管道上安装测温元件时，应装有保护管、保护角铁等防护措施，安装方向应凸边迎着介质流向且固定牢固，以防止测温元件被冲击和磨损，如在锅炉烟道、送风机出口风道、汽轮机循环水管道上垂直安装的测温元件，可加装如图 2-19（a）所示的保护管。如在风粉混合物管道上垂直安装测温元件时，可加装如图 2-19（b）所示的可与测温元件一同拆卸的防磨损保护罩。

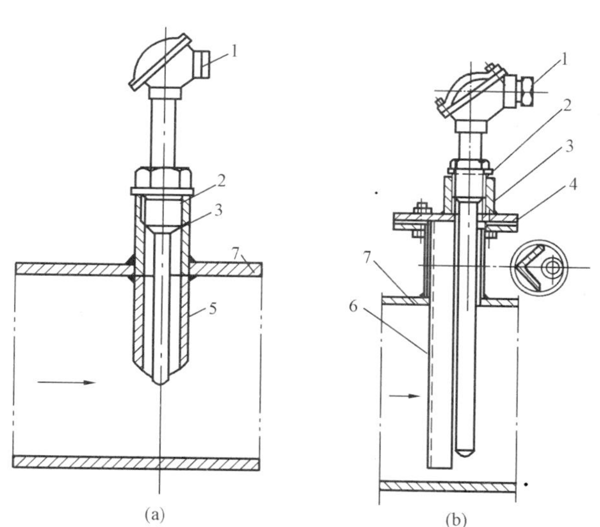

图 2-19 避免介质流体冲击的测温元件安装方式

（a）加装保护管；（b）加装可拆卸角钢

1—测温元件；2—密封垫片；3—插座；4—法兰；

5—保护管；6—保护角钢；7—被测介质管道

煤粉仓测温元件，从粉仓顶部垂直插入并采取加固措施，其插入深度宜分上、中、下三个位置，以测量不同断面的煤粉温度。磨煤机入口热风温度的测温器件，应安装在落煤管前。

4. 测温元件的安装及检查验收

（1）汽、水、油管测温元件安装及检查验收见表 2-5。

表 2-5　汽、水、油管测温元件安装及检查验收

工序	检验项目			性质	单位	质量标准	检验方法和器具
测点位置	环境					无剧烈振动	观察
	测点部位					符合设计，安装检修方便	核对观察
	间距	测孔与焊缝				在焊缝或热影响区外	用尺测量
		两测孔			mm	≥D，且>200	用尺测量
测孔开凿和插座安装	插座材质			主控		符合设计	核对
	插座尺寸					符合设计	核对
	测孔直径误差				mm	≤1	卡尺测量
	开孔垂直偏差				mm	≤3	用尺测量
	插座安装垂直偏差				mm	≤1	用尺测量
	焊接及热处理					符合 DL/T 5210.7—2010 的规定	核查记录
测温元件安装	检查	外观				完好	观察
		绝缘			MΩ	>100	用 500V 绝缘电阻表测量
		垫片材质		主控		符合 DL/T 5210.4—2009 中附录 B	核对光谱分析记录
	热电偶热电阻插入深度	高温高压蒸汽	D>250		mm	宜 100	核对
			D≤250		mm	宜 70	
		一般流体	D>500		mm	宜 300	
			D≤500			宜 1/2D	
	双金属温度计感温元件插入深度			主控		全部浸入被测介质	观察
	压力式温度计	温包插入深度		主控		全部伸入介质中	
		毛细管弯曲半径			mm	≥50	用尺测量
		毛细管保护设施				齐全、易检修	观察
		环境温度				无剧烈变化	观察
	元件装配			主控		紧固、无渗漏	查记录
	标志牌					内容符合设计，悬挂牢靠，字迹不易脱落	核对

注　D 为被测管道外径。

（2）烟、风、煤粉管道及设备测温元件安装检查验收见表 2-6。

表 2-6　烟、风、煤粉管道及设备测温元件安装检查验收

工序	检验项目	性质	单位	质量标准	检验方法和器具
测点位置选择	测点部位			符合设计、维护检修方便	核对
	测孔离焊缝的距离			在焊缝或热影响区外	观察
	两测孔间距		mm	>D，且>200	用尺测量
测孔开凿、插座安装	测孔边缘粗糙度			光滑，无毛刺	观察
	保护罩安装方向			凸边迎着介质流向	观察
	保护罩固定			牢固	试动观察
	插座安装			严密	查风压试验记录

续表

工序	检验项目		性质	单位	质量标准	检验方法和器具
测温元件安装	外观				完好	观察
	检查	绝缘电阻		MΩ	>100	用 500V 绝缘电阻表测量
		垫片材质			符合 DL/T 5210.4—2009 中附录 B	核对
	元件装配		主控		紧固、严密、不漏	查记录
	在烟风煤粉管上插入深度				(1/3～1/2) D	用尺测量
	煤粉仓	插入方向			从顶部垂直插入	观察
		插入深度			按设计规定分层	
	标志牌				内容符合设计，悬挂牢靠，字迹不易脱落	核对

注　D 为被测管道外径。

（三）测量金属壁温度的测温元件的安装

金属表面温度超温，轻则影响其寿命，重则威胁机组的安全运行，因此金属表面温度是运行中的重要监视参数。测量金属表面温度的热电偶、热电阻元件有铠装和专用两大类，其中锅炉汽包壁温、过热器管壁温、汽轮机的汽缸内外壁温和加热法兰、螺栓以及主蒸汽管壁温等温度通常采用铠装热电偶进行测量。汽轮机推力瓦块、大型转动机械的轴瓦、大型发电机和电动机的铁芯及线圈等温度通常采用专用热电阻，但也有采用专用热电偶进行测量。

1. 安装前检查

检查确认已满足第二章中的安装通用要求。对于测量端不接壳的铠装热电偶，用 500V 绝缘电阻表测量绝缘电阻大于 1000MΩ·m。用欧姆表测量电阻阻值应符合要求。

2. 安装时间

金属表面温度测量，最容易发生的故障是测温元件损坏、引出线断线或短路，这种故障除了对应参数失去监视外，参与保护的信号还可能导致机组跳闸，且这种故障一般要待停炉、停机，甚至要在机组 A 级检修时才能处理。因此测温元件的安装过程要特别小心，采用正确的安装方法，引出线可靠固定，安装后反复检查，确保安装质量。目前安装形式主要采用以下两种。

（1）曲面集热块固定板安装。目前锅炉金属壁温通常所采用的金属壁温元件多为 K 分度、直径为 $\phi3$～$\phi6$ 的铠装热电偶，热电偶的接线装置分无接线盒或有接线盒两种形式，带曲面集热块式热电偶如图 2-20 所示。

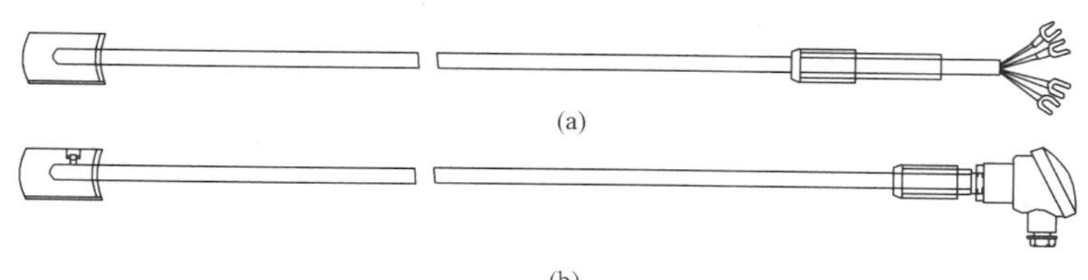

图 2-20　锅炉金属壁温的两种常用形式

(a) 热电偶前端与曲面集热块焊接无接线盒形式；(b) 热电偶前端与曲面集热块螺栓固定有接线盒形式

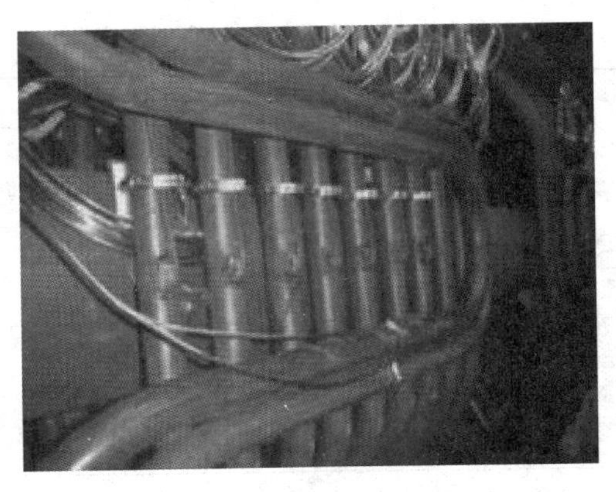

图 2-21　锅炉金属壁温安装

将带有不同曲面的集热块焊接于被测管壁上一般有两种方式：一种是被测管壁上已预留过渡焊接块，只需将集热块直接点焊在过渡焊接块上，此种焊接工艺要求相对低，损伤管壁的概率小；另一种是被测管壁无过渡焊接块，集热块直接点焊在被测管壁上（如图 2-21 所示的锅炉金属壁温安装），此焊接要求高，尤其在 T91/T92 的管屏上焊接，必须严格按照焊接规范要求焊接，必要时先试焊，经焊检合格后再正式焊接。

集热块焊接完成后，应对焊接点周围的管屏进行表面 PT 金相检查，确认管屏表面无裂纹、无咬边等缺陷；所有的焊接工作应在锅炉水压试验前完成。

（2）卡套固定式安装。测量所需要的引出仪表管长度，将加工引出仪表管成所需要的形状，并在引出端焊接固定卡套；在管壁测点处焊接引出仪表管，此项工作需在水压试验前完成。

3. 安装工艺

（1）测量锅炉金属壁温热电偶的安装。一般锅炉金属壁温测点位置，主要布置在各水冷壁引出管组、屏式过热器管组、中间过热器管组、末级过热器管组、末级再热器管组、各包墙引出管组、低温再热器管组、一级过热器管组、分离器壁、储水箱壁、炉膛顶棚出口集箱引出管，以及螺旋炉膛水冷壁管组和汽包等的外壁上。

锅炉金属壁温安装工作要仔细、有序，采用正确的安装方法，保证安装质量。

1）管壁材质的确认。锅炉金属壁温安装所涉及的管壁材质繁多，对焊接要求很高，按照厂家图纸所标明的管壁材质逐一进行光谱复核，并做好记录，确认材质相符。对于材质不相符的管壁需及时与业主、厂家沟通，待确认后方可进行焊接。

2）测点位置和安装位置的确定。锅炉金属壁温测点位置，一般都是根据锅炉厂家的测点图和设计院的图纸进行现场确定。但要注意锅炉左右和前后的测点命名，应保持与厂家图纸与设计院图纸的一致性。

一般要求测量锅炉过热器、再热器管壁温度的热电偶，其测量端宜装在离顶棚管上面 100mm 内的垂直管段上，当锅炉结构不允许时可适当上移调整，但装于同一过热器或再热器上的各测点对应的高度应一致。以保证金属壁温测量的一致性。通常锅炉厂家图纸上已标明测点安装位置的标高（如图 2-22 和图 2-23 所示）。

根据厂家图确定管排、管子号，确认测点对应的管排位置，在明确管排的顺序情况后进行编号做好标识，并根据元件穿出炉墙板的方式和路径，估算金属壁温元件的设计长度是否够长。依照锅炉厂家图纸上的标高位置逐一进行核对，确保安装高度一致。

焊接位置应避开管屏上的焊口并符合 DL/T 5210.7—2010 中规定的焊接和热处理要求。如管屏上带有厂家预先焊好的曲面焊接过渡板时，需核对过渡板数量有无缺少。锅炉的膨胀或下沉往往会造成金属壁温元件的损伤，通过核对现场安装环境和金属壁温元件的长度、型

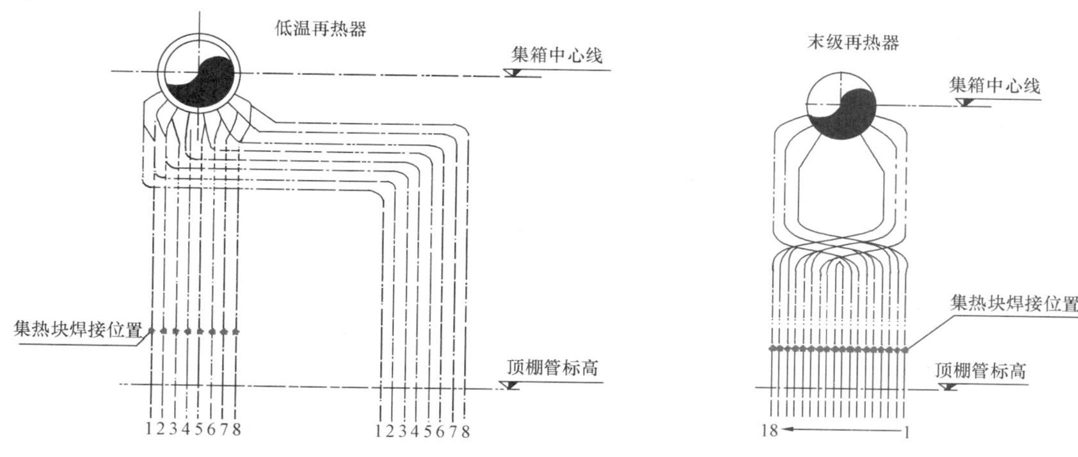

图 2-22　再热器金属壁温测点安装位置

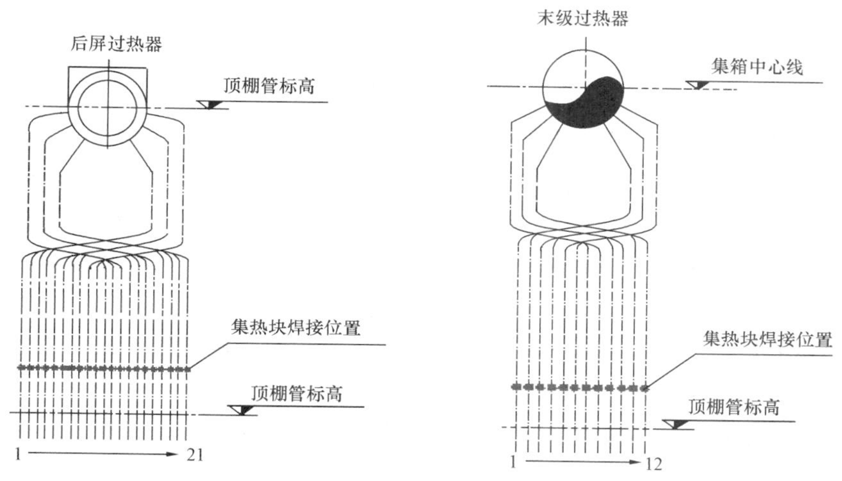

图 2-23　过热器金属壁温测点安装位置

号和规格，确定壁温元件的安装位置和安装方式。一般安装在螺旋水冷壁和水平烟道底部管屏的金属壁温，需考虑锅炉膨胀或下沉问题；若壁温元件引至炉顶通道旁边，则采取在小桥架内预留长度的方法消除膨胀的影响；若壁温元件安装在锅炉顶棚处，因其可随锅炉一起膨胀或下沉，可不考虑膨胀问题（如图 2-24所示）。

图 2-24　热电偶固定在锅炉本体上消除膨胀影响

汽包金属壁温安装位置由厂家预留，一般预焊了焊接块。除焊接块外，禁止在汽包上进行任何形式的焊接。

3）测量点的焊接。根据厂家图所要求的标高确定同一过热器和再热器左、右两侧的测点，并做好标记，再以这两点为基准，拉金属线确定中间位置的测点标高，注意拉好后的金属线应平直、水平，确保所有测量端的焊接高度一致。

焊接前，施工人员应已完成焊接技术交底工作，焊材及焊接方法等均经过焊接工艺评定。焊接的具体要求，由该工程监理、业主经过协商确定。

① 曲面集热块的焊接。曲面集热块一般情况下宜采用三点焊接的固定方式，焊缝长度一般要求大于或等于 10mm，具体视曲面集热块尺寸大小确定，如图 2-25 所示。

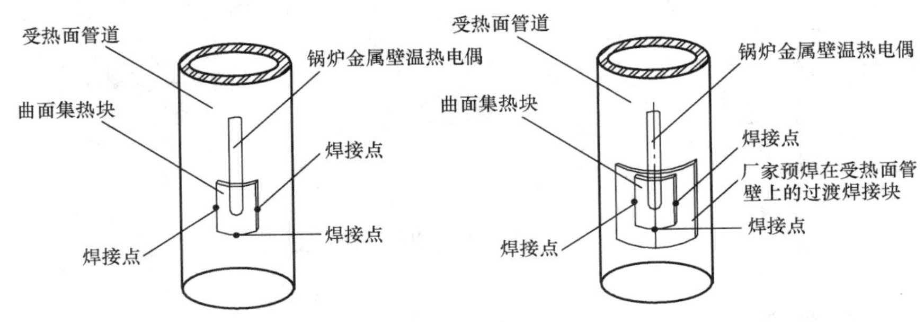

图 2-25　曲面集热块的焊接固定方式

为了测量准确，焊接前，用锉刀、砂布或钢丝刷对被测受热面管壁的焊接处和所焊集热块金属表面进行打光，注意只能在管壁表面打光，以除去管壁或集热块上的油漆或氧化层迹；操作时动作要轻，不要损伤到管壁，打光的面积不要太大，一般满足集热块的焊接即可。打光后，检查壁温元件曲面集热块的弧面、受热面管壁曲面集热块及被测金属壁表面应光滑、无毛刺并完全吻合。

曲面集热块的焊接工作应由合格持证焊工完成，点焊时采用氩弧焊且不得连续施焊，防止元件过热。不得随意在管屏及吊杆上引弧，焊接后不能与管屏有咬边现象。焊接后，检查曲面集热块与被测金属管壁表面之间应严密，重点检查管壁应无焊接缺陷。曲面集热块焊接完成后需要 100%的做渗透检测（也称 PT 检测）。对于壁温元件前端的测量端已焊接了过渡焊接块的，焊接后也就完成了热电偶在管壁上的安装。

对于锅炉厂家在受热面管壁上已预焊了过渡焊接块的，在仔细检查、核对无安装位置错焊和集热块漏焊的情况后，用磨光机等对过渡焊接块进行打磨，以除去过渡焊接块上的油漆或氧化层迹，然后再焊接测量端带有曲面集热块的壁温元件。

当热电偶前端的测量端与曲面集热块连接方式采用螺栓固定方式时，将热电偶插入集热块内并用螺栓固定紧固，为防止螺栓松动可将已紧固的螺栓与集热块进行点焊固定。

② 可动卡套装置取样管的焊接。带可动卡套装置的热电偶，在过热器管壁上垂直安装时可采用如图 2-26 所示的安装方式。安装前先将在受热面管壁测量处管壁表面打光，除去管壁上的油漆或氧化层，然后焊接一头已焊有卡套装置的不锈钢管仪表管，保护管弯曲弧度大于 130，其长度应能伸出炉顶护板保温层外。焊接后仪表管与过热器管壁间密封，其他焊接要求与曲面集热块的相同。最后插入铠装热电偶，直至测量端紧贴被测管壁的表面，再紧固卡套接头。

4）桥架或保护管的安装。为防止金属壁温元件受到机械损伤，可采用将壁温元件敷设在槽式桥架或保护管（规格一般采用 4 寸或 5 寸）的形式；单支的壁温元件裸露部分可采用套黄蜡管或加其他防护层的方法来保护热电偶不被焊花击伤。桥架和保护管的安装以不妨碍通道通行，与受热面的间距符合要求，简洁、整齐、美观为原则。

对于安装位置在顶棚上，壁温元件长度相对较短的壁温元件，在穿出顶棚时可采用一屏一根保护管的方法，以降低出错概率，并便于查找和核对。一般顶棚上的主通道桥架布置方向与管屏相垂直；垂直水冷壁和螺旋水冷壁的主通道桥架与管屏相平行，并需固定在锅炉本体上。

在炉顶棚大罩至接线盒或前置机（IDAS采集器或远程I/O柜）连接段，将小桥架或保护管断开至少约50mm以上，待测量元件敷设后对引出的桥架或保护管的接口处用密封胶泥封堵，以消除烟气通过桥架或保护管形成的导流现象，避免高温烟气烧坏桥架，保护管内的电缆和通信线，同时也可减少锅炉的热损失。

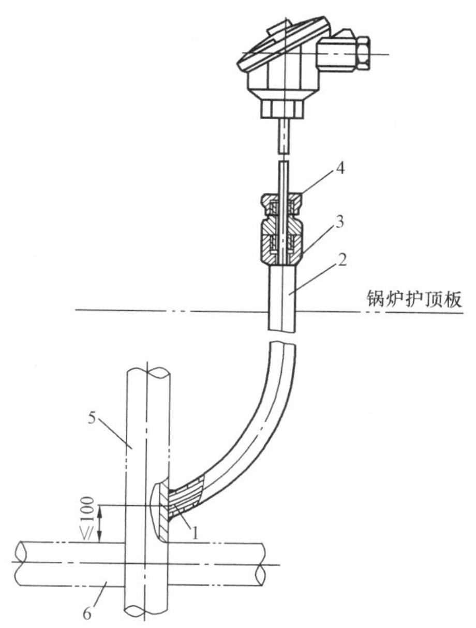

图 2-26 可动卡套装置的铠装热电偶在过热器管壁上的安装方式

1—铠装热电偶；2—不锈钢保护管；3—插座；4—卡套装置；5—过热器管；6—锅炉顶棚管

5）壁温元件固定支架的安装。对于末端带有接线盒且设计没有就地安装接线盒的壁温元件，其安装方式一般采用就地支架安装的方式，或借用桥架作为支架的安装方式。安装支架应整齐、美观、便于检修且不影响通道通行。将金属壁温元件安装在锅炉本体的支架上，使其与锅炉同体来消除锅炉膨胀或下沉所带来的影响，如图2-27所示。

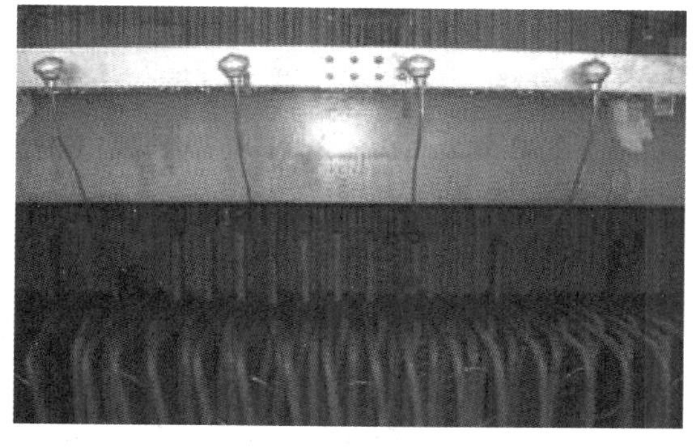

图 2-27 用桥架作为支架固定在锅炉本体上的壁温元件

6）壁温元件的安装和敷设。靠热端的热电偶电极应沿被测表面敷设不小于50倍热电极直径的长度，敷设时要顺着圆弧方向慢慢散开，使之平直不扭曲，禁止小弧度的弯曲，以免内部线芯间绝缘能力降低或短路，造成元件损坏；沿途隐蔽敷设的元件部分应固定牢固，穿出炉墙板时可采用从锅炉顶部棚处将元件相对集中引出或从锅炉的周边引出两种方式；穿过桥架接口处，采用橡胶皮包裹，以防损伤。

根据壁温元件的走向，沿途应留有一定的膨胀余地，穿过罩壳至固定支架的铠装部分要有一定的弧线，同一方向的壁温元件每隔一定间隔用细不锈钢丝绑扎牢固、编排整齐，防止振动磨损，由于大罩内温度高，细不锈钢丝需要确保材质可靠，否则会很快生锈断裂；引出段部分应有保护套管（内径应大于热电偶冷端参比端接头的最大外径）以免热电偶金属护套受损；多余的部分放入汇线槽内。

热电偶的冷端引出至炉顶罩外温度适宜的位置，确保接线维护方便，如图2-28所示。

再用补偿导引至前置器盒或温度补偿接线盒内。

锅炉壁温测点有数量多、分布比较集中、隐蔽保温后无法进行核对的特点，为保证安装后的正确率，安装时可采用透明胶带将壁温元件铭牌、标签和元件包扎一起，以避免铭牌掉落或标签损坏，而且方便核对。末端接线端头引到适合的位置固定后，应再次核对壁温元件的设计编号和挂牌正确，确保与现场安装位置一一对应。然后应用500V绝缘电阻表再检查每一支壁温元件的完好情况，绝缘电阻应大于1000MΩ·m，对于绝缘不好的壁温元件要检查确认并做好记录，损坏的及时更换，重新敷设。

7）接线盒或前置机的安装。顶棚接线盒和前置机布置的好坏直接影响走道空间，以及安装的美观度。一般采用以桥架主通道（多为400mm的槽式桥架）、接线盒和前置机安装位置同路径的方案。安装时接线盒或前置机正面与桥架盖板面平行、一致，并将电缆和通信线直接从桥架引入接线盒或前置机。接线盒或前置机应布置整齐、一致、有序。

8）成品保护。用石棉布对已敷设的金属壁温元件进行缠绕包扎保护，避免各种交叉作业对元件造成损伤；敷设完成后应及时进行桥架盖板的施工和桥架、保护管的封堵。此外对支架上已成排安装好的热电偶，应搭设防护架盖防雨布进行保护。

（2）汽轮机金属壁温测量铠装热电偶的安装。测量汽轮机金属壁温的铠装热电偶安装方法，与锅炉金属壁温的铠装热电偶安装方法基本相同。

1）安装位置确定。测量汽轮机缸体壁温的位置由制造厂给出；测量汽轮机前导汽管壁温的热电偶测量端应安装在水平管段下部。汽轮机防水保护的测温元件安装部位和插入深度根据设计或制造厂的规定确定。

2）固定装置焊接。焊接前依照厂家图及设计院图纸仔细核对固定装置和金属壁材质，并对固定装置和金属壁进行材质光谱分析，依照焊接技术交底及焊接工艺卡确认焊接所用焊丝。

3）元件安装。汽轮机缸体壁温铠装热电偶安装敷设时，考虑到缸体热膨胀，应留有一定余量，如图2-29所示。排列整齐，固定牢固。热电偶的冷端引到温度适宜的位置，确保接线维护方便。

图2-28　锅炉壁温冷端安装位置

图2-29　汽轮机缸体壁温铠装热电偶安装

安装就位后应复测热电偶的接地电阻，保证可以正常使用。

汽轮机缸体壁温热电偶支架应焊在缸体自带的保温钉上，或用带螺纹的螺杆支架通过螺接的方式安装在缸体上自带的螺母上进行固定，具体支架固定以实际情况确定，不得直接在缸体上进行支架的焊接。

（3）测量金属壁温的专用热电阻的安装。测量金属温度的热电阻采用插入或埋入的安装方式。其中测量电动机绕组和铁芯温度的热电阻，已由制造厂埋设并用导线引至接线盒。而测量转动机械轴承瓦温度和汽轮机推力瓦乌金面温度的热电阻，常采用插入接触式安装。

1）安装前检查。按设计或制造厂图纸，确定热电阻安装位置。检查型号规格应符合设计要求，外观无损伤。用100V绝缘电阻表测量绝缘电阻阻值，铂电阻（Pt）应不小于100MΩ；铜电阻（Cu）应不小于50MΩ。检查电动机绕组测温元件绝缘电阻、线路电阻和电阻值应符合制造厂的规定。

2）安装位置确定。转动机械的金属温度测量点位置通常在设备出厂前已预留。安装时依据厂家图纸对测点的安装位置进行核对，确定后对测温元件进行试装，对于孔径、测孔数量、测孔深度不符合或螺纹不符的测点及时与厂家联系确认，并要求厂家提供解决方案。

如果要在转动机械的瓦块上开孔和攻丝，需要正确使用电钻和丝锥，电钻和丝锥作业时应与瓦块垂直，不要用力过猛以防钻头或丝锥断在瓦块内。丝锥攻丝时应一点一点地慢慢进行。

对于推力瓦温度测量，测温元件安装在推力瓦块的测孔内，测孔直径偏差大于0.2*d*（*d*为测温元件外径），测孔位置在轴的转动方向的回油侧，测孔边缘离乌金面距离为0.5mm，测孔深度为25～30mm。推力瓦温度引出线如图2-30所示。

图2-30　推力瓦温度引出线

3）元件安装。轴承测温元件螺丝与轴承座螺纹应一致；测温元件插入深度应符合设计要求。

汽轮机推力瓦块温度热电阻安装施工必须与机务翻瓦时配合安装；安装前必须清理瓦块测孔内杂物；热电阻装入测孔后，其顶端应与孔的底部全面接触，接触面不紧密时，则用导热性能良好的材料充填，固定应便于拆装且可靠，常用压片加螺栓的方式。测温元件应紧固。

4）引出线安装。由于振动、位移、摩擦、油冲击等原因，推力瓦温度测量元件的连接线很容易损伤和断线，安装时要特别注意避免受油冲击、机械损伤和摩擦，引出线材质应为耐温绝缘氟塑料线，与测量元件的连接要焊接牢靠，套以耐高温的绝缘塑料耐油保护管并可靠固定；瓦块到瓦底的引线应留有适当的伸缩量，从瓦底背面线槽里引出（如图2-31所示）时用卡子固定牢固，为方便瓦块的拆装，上、下瓦块各测点的连接分别用航空插头引到轴承座侧壁，引出时在轴承座引出孔处应做好防漏油的措施。为防止机械损伤和摩擦，引出后应也要应用卡子固定牢靠（如图2-32所示）。测量汽轮机轴瓦温度的备用热电阻线，也应随测量线一起引至接线盒。

5）安装后复核。汽轮机推力瓦块温度热电阻引出线安装好后，通过再次测量电阻值和绝缘电阻进行复核，确保测温元件接线连接正确、牢固，确认标志牌和线号符合要求。

图 2-31　汽轮机轴瓦金属温度引出线安装

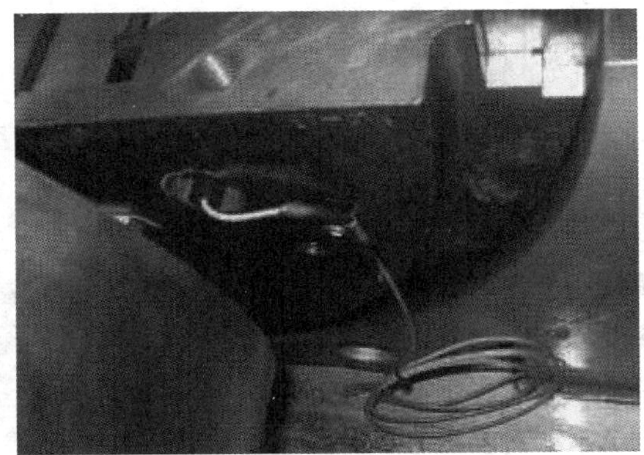

图 2-32　汽轮机轴瓦金属温度引出线保护

4. 测量金属壁温元件的安装检查验收

（1）测量金属壁温无固定装置的铠装热电偶的安装检查验收见表 2-7。

表 2-7　　测量金属壁温无固定装置的铠装热电偶的安装检查验收

工序	检验项目		性质	单位	质量标准	检验方法和器具
检查	型号规格				符合设计	核对
	外观				完好	观察
	绝缘电阻			MΩ・m	＞1000	用 500V 绝缘电阻表测量
	接地				符合设计	用电阻表测量
固定装置安装	安装位置				符合设计	核对
	固定装置与被测金属壁表面	光洁程度			光滑、无毛刺	观察
		焊接			严密、牢固	试动观察
热电偶安装	热电偶插入		主控		紧密、牢固	试动观察
	保温				良好	观察
	接线	线端连接	主控		正确、牢固	用校线工具查对
		线号标志			正确、清晰、不褪色	观察
	汽轮机内缸	与缸壁固定			牢固	试动观察
		引出线出口密封			严密、无渗漏	观察
	标志牌				内容符合设计，悬挂牢靠，字迹不易脱落	核对

（2）测量金属壁温带可动卡套装置的铠装热电偶安装检查验收见表 2-8。

表 2-8　　测量金属壁温带可动卡套装置的铠装热电偶安装检查验收

工序	检验项目	性质	单位	质量标准	检验方法和器具
检查	型号规格			符合设计	核对
	外观			良好	观察
	绝缘电阻		MΩ・m	＞1000	用 500V 绝缘电阻表测量
	接地			符合设计	用电阻表测量

续表

工序	检验项目		性质	单位	质量标准	检验方法和器具
插座安装	位置				符合设计	核对
	焊接				牢固	试动观察
	热处理				符合 DL/T 5210.7—2010	核对
	插座材质				符合设计	核对
	在过热器管壁上垂直安装	保护管材质			不锈钢	核对记录
		保护管弯曲弧度		(°)	>130	用尺测量
		保护管长度		mm	伸出炉顶护板 100	观察
铠装热电偶安装	卡套装置安装				牢固	试动观察
	热电偶插入保护管		主控		与过热器管壁接触紧密	试动观察
	接线	线端连接			正确、牢固	用校线工具查对
		线号标志			正确、清晰、不褪色	观察
	标志牌				内容符合设计，悬挂牢靠，字迹不易脱落	核对

（3）测量金属壁温的专用热电阻安装检查验收见表 2-9。

表 2-9　测量金属壁温的专用热电阻安装检查验收

工序	检验项目		性质	单位	质量标准	检验方法和器具
测温元件检查	型号规格				符合设计	核对
	外观				无损伤	观察
	绝缘电阻	Pt		MΩ	≥100	用 100V 绝缘电阻表测量
		Cu		MΩ	≥50	
推力瓦测温元件安装	测孔直径偏差				>0.2d	用尺测量
	测孔边缘靠乌金面距离			mm	0.5	用尺测量
	测孔深度				符合制造厂规定	用尺测量
	测温元件引出线	材质			耐油、耐温	核对
		焊接			牢固	试动观察
		固定			牢固，导线应留有余量	观察，核对
	标志牌				内容符合设计，悬挂牢靠，字迹不易脱落	
轴承测温元件安装	测温元件与轴承座螺纹				一致	试装检查
	插入深度				符合设计	核对
	接线	线端连接	主控		正确、牢固	观察
		线号标志			正确、清晰、不褪色	观察
	标志牌				内容符合设计，悬挂牢靠，字迹不易脱落	核对
电机绕组测温元件检查	绝缘电阻				符合制造厂规定	用绝缘电阻表测量
	电阻值				符合制造厂规定	核对
	标志牌				内容符合设计，悬挂牢靠，字迹不易脱落	核对

注　d 为热电阻外径。

（四）温度仪表的安装

1. 温度指示仪表的安装

目前电厂通常采用双金属温度计作为温度测量指示仪表，它属于接触式测温仪表，安装简单、可靠，测量精度较高；但因测温元件与被测介质需要进行充分的热交换，并需要一定的时间才能达到热平衡，所以存在测温的延迟现象。双金属温度计不能应用于过高温度的测量。双金属温度计的螺纹接头常见的为 M27×2 和 G1/2″。

图 2-33　温度指示仪表安装

（1）安装过程工艺。一般厂供的以及需要安装的双金属温度计宜加装套管，防止介质泄漏及方便元件更换。安装前应检查套管插座的螺纹是否与温度计的螺纹相匹配，纹丝是否完好；内部的杂质应清理干净，且套管深度应与温度计一致。

按设计要求在管道上选择合适的位置点开孔（在汽、水、油管道上不得使用氧乙炔开孔），在油管道、焊接管段、衬胶管道等，应在管道衬胶前或管道安装前开好孔，并清理干净。开孔质量符合工艺要求。将温度指示仪表插入插座内，之间加密封垫进行紧固连接（如图 2-33 所示）。

安装完成后用木盒罩在温度指示仪表上，或用木板将温度指示仪表的玻璃表盘盖住，以保护玻璃表盘损坏。

（2）安装注意事项：①详见第二章安装通用注意事项；②安装温度指示表，应用扳手将表计拧紧。

2. 温度变送器的安装

（1）测量原理。温度变送器配套的测量元件有热电偶和热电阻两种，通常采用二线制传输方式（两根导线作为电源输入和信号输出的公用传输线）。其功能是将工业热电阻/热电偶检测到的反映温度的物理量信号（电阻/热电势）变化，经输入电路的调零和补偿等相关处理后，进入运算放大器进行信号放大，放大的信号一路经 V/I 转换器计算处理后以与输入信号或与温度信号成线性的 4～20mA 的标准输出电流信号输出；另一路经 A/D 转换器处理后到表头显示。变送器的线性化电路有两种均采用反馈方式：对热电阻传感器用正反馈方式校正，对热电偶传感器用多段折线逼近法进行校正。一体化数字显示温度变送器有两种显示方式：LCD 显示的温度变送器用两线制方式输出，LED 显示的温度变送器用三线制方式输出。

（2）安装过程工艺。安装前检查温度变送器的规格、型号符合设计要求，500V 绝缘电阻表测量电源回路绝缘电阻，100V 绝缘电阻表测量输入/输出通道绝缘电阻值，均应大于或等于 1MΩ。

检测元件与转换电路一体化的温度变送器，安装与热电阻或热电偶元件安装工艺相同。分体式的温度变送器，通常安装于现场仪表柜内，也有些安装于控制仪表制柜内。

（3）安装注意事项。温度变送器安装环境温度应较稳定，过热、过冷场所应采取隔离

措施。

3. 温度开关的安装

目前生产的温度开关仅适用于压力和温度较低的介质。对于较高的温度，采用热电阻或热电偶输出信号，经测量变送器转换为模拟量电信息，再通过电量转换开关转换为开关量信息。

（1）测量原理如下。

1）固体膨胀温度开关利用金属受热膨胀、冷却收缩的原理制成，如图 2-34 所示，某种型号的温度开关，有一个感温金属圆筒（用线膨胀系数大的材料制成），在圆筒内装有由线膨胀系数小的材料组成的接点组。对于张力型（适用于温度控制范围为－60～＋30℃），温度升高，金属圆筒伸长；对于压力型（适用于温控范围为 0～＋300℃），温度降低，金属圆筒收缩。当被测温度达到设定值时，随金属圆筒一起动作的传动杆端面与可动接点组基准面相接触，即可改变接点状态。当温度恢复并偏离设定值时，传动杆与基准面脱开，依靠可动接点组的弹性使接点复原。旋动调整螺丝可以改变温度设定值。

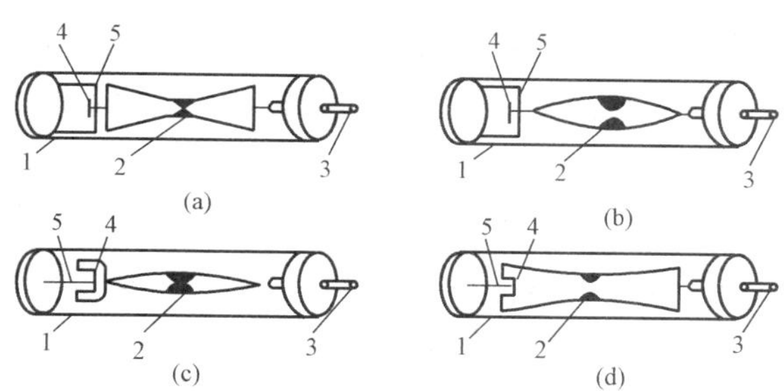

图 2-34　WK 系列温度开关动作原理

(a) 张力型常闭式；(b) 张力型常开式；(c) 压力型常闭式；(d) 压力型常开式

1—金属圆筒；2—接点组；3—调整螺丝；4—基准面；5—传动杆

温度开关安装时，浸入被测介质的长度一般应不小于全长的 3/4。安装方式有直插式、外螺纹式（M27×2）和法式三种。

2）压力式温度控制器。压力式温度控制器由检出元件与控制器两部分组成，温包感应温度变化后，使密封在毛细管内的饱和蒸汽压力变化，并转换成控制器内的波纹管产生形变，带动杠杆向上或向下移动动作，通过拨臂拨动最上端的微动开关，使触点闭合或断开。

3）机械型温度开关。以 UE 机械型温度开关为例，其工作原理同压力开关相同，采用热膨胀系数稳定的特殊硅油，感受到温度变化后发生热胀冷缩，使波纹管伸长或缩短，该位移通过栏杆弹簧等机械结构，最终启动最上端的微动开关接通或断开，使电信号输出。该类机械温度开关从结构上又分为本地直插式机械温度开关和远传毛细机械温度开关两大类。机械温度开关根据测温元件不同分为黄铜和不锈钢两种。

本地直插式机械温度开关方便安装，便于固定表头。但由于距电子微动开关较近，耐温性没有远传毛细管机械温度开关的高。

远传毛细机械温度开关在一些本地无安装位置的工况下，可以将表头本地和温包分离，插深更加灵活。机械温度开关标配毛细长度为 1.8m，可根据不同要求延长，最长可到 15m，远传毛细管根据引出长度不同敷设于保护管、金属软管或小桥架内，以避免远传毛细管受损伤。

4）电子温度开关。以 UE 电子温开关为例，其感温元件不同于机械式的热胀冷缩原理，而是采用了温度变送器常用的高精度的热电阻，液晶显示实时的温度变化，表头按键便于对设定值和回差的全程可调，且通过一个简单的按键可以随时显示当前所设定的设定值和死区及最大的温度量程。电子温度开关亦分为本地直插式电子温度开关和远传式电子温度开关。远传分体安装由于采用的热电阻感温元件，通过电线可以很容易将表头延长。且精度更高，测温范围更宽，对一些高要求的场合是一个好的选择。

（2）安装过程工艺、注意事项及成品保护。除通用安装注意事项外，还应注意以下事项。

安装前检查温度开关，其规格、型号符合设计要求，如远传式检查其毛细管外观应完好、无损；接点动作灵活、可靠。500V 绝缘电阻表测量绝缘电阻，绝缘电阻值应大于或等于 1MΩ。

安装时，固体膨胀式温度开关一般为螺纹固定安装方式，温度开关插入插座内并加密封垫进行紧固，安装端正、牢固、无渗漏；压力式温度控制器的温包、毛细管及壳体的安装方法与压力式温度计相同。因毛细管易被砸断，安装时应有完好的保护设施，毛细管应敷设于槽盒或开槽钢管内，沿途弯曲半径应不小于 50mm，环境温度应较稳定，过热、过冷场所采取隔离措施，有防止损坏或折断的保护措施，剩余部分毛细管应盘绑固定在仪表支架上或敷设在保护槽盒内，使其不受损伤，并加防护措施。其显示仪表安装位置尽可能和温包安装位置处于同一水平位置，以消除液柱差的静压力引起的测量误差。

温度开关通常用于压力和温度较低的介质。用于不能充满介质的管道测量时（如测轴承回油温度等时），应特别注意其感温元件必须全部浸入被测介质中或增加扩张管。

安装完成后用木盒罩在温度开关上，以保护温度开关不受损坏。温度开关的毛细管固定好后用石棉布包扎防护。

（3）温度开关安装检查验收见表 2-10。

表 2-10　　温度开关安装检查验收

<table>
<tr><th>工序</th><th colspan="2">检验项目</th><th>性质</th><th>单位</th><th>质量标准</th><th>检验方法和器具</th></tr>
<tr><td rowspan="4">检查</td><td colspan="2">型号规格</td><td></td><td></td><td>符合设计</td><td rowspan="2">校对</td></tr>
<tr><td colspan="2">安装位置</td><td></td><td></td><td>符合设计</td></tr>
<tr><td colspan="2">外观</td><td></td><td></td><td>完好、无损</td><td rowspan="2">观察</td></tr>
<tr><td colspan="2">安装环境</td><td></td><td></td><td>无剧烈震动</td></tr>
<tr><td rowspan="9">安装</td><td colspan="2">垫片材质</td><td></td><td></td><td>符合 DL/T 5210.4—2009 附录 B</td><td>核对</td></tr>
<tr><td colspan="2">开关量仪表</td><td></td><td></td><td>端正、牢固</td><td>观察</td></tr>
<tr><td colspan="2">感温元件</td><td></td><td></td><td>无渗漏</td><td>试压检查</td></tr>
<tr><td colspan="2">毛细管保护设施</td><td>主控</td><td></td><td>完好，无损</td><td>观察</td></tr>
<tr><td rowspan="2">接点</td><td>动作</td><td rowspan="3">主控</td><td></td><td>灵活、可靠</td><td>用校线工具查对</td></tr>
<tr><td>绝缘电阻</td><td>MΩ</td><td>≥1</td><td>500V 绝缘电阻表测量</td></tr>
<tr><td rowspan="2">接线</td><td>线端连接</td><td></td><td>正确、牢固</td><td>用校线工具查对</td></tr>
<tr><td>线号标志</td><td></td><td></td><td>正确，清晰、不褪色</td><td rowspan="2">观察</td></tr>
<tr><td colspan="2">铭牌标志</td><td></td><td></td><td>正确，清晰</td></tr>
</table>

三、压力测量装置安装

压力测量装置安装包括压力表、变送器和压力开关的安装，安装工艺流程如图 2-35

所示。

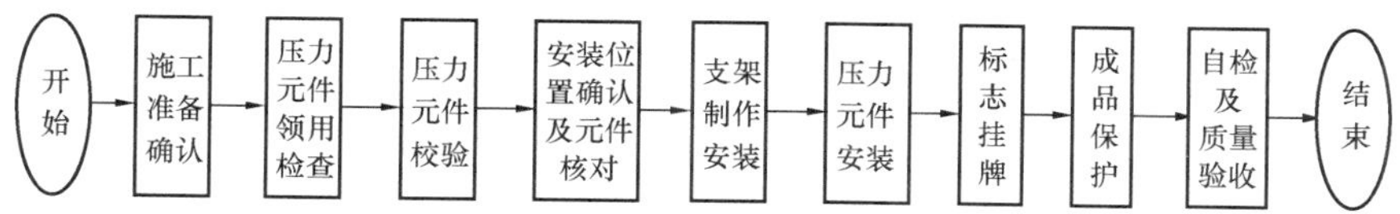

图 2-35 压力测量装置安装工艺流程

（一）安装准备

1. 作业条件

班组施工人员应了解、熟悉有关的施工图纸、厂家说明及工艺要求，并接受技术、安全交底，施工人员对安装位置应掌握准确。

需安装元件的机务设备已就位，土建场地平整，光线充足或夜间施工有足够照明设备。高空作业备有梯子或已搭设架子。

根据设备清册和装箱单到物资部门领取所需元件，领取过程中仔细核对型号、规格、数量、长度和设备编号，同时进行外观和配件的检查，对有问题的元件同物资部门、供货方、监理方一起做好记录，以做备案。

压力测量元件或仪表已校验合格，记录齐全。

2. 加工件的选择与加工

应根据设备清册加工好相应数量的安装附件。其中测量汽、水、油系统的压力表和压力开关，当距离取样点较近或高于取样点安装时，应在测量仪表与仪表阀（二次阀）间加装环形管或 U 形管，其制作如图 2-36 所示，弯曲半径应不小于导管外径的 2.5 倍。

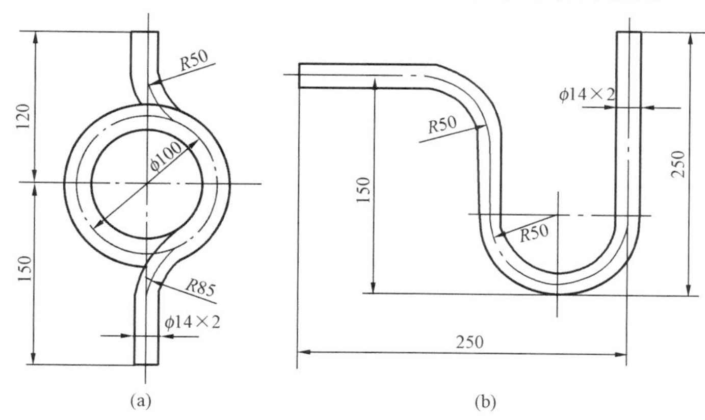

图 2-36 环形管和 U 形管的制作

（a）环形管；（b）U 形管

3. 安装注意事项

需焊接的合金钢部件，应先进行光谱分析，以检验其材质合格。测量元件必须经调试检验合格，并贴有合格证后方可使用。

（二）压力测量元件的安装

1. 就地压力表安装

（1）压力表种类与测量原理。压力表是由弹性元件制成的直读式显示仪表，根据测量范围和介质不同，在发电厂应用的压力表主要有单圈弹簧管式、膜片式、隔膜式三种，其型号组成及其代号的含义如下：

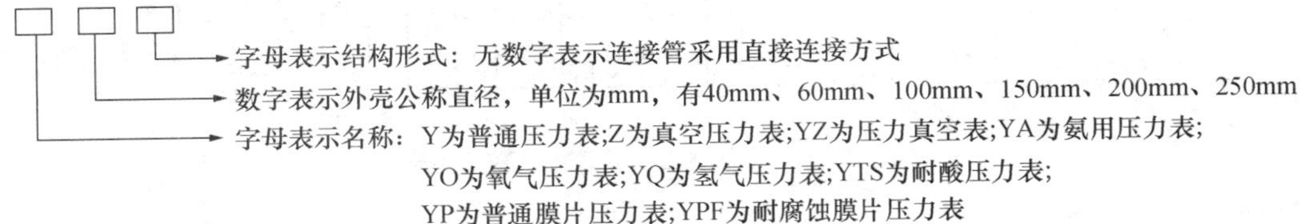

1）弹簧管式压力表。普通弹簧管压力表的弹簧管材料多采用铜合金，广泛用于测量对铜合金不起腐蚀作用的液体、气体和蒸汽的压力。高压的也有采用碳钢，而氨用压力表的弹簧管材料都采用碳钢，不允许采用铜合金。因为氨气对铜的腐蚀极强，所以普通压力表用于氨气压力测量很快就会损坏。氧气压力表与普通压力表在结构和材质上完全相同，只是氧用压力表禁油。因为油进入氧气系统会引起爆炸，如果必须采用现有的带油污的压力表测量氧气压力时，使用前必须用四氯化碳反复清洗，认真检查直到无油污为止。标度盘上的仪表名称下，氧气压力表下画有一天蓝色横线且标有红色“禁油”字样，氢气压力表下画有一深绿色横线。

弹簧管压力表工作原理是弹簧管在压力（真空）作用下，产生弹性变形引起管端位移，该位移通过机械传动机构放大，传递给指示装置，再由指针在刻有法定计量单位的分度盘上指出被测压力或真空量值。

2）膜片压力表。膜片压力表用于测量具有腐蚀作用、有黏性的介质，其弹性元件是膜片，被测介质进入膜片室后，压力作用使膜片产生位移，通过传动部件带动指针指示出被测压力值。其中 YP 型普通膜片压力表用于测量对铜合金不起腐蚀作用的黏性介质压力，YPF 型耐腐蚀膜片压力表用于测量腐蚀性较强、黏度较大的介质压力。

3）隔膜式压力表。隔膜式压力表由膜片隔离器、连接管和普通压力表三部分组成，其内腔根据被测介质的要求填充不同的工作液。隔膜片受被测介质的压力作用产生变形，压缩内腔的工作液，传导给弹簧管压力表显示出被测压力值。它适用于测量有腐蚀性、高黏度、易结晶、含有固体状颗粒、温度较高的液体介质的压力或负压。其中，直接型的被测介质温度为－40～＋60℃，其他连接管形式的为－40～＋200℃。隔膜式压力表的型号组成及代号含义如下：

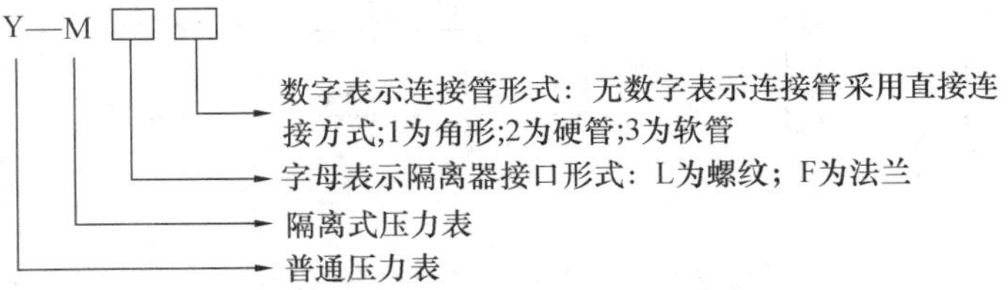

（2）压力表安装准备工作如下。

1）检查仪表型号、规格符合设计，外观完整、无损。

2）确认安装环境干燥、无剧烈振动、无腐蚀性气体；安装位置应光线充足、便于观察和操作调整且维护方便，尽量远离热源、震动源、干扰源。当环境不够理想时，就应采取措施，如更换安装位置，提高仪表的密闭性，堵塞电接点压力表外壳穿线孔等。

3）与压力表配套的表接头已到货（Y-100 及以上的压力表螺纹主要有公制 M20×1.5，英制 G1/2″等）。

4）确定压力表测量量程与类型符合被测介质的压力与性质要求（被测压力不超过压力表计量程的 3/4）。

5）加工好盘形管。

（3）就地压力表安装。

1）安装时，通常要求就地压力表中心距地面高度宜为 1.2～1.5m，以便于读数、维修。当采用无固定支架安装时，测量导管的外径应不小于 14mm，其中水平管段应连接盘向弯直接安装于管道上方［如图 2-37（a）所示］，管段侧面或垂直管道安装时可采用盘向弯或 U 形弯连接［如图 2-37（b）或（c）所示］，其与支持点的距离尽量短，不应超过 600mm。注意电接点压力表不宜采用此方式，以防其接点因振动误发信号。

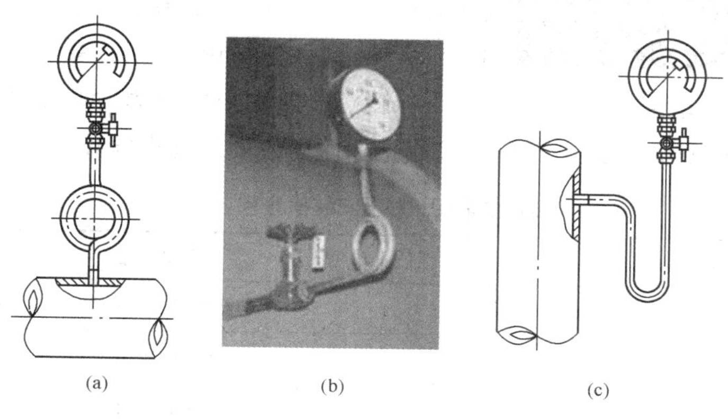

图 2-37　就地压力表安装

2）压力表安装位置应符合安装的通用要求。在测量介质温度大于 70℃或取样管路长度小于 3m 时，应在压力表前面加装环形管、U 形管等缓冲装置，以防止启停过程介质的瞬间变化对压力表弹性元件造成冲击；当测量剧烈波动的介质压力时，不管介质温度高低或取样管路长度多少，为防止压力的频繁波动引起仪表传动机构或电气接点的频繁动作而导致的磨损，均应在压力表特别是电接点压力表前面加装环形管、U 形管等缓冲装置，让冷凝液在仪表与介质间起到缓冲。

3）压力表与支持点距离超过 600mm 时，应采用固定支架安装，仪表阀门前或后的导管通过支架予以固定。如支架安装于墙面时，导管中心线距墙面距离应为 120～150mm，以便于拆装仪表接头。当两块仪表并列安装时，仪表外壳间距离应为 30～50mm（差压仪表应为 50～60mm）。成排安装时应排列整齐，压力表中心高度差应小于或等于 3mm，间距偏差应小于或等于 5mm。

4）当在震动较大的管道上，压力表安装（泵进出口）的位置需要加装固定支架，原则上应选用减振性能较好的铸铁作为压力表支架，并在支架与固定箍间衬入厚度约 10mm 的胶皮垫，但考虑安装方便，一般都用槽钢和角铁。

5）压力表的垫片通常采用四氟乙烯垫，通对于油品也可采用耐油橡胶石棉板制作的垫片；蒸汽、水、空气等不是腐蚀性介质时，垫片的材料可选普通的石棉橡胶板。安装时将垫片放入接头内，压力表旋入接头内，并用扳手进行紧固，要求无渗漏、无机械应力；压力指示表安装时接头必须是活接头且连接方向正确。当测量微压时，表计与导管间可用橡皮管连接。橡皮管应敷设平直，不得绞扭，以免造成误差。

（4）安装注意事项如下。

1）压力仪表安装搬运时应轻搬轻放，严禁剧烈震动。

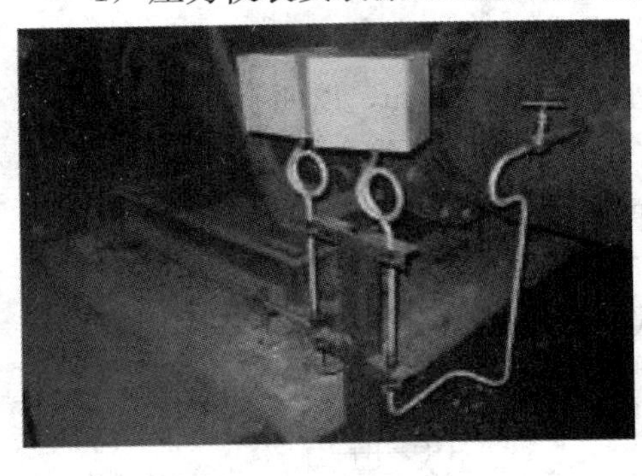

图 2-38　就地安装压力表成品保护

2）压力表安装时，必须使用合适的死扳手，不得用手旋转压力表外壳，固定应端正、牢固，便于观察。

3）就地仪表安装在露天场所应加工防护罩，有防雨防冻措施，在有粉尘的场所应有防尘密封措施。

4）安装完成后，注意成品保护。用木盒罩在压力表上或用木板将压力表的玻璃表盘盖住，以保护玻璃表盘损坏，如图 2-38 所示。

（5）就地指示压力表安装检查验收。就地指示压力表安装检查验收见表 2-11。带信号接点指示压力表安装检查验收见表 2-12。

表 2-11　　就地指示压力表安装检查验收

工序	检验项目		性质	单位	质量标准	检验方法和器具
检查	安装环境				无剧烈振动及腐蚀性气体	观察
	安装地点				操作维护方便	
	压力表位号				符合设计	核对
	型号规格				符合设计	
安装	压力表中心距地面高度			m	宜为 1.2～1.5	观察
	成排安装压力表	中心高差		mm	≤3	用尺测量
		间距偏差		mm	≤5	
	固定				端正、牢固	观察
	U 形管或环形管安装条件	测量介质温度大于 60℃	主控		应加装	
		管路长度小于 3m				
	表头与管路连接				无渗漏、无机械应力	
	垫片材质				符合 DL/T 5210.4—2009 中附录 B	核对

表 2-12　　带信号接点指示压力表安装检查验收

工序	检验项目	性质	单位	质量标准	检验方法和器具
检查	安装环境			振动较小，无腐蚀性气体，环境温度小于 60℃	观察、用温度计测量
	安装地点			便于调整维护	观察
	盘装表位号			符合设计	核对
	型号规格			符合设计	

续表

工序	检验项目		性质	单位	质量标准	检验方法和器具
安装	压力表中心距地面高度			m	宜为1.2～1.5	观察
	成排安装压力表	中心高差		mm	≤3	用尺测量
		间距偏差		mm	≤5	
	固定				端正、牢固，排列整齐	观察
	接点	动作	主控		灵活、可靠	用校线工具查对
		绝缘电阻	主控	MΩ	≥1	用500V绝缘电阻表测量
	接线	线端连接			正确、牢固	用校线工具检查
		线号标志			正确、清晰，不褪色	观察
	接头连接				无泄漏、无机械应力	检查接头与芯子中心是否一致
	垫片材质				符合DL/T 5210.4—2009中附录B	核对
	阀后缓冲装置				被测介质压力波动大加装	观察
	U形管环形管	介质温度大于60℃	主控		应加装	观察
		管路长度小于3m				

2. 压力变送器和差压变送器的安装

压力变送器和差压变送器的安装以使其布置地点靠近取源部件、相对集中为原则。

(1) 安装准备工作如下。

1) 外观检查。仪表型号规格要符合设计，外观完整、无损，附件齐全。铭牌完整、清晰，防爆产品应有相应的防爆标志；差压变送器的高、低压侧室有明显标记。紧固件无松动和损伤现象，可动部分应灵活可靠。有显示单元的变送器显示部分完好。

2) 安装环境检查。安装环境应无剧烈震动、无腐蚀性气体，环境温度与湿度应符合制造厂规定，其中压力与差压变送器的安装环境温度要求在5～55℃，环境相对湿度应小于或等于80%，安装地点应避开阳光直射、雨淋、电磁场干扰源、震动源，尽量布置在靠近取源部件及便于观察、操作、调整和维修的地方，一般与测点距离宜为3～45m。

(2) 安装过程工艺。

1) 安装方式。安装可分为保温箱与保护箱安装、就地仪表架安装和直接安装三种，但考虑到振动和检修维护的需要，通常不建议直接安装。

一般情况，锅炉侧的变送器或开关应有防冻、防雨要求，因此安装在保温箱或保护箱内居多。通常一个保温箱或保护箱内可以安装1～6台变送器或开关，差压变送器安装在上层，压力变送器安装在下层；进入箱体内的变送器导压管，首选从箱体下面的预留孔引入，其次在侧面或后面引入，如图2-39(a)所示，通常不宜从箱体的顶部或上部引入，如图2-39(b)所示。引入处应密封，如变送器的排污管及排污阀门按规程要求应安装在箱体外。

对无防冻(或防雨)要求的变送器，采取支架安装方式。一般汽轮机侧的变送器，通常设计安装在就地仪表架上(或保护箱内)，仪表支架有墙上支架和地上支架两种。单个变送

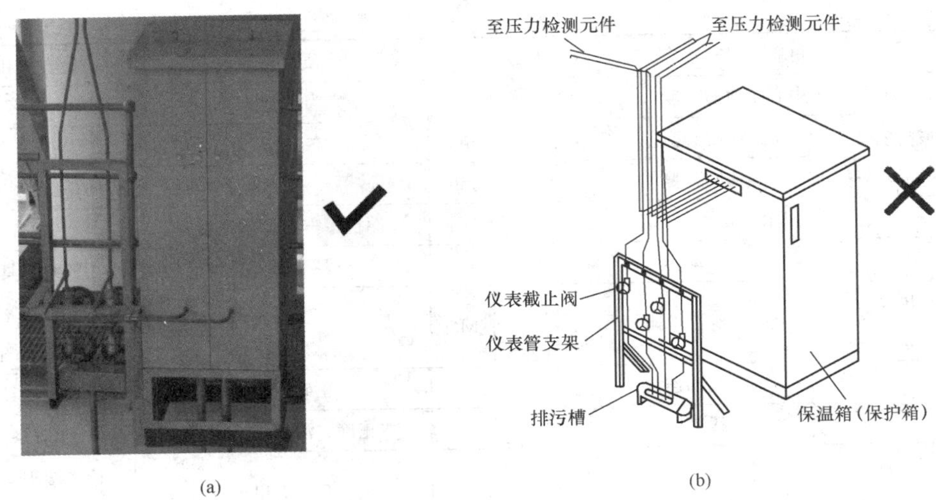

(a)　　(b)

图 2-39　导管引入保温箱内方式示意

(a) 导管从保温保护箱下部引入(正确); (b) 导管从保温保护箱上部引入(不宜采用)

器采用直接安装方式安装。在适合导压管走向的墙面或柱上用膨胀螺栓固定铁板,在铁板的中心焊角钢,平面朝上,角钢平面的标高为+1.10m。在角钢离铁板 250mm 处,焊接长 300mm 的 G2(2″)管。变送器距地面的安装标高一般为 1.20～+1.50m;在空间许可的情况下,带有变送器指示表的标高应为+1.50m。若同一层体上存在墙上支架和地上支架两种安装方式,则要求标高一致,安装方法基本相同。

2)变送器安装。把变送器用专用卡子(仪表自带安装附件)安装在 G2 管上,其标高调节范围为 1.20～+1.50m。固定牢固,成排安装应排列整齐、美观。成排安装开关量仪表中心高差应小于或等于 3mm,间距偏差应小于或等于 5mm。保护箱内差压变送器的安装如图 2-40 所示,就地仪表架变送器的安装如图 2-41 所示。

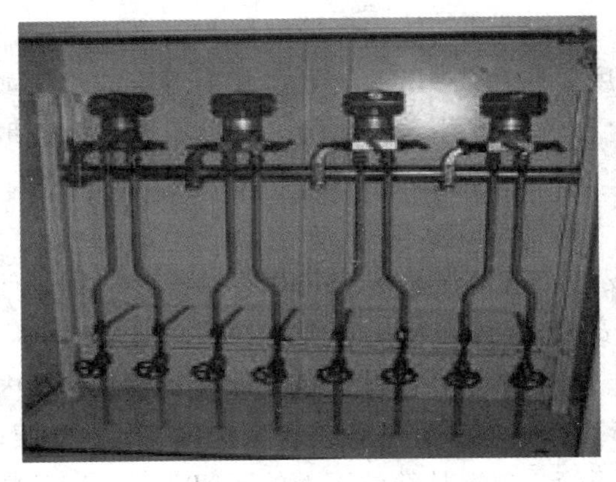

图 2-40　保护箱内差压变送器安装

图 2-41 就地仪表架变送器安装

3)变送器与管路连接。变送器的管路连接要求和方法同本章第二节所述。

接头连接正确,无渗漏、无机械应力,变送器或开关与仪表二次阀(单压阀或三阀组)之间的配合应紧密无泄漏,应先将阀门与变送器或开关连好后再连接导管,导管应对准阀门

接头，以防接口偏差产生机械应力。

变送器的接线参照有关接线图进行。若变送器采用插接件时，应加用端子箱，用软导线引接至插接件，锡焊固定。使用时，应将插接件的连接螺母拧紧，确保插接件接触良好。

（3）安装注意事项。

1）用于测量蒸汽或液体的变送器，应安装在低于取源部件的位置，并且应安装排污阀和三通阀（凝汽器水位变送器严禁装设排污阀）。

2）用于测量气体或真空的变送器，应安装在高于取源部件的位置；否则应加装放气或排水措施。尤其是测量炉膛负压和凝汽器真空的变送器或开关，必须安装在高于测点的地方。

3）低量程变送器安装位置与测点的标高差应满足变送器零点迁移范围的规定。

4）变送器或开关安装于保护箱内时，导管引入处应密封，排污阀应装在箱外。差压变送器或开关正负侧必须连接正确。

5）变送器或开关的电缆进线孔应密封，以防变送器或开关仪表进水。

（4）变送器安装检查验收见表2-13。

表2-13　　变送器安装检查验收

工序	检验项目		性质	单位	质量标准	检验方法和器具
检查	环境				无剧烈振动、无腐蚀性气体	观察
	环境温度			℃	5～55	温度计侧量
	环境相对湿度			%	≤80	湿度计测量
	外观				完整、无损	观察
	型号规格				符合设计	核对
安装	安装位置				符合设计	观察
	变送器防水措施		主控		分层布置应有	
	变送器安装地点与测点距离 S			m	$3<S<45$	用尺测量
	成排安装				排列整齐、美观	观察
	附件				齐全	
	固定				牢固	试动观察
	接头连接		主控		无渗漏，无机械应力	观察、卸开接头检查
	管路连接				无渗漏，连接正确	观察
	垫片材质				符合DL/T 5210.4—2009中附录B	核对
	铭牌标志				正确、清晰	观察
	接线	线端连接			正确、牢固	用校线工具查对
		线号标志			正确、清晰、不褪色	观察

3. 差压仪表的安装

（1）安装准备。外观检查。

（2）差压仪表安装。差压仪表常用作流量或液位的就地指示表，安装时应按其本体上的水平仪严格找平；当无水平仪时，应根据刻度盘上的垂直中心线进行找正。仪表刻度盘的中心一般距地面1.2m。

并列安装的两块流量表或水位表外壳间的距离一般为50～60mm。测量管路接至差压计时，管子接头必须对准，不应使仪表承受机械应力。

差压仪表的正、负压侧的管路不得接错。差压仪表前的导管上应安装三通阀门组，或安装由三个针型阀门构成的阀门组。此时，平衡阀应设在两个二次门之后。

流量表和水位计的导管一般应装有排污阀门，且应便于操作和检修。排污阀门下应装有便于监视排污状况的排污漏斗与排水管，排水管引至地沟。

导管内存有空气时，将造成误差。为避免此误差，可在导管高处设置排气容器或阀门。但由于火力发电厂汽水流量测量介质中空气较少，且可在管路敷设中使水平段保持一定的坡度，并能在投入表计前利用排污阀门进行冲管，因此可以不设置排气门，以减少泄漏。

测量黏度大、凝固点低或侵蚀性介质时，在差压表阀门组的正、负压管上均应装隔离容器，内充适当的隔离液。

(3) 就地差压指示仪表安装检查验收见表2-14。

表2-14　就地差压指示仪表安装检查验收

<table>
<tr><th>工序</th><th colspan="2">检验项目</th><th>性质</th><th>单位</th><th>质量标准</th><th>检验方法和器具</th></tr>
<tr><td rowspan="3">检查</td><td colspan="2">安装环境</td><td></td><td></td><td>无剧烈振动及腐蚀性气体</td><td rowspan="2">观察</td></tr>
<tr><td colspan="2">安装地点</td><td></td><td></td><td>操作维护方便</td></tr>
<tr><td colspan="2">差压表位号</td><td></td><td></td><td>符合设计</td><td rowspan="2">核对</td></tr>
<tr><td rowspan="8">安装</td><td colspan="2">型号规格</td><td></td><td></td><td>符合设计</td></tr>
<tr><td colspan="2">差压表中心距地面高度</td><td></td><td>m</td><td>宜为1.2～1.5</td><td>观察</td></tr>
<tr><td rowspan="2">成排安装差压表</td><td>中心高差</td><td></td><td>mm</td><td>≤3</td><td rowspan="2">用尺测量</td></tr>
<tr><td>间距偏差</td><td></td><td>mm</td><td>≤5</td></tr>
<tr><td colspan="2">固定</td><td></td><td></td><td>端正、牢固</td><td>试动检查、观察</td></tr>
<tr><td colspan="2">接头连接</td><td rowspan="2">主控</td><td></td><td>无渗漏，无机械应力，方向正确</td><td>松开接头检查</td></tr>
<tr><td colspan="2">垫片材质</td><td></td><td>符合DL/T 5210.4—2009中附录B</td><td>核对</td></tr>
<tr><td colspan="2">铭牌标志</td><td></td><td></td><td>正确、清晰</td><td>观察</td></tr>
</table>

(4) 带信号接点差压指示表安装检查验收见表2-15。

表2-15　带信号接点差压指示表安装检查验收

<table>
<tr><th>工序</th><th colspan="2">检验项目</th><th>性质</th><th>单位</th><th>质量标准</th><th>检验方法和器具</th></tr>
<tr><td rowspan="7">检查</td><td colspan="2">安装环境</td><td></td><td></td><td>振动小，无腐蚀性气体，
环境温度<60℃</td><td>观察，用温度计测量</td></tr>
<tr><td colspan="2">安装地点</td><td></td><td></td><td>便于调整维护</td><td>观察</td></tr>
<tr><td colspan="2">差压表位号</td><td></td><td></td><td>符合设计</td><td>核对</td></tr>
<tr><td colspan="2">型号规格</td><td></td><td></td><td>符合设计</td><td>核对</td></tr>
<tr><td colspan="2">压力表中心距地面高度</td><td></td><td>m</td><td>宜1.2～1.5</td><td>观察</td></tr>
<tr><td rowspan="2">成排安装差压表</td><td>中心高差</td><td></td><td>mm</td><td>≤3</td><td rowspan="2">用尺测量</td></tr>
<tr><td>间距偏差</td><td></td><td>mm</td><td>≤5</td></tr>
</table>

续表

工序	检验项目		性质	单位	质量标准	检验方法和器具
安装	固定				端正、牢固	试动观察
	接点	动作	主控		灵活，可靠	用校线工具查对
		绝缘电阻	主控	MΩ	≥1	用500V绝缘电阻表测量
	接线	线端连接			正确、牢固	用校线工具检查
		线号标志			正确、清晰，不褪色	观察
	接头连接		主控		方向正确、无渗漏，无机械应力	
	垫片材质		主控		符合DL/T 5210.4—2009中附录B	核对
	铭牌标志				清晰、正确	观察

4. 压力开关的安装

（1）测量原理。压力、差压开关也称为压力、差压控制器，一般采用弹性元件作为传感压力元件，当压力增加时，传感压力元件产生纯机械形变而向上移动，利用杠杆原理通过栏杆弹簧等机械结构，使最上端的微动开关触点状态变化，输出电信号，测量原理示意如图2-42所示。

根据不同的测量控制范围，弹性元件有膜片、波纹管和活塞三大类，其特点也各有不同。其中，膜片式设定范围广，工作耐压高；波纹管式死区小、精度高；活塞式耐压大。

差压开关由两个膜盒腔组成，两个腔体分别由两片密封膜片和一片感差压膜片密封。高压和低压分别进入差压开关的高压腔和低压腔，感受到的差压使感压膜片形变，通过栏杆弹簧等机械结构，最终启动最上端的微动开关，使电信号输出。差压开关的感压元件可分为膜片和波纹管式，其性能特点也不同。

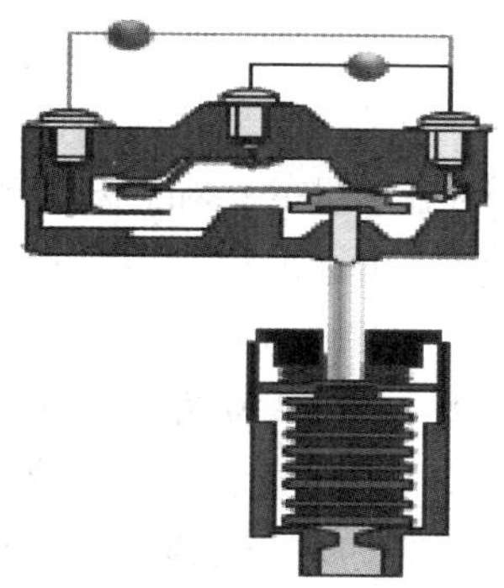

图2-42　压力开关测量原理示意

由于差压开关感压元件的组成不同、原理不同，所以性能也有不同。膜片式可以做成高静压低差压，而波纹管因为本身耐压低，但却有高精度低死区的卓越优点，并且由于其受小压力作用却输出大行程的特点，亦可以在差压开关本体加一个显示表的功能，提升其性能。电子式差压开关更有LCD液晶显示，具有量程和设定点全程可调的特殊功能。高静压、低差压的性能更具卓越。

（2）安装。压力和差压开关一般采用支架式安装就地压力表的方法固定。其测量室与导管的连接，根据被测介质压力不同，有管接头连接和橡皮管连接两种形式。

汽轮机润滑油的压力开关安装位置应与轴承中心标高一致，否则整定时应考虑液柱高度的修正值。为便于调试，应装设排油阀及安装校对压力表。

（3）压力、差压开关安装检查验收见表2-16。

表 2-16　　　　压力、差压开关安装检查验收

工序	检验项目		性质	单位	质量标准	检验方法和器具
检查	安装环境				无剧烈振动及腐蚀性气体	观察
	型号规格				符合设计	核对
	外观				无损伤	观察
	安装位置				便于调整维护	
安装	固定				端正、牢固	试动观察
	成排安装	中心高差		mm	≤3	用尺测量
		间距偏差		mm	≤5	
	垫片材质				符合 DL/T 5210.4—2009 附录 B	核对
	U形管或环形管安装条件	测量介质温度大于60℃	主控		应加装	观察
		管路长度小于3m			应加装	
	接头连接				无渗漏、无机械应力	观察、松开接头检查
	绝缘电阻		主控	MΩ	符合 DL/T 5210.4—2009 附录 A	500V 绝缘电阻表测量
	信号接点				动作灵活、可靠	观察
	接线	线端连接			正确，牢固	用校线工具查对
		线号标志			正确、清晰、不褪色	观察
	铭牌标志				正确、清晰	

四、流量测量装置的安装

（一）流量测量装置基础知识与安装通用规定

流量为单位时间内通过管道中某一截面的流体数量。累积流量为在某一段时间内所流过的流体量的总和。流量测量仪表为测量单位时间内流过管道的流体质量或体积的仪表。其中仅输出标准信号单一功能的仪表称为流量变送器，能同时进行流量测量和流量指示双重功能的仪表称为流量计。常用的质量流量单位为吨每小时（t/h），质量总量单位为吨（t）；体积流量单位为立方米每小时（m^3/h），体积总量单位为立方米（m^3）。

差压流量测量是通过差压仪表测量流体流经节流装置时所产生的静压力差（Δp），或测速装置所产生的全压力与静压力之差。火力发电厂中蒸汽、液体等的流量测量，绝大部分采用节流装置；低参数大管径的流量测量采用测速装置。

整套节流装置由节流件、取压装置、直管段所组成。节流装置中，造成流体流束收缩引起压头转换而在节流件前后产生静压力差的元件称为节流件（如孔板、喷嘴和文丘里管等），因为节流元件前流体压力较高，故称为正压，用“＋”标记；节流元件后流体静压力较低，称为负压，用“－”标记。流量愈大，流束局部收缩和位能、动能的转化也愈显著，即 Δp 也愈大。因此，测出元件前后的压力差 Δp 就可求得流过节流元件的流体流量大小。

由于节流件结构简单，性能稳定，使用维护方便，有标准化的产品，因此它与差压信号输送管路及差压信号转换仪表组成了目前最常用的流量测量，其中节流件应用最多的是孔板、喷嘴、节流装置（如长径喷嘴）、测速元件（如均速管）和测速装置（如机翼测速管）等，转换仪表应用最多的是差压变送器（输出信号需经开平方装置转换）、流量变送器；此外还有双波纹管差压流量计、转子流量计、涡轮流量测量仪表、涡街流量测量仪表、电磁流

量测量仪表、超声波流量计等。

流量节流装置通常由制造厂将配套的取压装置组装一体，现场安装时由机务专业将整套装置安装于被测管道中即可。而流量检测元件的安装，目前习惯做法是由机务专业负责，热工专业配合进行；安装时应符合 GB/T 2624.1～4 用于安装在圆形截面管道中的差压装置测量满管液体流量的相关规定。

（二）节流装置安装通用规定

1. 通用安装要求

（1）安装前应进行流量测量装置的外观检查，其型号、尺寸、节流孔径、材料和安装位号等应符合设计要求；合金钢材质的安装材料，在安装前后应进行材质的光谱分析和复查。

（2）节流件孔径近似验算。流体流过节流件所产生的差压与流量的关系，可用式（2-1）表示

$$q_m = 4\times10^{-3}\alpha\varepsilon d^2\sqrt{\rho\Delta p} \tag{2-1}$$

式中　q_m——流体的质量流量标尺上限，kg/h；

α——流量系数；

ε——流体的膨胀校正系数；

d——工作状态下节流件的孔径，mm；

ρ——工作状态下流体的密度，kg/m^3；

Δp——节流件前、后差压，Pa。

为了避免装错节流件，安装前应近似地验算节流件的孔径是否符合最大流量的测量要求。式（2-1）中的 d、ρ、α、ε 可按下述原则考虑。

工作状态下节流件的孔径 d 可以近似的用常温下测量出的孔径来代替。

工作状态下流体的密度 ρ 可根据被测介质的压力和温度，从专用的干空气、水和蒸汽的密度对照表中查得。

流量系数 α 与节流件的形式、节流件开孔截面与管道截面的比值 m（即 d^2/D^2）有关，且需考虑管道粗糙度及入口边缘不尖锐度的校正。表 2-17 列出了标准孔板和喷嘴的流量系数值，是已经过各种校正计算的，可直接利用；对于非表内所列的管径或 m 值，可按内插法推算。

流体的膨胀系数对于液体来说，由于它是不可压缩的，所以 $\varepsilon=1$；对于蒸汽和气体来说，$\varepsilon<1$，但因与多种因素有关，计算较复杂，按近似验算的要求，可取 $\varepsilon=1$，见表 2-18。

表 2-17　标准孔板和喷嘴的流量系数

比值 m	D=50mm		D=100mm		D=200mm		D≥50mm	
	孔板 α	喷嘴 α	孔板 α	喷嘴 α	孔板 α	喷嘴 α	孔板 α	喷嘴 α
0.05	0.612 8	0.897 0	0.609 2	0.897 0	0.604 3	0.897 0	0.601 0	0.897 0
0.10	0.616 2	0.989 0	0.611 7	0.989 0	0.606 9	0.989 0	0.603 4	0.989 0
0.15	0.622 0	0.993 0	0.617 1	0.993 0	0.611 9	0.993 0	0.608 6	0.993 0
0.20	0.629 3	0.999 0	0.623 8	0.999 0	0.618 3	0.999 0	0.615 0	0.999 0
0.25	0.638 7	1.007 0	0.632 7	1.007 0	0.626 9	1.007 0	0.624 0	1.007 0

续表

比值 m	D=50mm		D=100mm		D=200mm		D⩾50mm	
	孔板 α	喷嘴 α	孔板 α	喷嘴 α	孔板 α	喷嘴 α	孔板 α	喷嘴 α
0.30	0.649 2	1.017 6	0.642 8	1.017 5	0.636 8	1.017 0	0.634 0	1.017 0
0.35	0.660 7	1.030 5	0.654 1	1.030 0	0.647 9	1.029 0	0.645 0	1.029 0
0.40	0.676 4	1.046 0	0.669 5	1.044 7	0.663 1	1.043 4	0.660 0	1.043 0
0.45	0.693 4	1.065 3	0.685 9	1.063 1	0.679 4	1.061 1	0.676 0	1.060 0
0.50	0.713 4	1.089 0	0.705 6	1.085 9	0.698 7	1.083 2	0.695 0	1.081 0
0.55	0.735 5	1.119 5	0.727 2	1.115 3	0.720 1	1.111 8	0.716 0	1.108 0
0.60	0.761 0	1.157 8	0.752 3	1.152 8	0.744 7	1.147 7	0.740 0	1.142 0
0.65	0.790 9	1.203 5	0.781 5	1.198 0	0.773 3	1.191 4	0.768 0	1.183 0
0.70	0.827 0	—	0.817 0	—	0.807 9	—	0.802 0	—

表 2-18　　　　节流件的近似验算举例

参数与计算		例 1	例 2
已知条件	被测介质	水	蒸汽
	绝对压力 p	14MPa	10MPa
	温度 t	230℃	540℃
	管道内径 D	64mm	217mm
	节流件形式	标准孔板	喷嘴
	节流件孔径 d	32.92mm	166.98mm
	最大差压 Δp	10×10^3Pa	133×10^3Pa
	流量标尺上限 q_m	8t/h	250t/h
近似验算	求 m 值 $\left(m=\dfrac{d^2}{D^2}\right)$	$\dfrac{32.92^2}{64^2}=0.2644$	$\dfrac{166.98^2}{217^2}=0.593$
	查表 2-17，得 α	0.64	1.147
	查专用密度对照表，得 ρ	837.4kg/m³	28.539kg/m
	求 q_m 值，式（2-1）	$q_m=4\times10^{-3}\alpha\varepsilon d^2\sqrt{\rho\Delta p}$ $\approx4\times10^{-3}\times0.64\times1$ $\times32.92^2$ $\times\sqrt{837.4\times10\times10^3}$ $\approx8028\text{kg/h}\approx8\text{t/h}$	$q_m=4\times10^{-3}\alpha\varepsilon d^2\sqrt{\rho\Delta p}$ $\approx4\times10^{-3}\times1.147\times1$ $\times166.98^2$ $\times\sqrt{28.539\times133\times10^3}$ $\approx249\ 228\text{kg/h}\approx250\text{t/h}$

（3）不同取压方式的上、下游取压口位置和直径，应符合 GB/T 2624.1～4《用于安装在圆形截面管道中的差压装置测量满管液体流量》中的相关规定。

（4）安装前检查节流件的上、下游侧直管段距离，按经验数据应分别有 8DN 和 5DN（DN 为公称通径）（或符合 DL/T 5190.4—2012 附录 C 的规定），且直管段上游侧 10D 和下游 4D 的管道内表面应清洁、平滑，并符合粗糙度等级参数的规定。邻近节流件（如有夹持环则邻近夹持环）的上游至少在 2D 长度范围内，管道内截面应是圆筒形的［在任何平面上测量直径，任意直径与所测量的直径平均值（取相互之间大致有相等角度的四个直径求其算术平均值）之差不超过直径平均值的±0.3%，其余所要求的最短管段长度范围内，目测检查表明是圆的，可认为横截面是圆的]。

（5）在水平或倾斜管道上安装的节流装置，当流体为气体时取压口的方位应在管道的上半部；当流体为液体时取压口的方位应在管道的下半部与管道的水平中心线成45°夹角的范围内。当流体为蒸汽时，其取压口的方位应在管道的上半部与管道水平中心线成45°夹角的范围内，这是考虑到测量管路中的介质实际是液相物质（冷凝液），为了保证冷凝器内的液面高度稳定，多余的冷凝液应能流回管道，所以取压口安装在管道的上半部，但由于冷凝液直接流回管道时会引起测量不稳定，所以其方向不宜在管道的正上方。

（6）速度式流量计，如涡轮流量计、涡街流量计、旋涡流量计、电磁流量计、超声波流量计等传感器安装应符合下列规定。

1）流量计上、下游直管段长度按制造厂规定确定，其内径与流量计的公称通径之差不应超过公称通径的±3%并不超过±5mm，对准确度不低于0.5级的流量计，流量计上游10倍公称通径长度内和下游2倍公称通径长度内的直管段内壁应清洁，无明显凹痕、积垢和起皮现象。

2）当上游直管段长度不够时，可安装整流器。

3）安装时应使流量计的中心线与管道水平线或铅垂线重合，最大偏离角度不大于3°。

4）节流件应在管道冲洗后安装，管道冲洗完成前，用同样大的管子代替节流件安装。

2. 作业条件

一般情况下新装管道的孔板、喷嘴需在管道冲洗结束后才能安装。其余流量测量装置作业条件见压力测量装置的作业条件。

（三）标准节流装置的安装

节流元件包括喷嘴、孔板、文丘里管等。节流元件通常由机务专业安装，热工专业配合进行。差压法测量蒸汽流量时，差压取压装置一般包括插座、取压管、冷凝器和取源阀门。

1. 标准节流装置

（1）标准孔板。孔板是由机械精密加工形成的一块两面有不同直径（节流孔）的圆台型薄板，节流孔的边缘锐利。标准孔板的轴向截面如图2-43所示，孔板的节流孔的直径 d 与上游的测量管道内径 D 之比称为直径比 β（即 $\beta=d/D$）。每个标准孔板的上、下游至少有一个取压口，取压口的不同位置表征了标准孔板的不同取压方式。

1）角接取压口如图2-44所示，取压口有单独钻孔取压口或环隙取压口，两种型式的取压口可位于管道上或位于管道法兰上，亦可如图2-44所示位于夹持环上。取压口轴线与孔板各相应端面之间的间距等于取压口直径之半或取压口环隙宽度之半。单独钻孔取压口的直径或环隙宽度 a 一般为 $1\text{mm}\leqslant a\leqslant 10\text{mm}$（用单独钻孔取压口测量蒸汽和液化气体时为 $4\text{mm}\leqslant a\leqslant 10\text{mm}$）。如采用单独钻孔取压口，则取压口的轴线应尽可能以90°角度与管道轴线相交。夹持环的内径 b 必须等于或大于管道直径 D，以保证它不致突入管道内。

2）D、$D/2$ 取压口和法兰取压口，如图2-45所示。取压口的间距：对 D 和 $D/2$ 取压口，上游取压口间距 l_1 名义上等于 D，下游取压口间距 l_2 名义上等于 $0.5D$；对法兰取压口，l_1 和 l_2 名义上等于25.4mm。取压口的轴线与管道轴线相交，并与其成直角。取压口直径应小于 $0.13D$，同时小于13mm，其最小直径不加限制，在实际应用中，考虑偶然阻塞的可能性及良好的动态特性来决定最小直径值，上游和下游取压口应具有相同的直径。

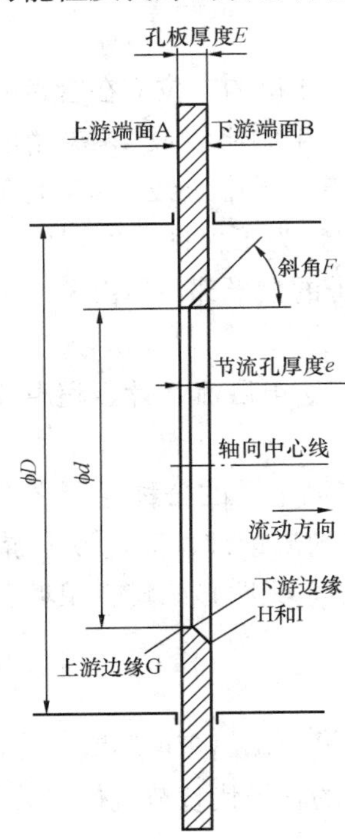

图 2-43　标准孔板的横向截面

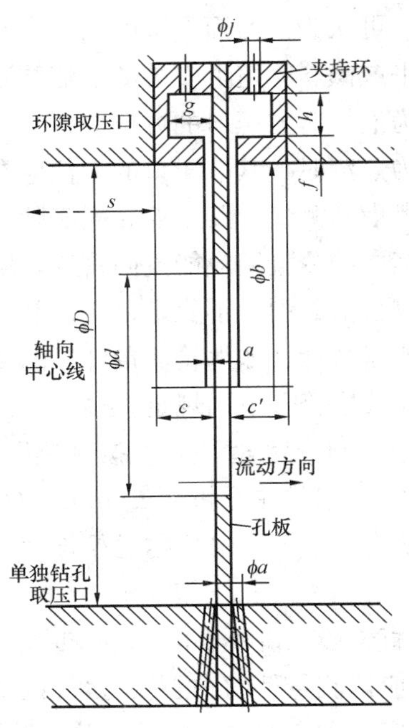

图 2-44　角接取压口

a—环隙宽度（或单独取压口直径）；f—环隙厚度；c—夹持环长度（上游）；c'—夹持环长度（下游）；b—夹持环直径；s—上游台阶到夹持环的距离；g—环室直径；j—环室取压口直径

（2）喷嘴。

1）ISA 1932 喷嘴由圆弧形的收缩部分和圆筒形喉部组成，其轴向截面如图 2-46 所示。喷嘴的型号为 LGP，用于管径 D 为 50～500mm，直径比 β 为 0.30～0.80 的管道上。ISA 1932 喷嘴的取压口采用角接取压口，技术要求与标准孔板的相同。

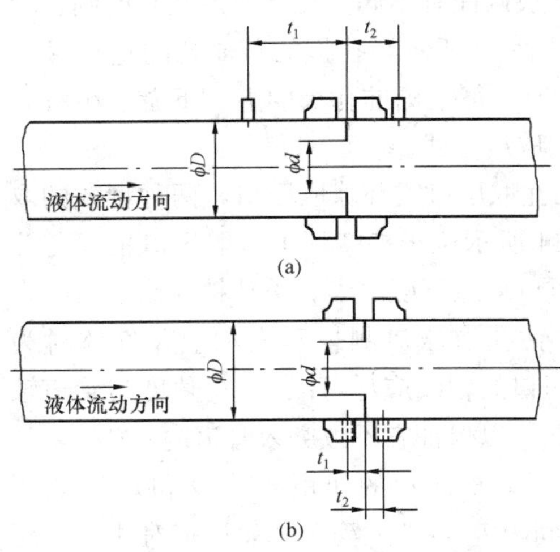

图 2-45　D、$D/2$ 取压口和法兰取压口

（a）D、$D/2$ 取压口；（b）法兰取压口

2）长径喷嘴：长径喷嘴是由形状为 1/4 椭圆的入口收缩部分和圆筒形喉部组成的，其轴向截面如图 2-47 所示。有高比值和低比值两种结形式，当 β 值为 0.25～0.50 时，可采用任意一种。长径喷嘴用于管径 D 为 50～630mm、直径比 β 为 0.20～0.80 的管道上。

长径喷嘴的取压口采用 D 和 $D/2$ 取压方式，上游和下游取压口的轴线应与管道轴线相交，并与其成直角，在取压口的贯穿处其边缘应与管道内壁平齐。LCP 型长径喷嘴用短管焊接方式组装如图 2-48 所示。

2. 节流装置安装

（1）安装前检查。

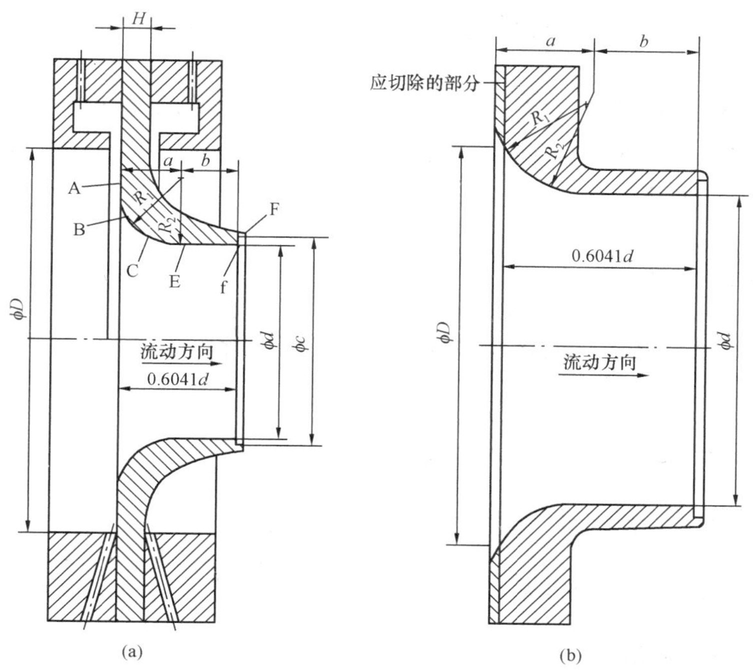

图 2-46　ISA 1932 喷嘴

(a) $d<\frac{2}{3}D$；(b) $d>\frac{2}{3}D$

A—入口平面部分；B 和 C—由两段圆弧面构成的入口收缩部分（圆弧半径分别为 R_1 和 R_2）；E—圆筒形喉部；F—保护槽；H—厚度（不得大于 0.1D）；a—圆弧 C 的圆心与平面 A 的距离（0.3014d）；b—喉部长度（0.3d）；ϕc—保护槽直径（至少等于 1.06d）；f—出口边缘

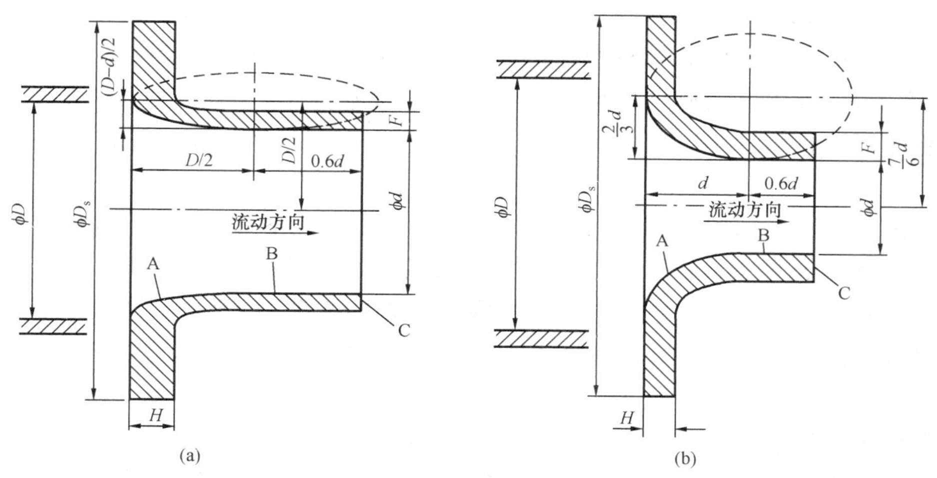

图 2-47　长径喷嘴

(a) 高比值（0.25≤β≤0.80）；(b) 低比值（0.25≤β≤0.50）；

A—入口收缩部分；B—圆筒形喉部；C—下游平面；F—喉部壁厚（3～13mm）；

H—厚度（大于或等于 3mm，并小于或等于 0.15D）

1）检查孔板外观和编号，应符合设计和管道安装位置的要求。孔板安装方向“+”号应该向着流束。

2）对节流装置的方向进行检查、确认，节流件在管道中的安装方向必须使流体从节流件的上游端面流向节流件的下游端面。对于孔板，圆柱形锐边应迎着介质流动方向，对于喷嘴，曲面大口应迎着介质流动方向，如图 2-49 所示。

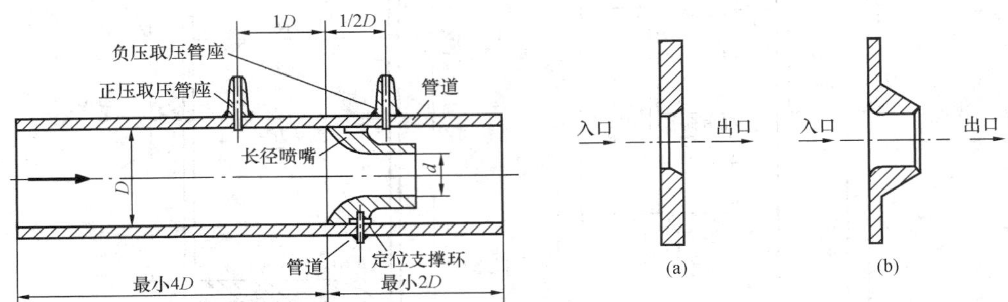

图 2-48　组合式径距取压长径喷嘴

图 2-49　孔板、喷嘴安装方向示意图
（a）孔板；（b）喷嘴

3）检查确认流量测量装置的通用安装要求已满足。

4）测量孔板孔径 d 在允许公差内。孔板孔径的计算，应选取不少于 4 个单测值的算术平均值，这 4 个单测值的测点之间应有大致相等的角距，而任一单测值与平均值之差不得超过 0.05%。孔径 d 的允许公差见表 2-19。

表 2-19　孔径 *d* 的允许公差表

d	$5<d\leqslant 6$	$6<d\leqslant 10$	$10<d\leqslant 25$	$d>25$
公差	±0.008	±0.010	±0.013	d 值每增加 25，公差增大±0.013

5）检查孔板上游端面 A 与下游端面 B 应平行，且上游端面的表面粗糙度比下游端面的表面粗糙度要大，开孔上游侧直角入口边缘应锐利、无卷口、无毛刺和划痕；下游侧出口边缘应无毛刺、无划痕和可见损伤。喷嘴喉部应为圆筒形，出口边缘较锐利。检查应做好记录。

6）节流装置的每个取压装置至少应有一个上游取压口和下游取压口，且具有相同的直径。取压口的轴线应与管道轴线相交并成直角（如采用单独钻孔取压口，则取压口的轴线应尽可能以 90°角与管道轴线相交）。取压口的内边缘应与管道内壁平齐。当节流装置的差压用均压环取压时，上、下游侧取压孔的数量必须相等，同一侧的取压孔应在同一截面上均匀设置。

7）测量蒸汽流量的节流件上、下游取压口装设有冷凝器，其作用是减少由于差压突变引起的水柱变化而产生静压误差，安装前检查其材质应符合设计，容积应大于全量程内差压计或差压变送器工作空间的最大容积变化的 3 倍，水平方向的横截面积不得小于差压计或差压变送器的工作面积。

8）为保证流体的流动在节流件前 1D 处形成充分发展的紊流速度分布，而且使这种分布成均匀的轴对称形，要求：

① 直管段必须是圆的，而且对节流件前 $2D$ 范围，管道内壁不应有任何凹陷和用肉眼看得出的突出物等不平现象，并对其圆度严格要求，有一定的圆度指标，具体衡量方法：节流件前 $0D$、$D/2$、D 和 $2D$ 这 4 个垂直管截面上，以大致相等的角距离至少分别测量 4 个管道内径单测值，取平均值 D。任意内径单测量值与平均值之差不得超过 $\pm 0.3\%$；在节流件后，在 $0D$ 和 $2D$ 位置用上述方法测得 8 个内径单测值，任意单测值与 D 比较，其最大偏差不得超过 $\pm 2\%$（或当 $d/D \geqslant 0.55$ 时，由于管道的圆锥度、椭圆度或者变形等所产生的最大允许误差不得超过 $\pm 0.5\%$，当 $d/D < 0.55$ 时，不得超过 $\pm 2.0\%$）。

② 节流件前后要求一段足够长的直管段，这段足够长的直管段与节流件前的局部阻力件形式有关和直径比 β 有关。

（2）安装要求。

1）孔板的安装要求如下。

① 合金钢材质的安装材料，在安装前后需进行材质的光谱分析和复查。孔板方向应与环室出口一致，垫片材质应符合要求，厚度为 0.1～2mm，需合理选择垫片厚度，以保证垫片压紧后不会突到管道内部影响测量的准确性。

② 节流件在管道中的安装方向必须正确，保证流体从节流件的上游端面流向节流件的下游端面。对于孔板，圆柱形锐边应迎着介质流动方向，上游端面与节流孔圆筒形柱面垂直；对于喷嘴曲面大口应迎介质流动方向，上游端面垂直于轴线的入口平面部分。法兰与管道内口焊接处应加工光滑，不应有毛刺及凹凸不平的现象。

③ 孔板在管道中安装时应保证其端面与管道几何中心线垂直偏差不超过 1°，节流件的几何中心线应与管道或夹持环（当采用时）几何中心线同轴，其与上、下游侧管道轴线之间的距离为 e_x［与管道的不同心度不得超过 $0.015D\ (1/\beta-1)$］；孔板管道轴线垂直、垂直度误差不得超过 $\pm 1°$。

$$e_x \leqslant (0.0025D/0.1+2.3\beta^4) \tag{2-2}$$

式中 D ——工作条件下上游管道内径 mm；

β ——直径比。

④ 取源阀门阀杆应水平安装，连接牢固、无渗漏。阀门安装高度应一致，误差在 3mm 以内（详见阀门安装章节）。如需加装测量蒸汽流量的冷凝筒，冷凝器在安装前应核对型号与设计相符；安装时应保证两个冷凝筒内的液面处于相同的高度，且不低于取压测孔，两个冷凝筒安装标高偏差不大于 2mm，对应的差压仪表安装位置应低于冷凝筒。垂直管道安装的下取压管应向上安装，与上取压管标高一致。安装后冷凝筒至节流装置的管路应保温。如冷凝器安装后刚度不够的，须安装支架进行支撑。

2）角接取压装置的安装要求如下。

① 取压孔应为圆筒形，其轴线应尽可能与管道轴线垂直，与孔板上、下游侧端面形成的夹角允许小于或等于 3°，夹紧环的任何部位不得突入管道内外，其内壁的出口边缘必须与夹紧环内壁平齐，无可见的毛刺和突出物。节流件与夹紧环之间使用垫圈的，垫圈不应突入夹持环内，不得挡住取压口或槽。

② 取压孔前后的夹紧环的内径 D_f 应相等，并等于管道内径 D，允许 $1D \leqslant D_f \leqslant$

1.02D，但不允许夹紧环内径小于管道内径。取压孔在夹紧环内壁出口处的轴线与孔板上、下游侧端面的距离等于取压孔直径的一半，上、下游侧取压孔直径应相等，取压孔应按等角距配置。

③ 采用对焊法兰紧固节流装置时，法兰内径必须与管道内径相等。环室取压的前后环室开孔直径 D'应相等，并等于管道内径 D，允许 $1D \leqslant D' \leqslant 1.02D$，但不允许环室开孔直径小于管道内径。

④ 单独钻孔取压的孔板和法兰取压的孔板，其外缘应有安装手柄。安装手柄上应刻有表示孔板安装方向的符号（+、—），孔板出厂编号、安装位号，以及管道内径 D 的设计尺寸值和孔板开孔 d 的实际尺寸值。

3）法兰取压装置的安装要求如下。

① 上、下游侧取压孔的轴纹必须垂直于管道轴线，直径应相等，并按等角距配置。

② 取压孔在管道内壁的出口边缘应与管道内壁平齐，无可见的毛刺或突出物。

③ 上、下游侧取压孔的轴线分别与孔板上、下游侧端面之间的距离均等于（25.4±0.8）mm。

④ 法兰与孔板的接触面应平齐，外圆表面上应刻有表示安装方向的符号（+、—）、出厂编号、安装位号和管道内径的设计尺寸值。

⑤ 法兰与管道的连接面应平齐，使用的密封垫片，在夹紧后不得突入管道内壁。

4）标准喷嘴的安装要求如下。

① 标准喷嘴上游侧端面应光滑，其表面不平度不得大于 0.0003d，相当于不低于 $\overset{3.2}{\nabla}$ 的表面粗糙度。喷嘴下游侧端面应与上游侧端面平行，其表面粗糙度可较上游侧端面低一级。

② 圆筒形喉部直径的计算，应选取不少于 8 个单测值的算术平均值，其中 4 个是在圆筒形喉部的始端、4 个是在终端，且在大致相距 45°角的位置上测得。任一单测值与平均值之差不得超过 0.05%。d 的公差要求：当 $\beta \leqslant 2/3$ 时，$d \pm 0.001d$；当 $\beta > 2/3$ 时，$d \pm 0.0005d$。

③ 从喷嘴的入口平面到圆筒形喉部的全部流通表面应平滑，不得有任何可见或可检验出的边棱或凸凹不平。圆筒形喉部的出口边缘应锐利，无毛刺和可见损伤，并无明显倒角。

5）长径喷嘴的安装要求如下。

① 长径喷嘴直径的计算，应选取不少于四个单测值的算术平均值，这 4 个单测值的测点之间应有大致相等的角距，而任一单测值与平均值之差不得超过 0.05%。在圆筒形喉部出口处 d 值可有负偏差，即允许喉部有顺流向的微小收缩，而不允许有扩大。

② 节流件上游侧的测量管长度不小于 10D（D 为测量管公称内径），下游侧的测量管长度不小于 5D。

③ 测量管段内径的计算，应选取于 4 个单测值的算术平均值，这 4 个单测值的测点之间应有大致相等的角距。任一单测值与平均值之差，对于上游侧应不大于±0.3%，对于下游侧应不大于±2%。

④ 测量管内表面应清洁，无凹陷、沉淀物及结垢。若测量管段由几根管段组成，其内径尺寸应无突变，连接处不错位，在内表面形成的台阶应小于 0.3%。

（3）节流装置安装检查验收见表 2-20，组合式长径喷嘴安装检查验收见表 2-21。

表 2-20　　**喷嘴及标准孔板安装检查验收**

工序	检验项目		性质	单位	质量标准	检验方法和器具
节流装置检查	型号规格				符合设计	核对
	外观				光洁、平整	观察
	孔板入口侧边缘				锐角尖锐	将孔板入口侧对准光源观察，无反射光
	孔径偏差	$\beta \leqslant 0.45$			$\pm 0.001d$	用尺测量
		$\beta > 0.45$			$\pm 0.0005d$	用尺测量
	喷嘴出口侧边缘				锐角尖锐	将喷嘴出口侧对准光源观察，无反射光
	环室内径尺寸				$D \sim 1.02D$	用尺测量
	孔板方向				与环室出口一致	观察
节流件上、下游直管段检查	直管段长度				符合 DL/T 5210.4—2009 中附录 C	核查
	横截面				圆形，无突变	观察
	上游 10D 和下游 4D 管段内壁表面				清洁、无垢、无凹凸和沉淀物	观察
	安装方向		主控		正确	观察
	节流件端面与管道轴线垂直度			(°)	≤1	用尺测量
	垫片	材质			符合 DL/T 5210.4—2009 中附录 B	核对
		厚度		mm	0.1～2	用尺测量
		内径			垫片压紧后不得突入管内	观察
	固定				牢固	观察
	严密性				无渗漏	核查
取压短管、凝汽器、阀门安装	安装记录				正确、齐全	观察
	在水平或倾斜管上的取压点	蒸汽			管道水平中心线上部45°夹角内	
		气体			在管道上部	
		液体			管道水平中心线下部45°夹内	
	阀门安装位置				维护操作方便	
	阀门进出口方向				正确	
	阀门安装固定				端正、牢固	
	阀门成排安装	间距			均匀	
		高差		mm	≤3	用尺测量
	阀门与管路连接				牢固、无泄漏	核查
	垫片材质				符合 DL/T 5210.4—2009 中附录 B	核查
	两个凝汽器安装高度偏差		主控	mm	≤2	用尺测量
	焊接				符合 DL/T 5210.7—2010 的规定	核查
	热处理					
	标志牌				内容符合设计，悬挂牢靠，字迹不易脱落	核查

注　d 为孔板开孔内径；D 为管道内径；β 为孔板内径与管道内径之比值，即 $\beta=\frac{d}{D}$。

表 2-21　　组合式长径喷嘴安装检查验收

<table>
<tr><th>工序</th><th colspan="2">检验项目</th><th>性质</th><th>单位</th><th>质量标准</th><th>检验方法和器具</th></tr>
<tr><td rowspan="3">检查</td><td colspan="2">型号规格</td><td></td><td></td><td>符合设计</td><td rowspan="3">核对</td></tr>
<tr><td colspan="2">尺寸</td><td></td><td></td><td>符合制造厂规定</td></tr>
<tr><td colspan="2">测量装置前、后直管段</td><td></td><td></td><td>符合 DL/T 5210.4—2009 中附录 C</td></tr>
<tr><td rowspan="10">取样凝汽器及阀门安装</td><td rowspan="2">在水平或倾斜管道上取压点</td><td>蒸汽</td><td></td><td></td><td>管道水平中心线上部45°夹角内</td><td rowspan="4">观察</td></tr>
<tr><td>液体</td><td></td><td></td><td>管道水平中心线下部45°夹角内</td></tr>
<tr><td colspan="2">阀门安装位置</td><td></td><td></td><td>便于维护</td></tr>
<tr><td colspan="2">阀门进出口方向</td><td></td><td></td><td>正确</td></tr>
<tr><td colspan="2">阀门与管路连接</td><td></td><td></td><td>牢固、无泄露</td><td>试动观察</td></tr>
<tr><td colspan="2">垫片材质</td><td></td><td></td><td>符合 DL/T 5210.4—2009 中附录 B</td><td>核对</td></tr>
<tr><td colspan="2">冷凝器安装高度差</td><td>主控</td><td>mm</td><td>≤2</td><td>测量</td></tr>
<tr><td colspan="2">焊接及热处理</td><td></td><td></td><td>符合 DL/T 5210.7—2010 的规定</td><td rowspan="2">核对</td></tr>
<tr><td colspan="2">安装记录</td><td></td><td></td><td>齐全、正确</td></tr>
<tr><td colspan="2">标志牌</td><td></td><td></td><td>内容符合设计，悬挂牢靠，字迹不易脱落</td><td>核对</td></tr>
</table>

（四）流量计安装

流量计安装包括转子流量计、质量流量计、热式气体质量流量计、涡轮流量计和电磁流量计的安装。

1. 转子流量计的安装工艺

转子流量计，又称浮子流量计，是变面积式流量计的一种，在一根由下向上扩大的垂直锥管中，圆形横截面的转子的自重力与自下而上的流体所产生的动力平衡，转子在锥管内的流体中产生旋转运动以减小摩擦造成的滞留，并自由地上升和下降，其位置的高度 h 表示了流量值的大小，其原理结构如图 2-50 所示。

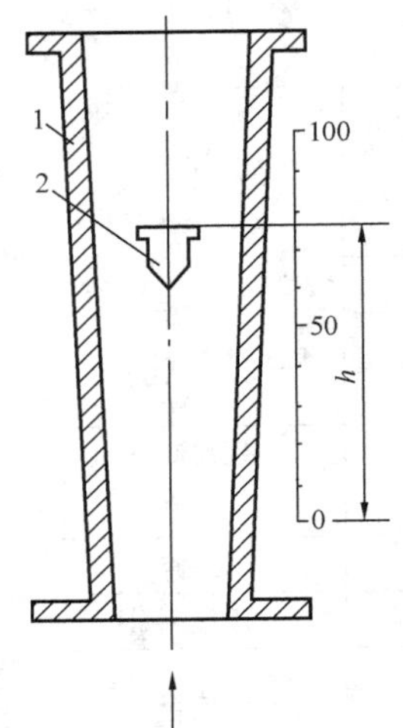

图 2-50　转子流量计原理结构（单位：mm）

1—锥形管；2—转子

转子流量计适用于小管径、低流速、不带颗粒悬浮物的液体和气体介质，其中玻璃管转子流量计用于低压、常温介质；金属管转子流量计可用于高温、高压介质。转子流量计的压力损失较低，可分为直标式、气传动与电传动三种形式。

（1）转子流量计安装前检查。安装前应检查型号规格符合设计要求，外观应无残损。核对仪表的实际承压、承温参数及材质应符合测量介质要求，实际的系统工作压力不得超过流量计的工作压力，环境温度和过程温度不得超过流量计规定的最大使用温度，保证测量部分的材料、内部材料和浮子材质与测量介质相容。此外，还应核对管道法兰、紧固件、垫片与流量计法兰配套。

（2）安装位置确定。转子流量计必须垂直地安装在管道上，其倾斜度对1.0级和1.5级的流量计不应超过20°，对低于1.5级的流量计不应超过50°，流体必须由下向上通过流量计；其上、下游侧直管段距离不宜小于5DN和3DN（DN为工艺管道的内径），截流阀和控制流量都必须在流量计的下游。流量计前、后的工艺管道应固定牢固。

（3）转子流量计安装。为避免管道引起的变形，配合的法兰必须在自由状态对中后固定，以消除应力。为避免管道振动和最大限度减小流量计的轴向负载，管道应有牢固的支架支撑。

用于测量气体流量的流量计，安装后应在规定的压力下校准。如果气体在流量计的下游释放到大气中，转子的气体压力就会下降，引起测量误差。当工作压力与流量计规定的校准压力不一致时，可在流量计的下游安装一个阀门来调节所需的工作压力。

（4）安装注意事项。当玻璃锥管浮子流量计结构简单，使用方便，缺点是耐压力低，有玻璃管易碎的较大风险，因此安装时要防止损坏。被测流体温度大于70℃时。玻璃转子流量计应加装保护罩，以防止玻璃管遇冷炸裂。如果被测介质温度高于220℃或流体温度过低易发生结晶时，需做好隔热防护措施。此外远传仪表的气源一定要清洁，管道与仪表连接紧固、无渗漏。

（5）转子流量计安装检查验收见表2-22。

表2-22　　转子流量计安装检查验收

工序	检验项目		性质	单位	质量标准	检验方法和器具
检查	型号规格				符合设计	核对
	外观				无伤残	观察
	安装位置				符合设计	核对
	上游侧直管段长度				≥50D	用尺测量
安装	锥形管安装垂直偏差		主控	mm	≤1.5	用尺测量
	固定				牢固、平整，无机械应力	试动观察
	空气管路连接				紧固、严密	观察
	接线	线端连接			正确、牢固	用校线工具查对
		线号标志			正确、清晰，不褪色	观察
	标志牌				内容符合设计，悬挂牢靠，字迹不易脱落	核对

注　D—管道当量直径。

2. 质量流量计安装

流体在旋转的管内流动时会对管壁产生一个力，简称科氏力。质量流量计以科氏力为基础，在传感器内部有两根平行的流量管，中部装有驱动线圈，两端装有检测线圈，变送器提供的激励电压加到驱动线圈上时，振动管作往复周期振动，过程的流体介质流经传感器的振动管，就会在振动管上产生科氏力效应，使两根振动管扭转振动，安装在振动管两端的检测线圈将产生相位不同的两组信号，这两个信号的相位差与流经传感器的流体质量流量成比例关系，计算机据此解算出流经振动管的质量流量。不同的介质流经传感器时，振动管的主振频率不同，据此解算出介质密度。安装在传感器振动管上的铂电阻可间接测量介质的温度。

质量流量计与液体的其他任何参数如密度、温度、压力、黏度、导电率和流动轨迹都无关，并且能对均匀分布的小固体粒子（稀浆）和含有气泡的液体进行测量。

（1）质量流量计的检查。型号规格应符合设计，外观无残损。

（2）安装位置确定。传感器与大的变送器或电动机之间至少要有 0.6m 的距离。由于传感器工作依赖电磁场，所以一定要避免将传感器安装在大的干扰电磁场附近。另外，还应仔细选择安装位置，尽量避免振动，因为质量流量计对外界的振动干扰比较敏感。测量液体时应保证液体满管，以便降低密度变化对测量精确度的影响。而当过程管道需清洁时，安装位置应能保证完全排空液体；为不使传感器内部聚集气体，应避免将传感器安装在管道系统的最高端。测量气体时为不使传感器内部聚集液体，应避免安装在管道的低点，以免引起测量误差。

质量流量计上、下游一般无直管段要求。当测量液体或气液两相流时，传感器外壳应朝下安装，以避免空气集聚在流量管内；当测量气体时，传感器外壳应朝上安装，以避免冷凝水集聚在流量管内；当测量液体浆料时，传感器应垂直安装，以避免颗粒聚积在流量管内。工艺介质应由下往上流动以避免喷流空管。

（3）质量流量计安装。质量流量计可以垂直安装，也可水平安装。安装时应注意流量计外壳上的流向标志。虽然质量流量可双向测量，但最好依流向标志安装。

为便于流量计调零，传感器下游应安装截止阀。为便于批量操作，传感器和截止阀应尽量靠近接受容器。在传感器和截止阀间不应安装软管，避免膨胀或压缩造成批量误差。另外，可在下游安装调节阀以防止介质产生汽化或抽空。

安装应对管道做加固处理，以确保管道尽可能地减少振动。传感器接头两端固定时应不受机械应力，上、下游工艺管道近法兰处应有牢固支撑及夹持，但传感器下部不能加装支撑。

如果不能避免过长的下游管道（一般不大于 3m），应多装一个通流阀。与输送泵的距离至少要大于传感器本身长度的 4 倍（两法兰之间距离），如果泵有较大的振动，必须用挠性管或连接管进行隔离。控制阀、检查观察窗等附加装置都应安装在距传感器至少 30mm 处。

（4）安装注意事项。安装质量流量计之前，请勿将流量计进、出口的保护套除去，以防杂物进入流量计内。安装时质量流量计的测量管与地面保护垂直或水平。

法兰连接的质量流量计，其工艺管道应对中两侧连接法兰面应相互自然平行，严禁用传感器硬行拉直工艺管道。

当测量介质中夹带固体时，应避免传感器弯曲部分向下的安装，以防固体沉积。当测量介质中夹带气体时，应避免传感器弯曲部分向上的安装，以防气体积聚。

3. 热式气体质量流量计

而热式气体流量计传感器包含两个传感元件，一个速度传感器和一个温度传感器。它们自动地补偿和校正气体温度变化。仪表的电加热部分将速度传感器加热到高于工况温度的某一个定值，使速度传感器和测量工况温度的传感器之间形成恒定温差。当保持温差不变时，电加热消耗的能量，也可以说热消散值，与流过气体的质量流量成正比。热式气体质量流量计与其他气体流量计的区别，是不需要进行压力和温度修正，直接测量气体的质量流量，其量程比大、测量范围广，一支传感器可以做到量程从极低到高量程。热式气体质量流量计适合单一气体和固定比例多组分气体的测量，也可用于可燃性气体流量、烟道的烟气流量、燃

气过程中空气流量、烟囱排出的烟气流速等的测量。

4．涡轮流量计

涡轮流量计由多叶片的转子（涡轮）、轴承、前置放大器、显示仪表组成。图 2-51 所示为涡轮流量测量仪表工作原理示意。当被测流体沿着管道的轴线方向流动，冲击涡轮叶片时，便有与流量 q_v、流速 V 和流体密度 ρ 乘积成比例的力作用在叶片上使涡轮旋转，涡轮的转速随流量的变化而变化，即流量大的涡轮转速也大，在涡轮旋转的同时，磁性材料制成的叶片周期性地切割电磁场产生的磁力线，改变线圈的磁通量。根据电磁感应原理，在线圈内将感应出脉动的电势信号，此脉动信号的频率与被测流体的流量成正比，但其幅值、波形不规则，经前置放大器放大、整形电路整形成为有规则的具有一定幅值的矩形电脉冲信号，再经过频率/电流转换电路，将频率信号转变为相应的 4～20mA 电流信号，用于就地仪表或送 DCS 显示瞬时流量值、通过累积计算电路得到累积流量。

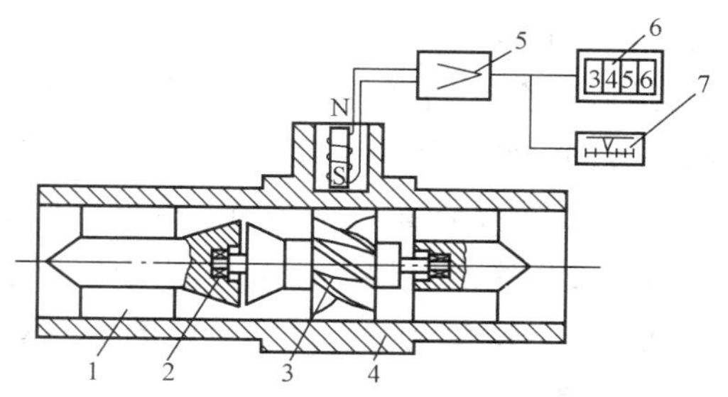

图 2-51　涡轮流量测量仪表工作原理示意
1—导流管；2—轴承；3—涡轮；4—壳体；
5—前置放大器；6—累积流量计数器；
7—瞬时流量指示表

涡轮流量计具有测量精度高、反应速度快、重复性好、无零点漂移、抗干扰能力好、测量范围广、价格低廉、结构紧凑、安装方便等优点，随着科学的不断发展，涡轮变送器已发展成小型化、高集成度的模块设计，有较强的功能软件和 RS232 标准计算机通信接口与 DCS 连接通信，为维护检修提供了方便。但涡轮流量计不能长期保持校准特性；流量特性受流体物性影响较大，不能用于汽一液、气一固和浓一固两相流介质的测量。

涡轮流量计广泛应用于石油、有机液体、无机液、液化气、天然气和低温流体的测量。压力从 0.8～6.5MPa 的气体涡轮流量计，是优良的天然气计量仪表。

（1）涡轮流量计的选型。涡轮流量计用于 ϕ200mm 以下小管径、小流量测量时，传感器为导管形式，壳体两端带螺纹或法兰，用以与被测管路相连接。用于 ϕ200mm～ϕ5000mm 大、中管径的流量测量时，通常采用插入式涡轮流量传感器。选型时应注意以下几点。

1）选型在规定的流量范围内，防止超速运行，以保证获得理想准确度和正常使用寿命。

2）流量计本体最好选用 316 不锈钢材料以防腐，如是防爆区还必须选防爆产品。

3）轴承一般有碳化钨、聚四氟乙烯和碳石墨三种规格，碳化钨的精度最高，它作为工业控制的标准件；聚四氟乙烯、碳石墨能防腐，一般在化工场所优先考虑。前轴承的寿命与流速的平方成正比，后轴承的寿命与流速的平方成反比，故流速最好的为最大流速的 1/3。

4）感应探头可检测转动体的运动并把它转化为脉冲数字电信号，其电磁线圈电压输出值接近正弦曲线，脉冲信号的频率随测量的流量大小成线性变化，典型的频率有 10：1，25：1和 100：1 三种规格。

5）涡轮流量计所测得的液体，一般是低黏度的（小于 $15\times10^{-6}m^2/s$）、低腐蚀性的液体。虽然目前已经有用于各种介质测量的涡轮流量计，但对高温、高黏度、强腐蚀介质的测量仍需仔细考虑，采取相应的措施。当介质黏度 v 大于 $15\times10^{-6}m^2/s$ 时，流量计的仪表系数必须进行实液标定，否则会产生较大的误差。

（2）涡轮流量计的安装。

1）安装前检查电磁线圈的电阻，一般应小于2000Ω，大于该值有可能损坏。变送器的电源线采用金属屏蔽线，接地要良好可靠。电源为直流24V，阻抗为650Ω。

2）流量计应安装在便于维修，无强电磁干扰与热辐射的场所。

3）流速分布不均和管内二次流的存在是影响涡轮流量计测量准确度的重要因素。因此涡轮流量计对上、下游的直管段有长度要求，一般要求上游至少有20D和下游至少有5D的直管段，且安装点的上下游配管的内径与流量计内径应相同，安装时必须水平安装在管道上（管道倾斜在5°内），流量计轴线应与管道轴线同心，流体的流动方向必须与流量计外壳的箭头方向一致，不得装反。为消除二次流动，上游端最好再加装整流器。

4）为保证流量计检修时不影响介质的正常使用，在流量计的前后管道上应安装截止阀，同时应设置旁通管道。流量控制阀要安装在流量计的下游，流量计使用时上游所装的截止阀必须全开，避免上游部分的流体产生不稳流现象。

5）被测介质对涡轮不能有腐蚀作用，否则应采取措施。

6）安装时注意不要碰撞磁感应部分，并确保安装时法兰间的密封垫片没有凹入管道内，以防止干扰正常的流量测量。

7）不允许带流量计焊接。

8）投运流量计时应缓慢地先开启前阀门，后开启后阀门，防止瞬间气流冲击而损害涡轮。

（3）注意事项。

1）对于防爆型产品，应复核防爆型流量计的使用环境是否与用户防爆要求规定相符，且安装使用过程中，应严格遵守国家防爆型产品使用要求，用户不得自行更改防爆系统的连接方式，不得随意打开仪表。

2）安装涡轮流量计前应对管道进行清扫。被测介质不洁净时应在上游安装5μm筛孔的过滤器，用于阻挡液滴和沙粒。防止涡轮、轴承被卡而不能正常测量流量。

3）流量计宜安装在室内，必须要安装在室外时，一定要采用防晒、防雨、防雷措施，以免影响使用寿命。

4）拆装流量计时不要碰撞磁感应部分。流量计应可靠接地，不能与强电系统地线共用。

5）投运前先进行仪表系数的设定。仔细检查，确定仪表接线无误，接地良好后方可送电。

6）安装涡轮流量计时，前后管道法兰要水平，否则管道应力对流量计影响很大。

7）加润滑油应按告示牌操作，加油的次数依介质洁净程度而定，通常每年2～3次。

8）试压、吹扫管道或排气造成涡轮超速运转，以及涡轮在反向流中运转都可能使流量计损坏。因此吹扫管道时宜用等径的管道（或旁通管）代替流量计进行，以确保在使用过程中流量计不受损坏。

9）流量计运行时，不得随意打开前、后盖，改动内部有关参数，否则将影响流量计的正常运行。

10）为保证通过流量计的液体是单相的，即不能让空气或蒸气进入流量计，必要时应在流量计上游装消气器。对于易气化的液体，在流量计下游必须保证一定背压，该背压的大小

可取最大流量下流量传感器压降的两倍加最高温度下被测液体蒸气压的 1.2 倍。

11）为确保抗干扰能力，信号线的最大长度 L 为 dV，其中，V 为在最小流量时传感线圈的输出电压有效值，单位为 mV；d 为系数，单位为 m/mV。当 $V<1000$mV 时，$d=1.0$；当 1000mV$<V<$5000mV 时，$d=1.5$；$V>5000$mV 时，$d=2.0$。信号传输线应采用屏蔽电缆。

（4）涡轮流量计的组态与校正。流量计在标定时要在流量计取压口上采集压力。标准的标定方法是十点水标定法，但黏度不同标定的值不同，故通常要做黏度标定曲线。

（5）涡轮流量计安装检查验收见表 2-23。

表 2-23　涡轮流量计安装检查验收

工序	检验项目		性质	单位	质量标准	检验方法和器具
检查	型号规格				符合设计	核对
	外观				无伤残	观察
	安装位置				符合设计	核对
安装	直管段长度	上游侧		m	符合设计	用尺检查
		下游侧		m		
	涡轮中心线		主控		与管道中心线重合	用尺测量
	箭头方向		主控		与介质流向一致	观察
	接线	线端连接			正确、牢固	用校线工具查对
		线号标志			正确、清晰，不褪色	观察
	标志牌				内容符合设计，悬挂牢靠，字迹不易脱落	核对

5. 电磁流量计安装

电磁流量变送器由电磁流量传感器与电磁流量转换器组合而成，组合形式有分离型和一体型两种。电磁流量计是基于法拉第电磁感应定律而制成的一种测量电导率大于 15μS/cm 的可导电液体的仪表，测量精度可达测量值的 2%，其工作原理如图 2-52 所示。在电磁流量计中，测量管内的导电介质相当于法拉第试验中的导电金属杆，1 为上下两端的两个电磁线圈，当通入交流电后，产生一个与导管相垂直的交变恒定磁场 B。被测液体流过管道就切割了磁力线，因此液体中产生了与流体平均流速 v 成比例的电动势 E，并由装在管道壁上的两个检测电极输出，经转换器放大后转换成 4～20mA 信号送至仪表或 DCS 中显示、记录、累积计算及调节控制仪表用。测量管道通过不导电的内衬（橡胶，特氟隆等）实现与流体和测量电极的电磁隔离。

电磁流量传感器不受流体的温度、压力、密度、黏度等参数的影响，不需进行参数补偿；与被测液体接触部分为内衬，可测腐蚀性液体并耐磨损；内部无阻力元件，几乎无压力损失；可测管道直径为 2.5～2400mm。目前，它已广泛应用于各种电导率大于 10^{-5}S/cm 的导电流体的流量测量。

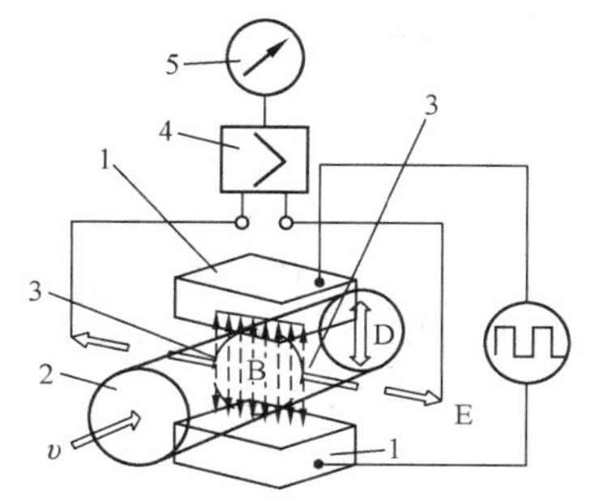

图 2-52　电磁流量传感器工作原理图
1—励磁绕组；2—导管；3—电极；4—转换器；5—显示仪表

电磁流量的优点是能测量各种酸、碱、盐等有腐蚀性介质的流量，脉冲流量，污水及大口径的水流量，也可以测量含有颗粒、悬浮物等液固二相流体的流量，如纸浆、泥浆、污水等；它的密封性好，没有阻挡部件，不会产生流量检测所造成的压力损失，是一种节能型流量计。测得体积流量实际上不受流体密度、黏度、温度、压力和电导率变化的明显影响；它的转换简单方便，流量范围大，口径范围宽；使用范围广，并能在易爆易燃的环境中使用。

电磁流量的缺点，是由于这种传感器必须保持管道内电阻和测量电路阻抗之间有一定比例关系，因此在制造上有一定困难。当被测介质的电导率约为 10μs/cm 时测量就开始产生困难，电导率更低时就产生原理性困难。当电导率为 10μs/cm 时，就达到导电介质和电介质之间的“分界线”，热噪声电平随内阻的增大而显著增加。因此不能测量电导率很低的液体（如石油制品），不能测量气体、蒸汽和含有较大气泡的液体，不能用于较高温度介质的测量。在发电厂中主要用于强腐蚀液体等介质的测量。

（1）安装前检查。

1）检查电磁流量计型号、规格符合设计，检查测量介质、流量（最小值、工作点值、最大值）、介质温度、介质压力和安装形式（管道式或插入式）等符合要求，外观和衬里无残损，传感器外壳防护等级不小于 IP65。

2）检查上、下游管道的内径与传感器的内径满足：0.98DN≤D≤1.05DN（其中，DN 为传感器内径，D 为工艺管内径），管道与传感器同轴偏差应不大于 0.05DN。

（2）安装位置确定。

1）安装环境温度应为−10～45℃，空气相对湿度应小于或等于 85%；安装位置应干燥通风，不会积水造成电磁流量计受淹，不含有腐蚀性气体；安装传感器的管道应无振动，无漏电流，无铁磁性物体及产生强电磁场的设备存在（如大电机、大变压器等），以免电磁场干扰影响传感器的工作磁场。转换器应尽量安装在室内，如安装在室外，应采取防日晒雨淋的措施。

2）电磁流量计上、下流侧最小直管段距离，应满足图 2-53 的要求。如达不到要求，则应采用稳流器或减小测量点的截面积。

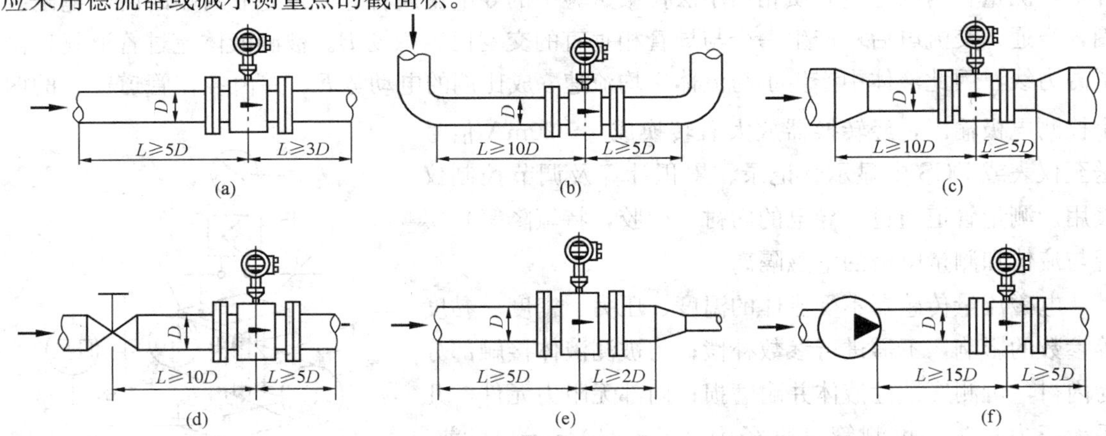

图 2-53　电磁流量计上游侧和下游侧最小直管段长度要求

（a）水平管前后直管段长度要求；（b）弯管前后直管段长度要求；
（c）扩口管前后直管段长度要求；（d）阀门后后直管段长度要求；
（e）收缩管直管段长度要求；（f）泵下游直管段长度要求

3）电极轴必须保持基本水平，安装在水泵后端，不能在抽吸侧安装。并保证流量计的测量管内必须在任何时候都完全注满介质。

4）如果有几个传感器需要按顺序串联在同一管道上，每个传感器之间的距离至少应为2个传感器的长度。如果两个以上的传感器彼此并行安装，传感器的距离必须大于1m。

（3）电磁流量计安装。

1）安装时，要注意流量计的正负方向或箭头方向应与介质流向一致。保证螺栓、螺母与管道法兰之间留有足够的空间，以便于装卸。

2）流量计可以水平和垂直安装，但是应该确保避免沉积物和气泡对测量电极的影响，电极轴向保持水平为好。对于液固两相流体，最好采用垂直安装；垂直安装时，流体应自下而上流动。传感器不能安装在管道的最高位置，以免气泡积聚影响测量。对于严重污染的流体的测量，电磁流量计应安装在旁路管道上。

3）管道法兰面必须平行，允许的最小偏差为$L_{max}-L_{min}$，此差值应小于0.5mm，其中，L_{max}、L_{min}是两个法兰最大与最小的距离。DN>200（8″）的大型电磁流量计要使用转接管，以保证对接法兰的轴向偏移，方便安装。

4）由于管道是绝缘体，电流在流体中流动很容易受杂波的干扰，因此必须在安装流量传感器管道的两端设置接地环，确保流体和传感器应同电位，有良好的接地，接地电阻小于10Ω（若金属管道接地良好时，无须专设接地装置）。在外界电磁场干扰较大的情况下，电磁流量计应另行设置接地装置，接地线采用截面大于5mm^{2}的多股铜线，传感器的接地线绝不能接在电动机或其他设备的公共地线上，以避免漏电流的影响。

5）一体型电磁流量计接线要求。励磁电缆可选用YZ中型橡套电缆，其长度与信号电缆一样；信号电缆和其他动力电源电缆必须严格分开，不能敷设在同一根管子内，不能平行敷设，不能绞合在一起，应分别单独穿在钢管内。信号电缆和励磁电缆尽可能短，不能将多余的电缆卷在一起，应将多余电缆剪掉，并重新焊接头，电缆进入传感器电气接口时，在端口处做成U形，这样可以防止雨水渗透到传感器中。

6）分体型电磁流量计励磁电缆和转换器之间的连接用专用接线完成，转换器和外部的连接要求同一体型电磁流量计接线要求一致。

（4）安装注意事项。

1）电磁流量计，特别是对小于DN100mm的小流量计，在搬运时受力部位应在流量计本体，不能是信号变送器的任何部分。

2）被测介质不应含有较多的铁磁性介质或大量气泡。

3）虽然流速对精度影响不大，为消除这种影响，应保证上流道有足够的直线长度。避免在靠近调节阀和半开阀门之后安装。

4）测定电导率较小的液体时，由于两电极间的内部阻抗比较高，所以信号放大器要有100MΩ的输入阻抗。为保证传感器正常的工作，液体的电导率必须保证在15μS/cm以上。

5）电磁流量计的测量原理不依赖流量的特性，但如果在测量区内有稳态的涡流则会影响测量稳定性和测量精度，这时应采取一些措施以稳定流速分布，如增加前后直管段的长度、加装流量稳定器、减少测量点的截面等。

6）为了方便检修流量计，最好为流量计安装旁通管，另外，对重污染流体及流量计需清洗而流体不能停止的，必须安装旁通管。

（5）电磁流量计安装检查验收见表 2-24。

表 2-24　　电磁流量计安装检查验收

工序	检验项目		性质	单位	质量标准	检验方法和器具
检查	型号规格				符合设计	核对
	安装位置				符合设计	核对
	衬里				无伤残	观察
安装	方向	在垂直管段	主控		流体方向应自下而上	观察
		在水平或倾斜管段	主控		两个测量电极不应在正上方或正下方	
	固定				牢固、平整、无机械应力	试动观察
	接地		主控		流体、法兰、表壳应同电位	测量对比
	接线	线端连接			正确、牢靠	用校线工具查对
		线号标志			正确、清晰、不褪色	观察
	标志牌				内容符合设计，悬挂牢靠，字迹不易脱落	核对

6. 涡街流量计

涡街流量计传感器包括漩涡发生体、感测器及信号处理系统三部分，是应用流体振荡原理来测量流量，在流体中垂直插入一根非流线型（圆柱或三角柱等）漩涡发生体，流体在发生体两侧交替地分离释放出两串旋转方向相反、规则地交错排列的漩涡（这两排平行的涡列称为卡门涡街），当涡街的距离 h 和漩涡间隔 L 之比为 0.281 时，漩涡分离频率与流量成正比。

图 2-54 所示是 LUB 插入式涡街流量计及其工作原理图，在管道中设置三角柱型漩涡发生体，则流体流经时，在三角柱的漩涡发生体后上下交替产生正比于流速的两列漩涡，这种漩涡称为卡门漩涡，漩涡列在漩涡发生体下游非对称地排列。漩涡的释放频率与流过漩涡发生体的流体平均速度及漩涡发生体特征宽度有关，可用式（2-3）表示

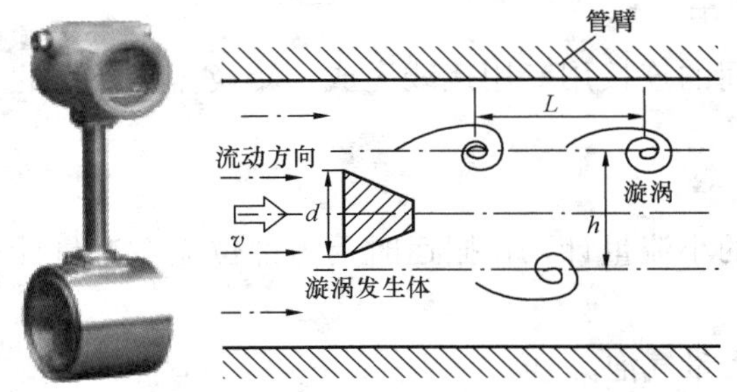

图 2-54　涡街流量计及工作原理图

$$f = Stv/d \tag{2-3}$$

式中　f——漩涡的释放频率，Hz；

v——流过漩涡发生体的流体平均速度，m/s；

d——漩涡发生体特征宽度，m；

St——斯特罗哈数，是雷诺数的函数，$St = f$（l/Re），无量纲，它的数值范围为 0.14～0.27。当雷诺数 Re 为 102～105 时，St 值约为 0.2，因此，在测量中，要尽量满足流体的雷诺数在 102～105，这种情况下，漩涡频率 f=0.2v/d，几乎不受流体参数（压力、温度、黏度和密度等）变化的影响。漩涡频率由感测器检出，经放大、滤波整形等处理后，得到代表涡街频率的数字脉冲并送至配套的显示仪表或 DCS 中，显示出瞬时流量或累积流量。

由此可知，通过测量漩涡频率就可以计算出流过漩涡发生体的流体平均速度 v，再由式 $q=vA$ 可以求出流量 q，其中 A 为流体流过漩涡发生体的截面积。涡街流量计按频率检出方式可分为应力式、应变式、电容式、热敏式、振动体式、光电式及超声式等。

涡街流量计，兼有无运动部件和脉冲数字输出的优点，结构简单牢固、适用流体种类多、精度较高、范围度宽、压力损失小。缺点是不适用于低雷诺数测量，需较长直管段，仪表系数较低（与涡轮流量计相比），仪表在脉动流、多相流中尚缺乏应用经验。

（1）安装条件。

1）传感器可在室内、室外安装。安装的环境条件要符合要求。若管道介质为液体时，在传感器的附近管道内应充满被测液体。

2）传感器可安装在水平、垂直或倾斜（流体的流向自下而上）的管道上，安装位置要求如图 2-55 所示。安装时其上游侧和下游侧的直管段长度根据管道状况不同而不同，具体安装长度和要求如图 2-56 所示。安装的直管段公称通径应尽可能与传感器通径（DN）一致，若无法一致时，应采用比传感器通径略大的管径，误差要小于或等于 3%并不超过 5mm。调节阀或半开阀门应安装在传感器的下游 8DN 之后，尽量避免上游侧安装。当介质温度超过 250℃时传感器应水平安装，被测介质含有较多杂质时，应在传感器上游直管段要求的长度以外加装过滤器。安装时检查直管段的内壁应清洁、光滑，无明显凸凹、积垢和起皮等现象。

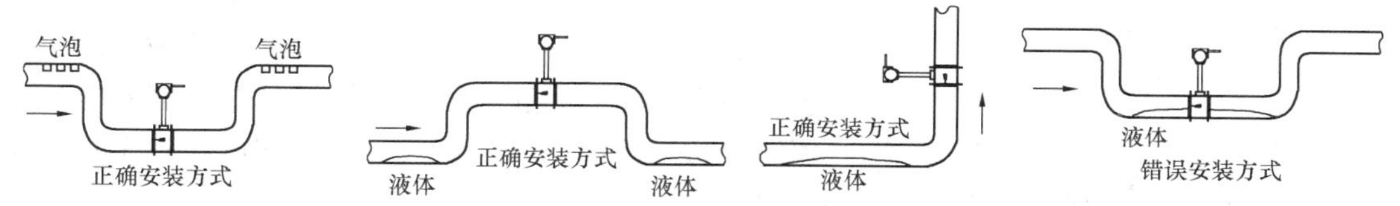

图 2-55　液体介质流量计管道安装示意图

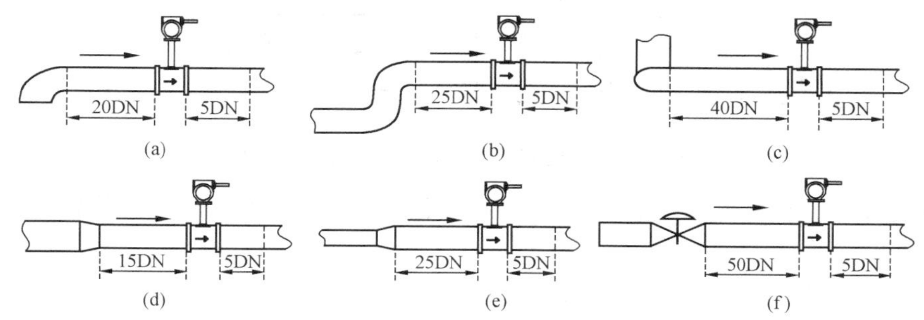

图 2-56　涡街流量计管道安装上游侧和下游侧直管段要求

（a）一个 90°度弯头；（b）同一个平面两个 90°弯头；
（c）不同平面两个 90°弯头；（d）同心收缩全开闸阀；
（e）同心扩展全开阀门；（f）调节阀半开阀门

3）传感器应避免安装在有较强电磁场干扰、有热辐射、有腐蚀性气体、空间小和维修不方便的场所或有机械振动的管道上。当振动不可避免时，应考虑在距传感器前后约 2DN 处的直管段上加固定支撑架。

（2）安装步骤。

1）专用法兰连接与直管段焊接前，卸下传感器（不能带着传感器焊接法兰）。

2）管道清洗干净后，将配套的专用法兰分别焊接到上游和下游的直管段上，焊接时确保专用法兰与直管段的内径严格保持垂直和同心。

3）法兰凹槽内放好密封圈，将传感器夹装在专用法兰间，确保传感器的流向标志与管道内流体的流向一致和与上、下游直管段保持同心，然后用螺栓紧固。

4）检查传感器及管道接地应良好，接地电阻应小于或等于 10Ω。

5）进行接线连接，接线后检查接线应紧固，做好进线口密封，并检查涡街流量计的电缆走向，应远离强电磁场的干扰场合。绝对不允许与高压电缆一起敷设。屏蔽电缆应尽量缩短，最大长度不超过 200m，且不得盘卷，以减少分布电感。

（3）安装特别注意事项。

1）传感器应朝上或水平（放大器指向）安装；安装时应避免传感器由高处坠落，不允许用重物敲击传感器和管道。

2）取压点和测温点应分别在传感器的下游 3DN～5DN 处和 6DN～8DN 处（如图 2-57 所示）。高温管道进行保温处理时，切勿用隔热材料将传感器连接杆周围包起来，以免导致损坏。

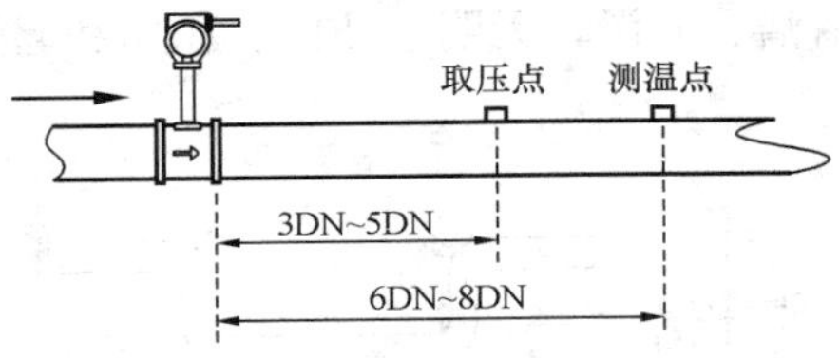

图 2-57　取压点和测温点位置示意图

3）防爆型传感器安装时，要求防爆型传感器必须与合适的关联设备—安全栅组成本质安全型防爆系统（如图 2-58 所示），通过电源信号安全栅再连接到流量显示仪表上。安全栅必须安装在非危险场所。传感器与安全栅之间连接屏蔽电缆的分布电容和电感必须符合防爆铭牌上的规定值。安装前应在安全场所将传感器与防爆安全栅通电检查，无异常后再进行安装。

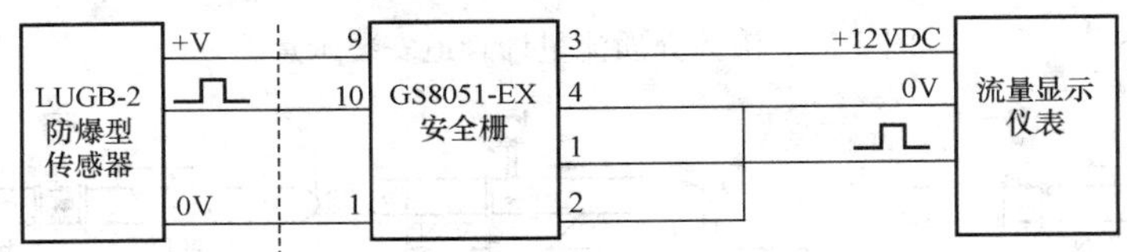

图 2-58　本质安全型防爆系统安装示意图

4）高温高压管道更换探头体时，必须做好安全防护措施且降温降压至安全条件下，方可操作。

（4）漩涡（涡街）流量计安装检查验收见表 2-25。

表 2-25　　漩涡（涡街）流量计安装检查验收

工序	检验项目	性质	单位	质量标准	检验方法和器具
检查	型号规格			符合设计	核对
	外观			无伤残	观察
	安装位置			符合设计	核对
	尺寸			符合制造厂规定	
	前后直管段长度			符合制造厂规定	

续表

工序	检验项目		性质	单位	质量标准	检验方法和器具
安装	取源部件轴线				与管道轴线垂直相交	观察
	旋涡发生体插入深度				至管道中心	用尺测量
	箭头方向		主控		与介质流向一致	观察
	前置放大器与流量计距离			m	≤20	用尺测量
	接线	线端连接			正确、牢固	用校线工具核对
		线号标志			正确、清晰、不褪色	观察
	标志牌				内容符合设计，悬挂牢靠，字迹不易脱落	核对

7. 超声波流量计安装

超声波流量计是通过检测流体流动对超声束（或超声脉冲）的作用以测量流量的仪表。根据对信号的检测原理，目前在用的主要测量方法有两种，一种是多普勒法，即利用介质反射声波使频率发生改变，声源和接收声波的介质相对运动时产生频差；另一种是运行时间法，即声速叠加介质流速，若超声波与介质流动方向一致，则运行时间短，反之运行时间就长，流速可由运行时间差运算得来。

超声波流量计测量时，流通通道未设置任何阻碍件，无流动阻挠测量，因而无压力损失、可测量非导电性液体，适于解决流量测量困难问题的一类流量计，特别在大口径流量测量方面有较突出的优点。其缺点，是传播时间法只能用于清洁液体和气体，而多普勒法只能用于测量含有一定量悬浮颗粒和气泡的液体，且多普勒法测量精度不高。

超声波流量计的传播时间法可在有工厂排放液、液化天然气、高压天然气时应用；多普勒法适用于未处理污水、工厂排放液、脏流程液，通常不适用于非常清洁的液体。

（1）插入式探头安装前检查。

1）确认管道内流体介质应符合测量要求并充满管道。

2）确认管道材质以及壁厚，核对传感器类型符合要求。

3）检查超声波流量计安装点前后直管段距离，一般上游应大于 $10D$，下游应大于 $5D$（D 为直径）。此外，离泵出口或阀门距离应大于 $30D$。

4）安装插入式探头需要较大的空间，在仪表井中管壁到墙壁之间的距离应为 540mm 以上，即宽度 $W>(D+540\times2)$mm，水泥管路宽度 $W>(D+700\times2)$mm，纵向管道长度 $L>(D+1000)$mm。先向表体主机输入参数，调出主机初始设置子菜单，在菜单对应项中选择探头类型（如 M23 菜单中需选择第 5 项，即“5、插入 B 型探头")、安装方式（由于采用插入式探头，建议均使用直接测量方式，即 Z 安装方式，如 M24 菜单中选择第 1 项，即“1、Z 法安装")后，下一菜单将显示安装距离（M25 菜单中所示内容即为安装距离），这个距离是指两个插入式探头的中心沿管轴方向上的距离，如图 2-59 所示。

（2）确定安装位置。确定两探头距离：根据主机给出的安装距离，定出两个探头的位置（安装距离为两个探头的中心距），并确保两个探头一定要保证在同一轴面上。

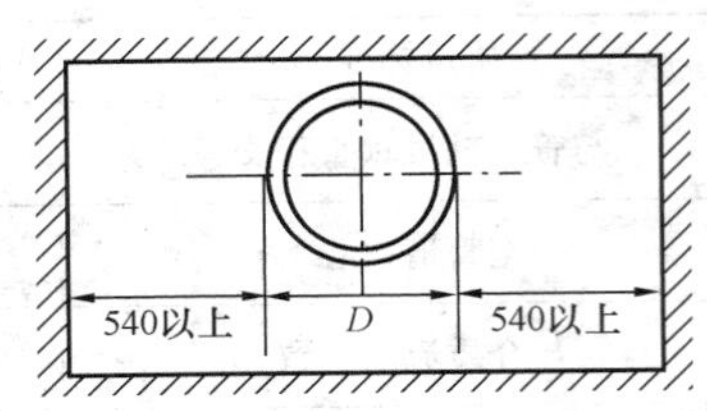

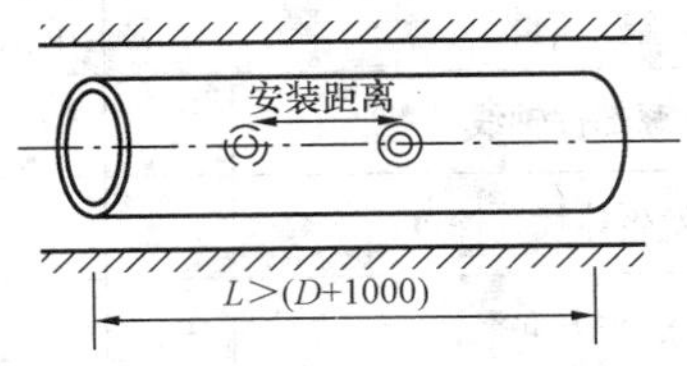

图 2-59 超声波流量计探头安装距离（单位：mm）

1）制作定位纸：取一条长 4D（D 为管外径），宽 200mm（或 D）的矩形纸带，在距边缘约 100mm 处划一条线，如图 2-60 所示。

2）将定位纸缠绕在表面已清理干净的管道上，注意要把纸两边互相重合对齐，才能使所划的线与管轴相平行（如图 2-61 所示）；延长定位纸上的直线，在管道上划一直线（如图 2-62所示）。

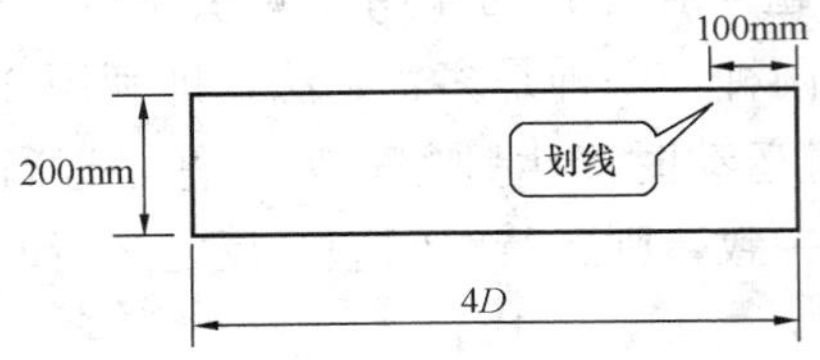

图 2-60 超声波流量计探头安装定位

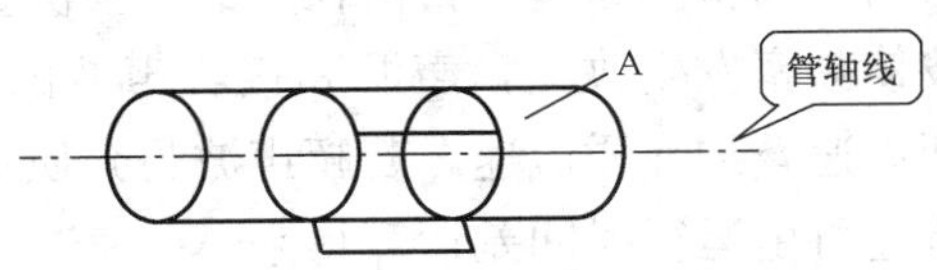

图 2-61 探头安装定位纸重合

所划直线与定位纸一边缘相交点为 A（如图 2-63 所示）；从 A 点开始，沿着定位纸边缘量出管道 1/2 周长，该点为 C，在 C 点划一条与定位纸边缘垂直的直线（如图 2-64 所示）。

去掉定位纸，从点 C 开始，在所划直线上量出安装距离 L，从而决定出 B 点。这样 A、B 两点为安装位置，例如 L＝280mm，如图 2-65 所示。

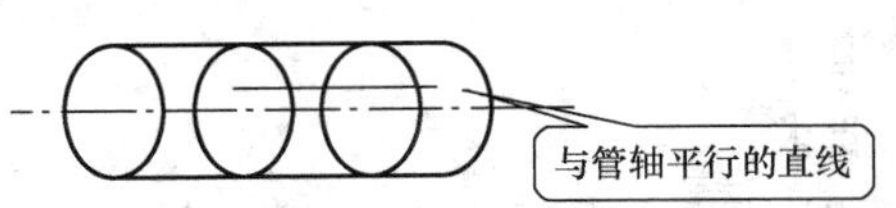

图 2-62 探头安装延长定位线

图 2-63 探头定位纸重合

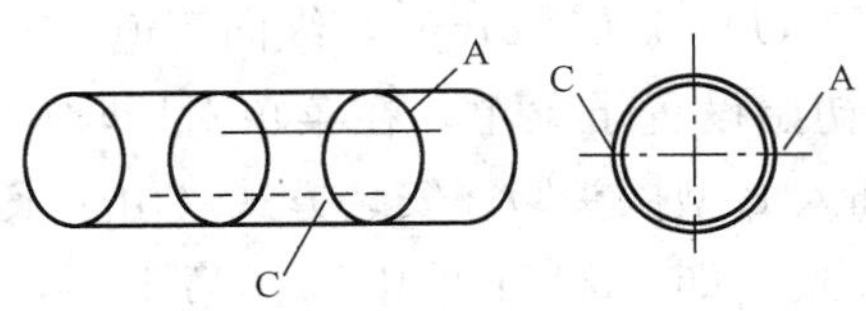

图 2-64 探头安装定位纸重合

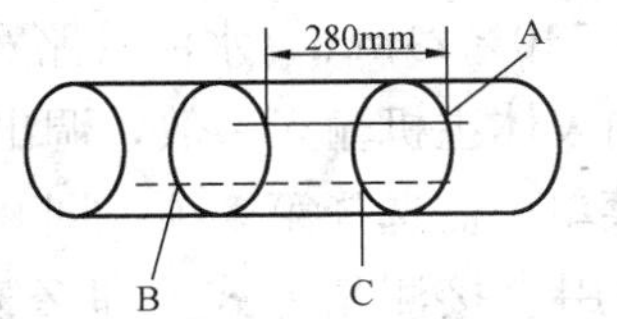

图 2-65 安装位置确定

（3）插入式探头的安装。

1）安装球阀底座（如图 2-66 所示）。对于可焊接管材，将球阀底座直接焊在管道外壁

A 和 B 两点上（注意球阀座中心点一定要分别与 A 和 B 两点重合），焊前将焊点附近的管道表面处理干净，焊接不能夹杂气孔，以防漏水，甚至断裂。

对于不可直焊接管材（如铸铁、水泥管等），需采用定制的专用管卡子（带密封用胶垫），球阀底座事先焊在管卡子上，将管卡子直接紧固在管道外壁上，一定要密封好，以防漏水。将球阀底座上缠好生料带，拧上球阀。

2）钻孔（如图 2-67 所示）。将开孔器密封护套与特制球阀外螺纹连接，拧紧后，打开球阀，推动钻杆直至与管道外壁接触，将手电钻与钻杆接好锁紧，接通电源，开始钻孔，在钻孔过程中电钻保持低转速，不要过快，缓慢进钻，以免卡钻，甚至钻头折断，感觉钻透后，拔出钻杆直到开孔器钻头的最前端退至球阀芯后，关上球阀，卸下开孔器（最好把球阀打开一点，放水冲刷一下铁屑，便于探头的安装）。

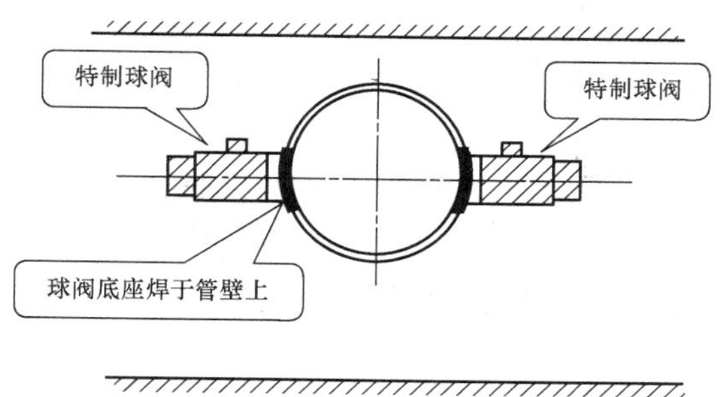

图 2-66　安装球阀底座

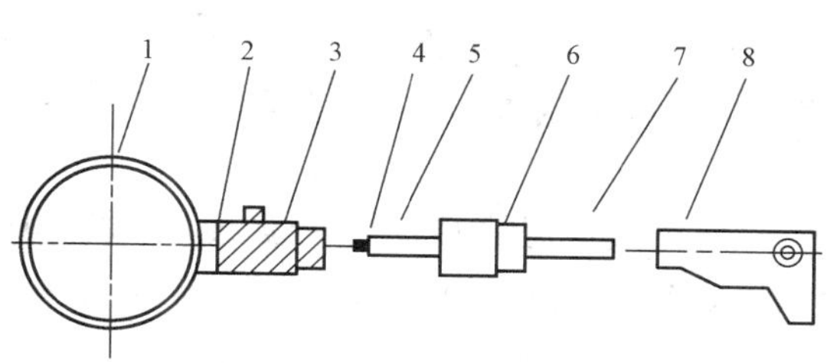

图 2-67　钻孔图

1—管道；2—球阀底座；3—特制球阀；4—定位钻头；5—ϕ19 开钻孔；6—密封套；7—钻杆；8—手电钻

3）探头的装入（如图 2-68 所示）。把锁紧螺母旋至探头底部，将探头旋入特制球阀导向螺纹，当旋至球阀芯时，打开球阀，继续旋入探头，直至探头前端伸出管道内壁，调整好探头的角度，（两个探头进线孔应同时向上或向下），紧固好锁紧螺母，最后将线接好，用硅橡胶密封接线处。

4）探头伸入管内壁尺寸计算（如图 2-69 所示）。

探头的长度 A 和管壁厚度 B 已知，探头留在管道外侧长度 L 也可测量，只需使 $L=A-B$，并使 $c=0$ 即可。

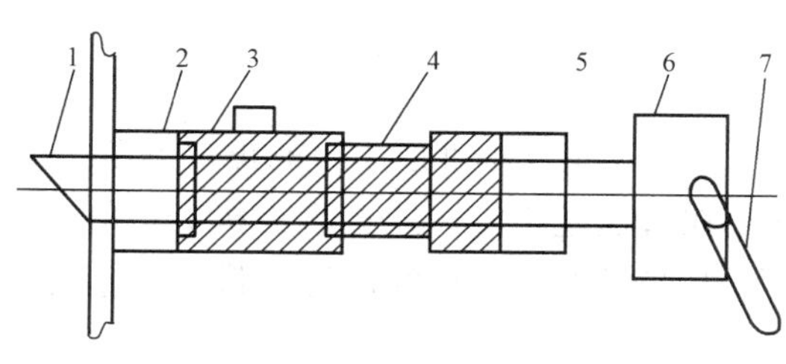

图 2-68　探头的装入

1—探头；2—球阀底座；3—球阀；4—导向螺纹；5—紧锁螺母；6—接线盒；7—信号电缆

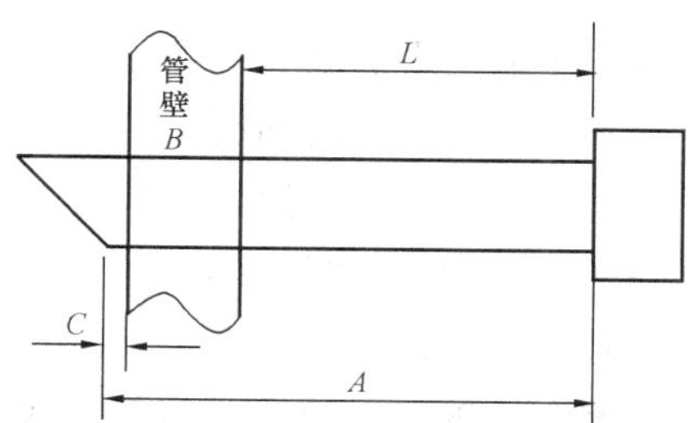

图 2-69　探头伸入管内壁尺寸计算

5）接线示意图（如图 2-70 所示）。探头连线要采用高频双绞线（提高抗干扰性能）。

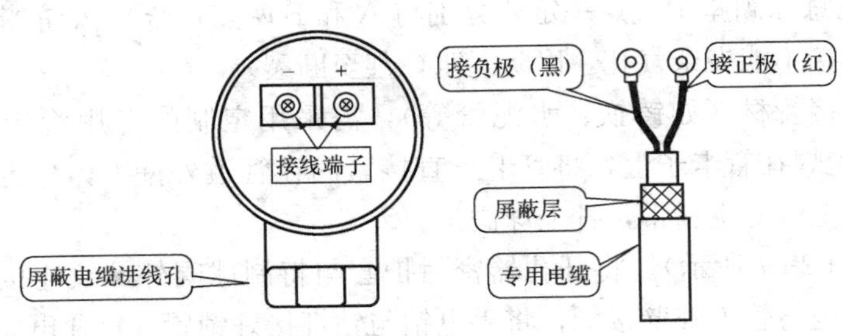

图 2-70 接线示意图

6）外贴式探头安装后的检查。安装的好坏直接关系到流量值的准确，流量计是否长时间可靠的运行。虽然大多数情形下，把探头简单地涂上耦合剂贴到管壁外，就能得到测量结果，这时还是要进行下列的检查，以确保得到最好的测量结果并使流量计长时间可靠的运行。

① 检查信号强度。信号强度（M90 中显示）是指上下游两个方向上接收信号的强度。AFV 使用 00.0～99.9 的数字表示相对的信号强度，00.0 表示收不到信号，99.9 表示最大的信号强度。一般情况下，信号强度越大，测量值越稳定，能长时间可靠的运行。

② 信号质量（Q 值）。信号质量简称 Q 值（M90 中显示），是指收信号的好坏程度。KUF-800 使用 00～99 的数字表示信号质量。00 表示信号最好，一般要求在 60.0 以上。

③ 检查总传输时间、时差。通常情况下，时差的波动应小于±20%。但当管径太小或流速很低时，时差的波动可能稍大些。“时差"示数波动太大时，所显示的流量也将跳变厉害，出现这种情况说明信号质量太差，可能是管路条件差，探头安装不合适或者参数输入有误。

④ 检查传输时间比。传输时间比用于确认探头安装间距是否正确。在安装正确的情况下传输比应为 100±3，传输时间比可以在 M91 中进行查看。当传输比超出 100±3 的范围时，应检查参数（管外径、壁厚、管材、衬里等）输入是否正确、探头的安装距离是否与 M25 中所显示的数据一致、探头是否安装在管道轴线的同一直线上、是否存在太厚的结垢、安装点的管道是否椭圆变形等。

（4）安装时注意的问题。

1）输入管道参数必须正确，且与实际相符，否则流量计不准或不可能正常工作。

2）安装时要使用足够多的耦合剂把探头粘贴在管道壁上，一边查看主机显示的信号强度和信号质量值，一边在安装点附近慢慢移动探头直到收到最强的信号和最大的信号质量值。管道直径越大，探头移动范围越大。

3）确认流量计是否正常可靠的工作：信号强度越大、信号质量 Q 值越高，流量计越能长时间可靠工作，其显示的流量值可信度越高。如果环境电磁干扰太大或是直接受信号太低，则显示的流量值可信度就差，长时间可靠工作的可能性就小。

（5）超声波流量计安装检查验收见表 2-26。

表 2-26　　超声波流量计安装检查验收

工序	检验项目		性质	单位	质量标准	检验方法和器具
检查	型号规格				符合设计	核对
	外观				无伤残	观察
	安装位置				符合设计	核对
	工艺管道内壁				光滑，无毛刺	观察
安装	直管段长度	流量计前			≥10D	用尺测量
		测量计后			≥5D	用尺测量
	探头安装位置		主控		符合设计	核对
	固定				牢固	试动、观察
	接线	线端连接			正确、牢固	用校线工具查对
		线号标志			正确、清晰	观察
	标志牌				内容符合设计，悬挂牢靠，字迹不易脱落	核对

注　D 为管道外径。

8. 靶式流量计安装

靶式流量计是差压流量计的一种，采用应变式力转换器。

（1）工作原理。在测量管（仪表表体）中心同轴放置一块圆形靶板，当流体冲击靶板时，靶板上受到一个力 F，它与流体流速 v、流体密度 ρ 和靶板受力面积 A 之间关系为

$$F = C_D \frac{\rho v^2}{2} A \tag{2-4}$$

式中　F——靶板上受的力，N；

C_D——阻力系数；

ρ——流体密度，kg/m^3；

v——流体流速，m/s；

A——靶板受力面积，m^2。

经推导与换算，得流量计算式为

$$q_m = 4.512\alpha D\left(\frac{1}{\beta} - \beta\right)\sqrt{\rho F} \tag{2-5}$$

$$q_v = 4.512\alpha D\left(\frac{1}{\beta} - \beta\right)\sqrt{\frac{F}{\rho}} \tag{2-6}$$

式中　q_m，q_v——分别为质量流量和体积流量，单位分别为 kg/h、m^3/h；

α——流量系数；

D——测量管内径，mm；

β——直径比，$\beta=d/D$；

d——靶板直径，mm。

靶板受力经力转换器转换成电信号，经前置放大、AD 转换及计算机处理后，得到相应的流量和总量。

（2）结构形式。靶式流量计结构简图如图 2-71 所示。它由检测装置、力转换器、信号

处理和显示仪几部分组成。检测装置包括测量管和靶板，力转换器为应变计式传感器，信号处理和显示仪可以就地直读显示或远距标准信号传输等。结构形式可分为管道式、夹装式和插入式等，各类结构形式还可分为一体式和分离式两种。一体式为现场直读显示，而分离式则把数码显示仪与检测装置分离（一般不超过100m）。根据工作温度范围，靶式流量计分高温型（80～500℃，运行中需采用水冷却）、常温型（－30～70℃）和低温型（－40～－200℃）三种。

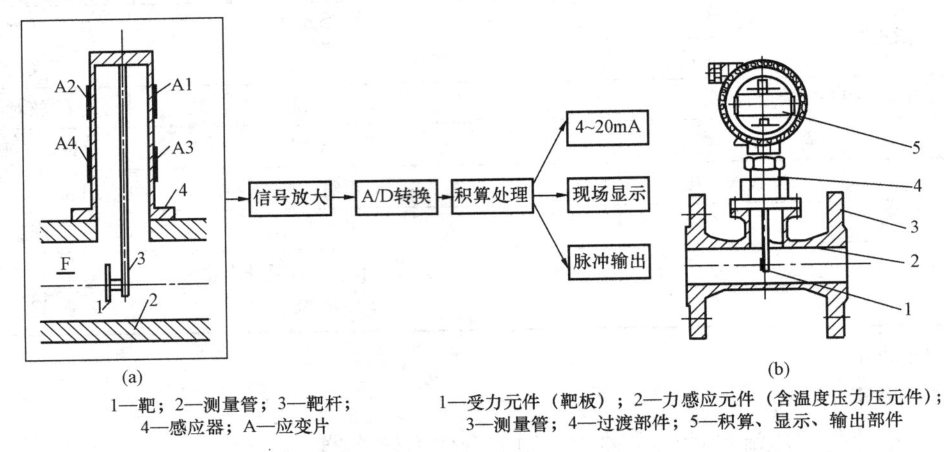

1—靶；2—测量管；3—靶杆；4—感应器；A—应变片

1—受力元件（靶板）；2—力感应元件（含温度压力压元件）；3—测量管；4—过渡部件；5—积算、显示、输出部件

图 2-71　靶式流量计结构简图

(a) 结构简图（一）；(b) 结构简图（二）

(3) 流量计的安装。

1) 常温型、低温型、高温型流量计，视不同工况可采用水平、垂直（测介质流向一般应由下向上，但也可由上至下）或倒置式安装，但在订货时要予以说明。到现场后的安装，要以出厂校验单为准。

2) 安装时要注意方向（按箭头所示方向），流体应对准靶正面，即靶室较长的一端为流体的入口端。为保证流量计准确计量，要求设置前 $10D$ 和后 $5D$ 的直管段；为保证流量计在检查及更换时不影响系统工作，应尽量设置切断阀 V1、V2，旁通阀 V3，如图 2-72 所示；安装时流量计口径与相连的管道口径尺寸尽量相同，以减少流动干扰，造成计量误差；法兰式和夹装式流量计安装时，应注意法兰之间密封垫片内孔尺寸大于流量计和工艺管道通径 6～8mm 并检查密封垫片与管道是否同轴，以避免因其产生干扰流而影响计量精确度。

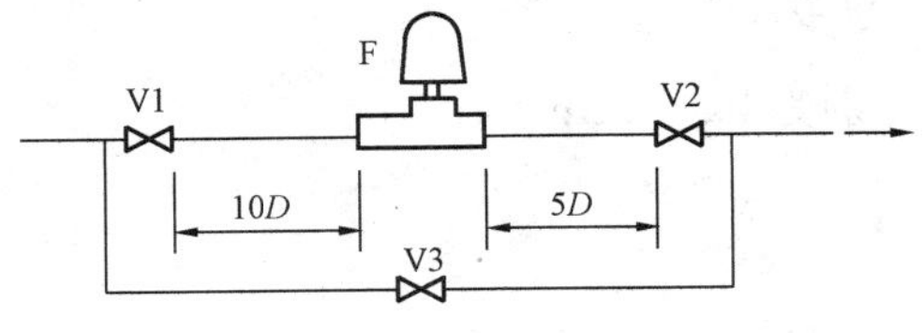

图 2-72　靶式流量计安装示意图

3) 介质工作温度在 300℃以上时，用户应对流量计壳体采取隔热措施防止热辐射损坏表头（表头工作温度为－30～70℃），同理，工作温度为－100℃以下的介质，也要采取防冻措施。

4) 流量计壳体必须可靠接地，若无接地条件应向厂方说明；对于新完工的工艺管道，应先进行初步吹扫后再安装流量计。

(4) 流量计设置零点。由于电容式力传感器及阻流件有自重，在流量计安装时不在水平方位状况下，需要重新设置流量计零点。可在管道内无介质流动时直接置零，但高温型及低温型流量计必须使管道内温度达到工作温度后置零。操作程序为：①关闭流量计下游的阀门；②缓慢打开流量计上游阀门，使流量计充满介质；③缓慢打开流量计下游阀门，使流量计运行10min左右；④关闭流量计上、下游阀门，并确定管道内流量为零；⑤置零按键操作（必须用无任何磁性的工具操作置零键，否则置零键可能无法操作）。

（5）靶式流量计安装检查验收见表2-27。

表2-27　靶式流量计安装检查验收

工序	检验项目		性质	单位	质量标准	检验方法和器具
检查	型号规格				符合设计	核对
	外观				无伤残	观察
	安装位置				符合设计	核对
	直管段长度				符合制造厂规定	核对
安装	方向	靶板	主控		与流向垂直	用尺测量观察
		箭头	主控		与流向一致	观察
		垂直管段安装			流体方向自下而上	观察
工序	检验项目		性质	单位	质量标准	检验方法和器具
安装	靶板中心线				与管道中心线重合	用尺测量
	接线	线端连接			正确、牢固	用校线工具查对
		线号标志			正确、清晰、不褪色	观察
	标志牌				内容符合设计，悬挂牢靠，字迹不易脱落	核对

（五）风速、风量测量装置的安装

1. 风速、风量测量现状

在火力发电厂中，节能减排的关键是提高机组的效率，而与机组效率密切相关的是锅炉的效率。锅炉效率的好坏取决于锅炉燃烧的好坏，锅炉燃烧的好坏取决于风/煤比配合的好坏，风/煤比配合的好坏又取决于煤量/风量测量的可靠性。

随着电厂自动化程度的不断提高，锅炉风速、风量在线监测的可靠性显得尤为重要，如磨煤机入口一次风量过低会导致粉管堵粉或磨煤机堵煤，甚至引起制粉系统爆炸；入口风量过高会导致煤粉浓度降低，致使机组低负荷时燃烧不稳定，同时也会导致粉管弯头严重磨损。因此，准确测量磨煤机一次风量对机组安全稳定经济运行具有重要意义。而送风、引风矩形风道和大容量机组回热管道，由于其截面积庞大，流体又是低参数，还常带有灰尘和烟雾，现在技术还不能直接进行流量测量，多数都采用“流速一面积”法（先测量局部流速再乘以流通截面积来得出流量），通常是测量流体流通截面上的全压力与静压力之差（即动压力），即测出流速，再求得流量。

目前在火力发电厂中，利用“流速一面积”法进行风速、风量测量装置的厂家较多，品种繁杂，主要有机翼型、文丘里型、笛型、阿牛巴型、威力巴型、孔板型、喷嘴型、插入式文丘里型以及插入式孔板型等。目前常用的是均速管和翼形测速管等，它们结构简单、制造方便，但由于缺乏与管径相应的校验设备，这些测速装置的试验数据还不够完善，精确度较低，都未能达到标准化应用的程度。测量效果判别较大，反映的共性问题，是由于电厂锅炉风速、风量介质皆为气固两相流体，测量堵塞问题难解决；若整个风道采用机翼型或文丘里型等装置时，压力损失大，长期运行风机电耗增加，节能效果差；一些测量装置安装要求前后直管段较长，在许多场合无法满足。由于风道截面大，流场不均匀，采用插入式单点文丘里型等点测量时，无法准确地测量出管道内的平均风速、风量。因此各生产厂家也都在逐步探索和改进，不断地推陈出新。

一个能长期稳定运行的风速、风量测量装置，其性能应满足以下几点。

（1）风速、风量测量装置不需要外加任何压缩气体进行吹扫，无论气体含尘浓度多大，可以做到免维护长期运行。

（2）风速、风量测量装置性能稳定，调节线性好。

（3）测量装置对风道的直管段长度要求低（仅不小于管道的当量直径），且不因风道截面大，流速在截面上容易分布不均匀而造成测量偏差。

（4）采用插入式布置，安装方便，测量装置的挡风面积小，因其造成的流体压力损失相对整个风道可忽略不计，以达到明显的节能效果。

（5）用于一次风速（风煤混合物）的测量装置，由于含尘浓度很高，需解决耐磨问题。

2. FLR 型多点插入式风速、风量测量装置

FLR 型多点插入式风速、风量测量装置在电厂应用得较多，经调查应用效果反映较好，基本解决了测量稳定与堵塞问题。

（1）基本原理。多点式风速、风量测量一次测量元件是基于靠背测量原理，测量装置安装在管道上，其探头插入管内，当管内有气流流动时，迎风面受气流冲击，在此处气流的动能转换成压力能，因而迎面管内压力较高，其压力称为“全压”，背风侧由于不受气流冲压，其管内的压力为风管内的静压力，其压力称为“静压”，全压和静压之差称为差压，其大小与管内风速（量）有关，风速（量）越大则差压越大，反之亦然，测量出差压的大小，通过差压与风速（量）的对应关系，测出管内风速。图 2-73 所示为 FLR 单点式测量一次测量元件原理图。

为解决测量的堵塞问题，确保长期测量的准确性，装置增设了自清灰系统，如图 2-74 所示，在垂直段内悬挂了自清灰棒，该棒在管内气流的冲击下做无规则摆动，起到自清灰作用，棒的自重及粗细是经过出厂前的实验来确定的，在实验台上按照各风管内的设计风速、风量范围实验得出（棒太重、太轻或太粗、太细都将影响测量的长期稳定性）。该产品在不同容量、不同类型的锅炉上得到较多应用，证明该装置较好地解决了堵塞问题，能长期可靠使用。

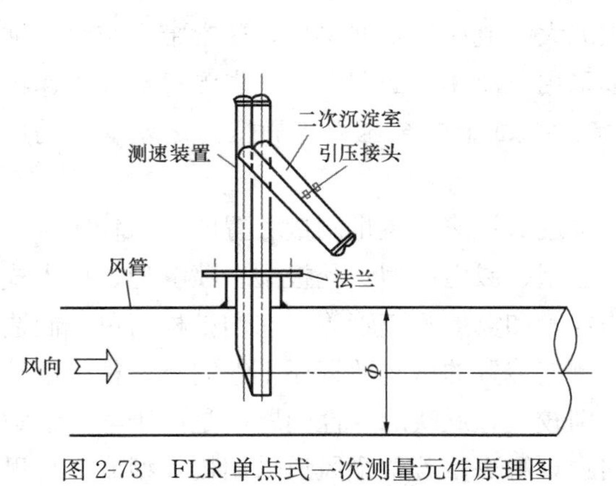

图 2-73　FLR 单点式一次测量元件原理图

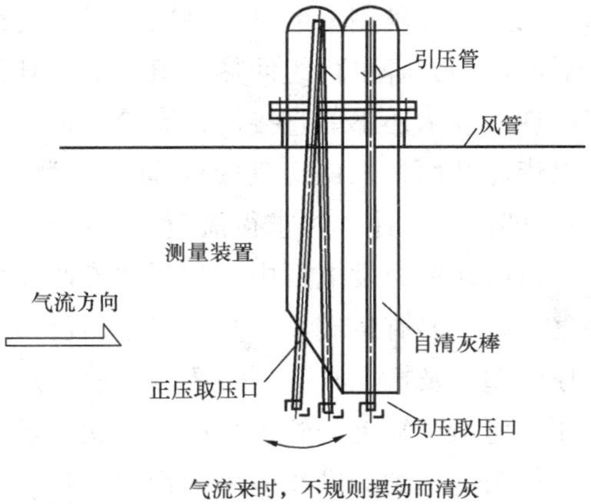

引压管
风管
测量装置
气流方向
自清灰棒
正压取压口
负压取压口
气流来时，不规则摆动而清灰

图 2-74　单元清灰示意图

由于各锅炉风道截面比较大，且风道的走向、风道直管段的长短各不同，风道内风速、风量大小也会改变，为了能够准确地测量出风道内各风速、风量，FLR（N）I在大风道截面上采用等截面多点测量。如图2-75所示，根据各测量截面尺寸的大小、直管段长短等因素确定测量点数，将许多个测量点等截面有机地并联组装（正压侧与正压侧相连，负压侧与负压侧相连），正、负压侧各引出一根总的引压管，分别与差压变送器的正、负端相连，测得截面的平均速度，然后计算出风量。

例如，对于某一大风道的风速、风量测量装置，风道截面尺寸为1600mm×1200mm×6mm，由于风道大，直管段短，截面风速容易分布不均匀。为了确保准确测量风速、风量，拟在1600mm×1200mm的风道截面上按等截面多点测量原理布置16个风速、风量测量点，在风道内将16个测量探头并联连接后引出一组正、负压信号至差压变送器。图2-76所示是其等截面布置风速、风量测量点示意图。

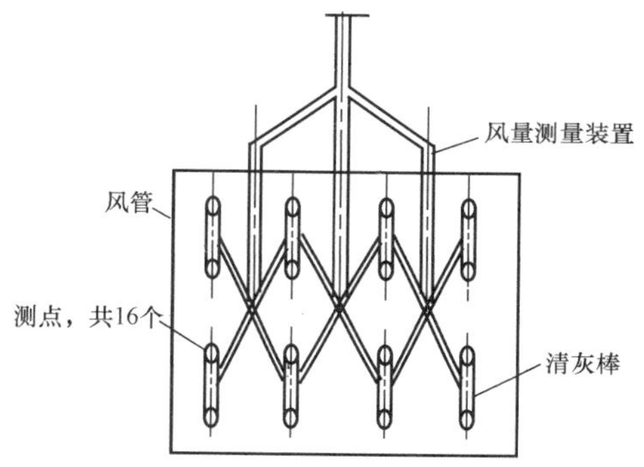

图2-75 方形风管道测量结构示意图

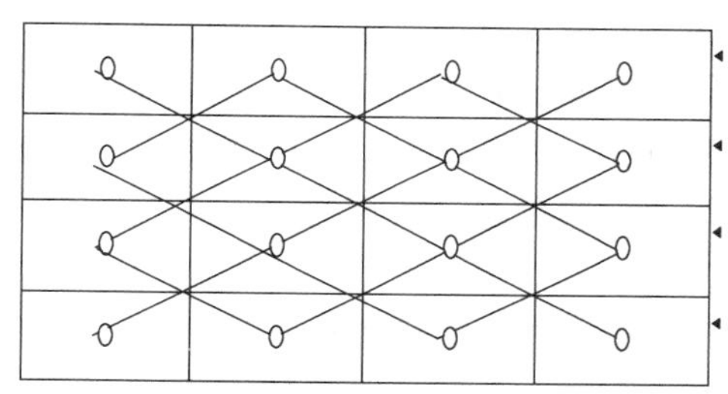

图2-76 等截面布置多测量点示意图
0—测量点

（2）多点式风速、风量测量装置安装要求。

1）多点式风速、风量测量装置应安装各风管的水平或垂直直管段上，测量装置的斜剖面必须在迎风面上，迎风面为“+”侧，背风面为“−”侧。测量装置的“+”“−”侧通过引压管分别与变送器的“+”“−”相连接。

2）其主要型号见表2-28，产品的性能参数见表2-29。

表2-28　多点式风速、风量测量装置型号

型号	名称	说明
FLR（N）Ⅰ-N	多点式热（冷）一次风量测量装置	N为测量点数，具体点数视各测量截面尺寸而定
FLRⅡ-N	多点式热二次风量测量装置	
FLMⅠ-N	多点式磨一次风量测量装置	

表2-29　产品的性能参数表

名称	指标	名称	指标
测量精度	未标定前1%；标定后0.75%	重复性	不小于±0.3%
测量介质	电站锅炉一、二次风	连接方式	法兰或焊接
最大工作压力	40Pa	最高工作温度	500℃
环境温度	−25～70℃	环境湿度	5%～100%（相对湿度）
流量范围	根据风道大小任意选择	量程比	达10∶1（保证精度）

（3）多点式风速、风量测量装置的功能特点。

1）多点插入式风速、风量测量装置本身具有利用流体动能进行自清灰防堵塞的功能，不需要外加任何压缩气体进行吹扫，解决了含尘气流风速、风量测量装置的信号堵塞问题，无论气体含尘浓度多大，可以做到免维护长期运行。

2）多点插入式风速、风量测量装置性能稳定，调节线性好。

3）将多个风速、风量测量探头进行等截面多点布置，组合后的测量装置对风道的直管段长度只要求不小于管道的当量直径即可，解决了电站锅炉一、二次风总管直管段安装条件在许多场合无法满足，而且风道截面大，流速在截面上容易分布不均匀的测量难题。

4）采用插入式布置，对于整个大风道来说，组合风速、风量测量装置的挡风面积很小，因此其对整个风道流体的压力损失很小，可忽略不计，具有较明显的节能效果，且安装方便。

5）用于一次风速（风煤混合物）的测量装置，由于含尘浓度很高，为了解决耐磨问题，探头采用 Al 203 耐磨陶瓷，在 1850℃烧结而成，经久耐用。

（4）安装注意事项。风量测量装置应安装在各风管处的水平直管段上，安装时要求将测量装置的探头插入管道中心并垂直向下，应特别注意的是：测量装置的斜剖面必须在迎风面上，迎风面为“+”侧，背风面为“—”侧。

风速、风量测量装置的“+”“—”压侧应分别与变送器的“+”“—”侧相连，避免差错。

每根引压管路敷设应确保无漏点，必须进行严密性试验。引压管路敷设完毕后，安装变送器前必须用压缩空气进行管路吹扫。

（5）多点式风速、风量测量装置安装检查验收见表 2-30。

表 2-30　　多点式风速、风量测量装置安装检查验收

<table>
<tr><th>工序</th><th colspan="2">检验项目</th><th>性质</th><th>单位</th><th>质量标准</th><th>检验方法和器具</th></tr>
<tr><td rowspan="4">检查</td><td colspan="2">型号规格</td><td rowspan="10">主控</td><td rowspan="10"></td><td>符合设计</td><td>核对</td></tr>
<tr><td colspan="2">外观</td><td>无伤残</td><td>观察</td></tr>
<tr><td colspan="2">安装位置</td><td>符合设计</td><td rowspan="2">核对</td></tr>
<tr><td colspan="2">尺寸</td><td>符合制造厂规定</td></tr>
<tr><td rowspan="6">安装</td><td rowspan="2">取压孔方向</td><td>动压孔</td><td>朝介质流向</td><td rowspan="2">观察</td></tr>
<tr><td>静压孔</td><td>背介质流向</td></tr>
<tr><td colspan="2">动压孔中心线</td><td>与管道中心线重合</td><td>观察</td></tr>
<tr><td colspan="2">严密性</td><td>无渗漏</td><td rowspan="2">冷态起炉后用肥皂水测试</td></tr>
<tr><td colspan="2">检查记录</td><td>齐全</td></tr>
<tr><td colspan="2">标志牌</td><td>内容符合设计，悬挂牢靠，字迹不易脱落</td><td>核对</td></tr>
</table>

3. 均速管的安装工艺

均速管又称阿牛巴（Annubar）管，其结构如图 2-77 所示。均速管管体垂直插入被测管道中，其迎流面上开有按一定准则排布的多对全压孔，在背流面上开有静压孔（一个孔或多个孔）。当管道内连续流体流过探头时，在其前部产生一个高压分布区，高压分布区的压力略高于管道的静压，通过全压孔取得反映平均流速的全压头。根据伯努利方程原理，流体流过探头时速度加快，在探头后部产生一个低压分布区，低压分布区的压力略低于管道的静压，产生部分真空，通过静压孔取得静压头；然后取它们动压力（即全压力与静压力之差），即得代表平均流速的差压，管道内流过的体积流量与此差压的平方根成正比。由于流体流过探头时，两侧都将出现旋涡，因此探头的截面形状、表面粗糙状况、低压取压孔的位置都成为探头性能和精度的决定因素。

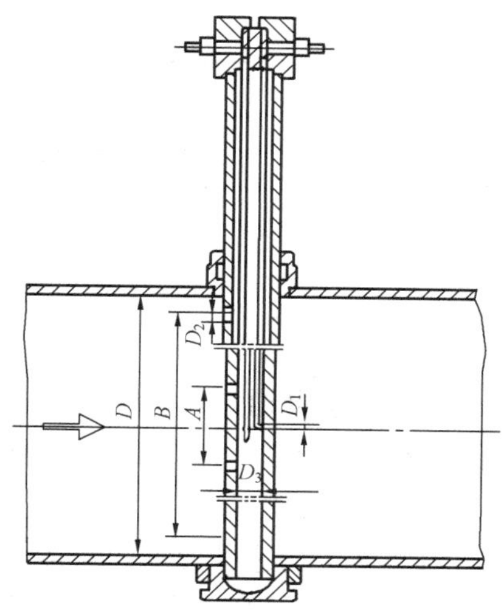

图 2-77　均速管结构

A—内侧全压孔之间的距离；B—外侧全压孔之间的距离；D—被测介质通流管内径；D_1—均速管管体外径；D_2—全压孔直径；D_3—静压孔直径

均速管具有安装简便、压损小、强度高、不受磨损影响、无泄漏等特点，与孔板相比较具有一定的节能效果，但均速管不是一种标准节流装置，试验数据相对较少，产品不能单独标定，精度不高，是一种插入式仪表，只是在整个风道或圆形断面上有几个检测点，综合反映流体流动状态的代表性不够，早期产品结构不合理，流量系数不稳定，测孔灰堵又是其一致命弱点，因此影响了其在电厂风速和风量测量中的正常运行。

（1）安装要求。

1）均速管的型号规格、尺寸和材料应符合设计要求，外观无残损，表面光洁平整。

2）均速管传感器可以安装在管道的任何平面上（水平、垂直和倾斜），水平管道安装时，当管道内介质为液体时均速管的插入测孔位置应位于管道水平面中心线 45℃以下范围内；当管道内介质为气体时，均速管的插入测孔位置应位于管道水平面中心线 45℃以上范围内；管道内介质为蒸汽时，均速管的插入测孔位置应位于管道水平面中心线 45℃以上范围内；对于垂直管道，均速管的插入测孔位置可位于管道四周的任意方向，正、负压引压管接头应处在同一水平面上。在安装中需考虑测量介质对引压管线的影响，因此对测量管道的下游侧直管段应符合厂家要求。

3）采用法兰安装有两种形式，支撑型和悬臂型，如图 2-78 所示。安装时传感器的动压孔必须正对介质流向，偏差不大于 7°，静压孔应背向介质流向，如图 2-79 的（a）所示；传感器应沿管道直径方向插入到底，偏差不大于 3°，如图 2-79 的（b）所示，取源部件轴线与管道轴线垂直相交，动压孔中心线与管道中心线重合，偏差不大于 7°，如图 2-79 的（c）所示。

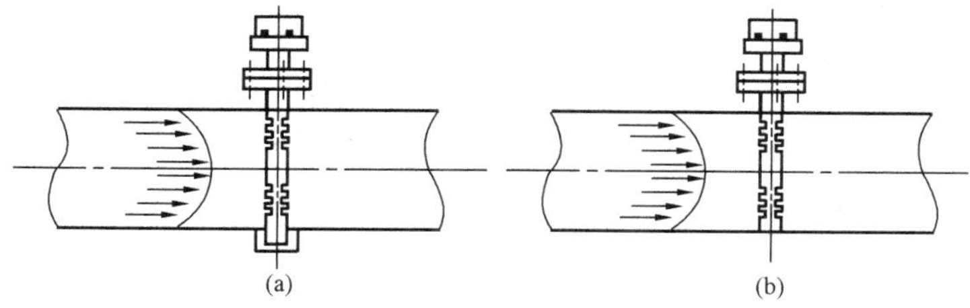

图 2-78　均速管法兰连接

（a）支撑型；（b）悬臂型

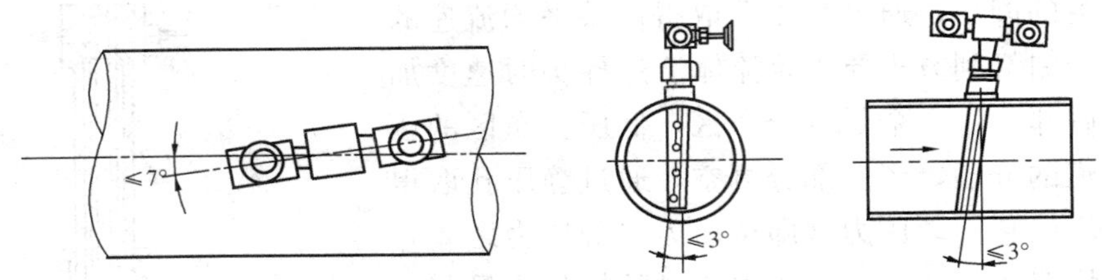

图 2-79　均速管安装要求示意图

4）传感器通过接头固定在管道上，拧紧接头后，检测杆不得松动与泄漏。安装后，确保传感器与管道、管测量管路间连接、严密、无渗漏。

（2）安装注意事项。

1）由于均速管检测管的长度是厂家按公称直径生产，但现场工艺管道的实际内径与公称通径可能不符合，在安装时如管径较小或较大，这时检测杆插入后，检测杆上全压孔将处于偏心状态，将带来测量误差。对于测量高温介质必须预留热膨胀间隙，间隙太小会使检测杆产生应力，太大又会使检测杆悬空。如果碰到此类问题，可在测速管另一侧安装支承架的办法加以解决。

2）管道内径的实际值在现场由于各种原因往往不能准确知道，除检测杆长度不符外，还涉及管道横截面积的准确数值，它直接影响到流量值测量的准确性，因此宜用外圆周实测法准确加以测定。

3）安装投入运行后，如发现均速管测量示值有明显偏差，检查其安装方向是否正确，安装偏角是否偏大，全、静压孔是否装反，检测杆长度与管道内径是否相符；当输出差压信号低于正常值太多时，检查引压管线及其附件是否有泄漏或均速管的全压孔是否堵塞；高于正常值很多，检查均速管静压孔是否堵塞（此时输出不是差压而是堵塞后的静压值）。

（3）均速管流量计安装检查验收见表 2-31。

表 2-31　　均速管流量计安装检查验收

工序	检验项目		性质	单位	质量标准	检验方法和器具
检查	型号规格				符合设计	核对
	外观				无伤残	观察
	安装位置				符合设计	核对
	尺寸				符合制造厂规定	
安装	取压孔方向	动压孔	主控		朝介质流向	观察
		静压孔			背介质流向	
	取源部件轴线				与管道轴线垂直相交	用尺测量观察
	动压孔中心线				与管道中心线重合	观察
	均速管前、后直管段长度				符合制造厂规定	核察
	严密性				无渗漏	观察
	检查记录				齐全	
	标志牌				内容符合设计，悬挂牢靠，字迹不易脱落	核对

4. 翼形风量测量装置的安装

翼形测速装置：翼形测速管适用于测量大管径流量，在火力发电厂中已广泛应用于矩形（或方形）风道中的风量测量。图 2-80 所示为 YP-Ⅰ型翼形风量测量装置。在风道中（长×宽×高=$L\times B\times H$），当气流流经翼形叶片时产生绕流，在翼形叶片逆流方向的顶端（全压孔）测得全压 p_+，在翼形叶片最大厚度（静压孔）处测得静压 p_-，差压信号 $\Delta p = p_+ - p_-$，与流速（即流量）呈抛物线状曲线的函数关系。

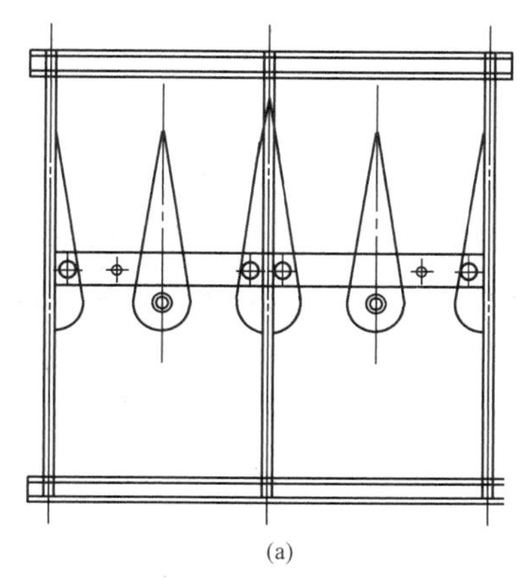
(a)

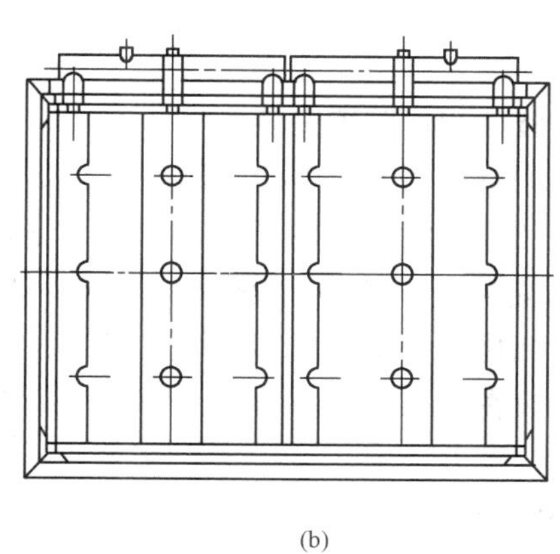
(b)

图 2-80 YP-Ⅰ型翼形风量测量装置
(a) 俯视图；(b) 正视图

(1) 安装过程工艺。安装前，检查翼形风量测量装置的型号规格、尺寸和材料应符合设计要求，且外观无残损。安装位置应保证测量装置前的直管段长度不小于直径的 0.6 倍，后的直管段不小于 0.2 倍。

安装时，保证装置中心线与风道中心线重合，在风道同一横截面上，同测点装两个及以上测速管静压孔。垂直风道安装，当翼平面水平安装时，取压管可从风道的任意风道侧壁开孔引出；当翼平面为垂直安装时，取压管可从风道上部开孔引出。

(2) 安装注意事项。翼形风量测量装置的安装方向必须正确，上下游应有足够的直管段。

(3) 翼形测速管安装检查验收见表 2-32。

表 2-32　　翼形测速管安装检查验收

工序	检验项目		性质	单位	质量标准	检验方法和器具
检查	型号规格				符合设计	核对
	外观				无伤残	观察
	安装位置				符合设计	核对
	尺寸				符合制造厂规定	核对
	直管段长度	装置前			$\geqslant 0.6D$	用尺测量
		装置后			$\geqslant 0.2D$	用尺测量

续表

工序	检验项目	性质	单位	质量标准	检验方法和器具
安装	装置中心线	主控		与风道中心线重合	观察
	同测点装两个及以上测速管			静压孔在风道同一横截面上	观察
	对称中心线			与气流方向平行	观察
	标志牌			内容符合设计，悬挂牢靠，字迹不易脱落	核对

注 D为管道当量直径。

五、液位测量装置安装

液位测量包括容器中的液位信号器测量与连续液位测量两种。液位信号器是对几个固定位置的液位进行测量，用于液位的上、下限报警等，其测量范围取决于整个容器的几何尺寸，通常按长度单位（一般是 mm、m）刻度。连续液位测量是对液位连续地进行测量，借助液位的变化来监视和控制连续生产过程，测量范围取决于液位允许的波动值，刻度标尺的零点一般设在标尺中部，对应于所需维持的正常液位位置，零点上下有正负刻度，以便直观地测知液位偏差。

常用的液位测量仪表有玻璃板（管）液面计、法兰式差压液面变送器、电容式液位计、静压式液位计、浮筒式液位计、浮球式液面计、电极式液面计、超声波及导波雷达等。

液位测量装置的安装准备、作业条件同压力测量装置的安装准备、作业条件的要求基本相同。

（一）平衡容器式差压水位测量装置安装

发电厂中平衡容器式差压水位测量装置取源部件的主要部分就是平衡容器，通过平衡容器把水位高度的变化转换成差压的变化，通过差压计来显示水位。其准确测量汽包水位的关键是通过平衡容器形成参比水柱，来实现水位与差压之间的准确转换。目前，国内最常用的是通过单室平衡容器下的参比水柱形成差压来测量汽包水位。

1. 测点及零水位的确定

水位测点应选择在介质工况稳定处，并满足仪表测量范围的要求。水位测量的正、负压取压测孔，一般由制造厂安装好，但应检查容器的内部装置，使不影响压力的引出。如厂家未安装，可根据显示仪表刻度的全量程选择测点高度。

安装水位测量装置，其正常运行的零水位线的确定至关重要。汽包和高、低压加热器正常运行的零水位线，通常都在它们的几何中心线以下，具体的数值取决于工作压力及汽包与加热器结构，以制造厂提供的正式资料为准。通常高、低压加热器的零水位线有标牌显示。

除非采用的连通管式水位计内部水柱温度能始终保持饱和水温，表计的零水位线与汽包内的零水位一致，否则连通管式水位计的零水位线应比汽包内的零水位线低，具体降低值根据制造厂提供确定。

对于零水位在刻度盘中心位置的显示仪表，应以容器的正常水位线向上加上仪表的正方向最大刻度为正取压测点高度，容器正常水位线向下加上仪表的负方向最大刻度值，为负取压测点高度。对于零水位在刻度起点的显示仪表，应以容器的玻璃水位计零水位线为负取压测点高度，容器的零水位线向上加上仪表最大刻度为正取压测点高度。

由于安装和地基的原因，汽包两端的水平度会有一定的偏差。因此在安装水位测量装置以前，应测定汽包两端的水平度偏差，若超过 10mm 时应进行必要的修正，一般采用偏差的中间值作为基准来修正汽包的水平偏差。

2. 外置式平衡容器的安装及要求

安装前复核平衡容器的制造尺寸和材质符合设计要求，对于汽包水位测量装置的单室平衡容器，通常采用容积为 300～800mL 的直径约为 100mm 的球体或球头圆柱体，其必须具备压力容器生产许可证和耐压试验合格报告。

安装水位测量装置，其正常运行的零水位线的确定是至关重要的。汽包正常运行的零水位线在汽包几何中心线下，具体数值因炉型而异，应以锅炉制造厂提供的正式资料为准。零水位线确定后，在安装水位测量装置时，均应分别以汽包同一端的几何中心线为基准线，确定各水位计的安装高度（单室容器）或安装零点（双室容器）。对各汽包水位测量装置的安装标高不应以锅炉平台等物作为参比标准，应采用水准仪精确确定（或通过透明塑料管注水检查），确认偏差不大于 10mm，并在附近钢柱上留下今后核对标高的标志。计算单室平衡容器的正、负取压口的距离，为平衡容器取源孔内径的下缘线至水侧取样管内径的上缘线间的距离，应与设计规定的测量范围相符。

安装时，平衡容器应垂直，垂直倾斜度不得大于 2°。各平衡容器前装的取源阀门多为高压截止阀，其结构特点是低进高出，阀门进、出水口不在同一个水平面上，为防止仪表取样发生“汽塞”或“水塞”而影响测量准确度，应使阀门的阀杆处于水平位置安装，超临界及以上机组的取源阀门还应为两个阀门串联；被测容器的汽侧导管应有使凝结水回流的坡度，同时要求与容器的连接管应尽量缩短，连接管上避免安装影响正常流通的元件，如接头等。平衡容器安装如图 2-81 所示。

安装时一次门前的汽侧取样管应使取样孔侧低，水侧取样管应使取样孔侧高。

一个平衡容器只允许供一个变送器或一个水位表使用，当取样孔不够时，汽包水位测量可采用内置式，其他水位测量对象可采用扩连管方式增加平衡容器。

工作压力较低和负压的容器（如除氧器、凝汽器等），其蒸汽凝结成水的速度很慢，可安装顶部带截止阀或灌水丝堵的平衡容器，通过注水法让平衡容器内聚满足够的凝结水，以保证变送器或水位计较快地投入；或在平衡容器前装取源阀门、顶部加装放气阀门，水位表投入前，打开放气阀门，用负压管的水，经过仪表处的平衡阀门从正压脉冲管反冲至平衡容器，不足部分从平衡容器顶部的放气阀处补充。安装平衡容器、阀门和管路时应有防止因热力设备膨胀产生位移而被损坏的措施。

图 2-81　平衡容器安装

为了使蒸汽较快地凝结和减少参比水柱管路温度陡度产生的偏差，平衡容器及容器下部形成参比水柱的管道不得保温。高压加热器水位平衡容器及其管路均不保温。补偿式平衡容器的疏水管应单独引至下降管，其水平管段应敷设在靠近汽包水侧连通管的下部，并与连通管一起保温，垂直距离为10m左右，且垂直段不宜保温，在靠近下降管侧应装截止阀，截止阀安装位置应便于操作维护。

双室平衡容器的安装，其正、负取压管间的距离应符合设计规定的测量范围，一般双室平衡容器的安装水位线为平衡容器正、负取压孔间的平分线。汽包水位测量所用的补偿式平衡容器或热套双室平衡容器安装应使其零水位标志与汽包零水位线处在同一水平上，偏差应小于2mm；设计的零水位线（即安装水位线）为正压恒位水槽最高点。蒸汽罩补偿式平衡容器的正、负压引出管，应在水平引出超过1m后才向下敷设，其目的是当水位下降时，正压导管内的水面向下移动，正、负管内的温度梯度在这1m水平管上得到补偿。

三重冗余的三个水位差压变送器安装时应保持适当距离，防止因一台变送器泄漏等故障而影响相邻变送器正常运行。

注意安装环境，应使各水位计的单室平衡容器参比水柱温度偏差尽可能小，以免各个表计间产生很大的偏差，图2-82是某公司的670t/h锅炉上用红外线测温仪测量得到的各单室平衡容器和参比水柱管外表面温度，由于平衡容器结构、安装方式、环境温度和风向等因素，之间温度偏差较大，从而必然造成各表间有较大的水位测量偏差。

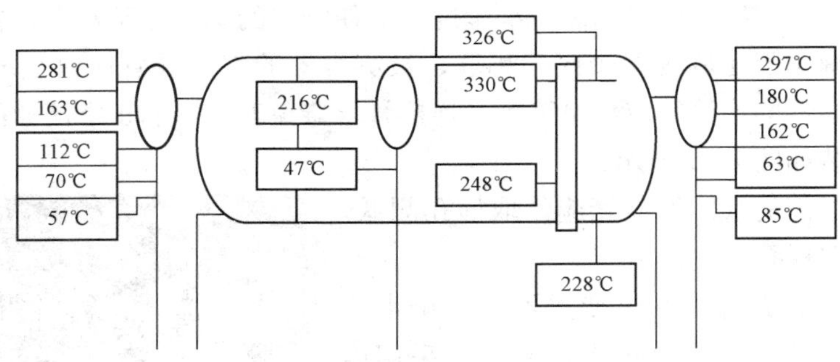

图2-82　各单室平衡容器参比水柱管外表面温度

3. 内置平衡容器的原理及安装

（1）内置平衡容器的原理。由于汽包内部的水不全是饱和水，只有汽水分界面处的水是饱和水，其他部位为欠饱和水，水的密度不可计算，而目前装在汽包外的任何形式的平衡容器都假设汽包内的水为饱和水，这就造成了汽包水位测量的理论误差。此外传统单室平衡容器内的水及参比水柱的温度受环境温度、风向以及容器的结构、表管的走向布置影响较大，而水的密度又与水的温度密切相关，给利用差压原理测量水位带来了较大的随机误差。

内置平衡容器很好地解决了这种测量误差，图2-83所示是秦皇岛华电测控设备有限公司开发的HDSC汽包水位内置式平衡容器测量示意图。由于平衡筒置于汽包内部，正负压侧的引出管处于同一环境、同一个高度，只要正确的安装就能克服参比水柱水温梯度和炉水欠饱和所引起的测量误差，使差压信号稳定、准确、可靠，其原因如下。

1）它与以往任何一种差压水位计不同，差压变送器所测量的差压值是浸泡在饱和汽中的参比水柱所形成的静压与等高的饱和汽所形成的静压之差，与汽包内的水是否饱和无关。

2）由于将平衡容器安装在汽包内，使平衡容器及参比水柱中的水的温度为饱和水的温度，其密度为饱和水的密度，这样在进行补偿计算时就有相对稳定的参数，可以准确计算出汽包水位。

3）由于在汽包的汽侧取样管上焊接有冷凝罐，可以及时向平衡容器中补充冷凝后的饱和水，可以保证在起炉不久就可投入汽包水位保护。

4）备用正压取样管，内装平衡容器出现意外后，可将正压表管与之相连。这样就与改进的外置式单室平衡容器一样工作。

（2）内置平衡容器安装。图 2-84 所示为内置平衡容器安装示意图，它包括汽侧外部的平衡容器（冷凝罐）的安装，内置平衡容器（平衡罐）的安装，正负压引出管的安装，以及内外平衡容器切换的安装。

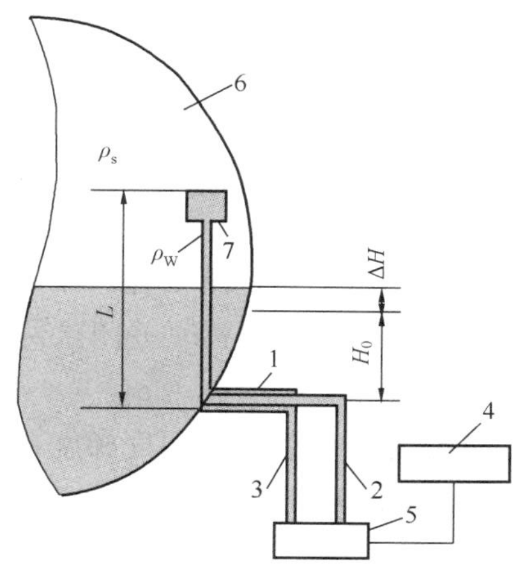

图 2-83　汽包水位内置式平衡容器测量示意图

1—水侧取样管；2—正压侧引出管；3—负压侧引出管；4—DCS；5—差压变送器；6—汽包；7—平衡容器；L—汽侧取样管下边沿到水侧取样管中心线的距离；H_0—0 水位线到水侧取样管中心线的距离；ΔH—实际水位与设计 0 水位的差值；ρ_W—饱和水密度；ρ_s—饱和汽密度

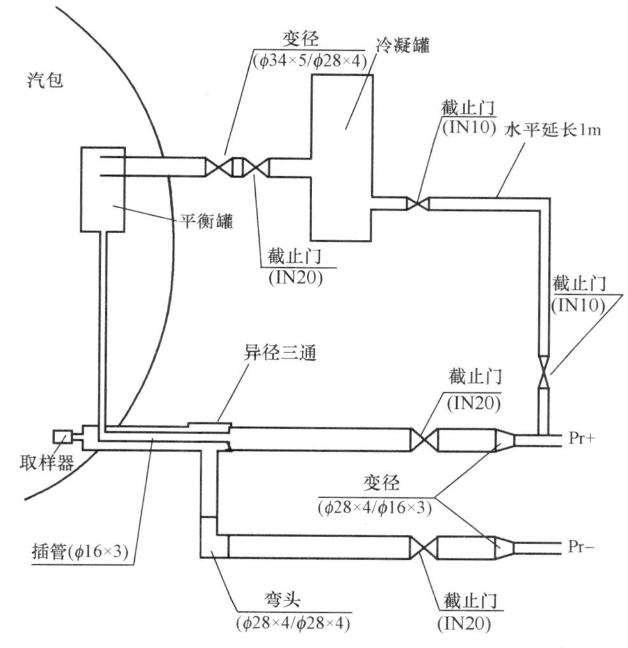

图 2-84　内置平衡容器安装示意图

1）汽侧冷凝罐部分的安装。焊接汽侧取源阀门，阀杆处于水平位置安装，在汽侧阀门后安装变径及冷凝罐，焊接变径（ϕ34×5/ϕ28×4）、高压截止门（DN20），门杆水平。

门后焊接冷凝罐。焊接汽侧管路及冷凝罐时，应适当倾斜，使近汽包侧低于远汽包侧，其倾角大于 1∶100，以利于冷凝罐中冷凝的水沿插管流入汽包内的平衡罐。

2）安装水侧插管及三通部分。将插管（ϕ16×3mm）、异径三通（ϕ34×5/ϕ28×4/28×4）焊接，然后将插管沿水侧取样管插入汽包内，将异径三通与水侧取样管可靠焊接，焊接后应保证三通为水平位置。

若水侧取样管不在汽包封头处，则用 ϕ16×3mm 的仪表管加装取样器（ϕ16），将水侧取样点引至汽包封头处，这是因为水侧取样点距汽包下降管较近，易造成涡流，使水位测量不稳定；取样器与其他水位计取样器距离大于400mm。在汽包内进行焊接作业，不得在汽包内壁上引弧。

3）安装内置平衡容器。汽包内的平衡罐安装要稍低于汽侧取样管，支撑可利用分离器进口管的钢板固定。

在平衡罐与汽侧取样管之间安装一根冷凝水引入管，引入管与汽侧引出管焊接安装后将汽侧引出管适当斜下平衡罐并搭接在平衡罐的上沿。

平衡罐正压侧引出管，将插管在汽包内从水侧管向上穿出，与平衡罐表管焊接。保证焊接时平衡罐端口水平，并保证其测量高度。可利用支撑分离器进口管的钢板生根固定平衡罐及中间管路。平衡罐安装时要水平，在安装完毕后要测量其高度 L。

4）正负压引出管的安装。负压管（水侧）是从异径三通侧面引出的，它包括安装汽包外水侧取样管上一次门（DN20）、变径（$\phi28\times4$mm/$\phi16\times3$mm）、弯头（$\phi28\times4$/$\phi28\times4$mm）和表管（$\phi16\times3$mm）。

正压管（汽侧）是从异径三通沿水侧取样管引出，它包括安装一次门（DN20）、变径（$\phi28\times4$mm/$\phi16\times3$mm）和表管（$\phi16\times3$mm）。

5）内外平衡容器切换的安装。安装外置平衡容器的切换作为内置平衡容器的备用准备，内置平衡容器有问题时可切换到外置平衡容器继续运行。

冷凝罐的另一侧焊接一次门（DN10），接引出管，水平引出1m后再向下延伸，在近内置引出管处再焊接二次门（DN10），通过三通与内置引出管相连。使用内置时关闭这两只阀门。

正负引出管应在水平引出超过1m后，才向下敷设，以保证正、负管内的温度梯度在水平管上得到补偿。另外，这里的水平引出应有稍向下的坡度，坡度不大于1∶100，目的是利于表管内气泡的排出。

（3）安装注意事项。冷凝罐不保温，正负压引出管不保温，向下敷设的仪表管允许保温和伴热；沿途敷设时正负压管要处在同一温度环境，并一同保温和伴热。所经过的地方不应该有高温物体或管路，以避免对差压测量的影响。

变送器至取样系统之间的距离不宜太长，以减小过长的仪表管对差压的影响。

以上的变径、弯头、三通等的参数应根据汽包的取样管的尺寸确定，所列参数仅作参考。

（4）差压式液位测量取源装置安装检查验收见表2-33。

表2-33　　差压式液位测量取源装置安装检查验收

工序	检验项目	性质	单位	质量标准	检验方法和器具
检查	型号规格			符合设计	核对
	容器严密性			无渗漏	核对
	外观			无重皮、裂纹、砂眼	观察
	材质			符合设计	核对
	尺寸			符合制造厂规定	核对

续表

工序	检验项目		性质	单位	质量标准	检验方法和器具
取源阀门安装	位置				在被测设备与平衡容器之间	观察
	方向	阀体			横装	
		阀杆			水平	
	焊接				符合 DL/T 5210.7—2010 的规定	核对
平衡容器安装	单室平衡容器	垂直偏差		mm	＜2	用尺测量
		标高	主控		符合设计	核对
	双室平衡容器	垂直偏差		mm	＜2	用尺测量
		中心点位置与正常液位线	主控		重合	用水平 U 形管测量
	补偿式平衡容器	垂直偏差		mm	＜2	用尺测量
		设计零水位与汽包零水位线偏差	主控	mm	＜2	
		热膨胀补偿设施			齐全	观察
		连接汽包短管			应有回流坡度	
		焊接			符合 DL/T 5210.7—2010 的规定	核对
		至差压计水平管段长度		m	＞0.4	用尺测量
		下降管至疏水管的垂直距离		m	＞10	用尺测量
		疏水阀门位置			操作维护方便	观察
	保温				容器上部裸露	
	平衡容器补水设施				齐全	
	标志牌				内容符合设计，悬挂牢靠，字迹不易脱落	核对

（二）其他差压式液位仪表

1. 直读式液位计安装

直读式液位计是一种使用最早和最简单的液位计，常用的有玻璃管式和玻璃板式两种，如图 2-85 所示，它们的型号分别为 ULG 和 ULB。根据连通管的原理，玻璃管（或板）中的液面与容器中的液面高度一样（假设它们的温度是相同的），因此，从玻璃管液位便能知道容器液面的高度。

（1）玻璃板液面计安装。玻璃板液面计安装较为简单，安装法兰都在工艺设备上。安装前要认真检查法兰是否相配合，垫片是否能满足要求，螺栓型号、规格是否相符。要求螺栓露出螺帽各为 2～3 扣，平螺母或超出太长都不合适，要调换螺栓。

玻璃板液面计的截止阀（切断阀）要求试压与研磨，避免正式启用后跑、冒、滴、漏的麻烦。安装时汽侧取样管应使取样孔侧高，水侧取样管应使取样孔侧低。

连通管式水位计的零水位线应比汽包内的零水位线低，降低的值取决于汽包工作压力，以及水位计的结构等，具体降低值应由锅炉制造厂负责提供。

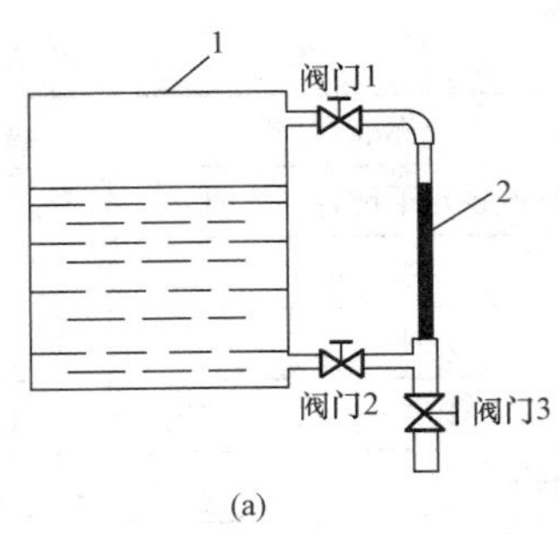

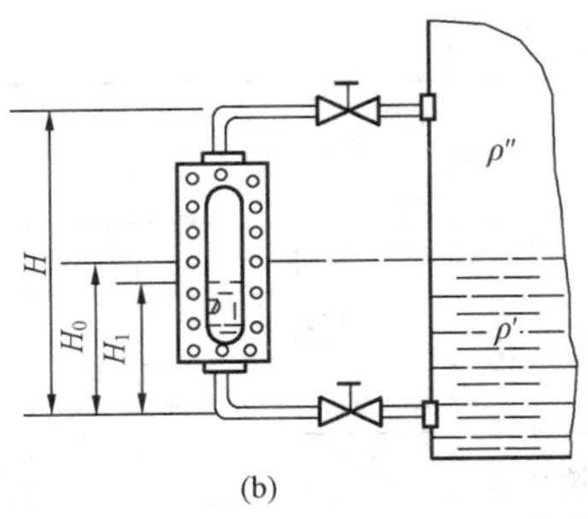

图 2-85　直读式液位计示意图

1—储液容器；2—玻璃管

（2）蒸汽自加热云母水位计安装。图 2-86 所示为蒸汽自加热云母水双色水位计，是秦皇岛华电测控设备有限公司和淮安维信仪器仪表有限公司在总结国内外各种水位计优点的基础上，针对传统的双色水位计测量误差大、云母片易结垢而使显示模糊、频繁排污、易造成表计热变形而泄漏，以及存在显示盲区等缺点进行改进的一种新型云母水双色水位计。具有以下特点：

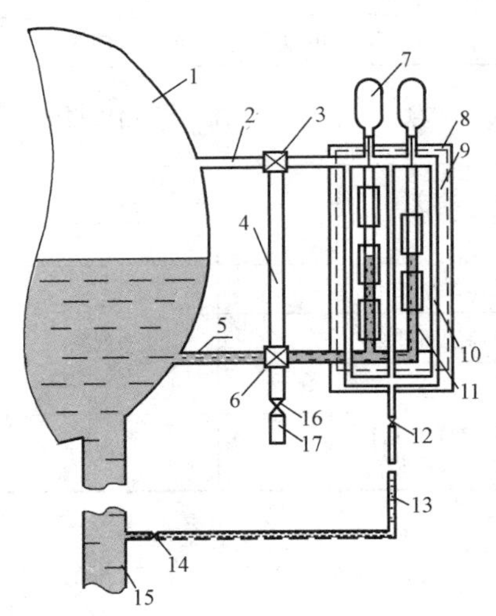

图 2-86　蒸汽自加热云母水双色水位计

1—汽包；2—汽侧取样管；3—汽侧取样阀门；4—平衡管；5—水侧取样管；6—水侧取样阀门；7—冷凝罐；8—光源箱；9—水位计表体；10—饱和汽伴热管；11—测量水柱；12—补偿调节阀门；13—排水管；14—排水阀门；15—汽包下降管；16—排污阀门；17—排污管

1）水位计加入了一套伴热循环系统，利用汽包内的饱和蒸汽进入伴热管，给水位计表体加热，再利用冷凝器内冷凝后的饱和水将测量水柱内的水置换，加速表计内的水循环，使测量水柱内的水接近饱和水温度，从而消除水位计测量管内水柱密度对水位测量造成的偏差，达到准确监视汽包水位的目的。

2）利用冷凝器冷凝后的饱和水置换表计内的水，加速了表计内的水循环，由于置换的新水为饱和蒸汽冷凝后的饱和蒸馏水，含盐低，这样减少了云母片结垢，延长了表计的排污周期。

3）表体在饱和蒸汽的加热下相对恒温，减少了表计的热变形和表体的泄漏，此外由于窗口组件选用一流材质，使用寿命长，泄漏率低，可两年更换一次云母组件，从而延长了表体的检修周期，降低了维护费用。

4）光源采用特制的二极管冷光源，发光均匀，耐高温，寿命长，整体光源调整方便。

5）自冲洗效果好，窗口不易挂垢，水位计左、右侧管内水位相差小。由于本系列水位计是长窗式，与冷凝水接触面积大，而且在上部加装了冷凝器，在冷凝器内变为冷凝水后可顺窗口表面冲洗观察窗，使窗口不易挂垢。

安装时汽侧取样管应使取样孔侧高，水侧取样管应使取样孔侧低。

安装方法及注意事项同蒸汽自加热热套式电接点水位计。

2. 法兰差压液位变送器的安装

法兰差压液位变送器是将被测介质的液位通入高、低两压力室，作用在敏感元件的两侧隔离膜片上，通过隔离片和元件内的填充液传送到测量膜片两侧。液位变送器是由测量膜片与两侧绝缘片上的电极各组成一个电容器。当两侧压力不一致时，致使测量膜片产生位移，其位移量和压力差成正比，使得两侧电容量不相等，通过振荡和解调环节，转换成与压力成正比的 4～20mA 信号。

单法兰液位变送器一般安装在最低液位的同一水平线上，如图 2-87（a）所示（变送器前亦可增加一个取源阀门）。变送器的量程 Δp 为

$$\Delta p = \rho g H \tag{2-7}$$

式中　ρ——被测介质的密度，kg/m^3；

g——重力加速度值，m/s^2；

H——液位变化范围，m。

图 2-87（a）为测量开口容器液位的情况，变送器负压室通大气。图 2-87（b）为测量汽侧凝结水不多的闭口容器液位的情况，其变送器的负压室必须保持干燥，否则若有冷凝液进入负压室，变送器就不能正确地反映出液位的变化。因此，应在负压室管道低于变送器的地方安装冷凝罐，并定期将罐中的冷凝液排出。

双法兰液位变送器，在火力发电厂中特别适用于导管严密性难于保证的凝汽器水位测量。其特点是，差压信号作用于法兰隔离膜片后，通过毛细管中的硅油传递给主机的测量部件而无需装设测量导管，其安装示意如图 2-88 所示。变送器主机位置的高低可在两法兰接管之间任取。

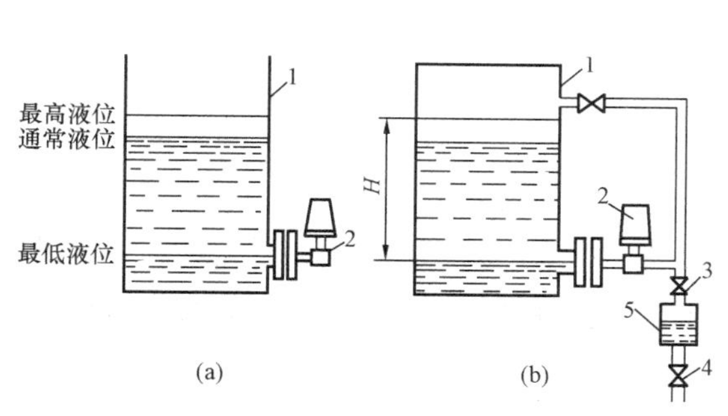

图 2-87　法兰式差压液位变送器安装图

（a）测量开口容器液位；（b）测量闭口容器液位

1—被测容器；2—法兰差压液位变送器；

3、4—阀门；5—冷凝罐

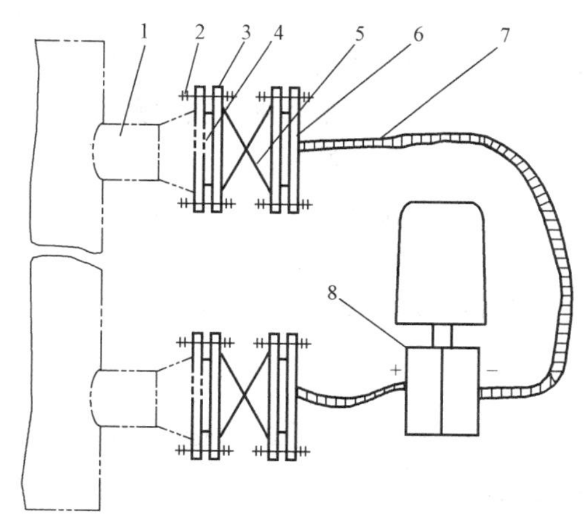

图 2-88　双法兰液位变送器安装示意

1—法兰接管；2—螺母；3—螺栓；

4—垫片；5—取源阀门；6—法兰隔离

膜片；7—毛细管；8—变送器主机

（1）检查取源短管材质符合设计，合金钢取源短管经光谱试验检查合格。如设计有取源阀门，取源阀门应预试水压试验无泄漏。取源短管安装时，正压侧测点应尽量靠近容器底

部，但要适当考虑容器底部堆积的脏物堵塞取源口。取源阀门安装时，阀体应横装并保持阀杆水平，焊接时应打开阀门以防止过热损坏阀芯。对于需在防腐处理的容器上安装的液位仪表，所有和容器相关的焊接工作应在容器防腐前完成。

(2) 法兰式液位仪表安装前，应检查型号、规格、量程符合设计，法兰面无损伤；对于有毛细管的法兰式液位仪表，检查毛细管有无损伤；已校验合格。安装时法兰平面应垫入垫片以作密封，垫片安装前应涂上机油黑铅粉混合物，以利于拆卸；不锈钢法兰需用不锈钢螺栓连接。

(3) 仪表用支架固定，带毛细管的单法兰式液位仪表，安装高度应低于法兰或和法兰在同一水平；带毛细管的双法兰式液位仪表，应安装在两法兰之间的中点或中点以下，毛细管敷设弯曲半径应大于75mm且不得扭折，两毛细管应在相同的环境温度下。多余的毛细管应盘绕成圈，固定在可靠安全的地方，做好成品保护工作。

(4) 使用专门的软管接头，保证电气接口的密封性，仪表接线正确、牢固。

3. 电容式物位计安装过程工艺

(1) 测量原理。电容式物位计是将一根金属棒插入盛液容器内，以金属棒作为电容的一个极，容器壁作为电容的另一极，中间为高稳定性的PPR或聚氟乙烯，两电极间的介质是液体与上面的气体；由于液体的介电常数 ε_1 和液面上的介电常数 ε_2 不同，如 $\varepsilon=\varepsilon_1-\varepsilon_2$，当 $\varepsilon_1>\varepsilon_2$，则在液位 H 下降时，电容式物位计两电极间总的介电常数值 $\varepsilon_1 H$ 随之减小因而电容量减小。反之当液位升高时 ε_1 值增大，电容量也增大。所以，电容式物位计是通过两电极间的电容量的变化来测量液位的高低。液体高度与电容的关系，由同心筒状电容的公式（2-8）可写出液位公式（2-9），即

$$C=(2\pi\varepsilon_1 H)/(\ln D/d) \tag{2-8}$$

$$H=(C\times\ln D/d)/2\pi\varepsilon_1 \tag{2-9}$$

式中 C——电容值；

ε_1——电极面液体介质的介电系数；

D——电极管内径，mm；

d——电极管外径，mm；

H——液位，mm。

当 D、d、ε 均为常数时，可得

$$C=K\times H \tag{2-10}$$

其中，$K=(\ln D/d)/2\pi\varepsilon_1$，即电容量只与液体浸没探极的高度（电容极板的相对面积）成正比。则

$$H=K/C \tag{2-11}$$

电容式物位计具有体积小、抗干扰性较好的特点，适用于强腐蚀性和高压介质的液位测量。但其灵敏度主要取决于两种介电常数的差值，而且，只有 ε_1 和 ε_2 恒定才能保证液位测量准确。

(2) 安装。

1) 安装前检查。电容式物位仪表安装前，应检查型号、规格符合设计要求，电极探头完好无损伤，厂家资料提供齐全；用500V绝缘电阻表测量绝缘电阻符合制造厂要求，仪表

已校验合格。

2）安装位置确定。电极安装位置选择应尽量考虑避免探头受冲击，避开物料安息角和进出口位置。离容器内壁最小距离不能小于100mm。当受条件限制，距离小于100mm时，探头电极线与容器的距离必须保证相对固定。

3）支架安装。支架一般安装在容器顶部；根据物位仪表的接口形式确定安装支架，主要有法兰式和螺纹式两种。如厂家未提供支架则需根据接口加工相应的法兰或螺纹插座。当安装在非金属容器时，应在容器上预留孔洞并预埋一块铁板。

4）仪表安装。电容式物位计的传感器应垂直安装，垂直度偏差不得超过5°，且应避开下料口物料对电极的撞击。液位仪表探头伸入容器安装时，应避免损坏探头上的绝缘管段；当采用螺纹连接时，螺纹处应缠绕合适的密封材料（如生料带）；如采用不锈钢法兰则需用不锈钢螺栓连接。

5）使用专门的软管接头，保证电气接口的密封性。仪表接线应正确，固定牢固，接线必须注意正、负端，做好成品保护。

（3）安装注意事项。

1）安装时一定注意保护好探头电极线的外绝缘层，一旦损伤将影响测量使用。探头电极线安装后全部浸入液体时，断开探极线与变送器的连接，测量探极线与液体（或金属容器外壁）的绝缘电阻应大于20MΩ（用万用表20MΩ测量）。

2）探头电极线安装时，正常工作中，要确保探头电极线在容器内不能有较大的摆动幅度，否则会出现信号不稳定现象。

3）对单线软探头电极线，多余部分可通过过程连接件上端拉出后剪掉，然后拧紧压紧螺栓，而双绞线探头电极线，多余部分可盘扎在被测液面以上，不允许将多余部分盘绕在容器底部或有效测量段。

4）测量有搅拌或液体可能产生大量气泡的容器液位时，为避免液体波动及气泡而产生虚假液位和保护探头电极线，可在容器内放置一内径大于80mm金属或非金属管，管的下端开口，最高液面以下留排气孔，并保证探头电极线在金属管内位置相当稳定，必要时对探头电极线加支撑拉直。

5）变送器露天安装时应注意防雨防潮，探头电极线不能裸露于容器以外，以免雨天探头电极线沾水而出现测量误差。

6）变送器的外壳或接线盒下部的过程连接部件，必须可靠地与容器外壁连接（接地），其接触电阻不能大于2Ω。

电容式差压物位计安装检查验收见表2-34。

表2-34　　电容式物位计安装检查验收

工序	检验项目	性质	单位	质量标准	检验方法和器具
检查	型号规格			符合设计	核对
	位置			符合设计	
	电极			无伤残	观察
	绝缘电阻		MΩ	符合制造厂规定	用500V绝缘电阻表测量

续表

工序	检验项目		性质	单位	质量标准	检验方法和器具
安装	传感器	方位	主控		避开物料安息角和进出口位置	观察
		非导体容器内金属棒状辅助电极安装			牢固	
		垂直度	主控	(°)	≤5	用尺测量
	接线	线端连接			正确、牢固	用校线工具查对
		线号标志			正确、清晰，不褪色	观察
	标志牌				内容符合设计，悬挂牢靠，字迹不易脱落	核对

（三）电接点水位计测量筒的安装

电接点式汽包水位测量装置是一种基于联通管式原理的测量装置，与普通就地云母水位计（或双色水位计）的不同之处在于测量筒内有一系列组成测量标尺的电极，由于汽、水的电导率有很大差别，造成处于汽和水中的电极电阻值有很大差别，以此来判断电极是处于水空间还是处于汽空间。利用多个电极即可判断当前的水面位置。

电源的一端接电极芯，另一端接测量筒体的公共电极。为了防止电极的极化作用，电极需采用交流电源。炉水水质较好时，一般采用 18V，炉水水质较差时，为了与二次仪表配合，可采用较低电压，例如 9V。图 2-89 所示为电接点水位测量筒。

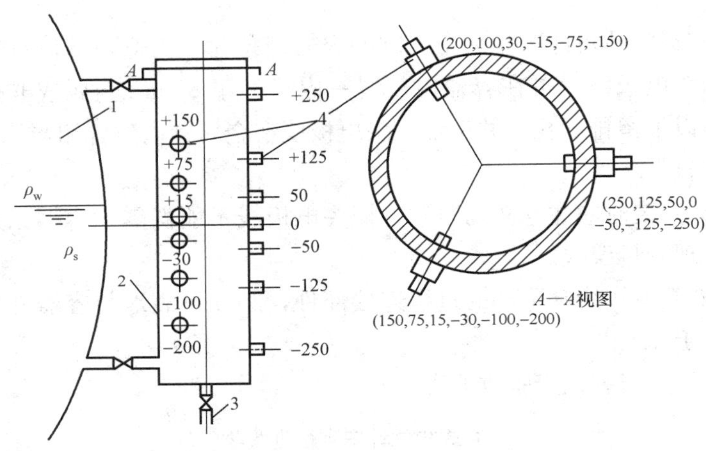

图 2-89　电接点水位测量筒

1. 普通电极式水位计的安装

(1) 安装前的检查。

1) 检查电接点座的封焊口不得有气孔、裂纹和较明显的电腐蚀现象。

2）电极丝口和压接面应完好无缺陷，电极表面应清洁、光滑、无肉眼可见的横沟和机械损伤、残斑。在环境温度为5～35℃，相对湿度不大于85%的条件下，用500V绝缘电阻表测试电极芯对筒体的绝缘电阻，应大于20MΩ。

3）安装电极用的紫铜垫圈，应已经经过退火处理并完好，平面无径向沟纹。

4）电极芯线应伸出引出孔2mm，瓷套管应完整无损。

（2）安装工艺要求。如图2-90所示，安装时测量筒应垂直安装，垂直偏差不得大于2°，其底部应装设排污阀门，在不考虑内外温差修正的情况下，筒体中点零水位孔与压力容器正常水位线应处于同一水平面。从热套式电接点水位计引出的饱和蒸汽加热管须敷设在靠近汽包水侧连通管的下部，并与连通管一起保温。

图2-90　液位测量筒的安装

当用于测量汽包水位时，测量筒与汽包的连接管不应引得过长、过细或弯曲、缩口。测量筒距汽包越近越好，使测量筒内的压力、温度、水位尽量接近汽包内的真实情况。测量筒底部引接放水阀门及放水管，便于冲洗。

电接点水位计电极在安装时，丝扣上应涂抹二硫化钼或铅粉油，加装紫铜垫圈旋入筒体连接点孔后要旋紧、密封好。测量筒上的引线应使用耐高温的氟塑料线，每根线应编号清楚、正确，测量筒处用瓷接线端子连接紧固但不得用锡焊。为确保公用线须接地良好，防止公用线接地连接处高温氧化，应通过筒体接地螺栓焊接接地条，接地条上的接地点应在保温层外，再由接地条上引出测量公用线。

安装后，电接点水位测量筒应进行保温。

2. GJT-2000蒸汽自加热热套式电接点水位测量装置安装

GJT-2000蒸汽自加热热套式电接点水位计是秦皇岛华电测控设备有限公司和准安维信仪器仪表有限公司在传统电接点水位计的基础上对测量筒结构进行改进，在测量筒内部加入了一套笼式内伴热循环系统，利用汽侧取样管的饱和蒸汽加热取样水。如图2-91所示，加热器由不同传热元件构成。加热方式有内热和外热。内热既有水柱径向传热元件，又有轴向分层传热元件。加热器上口敞开，来自汽侧取样管的饱和蒸汽进入加热器，像汽笼一样加热水柱，使取样水的水温接近汽包内的水温，适应锅炉变参数运行，保证全工况真实取样，使测量更加接近真实水位，点火时就可投入水位保护。此外伸高了冷凝器，使得凝结水温度接近饱和温度，在提高水柱平均温度的同时，使大量纯净水进入水柱，将原有部分水样压回汽包，相当于具有自冲洗功能，保持水样为有源“活水”，实现水质自动净化，延长了排污周期和电极寿命。由于在水侧取样管中形成连续流向汽包的高温水流，当汽包水位急速升高时从水侧取样管返回水室的水温依然接近饱和水温度，使得对压力变化响应快，不仅可减小水位升降动态附加误差，还可有效防止炉水中脏物进入测量筒。在运行中可以不必升降汽包水位定期进行满水和缺水保护实际传动校验。电极与测量筒之间自紧机械密封＋预紧力密封，不泄漏，预紧密封力小，方便了电极拆装。

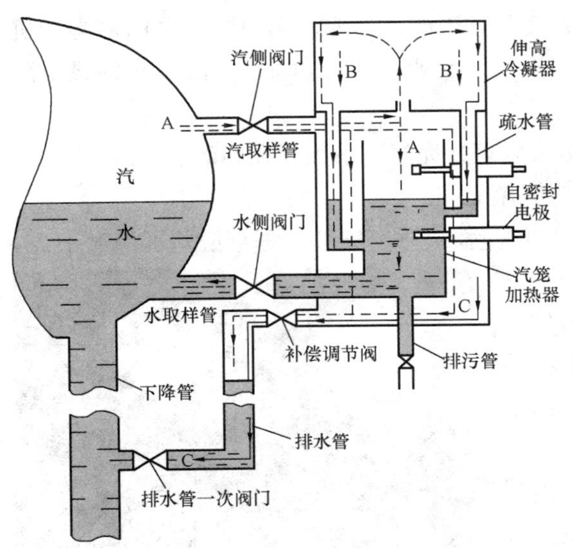

图 2-91　蒸汽自加热热套式电接点水位计安装图

A—汽流；B—冷凝器水流；C—加热器凝结水流

(1) 安装前检查与普通电接点水位计安装前检查相同。

(2) 安装工艺要求。

1) GJT—2000 电接点水位测量筒比普通测量筒重的多，需安装在支架上，安装的支架应有防止因热力设备热膨胀产生位移而被损坏的措施，有些汽包上已设计有焊接支架的装置，则应利用此装置进行固定。

2) 安装时，水位计测量筒的零位与汽包的零水位线等高，误差不大于 2mm。测量筒筒体轴心线应与铅垂线平行，以确保电极不挂水。安装定位时应确保不平行角小于 1°。

3) 安装时电接点测量筒的排水管应单独引至下降管，排水口的接口在新建机组中可在下降管上开孔，在下降管上开 $\phi10$ 的孔，焊接接管座（$\phi34\times12$mm/$\phi16\times3$mm），接管座的缩口端（$\phi16\times3$mm）焊接高压截止门（DN10），截止阀安装位置应便于操作、维护；截止门的另一端通过仪表管连接测量筒的排水管。注意焊接时严格按金属专业的工艺施工，焊接完后还需热处理。在已建成的机组中，下降管不具备热处理的技术条件，应与金属专业一起确定不需热处理的开孔位置，如下降管联通管处。

4) 汽水取样管与筒体之间的管路与阀门应保温，电接点筒体不保温。测量筒排水管至下降管的途径，可能引起人员烫伤的部位应有防止烫伤的隔离措施（如保温）。

5) 排水管从筒体至下降管有一段距离内要裸露，裸露的长度要在调试中确定，裸露的长度过长，热交换过大，会造成取样水过加热使水位比实际水位高（因为汽包内的水为欠饱和水）。此外排水管应敷设成 U 形，以利于热膨胀。

3. 电接点水位计安装检查验收见表 2-35。

表 2-35　　电接点水位计安装检查验收

工序	检验项目	性质	单位	质量标准	检验方法和器具
检查	型号规格			符合设计	核对
	材质				
	外观			无伤残	观察
	严密性			无渗漏	检查水压试验记录
	电极对地绝缘电阻		MΩ	≥100	用 500V 绝缘电阻表测量
	电极表面光滑度			无裂纹、斑残	观察
	电极与筒体螺纹			配合良好	试装观察

续表

工序	检验项目		性质	单位	质量标准	检验方法和器具
测量筒安装	筒体垂直偏差			mm	<2	用尺测量
	零水位电极与正常水位线位置				一致	用玻璃水平尺测量
	底部排污阀门				齐全	观察
取源阀门安装	方向	阀体			横装	
		阀杆			水平	
	短管联接				严密	核对
	固定				牢固	试动观察
	标志牌				内容符合设计，悬挂牢靠，字迹不易脱落	核对
接线	线端连接				正确、牢固	用校线工具查对
	线号标志				正确、清晰、不褪色	观察

（四）浮（球、子）式液位计

浮（球、子）式液位计可分为两种，一种是维持浮力不变的，即恒浮力式液位计，其感测元件在液体中可以自由浮动，因而液面变化时，感测元件就随液面的变化而产生机械位移，借此就可以进行液位测量；另一种为变浮力式液位计，如沉筒式液位计，它是利用液面变化时，感测元件因浸没在液体中的体积变化而受到不同的浮力来进行液位测量。

1. 磁翻板液位计安装

（1）测量与应用范围。磁翻板液位计是恒浮力式液位计，根据磁极耦合与阿基米德（浮力定律）等原理结合机械传动的特性而设计，被测容器形成连通器，保证被测量容器与测量管体间的液位相等。其容纳浮球的腔体内液面与被测容器内的液面高度接近，腔体内的浮球随着容器内液面的升降变化，因腔体外面装了铝制翻板支架，支架内纵向均匀安装了多个磁翻板。磁翻板可以是薄片形，也可以是小圆柱形，每个磁翻板都有水平轴，可以灵活转动，翻板的一面是红色，另一面为白色。每个磁翻板内都镶嵌有小磁铁，磁翻板间小磁铁彼此吸引，使磁翻板总保持垂直和红色朝外或白色朝外，构成一个有液位刻度标尺的翻柱显示器；支架长度和翻板数量随测量范围及精度而定。而浮球沉入液体与浮出部分的交界处安装了磁钢，当浮球在腔体外随被测液位升降时，浮球内较强的磁场透过外壳传递给翻柱显示器，推动磁翻柱翻转而指示水位高度（红色表示有液，白色表示无液），用户还可根据需要，配合磁控液位计使用，就地数字显示或输出 4～20mA 信号，以配合记录仪表或工业过程控制的需要，对液位监控报警或液位控制。图 2-92 是磁翻板液位计示意图。

磁翻板液位计结构牢固，工作可靠，能对各种液体以及高温、高压、腐蚀性和易燃易爆介质液位进行连续测量，以二色指示液位，直观、显示醒目；测量范围大、全过程测量无盲区。显示器与被测介质完全隔离，安全、可靠。利用磁性传动，不需电源，不会产生火花，宜在易燃易爆的场合使用。其缺点是当被测介质黏度较大时，磁浮子与器壁之间易产生粘贴现象，严重时，可能使浮子卡死而造成指示错误。

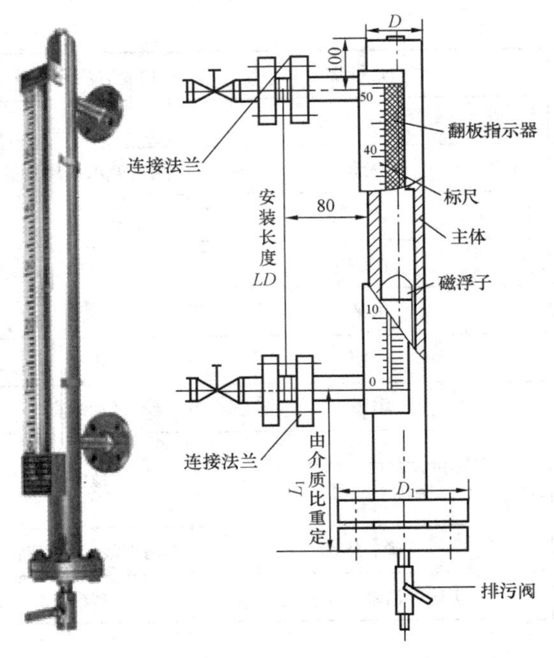

图 2-92 磁翻板液位计示意图

(2) 安装与维护工艺。液位计根据安装位置与介质的需要有不同的型式（如夹套型、防霜型、防腐型、顶装型、吊绳型、内衬型等）。

1) 检查确认液位计在运输中未受到损害，与订货要求一致。运输中防止浮球组件损坏，出厂时用软卡将浮球组件固定在主体管内，安装时需将软卡抽出。

2) 液位计与被测容器连接，必须垂直，以保证浮球组件在主体管内上下运动自如。连通器与被测容器之间应装连通阀，以便仪表的维修、调整。

3) 待液位计安装完毕后，打开底部排污法兰，保持浮子顶部（浮球组件重的一头）向上，将浮子装入测量管内，安装好底部法兰。

4) 液位计安装完毕后，需要用磁钢对液位计进行校正，将其翻柱导引一次使零位以下显示红色，零位以上显示白色，即红色表示有液，白色表示无液。

5) 液位计投入运行时应先关闭底部排污阀，打开下部液侧阀门，再慢慢打开上部汽侧阀门，让液体介质平稳进入主体管，腔内的压力缓慢增大，避免液体介质带着浮球组件急速上升，而造成翻柱转失灵和乱翻。若发生此现象待液面平稳后可用磁钢重新校正。

6) 确认浮子随液面移动，浮子和显示条通过磁耦合作用旋转 180°，色标由白色变成红色，以此反映液位可靠。

(3) 安装与维护注意事项。

1) 为了不使浮球组件在运输过程中损坏，故出厂前浮球组件被取出液位计主体管外。领用和安装时，注意浮子要轻拿轻放，以免损坏。

2) 液位计主体周围不容许有导磁体靠近，否则直接影响液位计正确工作。

3) 根据介质情况，定期打开排污法兰，清洗主体管沉淀物质。

4) 磁翻板测量，筒内不能存有杂质，以免引起浮球上下浮动不灵活。避免翻柱显示片卡涩或磁性异常，从而引起不能正常翻转，导致显示异常。

5) 磁翻板测量筒内浮球，避免因材料的密度与被测介质密度不适配而导致显示偏差。

6) 避免安装正负测量取样管路的坡度不符合规程要求，否则也将导致测量介质流通不畅，引起测量失准。

7) 避免整个介质测量回路中长期不排污，从而导致水质无法交换、取样管路最低处污物无法排出，对测量产生影响。

2. 浮子式钢带液位计

浮子式钢带液位计，是根据力平衡原理设计的一种恒浮力式液位计。

（1）测量原理。

1）UHZ 型浮子式钢带液位计。

UHZ 型液位计在火电厂中用于测量燃油储罐的液位，其测量系统如图 2-93 所示。它由浮子式钢带液位计和配套的变送器、数字显示仪表等部件组成。

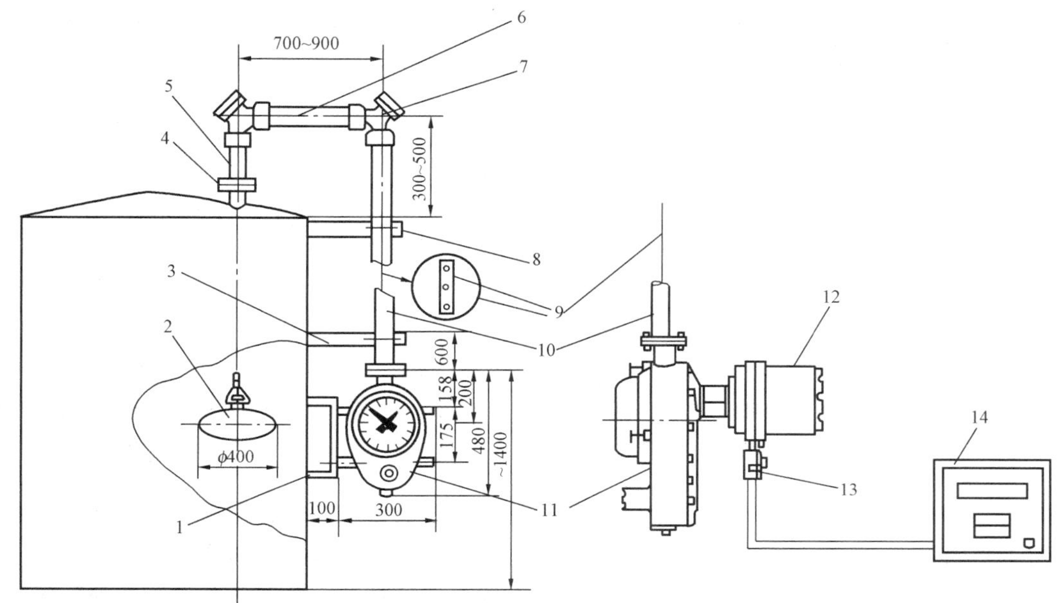

图 2-93　UHZ 型浮子式钢带液位计测量系统（单位：mm）

1—仪表固定支座；2—浮子；3—护管支撑；4—法兰；5、6、10—护管；7—90°导轮；8—卡箍；9—测量钢带；11—液位计；12—液位变送器；13—隔爆接线盒；14—显示仪表

浮子式钢带液位计测量原理如图 2-94 所示。当液面上升时，浮子上升，钢带因张力减小而松弛，破坏了整个系统的平衡，这时起力平衡作用的盘簧轮因受到的力矩减小而收卷，使钢带张紧，系统重新平衡。当液面下降时，钢带的张力增大而引起盘簧轮反卷。由于测量钢带上有孔距非常均匀的孔，当钢带上下运动时，钢带上的孔正好与链轮上的齿啮合，从而带动齿轮系统并通过指示盘上的指针进行指示。此外，通过齿轮机构将液位值以转角量送到与其配套的变送器中（防爆型），经运算、转换，变成电流调制脉冲信号。该信号被送到带微机的数字显示仪表，实现了液位的远传。

2）UZG 型浮子式钢带液位计可用于各种容器的液位就地指示，其结构原理如图 2-95 所示。浮子在平衡位置时，浮力 F、重力 W 和仪表恒力装置提供的拉力 P 三个力的矢量和等于零，浮子静止。

当液位变化，浮子随之浮动，破坏了在原位置上的力平衡，使弹簧轮转动收进或放出钢带，液位变化停止时，浮子在新的位置上平衡。由于钢带上冲有等距的、精度高的孔，它精确地带动链轮按位移量转动，驱动计数器计数，显示新的液位。若在传输轴上连接 UBD-200、UBD-210、UBD-220 型防爆液位变送器，可将液位信号远传至 DM-86A 数字显示仪。

3. 浮筒式液位测量仪表

浮筒式液位计是基于变浮力原理工作，根据浮筒所受到的浮力与其浸入液体深度成线性

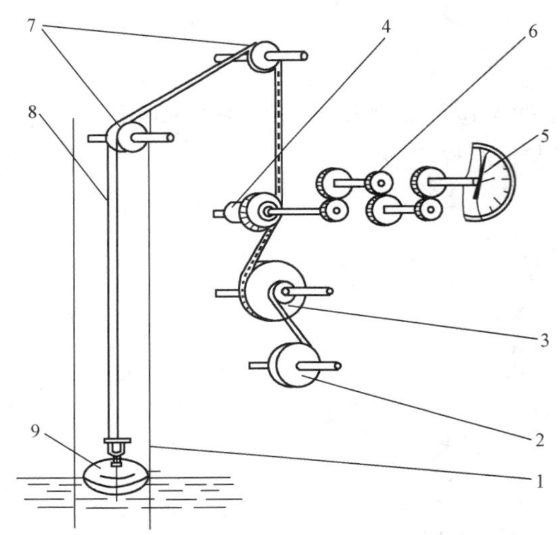

图 2-94 浮子式钢带液位计测量原理

1—导向钢管；2—盘簧轮；3—钢带轮；4—链轮；5—指示盘；6—齿轮；7—导轮；8—钢带；9—浮子

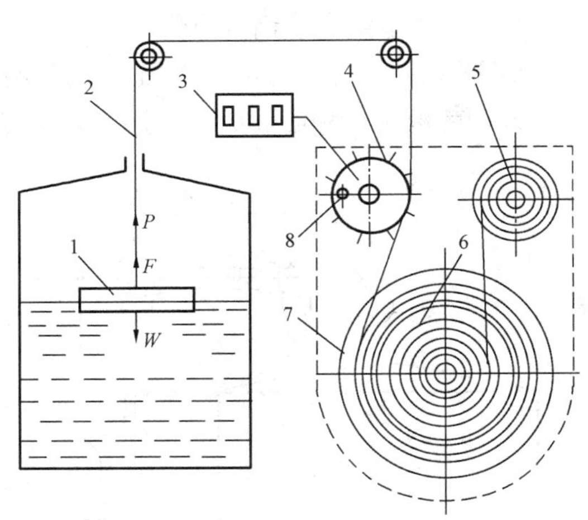

图 2-95 UZG 型浮子式钢带液位计结构原理

1—浮子；2—钢带；3—计数器；4—链轮；5—平衡弹簧；6—弹簧轮；7—钢带轮；8—传输轴

关系来测量液位。按浮筒装在设备上的位置来分，装在设备内的即将浮筒直接置入被测容器内部的称内浮筒，装在设备外的称外浮筒，它的外壳通过法兰盘接到被测液体的容器。

需要说明的是，浮筒式液位计的输出信号不仅与液位高度有关；还与被测介质的密度有关，因此在密度发生变化时，必须进行密度修正。

浮筒式液位计可分为两种，一种是维持浮力不变的，即恒浮力式液位计。其感测元件在液体中可以自由浮动，因而液面变化时，感测元件就随液面的变化而产生机械位移，借此就可进行液位测量。另一种是变浮力式液位计，如沉筒式液位计。它是利用液面变化时感测元件因浸没在液体中的体积变化而受全到不同的浮力来进行液位测量。

（1）工作原理。浮筒式液位计结构如图 2-96 所示。浮筒一般是由不锈钢制成的空心长圆柱体，垂直地悬挂在被测介质中，质量大于同体积的液体重量，重心低于几何中心，使浮筒总是保持直立而不受液体高度的影响。浮筒悬挂在杠杆的一端，杠杆的另一端与扭力管、芯轴的一端垂直地连接在一起，扭力管的另一端固定在仪表外壳上。扭力管是一种密封式的输出轴，它一方面能将被测介质与外部空间隔开；另一方面又能利用扭力管的弹性扭转变形把作用于扭力管一端的力矩变成芯轴的角位移（转动）。浮筒式液位计不用轴套、填料等进行密封，故它能测量高压容器中的液位。

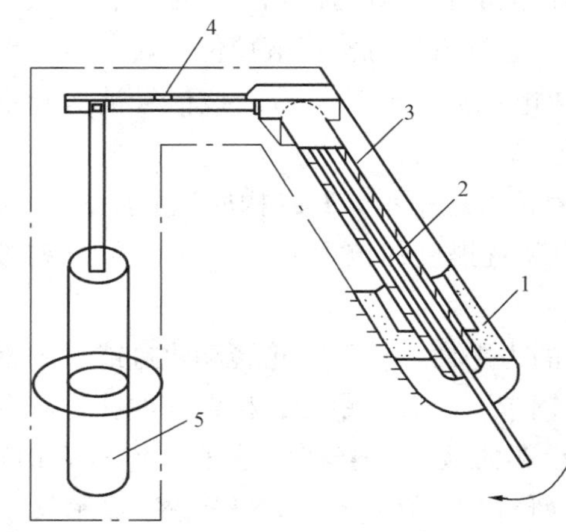

图 2-96 浮筒液位计结构图

1—外壳；2—芯轴；3—扭力管；4—杠杆；5—浮筒

当液位在零位时，扭力管受到浮筒质量所产生的扭力矩（这时扭力矩最大）作用，当液位上升时，浮筒受到液体的浮力增大，通过杠杆对扭力管产生的力矩减小，扭力管变形减小，在液位最高时，扭角最小（约为 2°），通过杠杆，浮筒略有上升，浮力减小，最终达到扭矩平衡。扭力管扭角的变化量（也就是芯轴角位移的变化量）与液位成正比关系，即液位越高，扭角越小。变送器将扭角转换成 4～20mA 直流信号，这个信号正比于被测液位。

1）内浮筒式液位计。内浮筒式液位计的浮筒直接安装在容器内，在上方，无根部阀门，如图 2-97（a）所示。内浮筒在容器不停的情况下无法处理故障和进行校验。

当容器内存在搅拌或液位波动较大时，内浮筒须安装在导向保护管内，并在管子顶部最大液位处有排气孔，以保证管内液位与容器液位一致。注意内浮筒与导向保护管间的间隙大于 10mm。

2）外浮筒式液位计。外浮筒式液位计从容器上用两个根部阀引出一个连通容器，也是筒形，内径大于浮筒的外径，把浮筒装在该容器内，即构成外浮筒，如图 2-97（b）所示。外浮筒把两个根部阀关死，即切断了与容器的连接，可检查故障和处理问题。

外浮筒安装时须保证液位计筒体垂直，以使液位上下变化时内浮筒与外浮筒间不产生摩擦，内浮筒所受浮力只与液位高度有关，须保证浮筒与外筒间的内部间隙在 5～10mm。

（2）浮筒式液位计安装过程工艺。

浮筒式液位计安装示意图如图 2-97 所示。

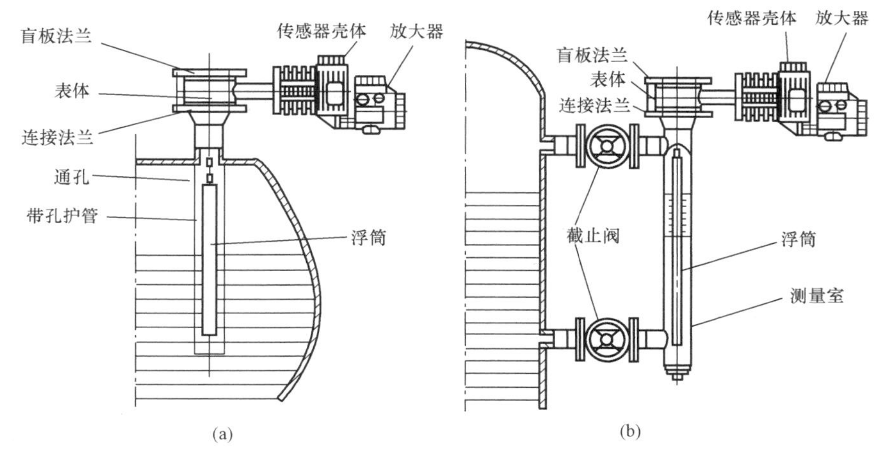

图 2-97　浮筒式液位计安装示意图

（a）内浮筒式液位计安装；（b）外浮筒式液位计安装

1）浮筒式液位计的检查。检查型号、规格符合设计要求，配件齐全。依据物位设计定值采用水管测量方式在测量筒上找出基准线。每次测量前水管内必须保证无气泡，测量时水管内液面必须平稳后再读数据。动作线应以校验后的（以液面凹面）为准。

核实设备的（主要是厂供）预留孔尺寸应满足设计要求。

根据安装部位、测量介质、设备尺寸等确定安装方式；根据安装方式计算出所需阀门；检查各种管接头、弯头数量。

2）安装工艺要求。

① 取源阀门安装。安装时阀体横装，确保阀杆水平。焊接时打开阀门以防止过热损坏。

② 先将筒室固定在安装基础上（必要时可增加支撑件），使得筒室表面的环形标记与被控介质的控制段中心点处于相同水平线上。

③ 调整筒室到铅垂位置，并用挂锤线方法检查垂直度。点焊固定筒体，再检查垂直度无误，然后焊接。

④ 根据需要进行其他配件的安装。

3）安装注意事项。

① 外浮筒液位计/变送器的浮筒室壳体上的中线标志表示测量范围中点，浮筒安装标高应符合设计规定的测量范围。

② 外浮筒液位开关的浮筒室壳体上的标志线表示开关动作点，上标线为高报，下标线为低报。

③ 内浮筒液位计及浮球液位计采用导向管时，导向管必须垂直安装。导向管和下挡圈均应固定牢靠，并使浮筒位置限制在所检测的量程内。

④ 浮筒式或浮子式液位元件安装都尽量靠近被测量容器筒体，如果外浮筒或测量筒不能靠近容器安装，则加大容器和测量筒的连接管口径以保证液位变化时能很快响应，减少响应损失。

⑤ 外浮筒应垂直安装，垂直偏差小于 2mm。浮子活动方向与液面升降一致；活动灵活、无卡涩。导向管引出必须横平竖直，设备垂直。

⑥ 液位安装后根据需要固定，吊架或支架与导向管或设备之间连接方式不应采用焊接方式。运行过程中防止热膨胀使导向管或设备变形。

⑦ 在高温、高压环境下的液位开关进线电缆一定要耐高温，以防液位开关在疏水时因温度升高而烧坏电缆。

4）浮筒液面计安装检查验收见表 2-36。

表 2-36　　浮筒液面计安装检查验收

<table>
<tr><th>工序</th><th colspan="3">检验项目</th><th>性质</th><th>单位</th><th>质量标准</th><th>检验方法和器具</th></tr>
<tr><td rowspan="4">检查</td><td colspan="3">型号规格</td><td></td><td></td><td rowspan="2">符合设计</td><td rowspan="2">核对</td></tr>
<tr><td colspan="3">安装位置</td><td></td><td></td></tr>
<tr><td colspan="3">外观</td><td></td><td></td><td>无伤残</td><td>观察</td></tr>
<tr><td colspan="3">绝缘电阻</td><td></td><td>MΩ</td><td>≥10</td><td>用 500V 绝缘电阻表测量</td></tr>
<tr><td rowspan="12">安装</td><td rowspan="4">导向管安装</td><td colspan="2">安装方式</td><td></td><td></td><td>垂直</td><td>观察</td></tr>
<tr><td rowspan="2">垂直偏差</td><td>每米</td><td>主控</td><td>mm</td><td><2</td><td rowspan="2">用尺测量</td></tr>
<tr><td>全长</td><td>主控</td><td>mm</td><td><20</td></tr>
<tr><td colspan="2">导向管连接</td><td></td><td></td><td>牢固</td><td>试动观察</td></tr>
<tr><td colspan="2" rowspan="4">外浮筒安装</td><td>位置</td><td></td><td></td><td>满足测量范围要求</td><td>观察</td></tr>
<tr><td>垂直度</td><td>主控</td><td>(°)</td><td><2</td><td>用尺测量</td></tr>
<tr><td>安装方向</td><td></td><td></td><td>垂直</td><td>用尺测量</td></tr>
<tr><td>浮筒动作</td><td></td><td></td><td>不卡涩</td><td>试动观察</td></tr>
<tr><td colspan="3">严密性</td><td></td><td></td><td>无渗漏</td><td>校对水压试验记录</td></tr>
<tr><td colspan="2" rowspan="2">接线</td><td>线端连接</td><td></td><td></td><td>正确、可靠</td><td>用校线工具查对</td></tr>
<tr><td>线号标志</td><td></td><td></td><td>正确、清晰、不褪色</td><td>观察</td></tr>
<tr><td colspan="3">标志牌</td><td></td><td></td><td>内容符合设计，悬挂牢靠，字迹不易脱落</td><td>校对</td></tr>
</table>

4. 浮球液面计安装过程工艺

对于温度、黏度较高，而压力不太高的密闭容器内，或要求测量范围不大的液体的液位测量，一般可采用带杠杆的浮球式液位仪表。UQZ-2 型浮球液面计结构如图 2-98 所示。浮球（也称浮子）是金属（一般为不锈钢）空心球，通常一半浸没在液面。当液位上升时，浮球被浸没的体积增加，所受浮力增大，破坏了原来的力矩平衡状态，使浮球位置抬高，直到浮球一半浸没在液面时，重新回到杠杆的力矩平衡位置为止，浮球停在新的平衡位置上。

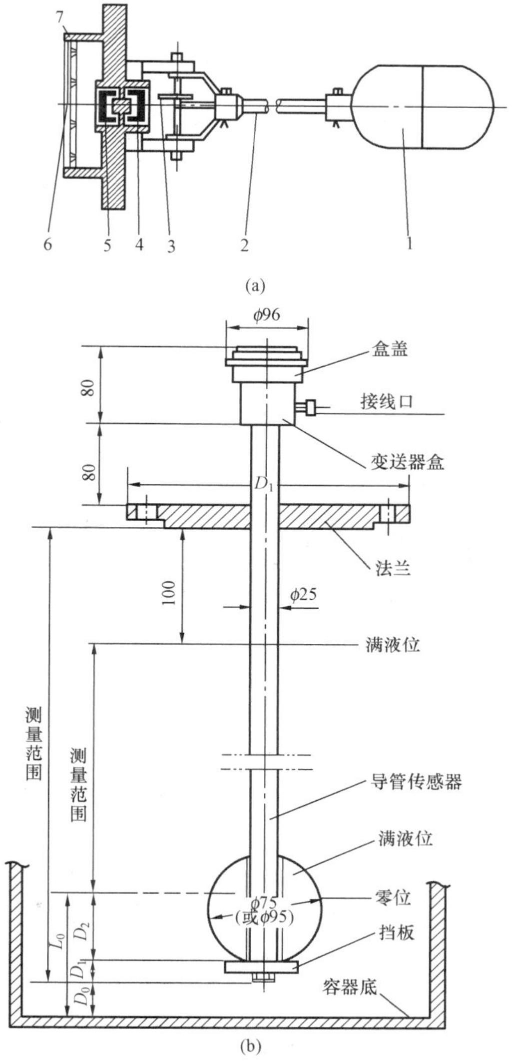

图 2-98 UQZ-2 型浮球液面计结构
(a) 水平安装式；(b) 垂直安装式
1—浮筒；2—连杆；3—简化齿轮；4、5—Ⅱ形磁钢；6—指针；7—刻度板

浮球液面计的安装有水平和垂直之分。水平安装的浮球液面计是通过浮球随液位的升降而升降，由浮球连接的连杆带动一对简化齿轮动作，齿轮同轴的磁钢动作，磁力作用带动位于表头内的另一磁钢相应的转动，带动同轴的指针移动（或开关动作）从而指示出液位；垂直安装的浮球液面计是利用液体对磁性浮球的浮力原理进行测量，当容器的液位变化时，浮球也随着上下移动，由于磁性作用，浮球液位计的干簧受磁性吸合，把液面位置变化成电信号，通过显示仪表用数字显示液体的实际位置。

(1) 安装前检查。UQZ-2 型浮球液面计外形和安装尺寸如图 2-99 所示，技术参数见表 2-37。该液面计分防爆和非防爆两大类，工作压力为 1MPa。

表 2-37　UQK 型浮球液面计技术参数

型号	动作界限（mm）	整定方式	安装位置	接点容量
UQK-01	8	不可调	水平	交流：220V，220VA 直流：100V，150VA
UQK-02	25～550	有级可调	水平	
UQK-03	8～1000	无级可调	垂直	

(2) 安装及注意事项。安装形式有水平和垂直两种，水平安装时支架安装在容器的侧面，垂直安装时支架安装在容器的顶部。连杆浮球式液位计安装时，法兰孔方位应保证浮球能在同垂直面上自由活动。安装在非金属容器时，宜在容器上预留孔洞和预埋一块铁板。

安装时应注意以下事项。

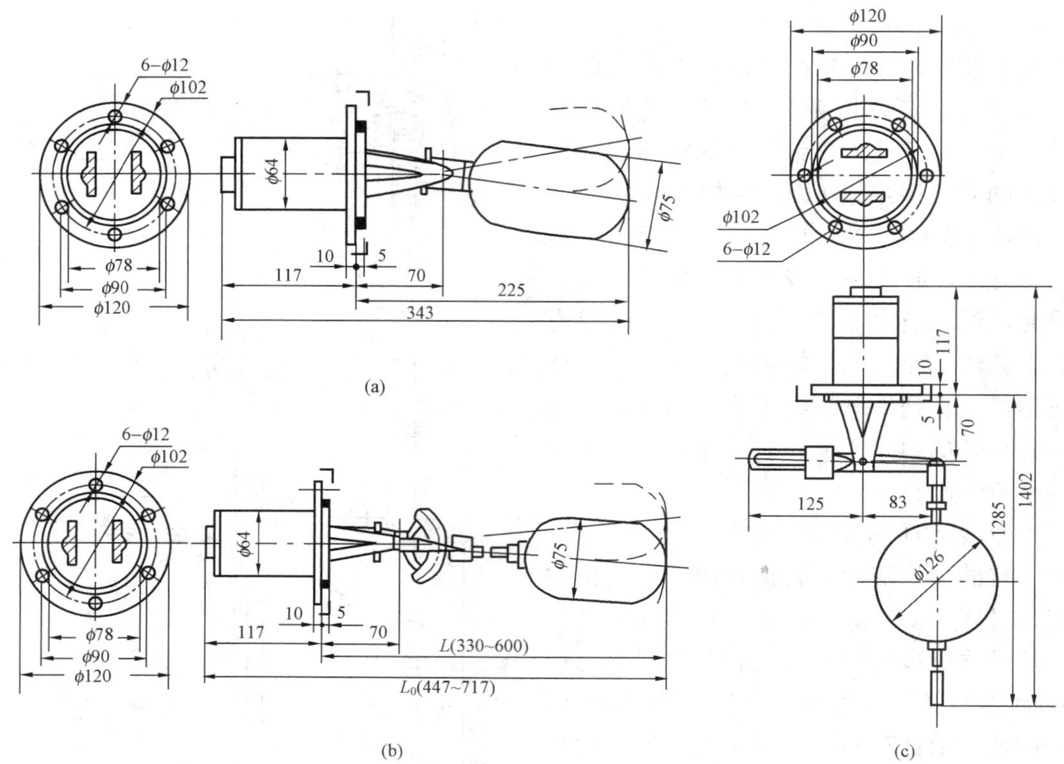

图 2-99 UQZ 型浮球液面计的外形和安装尺寸（单位：mm）
（a）UQZ-01 型；（b）UQZ-02 型；（c）UQZ-03 型

1）法兰孔的安装方位应保证浮球的升降在同一垂直面上，连杆浮球式液位安装时，法兰和容器连接管尺寸应保证浮球能在测量范围内自由活动。

2）浮球活动方向和液面升降一致，不卡涩。

3）电缆浮球式液位开关应加装厂家提供的重锤或将电缆固定在附加的支撑上。

4）浮球液面计安装较简单，在预定位置装上浮球后，注意浮球应活动自如。介质对浮球不能有腐蚀，它常用在小于 1MPa 的容器内的液位测量，通常按说明书的要求安装即可。

（3）浮球式液面计安装检查验收见表 2-38。

表 2-38　　浮球液面计安装检查验收

工序	检验项目		性质	单位	质量标准	检验方法和器具
检查	型号规格				符合设计	核对
	外观				无伤残	观察
安装	法兰安装	法兰孔方位			保证浮球在同垂面上能自由升降	
		法兰与容器连接管尺寸			保证浮球在测量范围能自由活动	
	浮球安装	位置			符合设计	核对
		活动方向	主控		与液面升降一致	观察
		活动程度			不卡涩	试动观察
		严密性			无渗漏	核对水压试验记录
	标志牌				内容符合设计，悬挂牢靠，字迹不易脱落	核对

六、物位测量仪表的安装

物位测量通常指对工业生产过程中封闭式或敞开容器中物料（固体或液体）的高度进行检测。如果是对液体、浆料和颗粒状固体（物料）的高度进行连续的检测，称为连续测量；如果只对物料高度是否到达某一位置进行检测称为限位测量。完成这种测量任务的仪表叫做物位测量仪表，其测量可采用静态测量或动态测量两种方法，其原理有超声波原理、导波雷达原理、电容原理和差压原理等。

（一）超声波物位计的安装

超声波物位计由超声波换能器（发射换能器和接收换能器）、电子线路及显示系统三部分组成。发射换能器将电能转换为超声波能量，并将其发射到被测流体中，接收换能器接收到的超声波信号，经电子线路放大并转换为代表物位的电信号输出至显示仪表进行显示。

1. 超声波物位仪表的检查

型号、规格符合设计，配件齐全，外观无伤残；绝缘电阻符合厂家规定；仪表校验合格。

2. 安装

(1) 支架一般安装在容器顶部。支架安装位置应选择在能反应实际料位的地方。根据探头选择法兰式、螺纹式或抱箍固定式支架。

(2) 超声波物位计探测器的安装与器壁距离应大于最大测量距离处的波束半径，且应避开下料口。超声波束传输范围内不应有料位界面外的其他物体。安装时仅能垂直向下，应准确测量出其安装高度 H，以确保其测量准确性。超声波物位仪表的音叉盒最低面应大于容器内有可能的最高料位，以保护超声波仪表。

(3) 超声波物位仪表用于测量液位时，变送器不要装在入液口的上方，高度应高于溢流口，并和仓壁保持一定的距离。超声波液位计如图 2-100 所示。

图 2-100 超声波液位计

(4) 超声波物位仪表用于测量固体料位时，变送器对着放料口方向，保持和仓壁一定的距离，并尽可能选择一个与放料或入料时物料形成的凹凸面垂直的角度，以保证测量的准确，超声波辐射方向应避免穿过料流。不能把变送器安装在干扰反射波太强的地方(如仓内结构件造成的强反射)。最高储料表面不得超过盲区，否则将无法准确测量。安装前要对物料可能到达的最高位置进行估计，使变送器的发声面距最高物料表面的距离大于盲区值，从而保证在整个物料变化范围内都能准确测量。

(5) 安装牢固。螺纹连接时不能拧得太紧，只需用手拧紧安装固件即可。法兰连接时，拧螺栓要用力均匀，以确保法兰间密封良好。螺栓不可太紧，过紧可能导致性能下降。不锈钢法兰需用不锈钢螺栓连接。对压力要求严格的容器，螺纹应用 PTEF 密封胶或其他适合的密封剂来密封螺纹。

（二）导波雷达物位仪表的安装

1. 测量原理与应用范围

导波雷达液位计是微波（雷达）定位技术的一种运用，依据时域反射原理（TDR）为基础，通过一个可以发射能量波（电磁脉冲）的装置，发射能量波脉冲，以光速沿钢缆或探棒等导管中传播，当遇到障碍物（被测介质表面）时，部分脉冲被反射形成回波并沿相同路径返回到与脉冲发射装置一起的接收装置接收反射信号，发射装置与被测介质表面的距离同脉冲在其间的传播时间成正比，测量出能量波运动过程的时间差，经仪表的放大处理计算得出液体、颗粒及浆料连续物位的高度，并转化成与物位相关的电信号输出。由于其能量辐射水平低，使用的是脉冲能量波（频率一般比智能雷达物位计低），一般最大脉冲能量为1mW左右（平均功率为1μW左右），不会对其他设备以及人员造成辐射伤害。

导波雷达液位计测量，不受介质变化、温度变化、惰性气体及蒸汽、粉尘、泡沫等的影响。其精度为5mm，量程6m（杆式），温度250℃、压力40kg/cm^2，适用于爆炸危险区域。导波雷达物位计可应用于水液储罐、酸碱储罐、浆料储罐、固体颗粒、小型储油罐。各类导电、非导电介质、腐蚀性等介电常数大于或等于1.4，测量黏度小于或等于500cst，而且不容易产生黏附的任何介质，如煤仓、灰仓、油罐、酸罐等。

2. 安装过程工艺

(1) 安装准备与安装位置确定。

1）检查型号、规格符合设计，并与被测介质的介电常数相适应；配件齐全，外观无伤残；仪表校验合格。

2）检查安装空间满足要求，避免来自梯子、管道等可能造成虚假反射的物体的干扰。天线远离墙面，避免多次的回波。

图 2-101　导波雷达物位变送器的安装

3）安装位置避开进料口，以免产生虚假反射。避免在容器中央位置，尤其对于有锥形或弧形顶的容器，避免将其安装在罐顶中央部位（顶部的凹面会聚集回波到中央），以免因虚假回波增强而给出错误的读数。也不能距离罐壁很近安装（距离罐壁应大于30cm，最佳安装位置在容器半径的1/2处），以避免微波和容器壁的偏振效应。

(2) 导波雷达物位变送器的安装如图2-101所示。

1）顶部直接安装时，导波雷达的导波杆直接顶装在容器的上端，安装方式有螺纹和法兰两种可以选择，一般插入到容器内部导波杆的长度就是设计要求的测量范围。安装在管子支架上时，探头屏蔽区底部的突出管子长度要符合厂家要求。配测量筒式安装时，导波雷达的导波杆顶装在测量筒的上端，测量筒再与容器连接，一般测量筒至连接口的距离是设计要求的测量范围。安装后确保波束角不与进料通道相交。对附带测量筒的导波雷达物位仪表，测量筒应垂直安装。

2）导波雷达物位计可采用螺纹连接，螺纹的长度不要超过150mm，还可以采用在短管上安装。理想的短管直径小于150mm，高度小于150mm，若安装于较长的短管上，底部应固定缆绳或选用对中支架以避免缆绳与短管末端接触。当仪表需要安装于直径大于200mm的短管时，在介质介电常数低的情况下，短管内壁产生回波将引起测量误差。因此，对于一个直径为200mm或250mm的短管，需要选一个带“喇叭接口”的特殊法兰，尽量避免安装在直径大于250mm的短管上。

3）导波雷达物位计无论是缆式或杆式，为确保仪表工作正常，过程连接表面应为金属。当仪表安装在塑料罐上，若罐顶也是塑料或其他非导电材质时，仪表需要配金属法兰；若采用螺纹连接，需配金属板。使用专门的软管接头，保证电气接口的密封性。探头电缆应全程安装在保护管或软管内，以免受电噪干扰，保护管做好接地。

3. 安装、维护注意事项

（1）在存在压力的应用中，必须使用PTEF型或其他适当的螺纹密封组合件。不锈钢法兰需用不锈钢螺栓连接。露天安装时应安装不锈钢保护盖，以防直接的日照或雨淋。电缆应远离高压或高电流。接线应正确，固定牢固。

（2）使用导波管和导波天线，主要为了消除有可能因容器的形状而导致多重回波所产生的干扰影响. 或是在测量相对介电常数较小的介质液面时，用来提高反射回波能量，以确保测量准确度。当测量浮顶罐和球罐的液位时，也需要采用导波管。

（3）对一些型号的导波雷达液位变送器，探头可以浸入在液体中（如电厂热井水位测量，常使用浸入式导波雷达液位变送器）。

（4）易挥发性气体和惰性气体对雷达液面计的测量均没有影响。但液体介质的相对介电常数、液体的湍流状态、气泡大小等被测物料特性对微波信号的衰减，应引起足够的重视。当介质的相对介电常数小到一定值时，雷达波的有效反射信号衰减过大，导致液位计无法正常工作，因此被测介质的相对介电常数必须大于产品所要求的最小值。但对于介电常数比较小的液体物料可以采用双探杆式测量方式，可保障良好的准确测量。

（5）测量过程无可动部件，不存在机械部件损坏问题，受传感器挂料影响，无需定期清洁。而介质在探头上的涂污对测量液位的影响可分为膜状和桥接两种，前者是在液位降低时，高黏液体或轻油浆在探头上形成的一种覆盖层。由于这种涂污在探头上涂层均匀，因此对测量基本无影响；但后者的形成却能导致明显的测量误差，当块状或条状介质污垢黏结于波导体上或桥接于两个波导体之间时，会在该点测得虚假液位。

4. 超声波（雷达）物位计安装检查验收

超声波（雷达）物位计安装检查验收见表2-40。

表2-40　　超声波（雷达）物位计安装检查验收

工序	检验项目		性质	单位	质量标准	检验方法和器具
检查	型号规格				符合设计	核对
	外观				无伤残	观察
	绝缘电阻			MΩ	符合制造厂规定	核对
安装	探测器安装	位置			符合设计	
		环境条件	主控		声速范围无障碍物	观察
		粉仓内安装			换能器应避开进料口	
		固定			牢固	试动观察
	接线	线端连接			正确、牢固	用校线工具查对
		线号标志			正确、清晰、不褪色	观察
	标志牌				内容符合设计，悬挂牢靠，字迹不易脱落	核对

（三）核辐射料位控制器

核辐射料位控制器为不接触式测量，其检测原理如图 2-102 所示。存放在防护铅罐内的放射源（Co-60 或 Cs-137）和探测单元分别安装在被测对象两侧，射线穿透被测对象到达探测单元的计数管内。探测单元接收到的 γ 射线的强度随容器料位高度而变化。计数管上所产生的脉冲信号，通过电子线路处理后，显示单元则相应发出指示及控制信号。核辐射物位控制器的型号为 UFK。

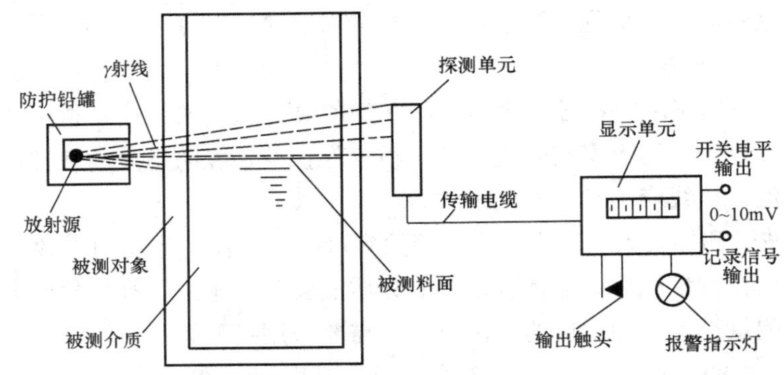

图 2-102　核辐射料位控制器检测原理

（四）物位开关安装

在热工信号、保护、联动和顺序控制系统中，大部分是具有继电特性的非线性部件，即开关量仪表，触点闭合和断开（“1”和“0”两种状态）的形式输出开关量信息，除本章前几节提到的差压开关、温度开关、压力开关外，还有物位开关、行程开关等。

物位开关通常称为物位控制器，根据不同的测量原理，它有多种产品，可分为超声波物位开关、射频导纳物位开关、音叉物位开关、缆式物位开关、高温型物位开关、雷达物位开关、限位开关及接近开关等。

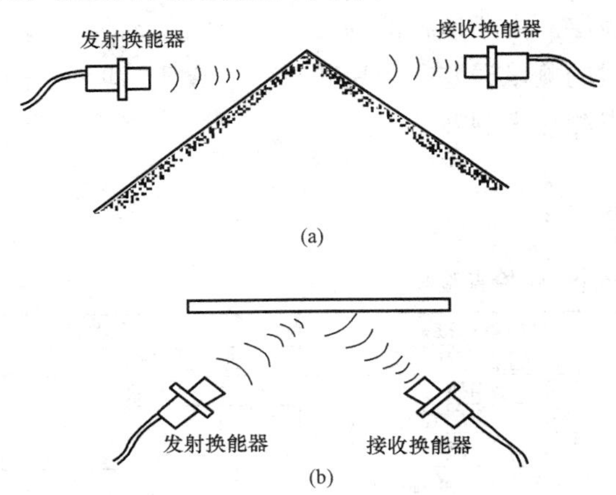

图 2-103　超声波物位开关换能器安装示意

（a）水平形式；（b）反射形式

1. 物位开关类型与测量原理

（1）超声波物位开关。超声波物位开关适用于大型料仓的料位控制。检测部分主要由发射换能器和接收换能器组成，其安装如图 2-103 所示。发射换能器发出一定频率的超声波束，在无物料阻隔时，声波通过空气（或经反射）传播给接收换能器；当有物料阻隔时，声波被隔阻。接收换能器即利用这两种状态来检测物料位置的变化，从而使控制器的继电器吸合或释放并输出电平变化信号。

（2）射频导纳物位开关。当物料接近或接触传感器头时，传感器头部射频电场发生变化，从而改变了仪表内电子线路的工作点，电子线路将这一变化转变为开关信号。

（3）音叉物位开关。由发讯叉体和放大器组成，在叉体根部压紧两组压电晶体，分别作为驱动叉股和检测器，前者产生振动，当音叉与被测介质相接触时，音叉振荡器的频率和振幅将改变，这些变化经检测器和电路进行检测、处理转换为一个开关信号输出。

（4）限位开关。限位开关又称行程开关或位置开关，利用生产机械运动部件直接接触（碰撞）的方法，使其触头接点动作来实现接通或分断控制电路，达到限制机械运动的位置或行程，使运动机械按一定位置或行程自动停止、反向运动或自动往返运动等。其核心部件是微动开关，较常见的行程开关的结构如图 2-104 所示。限位开关可以安装在相对静止的物体（如执行机构上）上或者运动的物体（如行车、门等，简称动物）上。当动物接近静物时，开关的连杆驱动开关的接点引起闭合的接点分断或者断开的接点闭合。根据用途，限位开关分工作限位开关和极限限位开关，工作限位开关是用来给出机构动作到位信号的；极限限位开关是防止机构动作超出设计范围而发生事故的。工作限位开关安装在机构需要改变工况的位置，开关动作后，给出信号，进行别的相关动作。极限限位开关安装在机构动作的最远端，用来保护机构动作过大出现机构损坏。

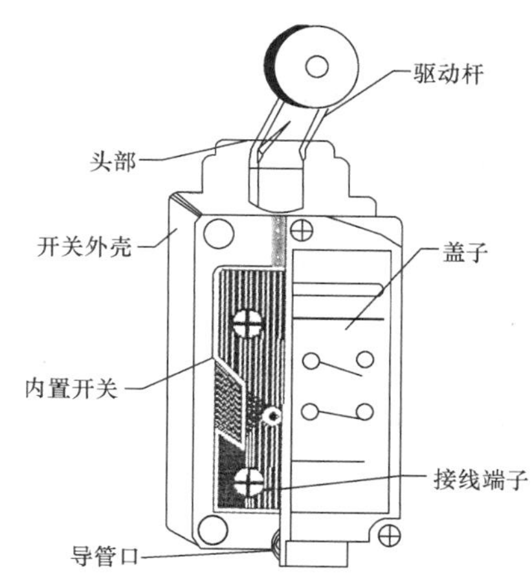

图 2-104　行程开关的结构示意图

（5）接近开关。接近开关又称无触点行程开关，是一种非接触型的检测装置。其特点是无接触，复定位精度和操作频率高，可适应恶劣的工作环境等。根据不同的原理和不同的方法进行分类，常见的接近开关如下。

1）涡流式接近开关。涡流式接近开关也称电感式接近开关。它是利用导电物体接近能产生电磁场的接近开关时，使物体内部产生涡流，该涡流反作用到接近开关，经开关内部电路处理后状态变化，由此识别出有无导电物体移近，进而控制开关的通或断。这种接近开关所能检测的物体必须是导电体。

2）电容式接近开关。电容式接近开关通常构成电容器的一个极板，而另一个极板是开关的外壳，这个外壳在测量过程中通常是接地或与设备的机壳相连接。当有物体移向接近开关时，不论它是否为导体，总要使电容的介电常数发生变化，从而使电容量发生变化，使得和测量头相连的电路状态也随之发生变化，由此便可控制开关的接通或断开。这种接近开关检测的对象，不限于导体，可以是绝缘的液体或粉状物等。

3）霍尔接近开关。利用霍尔元件做成的开关叫霍尔开关。因霍尔元件本身是一种磁敏元件，所以当磁性物件移近霍尔开关时，开关检测面上的霍尔元件因产生霍尔效应而使开关内部电路状态发生变化，由此识别附近有磁性物体存在，进而控制开关的通或断。因此霍尔接近开关的检测对象必须是磁性物体。

4）光电式接近开关。利用光电效应做成的开关叫光电开关。将发光器件与光电器件按一定方向装在同一个检测头内。当有反光面（被检测物体）接近时，光电器件接收到反射光后便将信号输出，由此便可“感知”有物体接近，进而控制开关的通或断。

5）热释电式接近开关。利用能感知温度变化的元件做成的开关叫热释电式接近开关。

这种开关是将热释电器件安装在开关的检测面上，当有与环境温度不同的物体接近时，热释电器件的输出发生变化，由此便可检测出有物体接近。

6）其他形式的接近开关。当观察者或系统对波源的距离发生改变时，接收到的波的频率会发生偏移，这种现象称为多普勒效应。声纳和雷达就是利用这个效应的原理制成的。利用多普勒效应可制成超声波接近开关、微波接近开关等。当有物体移近时，接近开关接收到的反射信号会产生多普勒频移，由此可以识别出有无物体接近。

2. 开关安装

（1）行程开关安装时，可采用M4的镀锌螺栓将行程开关固定在需要的位置。安装时应重点注意，根据设备结构特征、运行轨迹及行程开关的动作行程，选用合适的行程开关，否则行程开关将直接损坏。行程开关安装前需找到最合适的安装位置点，避免不到位或过位的情况。运动部件应顶触在滑轮的位置，避免顶触到曲柄和开关本体上。行程开关安装必须可靠，固定牢固，避免由于安装不牢固引起的各种事故。

（2）开关安装位置选择应尽量考虑避免探头受冲击，避开物料堆积角和进出口位置。测量煤料物位的重锤式探测料位计传感器和射频导纳式煤料物位传感器应垂直安装，安装位置应选择远离进、出料口的地方。音叉及音叉盒制作精度较高，音叉盒表面应保持清洁，安装时应采取防护措施，防止损伤音叉盒。

（3）支架安装位置应选择在能反映实际物位的地方。根据探头选择法兰式、螺纹式或抱箍固定式支架。

（4）在一般的工业生产场所，通常都选用涡流式接近开关和电容式接近开关。因为这两种接近开关对环境的要求条件较低。当被测对象是导电物体或可以固定在一块金属物上的物体时，一般都选用涡流式接近开关，因为它的响应频率高、抗环境干扰性能好、应用范围广、价格较低。若所测对象是非金属（或金属）、液位高度、粉状物高度、塑料、烟草等，则应选用电容式接近开关，这种开关的响应频率低，但稳定性好。安装时应考虑环境因素的影响。若被测物体为导磁材料或者为了区别和它一同运动的物体而把磁钢埋在被测物体内时，应选用霍尔接近开关，它的价格最低。在环境条件比较好、无粉尘污染的场合，可采用光电接近开关。光电接近开关工作时对被测对象几乎无任何影响。

（5）无论选用哪种接近开关，都应注意其工作电压、负载电流、响应频率、检测距离等各项指标的要求。

3. 物位开关安装检查验收

物位开关安装检查验收见表2-41。

表2-41　　物位开关安装检查验收

工序	检验项目	性质	单位	质量标准	检验方法和器具
检查	安装环境			无剧烈振动	观察
	安装位置			符合设计	
	外观			无损伤	
	型号规格			符合设计	核对

续表

工序	检验项目		性质	单位	质量标准	检验方法和器具
安装	固定				端正、牢固	试动观察
	垫片材质				符合 DL/T 5210.4—2009 附录 B	核对
	接点	动作	主控		灵活、可靠	用校线工具查对
		绝缘电阻		MΩ	≥1	500V 绝缘电阻表测量
	接线	线端连接			正确、牢固	用校线工具查对
		线号标志			正确、清晰、不褪色	观察
	铭牌标志				正确、清晰	

七、成分分析取样装置的安装

成分分析仪表的取样装置应按照设计要求，装在有代表性的地方，并能正确反映被测介质的实际成分。为了缩短测量滞后时间，连接分析取样装置和分析器之间的取样管不宜太长，其敷设坡度一般不小于 1：20。取样管一般采用不锈钢，烟气分析可采用橡皮管或铜管，以防介质腐蚀。取样装置和导管应有良好的密封性，以保证测量准确。

（一）安装通用流程

1. 安装准备

（1）与安装点位置相关的烟风道机务已就位完成，楼梯、通道、平台安装完成，安装区域具备可达性，且通风、光线良好；需用的脚手架已申请搭设完成。

（2）设备已到达现场，并经开箱验收，具备安装领用条件。

（3）设计院的施工图纸已到齐，并经过图纸会检。编制作业指导书或施工方案、开工报告、安全和技术交底、焊接技术交底、危险因素清单、作业风险控制计划等技术文件，按审批程序通过审批，并对相关管理和施工人员进行交底和签字。

2. 工艺流程图

成分分析取样仪表安装工艺流程如图 2-105 所示。

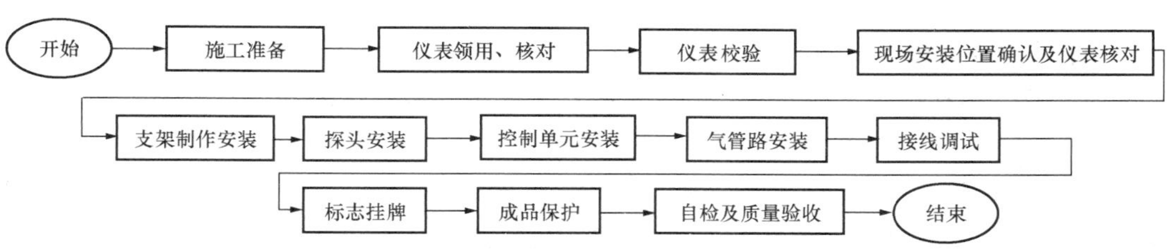

图 2-105 成分分析取样仪表安装工艺流程图

（二）氧化锆分析仪安装

氧化锆分析仪又称为氧化锆氧分析仪/氧化锆氧量计，主要测量燃烧过程中所排烟气的含氧浓度，也适用于非燃烧气体氧浓度测量，用于锅炉的氧量分析，对烟气的含氧量做出准确的判断。它由氧传感器（又称氧探头、氧检测器）、氧分析仪（又称变送器、变送单元、转换器、分析仪）以及它们之间的连接电缆等组成。氧化锆头利用浓差电势来测定氧含量的传感器，氧传感器的关键部件是位于传感器顶端的氧化锆探头，安装和搬运时要注意防护。

氧化锆分析仪具有结构简单、稳定性好、灵敏度高、响应快、价格便宜等优点，氧化锆是固体电解质，在高温下具有传导氧离子的特性。在氧化锆两侧涂上多孔铂电极，当两侧气体中氧浓度不同时，会发生化学反应。

1. 安装过程工艺

(1) 安装位置的选择。氧化锆元件（简称锆头）测点安装位置应在制造厂提供的烟气温度范围内选取。安装前先根据系统流程图，确定测点安装的管段或烟道区域。一般来说，测点所处位置的烟气温度低则使用寿命长，烟气温度高则使用寿命短。因此对于中、小型锅炉，测点位置宜选择在省煤器前、过热器后，因为锅炉系统烟气的流向从炉膛到汽包，经过过热器、省煤器、空气预热器，由引风机经回收处理后从烟囱排放。如果测点过于靠近烟气炉膛出口，由于温度过高，流速较快，将对检测器不锈钢外壳形成冲刷腐蚀，减短使用寿命；如果测点过于偏后，由于烟道系统中的漏气现象，将造成测点处氧量值偏高，不能如实反映炉膛中的烟气氧量。此外测点不能选择在烟气不流动的死角或烟气流动很快的地方（如有些旁路气道的扩容腔内），也不要选择在烟道拐弯处（因为拐弯处可能形成旋涡，致使某些点处于烟气稀薄状态，而使检测不准）。测点所处的空间位置应是烟气流通良好，流速平稳、无旋涡，烟气密度正常而不稀薄，且烟道漏气小，安装维修方便的区域，为氧量探头、保护套管、电缆和气缆预留出足够的空间，以便今后拆卸和维护。

氧化锆在烟道中的安装形式有水平安装与垂直安装两种，其测量效果基本相同，但水平安装的抗振能力较差且易积灰；垂直安装虽能对减少氧化锆的振动有一定好处，但因烟道内外温差大，容易往下流入带酸性的凝结水腐蚀铂电极。在水平烟道中，由于热烟气流向上，烟道底部烟气变稀，故锆头应处于上方，安装位于烟道上部中心的位置；对于垂直烟道，宜将氧化锆探头从烟道侧面倾斜插入，使内高外低，这样凝结水只能流到氧化锆管的根部，不会影响到电极；其中心区域就不如靠近烟道壁好。

测点定位后，根据法兰套管的尺寸大小，先画线，再用氧乙炔割具开孔，使得孔径尺寸稍大于套管。

(2) 氧化锆探头安装。氧化锆氧量分析器的品种较多。以 DH-6 型氧化锆氧量分析器为例，其成套仪表包括探头、控制器、电源变压器、气泵、显示仪表等，系统安装如图 2-106 所示。

1) 法兰套管安装。氧化锆探头一般为法兰安装方式，整套设备包含探头、不锈钢固定法兰盘和保护套管，安装形式通常用直插式。锆头固定法兰用钢材做成过渡架，过渡架的法兰直接焊在炉墙壁上（埋入炉墙中）或烟道上，并根据烟道的保温厚度留出外部一定长度（以保证法兰螺栓安装时不受保温层的影响），过渡架的另一端法兰是为固定锆头而设的，因此必须与锆头固定法兰的螺孔相匹配。如选用直径 12mm 的安装孔，则将过渡架法兰的 $\phi130$ 圆上均布 4 个直径 12mm 的安装孔，使用 4 个 M10×40 的螺栓，以便与锆头的固定法兰紧固。

过渡架安装时先点焊，然后进行探头安装方向的确认（可先试装，以保证探头的 V 形板正对烟气来向）。确认位置和角度合适后，将套管四周进行密封焊接，确保气密牢固。焊接后，去除焊渣并及时刷上防锈漆，暂时不能安装的，需用塑料布或彩条布包裹法兰口，防雨水、杂物进入。

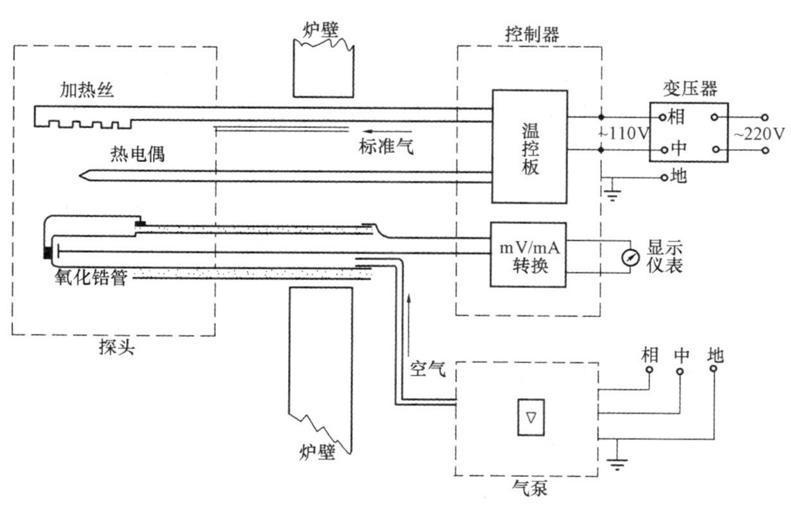

图 2-106　氧化锆氧量分析器系统安装示意图

2）探头、分析仪安装。现场具备探头安装条件后，将探头小心地搬运至现场，缓缓地插入法兰中，为防止漏气，两法兰间可填充石棉密封垫或橡胶纸板密封圈，用螺栓固定密封，如图 2-107 所示。

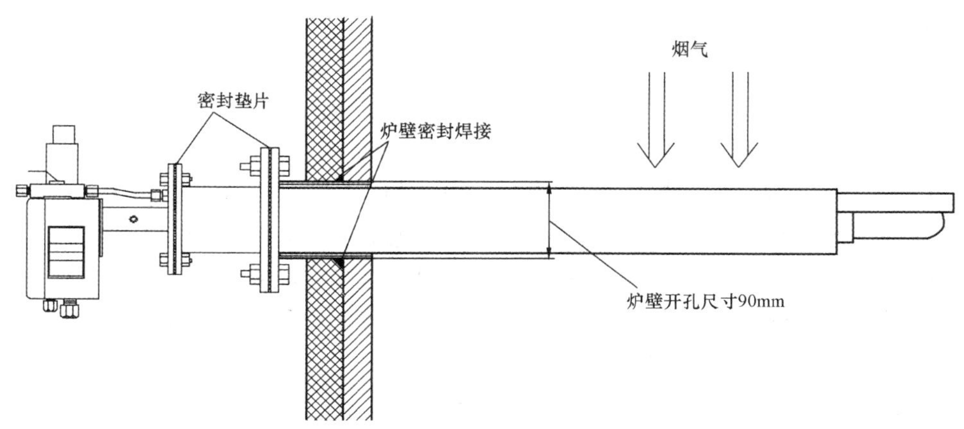

图 2-107　氧化锆探头安装示意图

锆头水平安装时，参比气和标准气接口相应朝下。锆头端头必须离锅炉内壁 150mm 以上，使过滤器的多孔陶瓷暴露部分背对烟气的流向（过滤器方向可单独转动）以避免陶瓷体受气体冲刷，延长使用寿命。当锆头在运行锅炉上安装或拆卸时，由于锆头所处的部位温度很高，内外温度相差悬殊，为防止温度剧变而引起锆管爆裂，应缓慢进行，宜分段逐步推入或取出，一般以 10～20cm/min 为好。

锆头的参比气一般都靠空气自然对流提供。如果测点处烟道内能始终保持较大的负压，则空气可以通过接线盒中间的小孔直接抽入氧化锆管内。若是正压锅炉，就需有专用的抽气装置将空气打入氧化锆，也可以考虑由空气预热器出口引入热风，并经节流后，由接线盒上的小孔送进去。

分析仪采用机柜的方式（或支架），将机柜（或支架）安装固定在探头附近区域，要求该区域环境条件良好，空间位置足够，便于检修和维护。

按说明书要求用专用电缆将探头和分析仪连接，注意管路和线芯的正确连接。如无专用电缆连接要求，则传感器与二次仪表或变送器间的接线有氧化锆、热电偶、加热炉共计三对电线。

3）成品保护。探头及分析仪安装后，做好防雨措施后并用防火布进行包裹，防灰尘和雨水进入，必要时需做支架进行实体防护，避免被踩坏和碰坏。

2. 安装注意事项

（1）测点开孔处需要避开烟道内的各类支杆和撑挡。

（2）安装时，避免锆头放在可能碰撞的位置，以免碰撞损坏，保证传感器的安全。

（3）控制器、电源变压器、气泵一般安装在探头附近的平台上，以便于缩短电气连接线以及气泵与探头相连接的空气管路的长度。安装地点允许环境温度为5～45℃，周围无强电磁场。为防雨、防冻，通常将它们一起装在一个保护箱（或保温箱）内。

（4）安装后确保密封不漏。

（5）引出到烟道壁外面的探头保护套管必须进行保温或伴热处理，以防止烟气温度低于烟气露点结酸腐蚀探头，但法兰盘上固定用的螺栓不应被保温层挡住。

（6）专用气缆和电缆应有足够的长度（可以卷绕起来），以便于探头从保护管中抽出时不必切断电源。

（7）过滤头的调整：确定烟气的流向，转动过滤头的角度，使过滤头V形板正对烟气的方向。为此过滤头做成可以360°旋转的结构，只要先松开过滤头上的螺栓和紧固螺母，调整过滤头的V形板到适当的位置，然后再旋紧螺栓和螺母即可。

（8）电气和气动连接（见图2-108）。专用的电缆和气缆必须按设计图连接。两种线缆都有PVC层，使用温度最高可达+80℃。应该把专用电缆当成信号线来小心地处置。

（9）安装时间要求：探头的保护套管应在锅炉风压试验之前安装完毕。而氧化锆探头一般在机组整套启动前安装比较好，因为安装得太早不利于元件的保护，早期的烟气和灰尘会污染测量元件而影响测量元件的精度。

（10）在烟道、脚手架上进行高处作业时，有发生坠落的危险，必须系好安全带。在烟

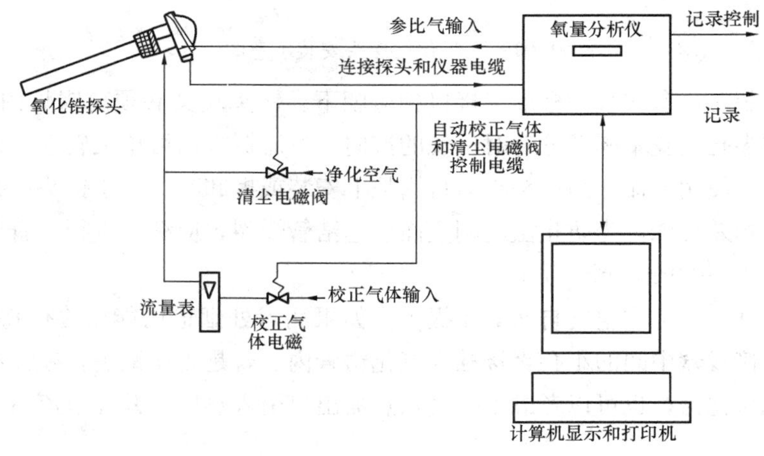

图2-108　锆头与氧气分析仪连接和自动校正清尘示意图

道保温期间，注意防止脚及身体其他部位被保温钉戳伤。

3. 氧化锆氧量分析取样安装检查验收

氧化锆氧量分析取样安装检查验收见表2-42。

表2-42　　　　氧化锆氧量分析取样安装检查验收

工序	检验项目		性质	单位	质量标准	检验方法和器具
检查	型号规格				符合设计	核对
	探头外观				无裂纹、斑痕	观察
安装	探头安装	方向	主控		正确	
		位置			符合设计	核对
		运行环境			符合设计	
		运行温度			符合制造厂规定	
	探头法兰密封				良好	核对试压记录
	炉墙保护管固定				牢固	试动观察
	探头接线盒接线方位				便于检修	观察
	固定				牢固	试动观察
	标志牌				内容符合设计，悬挂牢靠，字迹不易脱落	核对

（三）氢气分析取样装置安装

大、中型汽轮发电机一般采用水-氢冷却方式，即定子绕组水内冷、转子绕组、铁芯及其他构件氢气表面冷却。随着机组容量的增大和氢压的升高，漏氢量的检测将成为重要指标。由于正常运行时，氢压普遍比水压高，发电机可能存在的漏氢途径很多，可归纳为“外漏”和“内漏”两种，如不能可靠检测将成为氢冷机组运行的大患。如氢气对定子线棒引水管的渗透作用，氢气不可避免漏入到定子冷却水中，从而阻碍了水的正常循环，影响汽轮发电机的冷却，轻则限制发电机的出力，重则烧毁定子酿成重大设备事故，所以配置与安装、运行一套测量稳定、可靠的定子冷却水漏氢检测装置，是有效防止冷却水漏氢引起的汽轮发电机事故的基础。

漏氢在线监测装置的应用，特别是纳米管束采样和金属铂氢敏传感器技术的应用，为氢冷发电机的安全经济运行创造了有利条件，除有效防止严重危及人身和设备安全的氢爆事故发生外，还有助于早期确定发电机设备的缺陷和故障，从而及时避免发生严重的设备事故。

1. 氢气分析取样装置

目前国内生产的该类装置从工作原理上主要分为两种：

热导型：由一台安装在发电机附近的热导式氢气分析仪通过管道从不同测点依次抽取气样进行检测，分析各测点的氢含量。热导型具有测量范围宽（0～100%）的优点，但同时也存在对高、低端浓度（1%以下和95%以上）测量精度低、反应滞后（30min～2h），油、水系统测点需加装干燥、过滤装置，抽气泵易损、易泄漏，安装、维护成本高等缺点。

传感器型：用氢敏传感器做采样头，安装在发电机就地气体采样测点处，主机安装在集控室或发电机附近，两者之间以电缆连接。通过采样头将微量氢浓度的变化转变成电信号，由装在集控室或就地的电子仪表进行多通道连续在线监测。传感器型具有结构紧凑、安装和使用简便、工作稳定可靠、现场维护工作量小、灵敏度高、响应和恢复时间短等优点。

采样是漏氢监测装置工作过程的一个关键环节。目前在线运行的采样方式主要有透氢膜采样和纳米管束采样两大类：

（1）透氢膜采样。透氢膜型漏氢监测装置的采样头气室中装有能将气体与油、水、灰尘进行分离的透氢膜片。使用透氢膜采样，现场的氢气所带的油气和水黏附在透氢膜上，易使其发生阻塞或老化穿孔，造成漏报、误报和传感器侵蚀，传感器整体寿命通常较短。

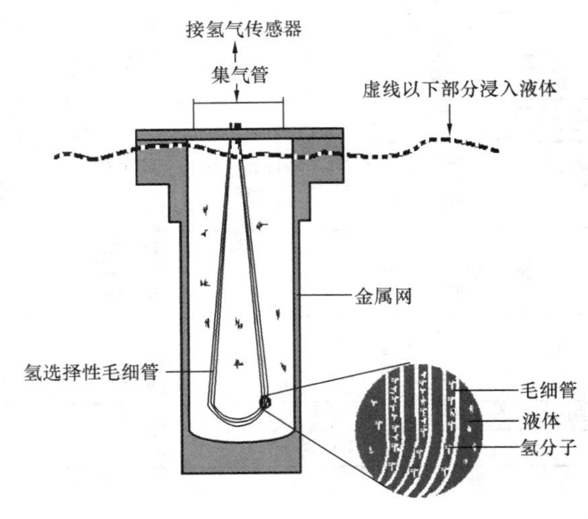

图 2-109 纳米管束采样头透氢原理

（2）纳米管束采样。纳米管束型漏氢监测装置采样头中的纳米管束与透氢膜作用相同，它只能透过 H_2，而带压的水、油无法透过管束（其油、水隔断能力相对较强，可达传统透氢膜的 10 倍以上），因此可以直接伸入带压的油、水中采集其中的氢气，不会出现漏油、漏水现象，也不存在内冷水箱满水位时浸泡采样头、损坏仪器和设备的问题。

检测是漏氢监测装置工作过程的另一个关键环节，国内常见的传感器型监测装置检测氢敏元件主要为金属钯栅氢敏传感器型和金属铂氢敏传感器型两大类：

（1）金属钯（Pd）栅氢敏传感器：由钯栅场效应晶体管（Pd-MOSFET，简称钯管）、稳定补偿部件、加热器、测温元件构成，属于半导体气敏元件的一种。其检测原理是以钯作为栅极，由 Pd-TiO_2/SiO_2-Si 构成场效应管。这种钯极场效应管对氢气十分敏感，具有吸附环境中氢气的功能，而对其他气体则惰性十足。利用钯管开启电压随氢气浓度变化的特性检测氢气浓度，具有对氢气选择性好、灵敏度高、功耗低、响应速度快、恢复时间短、工作温度低、稳定性好以及气-电转换过程中不消耗氢等优点。但同时主要存在以下两方面不足：

1）线性范围窄，钯管本身对氢气的响应是非线性的，浓度越高响应越低，需要在仪器设计上采用线性化补偿电路使读数线性化。

2）稳定性较差，输出特性随环境温度、湿度等影响而漂移，需采取补偿措施。

金属钯栅氢敏传感器的基本结构如图2-110 所示。

（2）金属铂氢敏传感器：由铂丝氢敏元件、放大电路、变送电路组成，如图 2-111 所示。其中铂丝氢敏元件属于接触燃烧式氢敏元件，为不平衡电桥一桥臂，恒压源给电桥加工作电流以实现非电量与电量的转换。电桥的参比臂内封入仪器测量范围下限所对应的气样（零气样），电桥的工作臂通过被测气体。当仪器通过“零”气样时，电桥处于平衡状态，输出信号为零；当含量大于

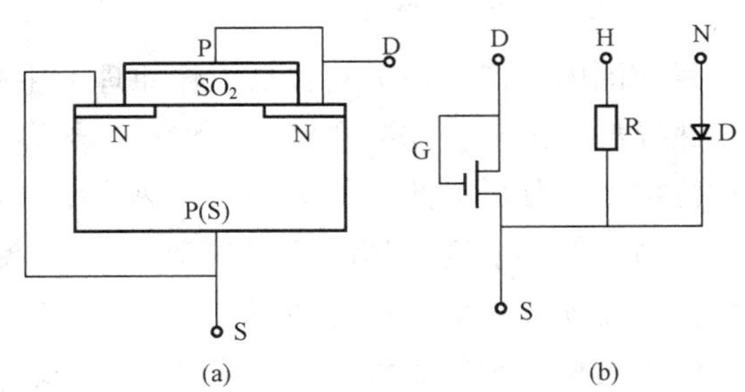

图 2-110 金属钯栅氢敏传感器基本结构示意图
（a）场效应管；（b）氢敏元件

“零”气样的被测气通过仪器时，气样中的氢气与空气中的氧在铂丝表面发生氧化反应，产生反应热（无焰接触燃烧热），使得作为敏感材料的铂丝温度升高，电阻值相应增大，电桥失去平衡，其不平衡信号的大小与被测组分的体积百分含量相对应。通过测定铂丝电阻值的变化，并将此信号进行放大、滤波、线性化修正标准信号输出、显示转换等，最后输出正比于被测氢气浓度的标准电流或电压信号，显示器直接显示出被测氢气体的体积百分含量。此类传感器具有对气体选择性好、线性度好、受温湿度影响小、响应快、计量准确、寿命较长的优点；其不足之处是只能测量有氧环境中的氢气浓度。

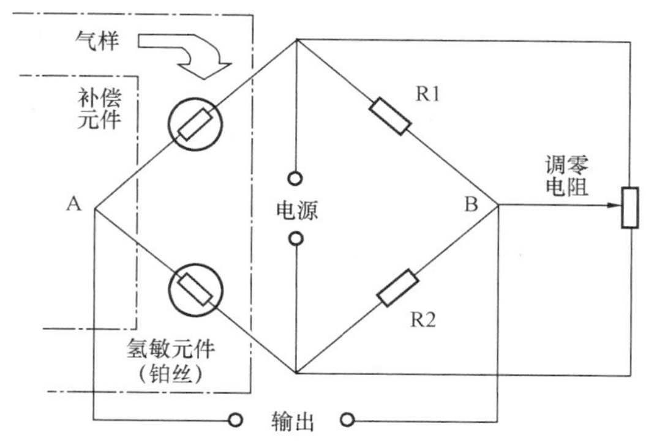

图 2-111　金属铂氢敏传感器基本结构示意图

纳米管束采样方式和金属铂氢敏元件具有较多优势，在国内大、中型氢冷汽轮发电机上的应用日益增多。

2. 安装维护

热导式氢气分析取样系统如图 2-112 所示：被分析的氢气从具有氢压的部位或管道 1 和取样隔离阀 11 取出，经调节器组（包括阀门 4、过滤器 6 和转子流量计 5）进入氢分析器的工作室 9，然后经阀门 10 和阀门 12 进入氢压较低的部位或管道 2。气路系统的全部连接管采用 $\phi8\times1$ 的不锈钢管或无缝钢管，安装后进行系统严密性试验。

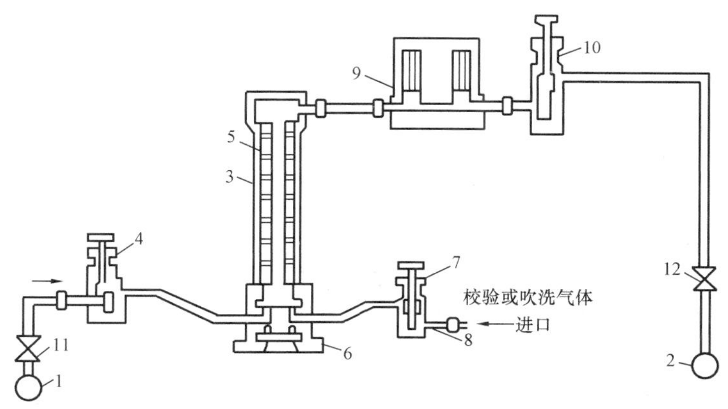

图 2-112　热导式氢气分析取样系统示意图

传感器型 LH1500 漏氢在线监测装置主要由主机、电缆和采样头三部分构成。装置采用纳米管束采样头，常规配制 8 点检测，可扩展至 14 点。装置主机主要由单片机、存储器、时钟电路、显示电路、键盘扫描电路、报警控制电路等部分组成。整套装置的工作原理（见图 2-113）为：采样头将待测环境氢气浓度信号转化为工业标准的 4～20mA 电流信号远传到主机，经主机中的 A/D 转换器转换为数字信号送给单片机；单片机将各路数据处理后显示在彩色 LCD 屏上，并显示量程、高低位报警值、日期等相关信息；同时单片机将处理后的数据通过 D/A 转换器转换为 4～20mA 电流信号输出；另外单片机还可根据各点的氢气浓度及其报警限值发出高低位报警信号；系统预留 1 个与机组 DCS 系统通信的 RS-232/485 串

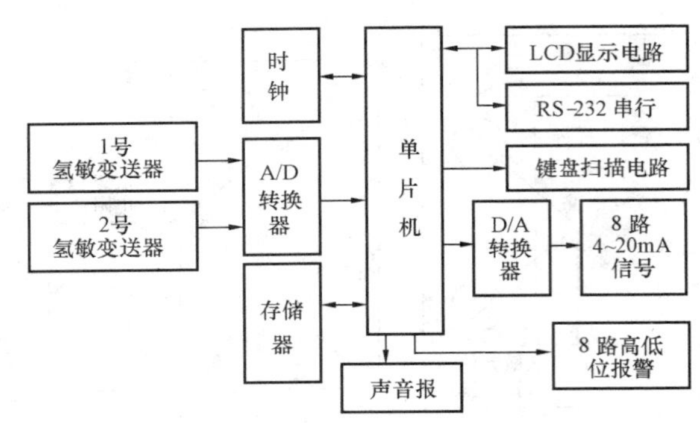

图 2-113　传感器型 LH1500 漏氢在线监测装置工作原理

行口。

装置各采样头采用垂直安装，以便于取样和提高响应速度。变送器用于室内空气中（机房内、制氢站等处）时，安装采用螺栓固定方式；用于发电机组（母线、回油管、回水管等处）时，安装采用焊接方式。

安装时，先将变送器从取样管道、阀门上拆解下来，待取样管路焊好后再组装变送器，以防焊接热量影响变送器的准确性。

由于氢气是易爆炸危险气体，因此对其气路系统有严格的要求，各组件间应用不锈钢管连接，并装有进、出气阀门。管路安装后应进行系统严密性试验。

3．安装注意事项

（1）部分大容量发电机内冷水箱采用充氮微正压运行方式，其内冷水箱内往往存在氧气不足、氢气积累的问题，进而影响铂电阻氢敏传感器的准确性。此类机组内冷水箱宜装设带有氧气浓度自动补偿功能的专用传感器。

（2）如果发电机中性点联箱上部仅设计安装 1 个测氢采样头，当 3 只中性点套管中的某只发生漏氢时，难以迅速做出准确判断。因此发电机中性点联箱内加装相间绝缘隔板后，应在每根套管上方各装 1 个测点，以及时、准确地判定漏氢部位。

（3）一些漏氢监测装置能够实时显示各测点氢气浓度，存储数百天内的每日浓度最大值，但不提供历史数据曲线，作为现场设备单独使用时，无法准确判定漏氢起始时间及变化情况。因此应将装置输出接入电厂 DCS 系统，存储历史数据、显示历史曲线，确保运行人员随时掌握漏氢量变化，发挥装置最大效能。

（4）发电机漏氢在线监测装置是介于电气、热控、化学三个交叉专业间的一种检测设备，应用好该设备的关键是及时维护好。运行中测点出现漏氢后，应及时消除漏氢或将变送器与氢气隔离，否则轻则可能缩短采样头寿命，重则引起事故。

（5）通过抽气泵抽取样气的方式进行样气采集，并且抽气泵安装在取样管路的末端。也就是说，整个取样管路呈负压状态，所以在日常维护中必须加强对管路（接头）密封情况的确认工作；另外，由于抽气泵连续工作，因此抽气泵工作状态的检查也是日常点检的重点。

（6）发电机定冷水箱中积聚的气体是通过克服水封压力向外排气，而漏氢检测样气又取自排气中，因此检测到的漏氢含量实际上为两次排气间隔时间内积累气体的含氢量，与发电机线棒实时漏氢量将有差别，该漏氢含量随冲氮流量的加大而降低，随冲氮流量的减少而升高。当冲氮流量保持恒定时，该漏氢含量与发电机线棒漏氢保持相似的变化趋势。只有将检测到的漏氢含量、发电机补氢量、冲氮流量进行综合考虑时，才能对发电机线棒漏氢程度有一个比较全面的判断。

（7）热导气体分析器是非常精密的仪表，尽管在设计时采取了多种优化措施，但还是易

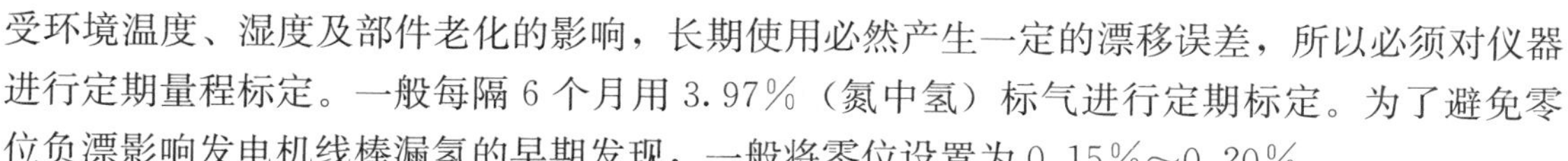

受环境温度、湿度及部件老化的影响，长期使用必然产生一定的漂移误差，所以必须对仪器进行定期量程标定。一般每隔 6 个月用 3.97%（氮中氢）标气进行定期标定。为了避免零位负漂影响发电机线棒漏氢的早期发现，一般将零位设置为 0.15%～0.20%。

（8）日常巡检中必须加强对漏氢检测装置过滤干燥塔中干燥剂的检查力度，干燥剂失效必须马上更换。

4. 气体分析仪表安装检查验收

气体分析仪表安装检查验收见表 2-43。

表 2-43　　气体分析仪表安装检查验收

工序	检验项目		性质	单位	质量标准	检验方法和器具
检查	型号规格				符合设计	核对
	位号					
	外观检查				完整、无损	观察
	附件				齐全、完好	核对
	环境温度				符合制造厂规定	
	环境湿度				符合制造厂规定	
安装	安装环境				无剧烈振动、无有害气体、无强烈辐射和电磁干扰	观察
	气体仪表防爆等级		主控		符合设计	校对
	离取样点距离				符合制造厂规定	
	发送器安装位置				便于维护	观察
	固定				端正、牢固	试动观察
	固定螺栓				齐全	观察
	接头连接		主控		正确、无渗漏、无机械应力	观察
	温度补偿器连接导线直流电阻			Ω	＜2.5	用电桥测量
	接线	线端连接			正确、牢固	用校线工具查对
		线号标志			正确、清晰、不褪色	观察
	接地				符合制造厂规定	校对

（四）电导仪取样装置安装

电导率是物体传导电流的能力。电导仪的测量原理是将两块平行的极板放到被测溶液中，在极板的两端加上一定的电势，然后测量极板间流过的电流。根据欧姆定律，电导率（G）为电阻（R）的倒数，因此是由电压和电流决定的。但在溶液电导率的测定过程中，当电流通过电极时，由于离子在电极上会发生放电，产生极化引起误差，故测量电导率时通常使用正弦波交流电压，以防止电解产物的产生。另外，所用的电极镀铂是为了减少超电位，提高测量结果的准确性。

1. 安装准备

检查电导仪成套性符合设计要求，调试仪表，检验电导仪正常。

2. 安装步骤

电导仪的电极通常有四种安装方式，即流通式、沉入式、管道式、法兰式。发电厂一般情况下都按流通式安装配置。电极采用流通式安装，适用于软硬管连接的水路。

(1) 取样连接。电厂使用较多的是 DDD-32B 型工业电导仪，其由发送器、转换器和显示仪表等组成。发送器一般安装在被分析液体管道取样点附近，取样管路连接方式如图 2-114 和图 2-115 所示（也是典型的分析仪表示意图，如 pH 计、浊度仪、浓度计硅表等的探头均可按此图安装）。被分析的液体从被测管道取出（取样管插入被测管道深度 1/3 为宜，取样导管不宜太长，其坡度一般不小于 1∶20），经进水阀门进入电导发送器后，经出水阀门流回被测管道。为了使液体能流入电导发送器，被测介质管道与电导仪进、出口取样孔之间应加装节流装置，以产生差压。若被分析的液体从被测管道取出，进入电导发送器后流至疏水管或地沟，则可以不装节流装置和出水阀门及出水管。

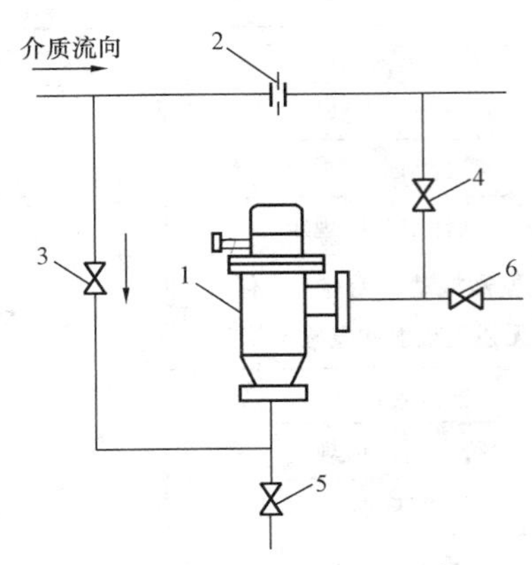

图 2-114 电导仪取样管路连接方式

1—电导发送器；2—节流装置；3—进水阀门；4—出水阀门；5—排污阀门；6—排汽（水）阀门

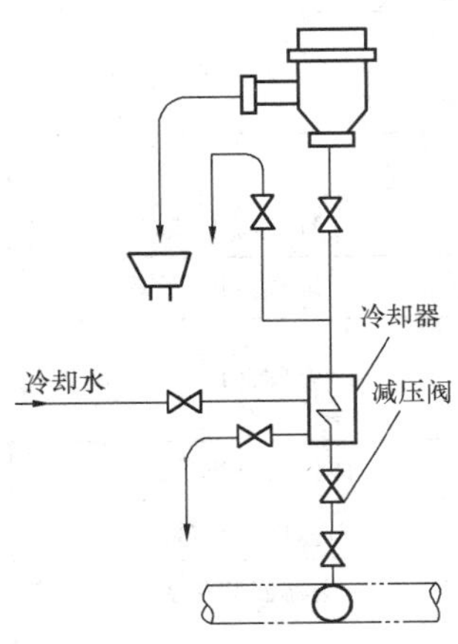

图 2-115 高温高压介质取样管路连接方式

进入发送器的介质参数应符合发送器的技术要求；测量饱和蒸汽和炉水等高温高压的介质电导率时，电导仪前应加装减温减压装置，可与化学分析合用取样装置及取样管路，但截止阀应单独配置。

考虑到分析仪表所测介质一般具有腐蚀性，取样系统的全部管道采用不锈钢或采用与被测介质管道相一致的材质。目前，电厂已经广泛采用水、汽取样装置，将锅炉、汽轮机系统的水、汽样品采集到一起，经过自动、手动采样，由配套仪表进行连续分析，记录和显示其品质。

(2) 转换器安装。转换器一般与显示仪表安装在同一控制盘上，均为镶入式安装。必要时（当控制盘离发送器的距离超过 40m 时），转换器可安装在发送器附近的仪表箱内。

(3) 接线。发送器内部有一对电极和一只热电阻温度计。电极由不锈钢制成，两电极的金属面积和相互间距离决定了电极常数，对测量有很大影响，因此在拆装清洗时要特别注意，不应使内部结构有变动。测量电极与转换器的连线应用屏蔽电缆，在电缆总长度内的分布电容应小于 2000μF。电缆的芯线接到内电极接线片上，屏蔽层接到外电极接线片上。发送器内热电阻的接线采用三线制，通过电缆接至转换器，连接线的直流电阻应小于 2.5Ω。

（4）投运。

1）检查管路系统应无泄漏；检测器被测溶液正常流动，流量保持在300～800mL/min；经水冷却后，被测溶液的温度符合电导仪的技术要求。

2）检查仪表指示记录值，与工艺指标或人工分析值进行比较，若超出正常范围，分析查找原因。

3. 安装注意事项

（1）测量池与二次表的距离越近越好，以免对信号产生不利影响；二次表接地良好；所用电缆线的长度应留有余量，以免外界拉扯时影响接线。

（2）与二次表的连接电缆不得与电源线近距离平行敷设，以免对信号产生不良的影响。

（3）启动电源后，仪器应有显示，若无显示或显示不正常，应马上关闭电源，检查电源是否正常和熔断器是否完好。

（4）电极的引线和二次表后部的连接插头不能弄湿，否则将测不准。

（5）安装电极时，应使电极完全浸入溶液中。

（6）电导池需及时清洗污物。用50%的温热洗涤剂清洗（对黏着力强的污物可用2%的盐酸或5%的硝酸溶液浸泡清洗），用尼龙毛刷刷洗，再用蒸馏水反复淋洗干净电极的内外表面，切忌用手触摸电极。

4. 汽水分析仪表安装检查验收

汽水分析仪表安装检查验收见表2-44。

表2-44　汽水分析仪表安装检查验收

工序	检验项目		性质	单位	质量标准	检验方法和器具
检查	型号规格				符合设计	核对
	位号					
	外观检查				完整，无损	观察
	附件				齐全、完好	
	环境温度				符合制造厂规定	核对
	环境湿度				符合制造厂规定	
	安装环境				无剧烈振动，无有害气体	观察
	分析器安装位置				便于维护	核对
安装	分析器固定				端正、牢固	试动观察
	固定螺栓				齐全	观察
	连接管路				正确、无机械应力、无渗漏	
	冷却水源		主控		可靠	
	电极				清洁、无油垢、不得倒置	
	接地				符合制造厂规定	核对
	溢水管				与排放总管连接、畅通	观察
	屏蔽电缆总长度				符合制造厂规定	核对
	接线	线端连接			正确、牢固	用校线工具查对
		线号标志			正确、清晰、不褪色	观察

（五）飞灰含碳量测量装置安装

1. 飞灰含碳量测量原理

锅炉内未被燃烧的煤粉在高温条件下，转化成石墨状碳，而石墨是吸收微波的良好材料。在微波电磁场中，石墨中感生了微波电流，微波电流流过石墨体电阻产生焦耳热，从而把微波电磁场中的能量转化成了热能。飞灰中的石墨浓度越高，吸收微波能量的作用就越强；反之亦然。因此，由测量飞灰吸收微波能量的多少来测量飞灰含碳量。

飞灰含碳量的测量，目前有无取样灰路直接测量和均速取样器抽取烟尘测量两种方法：

前者以预选的某一烟道断面作为测试对象，以烟道内流动的携带飞灰的烟气流作为测试对象，将微波发射器和微波接收器安装在烟道两侧，使微波直接通过烟气流，依据一定功率的微波能量因烟道内飞灰含碳量的变化而产生不同衰减的原理，来检测接收端信号幅度的大小，由此来确定烟道当前飞灰含碳量的数值，达到飞灰含碳量的测试目的。

后者是在电除尘器前的烟道中插入均速取样器，将含飞灰的烟尘均速地抽出一部分，经分离后将灰样引入微波暗室的测量腔，待其充满后，系统随即开启微波通路进行测量，测量数据经一系列函数转换后，得出灰样中含有未燃烧碳的百分数即为飞灰含碳量。

2. BAC 型飞灰含碳量测量装置安装

飞灰含碳量测量装置品种繁多，测量原理与安装方法大同小异，本部分以 BAC 型飞灰含碳量在线检测系统为例说明其安装方法。

BAC 型飞灰含碳量在线检测系统采用无灰路直接测量方式和切角扫频技术，由两套独立的微波信号发射和接收设备、就地检测机箱、系统监测机柜组成，分别对甲、乙两侧烟道的飞灰含碳量进行信号监测。为了减少环境干扰，采用数字串行通信方式把含碳量信号传送到系统监测主机单元。

(1) 测点位置确定、开孔与安装。

1) 测点位置确定。在锅炉烟道中选择具有代表性位置的检测点，通常选取在空气预热器出口至除尘器进口之间烟道的水平段（或竖直段）靠近中间的位置，具有长度不小于 2m 的直管段，且该段烟道内没有影响微波传输的障碍物，如支架等金属支撑材料。测点位置附近设有楼梯或平台，以便于安装维护。

2) 微波喇叭开孔方法。安装测点位置确定后，在选定烟道段的中心线上，左右两侧各开一个 220mm×140mm 的长方形孔，如图 2-116 所示。左右两侧的开孔位置并不对应，其错位中心距离 L 与烟道的实际宽度 W 相关，$\tan\theta = L/W$（θ 一般为 10°）。具体参数将在系统设计时，根据实际烟道计算。但喇叭天线必须保持水平方向上一致，保证微波磁场内空无一物。

开孔时先画好喇叭法兰的内孔边缘线，然后进行气焊切割烟道侧板。为了使接收的微波信号最大，可将一个喇叭开孔在朝向另一个喇叭的方向上开 400mm，目的是有较大的调整量，待找出最大值位置后再将多开的部分补焊。

3) 探头安装。烟道开孔结束后，采用焊接方式安装检测点基座，直接利用检测点基座上的螺栓安装微波发射器和接收器；应注意两个喇叭天线间的角度，水平方向上必须保持一致，以保证最大接收值。安装时先将发射端喇叭装配到已固定的法兰螺栓上，带上螺帽（不要过紧）。发射端喇叭连上微波发射源，接入＋12V 直流电源，接收端喇叭连上检波器。检

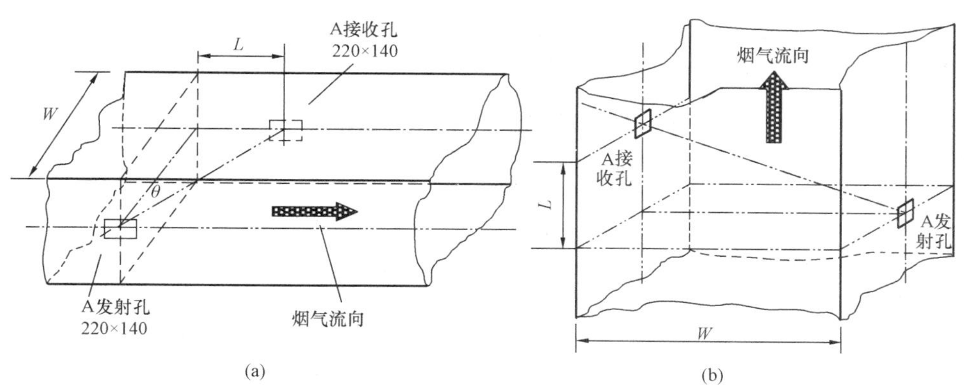

图 2-116 单个烟道开孔位置示意图（单位：mm）
（a）水平烟道开孔；（b）垂直烟道开孔

波器同轴电缆输出端连接万用表。再调整接收端喇叭，沿着开的 400mm 孔移动，观察万用表电压值，在电压值最大时画好法兰盘位置。拆下喇叭（连同金属板），围绕法兰螺栓缠绕石棉绳，缠到压紧后可达到画定位置的宽度、厚度，且保证不使烟气泄漏。再将喇叭重新安装，紧固螺栓，压紧石棉绳。安装紧固好喇叭后，将微波发射源与检波器拆下。在没有连接发射/接收箱前，应将喇叭尾部用塑料封盖封住，以防进入灰尘及杂物影响器件正常工作。

微波取样管是由 ϕ60、长度为 500mm 的金属管构成，一端配有带丝扣的盖。安装在发射或接收喇叭附近的飞灰流向下方，取样吸气嘴迎着烟气流向。带丝扣的盖在外。

（2）就地检测机箱及监测主机柜安装。

1）检测箱安装在测点附近、取样器的下方，距烟道不超过 1.5m 且具有平台和楼梯的适当位置。检测箱的支架应和飞灰取样器安装在同一个烟道壁上，测试箱必须垂直安装，对于露天布置的锅炉，检测位置暴露于室外，在就地检测箱上方 100mm 处应安装保护罩，面积应大于检测机箱的截面，防止日晒雨淋。

2）计算机监测主机柜在用户无特殊要求时，采用 36U 标准工控机柜，其尺寸为宽 610mm、深 700mm、高 1800mm。安装于主控室立盘位置或锅炉电子间内，外壳应可靠接地。

（3）电源及信号电缆敷设。微波信号对于电磁干扰较为敏感，所以必须保证电缆为 RVSP2×1.0 屏蔽双绞电缆，如同时放一根多芯电缆，则必须保证每根单芯独立屏蔽。电缆应由柜底引入机柜。

3. 飞灰含碳量测量装置安装注意事项

（1）发射和接收孔之间严禁有任何金属支架或障碍物。

（2）在线监测系统的安装与冷态调试均在锅炉停运期间进行。

（3）如果烟道侧铁板切割后产生变形，为保证安装喇叭法兰的垂直、平整度（与地心成 90°），需使用水平尺（或直尺）进行校正、调整，平整后再将喇叭法兰按要求固定满焊，使其不泄漏烟气。

（4）接线严禁带电作业，微波器件必须良好接地，所有电缆屏蔽层单端接地，对电缆进行绝缘测试时必须独立进行，否则会对就地检测机箱内设备造成损坏。

4. 飞灰含碳量测量装置安装检查验收

飞灰含碳量测量装置安装检查验收见表 2-45。

表 2-45　　飞灰含碳量测量装置安装检查验收

工序	检验项目	性质	单位	质量标准	检验方法和器具
部件	开孔位置			符合制造厂规定	核对
安装	微波喇叭天线安装角度			符合制造厂规定	核对
	支架安装			牢固	试动观察
	发射机及接收机箱安装	主控		正确牢固	试动观察
	防护设施			齐全、完好	观察
接线	线端连接			正确、牢靠	用校线工具查对
	接地	主控		符合制造厂规定	核对
	线号标志			正确、清晰、不褪色	观察
标志牌				内容符合设计，悬挂牢靠，字迹不易脱落	核对

（六）烟雾密度测量仪安装

烟雾密度测量仪主要用于监测烟道烟气中飞灰的含碳量。锅炉飞灰含碳量是反映火力发电厂燃煤锅炉燃烧效率的一项重要指标，精确和实时地监测飞灰含碳量有利于提高锅炉燃烧控制水平，降低发电成本，提高机组运行的经济性。

1. 施工准备

（1）与安装点位置相关的烟风道机务已就位完成，楼梯、通道、平台安装完成，安装区域具备可达性，且通风、光线良好；需用的脚手架已申请搭设完成。

（2）设备已到达现场，并经开箱验收，具备安装领用条件。

（3）已联系厂家人员到现场进行指导。

2. 烟雾密度测量仪测点位置选择

（1）根据系统流程图，确定测点安装的管段或烟道区域（注意避开撑挡），选择烟气流通良好、流速平稳的区域，位于水平烟道段的侧面靠近中心的位置。

（2）测量位置的通道中，粉尘和烟气应均匀分布，并且要高于烟气的露点，通过烟气的光路应当尽可能在水平方向。安装前应考虑选择的测量点对面的情况，两边都需要有足够的空间安装反射器、空气清扫单元及故障安全关断器，安装在户外时，还要安装保护罩。

（3）测量位置不应选在转角或有交叉截面的位置。测量点上面的通道部分应至少留有 $3D$ 的距离。

（4）如果测量的位置处于滤尘器和抽取流体位置之间，安装位置应当尽可能在抽取流体的上方，而不是在滤尘器的上方。抽取流体时会引起安装点的振动，这是不可避免的。然而，满负荷时的强烈振动将影响烟雾密度测量仪的正常工作，使机械安装架变形，损坏光学部件，所以测量点应尽可能远离抽取流体区域。

（5）测点定位后，根据法兰的尺寸大小，先用氧乙炔割具开一小孔，然后定位烟道对面孔的位置点。最后再修正孔径的大小，使之符合法兰安装的大小。

3. 探头安装

（1）法兰安装。检查法兰的安装方向，将密度测量仪的一个法兰先点焊定位，然后使用定位仪，将对面法兰精确定位，确认无误后，密封焊固定。如强度不够，需用加固垫片进行加固。

（2）密度测量仪安装。密度测量仪安装如图 2-117 所示。在安装测量头和反射器时，为了便于调整测量头和反射器的光路长度，必须在烟道上安装有焊接头的调整法兰。用外径为 78mm 的导管连通烟道，使开口正确对准调整法兰。调整法兰突出的一端被焊接在烟道壁上，法兰平行度最大偏差为±1°。

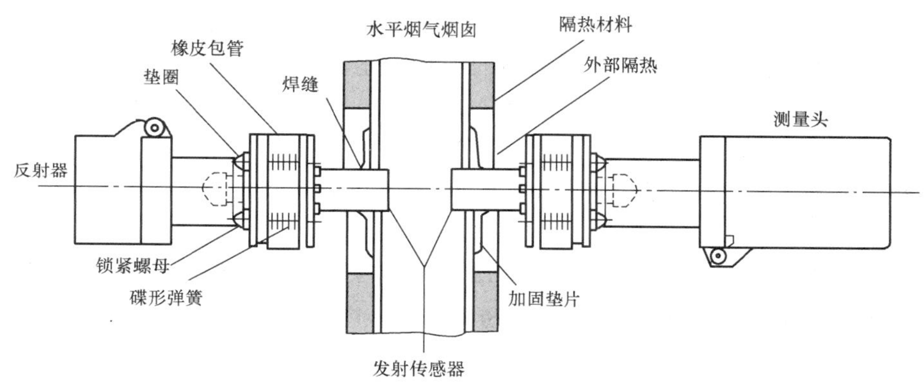

图 2-117　密度测量仪安装示意图

两侧（测量头侧和反射器侧）法兰的中心线需要在一条水平中心线上用专用的定位工具定位两侧的孔，满足精确的对中，一般测孔厂家已预留好。

烟道法兰和测量头和反射器的法兰之间装入石棉密封垫，用螺栓固定密封。

（3）电气线路连接。电路接线都接进接线盒中。测量头盒、接线盒之间的电器接线分别用插头和电缆线连接。记录仪输出和开关输出电缆必须分别设置，记录仪的接线应尽可能地放在屏蔽套中。

（4）成品保护。密度测量仪安装后，用防火布进行包裹，防止灰尘和雨水进入，并挂设成品保护标志牌。

4. 安装注意事项

（1）测量位置的通道中粉尘和烟气应均匀分布，并且要高于烟气的露点，通过烟气的光路应当尽可能在水平方向。在测量点，必须考虑到有足够空间安装反射器、空气清扫单元及故障安全关断器，安装在户外时，还要安装保护罩。

（2）测量位置不应选在转角或有交叉截面的位置。测量点上游的直道段至少留有 3D（D 为烟道外径）的距离。如果测量点的位置处于滤尘器和抽取流体位置之间，安装位置点应尽可能选在抽取流体的上游段，并尽可能远离抽取流体区域，而不是在滤尘器的上游段。

避免引起的振动影响烟雾密度测量仪的正常工作。

(3) 在测量点必须安装安全的操作平台，这不仅用于系统启动和校正作业，而且也用于紧急事件的维修服务。

(七) 在线烟气分析仪 (CEMS) 安装

在线烟气分析仪（CEMS）可对固定污染源排放的颗粒物、气态污染物的浓度及排放率进行连续的跟踪测定。在电厂锅炉烟气排放时，能够在线测量 SO_2 浓度、NO_x 浓度、CO 浓度、颗粒物浓度、含氧量、温湿度、压力和流速等多项气体参数。

CEMS 分别由气态污染物监测子系统、颗粒物监测子系统、烟气参数监测子系统和数据采集处理与通信子系统组成。气态污染物监测子系统主要用于监测气态污染物 SO_2、NO_x 等的浓度和排放总量；颗粒物监测子系统主要用来监测烟尘的浓度和排放总量；烟气参数监测子系统主要用来测量烟气流速、烟气温度、烟气压力、烟气含氧量、烟气湿度等，用于排放总量的计算和相关浓度的折算；数据采集处理与通信子系统由数据采集器和计算机系统构成，实时采集各项参数，生成各浓度值对应的干基、湿基及折算浓度，生成日、月、年的累积排放量，完成丢失数据的补偿，并将报表实时传输到主管部门。烟尘测试量由跨烟道不透明度测尘仪、β 射线测尘仪发展到插入式向后散射红外光或激光测尘仪以及前散射、侧散射、电量测尘仪等。根据取样方式不同，CEMS 主要可分为直接测量、抽取式测量和遥感测量 3 种技术。

CEMS 一般成套供货，安装在烟道尾部，主要由采样部件、耐腐伴热采样复合管、检测控件等组成，取样探头一般采用 316L 不锈钢制作，内含高精度陶瓷过滤器，采用自限温伴热带进行恒温加热。

1. 安装准备

(1) 图纸准备：系统流程图；CEMS 厂家系统说明书及安装示意图。

(2) 现场安装设备材料的准备：CEMS 探头及安装法兰；套管；密封垫（耐高温）；紧固螺栓。常用的安装材料。

(3) 与安装点位置相关的烟道机务已就位，楼梯、通道、平台安装完成，安装区域具备可达性，且通风、光线良好；需用的脚手架已申请搭设完成。

(4) 设备领用，检查与设计相符，无损坏现象。

2. 安装过程工艺

(1) 测点定位、开孔。

1) 根据系统流程图，确定测点安装的烟道管段。通常烟尘监测采样点的安装位置选择原则为不小于 4 倍当量直径的烟道直管段，要求烟气流通良好，流场稳定，无涡流，烟气混合均匀，避开内部筋撑，且外部空间位置良好的区域。要求测量孔前的烟道长度为测量孔后烟道长度的 2 倍，可选择在除尘器出口至拐弯处的水平烟道侧面靠近中心的位置。具体以厂家人员根据产品特性结合现场进行调整。

2) 样气采样探头安装位置的选择应在烟气流场相对稳定，烟气混合均匀，并具有代表性的测点。

3) 测点定位后，按工程设计图纸要求，搭建工作平台，根据烟气分析取样探头、烟尘发射探头、接受测量探头及烟气流量、温度探头安装套管的尺寸大小，先画线，再用氧乙炔割具开孔，开孔时应开小一点，然后进行修正，使得孔径尺寸稍大于安装套管尺寸。

(2) 法兰套管探头、分析仪的安装。

1) 根据安装示意图，焊好支架，调整好安装方向，进行点焊固定（注意需留出烟道的保温层厚度，让安装法兰能露出保温层）。点焊后进行探头试装，确认位置和角度合适后，将法兰套管四周进行密封焊。

2) 焊接后，去除焊渣并及时刷上防锈漆，暂时不能安装的，需用三防布包裹法兰口，防止雨水、杂物进入。

3) 现场具备探头安装条件后，将探头、分析仪小心地搬运至现场，缓缓地插入，并用螺栓进行固定。

4) 系统主机控制柜安装位置的选择原则为“就近原则”，即尽量靠近采样探头位置，采样探头的加热输送管线应尽量短，要求区域环境条件良好，搭建的分析仪表房面积满足检修和维护的需要，通风照明良好，温度达到 23℃±6℃，提供仪用空气及排凝结水的下水管道。

5) 数据显示记录通过控制室内 DAS 系统进行。

(3) 管线、线缆连接。

1) 按说明书要求敷设伴热采样复合管线（加热输送管线），采取下垂走向放置，避免水平走向，加热输送管线连接到机柜顶段的样气入口，加热输送管线的电源接到主机柜的电源接线盒。

2) 创造条件满足分析仪器及系统的工作环境要求及电源、管路（进气、排气、水、仪用空气等）通信等条件。

(4) 成品保护。探头及采样复合管安装后，做好成品保护措施，防止探头及采样复合管被踩踏和碰坏。

3. 安装注意事项

(1) 耐腐伴热采样复合管是环保 CEMS 监测系统中的重要部件，复合管的最小曲率半径需大于 0.5m。

(2) 采样复合管最小固定距离：垂直方向 5m，水平方向 2m。敷设长度不超过 100～130m，施工时严禁扭曲及地面拖行，管头护套只允许在安装连接时才能拆开。

八、机械量测量装置的安装

机械量是指以位移为基础的量，电厂中的机械量测量主要是转动机械设备（汽轮机、风机、给水泵等）的状态量，如转速状态量的测量（转速、加速度、零转速）、轴状态量的测量[轴的挠度（轴偏心）、轴承振动、转子轴的振动、振动的相位角]、各部位状态量的测量（转子的轴向位移、汽缸与转子的相对膨胀、汽缸的热膨胀）、汽轮机与给水泵调速系统行程测量（调门的行程指示）等，其基本原理都是利用电磁感应原理。

机械量测量装置一般可分为：采用电磁感应原理生产的电感式位移测量保护装置、拾振仪、脉冲数字测速装置；采用高频电磁场与被测导体间的涡流效应原理生产的电涡流式监测保护装置和行程测量装置。

电感式位移测量保护装置用于监视汽轮机转子轴向位移，以及转子和汽缸的相对膨胀量等。

电涡流式监视保护装置用于监视转动机械设备转子的轴向位移、转子和汽缸的相对膨胀、主轴偏心、转速、轴振动和轴瓦振动等，由探头、前置器、高频电缆、监视器等组成。电涡流式监视保护装置是基于电磁感应原理工作，利用高频电磁场与被测导体间的涡流效应原理而制成，当通有高频电流 I 的探头线圈与转子凸缘间的距离 d 发生变化时，会引起周围的高频磁场变化，由于趋肤效应，该变化磁场不能透过具有一定厚度的金属体，而仅作用于金属表面的薄层内，使金属表面产生的感应电流 I_e 变化（即涡流化），该变化的电流也产生一个交变磁场并反作用于线圈上，其方向与线圈原磁场方向相反。这两个磁场相互叠加，就改变了原来线圈的阻抗 Z，Z 的变化仅与金属导体的电阻率 ρ、导磁率 u、激励电磁强度 i、频率 f、线圈的几何形状 r 以及线圈与金属导体之间的距离 d 有关。线圈的阻抗可表示为以下函数式：

$$Z=F(\rho、u、i、f、d)$$

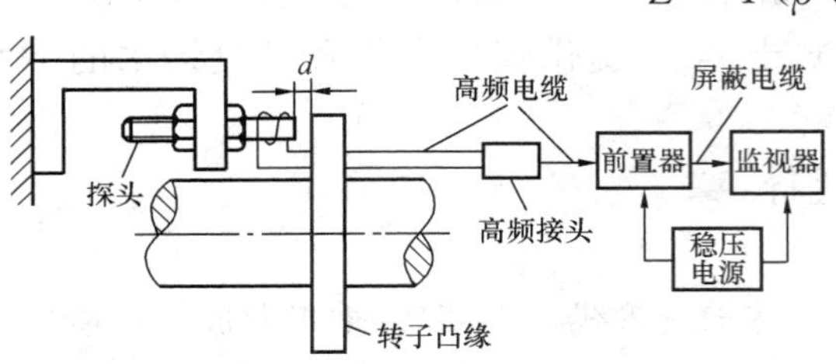

图 2-118　电涡流式轴向位移测量装置的组成

当被测对象的材料一定时，ρ、u 为常数，公式中的 i、f、d 也为定值，于是 Z 就成为距离 d 的单值函数。探头通过支架固定在汽轮机组上，当转子凸缘与探头间的距离 d 发生变化时，前置器输出端输出与间隙变化成正比的电压信号，并输入监视器，进行指示与报警等。电涡流式轴向位移测量装置的组成如图 2-118 所示。

（一）安装准备

1. 技术准备

按照设计图纸及制造厂的规定，核对探头、延伸电缆和前置器的型号、规格符合设计要求，厂家提供的安装附件（支架、前置器绝缘垫圈、固定螺栓、止退片等）和数量与清单相符，接头连接紧固，外观均无残损。

探头、前置器和高频电缆须成套使用，不能互换。领用仪表时，应将高频电缆、探头和前置器一一做好标志以防错用。

检查支架齐全，强度足够，无明显变形，螺栓、螺母等配件齐全，安装位置螺纹无损坏，支架与传感器探头螺纹匹配，支架螺丝拧入部分要有足够的深度。调整支架动作灵活，无卡涩、跳动现象，幅度满足探头调整要求；支架安装位置能满足传感器探头对轴承的测量间隙。

领用后用 500V 绝缘电阻表测量绝缘电阻不小于 5MΩ。安装前传感器探头应放在厂供的包装盒内，以防止传感器探头端面及螺纹受损。

安装前，装置的各表计和探头送热工仪表专业人员检查校验合格。

2. 工艺流程图

机械量测量装置安装工艺流程如图 2-119 所示。

3. 作业条件

班组施工人员应了解、熟悉有关的施工图纸、厂家说明、工艺要求、各工序的关键点及

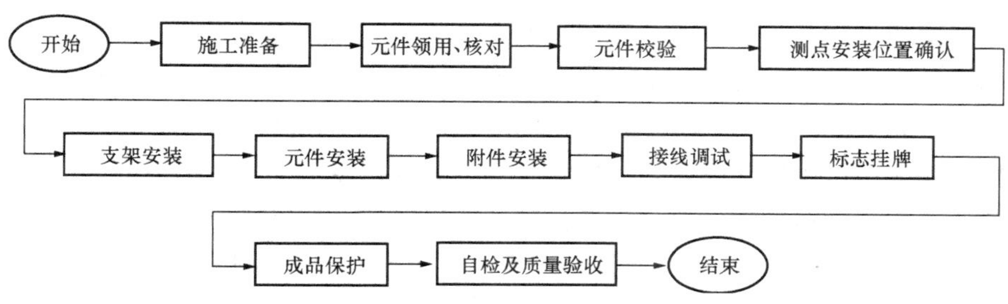

图 2-119　机械量测量装置安装工艺流程图

危险点，并接受技术、安全交底，施工人员对安装位置应掌握准确。熟悉图纸要求，认真核对设计院施工图纸与厂家施工图纸，一般同一测点，设计院系统图和厂家施工图有不同的编号，安装要求应以厂家图纸为准，测点编号应以设计院系统图编号为准。

根据设备清册和装箱单到物资部门领取所需元件，领取过程中仔细核对型号、规格、数量、长度和设备编号，同时做外观和配件的检查工作，对有问题的元件同物资部门、供货方、监理方一起做好开箱记录，以做备案。

机工具和材料准备齐全，有必要试装的元件要进行试装，便于及时发现问题。

机务轴系相关安装工作完成，在探头安装调试过程中主轴上不应有其他工作，以免影响调试数据的准确性。转子已推至零位，靠近工作面并临时固定，若未推至工作面，机务须提供主推力盘至工作面的间隙值，以便探头定位时依据此间隙值对零点进行修正。

热控元件具备安装条件。其中胀差、轴向位移探头的安装调试应在机组冷态条件下进行，其他探头可在大流量冲洗完成后进行安装定位。

安装现场光线充足或夜间施工有足够照明设备。

（二）探头安装工艺

1. 探头支架安装及安装通用要求

（1）探头支架安装。探头安装的第一步是安装探头支架，该工作一般在轴承油清洗前完成。

探头通过支架固定在轴承座或机组上，因此支架应有足够的刚性，提高其自振频率，避免或减小被测体振动时支架的受激自振。

检查确认支架上的螺孔与转速探头螺纹匹配后，在设计或制造厂图纸给出的位置，将探头支架正确安装后拧紧螺栓，拧入部分要有足够的深度，确保支架固定牢固；然后对固定螺栓加装止动锁片，以防运行中支架松动。

（2）探头安装通用要求。探头插入安装孔之前，应保证孔内无杂物，探头能自由转动而不会与导线缠绕。探头安装固定后，其安装间隙使用非金属测隙规测定，以避免擦伤探头端部或监视表面，或探头连接前置器后通过电气方法整定探头间隙。

当探头间隙调整合适后旋紧防松螺母。注意旋紧过程适度，过分旋紧可能会损坏螺纹。探头固定后，固定探头引出导线。如延伸电缆，则延伸电缆应与前置器配套专用，不得任意更改，否则将影响测量误差。

2. 振动探头安装

汽轮机主要通过旋转运动来实现能量转换而完成预定的功能，因此转子是汽轮机的核心部件。汽轮机功率的增大和转速的不断提高，振动所产生的应力、摩擦、转轴过度弯曲等情况，会引起一系列事故的发生。因此，振动的测量与监视显得尤为重要。

机组振动的大小可用振动参量，如位移、速度和加速度等不同量值表征。测量所用的传感器可分为振动加速度传感器、振动位移传感器和振动速度传感器三种类型。

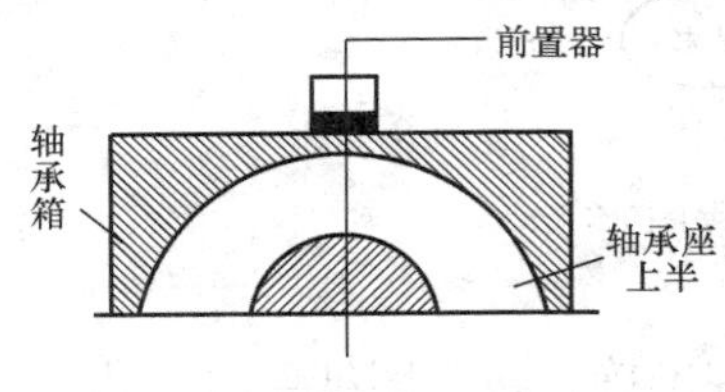

图 2-120　轴承盖振动测量示意图

振动探头主要用于测量汽轮机各轴承以及风机、电动机轴承的振动值。测量方式有相对振动、绝对振动和复合振动测量三种类型，其中：相对振动测量汽轮机的转子振动（轴承振动），常用的是非接触式电涡流振动位移传感器，配有前置器和高频电缆；绝对振动测量汽轮机轴承盖振动（瓦振，见图 2-120），常用的是接触式振动速度传感器，有磁电速度式、压电速度式和压电加速度式三种，均没有前置器和高频电缆，只需用耐油屏蔽信号电缆连接；复合振动分别测量汽轮机的轴承振动和转子轴振后矢量合成，常用一只磁电速度式或压电加速度式传感器和一只非接触式电涡流振动位移传感器组合。

电涡流探头主要监视主轴相对于轴承座的相对振动，将探头线圈和被测金属体之间的距离变化转换为线圈的等效电感、等效阻抗和品质因素三个电参数的变化，通过相应的前置放大器，把这三个电参数变换成电压信号，实现对振动的测量。

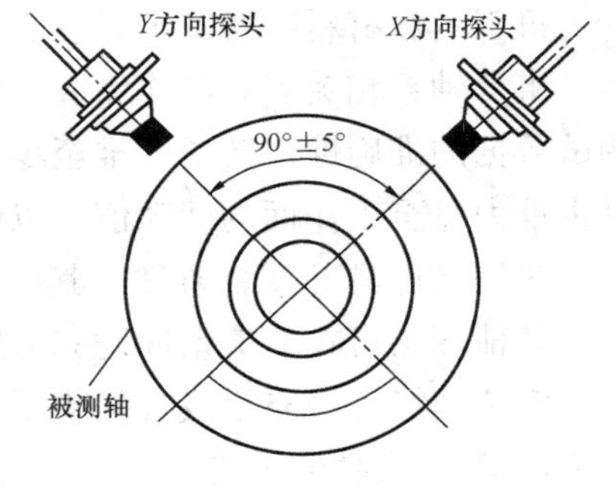

图 2-121　同轴承两个探头安装示意图

汽轮机轴承振动探头安装于每个轴承的上半部，如图 2-121 所示。由于轴承盖水平分割，因此两个探头分别安装在轴承两边的同一平面相隔 90°±5°，与轴承垂直中心线成 45°夹角上，左右对称布置；风机振动探头安装在轴承水平面和上方，分别为水平和垂直振动传感器。

(1) 安装时，将振动探头慢慢旋进支架，探头上的电缆一起跟随转动；根据图纸标明的间隙尺寸要求，用塞尺测量确认，若不满足要求，继续调节并测量确认，直到端面至轴面的间隙符合制造厂规定为止，一般在 1.0mm 左右（经验值是旋到底后再回旋三圈）。振动探头与转轴应垂直，振动探头插入测孔前应清楚插入深度，以免拧坏探头如图 2-122 所示。

(2) 用锁紧螺母将探头牢固地固定在支架上。根据厂家规定的数据要求，用万用表测量间隙电压，并做好记录。

(3) 绝对振动探头与轴承座表面接触紧密、固定牢固（见图 2-123），止动螺栓投入前应卸掉并堵死孔洞，以免孔内落入灰尘。

(4) 振动探头外壳必须接地。当发电机、励磁机的轴承座要求与地绝缘时，探头底部应垫绝缘层并用胶木螺丝固定。探头的引出线若使用金属保护管时，不能与轴承座直接接触，以免导致发电机轴承座接地。安装后用 500V 绝缘电阻表测量发电机（励磁机）轴承座对地绝缘电阻不小于 0.5MΩ。

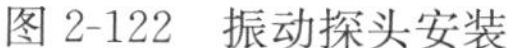

图 2-122　振动探头安装

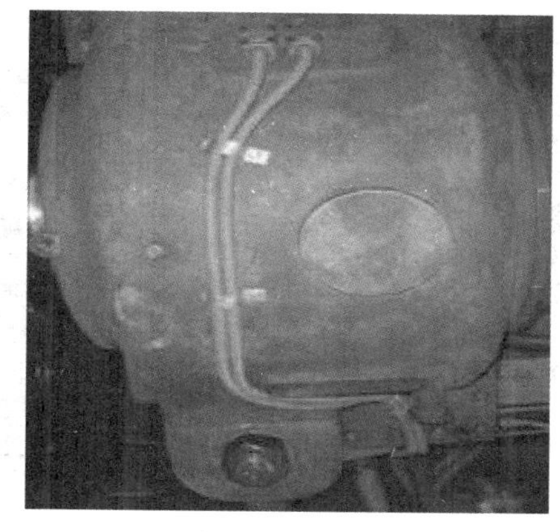

图 2-123　绝对振动探头安装

（5）用止动锁片将固定螺母锁牢，止动锁片固定后必须进行间隙复测。

3. 转速探头安装

转速探头用于在汽轮机、汽动给水泵汽轮机和电动给水泵等转动机械运行期间，连续监视其转子的转速。按照转速信号用途可分为转速（ SE ）、零转速（ZEROSPEED）、超速（OS）、DEH 转速探头；按照转速测量方法可分为接触式测量与非接触式测量两种探头，其中接触式测量误差大、易磨损，已很少采用。非接触式测量按测量原理的不同又分为光电式测量、磁电式测量及电涡流式测量三种探头，通常采用磁电式测量探头和电涡流式测量探头。前者由测速齿轮、磁电式传感器与电子计数式转速表等组成；后者由测量传感器、前置器、监视器和稳压电源等组成。

转速探头专用圆形测量盘在汽轮机前箱内、主油泵后，为带有确定数量齿的齿轮盘。转速探头安装于测量支架上，转速探头呈等角度分布，多为 6 只（3 只用于保护、2 只用于零转速、1 只用于监视），位于前轴承箱内。也有将转速探头直接安装在轴承盖上，而被测转轴以齿轮状形式，安装时按制造厂规定位置安装。

安装时，支架与被测齿轮要对应。在确定支架与被测齿轮位置之前应考虑转轴的热膨胀，防止转轴热膨胀（轴向）后导致转速探头检测不准或无信号。

（1）电涡流式转速探头安装。趋近式电涡流探头和运行的转子齿轮之间会产生一个周期性变化的脉冲量，通过测量这个周期性变化的脉冲量实现对转子转速的监测。

电涡流式转速探头应在冷态时径向安装，在被测轴上须做标记，轴标记可以是缺口（转孔或开槽），也可以是凸台（帖一金属片）。当轴标记为缺口时，传感器与被测轴之间的间隙电压应按转速到轴的平滑面（不在缺口处）确定；当轴标记为凸台时，间隙电压（制造厂给定）应按转速到凸台面来确定。调整传感器到凸台面之间间隙时，注意不要碰坏探头，间隙值测量时塞尺松紧适中；若探头两个对称面上各有一个倒三角形的标记，探头定位时一定要将这个三角形标记正对齿轮中心线，与齿轮的齿平行，两个面无先后顺序；DEH 转速探头安装间隙应为 0.8～1.0mm。当间隙与方向不能兼顾时，先确保其方向性，间隙可适当减小。

探头安装时先不要将延伸电缆与探头引线连接，防止探头旋转带动延伸电缆受力。

图 2-124 和图 2-125 为电涡流式转速探头安装。

图 2-124　电涡流式转速探头安装（一）

图 2-125　电涡流式转速探头安装（二）

(2) 磁电式转速探头安装。该探头主要是用紧固垫片调整间隙，使其符合制造厂的规定，并进行传感器的紧固定位。一般是在被测转速轴上安装测速齿轮，而测速齿轮的安装对测量精确度起主要作用。测速齿轮应安装牢固，并且要保证测速齿轮随主动轴转动时，其径向跳动及端面跳动都很小。安装传感器时，要保证传感器与测速齿轮外缘数十个齿的齿顶距离相等。

(3) 转速探头与其他探头安装的区别。转速探头的安装方向要正对着齿顶，若没有对准凸齿轮，应该让机务把转子转到规定位置。其安装间隙，厂家规定的要求一般为 0.8～1.2mm。塞尺测量时探头应正对着齿顶。

转速探头安装只测间隙，而间隙电压一般不做要求，具体根据厂家要求确定。

零转速是机组在一种低于最小旋转速度下运转的指示，这是为了防止机组在停车期间转轴发生重力弯曲。零转速探头的工作原理和安装与转子转速探头相同。

4. 轴向位移探头安装

轴向位移是指机组内部转子沿轴心方向，相对于推力轴承两者之间的间隙而言。通过对轴向位移的测量，指示旋转部件与固定部件之间的轴向间隙或相对瞬时的轴向变化。在机组运行过程中，使动、静部件之间保持一定的轴向间隙，避免汽轮机内部转动部件和静止部件之间发生摩擦和碰撞。

轴向位移探头采用趋近式电涡流探头，一般机组 3 个探头组成一套轴向位移测量。轴向位移探头安装于前轴承箱内的专用测量支架上，有些厂家设计在中、低压缸之间轴承箱内。图 2-126 为轴向位移探头安装部位示意图。

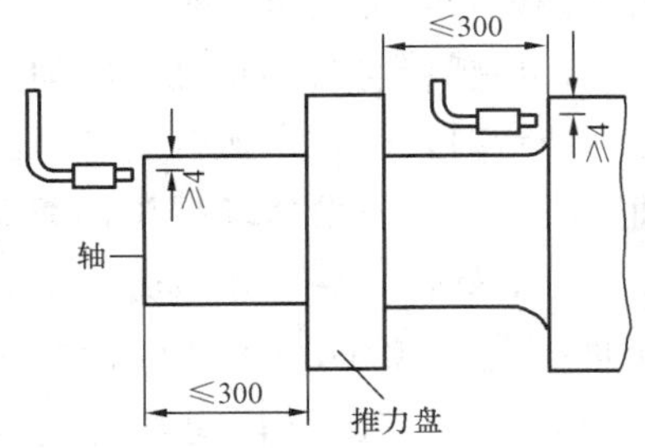

图 2-126　轴向位移探头安装部位示意图（单位：mm）

(1) 轴向位移探头在冷态下且转子与固定部分无温差时，才能进行安装定位，可以安装在轴的端部或推力盘的内侧或外侧，但其安装位置距推力盘应不大于 300mm（否则热膨胀或其他与推力轴承保护系统无关的变化会导致错误的测量），同时传感器头部侧边与被测轴端侧边或测量凸缘侧边的边缘应平整，距离不小于 4mm，间隙及安装要求应符合制造厂规定，调整螺杆的转动应能使探头均匀、平稳地移动。

（2）每台机组安装 3 个轴向位移探头的，通常安装在汽轮机主推力盘后，固定在同一个支架上，将探头慢慢旋进支架，根据探头厂家规定的数据要求，用万用表测量间隙电压并做好记录。调整探头端面与转轴凸轮的间隙，直至符合制造厂规定，一般规定为 2.5mm。探头调整前，铁芯与汽轮机转子凸缘之间相对位置（间隙）的定位，需机务配合将推力盘紧靠工作面或非工作面（用千斤顶将汽轮机转子顶向制造厂规定的一侧，使转子的推力盘紧靠在非工作面上，或顶向发电机侧，紧靠工作面后再进行调整）。轴向位移正方向为大轴向机头为正。探头安装在发电机侧，正常推力方向远离探头为正。

（3）根据间隙电压安装探头。模件组态中设定的轴向位移探头安装零点电压为－9.7V，现场轴向位移探头安装在支架上的位置从上到下依次为轴向位移 1、2、3，定位时应先固定好轴向位移的 3 个探头，测量前置器电压为－9.7V，然后固定轴向位移 2，最后将轴向位移 1 固定好，3 个探头的前置器输出电压都是－9.7V，移动托盘，看模件显示的轴向位移值，检查 3 个轴向位移显示值应符合要求。

（4）用锁紧螺母将探头牢固地固定在支架上，再用游标卡尺或塞尺测量，确认探头的机械位置。探头需固定牢固，并加装止动锁片。

5. 键相探头安装

键相是描述转子在某一瞬间所在位置的一个物理量，键相探头和偏心探头一起监测大轴的偏心度，能够准确反映出大轴发生偏心的具体相位角。键相测量是通过在被测轴上设置一个凹槽或凸槽（称为键相标记），当这个凹槽或凸槽转到探头位置时，相当于探头与被测面之间的距离发生改变，传感器会产生一个脉冲信号，轴每转一圈就会产生一个脉冲信号，产生的时刻表明了轴在每次转动周期中的位置。因此通过将脉冲信号与轴的振动信号进行比较，就可以确定振动的相位角。

键相探头安装在前轴承箱内，其径向应正对着转轴面约 2mm 深的凹槽，但在调整时不允许对着键相凹槽。图 2-127 是键相探头安装。

将键相探头慢慢旋进支架，调整键相探头端面至轴面的间隙，一般制造厂规定为 1.5mm，直接用塞尺测量，也可以通过测量前置器输出电压确定，一般为－11～－10V。

图 2-127 键相探头安装

6. 偏心探头安装

转子的偏心是其受热应力弯曲的一种指示，可在齿轮机构盘车时观测到，为转子不对中提供了监测数据。电涡流探头连续监测偏心度的峰－峰值，此值和键相脉冲同步。偏心探头安装在汽轮机前轴承箱内轴颈处，垂直安装在转轴上方并正对转轴顶点（轴向中心）。其核心部分是一个电感线圈。当大轴旋转时，如果有偏心度，则轴与电感线圈的距离出现周期性的变化，使电感线圈的电感量产生周期性的变化，测出这个电感量的变化值，就可以测出轴的偏心度。图 2-128 为偏心探头安装。

安装时将偏心探头慢慢旋进支架，其与转子的间隙应符合制造厂要求，一般规定为 1.5mm，用塞尺测量间隙，也用万用表测量前置器输出电压来调整，一般为－11～－10V。

图 2-128 偏心探头安装

7. 胀差探头安装

机组在运行时转子受热要发生膨胀，因为转子受推力轴承的限制，所以只能沿轴向往低压侧伸长。由于转子体积小，而且直接受蒸汽的冲击，因此升温和热膨胀比较快，而汽缸的体积较大，升温和热膨胀相对要慢一些。在转子和汽缸的热膨胀还没有达到稳定之前，它们之间存在热膨胀差值，通过固定在汽轮机组缸体上的胀差探头和铸造在转子上的探头对被测金属表面测得的该差值简称为“胀差”。由于机组启动或增负荷是一个蒸汽对金属的加热过程，转子升温快于汽缸，其膨胀量大于汽缸的膨胀量，此时产生的差值定义为“正胀差”。停机或减负荷是一个降温过程，转子降温快于汽缸，所以转子收缩得快，其轴向膨胀量小于汽缸的膨胀量，此时产生的差值定义为“负胀差”。

根据电涡流探头的“输出电压与被测金属表面距离成正比”的关系，并利用转子上被测表面加工的14°斜坡将探头的测量范围进行放大，可得涡流探头测得的差值换算关系如下：

$$\delta = L\sin 14^\circ \tag{2-12}$$

式中 δ——探头与被测斜坡表面的垂直距离；

L——胀差。

探头的正常线性测量范围为 8.00 mm（即 δ=8.00mm），则对应被测胀差范围 L 为：$L=\delta/\sin 14^\circ=8.00/\sin 14^\circ=33\text{mm}$。

由上式可知：胀差探头利用被测表面14°的斜坡将其8.00mm的正常线性测量范围扩展为33mm的线性测量范围，从而满足了对0～30mm的实际胀差范围的测量。探头将其与被测斜坡表面的垂直距离转换成直流电压信号送至前置放大器进行整形放大后，输出－20～－4V DC电压信号至斜坡式胀差监测器，分别将A、B探头输入的信号进行叠加运算后送入胀差显示。

补偿式测量使用两个探头结合起来测量，使测量范围增加为单探头测量的两倍，见图 2-129。一般探头安装于测量盘两侧。当测量时，测量盘首先位于一个探头的线性区内，随着测量盘移动，在达到交叉点电压后，另一个探头测量起作用，两个探头的输出信号经前置器在模件合成为胀差信号。

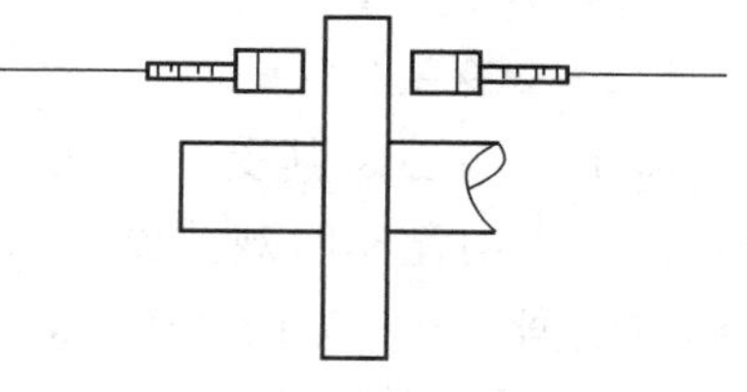

图 2-129 补偿式胀差测量示意图

一般机组的胀差测量有高压缸胀差测量和低压缸胀差测量。探头的安装位置如图 2-130 所示。高压缸胀差探头安装在前轴承箱内，探头以轴向方向正对转子推力盘凸轮平面。低压缸胀差探头安装在低压缸和发电机之间的轴承箱内。通常采用两个电涡流探头以轴向方向正对转子凸轮平面相对安装。

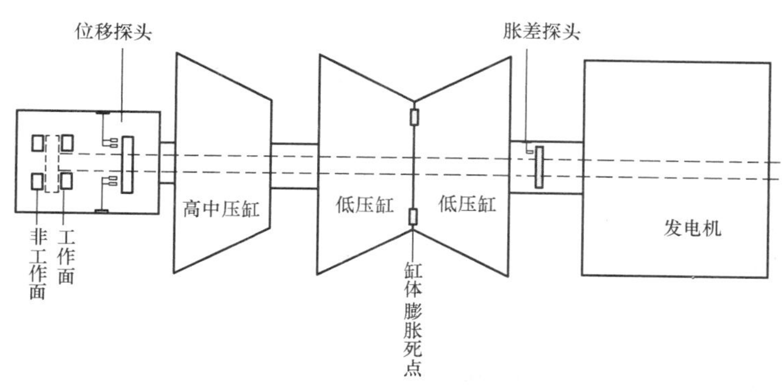

图 2-130　胀差探头安装位置示意图

高压缸胀差探头与轴向位移探头可同时安装调整，用数字万用表测量前置器的输出电压一般为－9.3V 左右。高压缸胀差的安装方法和轴向位移探头的安装方法相似，这里不再介绍，仅介绍低压缸胀差探头的安装。

（1）参照厂家图纸，将探头支架安装在厂家指定的位置，移动托盘活动灵活，然后将支架在合适位置固定牢固，打上定位销。

（2）低压缸胀差探头安装如图 2-131 所示，先根据测量范围算出探头之间的距离：

D＝量程＋被测面厚度＋2×零点对应间隙

实际安装时该距离可以略大，但不能小于该数值。按照计算数据安装探头，再将探头装在支架上，靠近被测面，试拉托盘确认探头与被测面平行，且两探头之间距离符合要求，试拉托盘探头输出基本合乎要求后固定支架。最后在每个支架与底座之间打入两个销子，以固定支架，防止支架活动。安装后为锁定转轴零位。

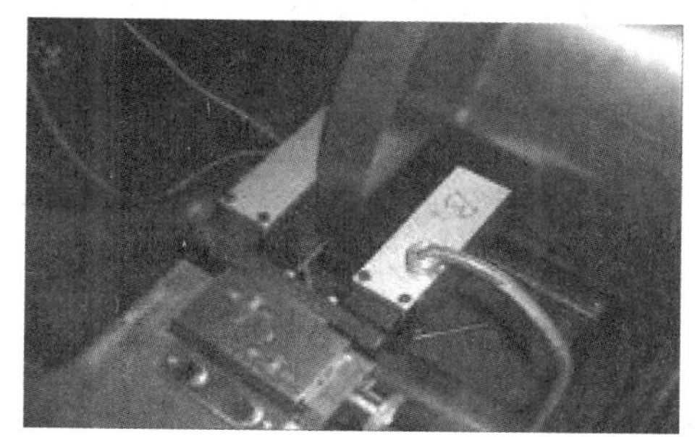

图 2-131　低压缸胀差探头安装

（3）将配套的前置器安装在厂家规定的接线盒内，前置器固定牢固，且与接线盒保持绝缘。采用配套的专用延伸电缆（不能用错）连接探头与前置器，其中探头连接处应套用热缩管，连接后加热，确保牢固、无松动，与机座绝缘。

（4）延伸电缆从轴承箱穿出时，应做合适的固定，以免碰到转动部分或受到碰撞造成电缆损坏；出轴承箱应通过专用的孔穿过，并用密封塞塞好；在穿越保护管时必须套上保护套，以防杂物进入连接头内。安装调整过程中必须考虑负向胀差的余量。

（5）目前低压缸胀差也采用位移传感器（LVDT）的方式测量，零位的锁定与电涡流探头要求一致，在传感器安装过程中，确认上位机显示值符合机务安装要求后再对 LVDT 定位。在定位过程中必须使夹紧部分与汽轮机转轴之间有 10μm 左右的间隙，防止运行过程损伤传感器。当转子轴向膨胀值大于汽缸的轴向膨胀值时，胀差为正；反之为负。一般发电机侧为正，调速端为负。如使用 bently 的 3300×L25mm 探头，则其测量范围为 0～20mm，测量不灵敏区为 1.5mm，电源电压为 24V DC，信号电压为－20～－4V DC，灵敏度为 0.8V/mm。

8. 汽缸绝对膨胀探头安装

汽缸绝对膨胀探头安装在汽轮机前箱两侧底部，探头固定在基础台板上，测量杆固定在前箱上。缸体受热膨胀使测量杆位移而发出信号。

测量杆的位置决定了探头的输出。探头测量杆固定板在位移时不得与其他部位向碰，应考虑前箱与基础台板之间的膨胀幅度。

汽缸绝对膨胀探头安装如图 2-132、图 2-133 所示。

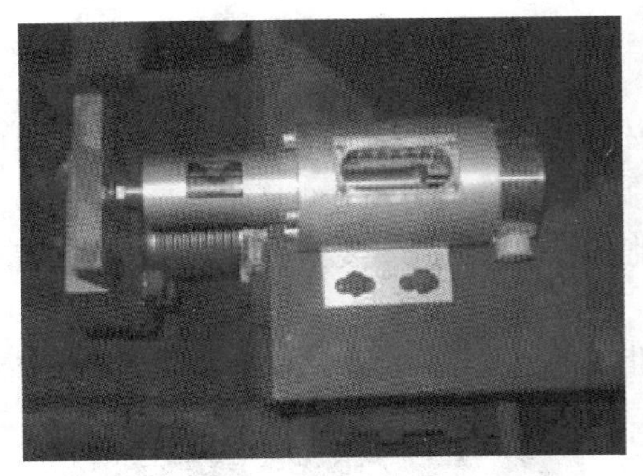

图 2-132　汽缸绝对膨胀探头安装（一）

图 2-133　汽缸绝对膨胀探头安装（二）

（1）在前箱上安装一块可以推动探头测量杆移动的挡板并固定牢固，机壳膨胀时挡板移动推动探头测量杆动作。

（2）在冷态时，先焊接挡板，然后将机壳膨胀探头安装在厂家规定的位置上，定位为零位时，进行固定。测量杆与探头应保证同心。

（3）由于在测量杆上套有压缩弹簧，膨胀减小时测量杆在弹簧的作用下回复到原位。测量杆的位置决定了探头的输出，为此定位时需仔细核定测量杆的行程，注意测量杆初位的正确性。

（4）用液压开孔器在汽缸绝对膨胀探头上开电缆孔时，注意不要损坏探头内部的电缆。

（5）绝对膨胀测量装置应在汽轮机冷态下进行检查和调整，定好零位，并记下当时的温度。

9. LVDT 位移探头安装

LVDT 是一种机电式差动变压器，由铁芯、衔铁、三个独立的圆筒线圈（初级线圈 W 及次级线圈 W1、W2）组成，中间是圆柱形铁芯 P，装在执行机构的连杆上随着活塞轴向位移，见图 2-134。三个线圈中，中间一个是初级线圈，它由 1kHz 左右的交流电探头磁，探头磁后的线圈在两个次级输出线圈 W1 和 W2 上通过磁感应产生出电压 e_1 和 e_2。由于次级回路中两个输出线圈反相串联，它们上面的电压相位相反，因此输出的是两者的电位差 $e=e_1-e_2$，输出的交流电通过反调制器整流，此直流电压正比于执行机构的位置反馈。

LVDT 位移探头安装在汽轮机和给水泵汽轮机的调阀的阀体上，测量杆铁芯固定在阀杆上。其安装如图 2-135 所示。

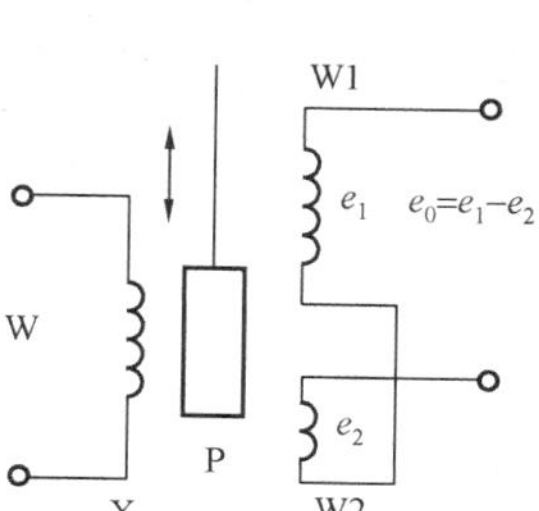

图 2-134　LVDT 原理简图

图 2-135　LVDT 位移探头安装

（1）LVDT 位移探头安装前，应根据图纸及厂家安装手册核对传感器的型号，核对安装附件齐全。检查支架应无明显变形，螺栓、螺母等配件齐全，支架及支架安装位置螺纹无损坏。测量杆铁心随着阀杆上下移动轨迹应与 LVDT 传感器中心一致，灵活无任何卡涩现象。

（2）将 LVDT 固定在铁板上，并保证 LVDT 铁芯与调门阀杆垂直，再将铁板与阀体固定，最后固定 LVDT 的连接件。连接件用螺丝连接必须用双螺母锁紧并用螺纹锁固剂以增强固定的可靠性。所有安装应固定牢固、无松动。根据图纸要求打上定位销。

（3）单股铜芯线连接时要把线芯弯成“O”形连接，确保接线连接正确、牢靠。此外安装还要考虑其铠装线的长度，留有一定的裕量。不能让铠装线直接与油动机接触，防止 LVDT 引线长时间与高温部件接触而导致老化，造成绝缘不好。线号标志要正确、清晰、不褪色。

（三）测量回路安装与连接

1. 延伸电缆的安装

前置器安装在轴承箱外，制造厂提供连接探头和前置器的高频延伸电缆是电涡流传感器的一个重要组成部分，为不影响测量准确度，其长度禁止随意改变，并且根据领用时做好的标记，与探头和前套器配套校验、配套使用，不能错用。

延伸电缆连接头应保持干净，避免任何污染，连接紧锁后必须使用热缩管（一般为 $\phi10$ 的热缩套管）绝缘密封，以防止接头松动，并确保连接头与机壳绝缘且浮空，否则会引入干扰；其全程走向所碰到的棱角处均应打磨圆滑，并用耐油电缆皮包扎保护，以防止棱角损坏电缆。

延伸电缆固定和绑扎应不存在损伤电缆的隐患（如毛刺）；从轴承箱穿出前，应按照图纸上标明的位置，用专用电缆卡子可靠固定（见图 2-136、图 2-137），以免碰到转动部分或受到碰撞造成电缆损坏，引出轴承箱时通过专用孔并用密封塞塞好，要确保密封，防止渗漏油。

延伸电缆从轴承座引出至接线盒的全程应设保护管（或金属防护措施），在穿越保护管时必须套上保护套，以防杂物进入连接头内；全程应远离强电磁干扰源和高温区。延伸电缆盘放直径一般要求不小于 55mm，以避免盘放半径过小而折坏。从探头到前置器的整个连接过程，必须保持与地间的绝缘。

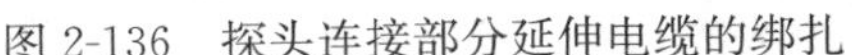
图 2-136　探头连接部分延伸电缆的绑扎

图 2-137　前轴承箱内延伸电缆的绑扎

建议安装时用耐油电缆皮包扎高频电缆，可降低润滑油对电缆直接冲击的影响和增加对高频电缆的保护。安装在轴承箱内的传感器，其引出线若制造厂未提供，则应采用耐油耐温的氟塑料软线。

图 2-138　接线盒内前置器安装

2. 前置器的安装

前置器应安装于金属盒中（本特利前置放大器务必浮空），见图 2-138。金属盒应选择在较小振动并便于检修的位置，盒体底座垫 10mm 左右厚度的橡皮后固定牢固，以避免传感器延长线与前置器连接，由于振动引起松动，造成测量值跳变。箱体上不允许附有多余的电缆，以避免有其他干扰信号影响测量电路。

前置器安装时，壳体金属部分要绝缘于箱体浮空。在不改变探头到前置器电缆长度的前提下，允许在同一个箱内装有多个前置器，以降低安装成本。箱体须妥善接地，接口和接线应检查紧固。

前置器输入端接专用延伸电缆，输出端连接至控制室信号电缆；输入和输出电缆的屏蔽线应可靠相连；前置器接线的线端连接正确、牢固，电缆号牌和线号标志正确、清晰。

3. 电缆连接

输出信号电缆宜采用 0.5～1.0mm^2 的普通三芯屏蔽电缆，且其屏蔽层在汽轮机现场侧应绝缘浮空；若采用四芯屏蔽电缆，备用芯应在机柜端接地。电缆屏蔽层应直接延伸到机架的接线端子旁，尽量靠近框架处破开屏蔽层（使露出屏蔽层的接线尽可能地短），并将屏蔽线直接接在机架的 COM 或 Shield 端上。单股铜芯线连接时一定要把线芯弯成“O”形连接。

4. 安装调整

（1）探头在调整转动圈数较大时，先脱开探头与延伸电缆的连接。

（2）探头、延伸电缆、前置器、机柜及显示装置连接完成后，进行通电前检查。主要检查线路连接是否紧固，屏蔽电缆是否均单点接地，部件是否有损坏以及电缆是否有短路现象，尤其是印制电路板的插座柱针是否可靠等。无异常后，给 TSI 机柜上电；上电后检查显示正常后，用高精度万用表测量各前置器电压，应显示－24V DC 电压正常。

（3）轴向位移测量调整时，将推力盘靠在非工作面上，用百分表读出推力间隙，把百分表的读数和 TSI 显示器的读数进行比较，逐步调整各探头与被测面的间隙，使输出电压和要求的零位电压一致，在探头端面至轴面的间隙为 1.0mm 左右、前置器的输出电压为－10V 左右时定位。

（4）轴振安装定位时，用精度较高的万用表监测前置器的输出电压，同时调整探头与被测面的间隙，端面至轴面的间隙一般在 1.0mm 左右，前置器的输出电压理论值为－9.75V 时定位。但考虑安装探头的套管受热膨胀及冷态时顶轴油顶轴、热态时润滑油油膜因素，会使探头与被测面间隙变小、电压降低，因此按工程经验值，现场轴振和键相探头按－10.1V 定位。定位后拧紧探头的两个紧固螺母固定探头。

（5）转速、零转速、偏心、键相这四种探头均可采用塞尺测量安装间隙的方法进行调整，安装间隙为 1.3mm 左右。当探头端面和被测面压紧塞尺时，拧紧探头的两个紧固螺母固定探头。

（6）前置器输出电压一般为－11～－10V，根据输出电压确认低压缸胀差探头端面至推力盘面的间隙符合制造厂规定。

（7）在机务轴承扣盖前后，均复测探头间隙和前置器的电压输出值，两个测量值应一致，记录应留档。

（四）安装注意事项

（1）机械量测量装置在安装和搬运时应避免剧烈的振动或撞击，安装前应存放于厂供的包装盒内，以保护探头端面及螺纹的完好。在机务安装工作基本结束后就位，以防损坏。

（2）新安装或检修更换传感器时，应尽可能选择不带中间接头且全程带金属铠装保护的传感器电缆（即传感器和延伸电缆一体化）。安装时注意探头、延伸电缆和前置器必须配套使用。

（3）前置器是整个传感器系统的信号处理部分，要求将其安装在远离高温环境的地方，其周围环境应无明显的蒸汽和水珠、无腐蚀性的气体、干燥、振动小、温度与室温相差不大。

（4）不规则的被测体表面会给实际测量带来附加误差，因此被测体表面应该平整、光滑，不应存在凸起、洞眼、刻痕、凹槽等缺陷。被测体材料应与探头、前置器标定的材料一致。因为涡流影响范围大约为探头线圈直径的 3 倍，故当被测体为圆轴且探头中心线与轴心线正交时，要求检测面直径为探头头部直径的 3 倍以上，且在此空间内不能有其他金属物质存在，否则会影响测量准确度。在用塞尺测量间隙时，要注意不能把塞尺强行插入间隙，以防损坏探头或在转子精加工的平面上造成刮痕，影响探头测量的精确性。

（5）电涡流传感器应在一定的间隙电压（传感器顶部与被测物体之间间隙，在仪表上指示一般是电压）值下，其读数才有较好的线性度，所以在安装传感器时必须调整好合适的初始间隙。转子旋转和机组带负荷后，转子相对于传感器将发生位移。如果把传感器装在轴承顶部，其间隙将减少；如装在轴承水平方向，其间隙取决于转子旋转方向；当转向一定时，其间隙取决于安装在右侧还是左侧。为了获得合适的工作间隙值，在安装时应估算转子从静态到转动状态机组带负荷后轴颈位移值和位移方向，以便在调整初始间隙时给予考虑。根据现场经验，转子从静态到工作转速，轴颈抬高大约为轴瓦间隙的 1/2；水平方向位移与轴瓦形式、轴瓦两侧间隙和机组滑销系统工作状态有关，一般位移值为 0.05～0.20mm。在调整传感器初始间隙时，除了要考虑前述因素外，还要考虑最大振动值和转子原始晃摆值。传感器初始间隙应大于转轴可能发生的最大振幅和转轴原始晃摆值的 1/2。

（6）探头的安装和调整工作应由汽轮机及热工仪表专业人员配合进行；安装过程中，严禁废弃杂物掉进轴承箱内，完工前应认真仔细检查确认轴承箱内无任何遗留物。

（7）延伸电缆为多股软线，应用接线鼻子压接后连接，以防接线接触不牢固引起误动作。

（8）轴向位移和膨胀差等传感器应在转子定零后做整套调整试验。所有探头调试后，应使就地指示表回到零位，将锁紧螺栓固定牢固，并装定位销以防松动。

（五）测量装置安装检查验收

电感式位移测量装置安装检查验收见表 2-46；电磁式振动测量装置安装检查验收见表 2-47；电涡流式测量装置安装检查验收见表 2-48，磁电式测量装置安装检查验收见表 2-49，行程指示器测量装置安装检查验收见表 2-50。

表 2-46　　电感式位移测量装置安装

工序	检验项目		性质	单位	质量标准	检验方法和器具
检查	外观				无伤残	观察
	间隙		主控		符合制造厂规定	核对
	绝缘电阻			MΩ	≥5	用 500V 绝缘电阻表测量
安装	装置“零位”				与机械手轮“零”刻度一致	就地千分表量值与显示仪表核对
	位置				符合制造厂规定	核对
	间隙				牢固	试动观察
	装置铁芯与转子凸缘间隙		主控		符合制造厂规定	核对
	接线	线端连接			正确、牢靠	用校线工具查对
		线号标志			正确、清晰，不褪色	观察
	标志牌				内容符合设计，悬挂牢靠，字迹不易脱落	核对

表 2-47　　电磁式振动测量装置安装

工序	检验项目	性质	单位	质量标准	检验方法和器具
检查	型号规格			符合设计	核对
	外观			无伤残	观察
	绝缘电阻		MΩ	≥5	用 500V 绝缘电阻表测量

续表

工序	检验项目		性质	单位	质量标准	检验方法和器具
安装	拾振器固定				牢固，并有弹簧垫	观察
	位置				符合设计	核对
	与轴承盖连接		主控		刚性连接，且牢固	观察
	拾振器止动螺丝检查				投入前止动螺丝应卸掉并堵死孔洞	观察
	发电机（励磁机）轴承座对地绝缘电阻			MΩ	≥0.5	用500V绝缘电阻表测量
	接线	线端连接			正确、牢靠	用校线工具查对
		线号标志			正确、清晰，不褪色	观察
	标志牌				内容符合设计，悬挂牢靠，字迹不易脱落	核对

表2-48　　**电涡流式测量装置安装检查验收**

工序	检验项目		性质	单位	质量标准	检验方法和器具
检查	型号规格				符合设计	核对
	外观				无伤残	观察
	绝缘电阻			MΩ	≥5	用500V绝缘电阻表测量
安装	位置				符合设计	核对
	固定		主控		符合制造厂规定	
	固定				牢固	试动观察
	接线	线端连接			正确、牢靠	用校线工具查对
		线号标志			正确、清晰、不褪色	观察
	标志牌				内容符合设计，悬挂牢靠，字迹不易脱落	核对

表2-49　　**磁电式测量装置安装检查验收**

工序	检验项目		性质	单位	质量标准	检验方法和器具
检查	型号规格				符合设计	核对
	外观				无伤残	观察
	绝缘电阻			MΩ	≥5	用500V绝缘电阻表测量
安装	测速架安装				牢固	试动观察
	测速探头安装	方向			对着齿顶	观察
		垫片			紧固	观察
		间隙	主控		符合制造厂规定	核对
		固定			牢靠	观察
	接线	线端连接			正确、牢靠	用校线工具查对
		线号标志			正确、清晰、不褪色	观察
	标志牌				内容符合设计，悬挂牢靠，字迹不易脱落	核对

表 2-50　　行程指示器测量装置安装检查验收

<table>
<tr><th>工序</th><th colspan="2">检验项目</th><th>性质</th><th>单位</th><th>质量标准</th><th>检验方法和器具</th></tr>
<tr><td rowspan="3">检查</td><td colspan="2">型号规格</td><td></td><td></td><td>符合设计</td><td>核对</td></tr>
<tr><td colspan="2">外观</td><td></td><td></td><td>无伤残</td><td>观察</td></tr>
<tr><td colspan="2">绝缘电阻</td><td></td><td>MΩ</td><td>≥5</td><td>用 500V 绝缘电阻表测量</td></tr>
<tr><td rowspan="5">安装</td><td colspan="2">位置</td><td></td><td></td><td>符合设计</td><td>核对</td></tr>
<tr><td colspan="2">固定</td><td>主控</td><td></td><td>牢固</td><td>试动观察</td></tr>
<tr><td rowspan="2">接线</td><td>线端连接</td><td></td><td></td><td>正确、牢靠</td><td>用校线工具查对</td></tr>
<tr><td>线号标志</td><td></td><td></td><td>正确、清晰、不褪色</td><td>观察</td></tr>
<tr><td colspan="2">标志牌</td><td></td><td></td><td>内容符合设计，悬挂牢靠，字迹不易脱落</td><td>核对</td></tr>
</table>

九、物料称重装置安装

（一）电子皮带秤安装

1. 组成与测量原理

电子皮带秤由秤架、测速传感器、高精度称重传感器、电子皮带秤控制显示仪表等组成（见图 2-139），能对固体物料进行连续动态计量。

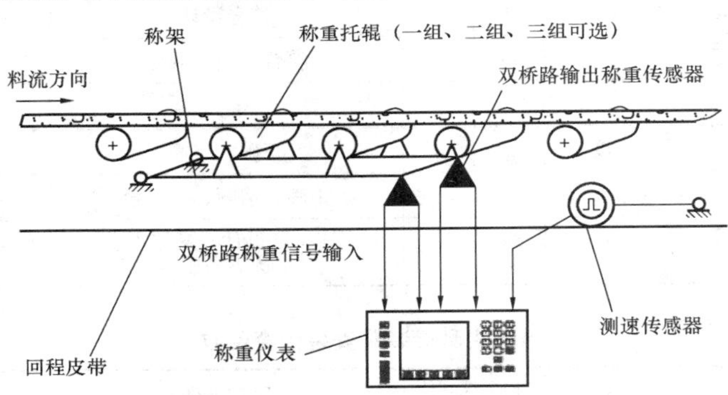

图 2-139　电子皮带秤测量系统示意图

称重时，承重装置将皮带上物料的重力传递到称重传感器上，称重传感器即输出正比于物料重力的电压（mV）信号，经放大器放大后送模/数转换器变成数字量 A，送到运算器；物料速度输入测速传感器后，测速传感器即输出脉冲数 B，也送到运算器；运算器对 A、B 进行运算后，即得到这一测量周期的物料量。对每一测量周期进行累计，即可得到皮带上连续通过的物料总量。

2. 安装过程工艺

(1) 秤体安装位置的选取。秤体应安装在输送机皮带张力变化较小且安装的部位设有伸缩、接头或纵梁拼接的室内皮带段上，整个称重域内托辊和输送机的支撑应有足够的强度和刚度，尽量避免风力、雨雪、暴晒、振动源、腐蚀性气体、强磁场及大型机电设备的干扰，并且将安装秤体的皮带输送机与振动料仓分离，避免振动信号对称重信号的影响。

任何步骤的安装都必须保证秤架的纵向中心线与皮带机输送架的中心线相重合，秤架上固定称重托辊架的上平面要保证与区域托辊和运行托辊的底面处在同一平面内，误差要保证在0.8mm以内。称重传感器的安装应使其受力于中轴线上。驱动测速传感器的摩擦滚轮的中心线应与皮带传送方向垂直并可靠接触，不应有打滑现象。

（2）称重托辊的选取及安装。称重托辊的径向跳动、承重高度和槽行角的公差应在国家标准允许的范围内，托辊的槽形角应在35°以下，槽形角偏大，势必会引起托辊的不同心度，从而使皮带的柔性变差。称重域内托辊应比两边其他的托辊高出6mm左右，且纵向中心线应与输送机架挂辊中心线重合，而且与输送机纵向平行。

（3）电气部分的安装要求。电源部分应尽量避开动力线，也可采用照明电源，有条件的用户可在电脑积算器电源侧增加电源稳压装置；电气接线盒安装于输送机一侧，应密封好，防止清扫输送机架时，电路板被水浸泡或粉尘进入接线盒内；电脑积算器控制室和现场的距离较远，可达几百米，称重信号线和电力电缆线应分开走线，且将屏蔽端接好，由于线路损耗较大、称重信号受外界的干扰较严重，距离超过60m时，接线应采用6线制接法；电脑积算器和秤体应分别接地，接地电阻应不大于4Ω。各个负重传感器用500V兆欧表测量绝缘电阻应不小于5MΩ。

（4）安装注意事项。皮带秤的输送皮带运行时，皮带跑偏量不大于带宽的6%；在输送过程中，物料在皮带上无黏留、阻塞、溢漏；输送机应配备有效的皮带张紧（拉紧）装置，以保持皮带张力变化尽量减小。输送机的振动应尽量小，其纵梁结构应稳固，有足够的刚性，在最大负荷下的相对挠度不大于0.012%。

测速传感器在皮带秤有效量程内，应能准确地检测称重段的皮带速度；测轮应保持清洁无黏结物，与皮带之间应保持滚动接触，无滑动和脱离，其轴线应与皮带运行方向垂直。

无论是空皮带运行还是带负荷运行，称重托辊及前后各组（2～3组）过渡托辊都应与皮带始终保持接触，皮带不允许悬离托辊；称重框架前后相邻的固定托辊和称重托辊，其滚珠轴承应转动正常无卡涩；这些托辊的径向跳动应小于0.2mm，轴向窜动小于0.5mm。

称重框架与固定框架采用簧片作支点轴时，各组簧片的交叉线应在同一轴线上，几何位置误差不大于0.3mm，所有簧片应平直无扭曲、无锈蚀或裂缝；采用四角固定支撑轴承的框架应无卡涩和锈蚀；称重框架除支点轴承（或簧片）、刀口、钢丝拉绳等支撑、传力部件外，不得与皮带机的固定框架存在直接或间接的接触（如煤块卡涩等）。

称重传感器及其附件应连接牢固，表面无影响技术性能的缺陷；技术参数应符合对应等级的称重传感器国家标准规定。

3. 电子皮带秤安装检查验收

电子皮带秤安装检查验收见表2-51。

表2-51　　电子皮带秤安装检查验收

工序	检验项目	性质	单位	质量标准	检验方法和器具
检查	型号规格			符合设计	核对
	外观			无伤残	观察
	绝缘电阻		MΩ	≥5	用500V绝缘电阻表测量

续表

工序	检验项目		性质	单位	质量标准	检验方法和器具
安装	测速传感器安装	位置			符合设计	核对
		滚轮与皮带轮接触面积		%	≥80	观察
		滚轮中心线方向	主控		与皮带轮传动方向垂直	
		滚轮与传送皮带安装	主控		皮带不打滑	
		固定			牢固	试动观察
	称重传感器安装	平衡框架连接			簧片垂直于皮带机架，并无扭绞	观察
		吊杆位置			符合制造厂规定	核对
		固定			牢固	试动观察
	就地显示仪表安装	安装环境			无腐蚀、强磁场，通风良好	观察
		固定			牢固	试动观察
	接线	线端连接			正确、牢靠	用校线工具查对
		线号标志			正确、清晰、不褪色	观察
	标志牌				内容符合设计，悬挂牢靠，字迹不易脱落	核对

（二）轨道衡安装

1. 组成与测量原理

动态电子轨道衡是煤场对行进中的载重列车进行联挂动态称量的自动化计量设备。它由机械称重台面、高精度电阻应变片式称重传感器、数据采集通道和微机控制系统四部分组成，与之相配套的还有经专门设计并施工的基础道床等辅助部分。机械称重台面由承重梁、过度器、纵向和横向限位装置等组成。承重梁是秤体的主要部件，它直接承受被称物体的重量；过度器是保证车辆平稳进入称重台面的关键部件，它能使车辆进入称重台面时产生的振动最小；纵向和横向限位装置的设置能使承重梁处于最稳定状态。传感器为电阻应变片式高精度称重传感器，它是整个系统的关键元件，具有工作温度范围宽、密封防潮、过载能力强、长期稳定可靠等特点。

当列车按一定的速度（7～30km/h）匀速通过称重台面时，称重台面下的传感器就把列车的重量信号转变为与之成正比的毫伏级电压信号，电压信号经数据采集通道的放大、滤波、模/数转换处理后，通过接口采集并进行数据运算处理，计算出每节车的重量及速度，显示和打印出来。

2. 轨道衡安装过程工艺

动态电子轨道衡的安装工作包括机械台面及传感器的安装和电气仪表及微机系统的安装。由于生产厂家不同安装内容有所差别，下面以GCU系列动态电子轨道衡安装为例。

（1）安装前的准备工作。用户在收到设备后，打开随产品发运的所有包装，按照装箱清单检查设备零部件是否完整，有无损坏现象，如发现问题应及时联系厂家，以便派人加以解决。

（2）机械台面及传感器部分的安装。动态电子轨道衡的基础建造及机械台面的安装，由机务专业负责。安装传感器时要保证其传感器与秤体接触面垂直、对中、无间隙，四只传感器在同一平面内，承载力要均衡，若传感器有间隙要用垫片垫实。调整限位装置，使其与秤体主梁接触面垂直且水平，拉环拉紧程度适中。安装称量轨和防爬轨时要保证两者的间隙在5～15mm之间，防爬轨应高于称量轨，高差、错牙应小于2mm，称量轨和防爬轨的端头不得用火焰切割。电子轨道衡的秤台下面，各个负重传感器的受力应均匀。机械部分安装好后还要特别注意将接地装置与基础中的接地极连接好，接地电阻要小于4Ω。

(3) 电气仪表及微机部分的安装。按要求将四只传感器的电缆线接至接线盒内，再利用七芯电缆线将接线盒与控制室内的数据采集通道连接起来，通入控制室的线缆要通过保护管进入控制室，电缆连接应确保无误；经外观检查无异常情况后连接电源（电源应经过交流净化稳压处理）。电气部分连接好后，检查接地线的接地电阻应小于4Ω。

轨道衡应有安全、可靠的接地和防雷措施。各个负重传感器用500V兆欧表测量绝缘电阻应不小于5MΩ。

3. 轨道衡安装检查验收

轨道衡安装检查验收见表2-52。

表2-52 轨道衡安装检查验收

工序	检验项目		性质	单位	质量标准	检验方法和器具
检查	型号规格				符合设计	核对
	外观				无伤残	观察
	位置				符合设计	校对
安装	绝缘电阻		主控	MΩ	≥5	500V绝缘电阻表测量
	安装固定				正确、牢固	观察
	接线	线端连接			正确、牢固	用校线工具查对
		线号标志			正确、清晰、不褪色	观察
	标志牌				内容符合设计，悬挂牢靠，字迹不易脱落	核对

十、监视检测装置的安装

（一）炉膛火焰监视电视装置安装

1. 装置组成

炉膛火焰监视电视装置主要用于各种大、中型锅炉内窥监测炉内燃烧工况，让运行人员在集控室内就能观察到炉膛内燃烧全过程工况，及时发现燃烧恶化、灭火等危险状况，从而及时采取相应措施，保证锅炉安全稳定运行。

系统由火焰摄像装置、空气过滤控制装置、就地电气控制器、视频传输电缆、控制电缆、集控室操作器及炉墙连接体等组成。其中火焰摄像装置由内窥式耐高温摄像探头、小车、支架、电动推杆等组成，如图2-140所示。单台机组火焰监视电视装置一般为两套，分别位于锅炉炉膛左右两侧燃烧器的上方位置，具体安装位置已由锅炉厂家预留，现场对安装位置不做更改。

整套装置中，摄像探头是系统的主要部件，工作温度一般不低于1500℃，其主要构成包括图像传感器、高温镜头及冷却保护套。冷却保护套用来保护镜头和图像传感器。每套炉

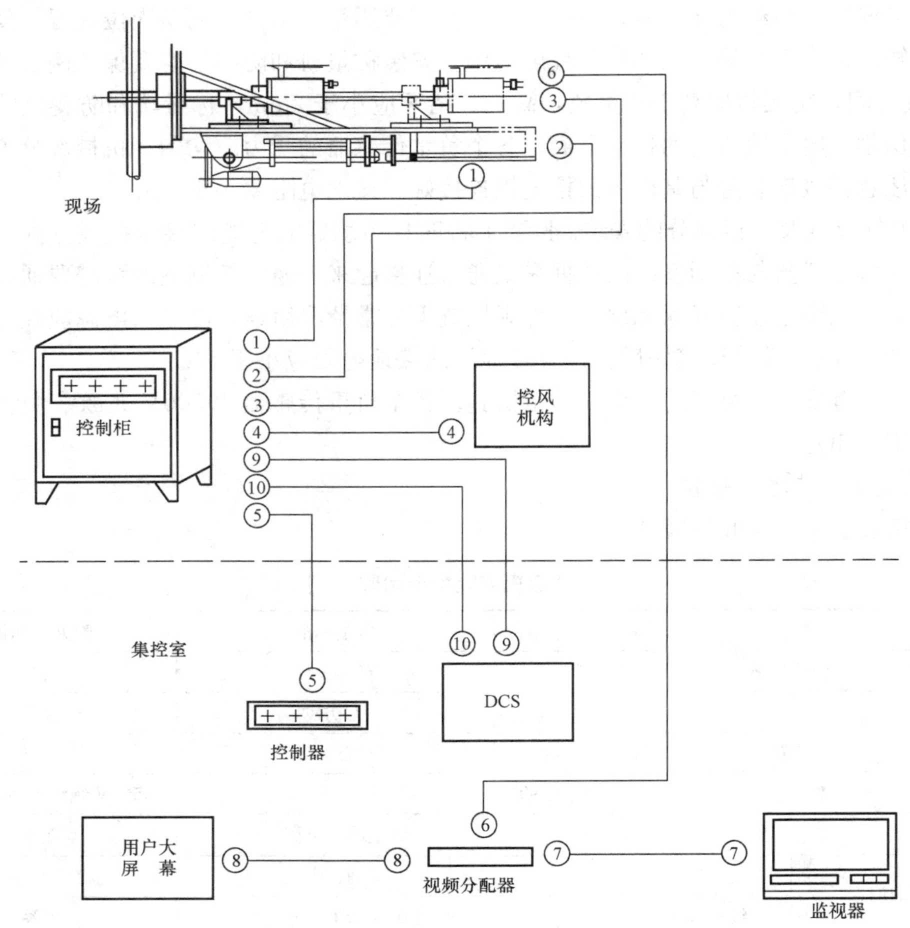

图 2-140 炉膛火焰监视电视系统示意图

膛火焰监视电视装置的每个探头配置一套控风系统，用于对视频探头进行吹扫。

炉膛火焰监视电视装置的设备一般分三部分，即现场设备（包括火焰摄像装置及控制柜，如图 2-141 所示）、集控室设备（包括控制器、视频分配器及监视器）以及各设备间的电缆敷设接线。

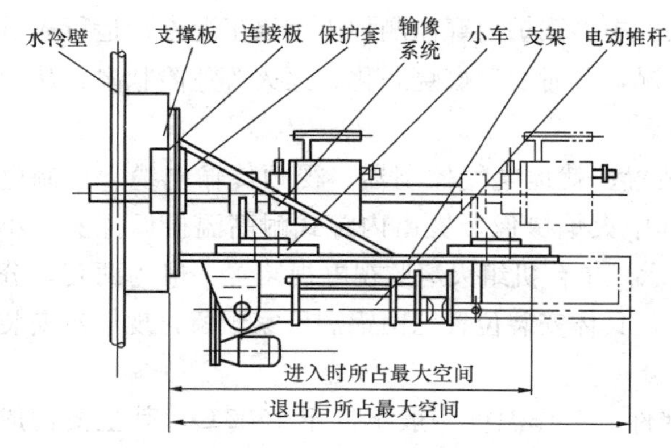

图 2-141 炉膛火焰检测装置构成图

2. 安装步骤

(1) 技术准备。

1) 设计院的施工图纸、炉膛火焰监视电视装置厂家系统说明书及安装示意图已到齐，并经过图纸会检。编制作业指导书或施工方案、开工报告、安全和技术交底、焊接技术交底、危险因素清单、作业风险控制计划等技术文件，按审批程序通过审批，并对相关管理和施工人员进行交底和签字。核对元件的型

号、规格和长度，是否符合设计要求和实际需要。

2）根据炉膛火焰监视电视装置图纸等资料，核对该系统同外界的接口，如电源的接入、仪用空气的接入是否能满足设备厂家的要求；信号电缆、控制电缆的连接是否符合设计的要求。熟悉厂家资料，了解该系统安装的注意事项。当火焰电视的设备到货后，应及时按规程进行开箱验收，根据图纸资料、发货清单逐一进行清点核对。

炉膛火焰监视电视装置安装工艺流程如图 2-142 所示。

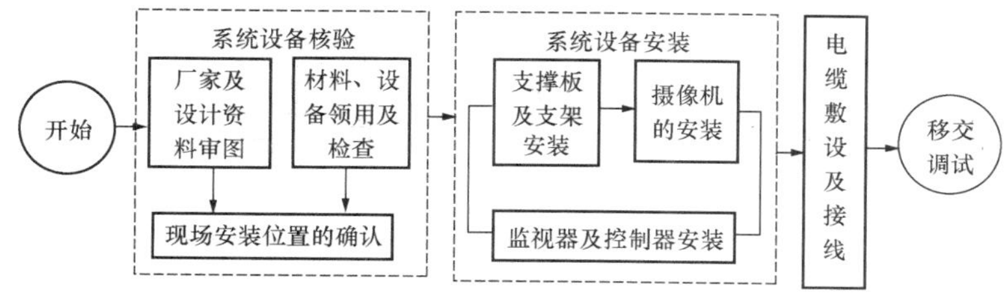

图 2-142　炉膛火焰监视电视装置安装工艺流程图

安装前应检查确认以下作业条件满足要求：

1）施工所需的人员已到位，并明确自己所接受任务的技术、安全、质量的要求，熟悉火焰监视电视的安装注意事项及要点；焊工等特殊工种必须持证上岗。

2）锅炉水冷壁已安装完毕，楼梯、通道、平台、栏杆安装完成。火焰监视电视探头安装所需的预留孔位置符合设计要求，如预留孔需现场开孔，应在厂家的指导下进行，并在锅炉水压前完成；锅炉现场已具备安装火焰监视电视系统的条件。

3）火焰监视电视安装所需设备、附件的型号、规格、数量经检查核对与设计相符，外观无损伤、齐全、完好；领用后已妥善保管。

4）所有安装材料，如三通接头、安装法兰、导向管、不锈钢金属软管（冷却气管）、导角板、固定支架等已准备到位。施工所需的机工具已准备：电焊机等按需要已布置到位，安装所需的施工电源已布置，现场已具备使用条件；现场所需的临时照明已安装结束，符合现场施工要求。

5）根据现场的安装位置和需要走向，搭设合适高度的脚手架，脚手架的宽度、高度应满足施工要求，脚手架应设有便于施工人员上下的爬梯；脚手架应经验收合格后，方可使用。

（2）安装过程工艺。

1）安装位置确定。如设计有预留孔，则按现场水冷壁预留的探头位置确定安装位置。如没有预留孔，则根据设计图纸在厂家指导下和电厂锅炉专业人员一起进行开孔定位，开孔位置参考图 2-143。要求开孔正前方 2m、上下左右各 1m 位置不应有障碍物。

将预埋件插入已开设的观察孔内，使得预埋件轴心与监视孔轴心尽量重合，且预埋件护套的轴心应对准被监视范围的中心。观察监视孔与被监视目标在 90°的发射圆锥面内无遮挡物，以免目标不能被有效监视和监视图像不清晰。

在锅炉水压试验前，必须完成工业电视支架在锅炉水冷壁上的所有焊接安装工作；火焰检测装置安装时，应考虑炉膛热膨胀的影响，将设备固定在炉壁上，随同其一起位移，严禁支架与锅炉平台相连接。

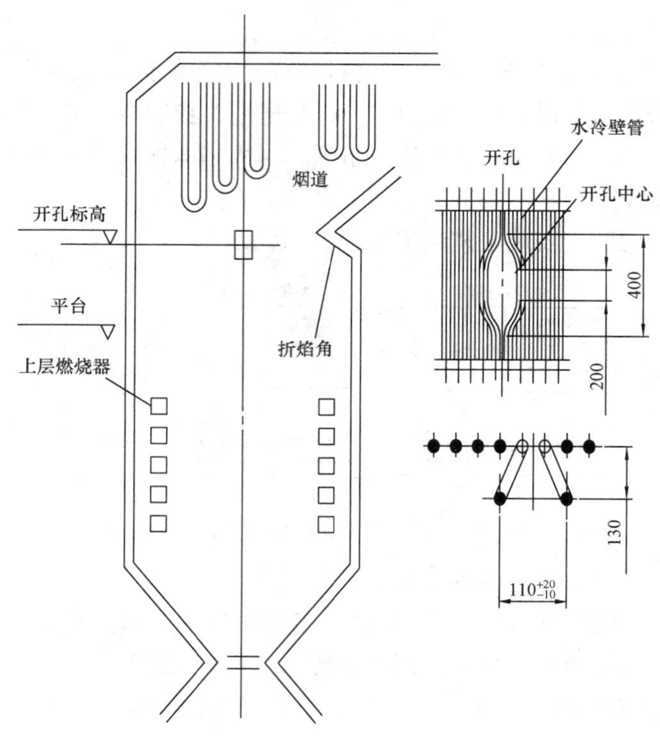

图 2-143　开孔位置示意图

2）支撑板焊接。在支撑板焊接前，应复核水冷壁的材质，选用正确的焊材。

检查安装位置合适后，先对支撑板与观察孔的炉壁钢板进行点焊；点焊后进行试装，确认无问题后将支撑板密封焊接于水冷壁上，焊接时注意不要损伤水冷壁管，严格按照焊接工艺规范施工。

3）支架及探头组件安装。炉膛火焰监视电视支架应与锅炉水冷壁平面相垂直，不得倾斜，且安装牢固。电视支架一般通过螺栓与支撑板连接。

探头组件包括摄像系统、小车、电动推杆与连接板等，一般为成套组合，按设备技术文件的规定通过螺栓与支架连接牢固。安装时先将传动小车置于传动装置最末端，再将摄像探头的安装卡箍安装于传动小车上，松开安装卡箍紧固螺栓，将传动小车与摄像探头一并推进至传动装置最前端，确保传动小车位于传动装置的最前端，再向前推动摄像探头直至摄像探头的前端紧密地顶靠在预埋件的前端，紧固安装卡箍的锁紧螺栓，然后按设备技术文件装好限位装置。

火焰监视电视摄像装置探头插入深度应符合设计要求，探头俯仰角度 θ 根据监视目标及现场安装位置确定，一般为－10°～＋30°。图 2-144 所示为炉膛火焰监视电视支架安装完成图片。

4）控制箱安装。控制箱选择在探头安装点附近合适的位置，制作一个门形支架，用螺栓将控制箱固定在门形支架上，如图 2-145 所示。考虑到锅炉的膨胀，控制箱与火焰检测装置的距离不宜太近，但也不能过远，一般在 0.8～1.5m 处，中心标高为 1.3m，避开热源，选择通风、开阔，便于操作，并保证气源管路能够连上的地方。气路控制箱安装时还需考虑气路的走向。

图 2-144　炉膛火焰监视电视支架安装

图 2-145　火焰检测装置及控制箱的安装

5）冷却仪用空气管安装。仪用冷却气源应采用不锈钢金属软管引至炉膛火焰检测装置安装平台 0.8～1.5m 处，并安装球阀，待设备安装后用软管连接；软管布置应便于电动推杆进退；系统的控制气源和冷却气源一般直接从锅炉仪用空气的支管上引出（管径≥20mm），冷却介质品质应符合制造厂规定；炉膛火焰工业电视安装结束后，控风系统进行风压试验应无泄漏；在系统没有可靠通冷却气源之前不得将镜头伸入炉内。

6）控制柜、监视器与控制器安装。

① 控制柜一般布置在集控室大屏后面，控制柜/箱的安装根据盘柜的安装工艺规范要求进行。

② 按厂家要求进行监视器安装；如装在机柜内，则应有通风措施。监视器的安装位置应使屏幕不受外来光直射，当有不可避免的光时，应加遮光罩遮挡；监视器的外部可调节部分应暴露在便于操作的位置，并加保护盖。

③ 若火焰检测装置的控制全部通过 DCS 实现，则可以取消控制器；若设计是通过控制器控制火焰检测装置，则将控制器布置在集控室内。控制器的布置应遵循设计布置原则，一般有两种安装方式：集控室内设计有辅助控制盘，则控制器一般安装于辅助控制盘上；集控室内没有设计辅助控制盘，则控制器一般安装于集控室大屏幕安装面板上。

7）管线、线缆连接。系统的控制气源和冷却气源一般直接从锅炉仪用空气的支管上引出，引至炉膛火焰检测装置附近，并安装球阀，待设备安装后用软管连接；软管布置应便于电动推杆进退。按说明书要求将冷却风管、控制电缆连接到控制箱处。

8）电缆敷设及接线。电缆敷设必须按设计要求，根据电缆清册所列的型号、规格进行施工；电源及控制电缆应与信号电缆分层敷设；敷设电缆的两端应留有适度余量，并标有明显的敷设标识；室外设备连接电缆时，宜从设备的下部进线；进入管孔的电缆应保持平直，并应采取防潮、防腐蚀、防尘等处理措施；电缆线端连接正确、牢固，线号标志正确、清晰。

9）成品保护。由于现场环境恶劣，交叉施工多，火焰检测装置应在锅炉保温结束后安装，安装后应用防火毯加塑料布的方式进行防水、防火，挂好警告标识，禁止外力碰撞及脚踏等。就地布置安装的火焰检测装置及电控柜/箱应有防止外力碰伤及电焊烫伤等保护措施。

（3）安装注意事项。

1）在设备领用时，必须对设备型号、规格、数量进行检查，并与设计方案进行核对。

要求设备、附件齐全、完好，火焰检测探头外观无损伤；领用后妥善保管。

2）确保支撑板焊接处水冷壁不因焊接、切割受损，焊接前先进行焊接技术交底，对水冷壁周围的切割、焊接工作应由焊接经验丰富的合格焊工进行，焊接时应严格按照焊接工艺要求进行施工，严禁从水冷壁上直接引弧。

3）检测装置安装时，应确认运行中膨胀后，周围无影响安装的栏杆、平台等，保护管、电缆施工时应充分考虑膨胀的需要，避免探头检测装置随炉膨胀后带来安全隐患。

4）高温电视摄像机引出电缆应采用耐高温电缆；炉膛火焰工业电视从摄像机引出的电缆应为软线，且留有足够余量，不得影响摄像机的进退；摄像机的电缆线应固定，并不得用插头承受电缆的自重。

5）施工人员高处作业时正确使用安全带，手动工具配备安全绳，施工过程中，材料应摆放整齐，放在平台边缘区域的必须绑扎牢固，以防人身、器具高处坠落。

6）熟悉现场环境，确认所有孔洞盖板已盖好，施工照明、脚手架等符合施工要求，周围无明显安全隐患。交叉作业区域注意高处落物，防止高处落物伤人。

7）孔洞盖板、栏杆等安全设施如妨碍施工时，应经安全部门同意，办妥工作票，并做好隔离措施后，方可拆除。施工完毕应立即恢复。

8）炉膛火焰工业电视安装结束后，控风系统进行风压试验，应无漏泄；当锅炉点火后，在系统没有通可靠冷却气源之前不得将镜头伸入炉内。

9）电缆连接正确、牢固，线号标志正确、清晰。

3. 炉膛火焰监视电视装置安装检查验收

炉膛火焰监视电视装置安装检查验收见表 2-53。

表 2-53　炉膛火焰监视电视装置安装检查验收

<table>
<tr><th>工序</th><th colspan="2">检验项目</th><th>性质</th><th>单位</th><th>质量标准</th><th>检验方法和器具</th></tr>
<tr><td rowspan="4">检查</td><td colspan="2">外观</td><td></td><td></td><td>无伤残</td><td rowspan="2">观察</td></tr>
<tr><td colspan="2">附件</td><td></td><td></td><td>齐全</td></tr>
<tr><td colspan="2">绝缘电阻</td><td></td><td>MΩ</td><td>≥1</td><td>500V 绝缘电阻表测量</td></tr>
<tr><td colspan="2">型号规格</td><td></td><td></td><td>符合设计</td><td>核对</td></tr>
<tr><td rowspan="11">安装</td><td colspan="2">位置</td><td></td><td></td><td rowspan="4">符合设计</td><td rowspan="4">核对</td></tr>
<tr><td colspan="2">安装平台</td><td></td><td></td></tr>
<tr><td colspan="2">检修平台</td><td></td><td></td></tr>
<tr><td rowspan="2">光感探头安装</td><td>插入深度</td><td>主控</td><td></td></tr>
<tr><td>固定</td><td>主控</td><td></td><td>牢固，且满足本体热膨胀要求</td><td>观察</td></tr>
<tr><td colspan="2">控制气源</td><td></td><td></td><td>可靠</td><td rowspan="2">核对</td></tr>
<tr><td colspan="2">冷却介质品质</td><td></td><td></td><td>符合制造厂规定</td></tr>
<tr><td rowspan="2">接线</td><td>线端连接</td><td></td><td></td><td>正确、牢固</td><td>用校线工具查对</td></tr>
<tr><td>线号标志</td><td></td><td></td><td>正确、清晰、不褪色</td><td>观察</td></tr>
<tr><td colspan="2">标志牌</td><td></td><td></td><td>内容符合设计，悬挂牢靠，字迹不易脱落</td><td>核对</td></tr>
</table>

（二）炉膛火焰检测监视探头安装

1. 装置组成

火焰检测监视探头是一种能检测火焰信号，并将这种信号送到指定的信号控制器，进行联锁控制或监视的仪表系统，是电站锅炉等大型燃烧设备炉膛安全监控系统（FSSS）的关键设备。它通过火焰的物理特性来对燃烧工况进行检测，当火焰燃烧状态不满足正常条件或熄火时，可按一定方式给出信号，作为故障或炉膛安全系统（FSSS）的逻辑判断条件，其能否可靠地运行直接影响锅炉的安全。

火焰检测监视探头安装在燃烧器上，根据检测目标的不同，分为煤检和油检两种。炉膛内燃料燃烧产生的光线穿过火检探头前部的凸透镜片，落在光导纤维的端部，光信号经过光导纤维传输送至炉墙外侧的火检探头，火检探头内的硅光电池将光信号转换成正比于火焰强度的电脉冲信号，在信号处理器内被检测火焰的电脉冲信号分别转换成4～20mA模拟量信号和无源开关量信号，经过电缆送往系统，模拟量信号在操作员站上做棒状图显示，开关量信号送入FSSS系统用于逻辑运算。

探头种类较多，不同的探头其安装方法也不尽相同，下面介绍常用的探头安装过程。

2. 安装步骤

（1）技术准备。安装准备工作、安装工艺过程及作业条件，与本节中炉膛火焰监视电视装置相同。

（2）安装过程工艺。

1）探头安装位置确定。根据图纸及燃烧器现场预留的开孔位置，检查确定探头安装位置符合设计要求，结合火检探头的安装方式，确定支架的安装点。对于现场改装等离子点火设备、火检孔需现场增加开孔的，其开孔应在厂家的指导下进行，并在水压试验前完成，见图2-146、图2-147。

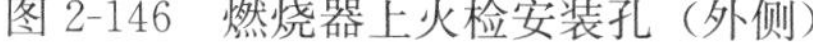

图2-146　燃烧器上火检安装孔（外侧）

图2-147　火检探头前端固定孔（炉内）

2）探头前端支架焊接。探头的前端支架按图纸或厂家要求密封焊接于燃烧器上，探头的前端支架一般焊在厂供导角板上，导角板焊接在燃烧器近炉内侧，支架的安装角度通过导角板调整后进行点焊，待探头试装合格并确认角度符合厂家要求后再进行施焊。焊接必须牢固。

3）法兰式探头固定支架安装。探头的固定法兰按图纸要求焊在燃烧器的预留孔外侧，支架应与燃烧器侧面相垂直，不得倾斜，且安装牢固。探头的固定法兰一般焊有一段短管，以方便对接，短管的长度应根据现场情况或安装说明书进行确定，焊接时应根据焊接母材合理选用焊材，安装时应注意法兰的固定螺栓朝向。固定支架安装时，先进行电焊点焊，待探头试装合格后再进行施焊。探头最前端一般由陶瓷或玻璃制成，安装时应小心地把探头从固定法兰处引入至探头前端支架，按要求进行固定。

4）法兰套管的安装与内窥式探头安装。探头的固定法兰按图纸要求焊在燃烧器的预留孔外侧，支架应与燃烧器侧面相垂直，不得倾斜，点焊后，进行探头试装。确认位置合适后，将法兰套管四周进行密封焊。

焊接后，去除焊渣并及时刷上防锈漆，暂时不能安装的，需用塑料布或彩条布包裹法兰口，防止雨水、杂物进入。试装后的探头组件应及时收回仓库妥善保管。

支架焊接安装后，当安装点周围机务工作基本结束，现场具备探头安装条件时，可进行内窥式探头的安装，如图 2-148 和图 2-149 所示。

图 2-148　火焰检测监视探头安装（一）

图 2-149　火焰检测监视探头安装（二）

内窥式探头属于精细仪表，应小心搬运至现场；由于探头最前端一般由陶瓷或玻璃制成，安装时应小心地将火检探头缓缓插入套管，引至探头前端支架，按厂家要求进行固定并紧固，避免突然或猛烈地振动探头，以及过度扭曲探头的光纤体。

燃煤机组每只燃烧器上一般分别设有油火检、煤火检两种探头，安装时应根据厂家编号选用，确保安装的正确性。

5）冷却风软管、火检柜和就地接线箱安装。

① 按要求对探头的冷却风软管进行连接；探头的冷却风软管应采用不锈钢金属软管，以削除锅炉的热膨胀。

② 火检柜一般布置在电子设备间，安装时根据到货情况与电子室其他盘柜一起安装；按设计要求做好盘柜的接地等工作。

③ 就地接线箱的安装应根据火检就地预制电缆的长度选定安装位置，一般安装在同排火检探头的中间位置，并尽量远离热源。

6）预制电缆的连接、电缆敷设及接线。根据探头的距离选用合适长度的预制电缆，在厂家提供合理长度的预制电缆的情况下，应保证每个探头至接线箱的预制电缆无中间对接。进入接线箱的电缆应从下部引入，并应采取防潮、防尘等处理措施，预制电缆与探头的连接应考虑锅炉的热态膨胀，并尽量远离热源。

根据设计图纸，按照电缆敷设工艺规程的要求进行电缆敷设；由于火检信号是炉膛安全保护系统中重要的信号之一，因此火检接线箱至控制柜的电缆宜采用耐高温屏蔽电缆，与DCS系统等连接的电缆可采用普通的计算机电缆或控制屏蔽电缆；电缆敷设的安全注意事项参见电缆敷设工艺规范的要求。

电缆线端连接正确、牢固，线号标志正确、清晰，按设计做好屏蔽线的连接工作，其中在中间接线盒内屏蔽线应可靠转接；探头和机柜内的端子回路号应一一对应。

7）成品保护。由于现场环境恶劣，交叉施工多，火检探头应尽量在锅炉保温结束后安装，安装后应挂好警告标识，禁止外力碰撞及脚踏等。

（3）安装注意事项。

1）进入炉内安装前，应按规程办好工作票，有专人监护，炉内脚手架的宽度、高度应满足施工要求，现场施工照明应满足施工要求，燃烧器内的移动照明电源应低于36V，拖入容器内的电焊皮带应确保绝缘良好，以防触电；作业时按规程系好安全带，手持的手动工具应配有安全绳。

2）在炉膛内部脚手架拆设前，应完成火检探头支架在燃烧器及炉膛内部的焊接安装工作；火检探头的安装位置，应考虑炉膛热膨胀的影响，以及探头抽出时的空间等。

3）根据探头的距离选用合适长度的预制电缆，在厂家提供合理长度的预制电缆的情况下，应保证每个探头至接线箱的预制电缆无中间对接。预制电缆敷设前，应对接头做好临时保护措施，连接时应仔细，确保接头正确连接。

4）空洞盖板、栏杆等安全设施如妨碍施工时，应经安全部门同意，办妥工作票，并做好隔离措施后，方可拆除。施工完毕应立即恢复。

3. 炉膛火焰检测监视探头安装检查验收

炉膛火焰检测监视探头安装检查验收见表2-54。

表2-54　　炉膛火焰检测监视探头安装检查验收

<table>
<tr><th>工序</th><th colspan="2">检验项目</th><th>性质</th><th>单位</th><th>质量标准</th><th>检验方法和器具</th></tr>
<tr><td rowspan="4">检查</td><td colspan="2">型号规格</td><td></td><td></td><td>符合设计</td><td>核对</td></tr>
<tr><td colspan="2">外观</td><td></td><td></td><td>无伤残</td><td rowspan="2">观察</td></tr>
<tr><td colspan="2">附件</td><td></td><td></td><td>齐全、完好</td></tr>
<tr><td colspan="2">绝缘电阻</td><td></td><td>MΩ</td><td>≥1</td><td>500V绝缘电阻表测量</td></tr>
<tr><td rowspan="10">安装</td><td colspan="2">位置</td><td></td><td></td><td>符合设计</td><td>核对</td></tr>
<tr><td colspan="2">环境温度</td><td></td><td>℃</td><td>≤60</td><td>用温度计测量</td></tr>
<tr><td colspan="2">支架安装</td><td></td><td></td><td>牢固</td><td>试动观察</td></tr>
<tr><td colspan="2">固定角度</td><td>主控</td><td></td><td>符合制造厂规定</td><td>试动观察</td></tr>
<tr><td colspan="2">探头编号</td><td>主控</td><td></td><td>与盘上一致</td><td>观察</td></tr>
<tr><td colspan="2">防护设施</td><td></td><td></td><td>齐全、完好</td><td></td></tr>
<tr><td colspan="2">冷却设施</td><td></td><td></td><td>符合制造厂规定</td><td>核对</td></tr>
<tr><td rowspan="2">接线</td><td>线端连接</td><td></td><td></td><td>正确、牢靠</td><td>用校线工具查对</td></tr>
<tr><td>线号标志</td><td></td><td></td><td>正确、清晰、不褪色</td><td>观察</td></tr>
<tr><td colspan="2">标志牌</td><td></td><td></td><td>内容符合设计，悬挂牢靠，字迹不易脱落</td><td>核对</td></tr>
</table>

（三）炉管泄漏监测系统安装

在火力发电的生产过程中，锅炉“四管”（水冷壁管、过热器管、再热器管和省煤器管）的泄漏一直是影响电厂安全生产、稳定运行的一大忧患，实时监测锅炉“四管”受热面管道的泄漏和有效监测吹灰运行工况状态，以便在炉管泄漏的早期给出报警信息，使现场运行人员能及时采取防护措施，是防止事故扩大，减少经济损失的重要手段之一。

1. 系统组成

锅炉炉管泄漏监测系统利用了锅炉、声学、电子线路和微机等学科技术，通过特制的声波传感器采集炉膛内的声音信号，当锅炉正常运行时，煤粉燃烧、烟气流动、灰粒撞击“四管”金属表面、蒸汽吹灰等等都会在炉膛内产生噪声信号，称为背景噪声，因此所采集到的信号为背景噪声，强度较弱，其频率主要集中在低频段；当锅炉“四管”发生泄漏时，管道内的高温高压介质（水或蒸汽）通过裂缝或破口喷射出来，引起管壁振动和高压射流，可产生频带较宽的噪声，不仅使炉膛噪声强度明显加强，而且其频率分量主要集中在高频段，泄漏检测装置通过特殊的声波传感器采集噪声信号转换为电信号，通过电缆传送给主控系统，依靠先进的小波分析和频谱分析技术将泄漏噪声从各种复杂的背景噪声中区分出来，实现对炉管泄漏的早期预报，并判断出泄漏位置方位和泄漏严重程度，便于运行工作人员提早进行防护处理。

炉管泄漏检测系统分为硬件系统和软件系统两大部分。硬件系统通常由信号采集系统、信号处理监视系统和除灰系统三部分组成。其安装设备、材料由厂家提供，现场安装设备包括声导管、方箱、接口阀门、连接法兰、密封圈及传感器探头；方箱一般有两种，分为横箱和竖箱，安装时主要看炉管的分布情况而定，在厂家的布置图上已标明，可按图施工；控制柜、监听设备一般布置在电子室。施工时主要考虑以现场设备安装为主，见图 2-150。

图 2-150　顶棚管上炉管泄漏元件的安装

软件系统由数据采集与预处理模块、数据存储模块、数据分析与泄漏诊断模块、报警与系统故障自检模块、用户界面模块、远程监控模块、网络客户模块等组成。

2. 安装步骤

（1）技术准备。施工作业条件：锅炉本体上的水冷壁管、过热器管、再热器管和省煤器管均已安装完成（运行机组需停运后），需用的脚手架已申请搭设完成；设备已领用到场。生产厂家技术人员已到现场，具有足够的安装和调试经验，能够指导安装，已联系业主专业人员到场参与定位。

（2）装置安装过程工艺。

1）传感器探头安装测孔定位、划线、开孔。传感器探头安装定位时，应尽可能在厂家技术人员指导下，根据设计图纸、结合锅炉本体的实际结构选择最佳位置进行安装点定位并兼顾均匀布置。定位时，必须注意留足上方的空间位置以满足导声管和探头安装，同时兼顾以后的检修需要。

按方箱实物一比一画线，不允许随意画线，导致开孔线超出方箱。画线时还应考虑水冷壁管子与鳍片焊接时的熔入深度。

必须按线的内侧边缘开孔，开孔完后开孔线应保持完整。在水冷壁开孔时必须从鳍片的中间开始切割，慢慢向两边修正，直至合要求；切边必须光滑、无毛刺，形状规正。

2）方箱与导声管安装。方箱安装时需考虑导声管的安装角度，上下水平应对齐，方箱的焊接必须严密、无漏点，重点关注焊接时与炉管的咬边情况，如图 2-151 所示。导声管安装时，应把握以下重点：

① 插入方箱或水冷壁内必须与内壁平齐，不得露出，否则会影响测量。

②导声管的角度严格按要求布置，冷却风接口朝向正确，各导声管工艺一致。

③焊接处必须严密。

④焊接后，焊接处需刷上防锈漆。

⑤导声管安装后，用石棉布将口子包裹好，防止杂物进入。

3）电缆、管路敷设。敷设电缆保护管，安装、压缩空气管路，安装气源吹扫控制电磁阀。

信号传输电缆敷设时，电缆的规格型号符合要求，穿保护管，并考虑炉膛膨胀应留足探头处的电缆。

4）探头安装与接线。每一个炉管泄漏都安装一个声纳探头，探头取压孔与炉膛相通，温度很高，需要冷却风接入进行冷却，安装时注意风管接口朝向，如图 2-152 所示。待现场条件具备后，将传感器集中进行安装和接线。

图 2-151 垂直水冷壁上方箱及导声管的安装

图 2-152 炉管泄漏探头及冷却风管的安装

（3）安装注意事项。

1）炉管泄漏取源部件安装须在锅炉水压试验前完成。

2）导声管安装时，插入方箱或水冷壁内必须与内壁平齐，不得露出，否则会影响测量；导声管的角度严格按要求布置，各导声管工艺一致。焊接处必须严密；焊接后，焊接处需刷上防锈漆。

3）系统安装好后，在炉膛拆架子前检查一遍水冷壁上各测点是否畅通（防止被机务误认为漏焊缝而被堵死）。

4）安装过程中注意不要被保温钉戳伤，防人员坠落和防高空落物。

5）电缆的型号规格符合要求（一般为耐高温电缆）；考虑炉膛膨胀应留足探头处的电缆；敷设、接线工艺与主厂房保持一致，挂牌要求字体清晰、内容正确、工艺统一。

3. 炉管泄漏探头安装检查验收

炉管泄漏探头安装检查验收见表2-55。

表2-55 炉管泄漏探头安装检查验收

工序	检验项目		性质	单位	质量标准	检验方法和器具
检查	型号规格				符合设计	核对
	外观				无伤残	观察
	附件				齐全、完好	核对
	绝缘电阻			MΩ	≥1	500V绝缘电阻表测量
安装	位置				符合设计或制造厂规定	核对
	方箱和导声管安装				符合制造厂规定	核对
	支架安装				牢固	试动观察
	固定角度		主控		正确	核对
	探头安装		主控		正确牢固	试动观察
	防护设施				齐全、完好	观察
	冷却设施				符合制造厂规定	核对
	接线	线端连接			正确、牢靠	用校线工具查对
		接地	主控		符合制造厂规定	核对
		线号标志			正确、清晰、不褪色	观察
	标志牌				内容符合设计，悬挂牢靠，字迹不易脱落	核对

（四）闭路电视系统的安装

闭路电视监控系统（CCTV）是安全技术防范体系中的一个重要组成部分，它可以通过遥控摄像机及其辅助设备（镜头、云台等）直接观看被监视场所的一切情况，让监视人员对被监视场所的情况一目了然。主要设备及重要区域配置电视监视器、时滞录像机和画面处理器后，用户能调看任意一个画面和遥控操作任意一台有遥控功能摄像机的云台和变焦功能，以进行某些重要区域近距离的观察、监视。同时，电视监控系统还可以与报警系统等其他安全技术防范体系联动运行，在人们无法直接观察的场合，实时、形象、真实地反映被监视控制对象的画面，提高防范能力，因此闭路电视监控系统已成为电厂现代化管理中一种有效的监控工具。

1. 闭路电视系统组成

闭路电视监控系统主要由前端、传输、终端三部分组成。前端用于获取被监控区域的图像，一般由摄像机和镜头、云台、解码器、防尘罩等组成；传输部分作用是将摄像机输出的视频（有时包括音频）信号馈送到中心机房或其他监视点，一般由馈线、视频电缆补偿器、视频放大器等组成；终端用于显示和记录、视频处理、输出控制信号、接受前端传来的信号，一般包括监视器、各种控制设备和记录设备等。

2. 闭路电视系统安装

（1）技术准备。

1）确认设计院的施工图纸已到齐，并经过图纸会检。编制作业指导书或施工方案、开工报告、安全和技术交底、焊接技术交底、危险因素清单、作业风险控制计划等技术文件，按审批程序通过审批，并对相关管理和施工人员进行交底和签字。

2）根据工程设计要求，结合厂家资料进行核对，主要是将监测点的分布位置与厂家图纸进行对照。接线盒的布置应合理，以方便检修和施工；电缆的型号规格符合设计要求。

3）满足安装作业条件：施工所需的人员已到位，并明确自己所接受任务的技术、安全、质量的要求，焊工等特殊工种必须持证上岗。施工所需的机工具已准备，电焊机等按需要已布置到位，安装所需的施工电源已布置，现场已具备使用条件。施工所需要的脚手架（包括炉内部分）已搭设完毕，并已通过验收；现场所需的临时照明已安装结束，符合现场施工要求。厂家已现场进行安装交底。涉及安装的电子室、配电间、控制室等已交安。

4）按设计数量清点和领用，查看有无缺件或坏件。领用后集中分类存放、标识齐全；不允许在现场存放，以防损伤和丢失。

（2）安装过程工艺。

1）现场安装位置确定根据设计图核对现场安装位置，确认满足设计要求和现场监视的需要。

探头支架安装定位时，必须联系厂家以及业主相关人员，以满足现场监视要求。根据监控系统点位布置图，选择最佳监控点。

常用的监控点一般选择在墙面、立柱、钢梁上。

2）支架、云台、控制箱安装

根据摄像机的配置不同，确定探头支架的安装形式，分为普通式、壁挂式、防爆式。

在安装点搭设好脚手架。云台式探头支架安装见图 2-153。支架焊接及接地线连接必须牢固可靠。在墙面和混凝土结构上安装时，采用膨胀螺栓直接固定支架。在钢结构上安装时，截两段花角钢，先将花角钢焊接在钢结构上，然后用螺栓固定支架。支架安装完成后，安装云台。

控制箱支架一般采用镀锌角钢或镀锌花角钢。下料、开孔等不应采用气割和焊割，断面需进行防锈处理。控制箱支架一般选择在探头的下方附近，环境条件良好且维护、检修方便的地方。安装高度以箱体中心线离地面 1.2～1.3m 为宜，支架焊接及接地线连接必须牢固可靠，然后将控制箱安装到支架上。

3）摄像头安装。摄像头支架安装完成后，不要立即进行摄像头安装，宜在该区域大部分工作完成后或电缆接线前进行集中安装，防止摄像头被损、被盗，如图 2-154 所示。

4）电缆敷设和接线。电缆的型号规格符合要求；敷设、接线工艺与主厂房工艺保持一致。电缆敷设必须按设计要求，根据电缆清册所列的型号规格进行施工。

电源及控制电缆应与信号电缆同轴电缆分层敷设；敷设电缆的两端应留有适度余量，并标有明显的敷设标识。

室外设备连接电缆时，宜从设备的下部进线；进入管孔的电缆应保持平直，并应采取防潮、防腐蚀、防尘等处理措施。

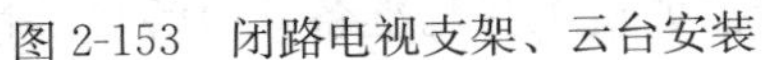

图 2-153　闭路电视支架、云台安装

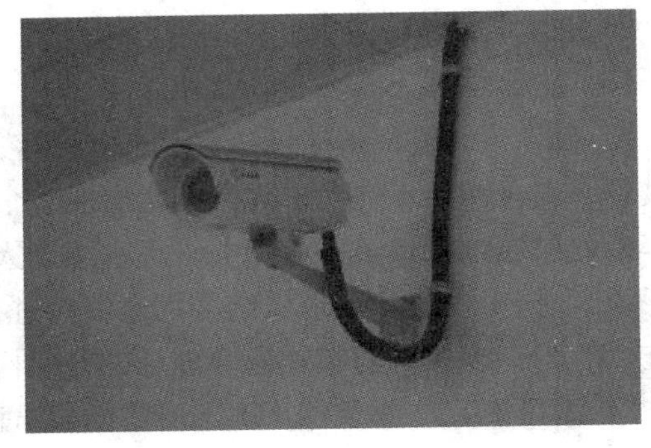

图 2-154　闭路电视摄像头的安装

5）成品保护。由于现场环境恶劣，交叉施工多，监控装置应在安装后挂好警告标识，禁止外力碰撞及脚踏等。就地布置安装的监控装置及控制箱应有防止外力碰伤及电焊烫伤等保护措施。

（3）安装注意事项。

1）高空作业系好安全带，安全带应挂在上方牢固可靠处。立体交叉施工作业时要防止落物。

2）上下脚手架前应检查脚手架是否牢固，严禁使用未经检验或不合格的脚手架，严禁私自乱拆脚手架。使用梯子进行安装作业时，要注意梯子是否防滑，且与地面的角度不能大于 60°，禁止两人同时站在梯子上进行作业。

3）动火前应按区域要求办理动火工作票，做好现场安全隔离措施，设备上方动火必须铺好防火毯，动火结束后应检查、确认动火点周围有无火灾隐患，确认完毕后方可离开。

4）控制箱支架一般采用镀锌角钢或镀锌花角钢、铁板。下料、开孔等不应采用气割和焊割，断面需防锈处理。

5）材料按设计数量清点和领用，领用后集中分类存放、标识齐全；不允许在现场存放，以防损伤和丢失。

3. 摄像头安装检查验收

摄像头安装检查验收见表 2-56。

表 2-56　　摄像头安装检查验收

工序	检验项目		性质	单位	质量标准	检验方法和器具
检查	外观				无伤残	观察
	附件				齐全	观察
	绝缘电阻			MΩ	≥1	500V 绝缘电阻表测量
	型号规格				符合设计	核对
安装	位置				符合设计	核对
	固定		主控		牢固	观察
	接线	线端连接			正确、牢固	用校线工具查对
		线号标志			正确、清晰、不褪色	观察
	标志牌				内容符合设计，悬挂牢靠，字迹不易脱落	核对

4. 汽包水位电视安装

汽包水位电视的组成、安装与闭路电视监控系统基本相同，所不同的是：

（1）云台支架安装在汽包水位计观测面正前方，水平距离在 1500～3000mm 之间，安装时确保云台支架与水位计观测面垂直中心线相对。

（2）气源过滤装置应安装在距防护罩 800～1200mm 之间的地方。金属软管两端分别接到风冷防护罩后端的进风口和气源过滤装置的出风口。

（3）摄像机与镜头对接旋紧后，固定在防护罩内的摄像机固定座上，再将摄像机固定座固定在防护罩上。所有专用插头与电缆线焊接后须紧固。

（4）调整云台及云台支架应使摄像机镜头光轴轴线垂直于水位计透光面，光轴轴线与水位计上汽包水位零线等高，并使锅炉汽包水位计在监视器上能充分展开，观察效果最佳后固定牢固。

5. 汽包水位电视安装检查验收

汽包水位电视安装检查验收见表 2-57。

表 2-57　　汽包水位电视安装检查验收

<table>
<tr><th>工序</th><th colspan="2">检验项目</th><th>性质</th><th>单位</th><th>质量标准</th><th>检验方法和器具</th></tr>
<tr><td rowspan="4">检查</td><td colspan="2">外观</td><td></td><td></td><td>无伤残</td><td rowspan="2">观察</td></tr>
<tr><td colspan="2">附件</td><td></td><td></td><td>齐全</td></tr>
<tr><td colspan="2">绝缘电阻</td><td></td><td>MΩ</td><td>≥1</td><td>500V 绝缘电阻表测量</td></tr>
<tr><td colspan="2">型号规格</td><td></td><td></td><td rowspan="4">符合设计</td><td rowspan="4">核对</td></tr>
<tr><td rowspan="9">安装</td><td colspan="2">位置</td><td></td><td></td></tr>
<tr><td colspan="2">电视安装平台</td><td></td><td></td></tr>
<tr><td colspan="2">探头活动距离</td><td></td><td></td></tr>
<tr><td>光感探头安装</td><td>固定</td><td>主控</td><td></td><td>牢固，且满足本体热膨胀要求</td><td>观察</td></tr>
<tr><td colspan="2">控制气源</td><td></td><td></td><td>可靠</td><td>核对</td></tr>
<tr><td colspan="2">探头防护设施</td><td></td><td></td><td>符合制造厂规定</td><td></td></tr>
<tr><td rowspan="2">接线</td><td>线端连接</td><td></td><td></td><td>正确、牢固</td><td>用校线工具查对</td></tr>
<tr><td>线号标志</td><td></td><td></td><td>正确、清晰，不褪色</td><td>观察</td></tr>
<tr><td colspan="2">标志牌</td><td></td><td></td><td>内容符合设计，悬挂牢靠，字迹不易脱落</td><td>核对</td></tr>
</table>

第二节　仪表管路的安装

管路安装包括导管、管件接头及仪表阀门的安装，图 2-155 为典型的蒸汽压力测量管路回路示意图，回路中包括一次阀（取源阀）及前后导管、二次阀（仪表阀）及前后导管，排污阀及前后导管，排污装置及排污管路等，一次阀的安装列在取源部件安装范围内。

对汽水系统的仪表管路，一般都装有一次阀、二次阀和排污阀。对超临界机组高温高压工况下的汽水系统测点，一般设计两只一次阀和排污阀，一旦管路发生泄漏，可多一道隔离

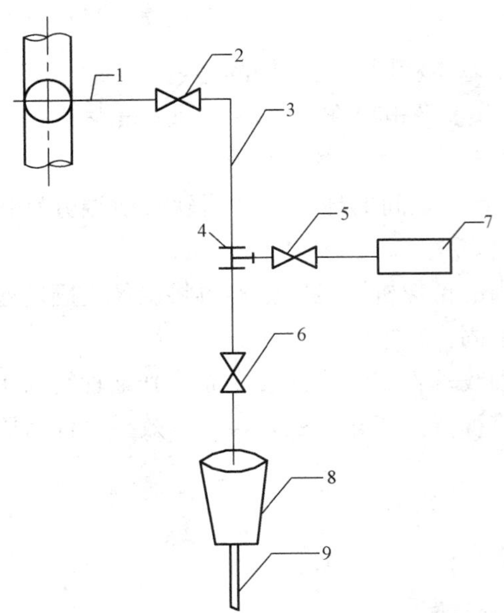

图 2-155　典型的蒸汽压力测量管路回路示意图

1— 一次阀前导管；2— 一次阀；3— 一次阀后导管；4—焊接三通；5—二次阀；6—排污阀；7—变送器；8—排污装置；9—排污管路

措施保障，关闭一次阀进行处理，避免对机组安全运行造成严重影响。对于风烟系统测量管路，由于压力较低，如管路有问题，在不关闭阀门的情况下就可处理漏气，因此根据现场实际情况，可不装一次阀和排污阀。

随着超临界和超超临界机组的出现，装机容量和介质工况的不断提高，对仪表管路的材质与规格的要求也在不断提高。管路安装材料的变化和施工节奏的加快，对热控仪表管路的安装质量、工艺要求提出了更高的期望。

仪表管路安装时，涉及管路材质和规格的选用、敷设路线的选择、安装方法、管路的严密性以及管路的伴热等，都直接影响测量的可靠性与准确性。仪表管路施工流程见图 2-156。

一、安装准备工作

（一）材料与设备准备

1. 管路安装常用材料

热工安装的仪表管路随着装机容量和介质工况的不断提高，管路的规格和材质也发生了较大变化。目前机组仪表管路安装所需的主要材料参见表 2-58。

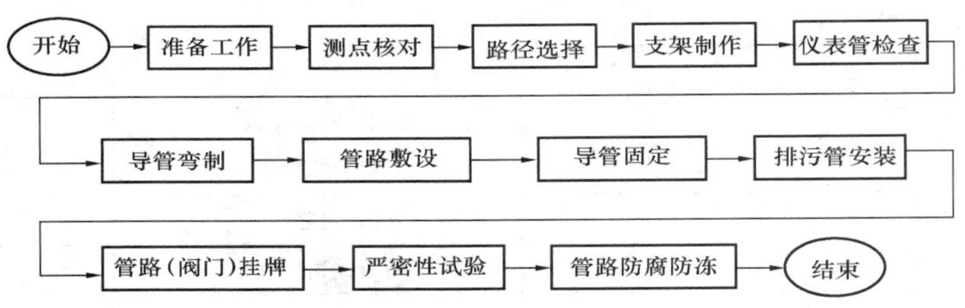

图 2-156　仪表管路施工流程图

表 2-58　仪表管路安装主要材料表

序号	名　称	规格（mm）	单位	备注
1	不锈钢无缝管	设计型号规格	m	
2	不锈钢皮	宽 50，厚 0.02～0.1	m	
3	镀锌花角铁	L40×4	m	
4	镀锌角铁	L40×4	m	
5	镀锌槽钢	8 号	m	
6	方形钢管	100×100	m	
7	U 形抱箍		只	
8	仪表阀		只	
9	接头/加工件		只	
10	焊丝/焊条		kg	

2. 选材要求

（1）严格按热工仪表导管清册的设计要求，进行仪表管路管材、管径的选用。可参阅表2-59。

表 2-59　　仪表管路管材及管径的选择

被测介质名称	被测介质参数	一次门前			一次门后	
		材质	取压短管（外径×壁厚，mm）	导管（外径×壁厚，mm）	材质（外径×壁厚，mm）	导管（外径×壁厚，mm）
主蒸汽	p=25.4MPa，t=576℃	A213、T91	由配管厂或管件厂设计加工	与取压短管相同规格或φ17×3.5 φ16×3.2	A213 TP316H	φ17×3.5 φ16×3.2
					0Cr18Ni9	*φ17×3.5 **φ16×3.2
热再热蒸汽	p=5.42MPa t=574℃	A213、T91	由配管厂或管件厂设计加工	与取压短管相同规格或φ17×3 φ16×3	A213 TP316H	φ17×3 φ16×3
					0Cr18Ni9	φ17×3 φ16×3
高压给水	p=38MPa，t=193℃ 或 p=35MPa，t=286℃	20G	由配管厂或管件厂设计加工	与取压短管相同规格或φ17×3.5 φ16×3.2	20G	*φ17×3.5 *φ16×3.2
		A213、TP316			A213 TP316	φ17×3.5 *φ16×3.2
		0Cr18Ni9			0Cr18Ni9	*φ17×3.5 *φ16×3.2
锅炉汽水分离器	p=30.7MPa，t=459℃	A213、TP316	由配管厂或管件厂设计加工	与取压短管相同规格或φ18×4 φ17×3.5	A213 TP316	φ18×4 φ17×3.5
		0Cr18Ni9			0Cr18Ni9	φ18×4 *φ17×3.5
其余汽、水系统	p=2.7～17.5MPa t=500～540℃	12Cr1MoV 或与主管道同材质	φ25×7、φ22×6	φ16×3	1Cr18Ni9Ti	φ14×2 φ16×3
	p=17.0～25.4MPa t=500～566℃	12Cr1MoV 或与主管道同材质	φ25×7、φ22×6	φ16×3.5 φ18×4	1Cr18Ni9Ti	φ16×3
	p=12.0～28.0MPa t=200～280℃	钢 20	φ25×7、φ22×6	φ16×3	1Cr18Ni9Ti	φ16×3
油、气体、烟气、气粉混合物				1Cr18Ni9Ti，φ14×2		
汽、水、烟气的成分分析，水冷发电机冷却水				1Cr18Ni9Ti，φ14×2（汽、水分析管路仅考虑从化学分析取样冷却器接管）		

注　1. 表中 p 为工作压力，t 为工作温度。
2. 带＊号的管材现场弯制时，管子弯曲半径不宜小于 4 倍的管子外径；带＊＊号的管材现场弯制时，弯曲半径不应小于 4 倍的管子外径。
3. 过热减温水和高压旁路减温水系统仪表导管需根据工艺引接位置的参数来决定。
4. 超超临界机组的仪表管材管径选择应符合设计要求。

（2）被选用的仪表管、阀门等须具有出厂检验合格证（材质合格证、耐压试验报告等）。仪表管、阀门需经光谱分析材质合格，阀门需经耐压试验合格后方可使用。

（3）各种不同型号规格的材料应分类堆放，且加以标识，防止误使用。

（4）合金钢材料应有专用堆放场地，堆放点应干燥，小型的合金钢材质应堆放于室内，并做好防锈、防盗措施。合金钢材料在下料时必须从有材质标识或钢印的另一端开始下料，并在已下料的材料上及时做好材质标识的移植。多余的材料应及时退回仓库分类放置，并保证材质标识完整。

3. 材料的检查

仪表管使用前，应核查确认管路的材质、规格和附件（管件、接头、阀门尺寸）等应符合设计和施工要求，检查仪表管外表应无裂纹、伤痕、严重锈蚀和压扁等缺陷，管件、接头应无机械及铸造缺陷。如有疑义应及时向业主及监理方进行书面确认。对平直度不符合应用要求的仪表管通过机械或手工校直工具予以调直。检查合格后的仪表管在安装前应进行清理，一般采用压缩空气吹扫，使管路内部清洁、畅通、无杂物，吹扫后的导管两端应临时封闭，避免脏物进入。

4. 设备（机工具）准备

所有机工具、量具在使用之前均应进行检查，机工具应有检验合格证，计量工具应有计量检验合格证及有效使用期限。热工仪表管路安装常用的机工具及量具清单见表 2-60。

表 2-60　　机工具及量具清单

序号	名称	规格	单位	备注
1	电源盘	AC220V	只	
2	电锤		把	
3	逆变焊机		台	
4	切割机		台	
5	磨光机		台	
6	冲击电钻		把	
7	手枪电钻		把	
8	卷尺	3m/5m	把	
9	角尺		把	
10	水平尺		把	
11	线坠		只	
12	管子割刀		把	
13	手动弯管钳	自制简易固定型	套	

（二）管路敷设要求

1. 作业条件

（1）施工所需的图纸及施工作业指导书已通过审核，施工前的开工报告已办理，且都以书面记录形式存档。

（2）施工所需专业技术人员及施工人员已经到位，并已经相关技术、安全、质量等方面的交底。

（3）施工用电源已具备，现场具有照明，道路通畅，安全设施齐全。

（4）热工仪表管路安装所需的机工具、量具及相关配件备齐。

（5）设备材料已到货，管接头等外加工件已到位，所有的合金钢部件及材料都经过100%的材质复核，并且均满足设计和规范的要求。

（6）有关机务设备及带有热工测点的管道安装完毕，取源部件施工结束。

（7）班组施工人员已熟悉相关图纸，明确安装工艺及质量要求。

2. 工程质量控制标准与措施

（1）仪表管路安装验收符合《电力建设施工质量验收及评价规程　第4部分：热工仪表及控制装置》（DL/T 5210.4）的规定。

（2）对进口设备仪表管路安装的施工质量验收及评价，应首先遵循设备进口“订货技术协议”或制造厂的规定。

（3）热工仪表管路的焊接要求符合《火力发电厂焊接技术规程》（DL/T 869—2012）规定。

（4）质量控制主要措施见表2-61。

表2-61　质量控制主要措施

序号	质量问题描述	拟采取控制措施
1	仪表管路内部存有脏物，外表受损	管路应吹扫，内部应清洁、畅通、无杂物，清洁后的导管两端临时封闭。管路外表应无裂纹、伤痕和严重锈蚀等缺陷，无机械损伤及铸造缺陷，否则禁止使用
2	管路、阀门在材质和型号规格上的误用	仪表管路安装材料及设备必须经光谱检验合格，并做好相应标识。管路安装严格按照热工仪表导管清册设计的材质、型号规格施工
3	支架未按要求布置	支架严禁焊接在合金钢和高温高压的结构上，制作安装符合管路敷设要求，差压管路支架坡度大于1∶12，其他管路坡度大于1∶100
4	仪表管路弯制后椭圆度大于10%	使用合格管路，并正确选择和使用弯管机，避免管路的自行热弯加工，弯制后椭圆度不大于10%
5	仪表管路承受机械拉力	仪表管路安装时，需考虑主设备及管道的热膨胀，并采取相应补偿措施。在膨胀体上装设取源点时，需根据现场实际，加装补偿装置，如“Ω”形膨胀弯头等
6	卡套式管接头未卡紧或因外力导致卡簧松动	正确安装卡套式管接头，初次旋紧后，可拆下螺母检查卡套与管子咬合的情况，卡套的刃口必须咬进钢管表层，其尾部沿径向收缩。安装好的卡套接头不得承受外力
7	管路承插焊接时，导管插入插座到底，未留有空隙，因热膨胀引起焊口裂纹	管路插入插座到底，退后1～2mm，留有膨胀空隙，再进行焊接
8	焊接前未打开阀门；阀门介质流向与被测介质流向不一致	焊接施工前必须将阀门打开，使阀芯处于中间位置，并仔细核实阀门介质流向，严格按照规范施工
9	测量液位的一次阀未水平横装	为保证液位测量的准确性，液位取源的一次阀需水平横装
10	保温保护箱、仪表架上管路交叉安装，或者变送器高、低压侧管路接反	做好施工前期策划，加强过程监督检查和质量控制，积极开展自查自纠和技术部门的复检工作

3. 安装注意事项

(1) 所有施工人员、技术人员都必须经常接受质量教育，不断提高质量和工艺意识。

(2) 开工前应完成施工图纸、技术文件资料的会审；施工作业前须进行认真、仔细、全面的技术交底和安全交底；质量标准必须明确，在掌握基本工艺要领的基础上，进一步提升质量工艺。

(3) 严格执行验收制度，认真做好工序交接工作，施工人员和班组在自检合格后，填写自检报告单，主动向上级管理部门申请质量验收。

(4) 发现缺陷应及时报告，并根据批准的处理意见和技术要求，积极组织消缺，施工人员既不应隐瞒缺陷不报，也不得擅自处理。

(5) 施工过程必须按公司质量和有关程序文件要求认真做好质量记录，整理好竣工技术资料，所有记录必须及时、准确、实事求是，所有测量记录必须标明相应量具编号，以便跟踪检查，严禁假造记录。

(6) 讲究文明施工，反对野蛮作业，设备材料严禁野蛮装卸和混乱堆放，严禁在设备和管道上随意施焊，严禁不按图纸施工和无图纸盲目施工，严禁未经批准擅自修改设计。

二、管路施工

(一) 敷设前准备工作

1. 测点核对

仪表管路安装前，根据热工系统图，确认测点安装的数量及位置，施工中应注意：

(1) 取源测点一次阀安装后，短管或者阀门上虽已挂设测点标识，但安装前仍需对所有测点进行逐一核对。

(2) 根据热工仪表导管清册，对一次阀及阀后管子的规格进行确认，若存在异种口径 (内径偏差超过 1mm) 接口连接，则尽快落实仪表管转接头的采购。

2. 路径选择

根据保温保护箱及仪表架的布置位置及箱内、仪表架上的测点设计，对安装附近区域测点再行统计整理，并结合现场实际，对少量需要调整布置位置的箱内、仪表架上测点提出调整方案，经设计确认后方可落实。

仪表管路应按设计规定的位置敷设，若设计未做规定或设计位置与现场实际情况有冲突时，可做二次设计，二次设计的原则应根据现场具体情况而定。

(1) 管路走向可根据现场实际情况选择合理的敷设路径，但路径必须满足测量要求。管路应尽量以最短的路径进行敷设，并使弯头最少，以减少测量的时滞，提高灵敏度，但对于蒸汽测量管路，为了使管内有足够的凝结水，管路不应太短。

(2) 管路应尽量集中敷设，一般沿主体结构布置，但避免敷设在易受机械损伤、潮湿、有腐蚀介质或有振动的场所，应敷设在不影响主体设备检修、便于维护的位置。管路敷设时应与电缆保持至少 200mm 的距离，敷设于地下及穿过平台、隔板、墙壁时应加装保护管 (罩)。

(3) 油管路严禁在热体表面上部与其平行布置。与热体相交叉时要与热体表面保温层隔开，其间距不应小于 150mm。

(4) 仪表阀门应选择在便于检修、操作的位置，否则就应加装检修维护平台。

（5）电控楼、集控楼和各类控制室内严禁引入水、蒸汽、油、氢气等介质的导压管。

3. 支架安装

固定仪表管路的支架形式和尺寸应根据现场实际情况而定，常用带孔角钢、角钢及槽钢等来制作。管路支架的定位、找正与安装可按下列步骤进行：

（1）按照管路敷设路径要求，选择合适的支架形式及固定方式。一般采用花角铁作固定架，两侧加 L40mm×4mm 的镀锌角铁保护。

（2）仪表管成排敷设时，两管的间距应均匀且保证两管中心距离为 $2D$（D 为导管外径），根据仪表管的根数及管卡形式，计算出支架的宽度。根据管路的坡度要求（差压管路坡度应大于 1∶12，其他管路坡度应大于 1∶100）及倾斜方向，计算出支架各支撑点的高度。

（3）根据计算的尺寸制作仪表管路支架，其支架固定间距应均匀：水平敷设时为 1.0～1.5m，垂直敷设时为 1.5～2.0m，具体根据实际情况而定。

（4）安装支架时，应按选择的路径和计算好的支架高度，先装好始末端与转角处的支架，调整固定，然后在两端的支架上拉线，再逐个地安装中间的各支架。焊接时应先点焊，调整校正后再焊牢。

（5）支架的固定，应注意：支架严禁焊接在合金钢和高温高压的结构上。在不允许焊接的承压容器、管道及需拆卸的设备上需要安装支架时，应用 U 形螺栓、抱箍或其他方式固定。若支架固定在砖墙或者混凝土上，则用膨胀螺栓先将铁板固定在砖墙或者混凝土上，而后支架焊接在铁板上。成排安装的仪表管路支架应尽可能垂直安装，可减少踩踏带来的损害。管路沿金属结构安装时，若结构上可以焊接，则支架直接焊接于结构上。

（6）成排仪表管敷设时，考虑钢柱与墙面的二次粉刷，仪表管宜与钢柱或墙面保持 100mm 以上的间隙。埋地、穿越楼板、网格板及墙面的仪表管路需做好相应的保护措施，一般采用保护管或者保护罩。

（7）若仪表架为现场加工，则仪表架的高度一般为 1250mm，其中 50mm 埋于最终地平下，实际有效高度为 1200mm。仪表架上测点表计进线电缆采用 100mm×100mm 小桥架安装。考虑大负荷机组运行参数相对较高，从安全的角度出发，涉及部分高温高压测点的仪表架应布置在远离过道的位置。

（8）对表计安装在保温保护箱内的测点，排污阀安装在保温保护箱外，单独制作仪表架固定，架子的制作可参阅图 2-157。排污阀架宜布置在箱体边便于操作和维护的地方。

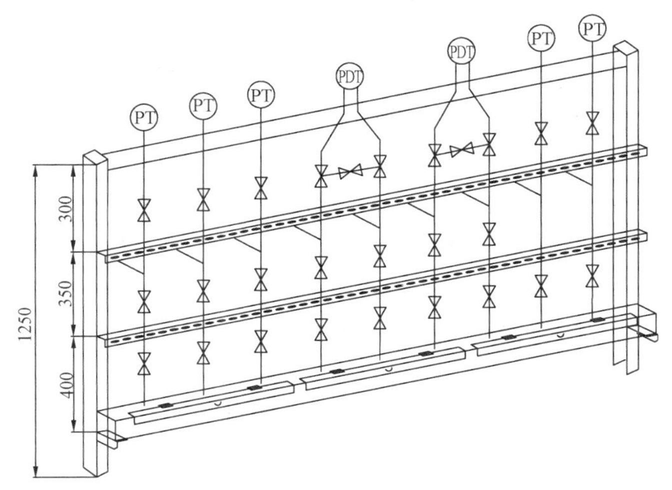

图 2-157　仪表架示意图（单位：mm）

4. 导管弯制

导管的弯制应根据不同的材质及规格采用相应的弯制方法。对于

$\phi16$ 及以下的常规金属导管可采用冷弯，即用手动弯管器进行弯制，冷弯不影响导管的化学性能且弯头整齐、一致；对于 $\phi16$ 以上的常规金属导管，一般采用液压弯管机弯制。而对于部分特殊材质（如 T91、P92 等）导管，考虑金属自身特性，则采用中频弯管机弯制，弯制后弯曲部分经 PT 检查是否有裂纹。

金属导管弯制时的弯曲半径应不小于其外径的 3 倍，管壁上应无裂缝、过火、凹坑、皱褶等现象，管径的椭圆度不应超过 10%。

仪表管安装用弯管机有电动和手动两种。电动弯管机有利用电动执行机构作为动力和利用电动机带动液压泵两种，由于较重通常放于固定位置，用于集中弯制。手动弯管器现场经常使用的有固定型和携带型两种，可以购买成品也可自行加工，由于结构简单和操作方便，因而使用最为广泛。图 2-158 是固定型手动弯管器外形图，它可固定在现场平台、栏杆、架子等方便操作且周围无障碍物的地方，这种弯管器适应于弯制 $\phi14$、$\phi16$ 等导管。图 2-159 是携带型手动弯管器外形图，使用时只需两手分别握住两手柄进行弯制，这种弯管器只适宜于弯制 $\phi14$ 及以下的导管，管径较大的导管使用这种弯管器较为费力。

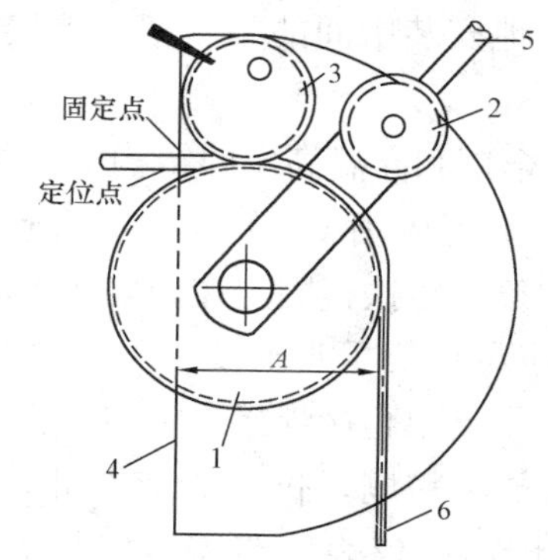

图 2-158　固定型手动弯管器外形图

1—胎具；2—主动轮；3—偏心轮；4—固定底板；5—操作把子；6—被弯导管

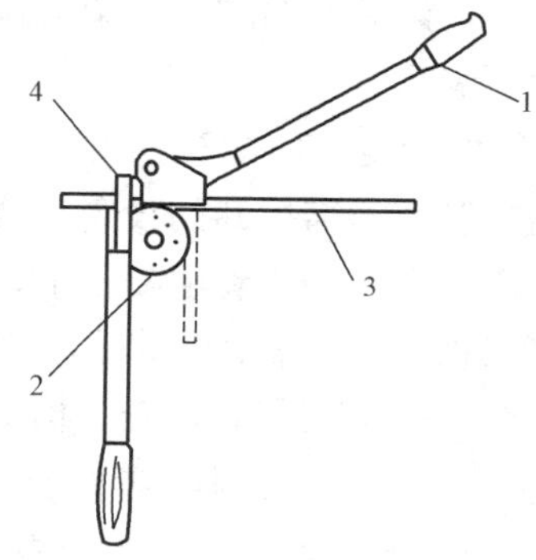

图 2-159　携带型手动弯管器

1—操作手柄；2—胎具；3—被弯导管；4—销紧装置

导管弯制的步骤如下：

(1) 通过手工或机械将待弯的导管调直。

(2) 选用弯管机的合适胎具（手动弯管器一般胎具大小固定）。

(3) 根据实际核对过的施工图或现场实际测量，在导管上画出起弧点。

(4) 将已画线的导管放入弯管机（器），使导管的起弧点对准弯管机（器）的起弧点（此点可先行计算，并结合实践取得），然后拧紧夹具。

(5) 液压弯管机启动电动机或开始手压，手动弯管器扳动手柄弯制导管，手柄用力时应均匀，速度缓慢，当弯曲角度大于所需角度 1°～2°时停止（实际角度按经验判断）。

(6) 将弯管机（器）退回至起点，测量导管弯曲度，合格后松开夹具，取出导管。

（二）管路敷设

仪表管路的敷设，必须严格按照热工导管清册内设计的仪表管路规格及材质安装，同时须考虑主设备及管道的热膨胀，尽量避免敷设在膨胀体上，以保证管路不受损伤。当在膨胀体上装设取源点时，其引出管需加补偿装置，如“Ω”形膨胀弯头等（见图 2-160）。此外，

图 2-160　仪表管路的膨胀补偿

对某些特殊介质或者重要信号（如氢、油、酸碱、凝汽器真空及炉膛负压等）的管路敷设，建议选用焊接式仪表阀；对过程安装的仪表管和管路接口，需做好临时封口工作。

管路固定支架安装好后，敷设线路（支架走向）应能满足管路敷设的一般规定。

1. 气体及负压测量管路

气体及负压测量管路主要是指锅炉风压管路、风粉管路及凝汽器真空、氢气等测量管路。管路安装坡度及倾斜方向主要考虑管内的凝结液能自动排回主管道或设备内，因此测量仪表的安装位置一般应高于测点，即管路向上敷设。如果仪表低于测点，则须在最低点加装排污阀，但对炉膛负压、凝汽器真空等重要参数的测量，仪表安装位置必须高于测点，不允许加装排污阀。

测量气体及负压的常规管路，若由于现场原因无法实现管路全程向上敷设，则由测点引出时，先向上引出高度不小于 600mm 的管段，连接头的内径不应小于管路内径，以保证环境温度变化析出的水分和尘埃能返回主设备，减少管路积水和避免堵塞。

液体测量管路主要包括水、油、酸碱系统测量管路。管路安装坡度及倾斜方向主要考虑测量导管内的空气能自动导入主设备内，因此要求测量仪表一般低于测点位置布置，即管路向下敷设。如因客观原因测量管路向上敷设，则应在管路最高点加装排气阀（油系统及酸碱测量管路测点除外）。

流量测量时，节流装置的位置应比差压计高，因此流量测量管路一般向下敷设，如图 2-161（a）所示；如节流装置位置低于差压计，为防止空气进入测量管路内，当测量管路由节流装置引出时，应先垂直向下敷设一段后（不小于 500mm）再向上接至仪表，使测量管路内的蒸汽或液体充分凝结或冷却，不致产生对流热交换，并在最高点加装排气阀，如图 2-161（b）所示。液位测量的管路必须向下敷设，并加装排污阀。

2. 蒸汽测量管路

蒸汽测量管路的敷设与液体测量管路基本相同，为了保证蒸汽的快速凝结，一次阀前和阀后的管路应保证足够的长度（总长应不小于 3m）。

测量仪表要低于测点位置布置，当测量仪表高于测点位置时，取样口处水汽混合物及凝结水在重力和虹吸的双重作用下，会导致测量实际值偏低。

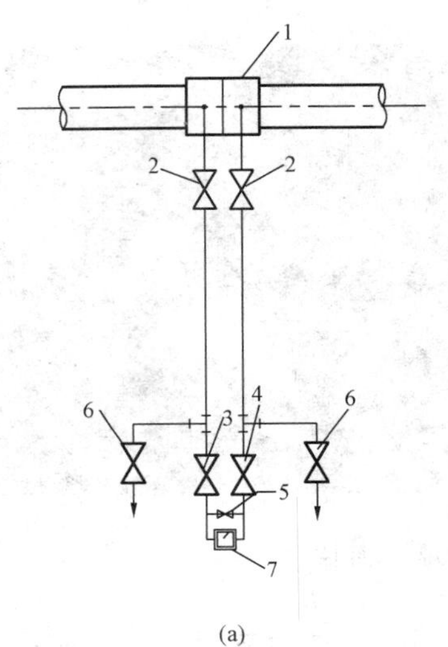

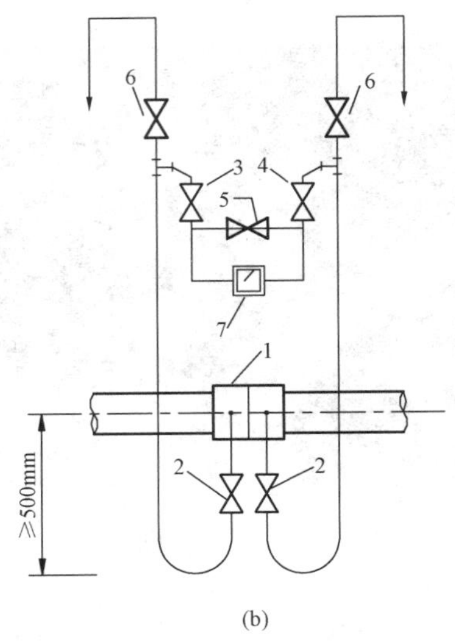

图 2-161　液体流量测量管路敷设图

(a) 仪表低于节流装置；(b) 仪表高于节流装置

1—节流装置；2—一次阀；3—正压侧二次阀；4—负压侧二次阀；5—平衡阀；6—排污阀、排气阀；7—仪表

3. 气源及信号管路的敷设

气源及信号管路的安装坡度及倾斜方向虽没有测量管路那样要求严格，但安装时也应考虑管内的凝结水能自动排出。如受环境条件限制，则在总管最低点加装排污阀。信号管路压力较低，为了减少信号迟滞，管路不宜太长。采用软管的气源或信号管路应敷设在线槽或者保护管内，并保持导管平直不受拉力。

4. 管路坡度

管路敷设时应有一定坡度，差压管路坡度应大于 1∶12，其他管路坡度应大于 1∶100，管路倾斜方向应能保证排出气体或凝结液，否则应在管路的最高或最低点装设排气或排水阀门。

(三) 管路连接

热工仪表管路多为金属小管，公称通径在 4～40mm 之间；管路一般采用钨极氩弧焊连接，对于设备检修需经常拆卸的部位可采用卡套式管接头、压垫式管接头、胀圈式管接头和法兰连接等方式。

1. 氩弧焊连接

超临界机组仪表管路中的焊接连接以采用氩弧焊的方式为主，必须由专业合格焊工进行施焊，根据仪表管路材质，正确选择焊丝。对于超超临界大负荷机组特殊材质（如 TP316H、T91、P92 等）仪表管路的焊接，同样采用氩弧焊方式。

焊接时，其焊接及热处理要遵循相关焊接工艺规定，特殊材质仪表管路焊接后，需及时进行焊缝光谱、PT 及拍片工作，以确保焊口质量合格。焊丝的选用可参阅表 2-62。

仪表管路的焊接方法一般有承插焊（见图 2-162）和对焊（见图 2-163）两种形式，承插焊一般用于公称通径在 16mm 及以下的仪表管路上，或者是公称通径在 40mm 以下，但压力相对较低的管路上（如气源管路等）。对焊常用于高压测点的仪表管路上，以增加强度，一般用于公称通径在 16mm 以上，且管壁厚度大于 3mm 的仪表管路上。

表 2-62　　母材材质与焊丝对照表

序号	类型	母材一	母材二	焊丝	备注
1	焊口	T92	T122	TGS-12CRS	
2	焊口	A335P22	A335P22	TGS-2CM	
3	焊口	A335P22	A182CrF11	TGS-1CM	
4	焊口	T92	T92	MTS-616	
5	焊口	T91	T91	9CrMoV-N	
6	焊口	A105	1Cr18Ni9Ti	TGS-309	
7	焊口	T91	T92	TGS-9CB	
8	焊口	T91	TP316	ERNiCr-3	
9	焊口	T92	TP316	ERNiCr-3	
10	焊口	F12	1Cr18Ni9Ti	TGS-309	
11	焊口	0Cr18Ni9	0Cr18Ni9	TGS-308	
12	焊口	A335P11	1Cr18Ni9Ti	TGS-309	
13	焊口	12Cr1MoV	1Cr18Ni9Ti	TGS-309	
14	焊口	Cr1-1/4CL22	1Cr18Ni9Ti	TGS-309	
15	焊口	16Mn	1Cr18Ni9Ti	TGS-309	
16	焊口	16Mn	20G	CHG-56	
17	焊口	T91	1Cr18Ni9Ti	ERNiCr-3	
18	焊口	T92	1Cr18Ni9Ti	ERNiCr-3	
19	焊口	15CrMo	15CrMo	TGS-1CM	
20	焊口	20G	20G	CHG-56	
21	焊口	TP316	TP316	CHG-316	
22	焊口	1Cr18Ni9Ti	1Cr18Ni9Ti	TGS-308	
23	焊口	15CrMo	1Cr18Ni9Ti	TGS-309	
24	焊口	WB36	1Cr18Ni9Ti	TGS-309	
25	焊口	20G	TP316	TGS-309	
26	焊口	20G	1Cr18Ni9Ti	TGS-309	
27	焊口	F12	15CrMo	TGS-1CM	
28	焊口	F22	15CrMo	TGS-1CM	
29	焊口	F22	20G	TIG-J50	

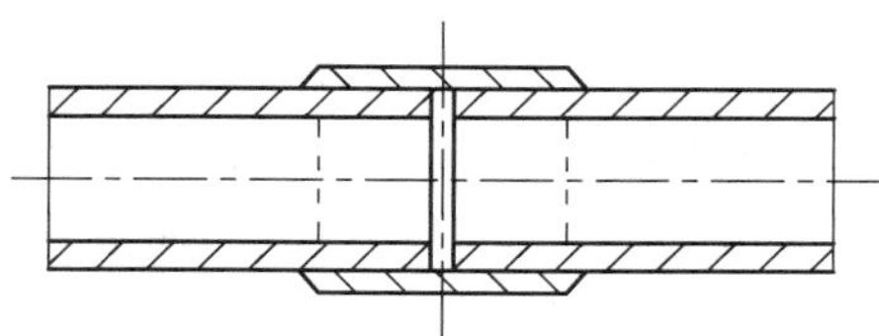

图 2-162　导管承插焊示意图

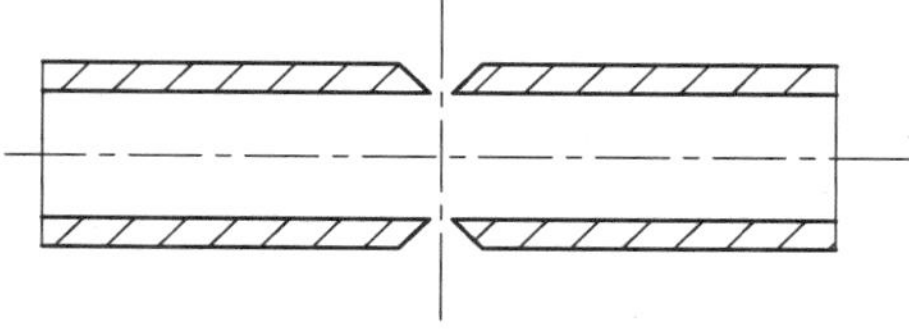

图 2-163　导管对焊示意图

仪表管焊接时，可按以下工艺步骤进行：

(1) 管路焊接前，由仪表管安装钳工完成仪表管的下料、去毛刺及对口，焊工对已完成对口的仪表管进行对称点焊，待校直后方可满焊。

(2) 不同规格的仪表导管对口焊接时，其直径相差不得超过 2mm，内径偏差不得超过 1mm，否则应采用异径转换接头。

(3) 高压仪表管路上若需要分支时，应采用相应材质及压力等级的三通接头焊接过渡，不得在导管上直接开孔焊接。

(4) 焊接式仪表阀在焊接时，应打开阀门使阀芯处于中间位置。

2. 卡套式管接头连接

卡套式管接头主要用于不锈钢仪表导管的连接。它利用卡套的刃口卡住并切入无缝钢管，起到密封的作用，如图 2-164 所示。高温高压系统的测量导管不提倡用卡套式管接头连接。

卡套式接头的性能质量除了与材料、制造精确度、导管的椭圆度等有关外，还与装配的质量有重要关系，其装配方法如下：

(1) 卡套式管接头连接导管时，必须保证仪表导管光滑、无椭圆度现象。

(2) 根据安装情况，按需要的长度切断（或锯切）管子，其切面与管子中心线的垂直度误差不得大于管子外径公差的 1/2。

(3) 除去仪表管端的毛刺、金属屑及污垢。

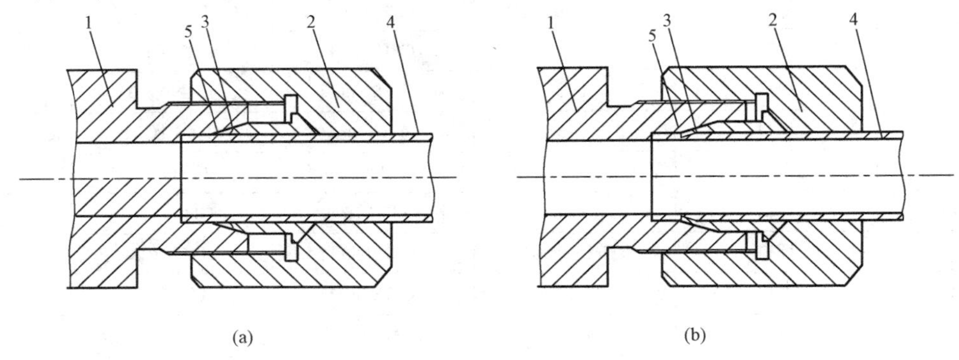

图 2-164 卡套式管接头结构原理示意图

(a) 卡套咬合前；(b) 卡套咬合后

1—接头体；2—螺母；3—卡套；4—钢管；5—卡套刃口

(4) 如有必要（一般不需要），在卡套式接头的卡套刃口、螺纹及接触部位涂以少量的润滑油。而后按顺序将螺母、双卡套套在仪表管上（注意卡套方向不能弄错），再将管子插入接头体内锥孔底并放正卡套，用手旋入螺母至紧固后，再用工具旋紧螺母一圈。

(5) 初次旋紧后，可拆下螺母检查卡套与管子咬合的情况。若做剖面检验，其切入情况应如图 2-165 所示，卡套的刃口必须咬进钢管表层，其尾部沿径向收缩，应抱住被连接的管子，允许卡套在管子上稍有转动，但不得松脱或径向移动，否则应再紧固。

3. 压垫式管接头连接

压垫式管接头连接的形式及零件尺寸见图 2-166 和表 2-63。使用该连接方法进行导管与导管或者导管与仪表、设备连接时，可按下列步骤进行：

图 2-165　卡套刃口切入被连接钢管示意图

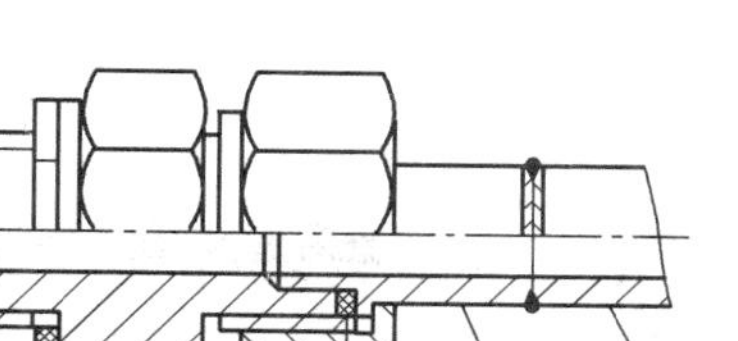
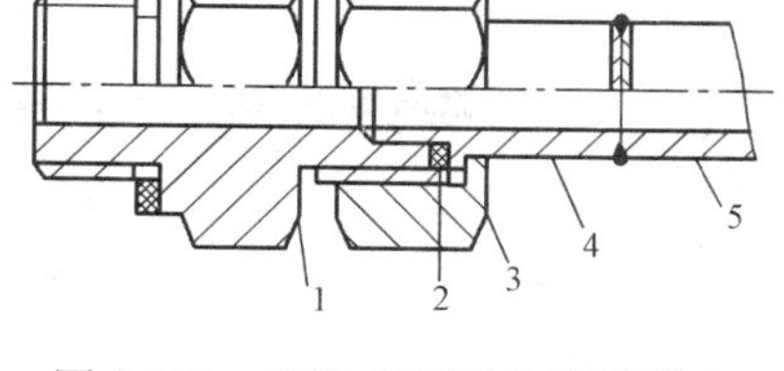

图 2-166　压垫式管接头连接形式
1—接头座；2—密封垫；3—锁母；
4—接管嘴；5—导管

(1) 把接管嘴穿入锁母孔中，接管嘴在孔中应呈自由状态。

(2) 把带有接管嘴的锁母拧入接头座或仪表、阀门的螺纹上，接管嘴与接头座间应留有密封垫的间隙，然后将接管嘴与导管对口、找正，用氩弧焊对称点焊。

表 2-63　**压垫式管接头零件尺寸**　mm

规格	直径													
	接头座				接管嘴					锁母			密封垫	
M22×1.5	ϕ9	ϕ12	ϕ16	六方 33.5	ϕ9	ϕ12	ϕ16	ϕ15	ϕ19.5	ϕ15.5	ϕ29	六方 33.5	ϕ9.5	ϕ19.5
M20×1.5	ϕ9	ϕ10	ϕ14	六方 31.2	ϕ7	ϕ10	ϕ14	ϕ13	ϕ17.5	ϕ13.5	ϕ27	六方 31.2	ϕ7.5	ϕ17.5

(3) 再次找正后，卸下接头进行焊接。切忌在没卸下接头的情况下直接施焊，以避免因焊接高温传导而损坏仪表设备的内部元件。

(4) 正式安装接头时，结合平面内应加厚度为 2～3mm 的密封垫圈，其表面应光滑（齿形垫除外），内径应比接头内径大 0.5mm 左右，外径则应小于接头外径约 0.5mm，然后拧入接头，用扳手拧紧。

(5) 接至仪表设备时，接头必须对准，不应强行拧入而产生附加机械应力。

4. 胀圈式管接头连接

胀圈式管接头主要用于气源及信号管路（如铜管和尼龙管）的连接。它利用铜胀圈作密封件来连接铜管或尼龙管。图 2-167 为连接铜管的胀圈式管接头。

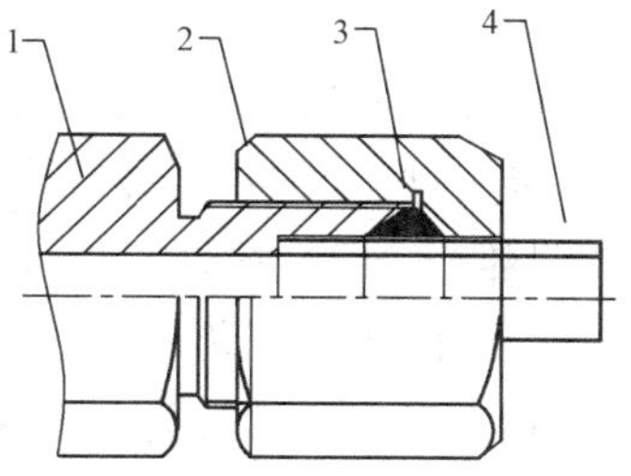

图 2-167　连接铜管的胀圈式管接头
1—接头体；2—螺母；
3—胀圈；4—铜管

胀圈式管接头的安装方法与卡套式管接头基本相似，起密封连接作用的是胀圈。当螺母紧压胀圈时，胀圈产生形变，胀圈内表面紧压在管子上，而胀圈腰鼓处被紧压在接头体内。接头在安装时须检查胀圈，胀圈应饱满、厚薄均匀、无变形。

5. 连管节螺纹连接

导管使用如图 2-168 所示的连管节连接时，两个被连接导管管端的螺纹长度不应超过所用连管节长度的 1/2，连接方法可按下列步骤（以生料带密封为例）：

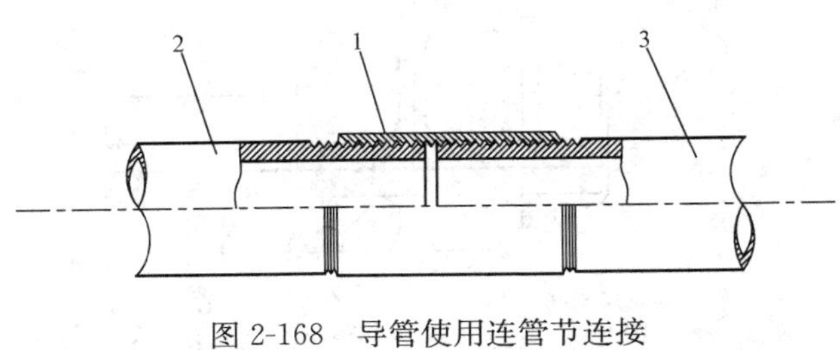

图 2-168　导管使用连管节连接
1—连管节；2、3—导管

(1) 用圆锉除去管端螺纹第一道丝扣上的棱角与毛刺。

(2) 将生料带缠于管子螺纹上，需避免将生料带缠于第一道丝扣上，以防止进入管内，生料带缠绕方向与连管节拧紧方向一致。

(3) 用管子钳将连管节拧到一根被连导管管端上，并拧紧。

(4) 用相同方法将另一根导管的管端缠上生料带，并拧入连管节中紧固。

6. 法兰连接

在仪表管路中，法兰连接一般用于低压大口径管路的连接，或者是衬胶管与金属管路的连接，常用的结构形式为凸面板式平焊钢制管法兰，其外形见图 2-169。连接时可按下列步骤进行：

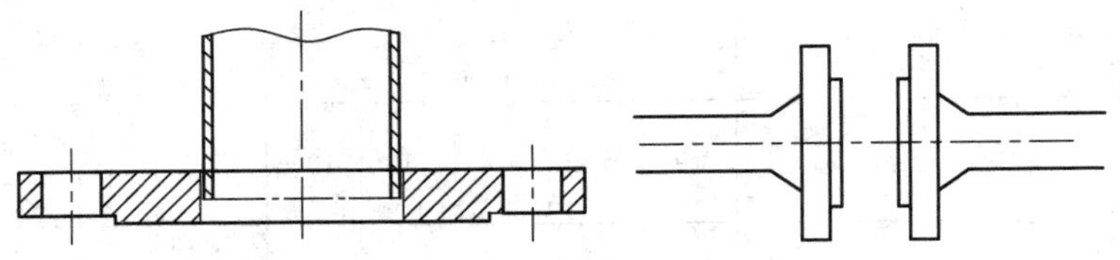
图 2-169　凸面板式平焊钢制管法兰

(1) 检查法兰结合平面和水线凹槽是否平整、光滑，有无伤痕与裂纹等缺陷，如缺陷不大，可进行研磨。密封垫圈的内外边缘与两个平面上均应无毛刺和伤痕，垫圈所选材质及尺寸应符合相关规定，垫圈装入后应进行找正，使其中心与法兰中心相吻合。

(2) 焊接前应清理法兰和导管的焊接坡口，两法兰平面必须平行，两侧仪表管路中心应在同一轴线上，法兰螺丝孔应仔细找正，不得强行对口，点焊二三点，待复验无误后进行焊接。

(3) 国外进口的仪表设备，如变送器，气动阀等，与导管之间的连接多采用国际通用的 NPT 接头件。NPT 接头与导管连接的一侧一般采用卡套式或胀圈式结构，与设备连接侧的接头是锥形 NPT 螺纹。NPT 卡套式管接头安装时，一般在 NPT 螺纹上缠绕生料带，上紧即可，可不加装垫圈。图 2-170 为 NPT 卡套式管接头结构。

(四) 仪表管路固定与附件安装

1. 仪表管路固定

仪表管路的固定可选用可拆卸的卡子用螺母固定在已安装的支架上。成排敷设时，两导管间的净距离应保持均匀，且保证两管中心距离为 $2D$（D 为导管外径）。

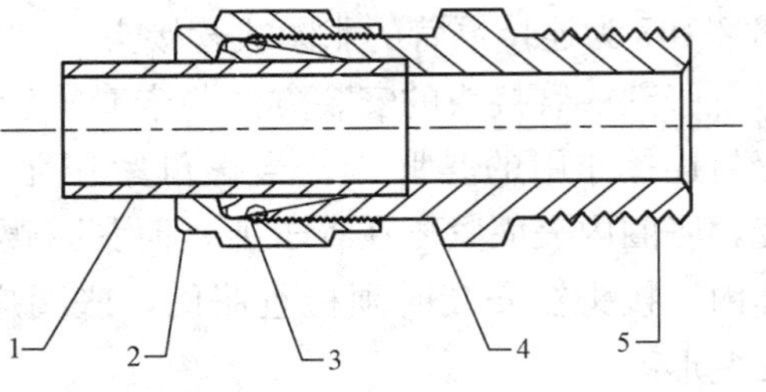

图 2-170　NPT 卡套式管接头结构
1—导管；2—螺母；3—卡套；
4—接头体；5—NPT 螺纹

卡子的形式与尺寸根据导管的直径来决定，有单孔双管卡、单孔单管卡、双孔单管卡与 U 形管卡等几种形式，如图 2-171 所示，一般以使

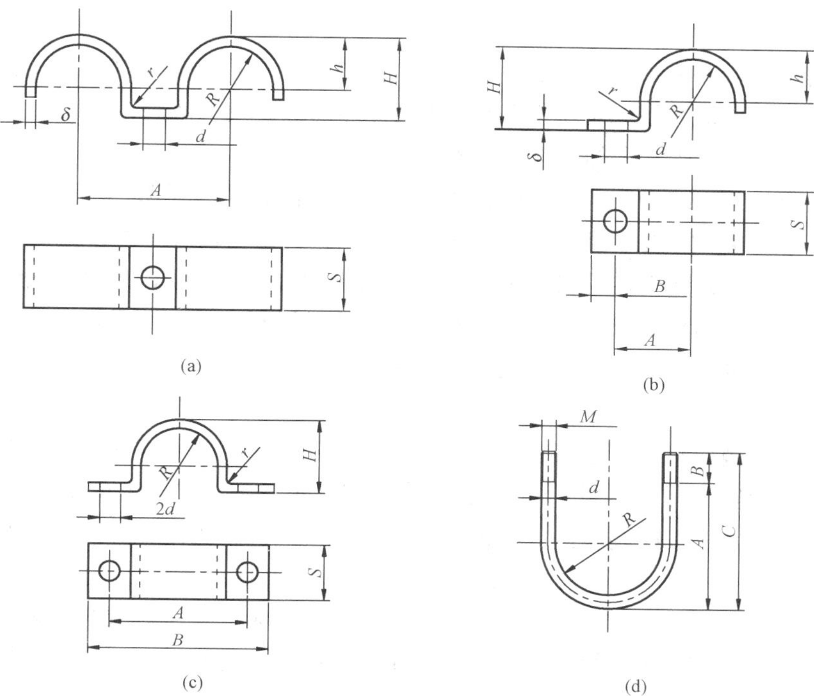

图 2-171　卡子的形式

（a）单孔双管卡制作图；（b）单孔单管卡制作图；（c）双孔单管卡制作图；（d）U 形管卡制作图

用 U 形管卡为主。

仪表管路固定时，仪表导管和固定支架一般为异种钢接触。为防止碳离子渗透使得仪表导管材质、性能发生变化，造成金属电化腐蚀，在不锈钢导管安装时，建议在导管与卡子之间加装不锈钢片，使得不锈钢管路和碳钢支架不直接接触。一般选择的不锈钢片宽度为 50mm，厚度为 0.02～0.1mm。

仪表管路集中进入盘内的成排管敷设时，宜由盘内向现场延伸施工，盘内不应有交叉，见图 2-172；盘外交叉点可根据现场情况分散处理，确保排管整齐、美观，交叉和拐弯最少，并保持坡度，图 2-173 为进盘前管路敷设。

图 2-172　仪表管盘内配管

图 2-173　进盘前管路敷设

2. 仪表阀安装

热工仪表管路上安装的仪表阀主要为二次阀（含平衡阀）和排污阀，其安装原则如下：

(1) 汽、水、油等介质的压力测量仪表或变送器前应装设二次阀；差压、流量测量仪表或变送器前应装设二次阀和平衡阀（或仪表三阀组、五阀组）。二次阀、平衡阀均应靠近测量仪表或变送器，并安装于测量仪表或变送器的下方，防止阀门泄漏。

(2) 测量蒸汽或水的压力，为了冲洗管路、定期排污需要，应装设排污阀且位置低于二次阀平面，如果仪表或变送器是仪表柜内安装，则排污阀应安装于柜外且在安装排污阀处需配套安装排污装置。油和真空测量系统中不允许安装排污阀，风烟测量仪表若安装于取样点上方且测量管路无倒坡的不安装排污阀，若安装于取样点下方，则在其下部应加装聚水装置和排污阀。

二次阀、平衡阀通常布置于仪表架上，阀门成排安装时，相互间有一定的距离，以便操作和检修。阀门的安装方向（进出口）与介质流动方向一致，按阀体上箭头标示的方向安装，如果没有标识，可按照阀座内"低进高出"的原则确认，阀门在焊接前，阀芯应处于中间状态。

施工完毕的仪表管路，其二次阀及排污阀上应挂有标明编号与对应测点名称的临时标志牌，并做好管路的自检工作，特别是对差压、流量等测点，管路高、低压侧连接必须正确。

3. 导压信号管路附件安装

导压信号管路装设附件，应根据管路敷设的实际需要选择安装。常用的有排污装置、集气器和排气阀、冷凝和平衡容器、除尘器、吹灰系统、测量有脉动的压力时加装阻尼器、测量腐蚀介质的压力时采用隔离容器等，其中普遍要安装的是排污装置。

为了定期冲洗液体或蒸汽介质仪表管路内部的污物，一般在仪表侧装有排污阀。在同一地点所装排污阀后的导管，可集中到装有漏斗或水槽的排污管引往地沟，排污管严禁引至工艺系统的疏水管或疏水箱，以免蒸汽倒灌损坏仪表。从排污阀排出的汽水及脏物，由保温保护箱或仪表架上的排污装置收集，并经排污管路排放到指定位置或地沟。排污装置的制作大小应满足污水排放时不致飞溅的要求，排污管路的大小视排污量的多少或者变送器集中布置的多少而定，一般不会同时排污，因此常选用 $\phi60$ 的镀锌管或碳钢管做排污管。排污管的布置，炉侧可通过钢架、平台等集中排至落水管或雨水槽内，机侧可就近排至地沟。排污装置和排污管安装时都应保持一定的坡度，以利排污时介质及时排出。图 2-174 为现场常见的两种类型排污装置示意图，其中：用钢管做排污装置时，排污连接无法观察排污阀的内漏，因此是不正确的安装方式，应整改将排污管与排污装置脱开，中间加装漏斗。

用方形水槽做排污装置时，一般选用 100mm×100mm（厚度一般为 2～3mm）的方形钢管作为基本材料，同样根据变送器支架的宽度确定方形钢管长度，用厚度为 3mm 的钢板将方钢两头封死。然后在方形钢管上割除 40mm 钢板，用 L40mm×4mm 的角铁回补以装设活动盖板。角铁一侧与方形钢管的连接采用两片合页用铆钉固定，另一侧可在角铁上加设手柄。根据方形钢管的长度可分几段装设活动盖板，加工完成后的排污装置可用点焊固定于变送器支架排污阀下方，根据排污阀的位置在方形钢管上开孔，而后排污管路一头与排污阀连接，一头伸入排污孔内 20mm。此种方案制作、安装虽相对复杂，但具有较强的实用性。冲洗排污时可打开盖板观察，不冲时放下盖板，防止杂物进入。另外，该排污装置可清楚了解每根仪表管路的排污，特别是排污阀的内漏情况，为机组试运行期间进行表计投用和阀门内漏检查创造了条件。图 2-175 为方形水槽排污装置实物图。

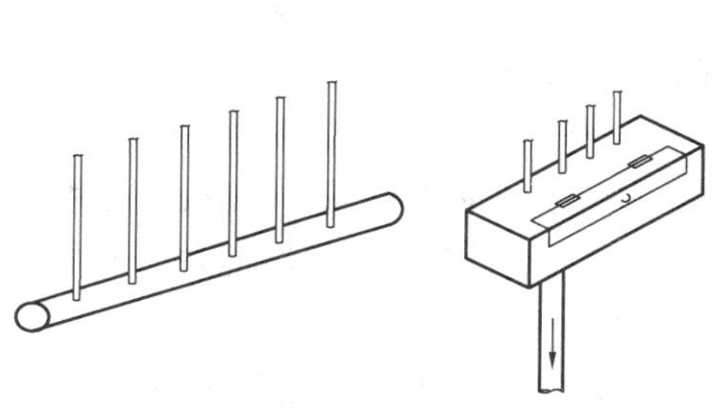

图 2-174　常用排污装置示意图

图 2-175　方形水槽排污装置

三、管路试验、防护与验收

（一）严密性试验

仪表管路安装完毕后，在管路做防腐与防冻之前，按表 2-64 中的试验标准对仪表管路进行严密性试验。

表 2-64　管路及阀门严密性试验标准

<table>
<tr><th>序号</th><th>试验项目</th><th colspan="3">试验标准</th></tr>
<tr><td>1</td><td>取源阀门及汽、水管路的严密性试验</td><td colspan="3">用 1.25 倍工作压力进行水压试验，5min 内无渗漏现象</td></tr>
<tr><td>2</td><td>气动信号管路的严密性试验</td><td colspan="3">用 1.5 倍工作压力进行严密性试验，5min 内压力降低值不应大于 0.5%</td></tr>
<tr><td>3</td><td>风压管路及其切换开关的严密性试验</td><td colspan="3">用 0.1～0.15MPa（表压）压缩空气进行试验无渗漏，然后降至 6kPa 压力进行试验，5min 内压力降低值不应大于 50Pa</td></tr>
<tr><td>4</td><td>油管路及真空管路严密性试验</td><td colspan="3">用 0.1～0.15MPa（表压）压缩空气进行试验，15min 内压力降低值不应大于试验压力的 3%</td></tr>
<tr><td rowspan="3">5</td><td rowspan="3">氢管路系统严密性试验［随同发电机氢系统做严密性试验进行，试验标准按《电力建设施工技术规范　第 3 部分：汽轮发电机组》（DL 5190.3—2012）中附录 G 的规定］</td><td>发电机工作氢压（MPa）</td><td>严密性试验压力（MPa）</td><td>允许漏气量</td></tr>
<tr><td>0.1～0.25
0.3～0.4</td><td>0.3～0.4
0.5～0.6</td><td>试验 6h 每小时的压力降应不超过初压的 0.1%</td></tr>
<tr><td>0.4～0.6</td><td>0.6～0.65</td><td>0.1%</td></tr>
</table>

1. 被测介质为液体或蒸汽的管路严密性试验

被测介质为液体或蒸汽的管路严密性试验，应尽量随同主设备一起进行，因此在主设备水压试验前做好一切准备工作（如打开一次阀，更换试验管路的压力表或调整变送器量程以满足试验压力的要求等），在主设备水压试验压力升至试验压力并稳压之后，关闭一次阀保持 5min，进行仪表管路的严密性试验，检查管路各处应无渗漏现象，压力下降满足试验标

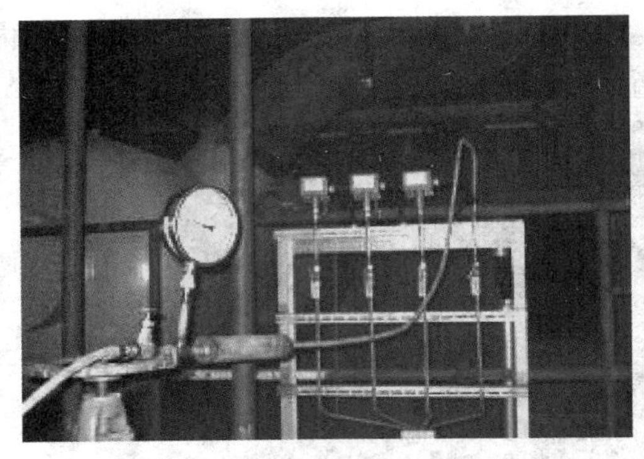
图 2-176 仪表管路的严密性试验装置

准要求。

2. 被测介质为气体的管路严密性试验

被测介质为气体的管路，应单独进行严密性气压试验，图 2-176 为仪表管路的严密性试验装置，其步骤如下：

(1) 卸开测点取压装置的可卸接头，用 0.1～0.15MPa 压缩空气或氮气从仪表侧吹洗管路，检查管路应畅通、无渗漏，管路的始端和终端位号正确。

(2) 在导管的仪表侧，用乳胶管接至三通，三通的另两端分别用乳胶管与压缩空气管和压力表相连接，压缩空气压力由进气的阀门和通大气的阀门调节。

(3) 用手捏住乳胶管，稳压 5min，观看压力表的压力下降值应符合要求。若严密性试验不合格，再用压缩空气吹管，沿管路寻找泄漏点，一般可在导管连接处和各接头处涂上肥皂水，如有肥皂泡形成，即说明不严密，需要消缺。这样，重复试验，直到合格为止。

(4) 气压试验合格后，可卸下接头处的胶皮，恢复管路。

(二) 管路防腐、防冻

1. 管路的防腐

管路的防腐主要是指在金属导管表面涂上油漆，漆膜能对周围的腐蚀性介质起隔离作用，从而达到管路防腐的目的。

碳钢管路、管路支架其外壁无防腐层时，应涂防锈漆和面漆。不锈钢仪表管路的防腐主要以焊口的防腐为主，不锈钢管可不刷漆，用钢丝刷沾酸洗膏刷洗焊口的氧化层，使其恢复不锈钢管的原色。支架焊接处应涂上防锈漆（见图 2-177）和铝粉漆（见图 2-178）。

图 2-177 普通角铁仪表管路支架上的防锈

图 2-178 镀锌角铁仪表管路支架上的防锈

对有危险性介质的管路（如油、氢等）应涂与主系统相同颜色的面漆。

管路防腐时，消除待防腐处理的管路、支架表面的铁锈、焊渣、毛刺及油、水等污物。

涂漆宜在 5～40℃环境温度下进行，多层涂刷时，应在漆膜完全干燥后涂刷下一层，涂层应均匀、无漏涂，涂膜附着应牢固，无剥落等缺陷。

2. 管路的防冻

对于仪表管路的防冻，目前主要以电伴热为主。电伴热主要是采用自限温电热带（自动控温加热电缆）缠绕在已初步保温的仪表管路上，然后再与仪表管路一起保温，给电热带通上电源即可达到对仪表管路伴热的目的。

自限温电热带的结构如图 2-179 所示，电热带的芯带是一种半导体发热材料，在线芯上通入电源就能使芯带发热。芯带的阻值随温度变化而变，温度升高时电阻变大，温度降低时电阻变小。通过电阻值的变化可以控制注入芯带的电流大小，从而达到控制加热温度的目的。

电热带的电源一般都取自保温箱，单根仪表管路需单独敷设电热带，成排仪表管路可采用“之”字形敷设电热带，如图 2-180 所示。

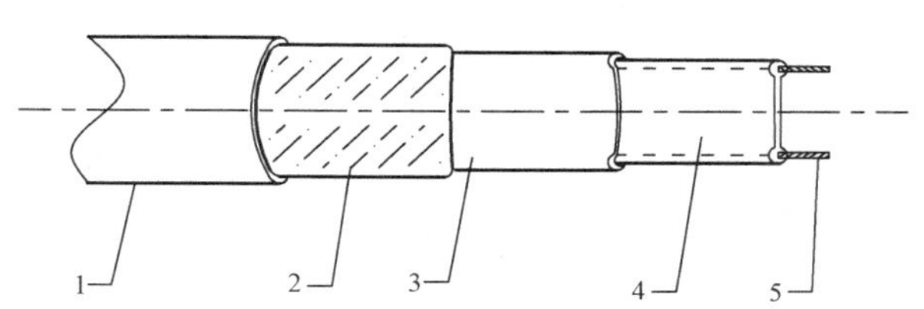

图 2-179　自限温电热带的结构
1—防护层；2—屏蔽层；3—护套；4—芯带；5—线芯

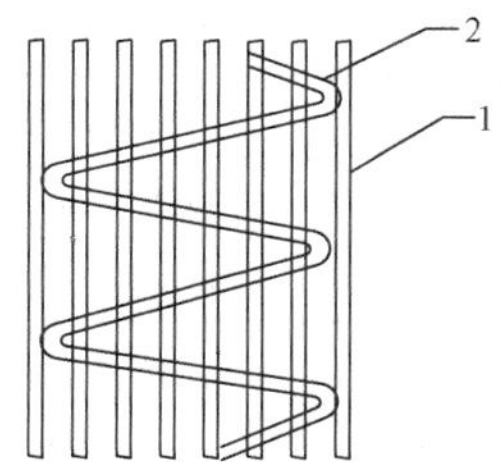

图 2-180　管路伴热示意图（成排管式）
1—仪表管路；2—电热带

电伴热施工时应注意以下几点：

(1) 电热带敷设之前，应对管路进行厚度约为 50mm 的第一层保温，而后再将电热带敷设在保温层上，以防止电热带被高温测点的仪表管路内蒸汽烫伤。

(2) 电热带在安装使用时，不允许反复弯折扭曲，严禁损坏护套，破坏绝缘，致使芯带或线芯裸露。

(3) 每根电热带的长度不能超过设计长度或最大使用长度，终端的两根线芯严禁短接。

(4) 电热带敷设应平整，用聚酯带捆扎，严禁使用铁丝捆扎。

(5) 电热带可以分叉连接，也可延长直线连接，但接头处和终端头必须使用制造商供应的配件进行密封。

(6) 电热带工作的电源电压应与其工作电压相符，屏蔽层应可靠接地。

(三) 仪表管路安装检查验收

安装结束后，按表 2-65～表 2-69 要求，施工人员进行自查，质量人员进行验收。

表 2-65　　管路敷设检查验收

工序	检　验　项　目	性质	单位	质　量　标　准	检验方法和器具
检查	型号规格			符合设计或 DL/T 5210.4—2009 附录 F 的规定	核对
	外观			无裂纹、伤痕、重皮	观察
	内部	主控		清洁、畅通	

续表

工序	检验项目			性质	单位	质量标准	检验方法和器具
管子加工	弯曲半径	金属				≥3*D*	用尺测量
		塑料				≥4.5*D*	
	椭圆度			主控	%	≤10	
	成排管子弯曲弧度					整齐、美观	观察
	管子表面					无裂缝、凹坑	
	测量管路长度	压力测量管路			m	≤150	用尺测量
		微压、真空测量管路			m	≤100	
		水位、流量测量管路			m	≤50	
管路敷设	间距	电缆与管子			mm	≥200	
		油管路与热表面（交叉敷设时）			mm	≥150	用尺测量
		水位表管与高温热表面			mm	≥150	
		两管中心距				2*D*	
	坡度	压力管路			%	≥1	用尺拉线测量
		差压管路				>1/12	
	坡度倾斜方向					符合《电力建设施工技术规范 第5部分：管道及系统》（DL 5190.5—2012）规定	观察
	管对口	同径管				无错口	
		异径管内径差			mm	≤1	用尺测量
	焊接					符合《电力建设施工质量验收及评定规程 第7部分：焊接》DL/T 5210.7—2010）规定	核对
	管子固定					牢固	观察
	管子排列					整齐、美观	
	管道支架间距	无缝钢管	水平敷设		m	1.0～1.5均匀	用尺测量
			垂直敷设		m	1.5～2.0均匀	
		铜管、塑料管	水平敷设		m	0.5～0.7均匀	测量
			垂直敷设		m	0.7～1.0均匀	测量
	缆头制作					整齐、美观	观察
	尼龙管缆敷设	缆芯连接				正确	
		敷设紧度				平直、无拉力	
	严密性			主控		符合DL/T 5210.4—2009附录D的规定	核对
	标志牌	外观				美观、整齐	观察
		内容				正确	
		字迹				完整、清晰	
	油漆					完整	

注 *D*为管子外径。

表 2-66　　**盘内及变送器配管检查验收**

工序	检验项目	性质	单位	质量标准	检验方法和器具
检查	型号规格			符合设计	核对
	外观			无裂纹、伤痕、重皮	观察
	内部			清洁、畅通	
	排列	主控		整齐、美观	
配管	管子间距			均匀、维修方便	
	保护管露出平台高度			一致	
	保温箱进、出管子与箱体密封			严密	
	盘内环型管排列			整齐、美观	
	固定			牢固	试动观察
	连接			正确、无渗漏、无机械应力	卸下连接接头观察

表 2-67　　**截止阀、减压阀安装检查验收**

工序	检验项目		性质	单位	质量标准	检验方法和器具
检查	型号规格				符合设计	核对
	外观				无残损	观察
	螺纹连接				合适	试动观察
	阀体安装				端正	观察
安装	进、出口方向		主控		正确	
	固定				牢固	试动观察
	成排安装	间距			均匀	观察
		高差		mm	≤3	用尺测量
	卡子、螺栓				齐全	观察
	严密性				符合 DL/T 5210.4—2009 附录 D 的规定	核对
	铭牌标志				正确、清晰	观察

表 2-68　　**排污容器安装检查验收**

工序	检验项目	性质	单位	质量标准	检验方法和器具
检查	型号规格			符合设计	核对
	出、入口			通畅	观察
安装	容器安装	主控		横平、竖直	
	排污管坡度			≥1/20	用尺测量
	排污容器盖板			开、闭灵活	观察
	排污容器密封			无渗漏	
	固定			牢固	

表 2-69 **隔离容器安装检查验收**

工序	检验项目	性质	单位	质量标准	检验方法和器具
检查	型号规格			符合设计	核对
	外观			无残损	观察
	螺纹连接			合适	试动观察
安装	本体安装			端正	观察
	严密性	主控		无渗漏	
	固定			牢固	
	管路连接	主控		正确	
	隔离液充填			符合设计	核查
	铭牌标志			正确、清晰	观察

第三节　电缆敷设及电缆辅助设施安装

热工电缆敷设及电缆辅助设施安装主要包括电缆桥架安装、电缆保护管安装、电缆敷设与接线。

电缆桥架由托盘、梯架的直线段、弯通、附件及支吊架等构成，是用以支承电缆的具有连续钢性结构系统的总称。电缆保护管是保护电缆的管子，用于防止电线、电缆受到机械损伤和周围腐蚀性介质的侵蚀，同时还可以防止外界电磁信号对弱电回路的干扰。热控电缆主要包括380V以下的动力电缆、控制电缆、计算机电缆、耐高温电缆及同轴电缆。

热工电缆敷设及电缆辅助设施安装是热工安装主要的施工项目，贯穿热工施工的整个过程，其安装的工艺质量直接关系到机组的安全运行，应严格按照规程的规定进行。

光纤电缆的外观与一般的通信电缆和电力电缆相似，但是内部却是由纤维及保护纤维的受拉杆件、填充线、填充物组成，因此使用时要十分注意。特别是布设施工，要按照规定的方法和标准进行，不可有过激的冲击张力，过度的弯曲、扭转及过度挤压。

一、安装准备

1. 机工具准备

所有机工具及量具在使用之前均应进行检查，机工具应有检验合格证，量具应有计量检验合格证及有效使用期限。机工具及量具清单见表2-70。

表 2-70 **机工具及量具清单**

序号	名称	规格	单位	数量	备注
1	铲车	3t	辆	足够	
2	卷扬机	5t	台	1	竖井安装
3	电源盘	220V AC	只	足够	
4	逆变焊机		台	足够	
5	切割机		台	足够	
6	磨光机		台	足够	

续表

序号	名称	规格	单位	数量	备注
7	电缆托架		副	足够	
8	对讲机		对	足够	含充电器
9	万用表		只	足够	
10	绝缘电阻表	500V	只	足够	
11	手枪电钻		把	足够	
12	卷尺	3m/5m	把	足够	
13	角尺		把	足够	
14	磁力线坠		把	足够	
15	水平尺		把	足够	
16	开孔器		把	足够	
17	钳工工具		套	足够	
18	接线工具		套	足够	

2. 材料准备

根据会审后的图纸以及施工计划进行材料准备，目前机组安装所使用的主要材料见下表2-71。

表 2-71　　主要材料清单

序号	名　称	规　格	单　位	数　量	备　注
1	镀锌钢管		m	足够	所需各种规格
2	金属软管		m	足够	所需各种规格
3	U形抱箍		套	足够	所需各种规格
4	槽　钢	8、10号	m	足够	
5	镀锌角钢	L40×4	m	足够	
6	镀锌花角钢	L40×4	m	足够	
7	扁　铁	50×5、25×3	m	足够	
8	铁扎线		m	足够	
9	塑料号牌	60×25	块	足够	
10	热缩套管		m	足够	所需各种规格
11	塑料扎带		根	足够	所需各种规格
12	砂轮切割片		片	足够	
13	角向磨光片		片	足够	
14	焊　条	J507	kg	足够	

二、电缆桥架与保护管安装过程工艺

（一）电缆桥架安装与验收

1. 电缆桥架的选择

选择电缆桥架时，如需屏蔽抗干扰的电缆，或有防护外部影响（如油、易燃粉尘等环境）的要求时，应选用有盖无孔型托盘。其他场合一般选用有孔型梯架。在化水区域等有腐蚀性气体的场合，可选择玻璃钢桥架（钢制电缆桥架采用热浸镀锌防腐）。

桥架规格较多，可根据电缆的多少选择一定宽度和高度的桥架，一般情况下桥架中的电缆不宜超过桥架容量的 2/3。同时要考虑托盘和梯架的承载能力应符合设计要求。

2. 支吊架加工及安装

按照施工图纸及现场具体工况，选用适当的支吊架。支吊架的材料应选用镀锌材料。桥架水平走向时，对于钢制桥架的支吊架一般采用角钢或槽钢双拉杆吊架形式，见图 2-181。

对于铝合金桥架，一般采用单侧槽钢立柱形式，见图 2-182；桥架竖直走向时，应使用侧臂垂直支吊架，见图 2-183；在电缆地沟里，一般使用 E 形支吊架，见图 2-184。

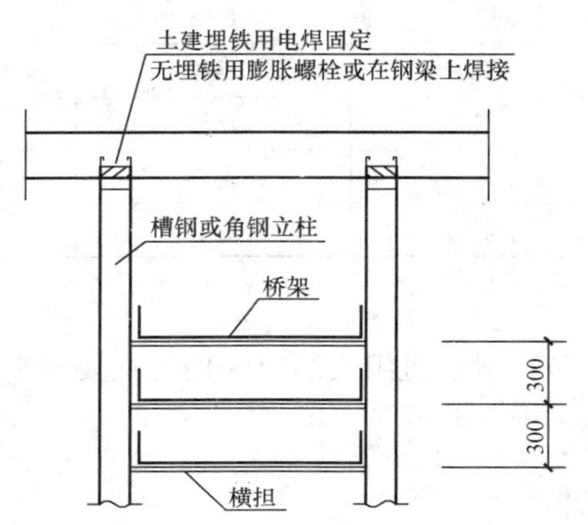

图 2-181　支吊架采用角钢或槽钢双拉杆形式（单位：mm）

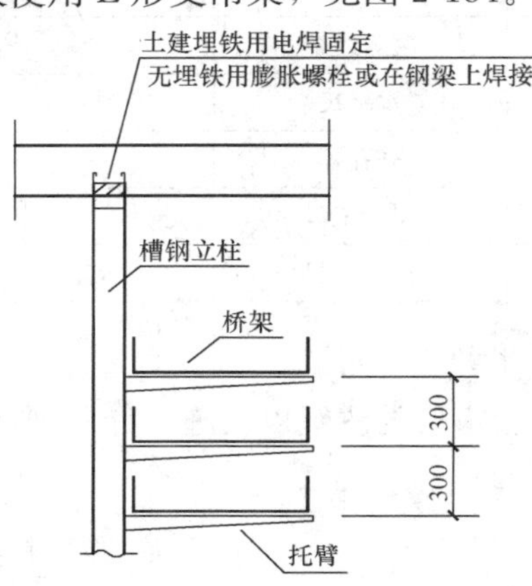

图 2-182　支吊架采用槽钢单侧立柱形式（单位：mm）

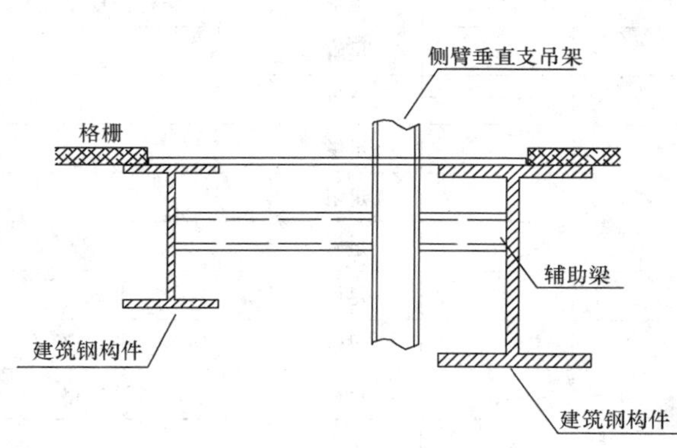

图 2-183　垂直桥架支吊架采用槽钢立柱形式

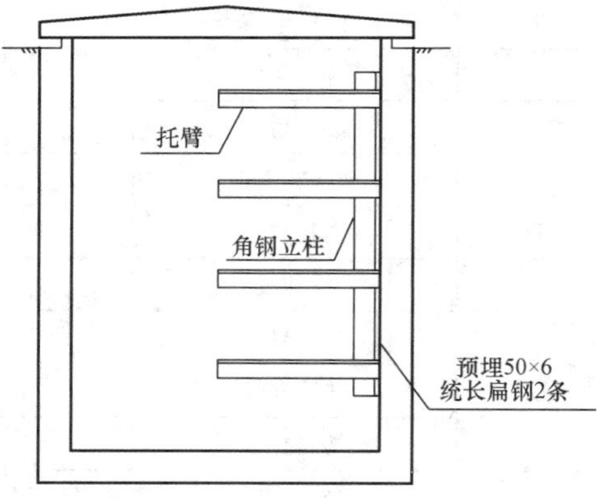

图 2-184　电缆沟采用 E 形支吊架形式（单位：mm）

支吊架的长短应根据桥架的标高、梁的标高及桥架层数等具体工况来确定。

按照桥架定位的路线安装支吊架，支吊架水平间距为 1.5～2.0m（铝合金桥架的支吊架间距为 1.5m 左右），间距均匀。支吊架可直接焊接到钢结构上或辅助梁上（辅助梁根据现场钢结构的实际情况增加）进行固定，见图 2-185。焊接时应先点焊，调整好垂直度，再焊牢。支吊架位置靠近混凝土结构时，若有预埋件，可直接焊接到预埋件上；若无，则用膨胀螺栓固定。支吊架的焊接应满足焊接要求，当槽钢与钢梁径向焊接时，宜采用分段焊接，避免钢梁应力集中，见图 2-186。支吊架的切割、焊接部位涂防锈漆、银灰漆进行防腐处理。

图 2-185　辅助梁安装桥架支吊架

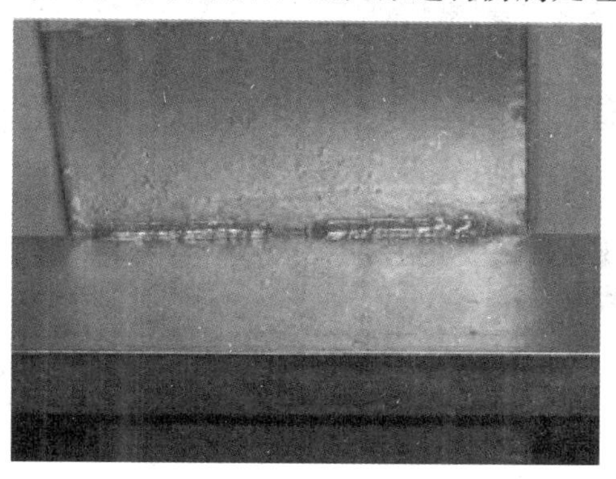

图 2-186　支吊架与钢梁径向焊接

3. 横挡加工及安装

对于钢制桥架，一般横挡采用角钢制作；对于铝合金桥架，可采用角钢横挡或托臂形式。安装时要求角钢横挡宽度等于桥架宽度加 200mm。

按设计标高，装好始末两端和转角处的横挡或托臂，调整好标高，用螺栓固定在吊架上，在两端拉两条水平线，水平线应与钢梁或楼板平行，然后在中间各定点安装横挡或托臂，保证同层桥架的横挡或托臂在同一水平面上，偏差应符合要求。

横挡或托臂的螺孔与立柱上的螺孔不匹配时，需在立柱上重新开孔，开孔应使用钻孔机进行。重新开孔和横挡的切割部位应涂防锈漆、银灰漆进行防腐处理。

4. 桥架拼装

支吊架安装完工后，在横挡上按图纸进行桥架的拼装，见图 2-187。

直线桥架在三通、四通弯头等连接处，可能要用桥架切割工具进行必要的切割工作，以适应图纸的要求。切割后，用角向磨光机除去切割表面的毛刺，并进行防腐处理。

每两块桥架之间的连接应用连接板，连接板的型号有多种，具体安装时应加以区分、选用：水平、同类型桥架之间可用直线连接板；同一走向上改变水平高度可用调角片连接；小角度转弯用水平活络连接板连接。桥架增宽连接应用变宽连接板；桥架变高则应用高低连接板。连接应用螺栓固定，连接螺栓的螺母应在桥架的外侧。

当钢制直线电缆桥架超过 30m 或者铝合金直线电缆桥架超过 15m，以及电缆桥架跨越建筑物伸缩缝处时，采用伸缩连接板，其伸缩缝的宽度为 20～30mm，见图 2-188。此外，电缆桥架转弯处的转弯半径不应小于该桥架上所敷设电缆的最小允许弯曲半径中的最大值。

5. 桥架组件安装

桥架与竖井连接处，一般在桥架和竖井之间加装一个带上下弧度的接口，消除了连接中产生的棱边，确保电缆敷设中不被划伤，保证了电缆敷设的弧度，一般称为竖井接口组件，安装后见图 2-189。

图 2-187　桥架拼装

图 2-188　直线桥架伸缩

桥架与盘柜等设备的连接处，在桥架和盘柜之间加装一个预先加工好的进盘桥架组件，一般称为进盘桥架组件，使电缆平缓过渡到盘柜中，既保证了电缆敷设的质量，又很好地保护了控制信号的质量，见图 2-190。

图 2-189　竖井接口组件安装

图 2-190　进盘桥架组件安装

6. 竖井安装

竖井是桥架的一种特殊形式，用于连接不同层之间的桥架。竖井的安装顺序视实际情况而定，一般由上而下，桥架之间连接一定要牢固。

在安装竖井支吊架时，应先定位上、下两端的支吊架位置，装好这两点的支吊架，再在两端支吊架的中间拉两条垂线，然后在各定点间安装支吊架。

使用卷扬机安装锅炉竖井，安装方法见图 2-191。安装时应注意：扒杆尽可能与竖井的顶部留有一定距离；扒杆的焊接应足够牢固，能承受吊装卷扬机额定载荷要求；扒杆的定滑轮应尽可能与竖井的重心位置吻合；扒杆安装后，在扒杆的定滑轮与卷扬机之间的合适位置上安装几只定滑轮，使卷扬机钢丝绳的受力方向更为合理；钢丝绳与钢梁等固定时，应在钢梁边缘做好保护措施，以防钢丝绳受力断裂。

组装后的竖井桥架，其垂直偏差、对角线偏差等应符合质量标准。

7. 桥架的接地

电缆桥架应接地，如利用桥架作为接地干线，先将每层中桥架有软连接或脱开的部位用 $16mm^2$ 的软铜线将其跨接，再将各层桥架用 40×4 的扁钢并联连接（见图 2-192），最后与总接地干线相连（见图 2-193）。与厂房钢结构连接的电缆桥架，可认为是接地。

接地扁钢标色用黄、绿油漆做明显色标，间隔为 50mm。

8. 主要危险点控制

（1）支吊架、桥架、竖井在搬运过程中，应统一指挥，绑扎牢固，防止固定不牢下滑伤人。

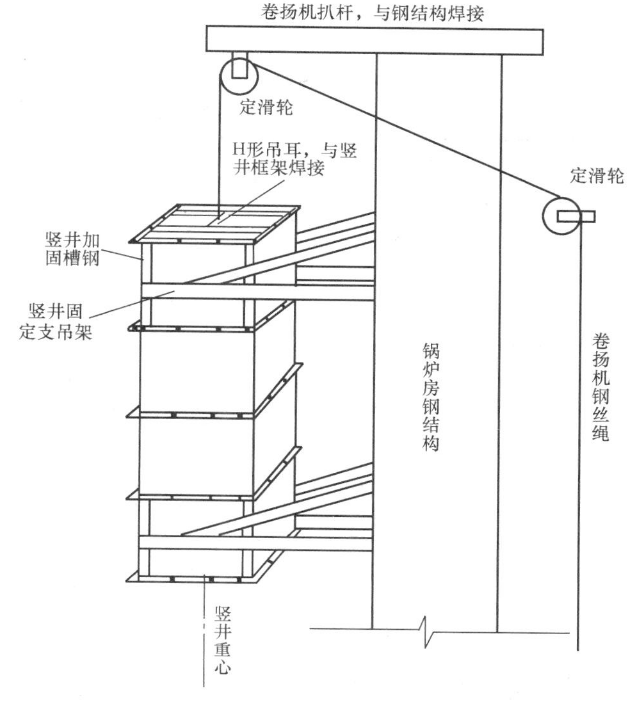

图 2-191　卷扬机安装锅炉竖井示意图

（2）施工现场的桥架严禁乱堆乱放，阻碍通道，应选择合理的区域，做好隔离措施。对于易滑落的桥架、支吊架，应临时做好绑扎措施。

图 2-192　桥架各层采用扁钢连接

图 2-193　接地扁钢与总接地干线连接

（3）使用卷扬机时，严格按规定操作，作业各方人员密切配合，防止操作不当造成钢丝绳扯断，引起高空落物及机械伤害。

（4）竖井、桥架等在安装中应固定牢固，防止固定不牢造成高空落物。

（5）对于孔洞盖板、围栏等安全设施阻碍正常施工时，不得擅自拆除，应向安全部门提交安全设施变更，由相关部门做好隔离措施后，方可施工。

9. 电缆桥架、支吊架安装检查验收

安装完成后，按表2-72～表2-75要求，施工人员进行自检，质量人员组织验收。

表2-72　　电缆桥架安装检查验收

工序	检验项目		性质	单位	质量标准	检验方法和器具
检查	型号规格				符合设计	核对
	镀层				完好	观察
	外形				无扭曲、变形	
安装	位置				符合设计	核对
	支吊架高度偏差			mm	≤5	用尺测量
	水平倾斜偏差	每米		mm	≤2	用尺测量
		总长		mm	≤10	
	垂直偏差	每米		mm	≤2	
		总长		mm	≤10	
	内侧弯曲半径		主控	mm	＞300	
	桥架的补偿装置	钢制桥架			直线段每隔30m一个，且齐全	观察
		铝合金或玻璃钢桥架			直线段每隔15m一个，且齐全	
		跨越建筑物伸缩缝	主控		一个，且齐全	
	不同高（宽）桥架连接				平缓过渡	
	桥架对接				无错边	
	固定	桥架盖板	主控		牢固、便于拆卸	
		桥架螺栓连接			紧固、螺母置于槽外	
		焊接			符合DL/T 5210.7—2010规定	核对
	层间中心距			mm	≥200	用尺测量
	支吊架立柱间距				符合设计	
	位置				符合设计	核对、观察
	竖井内支吊架垂直间距		主控	m	≤1	用尺测量
	垂直误差			%	≤0.2竖井高度	
	支吊架横挡水平误差			%	≤0.2竖井宽度	
	竖井固定		主控		牢固	观察
其他	桥架、竖井连接附件				正确、齐全	观察
	油漆				均匀、完好、美观	
	焊接				符合DL/T 5210.7—2010规定	核对
	接地				符合DL/T 5210.4—2009中4.9.5条要求	测量

表 2-73 零星电缆支吊架安装检查验收

工序	检验项目			性质	单位	质量标准	检验方法和器具
安装	支架间距	水平敷设	电缆		m	0.4～0.8	用尺测量
			汇线槽及保护管		m	<2	
		垂直敷设	电缆		m	0.8～1.2	
			汇线槽及保护管		m	<2	
	成排支架顶部高差		每米		mm	≤2	
			总长（≥5m）		mm	≤10	
	垂直偏差（每米）				mm	≤2	用尺测量
	固定			主控		牢固、工艺美观	观察
	油漆					均匀、完好、美观	
	接地					符合 DL/T 5210.4—2009 中 4.9.5 条要求	测量

表 2-74 线槽安装检查验收

工序	检验项目	性质	单位	质量标准	检验方法和器具
安装	外形			无扭曲、变形	观察
	线槽安装	主控		横平、竖直	
	螺栓连接	主控		紧固、螺母置于槽外	
	不同宽度线槽连接			平缓过渡	
	线槽盖板			齐全、拆装方便	
	固定	主控		牢固、工艺美观	
	开孔			机械加工	
	油漆			均匀、完好、美观	
	螺栓附件			齐全	观察
	接地			符合 DL/T 5210.4—2009 中 4.9.5 条要求	测量

表 2-75 支吊架安装检查验收

工序	检验项目			性质	单位	质量标准	检验方法和器具
安装	支架安装间距	水平敷设	电缆保护管		m	1～1.5	用尺测量
			电缆		m	≤0.8	
		垂直敷设	电缆保护管		m	1.5～2	
			电缆		m	≤1	
	间距偏差				mm	≤10	
	垂直偏差				mm	≤2	
	电缆支架高度偏差			主控	mm	≤5	
	电缆保护管路支架高度偏差			主控	mm	≤3	
	焊接					符合 DL/T 5210.7—2010 规定	核对
	油漆					均匀、完好、美观	观察
	固定					牢固	试动观察

（二）电缆保护管安装与验收

1. 电缆保护管安装准备

（1）电缆保护管及路径选择。

1）电缆保护管的规格及材质应符合设计要求，一般采用镀锌钢管；外表应无裂纹及严重锈蚀，内部无杂物及油污；管壁厚薄均匀，内壁无毛刺；金属软管外表应无扁瘪、无损伤；保护管内径一般为电缆外径的 1.5～2 倍。

2）电缆保护管应按设计规定的位置、路线安装；若无设计规定时，可按现场实际情况选择合理的路线，尽量减少弯头，按规定弯头不超过 3 个，直角弯头不超过 2 个，当实际施工中不能满足要求时，可采用内径较大的管子或在适当部位设置接线盒，以利于电缆的穿设。

3）穿过建筑物的电缆保护管，应根据设备安装图及有关土建图，在浇灌混凝土或砌墙前预埋，如受条件限制，可预留孔洞，等设备就位后再埋设；但要注意，保护管不可安装在影响运行和检修的区域，也不能固定在活动结构中，并应避开有突发性排气可能的区域，距任何蒸汽管道隔热保温层表面，平行敷设时应不小于 500mm，交叉敷设时应不小于 200mm。

4）桥架上的保护管应从桥架的两侧引出，避免直接从底部穿入桥架固定。

（2）电缆保护管支吊架制作及安装。

1）保护管的支吊架应安装在便于固定导管的地方。支吊架制作要横平竖直、整齐美观，不妨碍检修通道。支吊架大约每隔 1.5m 固定一个，对转弯的地方一般应考虑设支吊架，每根保护管至少有两个固定点。

2）支吊架不能焊在压力容器及管道上，更不能焊在设备上，一般在支撑梁上，混凝土的预埋铁，用膨胀螺栓固定于混凝土基础上。支吊架的切割、焊接部位应涂防锈漆、银灰漆进行防腐处理。

（3）电缆保护管弯制。电缆保护管弯制采用冷弯方式，一般用电动（或手动）弯管机弯制，可根据需要弯制成各种形状，单根管子的弯头不宜超过两个。保护管的弯曲度不应小于 90°，且应符合电缆的最大弯曲半径限制，保护管弯制后表面无裂纹、无严重凹陷。

保护管切割应使用砂轮切割机，切割水平，去掉尖锐棱角、凸出物，使用保护管厂家提议的涂料进行防腐。

2. 电缆保护管安装

保护管进入露天布置的接线盒时，应从接线盒的下方引入，且电缆穿管后管口要封堵，以免雨水沿着导管流入盒内，接线盒与保护管的连接孔采用液压开孔机开孔。

敷设在竖直平面上的保护管口应距离平面至少 6mm；保护管管口离地面至少 30mm。保护管穿隔栅板、水泥平台时，应制作裙边框加以保护，见图 2-194。保护管间的连接应使用套丝接头连接，不得将管与管直接对焊；埋设管的对接应采用套管焊接，不宜对口焊接，见图 2-195。保护管沿蒸汽工艺管道水平敷设时，应距隔热保温层表面至少 500mm；交叉敷设时，至少有 250mm 的间距。在有膨胀或易振动、易变化部位时，必须使用金属软管。

埋设的保护管管口应尽量靠近并对准设备进线孔。有时由于埋设条件不允许或埋设有误差等原因，电缆保护管常不能对准设备进线口，需加用一段金属软管进行过渡。为了不妨碍主体设备的拆卸，电缆保护管敷设与主设备间应留有保护距离。

图 2-194　保护管穿隔栅板保护

图 2-195　预埋保护管对接

埋管的露出部分应与建筑物平面垂直，穿过楼板的保护管应与地面垂直；预埋保护管安装后，应及时在保护管的始末端管口进行封堵，以免浇灌混凝土时落入混凝土或其他杂物。穿入盘内的保护管不宜过长，管端只需稍高于盘内抹面后的地面即可。

同一支架并排安装数根保护管或几根管子排列在一起时，高度应一致。管间距离应均匀，一般对于小管（公称直径在 50mm 以下），两管中心距为两管径之和为宜；大管径（公称直径在 50mm 以上）时，只需管钳卡入便于操作即可。但管间距离应满足软管接头安装的空间要求。

保护管在规定位置就位后，使用 U 形抱箍或专用卡子固定牢固，严禁用焊接法固定。保护管固定点至少两点。

3. 电缆金属软管配置与保护管接地

金属软管与保护管及设备应采用与之配套的接头配件连接，在软管两端装配接头，再通过接头与保护管及各种控制设备、仪表元件连接。选配接头应按所用的保护管规格、设备进线孔的尺寸，确定接头内螺纹或外螺纹的尺寸。连接时先把软管头插入一端的卡套中，再把橡胶密封圈套上，旋紧压紧螺母即可，装配时软管长度应根据需要截取。

所有埋管都必须有可靠的保护接地，以防止电气设备和电气线路的绝缘损坏时，发生触电事故，接地标色应用黄、绿油漆做色标，一般以 50mm 为间隔，见图 2-196。保护管与电气设备采用金属软管连接时，必须用黄、绿相间的接地线做接地跨接，见图 2-197。保护管与保护管之间用金属软管连接的，也应用黄、绿相间的接地线做跨接。

图 2-196　埋设管接地

4. 电缆保护管成品保护

电缆保护管安装完成后，若暂时不穿电缆，为防止异物落入管内，需临时封堵。保护管进入热工设备或控制柜后，应将导管的两端口密封好，防止灰尘和雨水进入柜内。

对于预埋管，安装完成后应做好警示色标，防止其他专业施工时损坏，见图 2-198。

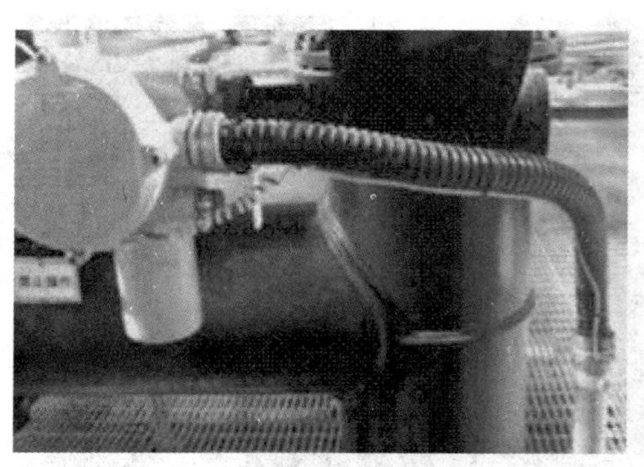

图 2-197　保护管与电气设备接地

图 2-198　电缆预埋管成品保护标记

5. 主要危险点控制

(1) 用手拉车搬运保护管时用力要一致，摆放要平整，多层重叠时，应用绳索绑牢。

(2) 使用弯管机前要保证电气回路绝缘良好，外壳接地良好；弯管机启动后切不可将手放在弯管机上，应有一定的安全距离，避免被瞬间冲力打伤。支撑架固定应牢固；保护管两端应留有足够的安全长度，防止滑出。

(3) 施工现场堆放保护管时，要定点堆放，防止高空落物。对于切割后的边角余料，要及时清理。

(4) 保护管切割后，应用半圆锉进行打磨，使保护管切口平整、光滑，防止保护管安装时造成施工人员手指被毛刺划伤。

(5) 保护管支架油漆作业完毕，应及时加盖封存；防止高空焊花掉落引起火灾事故。

6. 电缆保护管安装检查验收

安装完成后，按表 2-76 的要求，施工人员进行自检，质量人员组织验收。

表 2-76　　弯管，电缆保护管、金属软管安装检查验收

工序	检验项目		性质	单位	质量标准	检验方法和器具
检查	管内				无杂物、无毛刺	观察
	管外				无凹瘪、无损伤、无腐蚀	
	弯曲部分				无裂缝及显著的凹瘪	
弯管	弯曲半径	明敷电线管			≥6D	用尺测量
		电缆保护管			符合管内电缆弯曲半径的规定	
	弯头直径差		主控		＜10%D	
	管内径				≥1.5ϕ	
	弯曲度			(°)	≥90	观察
	保护管弯头数量	一般弯头		个	≤3	
		直角弯头		个	≤2	

续表

工序	检验项目		性质	单位	质量标准	检验方法和器具
电缆保护管安装	在不允许焊接支吊架的承压容器或管道上安装电线管或电缆支吊架				采用U形螺栓、抱箍或卡子	
	管口		主控		光滑、无毛刺	
	管口离设备距离			mm	≤500	用尺测量
	单管安装				横平竖直	观察
	成排安装	管口高度			一致	
		弯曲弧度			一致	
		排列	主控		整齐	
	管子穿出平台高度			m	宜大于1	用尺测量
	离保温层距离	平行敷设		mm	≥500	
		交叉敷设		mm	≥250	
	连接				牢固	观察
	金属管连接套管长度		主控		＞2.2D	核对、测量
	硬质塑料管套接或插接深度				(1.1～1.8) d	观察
	管口封堵				良好	
	油漆				均匀、完好、美观	
金属软管安装	外观				无裂痕、扁瘪	
	单管				预留长度合适	
	成组	排列			整齐	
		弧度			一致	
		高度				观察
	接头螺纹				配合适宜	
	连接附件		主控		齐全	
	固定连接				牢固	
其他	穿线管、金属软管敷设		主控		不影响机务设备正常运行和设备检修	

注　D—电线管（或电缆）保护管外径；d—电线管（或电缆）保护管内径；ϕ—导线束（或电缆）外径。

三、电缆敷设与接线

（一）电缆敷设准备

1. 电缆的选择

型号规格应符合设计要求，测量及控制回路的线芯截面不应小于 1.0mm^2，对于截面为 1.0～1.5mm^2 的普通控制电缆不宜超过 30 芯。单根电缆的实用芯数超过 6 芯时，应预留一定的备用芯。

所有进入 DCS 的信号电缆，除必须采用具有权威部门质量检定合格的阻燃屏蔽电缆外，还应符合下列原则：

(1) 重要信号传输采用屏蔽双绞线电缆；计算系统信号传输采用屏蔽双绞线或同轴电

缆。机组的后备硬手操停炉和停机线路电缆，应采用阻燃电缆。长距离通信电缆采用光缆。

(2) 长期运行在高温区域（超过60℃）的电缆（汽轮机调节阀、主汽阀关闭信号、火焰检测器等）和补偿导线（主蒸汽温度、汽缸或过热器壁温等），应使用耐高温特种电缆或耐高温补偿电缆。

(3) 保护系统和油系统禁用普通橡皮电缆；进入轴承箱内的导线采用耐油、耐热绝缘软线。

(4) 严禁热控系统的电源和测量信号合用电缆，冗余设备的电源、控制和测量信号电缆均须全程分电缆敷设。

(5) 热电偶至冷端补偿器或直接与仪表、计算机模件的连接，应采用与热电偶的分度号和允许误差等级相同的补偿导线或补偿电缆。

2. 电缆盘的搬运及保管

电缆盘在搬运前应进行检查，检查规格是否与标识一致、包装和电缆有无损坏、封端是否完好。检查电缆盘是否完好、能否正常滚动，电缆盘上的电缆如有松散，应缠紧，如缠绕紊乱时，必须倒轴；如电缆封端破坏，绝缘受潮或有疑问时，应用绝缘电阻表鉴定绝缘情况。

电缆盘只能在平坦的地面上作短距离滚动。滚动时应注意方向，按电缆缠绕方向滚动，防止电缆松散。电缆盘可用吊车装汽车或平板车运输，进入厂房后用桥式起重机卸下。

电缆的堆放点应符合布置图要求，电缆应分类堆放且堆放整齐，并留出运输通道。

（二）电缆敷设要求

1. 作业条件

电缆敷设前，要确认以下作业条件已满足要求：

(1) 技术人员到位，熟悉相关的施工图纸，理清热工专业与其他专业之间的接口。做好施工前的整体施工质量策划，明确、统一质量标准和要求。编制好施工所需的施工方案或作业指导书，并通过相关部门的审核，施工前的开工报告已办理，且都以书面形式存档。

(2) 对施工图纸进行会检时，与机务专业核对电缆桥架的布置是否与机务管道相冲突，与土建专业核对桥架的预留孔能否满足桥架安装要求，特别是集控楼内的墙体预留孔和竖井预留孔是否符合设计。对于电缆敷设，根据电缆清册，核对盘柜预留孔大小是否满足要求。

(3) 根据现场设备的布置情况，对桥架走向图进行二次设计，并通过原设计方的书面确认，满足现场实际安装的需要。

(4) 施工所需的施工人员已到位，并已经过作业指导书、技术、安全、质量的交底；施工人员明确自己所接受任务的技术、安全、质量的要求。施工所需要的脚手架已搭设完毕，并已通过验收；现场的临时照明已安装结束，符合现场施工要求。

(5) 施工所用的支吊架、桥架、电缆等有关材料采购到位并经验收合格，比如支吊架孔距应满足桥架安装需要；直线段槽盒（包括竖井）至少有两点以上的电缆绑扎固定装置。

(6) 施工所需的设备材料，有良好的堆放场地，并保证其完好性。施工道路通畅，安全设施齐全。

2. 注意事项

电缆敷设负责人，应由熟悉电缆性能的安装人员或专职技术人员担任，以下事项应重点注意：

（1）为了防止电缆间的干扰信号，电缆敷设时要确保信号电缆与动力电缆之间的最小距离符合表 2-77 的规定。

表 2-77　信号电缆与动力电缆之间的最小距离

电缆敷设方式		带盖板金属电缆槽或穿钢管敷设（mm）						无盖板的电缆槽敷设（mm）
与动力电缆平行敷设的长度		10m 以下及垂直	25m 以下	100m 以下	200m 以下	500m 以下	500m 以上	
动力电缆容量	120V　10A 以下	≥10	≥10	≥50	≥100	≥200	≥250	≥1500
	250V 50A 以下	≥10	≥50	≥150	≥200	≥250	≥250	
	400V 100A 以下	≥50	≥100	≥200	≥250	≥250	≥250	
	500V 200A 以下	≥100	≥200	≥250	≥250	≥250	≥250	
	500V 200A 以上	>500						≥3000

注　动力电缆容量栏内电压是回路中的最高电压，电流是指多个回路中同时通过的电流之和。

（2）电缆敷设区域环境温度对电缆的影响，应满足正常使用时，电缆导体的温度不高于其长期允许工作温度，明敷的电缆不宜平行敷设于热力管道上部，控制电缆与热力管道之间无隔板防护时，相互间距平行敷设应大于 500mm、交叉敷设应大于 250mm，与其他管道平行敷设相互间距应大于 100mm。同时严禁电缆在油管路及腐蚀性介质管路的正下方平行敷设和在油管路及腐蚀性介质管路的阀门或接口的下方通过。

（3）对电缆终头和中间接头的基本要求是导体连接良好，绝缘可靠（推荐采用辐照交联热收缩型硅橡胶绝缘材料），密封良好，具有足够的机械强度，能适应各种运行条件。

（4）电缆端头必须防水，以及其他腐蚀性材料的侵蚀，以防因水树引起绝缘层老化而导致击穿。

（5）电缆的装卸必须使用吊车及叉车，禁止平运、平放，大型电缆安装时须使用放缆车，以免电缆受外力损伤或因人工拖动而擦伤护套和绝缘层。电缆不装盘，严禁用人力手拉。

（6）电缆如因故不能及时敷设时，应将其放在干燥地方贮存，防止日光曝晒、电缆端头进水等。

（三）电缆敷设

1. 电缆敷设路径

电缆敷设时，应沿最短路径敷设，并尽量集中敷设（敷设路径有设计时，应按设计敷设）。电缆路径应避开人孔、设备起吊孔、防爆门、窥视孔等。敷设在主设备或可拆卸管道附近的电缆应不影响其设备管道检修；敷设在易积尘和易燃烧场所的电缆应采取封闭电缆槽或电缆保护管。电缆敷设区域的温度不应高于电缆的允许长期工作温度。严禁电缆在油管路的正下方平行敷设和在油管路接口的下方通过。电缆与导管平行敷设时，电缆应在导管上方。

控制电缆、信号电缆与电力电缆应分层敷设，在电缆沟一般信号电缆在最上层，动力电缆在最下层，控制电缆在中间一层。

在电缆的起点处，使用电缆盘托架将电缆盘架起来。架电缆盘用的轴应有足够的强度。电缆盘架起后，电缆盘挡板边缘与地面的距离不得小于100mm。敷设电缆时，电缆应从电缆盘的上方引出，端头贴上相应的标签。标签粘贴应牢固，保证在拉的过程中不致脱落。

电缆敷设时，常经过很多转弯处，应防止电缆弯曲过度，使电缆的绝缘层受到损伤。其弯曲半径应符合以下规定：对于无铠装层的电缆或有屏蔽层结构的软电缆，应不小于电缆外径的6倍；有铠装或铜带屏蔽结构的电缆，应不小于电缆外径的12倍；耐火电缆不应小于电缆外径的8倍；氟塑料绝缘及护套电缆不应小于电缆外径的10倍（见图2-199）；对于通信光缆，应不小于光缆外径的15倍（静态）和20倍（动态）。敷设前应确认电缆两头各自的位置，并做好插头的防尘、防损等保护措施。光缆敷设按设计要求，设专用的通信电缆小桥架或专用的保护管。

电缆按区域集中敷设，电缆交叉时尽量成片交叉，以减少交叉层数，见图2-200。竖井内电缆应分层敷设，动力电缆与控制电缆左右侧分开。电缆经过地沟、保护管或在拉的过程中遇到有水的地方之前，电缆端头应用绝缘胶封头。

图2-199　电缆敷设的弯曲半径

图2-200　电缆成片交叉

电缆到位以后，应留有足够的长度，多余的应倒回起始点，多余的电缆不能留在桥架上，电缆在桥架上应保持平直。电缆的两端应留有足够的备用长度，以补偿因温度变化而引起的变形，电缆跨越建筑物伸缩缝处应留有余度，以适应变化。

做好敷设记录，标出实际长度，以核对设计与实际的差距。

2. 电缆的整理与固定

电缆终点在同一设备或大致同一地方的电缆应安放在一起，扎成束或卷起来，不能散乱在地上。预留电缆不能弯曲过度，弯度不能超过厂家规定的半径限制。

直线段的电缆绑扎应横平竖直，绑扎间距统一，排列整齐、美观，见图2-201。垂直段的电缆绑扎，每层间的绑扎高度一致。拐弯处的电缆绑扎，采用扇形的绑扎方式，每道弯均匀绑扎，见图2-202。竖井内的电缆绑扎，首层电缆必须每根逐挡绑扎在竖井内的横挡上。

盘柜下方电缆绑扎，当电缆采用钢管或角钢支吊架固定时，梯式桥架电缆从桥架下方引出，槽式桥架电缆从桥架上方引出，见图2-203。引出电缆的弧度一致，电缆绑扎线与电缆横平竖直。盘柜下方电缆绑扎，在整理编扎盘柜的第一层电缆时，应尽可能考虑后续电缆的通道及编扎工艺，首层电缆绑扎时，必须每根固定在横挡上，后几层电缆必须固定在前层上，见图 2-204。

图 2-201　直线段的电缆绑扎

图 2-202　拐弯处的电缆成扇形绑扎

图 2-203　采用支吊架固定的电缆绑扎

图 2-204　采用引上桥架固定的电缆绑扎

（四）电缆接线

1. 电缆头制作

电缆头在盘箱柜内的整体布置见图 2-205，电缆头制作及电缆号牌的挂设见图 2-206。

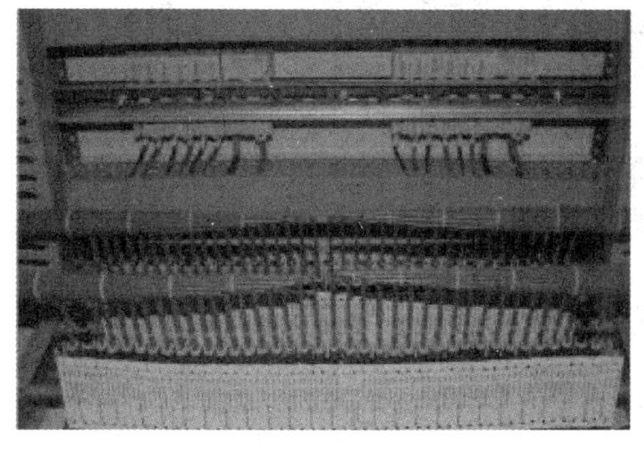

图 2-205　电缆头在盘箱柜内的布置

图 2-206　电缆头制作及电缆号牌挂设

对盘内的电缆按照接线位置进行排列就位，为便于电缆查找及美观，盘柜内的电缆以等宽分层布置，盘柜内电缆不应交叉，排列时应考虑后续电缆的排列空间。

电缆头的高度应统一，剖电缆时不得损坏线芯的绝缘，考虑到封堵的高度，一般电缆剖线处在进盘孔上方100mm以上。电缆头的制作方法一致，热缩管的颜色统一，盘柜侧电缆头制作宜采用黑色热缩套管，长度以60mm为宜，热缩时注意温度，防止芯线烫伤。电缆头等宽分层布置，同列电缆的号牌汇总悬挂在电缆头上；号牌应分层挂置，便于电缆查找。

在电缆头绑扎处应有绑扎横挡，横挡一般盘柜制造厂已安装好，若无则采用圆钢或铝合金型钢制作。绑扎宜采用白色尼龙扎带或蜡线，每根电缆均绑扎在横挡上，使电缆不产生机械应力。

图 2-207　电缆线束绑扎

2. 电缆线束绑扎

电缆的线束绑扎见图 2-207。线束绑扎时，主线束及分线束绑扎要横平竖直；备用线的放置能保证最远端子的接线。

电缆头制作绑扎固定后，根据电缆接线位置进行线束整理排列，相同位置的线芯整理汇总成线束，线束布局要求简洁合理，能方便后续电缆的排列汇总，应避免线束间的交叉。

线束应编扎成圆形、横平竖直，线束统一用腊线或尼龙扎带绑扎，绑扎间距以100mm为宜，同个机柜的线束间绑扎高度应一致。绑扎好线束后，可根据相应端子排的位置，将芯线从线束中一一抽出来，抽芯线时，相互间应保持平行并留有余度。

3. 电缆线芯固定

电缆线芯与端子的固定形式，根据不同的端子排布置，选用不同的方式，见图 2-208。

图 2-208　电缆线芯与端子固定形式

接线时需注意电缆芯线不应有伤痕，单股线芯弯圈接线时，其弯曲方向应与螺栓紧固方向一致；多股软线芯与端子连接应使用接线鼻子，用专用手动压接钳压接。线芯剥线长度应大于接线鼻子压接部分1.0～1.5mm，压接时注意接线鼻子后端线芯不应裸露。导线与端子或绕线柱接触应良好，端子板的每侧接线宜为一根，不得超过两根。

电缆、导线不应有中间接头，若必须对接时，接头应接触良好、牢固、不承受机械拉力，并保证原有的绝缘水平。

对一些特殊测量元件接线时，如轴承温度信号，接线前需核实其元件的好坏，再接线。耐高温电缆在接线时，应确保电缆及线芯与热源有足够的安全距离，以防电缆烫伤。

测量与控制信号电缆通过中间接线盒过渡时，应做好屏蔽线的转接，保证电缆屏蔽线一点接地。电缆屏蔽网线引出方式应统一，电缆的屏蔽网如需引出时，应将黄、绿接地线与屏蔽网焊接或压接引出，引出点应在电缆头的背面，引出方向应统一。

接线应正确，线芯的端头应套有回路编号的线号套，线号套标识要清晰，不易脱落、褪色。

（五）成品保护与危险点控制

1. 成品保护

电缆上方严禁放置油漆等易燃物。预制电缆敷设应做好插头保护的措施，预制电缆多余的部分应卷起来，统一放置在不影响电缆敷设通道的一边，防止踩坏。

电缆敷设后在醒目处挂设警告标志牌。对于电缆上方容易遭受电焊火花、尘物等影响的应在电缆上方铺设防火石棉布。

为确保盘柜侧的接线工艺，在查线或调试期间需对线芯进行改动时，需专业接线人员整改。

2. 主要危险点控制

（1）选择平坦的地面架设电缆盘，电缆从盘上方引出，防止拉电缆过程中电缆托架倾倒。

（2）脚手架搭设合理，防止电缆敷设人员在脚手架上走动过程中高空坠落。

（3）在转弯处敷设电缆时，敷设人员站位要正确，应站在电缆的外侧。

（4）防止电缆与其他硬质物体摩擦损伤，落差较大时应加装滑轮。

（5）使用刀具、割锯对电缆进行锯割时，工具与电缆被切割处对齐，用力均匀，防止人员割伤。

（6）在带电区域、带电盘柜接线应防止人身、设备事故，必须严格执行相关制度，落实相关措施后方可工作。

（7）在带电盘柜及未知是否带电区域工作，应先验电确认无电后再进行作业，并应使用绝缘工具。

（8）在已受电的盘柜接线时，严禁触碰带电部分。

（9）为防止接线人员在系统调试期间走错间隔导致触电，应设专业监护人员。

（六）电缆敷设与接线安装检查验收

安装完成后，按表 2-78～表 2-80 要求，施工人员进行自检，质量人员组织验收。

表 2-78　　电缆敷设检查验收

工序	检验项目	性质	单位	质量标准	检验方法和器具
检查	型号规格			符合设计	核对
	外观			无凹瘪、损伤	观察
	绝缘电阻		MΩ	≥1	用 500V 绝缘电阻表测量

续表

工序	检验项目			性质	单位	质量标准	检验方法和器具
敷设	环境温度	耐寒护套控制电缆		主控	℃	≥−20	测温仪测量
		橡皮绝缘聚氯乙烯护套控制电缆			℃	≥−15	测温仪测量
		聚氯乙烯绝缘和护套控制电缆			℃	≥0	
		光缆	C1		℃	−40～+60	
			C2		℃	−30～+60	
			C3		℃	−20～+60	
			C4		℃	−5～+60	
	电缆与保温层距离	平行敷设			mm	≥500	用尺测量
		交叉敷设			mm	≥250	
	层间距离	电缆与导管			mm	150～200	
		电缆与电缆			mm	150～200	
	电缆弯曲半径	铠装电缆				≥ϕ12	用尺测量
		非铠装电缆				≥ϕ6	
		屏蔽软电缆				≥ϕ6	
		耐火电缆				≥ϕ8	
		氟塑料绝缘及护套电缆				≥ϕ10	
		光缆	静态			≥ϕ15	
			动态			≥ϕ20	
	电缆与非保温热表面距离				m	≥1	
	电缆排放					整齐、少交叉、无扭绞	观察
	电缆分层					符合设计	核对
	敷设记录			主控		清晰、齐全	观察
	铭牌标志					正确、齐全、清晰、不易脱落	核对、观察
	屏蔽电缆与一般电缆分层					符合设计	核查
	与动力电缆距离			主控		符合设计或DL/T 5210.4—2009附录E的规定	观察
整理固定	电缆排列					整齐	观察
	电缆弯曲弧度					一致	
	电缆卡固定位置	垂直敷设				每个支架上	
		水平敷设				首尾两端	
		在保护管段				保护管前、后	
		在盘前			mm	300～400	
		在接线盒前			mm	150～300	
		在端子排前			mm	150～300	用尺测量
		电缆拐弯及分支				在拐弯（分支）处	观察

注 ϕ—电缆直径。

表 2-79　　补偿导线及导线敷设检查验收

工序	检验项目		性质	单位	质量标准	检验方法和器具
安装	型号规格		主控		符合设计	核对
	绝缘电阻	信号线路		MΩ	≥2	用 500V 绝缘电阻表测量
		补偿导线		MΩ/10m	≥5	
		≤24V 导线		MΩ	≥0.1	
		>24V 导线		MΩ	≥1	
	导线敷设				平直、无扭绞	观察
	接线	线端连接	主控		正确、牢靠	
		线号标志			正确、清晰	

表 2-80　　电缆头制作安装及接线检查验收

工序	检验项目		性质	单位	质量标准	检验方法和器具
电缆头制作安装	铠装电缆钢箍				紧固	试动观察
	电缆头包扎				整齐、美观、不漏	观察
	包扎长度				一致	
	排列		主控		整齐	观察
	固定				牢固、美观	
接线	芯线表面				无氧化层、伤痕	观察
	芯线弯圈方向		主控		顺时针、且大小合适	观察
	螺栓、垫圈				齐全、紧固	
	接线片压接				紧固	用手试动
	排线				整齐、美观	观察
	备用芯				至最远端子处	测量、观察
	芯线与端子				接触良好	用校线工具查对
	接线		主控		正确、牢固	观察
	导线弯曲弧度				一致	观察
	线号	线号标志			正确、清晰、不褪色	
		书写方向			字母排列方向一致	
	屏蔽层接地		主控		符合 DL/T 5210.4—2009 中 4.9.5 条要求	核对

第四节　盘、台、箱安装

盘又称表盘，是指集中安装电气仪表的，有面板的金属框架；而柜就是设备柜，是安装保护装置、自动装置、低压设备的金属框架；因为以上两种金属框架结构相似、都有统一的标准尺寸，所以合称盘柜。以往的配电装置等一般后面不设门，敞开的，像屏风一样所以形象地称为控制屏或配电屏；而现在一般在后面设置可开启的门，可以防止小动物等进入，像衣柜一样，所以形象地称为控制柜或配电柜。

发电厂及变电站内盘柜的种类很多，名称也很多，但就其外形尺寸、安装方式及功能，一般分为三种类型：盘、台、箱等。如：电子设备间的DCS机柜、DEH、ETS、TSI等系统控制柜，就地仪表盘，电气保护及控制柜，电气配电柜等，一般称为盘柜；而控制室的操作台、值长台等，一般称为台；保温箱、保护箱、控制箱（盒）、接线箱（盒）等，一般称为箱或盒（为便于描述，以下称为箱盒，简称箱）。盘、台、箱的安装方式，主要分为落地式安装（盘柜、台为主）和壁挂式安装（箱盒为主）。

一、盘柜安装

盘柜安装主要工序流程见图2-209。

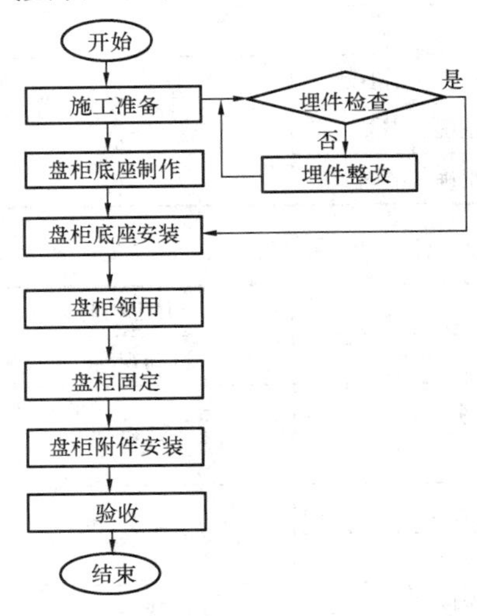

图2-209　盘柜安装主要工序流程

（一）落地式盘柜安装主要工艺要求

1. 安装施工前工作

（1）土建预埋件核对。在土建浇注楼面前，应对其盘柜预留孔、预埋件的尺寸、位置进行检查。为便于基础槽钢安装，预埋件标高应按负偏差进行，预埋件的尺寸应大于100mm×200mm（数值大的一边与基础槽钢敷设的方向垂直）。楼面浇注后，及时对其埋件的标高进行复核，确认基础槽钢敷设后，其盘柜底座高度能满足设计、及规范要求。

（2）施工前准备。

1）机工具准备。所有的机工具、测量器具在使用之前均应进行检查；机工具应有检验合格证，测量器具应有计量检验合格证及在有效使用期限。安装常用的机工具、测量器具清单参见表2-81。表中的叉车、吊机视现场实际情况选用。

表2-81　机工具及测量器具清单

序号	机工具名称	单位	数量	备注
1	电焊机	台	2	
2	角向磨光机	只	3	
3	砂轮切割机	台	1	
4	磁性铅坠	把	2	
5	水平尺	把	2	
6	拉线	卷	2	
7	角尺	把	2	
8	液压叉车	台	2	
9	手枪钻	把	3	
10	丝攻	套	3	M6～M10
11	钢直尺	把	2	
12	卷尺	把	2	
13	力矩扳手	套	2	
14	水准仪	套	1	

续表

序号	机工具名称	单位	数量	备注
15	电源盘	只	3	
16	个人工具	套	4	
17	叉车	辆	1	
18	吊车	辆	1	

2）材料准备。盘柜的安装材料主要是槽钢、垫铁等，常用的安装材料见表 2-82。

表 2-82　　盘柜安装常用材料表

序号	名称	规格	单位	数量	备注
1	槽钢	根据设计选用	m	足够	
2	角钢	根据设计选用	只	足够	
3	垫铁	$\delta=1\sim2$mm	块	足够	
4	焊条		kg	足够	
5	切割片/磨光片		片	足够	
6	镀锌螺栓		套	足够	
7	膨胀螺栓		套	足够	根据要求选用
8	橡皮垫	$\delta=10$mm	m^2	适量	根据要求选用
9	绝缘套		套	足够	根据要求选用
10	防锈漆		kg	适量	

3）人员准备。根据盘柜底座及盘柜就位安装的阶段性施工特点，在盘柜底座制作、安装阶段，主要是钳工、焊工和测量工为主；在盘柜就位安装时，需增加电工。所有施工人员必须经过安全技术交底，了解、熟悉有关的施工图纸及工艺质量要求。

4）图纸准备。

① 核对图纸，特别是土建图纸上的盘柜布置是否与热控盘柜布置一致；土建预留孔、预埋件尺寸、位置是否符合热控盘柜布置要求；盘柜是否留足开门空间等。另外还要根据热控电缆设计，了解盘柜的电缆数量，确认土建设计的预留孔，能否满足电缆敷设要求。

② 盘柜实际尺寸确认，由于盘柜的生产厂家制作工艺不一，同样规格的外形尺寸盘柜，其盘柜下方的底座尺寸（简称底座尺寸）可能不一，如图 2-210 所示。因此要求盘柜供应商提供盘柜的实际外形尺寸、底座尺寸以及盘柜的开门方式。

③ 对于重要系统的盘柜，如 DCS/PLC/DEH 等系统盘柜，在安装前应要求厂家提供书面的安装注意事项；了解、掌握其特殊要求，如盘柜的防震、密封、盘柜及系统的接地等要求。

④ 对于电子室、控制室等封闭房间，应提前考虑盘柜倒运的通道要求，必要时提前通知土建在合适的位置，留有盘柜搬运的临时通道。

5）土建埋件核对。

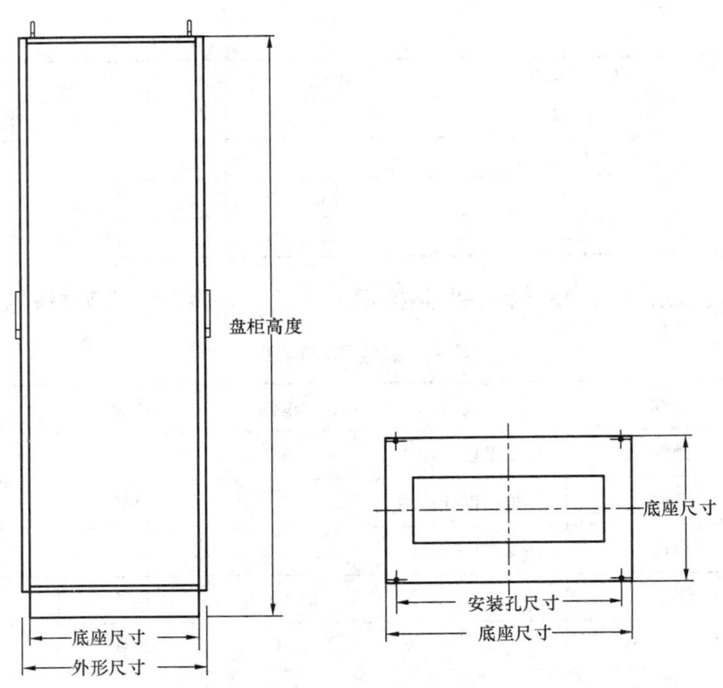

图 2-210　盘柜外形、底座尺寸示意图

对土建预埋件的标高进行复核，确认基础槽钢敷设后，其盘柜底座高度能满足设计、及规范要求。

(3) 盘柜安装安全措施。开工前应根据项目施工的实际情况，组织由安全员、技术员、班长、主要施工员等参加的，对施工中潜在的危险源进行辨析及相对应控制措施，并形成文件后进行全员交底。

严格遵守《电力建设安全工作规程　第1部分：火力发电厂》(DL 5009.1—2014)，进入施工现场，必须正确使用安全及劳保用品，施工前应熟悉施工环境，在有孔洞的地方，加盖板并固定牢固，施工中注意自身及周围的安全情况，发现问题要及时进行处理，提高安全生产水平。

使用电动工具时，应事先检查电动工具及电源盘绝缘等是否完好；用电必须符合规程；严禁在闸刀上挂接线；电源线必须从配电箱下方引进。运行的电动工具如角磨、电钻等，如遇突然停电时应及时关闭电动工具的开关，以防突然来电直接启动电动工具，发生意外。使用砂轮切割机前检查砂轮片有无破裂，固定可靠，防止砂轮片碎裂飞出、金属飞溅及电气漏电伤人。使用角向磨光机前检查磨光片固定牢固，不受潮，无裂纹，防止磨光片碎裂飞出、机械惯性、金属沫飞溅等伤人。使用角磨时应带好防护眼镜，更换磨光片时应先关掉开关，并拔出电源插头。

盘柜运输、吊装过程中应做好防范措施，防止碰撞、倾倒，用液压手动叉车、手拉葫芦，严禁超载，盘柜撬动就位时应统一指挥，以防倾倒伤人。在现场吊运、安装盘柜过程中，碰到脚手架或其他安全防护栏时，应填写安全设施变更单，经批准后，并做好实体隔离措施后，才能施工，施工结束后应及时恢复。盘柜拆箱后，应立即将箱板等清理干净，以免

阻塞通道或钉子扎脚。

盘柜搬运到现场后，应及时通知相关部门做好安保，特别是精密、贵重的机柜。

盘柜底部加装垫片时不得将手伸入盘底，单面盘并列安装时应防止靠盘时挤伤手。精密表计应轻拿轻放，控制系统模件安装时应有防静电措施，以免损坏仪表。

2. 盘柜底座制作安装

(1) 盘柜底座制作。热控盘柜底座根据设计选用槽钢或角钢，如无设计热控盘柜一般可采用 8～10 号槽钢制作，电气配电柜一般采用 10～12 号槽钢，根据埋件标高及设计要求，槽钢采用卧放或侧放敷设。底座槽钢制作时，应根据已核实的盘柜实际外形尺寸和底座尺寸后进行。对单个或非成排柜体，基础可按施工图纸要求事先在工场制作成形。

基础槽钢下料前应对槽钢进行调平、调直，下料时应采用电动切割工具。不得采用气割与焊割，切口应平整，用磨光机打磨焊口使之平滑、无毛刺。

底座制作后应做好防腐工作。

成排盘柜基础槽钢宜下料后在现场制作、组装，计算底座槽钢长度时，应包括设计指明的备用盘宽度，还应注意确认盘柜中间边门是否拆除、相邻盘柜间是否需加装密封条等；考虑盘柜的实际尺寸和变形误差，对相邻两个柜间加 1mm 余量。成排安装的盘柜，如盘柜的宽度不一时，一般其盘柜正面宜齐平。

单个盘柜底座制作时宜在平整的平台或地面上拼装，用角尺找正、水平尺找平后，采用“对角焊接，先点焊再满焊”的原则进行，连接处点焊后，测量其平直度、外型尺寸、以及对角线误差，当水平误差不大于 0.10%、对角误差不大于 3mm、长度及宽度比实际尺寸不大于 3mm，才能施焊，否则重新找正、调整；焊接时应分段满焊（以防焊接时产生拉力变形），焊接工作完成后其底座的上表面及外侧面的焊缝应用磨光机打磨平滑。

(2) 盘柜底座安装。室内盘底座应在地面二次抹面前安装，其底座上表面应高出最终地面 10～20mm。安装前先用水准仪对预埋件标高进行测量，以测得的最高值为标准进行基础安装；个别预埋件位置偏差较大或漏埋，可增加垫铁或铁膨胀螺栓等加固；预埋件与基础间垫铁应塞实，焊接牢固。紧固后的螺栓、固定支架不得高于最终地面，若室内铺地转，还需扣除地砖厚度。成排盘柜底座现场组装、安装时应注意以下事项：

根据施工图确定基础槽钢的安装位置，确认后用小角钢临时点牢预埋件，初步框定基础槽钢位置，防止基础槽钢偏移。

以标准地平标高为基准，计算出盘柜底座的标高，作为基准点，以此来确定基础槽钢的安装高度。用水准仪参照基准点对基础槽钢逐点测量标高，同时用事先准备的垫铁将槽钢标高调整合适后，将槽钢与预埋件点焊，成排盘柜的两条长度方向的槽钢标高确认后，宽度方向可用水平尺找平；用卷尺测量底座槽钢的外形尺寸、对角线，当长度及宽度比实际尺寸不大于 3mm、对角误差不大于 3mm，用垫铁逐个将基础槽钢与预埋铁塞实、点焊；复测、调整使整个基础槽钢的标高误差在±3mm 之内，水平倾斜度不超过长度 1/1000，全长误差不超过 5mm。

根据上述调整后，可以对槽钢底座进行焊接，焊接时应分段满焊（以防焊接变形），焊接后其底座的上表面及外侧面的焊缝应用磨光机打磨平滑。

同一房间内多个盘柜基础的定位，应使用同个基准点，确保各排盘的标高保持一致，以减少测量误差。

盘柜基础安装固定后，选用符合设计要求的扁钢，对基础进行接地，至少保证两点和电气接地网连接，每点接地扁钢穿过基础（另加角铁满足焊缝要求），两侧必须满焊。保证盘基础良好接地。

盘柜基础安装完成后，必须有防止撞压变形的保护措施，施工交叉的地方要搭设临时围栏。

上述工作完成后，再进行油漆防腐，最后通知土建方对底座四周进行二次灌浆，灌浆后注意保养，养护期间不得施加任何负载。

3. 盘柜安装及成品保护

(1) 盘柜领用。盘柜到达现场后，应进行开箱并将其转运到室内，不应存放在露天。为避免盘柜在运输图中受损，盘柜应尽量运抵安装现场后开箱。

搬运盘柜前应提前勘测好运输路线，对参与本项工作的全体人员做好安全技术交底，做好人员分工并告知搬运过程中的路线；搬运可采用吊车搬运和人工搬运两种方式。搬运时应防止盘柜表面被挤压、擦伤和倾斜碰撞措施。采用吊车搬运应有起重工专门指挥，配备足够的施工人员并设专职监护人员现场监护，以保证人身和设备的安全。盘柜起吊绑扎时，宜采用软绳不得用钢丝绳直接绑扎盘柜，防止刮伤盘柜漆面。盘柜起吊时宜采用四点吊装，吊绳与柜体水平面夹角至少为60°，盘柜不得倾斜。电子室盘柜进盘时，将盘柜先运输到通道附近，按照图纸布置位置，确定进盘顺序。先里侧后外侧，逐一拖运入室内，以避免下一步盘柜安装时的往返搬迁。

控制盘柜开箱前，应提早报请业主、物资部、厂家、监理等部门；开箱时至少应有监理人员在场见证，核对盘柜的厂家、规格数量等。开箱中应使用起钉器，先起钉子后撬开箱板；如使用撬棍，不得以盘面为支点，并严禁将撬棍伸入木箱内乱撬；开箱时应小心仔细，避免有较大振动，拆下的木板应集中堆放，以防钉子扎脚。开箱后会同检查人员做好以下记录：

1) 包装密封是否良好，各部件的规格、型号是否与设计相符，附件、备件、出厂图纸及技术文件是否齐全。

2) 盘柜本体外观应无损伤及变形，油漆完好无损，边盘、侧板、盘门、灯箱等无损伤性缺陷。如有损坏或其他异常情况应做好拍照等记录，并立即上报。

3) 内层保护塑料膜应保存完好，以防止水及灰尘进入。

4) 厂家资料及备品备件应交专人负责保管并做好登记。

开箱结束后应填写“设备开箱检查记录”，参加的各方代表签证存档。

开箱后盘柜如需搬运，盘门应关闭并锁上。精密的仪表或较重的元件可从盘上拆下，单独搬运。

DCS等系统盘柜，由于柜内有大量的精密电子元件，对安装环境要求较高，因此一般在土建装修结束后、门窗齐全、柜顶消防水管耐压试验结束后、以及暖通投入的情况下，进行安装。

(2) 盘柜安装。下面以要求浮空接地、基础槽钢为卧立的盘柜安装为例，说明盘柜安装的主要步骤，对无需绝缘、防震的盘柜，则在安装时取消橡皮垫与绝缘垫片的安装步骤。

1）盘柜就位。

盘柜就位时一般以图纸中标有安装尺寸的一侧开始，以底座槽钢大于盘柜 1mm 为宜，进行放样，先在底座槽钢上画出盘柜地脚螺丝的位置；移下盘柜后，找出地脚螺丝的中心孔，在槽钢上对中心孔进行钻孔、攻丝。

攻丝完成后，将盘柜就位在底座上，用撬棒撬起盘柜，在机柜与底座槽钢间分段塞入、事先准备好的带状 10mm 左右厚度的橡皮垫（略宽于槽钢表面），橡皮垫在地脚螺丝处相应开孔，胶皮垫间连接处应裁成楔形如图 2-211 所示，地脚螺丝用特制的绝缘垫片把螺栓与机柜隔开，使整个 DCS 机柜与底座槽钢绝缘（如图 2-212）。拧上地脚螺丝，找平找正，精确调整。连接盘柜的螺栓、螺母、垫圈等应有防锈层（镀锌、镀镍或烤蓝等）。

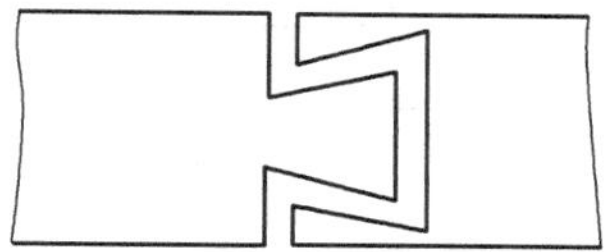

图 2-211　胶皮垫的连接法

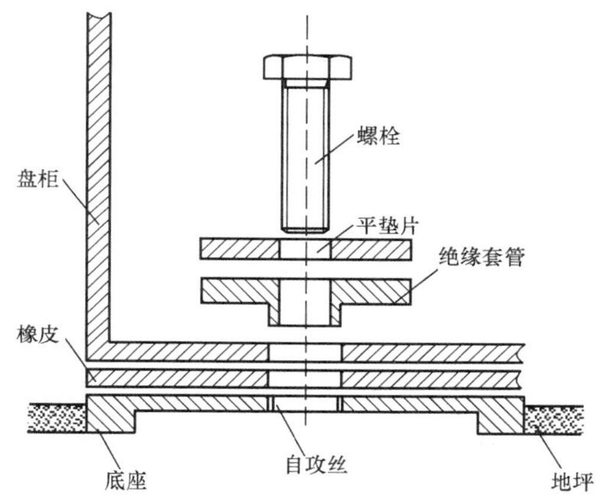

图 2-212　盘柜安装固定示意图

2）盘柜固定。盘柜的水平调整用水平尺测量；垂直度的调整在盘顶放标尺，沿盘面悬挂线锤，测量盘面上下端与吊线的距离，如偏差大于盘高的 1.5/1000 时，用 1～2mm 的铁皮垫入盘底使其达到要求。

紧固地脚螺栓，复查垂直度。检查盘间螺丝孔是否相互对正，否则用圆锉修整。装上盘间螺丝，调整前后、上下松紧。用钢片尺贴牢检查相邻盘面，合适后拧紧。

成排布置的盘柜安装时，先精确地调整第一块盘，再以第一块盘为基准逐次调整其他盘。调整顺序，可以从左到右，或从右到左，也可先调中间一块，然后左右分开调整（弧形布置的盘应先找中间的一块）。依次按上述步骤进行施工。盘柜安装后质量应符合安装验评要求。

3）盘柜接地检查。DCS 机柜安装后用 500V 绝缘电阻表，测出盘体和底座槽钢的绝缘，并做好绝缘记录；盘柜与底座的绝缘应不小于厂家要求，否则检查不合格之处并排除。

对无绝缘电阻要求的盘柜，由于地脚螺丝烧兰，盘座之间加垫皮、铁片等原因，盘体接地不一定很好。因此，当有较高要求时，在盘柜安装完毕后，应使用多股柔软编织铜导线与接地体连接。

（3）盘柜成品保护。盘柜就位后应及时做好封堵等成品保护措施，如盘柜上挂好明显的保护标志牌，就地盘柜安装完成后立即进行专门的包装保护，使用盘柜的开箱板进行拼接包裹，盘顶部铺石棉布进行防火保护，并悬挂“防火、防水、防碰撞”等标志牌。在盘柜上方有大面积施工时，在盘顶部临时固定一块彩钢板加以防护。对已安装完毕的盘、柜加强保护，盘柜门锁上，以防内部零件丢失。对有装有精密电子设备的盘柜，还要有防潮、防尘等措施，如用硬纸板或薄三夹板，按盘柜进线孔的尺寸制成临时封堵以免灰尘进入。室内盘柜表面宜用尼龙纸等做好防护，室外盘柜还应有防止外力损坏盘柜的措施。

4. 安装验收

安装结束后，盘柜底座制作安装质量按表 2-83 要求，成排盘柜的安装质量按表 2-84 要求，单个盘柜安装质量按表 2-85 要求，施工人员进行自查，质量人员进行验收。

表 2-83　　盘柜底座制作安装质量验评表

<table>
<tr><th>工序</th><th colspan="2">检验项目</th><th>性质</th><th>单位</th><th>质量标准</th><th>检验方法和器具</th></tr>
<tr><td rowspan="7">制作</td><td colspan="2">型号规格</td><td></td><td></td><td>符合设计</td><td rowspan="2">核对</td></tr>
<tr><td colspan="2">材质</td><td></td><td></td><td>符合设计</td></tr>
<tr><td colspan="2">尺寸偏差</td><td rowspan="2">主控</td><td rowspan="2">mm</td><td rowspan="2">≤3</td><td rowspan="2">用尺测量</td></tr>
<tr><td colspan="2">对角线偏差</td></tr>
<tr><td colspan="2">组装</td><td></td><td></td><td>横平、竖直</td><td>观察</td></tr>
<tr><td colspan="2">固定孔中心偏差</td><td></td><td>mm</td><td>±1.5</td><td>用尺测量</td></tr>
<tr><td colspan="2">焊接</td><td></td><td></td><td>符合 DL/T 5210.7—2010 规定</td><td rowspan="2">核对</td></tr>
<tr><td rowspan="10">安装</td><td colspan="2">位置</td><td></td><td></td><td>符合设计</td></tr>
<tr><td rowspan="2">不直度</td><td>每米</td><td></td><td>mm</td><td><1</td><td rowspan="5">用尺测量</td></tr>
<tr><td>全长</td><td></td><td>mm</td><td><5</td></tr>
<tr><td rowspan="2">水平度</td><td>每米</td><td></td><td>mm</td><td><1</td></tr>
<tr><td>全长</td><td></td><td>mm</td><td><5</td></tr>
<tr><td>位置误差及不平行度</td><td>全长</td><td></td><td>mm</td><td><5</td></tr>
<tr><td colspan="2">弧形布置</td><td></td><td></td><td>符合设计</td><td>观察、测量</td></tr>
<tr><td colspan="2">底座顶高出地面</td><td></td><td>mm</td><td>10～20</td><td>用尺测量</td></tr>
<tr><td colspan="2">固定</td><td></td><td></td><td>牢固</td><td>试动观察</td></tr>
<tr><td colspan="2">油漆</td><td></td><td></td><td>均匀、完好、美观</td><td>观察</td></tr>
</table>

表 2-84　　成排盘柜安装质量要求

<table>
<tr><th>工序</th><th colspan="2">检验项目</th><th>性质</th><th>单位</th><th>质量标准</th><th>检验方法和器具</th></tr>
<tr><td rowspan="3">检查</td><td colspan="2">型号规格</td><td></td><td></td><td>符合设计</td><td>核对</td></tr>
<tr><td colspan="2">外观</td><td></td><td></td><td>无残损</td><td>观察</td></tr>
<tr><td colspan="2">配件设备</td><td></td><td></td><td>齐全、完好</td><td>核对</td></tr>
<tr><td rowspan="13">安装</td><td colspan="2">垂直偏差（每米）</td><td rowspan="6">主控</td><td>mm</td><td><1.5</td><td>在盘侧面、正面用尺和吊线测量</td></tr>
<tr><td rowspan="2">水平偏差</td><td>相邻两盘顶部</td><td>mm</td><td><2</td><td rowspan="2">在盘顶拉线用尺或水平尺测量</td></tr>
<tr><td>成排盘顶部</td><td>mm</td><td><5</td></tr>
<tr><td rowspan="2">盘面偏差</td><td>相邻两盘边</td><td>mm</td><td><1</td><td rowspan="2">在盘面上、中、下拉线用尺测量</td></tr>
<tr><td>成排盘面</td><td>mm</td><td><5</td></tr>
<tr><td colspan="2">盘间接缝</td><td>mm</td><td><2</td><td>用塞尺测量</td></tr>
<tr><td colspan="2">弧型盘折线角</td><td></td><td></td><td>一致</td><td rowspan="2">观察</td></tr>
<tr><td colspan="2">螺栓防锈层</td><td></td><td></td><td>完好</td></tr>
<tr><td colspan="2">固定</td><td></td><td></td><td>牢固</td><td>试动观察</td></tr>
<tr><td colspan="2">接地</td><td></td><td></td><td>符合 DL/T 5210.4—2009 中 4.9.5 要求</td><td>核对</td></tr>
<tr><td colspan="2">油漆</td><td></td><td></td><td>均匀、完好、美观</td><td>观察</td></tr>
<tr><td colspan="2">铭牌标志</td><td>主控</td><td></td><td>正确、齐全、清晰</td><td>观察</td></tr>
</table>

表 2-85　　单个盘柜安装

工序	检验项目	性质	单位	质量标准	检验方法和器具
检查	型号规格			符合设计	核对
	外观			无残损	观察
	配件			齐全、完好	核对
安装	安装位置	主控		不影响通行、检修，接线方便	观察
	周围环境温度		℃	≤45	温度计测量
	垂直偏差（每米）	主控	mm	≤1.5	在盘侧、正面用吊线和尺测量
	水平倾斜偏差（每米）		mm	≤1.2	在盘顶拉线用尺或水平尺测量
	螺栓防锈层			完好	观察
	固定			牢固	试动观察
	接地			符合 DL/T 5210.4—2009 中 4.9.5 要求	核对
	油漆			均匀、完好、美观	观察
	铭牌标志	主控		正确、齐全、清晰	观察

（二）壁挂式箱、盘、盒安装

1. 箱盒安装位置选择

箱盒的安装位置应根据图纸要求及现场实际情况进行选择，其安装位置一般应该具备以下条件：

安装位置的环境温度应在 45℃以下，周围不应有大量粉尘、汽、水和腐蚀性介质，且不应直接受雨淋；粉尘多可能引起端子接触不良；在汽水泄露环境中，会使导线绝缘降低，甚至导致导线接地；腐蚀性介质将损坏绝缘和线芯。应尽量靠近测点或其他就地设备，尤其是热电偶，可以减少补偿导线和线路电阻。安装在汽机本体和其他设备附近的接线盒，应考虑主设备的检修。在运行平台或走道栏杆处装接线盒时，应将接线盒安装在栏杆的外侧，使不影响通行并保持整齐美观。

安装位置应便于接线和检查，并且到各测点的距离适当。当接线盒安装在走道栏杆外侧时，箱盖底部与栏杆平齐，相邻接线盒高度应一致。当接线盒安装在钢柱或混凝土柱上时，其中心离地面为 1.5m 左右，以便于接线和检修维护。成排变送器的端子箱，安装在支架下侧的空间中，其中心线至地面的高度宜为 500mm 左右。

2. 安装步骤

安装前先量好挂箱的固定孔尺寸，根据图纸选择合适的安装固定方式和安装位置。

若挂箱安装于支架上，应先制作好安装支架，在支架上钻好挂箱固定孔和支架固定孔，然后将支架安装在墙上或主构架上。当确认支架安装正确，固定牢固后，再安装挂箱。

若挂箱直接安装于墙上时，一般用膨胀螺栓固定。膨胀螺栓的规格应根据盘柜的重量选择，螺栓的长度应为埋设的深度（一般为 120～150mm）、加挂箱固定搭攀的厚度及螺帽和垫片的厚度，再加 3～5 丝扣的余留长度；一般挂箱有四个固定螺栓，上下各两个，埋设时应保持它的水平或垂直，并用水平尺和线锤测量。调整接线盒的垂直度，当接线盒的安装误差符合规范要求后，拧紧固定螺栓将接线盒固定牢固。

热工测量回路尽量不与电源回路、电信号回路合用一个端子箱，以防电磁干扰。接线盒的壳体应与接地线相接。

安装在室外的接线盒应加做防雨罩，出线孔应从接线盒下方引出。备用接线孔应要加以密封。出厂后没明确编号的，安装后应标明编号，并在箱盖内附有接线图。

接线盒安装后，应及时做好接线盒的成品保护措施，以防外力磕碰等。

3. 安装验收与问题处理

安装结束后，按表2-86要求，施工人员进行自查，质量人员进行验收。

盘柜安装常见质量问题见表2-87，应在施工前应做好整体质量策划，对常见的质量通病采取有针对性的防范措施，并落实到责任人或责任单位。

表2-86　保温箱、保护箱、接线盒安装

工序	检验项目		性质	单位	质量标准	检验方法和器具
检查	型号规格				符合设计	核对
	外观				无残损	观察
	配件				齐全、完好	核对
安装	安装位置		主控		不影响通行、检修，接线方便	观察
	周围环境温度			℃	≤45	用温度计测量
	垂直偏差	高度≤1.2m	主控	mm	≤3	用吊线和尺测量
		高度＞1.2m	主控	mm	≤4	用吊线和尺测量
	排列				整齐	观察
	固定				牢固	试动、观察
	接地				符合DL/T 5210.4—2009中4.9.5要求	核对
	保温箱的保温层				完整无损	观察
	排污管路				接至箱外	观察
	油漆				均匀、完好、美观	观察
	铭牌标志		主控		正确、齐全、清晰	观察

表2-87　盘柜安装常见质量问题处理

序号	问题描述	产生原因	相对措施
1	盘柜底座偏差大	基础槽钢未调平、调直	基础槽钢下料前对槽钢进行调直、调平；基础槽钢尽量减少中间对接
		底座尺寸与实际尺寸偏差大	计算槽钢长度应确认盘柜的实际尺寸和安装方式
		底座制作误差大	槽钢用切割机下料，数值必须精准；组装时仔细调整、严格控制误差；焊接时分段焊接、防止焊接变形
		底座焊接固定的小角钢、螺栓露出过多	紧固后的螺栓、固定支架不得高于最终地面，若室内铺地转，还需扣除地砖厚度
		基础槽钢标高不符合要求	安装前确认最终地面标高，参照的基准标高必须准确，尽量选用同个参照点，基础槽钢上表面应露出最终地面10～20mm

续表

序号	问题描述	产生原因	相对措施
2	盘柜安装不符合规范	盘柜搬运受损	盘柜尽量在安装区域开箱，开箱后减少盘柜倒运次数，需要捆绑盘柜的绳索应选用软绳，并有相应保护措施
		盘柜就位后偏差大	盘柜就位后应仔细调整盘柜的垂直度，地脚螺丝应固定牢固；相邻盘柜安装后，不能影响已就位的盘柜
		盘柜安装未满足厂家要求	安装前应了解厂家要求，如是否有绝缘、防震、密封等要求
		盘柜正面未跟齐	成排布置、宽度不一的盘柜，其盘柜正面应保证跟齐；需加装绝缘橡皮垫的盘柜，其橡皮应与底座齐平

二、盘柜仪表安装及防护

（一）盘柜仪表及附件安装

盘台仪表及附件安装包括DCS等控制系统机柜的接地连接线、模件等，电源柜的连接母排以及盘上仪表等其他设施安装，安装附件时应根据厂家要求进行，如盘上仪表及设备、数字显示仪表、记录仪表、巡测仪表、可编程序控制器等。

1. 控制系统设备安装

集中控制室的大屏幕、打印机设备以及工程师站、DCS控制柜内的设备安装，应在厂家的指导下，配合厂家进行安装。安装前应检查仪表、附件，外观是否完好，型号、规格是否符合设计要求，附件是否齐全。安装后，各设备及附件应排列整齐，固定牢固。检查熔断器的熔体规格、自动开关的整定值应符合设计要求。

控制盘柜上装有装置性设备或其他有接地要求的设备时，其外壳应可靠接地。带有照明的封闭式盘、柜，应保证照明完好。如控制柜内有发热元件，发热元件宜安装在散热良好的地方；两个发热元件之间的连线应采用耐热导线或裸铜线套瓷管。

2. 端子排的安装

端子排安装应确保无损坏，固定牢固，绝缘良好。端子应有序号，端子排应便于更换且接线方便；离地高度宜大于300mm。

强、弱电端子宜分开布置；当有困难时，应有明显标志，并设空端子隔开或设加强绝缘的隔板。正、负电源之间以及经常带电的正电源与合闸或跳闸回路之间，宜以一个空端子隔开。

电流回路应经过试验端子，其他需断开的回路宜经特殊端子或试验端子。试验端子应确认接触良好。

导线通常选用1.5mm^2的单股硬铜线或1mm^2的多股软铜线；与可动部位连接的导线应使用多股软铜线，并在靠近端子排处用卡子固定。接线端子应与导线截面匹配，不应使用小端子配大截面导线。盘内各设备间一般不经过中间端子，用导线直线连接，但绝缘导线本身不允许有接头。单股线芯弯圈接线时弯曲方向应与螺栓紧固方向一致；多股软线芯与端子连接时，线芯应镀锡或加与芯线规格相应的接线片经压接钳压接，确保芯线与端子或绕线柱接触良好。

3. 盘上仪表及附件安装验收

安装结束后，应分别按表2-88～表2-94要求，施工人员进行自查，质量人员进行验收。

表 2-88　　盘上仪表及设备安装检查验收

工序	检验项目		性质	单位	质量标准	检验方法和器具
检查	外观				无残损、无松动	观察
	配件				齐全、完好	核对
	触点	动作			灵活	试动
		接触	主控		紧密、可靠	观察、测量
	铭牌标志				清晰、齐全	观察
	抽屉式配电箱抽屉	抽屉动作			灵活、无卡阻	试动
	抽屉式配电箱抽屉	机械联锁动作			正确、可靠	试动、测量
		电气联锁动作			正确、可靠	
		动力回路插件接触	主控		良好	测量
		二次回路插件接触			良好	
安装	仪表	位置			正确	核对
		支架			牢固	试动
		盘面	主控		无变形	观察
	仪表连接				无机械应力	检查
	仪表拆装				方便	观察
	接线	线端连接			正确、牢固	用校线工具查对
		线号标志			正确、清晰、不褪色	观察

表 2-89　　分散控制系统设备安装检查验收

工序	检验项目		性质	单位	质量标准	检验方法和器具
检查	型号规格				符合设计	核对
	外观				完好、无损	观察
安装	附件				完好、齐全	核对
	安装环境				符合设计	核对
	系统硬件				正确、牢固	核对、检查
	组件公共点对机柜绝缘电阻		主控	MΩ	符合制造厂规定	测量
	外部设备				正确、牢固	核对
	网络电缆连接		主控		正确、可靠	核对
	接地	接地方式			符合设计	核对
		接地电阻		Ω	符合制造厂规定	测量
	接线	线端连接	主控		正确、牢固	用校线工具查对
		线号标志			正确、清晰、不褪色	观察
	电源				符合设计	核对

表 2-90　数字显示仪表安装检查验收

工序	检验项目		性质	单位	质量标准	检验方法和器具
检查	型号规格				符合设计	核对
	安装位置				符合设计	核对
安装	固定				端正、牢固	试动观察
	外观				完整、无损	观察
	接地				良好	测量
	绝缘电阻		主控	MΩ	符合 DL/T 5210.4—2009 附录 A 规定	用绝缘电阻表测量
	接线	线端连接			正确、牢固	用校线工具查对
		线号标志			正确、清晰、不褪色	观察
	铭牌标志				正确、清晰	

表 2-91　记录仪表安装检查验收

工序	检验项目		性质	单位	质量标准	检验方法和器具
检查	型号规格				符合设计	核对
	位号				符合设计	核对
安装	倾斜度偏差			(°)	≤2	角尺测量
	固定				端正、牢固	试动观察
	外观				完整、无损	观察
	接地				良好	观察
	绝缘电阻		主控	MΩ	符合 DL/T 5210.4—2009 附录 A 规定	用绝缘电阻表测量
	接线	线端连接			正确、牢固	用校线工具查对
		线号标志			正确、清晰、不褪色	观察
	铭牌标志				正确、清晰	观察

表 2-92　巡测仪表检查验收

工序	检验项目		性质	单位	质量标准	检验方法和器具
检查	型号规格				符合设计	核对
	安装位置				符合设计	核对
安装	固定				端正、牢固	试动观察
	配件				齐全	观察
	接地				良好	
	绝缘电阻		主控	MΩ	符合 DL/T 5210.4—2009 附录 A 规定	用绝缘电阻表测量
	接线	线端连接			正确、牢固	用校线工具查对
		线号标志			正确、清晰、不褪色	观察
	铭牌标志				正确、清晰	观察

表 2-93　　闪光报警器、屏幕显示器安装检查验收

工序	检验项目		性质	单位	质量标准	检验方法和器具
检查	型号规格				符合设计	核对
	安装位置					
安装	固定				端正、牢固	试动观察
	附件				齐全	观察
	接地				良好	观察
	绝缘电阻		主控	MΩ	符合 DL/T 5210.4—2009 附录 A 规定	用绝缘电阻表测量
	接线	线端连接			正确、牢固	用校线工具查对
		线号标志			正确、清晰、不褪色	观察
	铭牌标志				正确、清晰	

表 2-94　　可编程序控制器控制系统安装检查验收

工序	检验项目		性质	单位	质量标准	检验方法和器具
检查	型号规格				符合设计	核对
	插件、插头位置					
安装	固定				端正、牢固	观察
	接地				符合制造厂规定	测量
	插板、插件				端正、牢固	手动检查
	绝缘电阻		主控	MΩ	符合 DL/T 5210.4—2009 附录 A 规定	用绝缘电阻表测量
	接线	线端连接			正确、牢固	用校线工具查对
		线号标志			正确、清晰、不褪色	观察
	铭牌标志				正确、清晰	

（二）盘柜接线及防护

1. 盘柜接线

机柜内接地线应用规定的绝缘铜芯线，直接与公共地线连接。机柜、金属接线盒、汇线槽、导线穿管、铠装电缆的铠装层、用电仪表和设备外壳、配电盘等应按设计要求做好接地。

接线箱、盒过渡连接时，屏蔽电缆的屏蔽线应通过端子可靠连接，保证电气连续性。端子排、电缆夹头、电缆走线槽及接线槽，均应由不可燃的材料制造。盘、柜内的排线绑扎整齐；接线端子螺丝齐全，每个端子板的每侧接线不得超过两根；电线在端子的连接处或备用芯的长度，应留有适当余量；重要测量信号电缆的备用芯线应可靠接地。

重要信号的电缆屏蔽层，应尽可能接近接线端子处破开，破开时不得损伤导线的绝缘层。接线应无歪斜交叉连接现象，接触良好、牢固、美观，用手轻拉接线应无松动；柜、盒内电源线、地线和公用连接线应全部环路连接可靠。

柜盒内电缆标志应注明电缆编号、电缆型号、规格及起讫地点，字迹应清晰不易脱落，

防腐，挂装牢固；当进盘电缆较多时，电缆号牌可分上/下层排列。电缆和接线头标志应齐全、内容正确、字迹清晰不褪色；标号方向和长度一致。

2. 盘柜防护

为了防止灰尘、小动物进行盘柜，导致电子元件、部件绝缘下降，或引起损坏，盘柜电缆敷设完成后，应对盘柜的电缆孔洞进行封堵。由于各厂家防火封堵产品的材料性能不一样，在施工时要注意参考厂家资料，必要时在施工现场对防火封堵材料做耐火试验来确定封堵形式和厚度。盘柜封堵的结构如图 2-213 和图 2-214 所示。

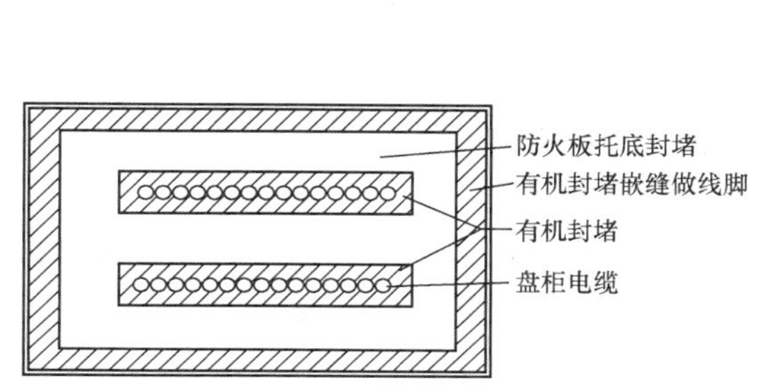

图 2-213　盘柜电缆封堵示意图

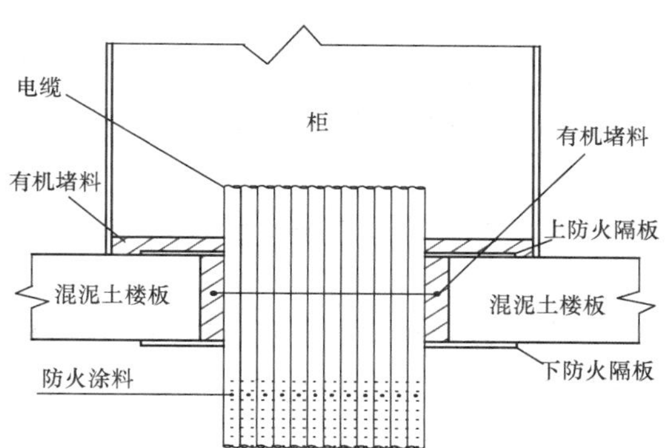

图 2-214　盘柜电缆封堵剖视图

盘柜电缆孔洞及预留孔洞封堵要求：

（1）盘柜电缆封堵前应对电缆整理固定，清理盘柜电缆孔洞处的杂物。用膨胀螺丝将比电缆进盘孔洞四周大 100mm，厚度 10mm 以上的下防火隔板固定在楼板底部，在孔隙口及电缆周围采用防火包或有机堵料进行密实封堵，高度不小于 20mm 且不低于楼板的厚度。

（2）穿楼板部分用有机堵料塞满填实后，在盘柜底部放置上防火隔板，如图 2-213 所示。防火板必须铺设平整，并用有机堵料堵满空隙缝口。安装中造成的工艺缺口、缝隙使用有机堵料密实地嵌于孔隙中，并做线脚。线脚尺寸厚度不得小于 10mm、宽度不得小于 20mm，电缆周围用有机堵料不小于 40mm，呈几何图形，面层平整。

（3）防火板不能封隔到的盘柜底部空隙处，以有机堵料严密封实，有机堵料面应高出防火隔板 10mm 以上，并呈几何图形，面层平整。

（4）在预留的孔洞底部铺设厚度为 10mm 的防火板，在孔隙口用有机堵料进行密实封堵，用防火包填充或无机堵料浇筑，塞满孔洞。在预留孔洞的上部再采用钢板或防火板进行加固，以确保作为人行通道的安全性。如果预留的孔洞过大，应采用槽钢或角钢进行加固，将孔洞缩小至小于 400mm×400mm 后，方可加装防火板。

3. 盘柜验收

（1）柜门密封条、柜底密封垫应完好，柜门把手、门锁、插销等附件应齐全可用。

（2）进入机柜的水、汽测量仪表，其排污管应连接至柜外排污槽（或安装排污盖板）引入地沟，确保通畅无堵塞。

（3）柜内电缆和穿管的孔洞应封堵严密；露天安装的盘柜，防水措施应可靠。

（4）柜内检修插座、照明灯具应完好，开关应动作灵活，照明灯亮灭控制正常。

（5）各柜内电源开关应动作灵活、包括故障报警等在内的接点应动作可靠，熔断器容量、上下级间熔丝匹配及开关的操作安全距离应符合规定要求。

（6）保温箱内保温层和防冻伴加热元件完好，温控装置接线正确，投切开关扳动无卡涩，调温旋钮转动灵活，线路无破损或烧焦痕迹。

（7）端子每侧接线一根为宜，不宜多于两根。现场柜的电缆拉至接线附近再破开。

（8）柜门内侧应附有设备布置图或接线图，字迹清晰；建议接线柜门上，安装和调试分别贴上拆线记录，写明谁何时拆何线，何时恢复。

（9）对有"一点"接地要求的分散控制系统，应逐一松开信号屏蔽线与地的连接，测量信号屏蔽线与地间绝缘应符合要求。

（10）盘柜内设备标志、机柜名称及编号应正确、齐全、清晰；重要机柜应有醒目的标志。

第五节　就地执行与控制设备安装

本节所述的执行设备安装指的是执行机构、电动门、气动门、电磁阀；控制设备指的是给煤控制装置、PLC可编程控制器等。本节介绍了这些设备的原理、安装准备、安装工艺要求与注意事项。

一、执行设备的安装

执行机构使用液体、气体、电力或其他能源并通过电动机、气缸或其他装置将其转化成驱动阀门或挡板动作。执行机构的两个主要作用：一是驱动控制对象至全开或全关的位置；二是作为热工自动调节系统中的重要环节之一——执行单元，与变送单元、调节单元等配套，将经过采集、转换、处理的被控参量（或状态）与给定值（或事先规定好的动作顺序）进行比较后的偏差值放大输出为统一标准信号，并将此信号转换成力矩或推力，以推动各种类型的调节阀门精确地开启到控制位置，从而达到对工艺介质流量、压力、温度、液位等参数自动调节被控量（或状态）的目的。

执行机构有各种各样的形式，按所需能量的形式可分为气动、液动、电动和电液动等几类。按运动形式可分为直行程、角行程、回转型（多转式）等几类。

执行机构按安装方式分为直接安装和间接安装两种：前者是将执行机构直接安装在调节阀的上部，如直行程电动执行机构、气动薄膜调节阀、气动活塞调节阀、气动隔膜阀等，通常由制造厂配套组装好；后者是执行机构与调节机构分开安装，执行机构的输出转臂通过连杆与调节机构的摆臂连接。

由于电动有其他几类动力不可比拟的优势，因此应用面广，近年来发展也最快。如组合式结构、机电一体化结构，电子控制型、电器控制型、智能控制型（带HART、FF协议），数字型、模拟型，手动接触调试型、红外线遥控调试型等。它是伴随着人们对控制性能的要求和自动控制技术的发展而迅猛发展的。因此本节将在重点介绍电动执行机构安装方法与要求的基础上，再介绍其他执行设备的安装方法与要求。

（一）角行程电动执行机构安装

电动执行机构以交流伺服电动机为驱动装置，有两种工作方式：一种是接受控制设备输出的4～20mA直流控制信号，驱动输出轴带动控制对象随着输入信号移动，同时位置发送器跟踪输出位置反馈信号至控制系统设备，与其输出信号进行比较，直至偏差信号等于设定值，执行机构输出停止，稳定在与输入信号相对应的位置上。另一种是由配接的位置定位器控制板接受控制设备输出的4～20mA直流控制信号后，与位置发送器的位置反馈信号进行比较，比较后的信号偏差经过放大使功率级导通，电动机旋转驱动执行机构的输出轴朝着减小这一偏差的方向移动，位置发送器则连续地将输出轴的实际位置转变为电信号反馈至位置定位器控制板进行比较，直至偏差信号等于设定值，执行机构输出停止，稳定在与输入信号相对应的位置上。其安装工艺流程如图2-215所示。

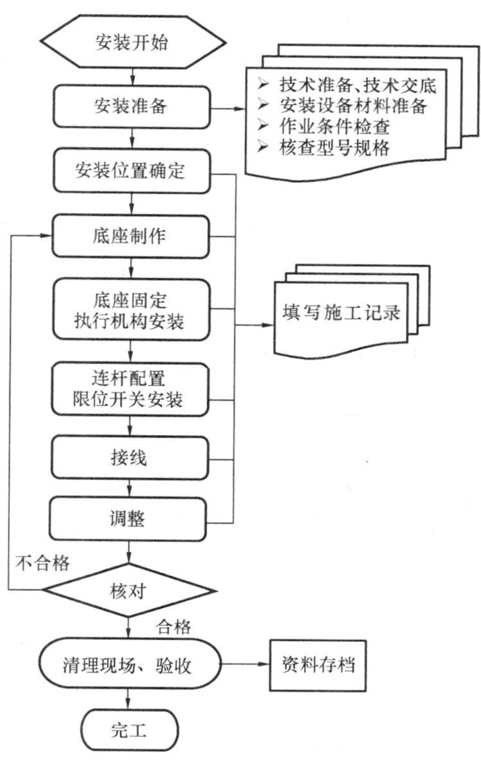

图2-215 执行机构安装工艺流程图

1. 安装准备

(1) 技术准备。

1) 认真阅读、掌握执行机构技术规范、安装要求和工艺流程。检查图纸、设备清册和系统布置图，核对数量和挡板的具体位置，编写施工作业指导书。

2) 对所有施工人员进行培训和技术及安全交底，并填写培训与技术及安全交底签字记录。

(2) 进行现场安装需用的材料、机工具准备。

(3) 作业条件。

1) 检查准备施工的执行机构现场对应的烟风道或其他管段上调节阀门或挡板机务已安装完毕，挡板全开、全关位置已标明。

2) 领用设备，检查执行机构外表面应平整、光滑，不得有裂纹、毛刺及磕碰等影响外观质量的缺陷，表面涂漆层应附着牢固、平整、光滑、色泽均匀，无油污、压痕和其他机械损伤。手、自动切换装置操作方便，手摇操作装置，应动作灵活、无松动及卡涩现象。将端子或插件上相应触点短接，用500V直流电压的绝缘电阻表测量端子或插件与电动执行机构外壳间的绝缘电阻，应不低于1MΩ；通电试验应运动平稳，开度指示无跳动现象。

2. 安装过程工艺

(1) 安装位置确定。

1) 执行机构一般安装在调节机构的附近，并尽可能靠近调节机构以减短连杆长度，确保连杆强度（尤其是大力矩执行机构，否则要加大连杆管的直径、管臂厚度或其他加固措施）；安装位置应便于拉杆配制、操作、维护，不妨碍通行和调节机构今后的检修，且不受汽水浸湿和雨淋；安装时要充分考虑设备热膨胀问题，使执行机构与调节机构的热膨胀方向一致，当调节机构随主设备产生热态位移时，执行机构的安装应保证和调节机构的相对位置不变。

2）执行机构和调节机构的转臂在同一平面内动作（否则应加装中间装置或换向接头），并尽可能做到在 1/2 开度时，转臂与连杆近似垂直。

3）执行机构通常为箱式结构，安装在槽钢或工字形钢制作的底座上（也可以直接固定在地板或混凝土基础上）。

（2）底座制作、安装。根据安装位置以及执行机构力矩的大小（包括结构、尺寸和重量），确定底座的结构形式，用钢板、槽钢制作相应的底座。力矩小的执行机构底座一般用 12mm 厚钢板、12 号槽钢进行制作；力矩大的用四槽钢型底座。底座的结构形式有两种：

1）由钢板和型钢组成的底座。此类底座由上下钢板和支柱组成。电动执行机构固定在上钢板上，下钢板与地板或基础固定。

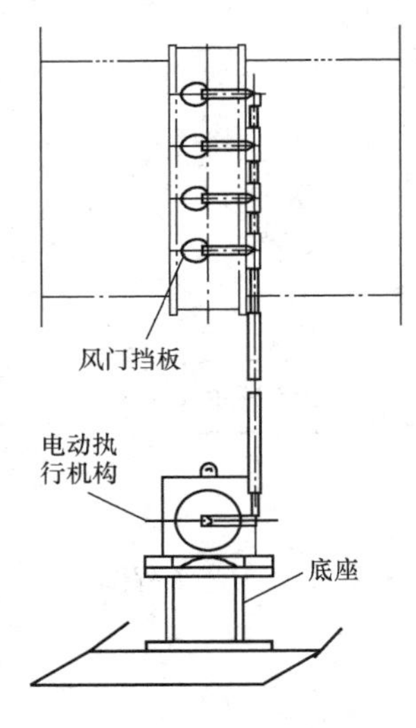

图 2-216　执行机构安装示意图

2）由型钢制成的底座。这类底座由角钢或槽钢制成，型钢一般直接焊在金属构件或预埋铁件上，电动执行机构直接固定在其上，图 2-216 是安装示意图。双角钢底座和单槽钢底座适用于力矩较小的执行机构，双槽钢底座适用于力矩较大的执行机构。

底座制作时要考虑执行机构安装在底座上以后，其手轮中心距地面或平台高度为 900mm 来确定制作底座高度。焊接时，采用“先点后焊”的方法，必须防止变形，焊缝应满焊、均匀，无咬边、毛刺及砂眼。焊接后应及时清理焊渣，如底座变形过大应进行调整。

底座调整完成后，根据执行器型号划线钻孔，钻孔时应先冲样再孔钻，对角孔的间距要一致，可略大于执行机构底座上的孔。钻孔时不要用力过猛，以免损坏钻头、伤手，钻孔完后，用磨光机把底座磨光，不能出现毛刺。然后对底座先刷防锈漆，防锈漆干后刷银粉漆，油漆涂刷要均匀、完整。

将组装好的底座放在选好的位置上，此位置应可能让执行机构的手轮顺时针操作转动时，调节机构朝关小方向运行。然后用拉线（吊线）的方法，以调节机构输出轴等为参照点，并通过测量有关尺寸，对底座进行定位，再根据现场的实际情况和执行机构力矩的大小进行固定。

① 在钢结构的平台上或有预埋铁件的混凝土结构上进行底座安装时，采用电焊将底座直接焊接在金属构件上。

② 在厂房的零米层安装力矩较大的执行机构时，其底座的安装需要做一个带有预埋铁件的钢筋混凝土基础（委托土建浇铸），再将底座安装于基础上。

③ 安装力矩较小的执行机构时，在混凝土地面厚度满足要求的情况下，可采取在混凝土地面上直接打膨胀螺栓、埋入 J 形（见图 2-217）或 Y 形地脚螺栓的方式来固定底座；如混凝土地面未做，则用型钢做底盘，底盘四角焊上人字形角铁，角铁与钢筋焊牢或打洞埋入，待浇灌混凝土后进一步将底盘固定牢固。

④ 在没有预埋铁件的混凝土楼板上进行底座安装时，采用穿墙螺栓并在楼板下的螺母上加套面积不小于 $0.01m^2$、厚度不小于 10mm 的方形或圆形铁板来固定（见图 2-218），安装后孔洞应填补水泥砂浆。

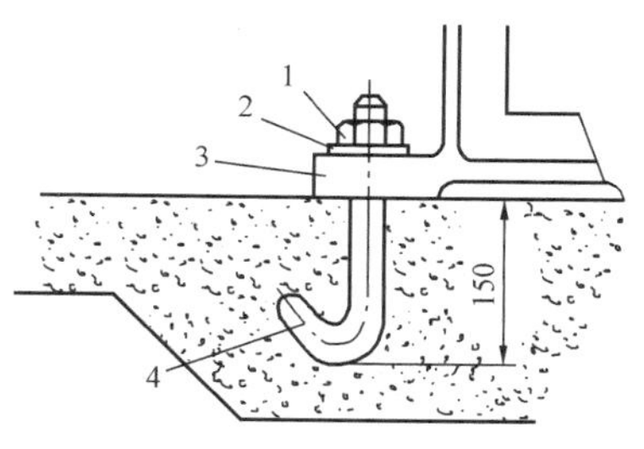

图 2-217　用 J 形地脚螺栓固定底座

1—螺母；2—垫圈；
3—底座；4—地脚螺栓

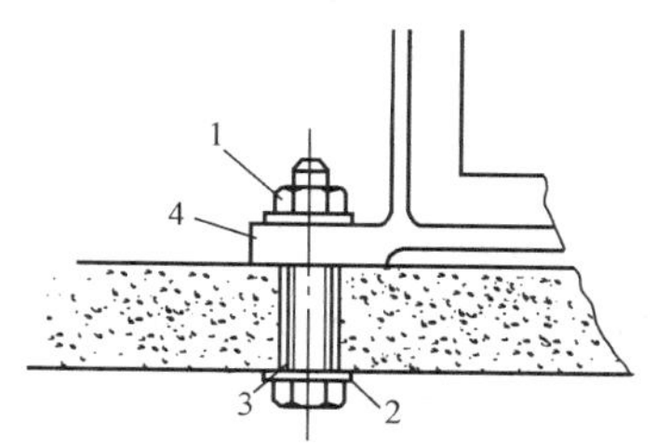

图 2-218　用穿墙螺栓固定底座

1—螺母；2—方形垫板；
3—螺栓；4—底座

（3）执行机构安装。将做好的底座放在选好的安装位置上，以调节机构输出轴为参考点，并通过测量有关尺寸对底座进行定位。角行程执行机构定位方法是：从门轴中心线向下吊一铅垂线 AB 见图 2-219，将执行器放在安装好的底座上，执行器的固定孔与底座的固定孔对准，执行器调平调正，使执行机构轴中心 B 与铅垂线 AB 重合（执行器的拐臂与挡板或阀门的拐臂在一个平面上），然后采用螺栓加强性垫圈固定，拧紧执行机构底座螺栓（底座固定方向应能保证执行机构手轮顺时针转动为开，逆时针转动为关）。

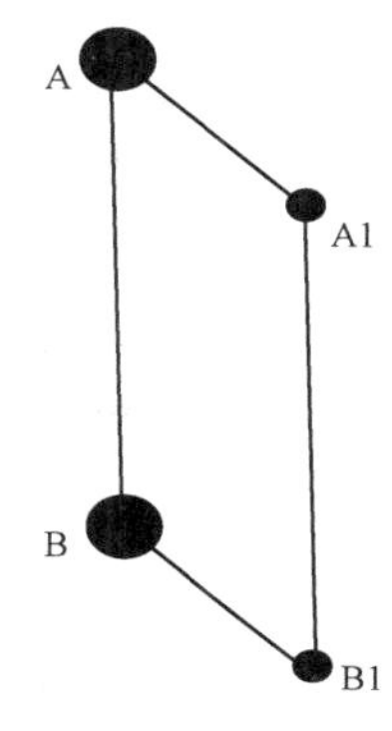

图 2-219　执行机构安装示意图

A—挡板门轴；A1—门轴曲柄孔中心；B—执行机构轴中心；B1—执行机构曲柄孔

（4）连杆配制。连杆两端分别与执行机构和调节机构的摇臂连接，中间的主臂为连接管，一般用无缝钢管。接头的形式一般为球形铰链，可以消除连接间隙所造成的空行程，适合于各种场合。当执行机构与调节机构的摇杆在同一平面时，其连接可用叉形接头；无论是球形铰链还是叉形连接，两端头的螺杆都应一个为正扣，一个为反扣，除了有固定螺母外还要有锁紧螺母。图 2-220 为连杆的配制形式。

连杆配制时，先根据调节机构的开度要求，计算调节机构转臂长度，应满足执行机构转臂旋转 90°时，调节机构从“全关”至“全开”走完全行程。当不满足要求，调节机构从“全关”至“全开”而执行机构转臂旋转已超过 90°，或执行机构转臂旋转 90°而调节机构未走完全行程时，应将调节机构摆臂销轴孔向里移，即缩短摆臂长度。若调节机构“全关”至“全开”而执行机构转臂旋转不到 90°，则应将调节机构摆臂销轴孔向外

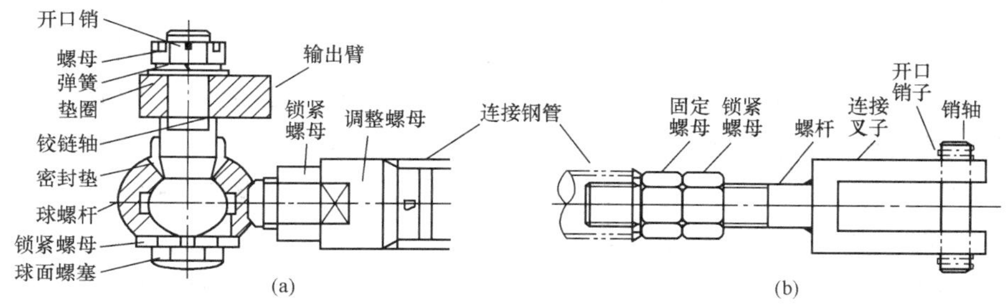

图 2-220　连杆配制形式

（a）球形绞链接头；（b）叉形接头

移，即增加摆臂长度。如调节机构摆臂销轴孔无法移动，则自行制作转臂，用 20mm 厚钢板加工，在计算好的位置钻销轴孔后，用锉刀锉去毛刺或用铰刀铰出与球形铰链孔径和锥度相配套的锥度孔。

根据图 2-219 量出 *AB* 长度，按此长度使用内径为 32～50mm（根据负荷力矩）的钢管下料，配制执行机构连杆 A1B1，并在钢管两端头焊上调整螺母，一头为正丝扣，另一头为反丝扣，连杆的总长度为两叉子上销轴中心线间的距离。固定螺母应位于螺杆的中间位置，以方便连接执行机构与调节机构的连杆长度可调（球形铰链接头螺丝与调整螺母连接，连杆长度可在 0～150mm 范围内调节），丝扣连接处必须装有压紧螺母。

将挡板门及执行机构分别手动操作到全开或全关位置（注：挡板门与执行机构开、关状态必须一致），按连杆 A1B1 在门轴侧位置 A1 将门轴曲柄固定在挡板门门轴上，门轴曲柄通过销轴连接连杆，销轴插入开口销并扒开以防销脱落；检查确认连杆 A1B1 与铅垂线 AB 平行后，将连杆通过销轴连接执行机构，同样插入开口销并扒开开口销。然后分别手动操作执行机构到全开或全关位置，过程中执行机构应无晃动，传动部件应动作灵活，无空行程及卡涩现象，挡板门和执行机构的转臂保持在同一平面内运动，开关方向与状态一致，50%开度时转臂与连杆近似垂直，否则调整连杆长度，加装中间装置或球形绞链，使其满足要求。最后锁紧丝扣处的锁紧螺母以防松动，紧固执行机构机座上的两块止挡限位块在转臂全开和全关位置上，起机械限位作用，或在转臂全开和全关位置时调整内置的位置开关可靠动作。

完成安装后的执行机构，通常操作手轮顺时针转动时调节机构关小，否则需在执行机构上操作手轮或旁边的壳体上表明开关的手轮方向。

执行机构安装结束后，挂上打印的标明设备名称的标志牌，禁止手写。

（5）减速箱注油。电动执行机构的减速箱工作需要润滑油，根据厂家设计要求和使用环境，选用合适的润滑油从吊环孔中注入，注入油量应在油标孔中心线上。如有漏油情况应及时处理或换用二硫化钼润滑剂。

（6）执行机构安装后动作检查。全面检查上述安装工艺过程，均满足所述要求，并根据以下条件来衡量安装后执行机构与调节机构的连接质量：

1）执行机构转臂旋转 90°时，调节机构应从“全关”至“全开”平稳地走完全行程。

2）执行机构等速运动时，调节机构的非线性误差小。

3）执行机构能发挥最大的机械性能（力矩最大）。

3. 安装注意事项

（1）执行机构连接连杆长度通常不大于 5m，连杆各连接关节应无松动间隙，无连接太紧而引起卡涩现象；50%开度时，转臂与连杆近似垂直；操作手轮应标明开、关的方向。

（2）穿过平台的连杆孔洞周围，应围以高出地面 50mm 的防水板；调节机构安装位置不便于执行机构安装时，应设专门的梯子平台；执行机构露天安装时，要有防雨措施。

（3）因烟、风道受热后会膨胀，安装执行机构前应充分考虑设备热膨胀问题，使调节机构与热膨胀方向一致；执行机构底座（空气预热器出口二次风门挡板执行机构，过热器、再热器烟气挡板执行机构，空气预热器入口烟气挡板执行机构）应安装在烟、风道本体上。

（4）安装搬运时注意防止执行机构重量压伤手脚，且不得把执行机构放置在脚手架上。在脚手架上紧固螺栓等作业时，不得双手用力，防止人员失去重心而坠落，在高处作业时应系好安全带，机工具应系好手绳。

（5）现场电、火焊施工及使用砂轮切割机必须采取防止火花溅落措施，电焊附近和切割下方不得有易燃易爆物品。

（6）施工过程中严格按照施工作业指导书中的规定进行施工，明确每道工序的质量要求。注意施工过程中的质量控制，施工中施工人员应及时进行自检，发现问题及时纠正，避免出现返工现象；每道工序完成后为停工待检点，待质量检验合格才可进行下道工序。

（7）焊接过程中产生的废弃物应及时清理干净。废锯条及下角料、钻孔、切割过程中产生的铁屑、氧化铁等应置于金属回收箱内；焊条头应置于焊条桶内带回，换领新焊条，不得随意乱丢。保持施工现场整洁，垃圾、废料应及时清除。

4. 电动执行机构安装检查验收

电动执行机构安装检查验收见表 2-95。

表 2-95　　电动执行机构安装检查验收

<table>
<tr><th>工序</th><th colspan="2">检验项目</th><th>性质</th><th>单位</th><th>质量标准</th><th>检验方法和器具</th></tr>
<tr><td rowspan="7">检查</td><td colspan="2">型号规格</td><td></td><td></td><td>符合设计</td><td>核对</td></tr>
<tr><td colspan="2">外观</td><td></td><td></td><td>完整、无损</td><td rowspan="2">观察</td></tr>
<tr><td colspan="2">附件</td><td></td><td></td><td>齐全</td></tr>
<tr><td colspan="2">绝缘电阻</td><td></td><td>MΩ</td><td>≥1</td><td>用 500V 绝缘电阻表测量</td></tr>
<tr><td colspan="2">行程开关</td><td></td><td></td><td>动作灵活、可靠</td><td>手动检查</td></tr>
<tr><td colspan="2">传动机构</td><td></td><td></td><td>传动灵活</td><td>试动观察</td></tr>
<tr><td colspan="2">位置</td><td></td><td></td><td>便于操作维护</td><td>观察</td></tr>
<tr><td rowspan="10">安装</td><td colspan="2">固定</td><td>主控</td><td></td><td>牢固</td><td>手动观察</td></tr>
<tr><td colspan="2">手轮中心对地面距离</td><td></td><td>mm</td><td>900 为宜</td><td>用尺测量</td></tr>
<tr><td colspan="2">手轮操作方向</td><td></td><td></td><td>顺时针为关、逆时针为开</td><td>试动观察</td></tr>
<tr><td colspan="2">执行机构开、关方向</td><td>主控</td><td></td><td>与调节机构一致</td><td>核对</td></tr>
<tr><td colspan="2">减速箱油量、油质</td><td></td><td></td><td>符合制造厂规定</td><td rowspan="4">观察</td></tr>
<tr><td colspan="2">减速箱密封</td><td></td><td></td><td>无渗漏</td></tr>
<tr><td colspan="2">调节机构位移</td><td>主控</td><td></td><td>与热膨胀方向一致</td></tr>
<tr><td colspan="2">露天防护装置</td><td></td><td></td><td>完好</td></tr>
<tr><td rowspan="2">接线</td><td>线端连接</td><td></td><td></td><td>正确、牢固</td><td>用校线工具查对</td></tr>
<tr><td>线号标志</td><td></td><td></td><td>正确、清晰、不褪色</td><td>观察</td></tr>
<tr><td rowspan="7">连杆配制</td><td colspan="2">连杆长度</td><td></td><td>m</td><td>可调，且小于 5</td><td>用尺测量</td></tr>
<tr><td colspan="2">连杆传动</td><td></td><td></td><td>动作灵活、平稳</td><td>试动观察</td></tr>
<tr><td rowspan="2">传动空行程</td><td>自动</td><td rowspan="2">主控</td><td rowspan="2">%</td><td>1</td><td rowspan="2">用尺测量</td></tr>
<tr><td>远方操作</td><td>1.5</td></tr>
<tr><td colspan="2">连杆连接</td><td></td><td></td><td>牢固、无松劲</td><td rowspan="3">试动观察</td></tr>
<tr><td colspan="2">连杆调节动作</td><td></td><td></td><td>灵活</td></tr>
<tr><td colspan="2">执行机构行程</td><td>主控</td><td></td><td>与调节机构全行程一致</td></tr>
</table>

（二）气动执行机构的安装

气动执行机构按工作方式分为直行程和角行程，按作用形式分为单作用和双作用，按调节形式分为调节型和开关型。

气动执行器的执行机构和调节机构是统一的整体，其执行机构有薄膜式、活塞式、拨叉式和齿轮齿条式。在火力发电厂常用的是薄膜式和活塞式。

薄膜式执行机构通过电/气转换器将电控制信号转换成对应的气源压力，输入气动执行机构的薄膜气室中，在波纹膜片上产生产生推力，此推力克服压缩弹簧的反作用力后，通过连接推杆推动阀芯产生相应位移，使阀的流通截面积发生变化，当弹簧被压缩的反作用力与信号压力在膜片上产生的推力相平衡时，阀芯停止移动，调节介质流量也就稳定在一个新的水平上。薄膜式调节阀通常单端进气、弹簧复位，对于不同的进气方向可分为气开式（进气打开阀门，失气弹簧复位关闭阀门）和气关式（进气关闭阀门，失气弹簧复位打开阀门）。同时又有正、反作用两种形式：当信号压力增加时推杆向下动作的叫正作用执行机构；当信号压力增加时推杆向上动作的叫反作用执行机构。气动薄膜执行机构通常接受的气信号为20～300kPa，供气压力一般为140～340kPa。薄膜式气动执行机构的缺点是其薄膜耐受压力较小，通常在200kPa以下，如果应用在力矩较大的调节阀上时需增加薄膜的面积，使执行机构的体积变得庞大。

活塞式执行机构是通过电/气转换器将电控制信号转换成对应的气源压力，输入气动执行机构的气缸，推动活塞上下直线运动，带动输出臂转动。转动的角度经反馈装置转换后与输入信号平衡时，整个系统重新达到平衡状态，活塞停止运动，输出臂也就停止在一个新的转角位置上。活塞和缸体均可以耐受较大的气源压力（通常采用400kPa的气源），而且缸体可以造得很长，因此可用在力矩大、行程长的阀门上。气动活塞执行机构分单作用和双作用气缸。其缺点是活塞与缸体之间的相对运动会产生不可预见的摩擦力，如缸体锈蚀、密封圈张力不均匀等原因，使得执行机构卡涩，造成调节失灵。

无论是薄膜式还是活塞式，气动执行机构控制装置除了以气缸为执行器外，都要借助于电气阀门定位器、转换器、位置变送器、行程开关以及电磁阀、保位阀等附件去驱动阀门，实现开关量或比例式调节。这些附件的作用主要是：

(1) 电/气转换器（E/P)：将控制系统来的4～20mA电流信号转换成20～100kPa的气压控制信号。

(2) 定位器：是阀位控制的核心部件，对调节阀的阀位进行精确控制。

(3) 位置变送器：将输出移动，转换成4～20mA标准信号，线性地反映阀门的开度。

(4) 行程开关：通常安装在阀门的全开和全关位置，用以产生阀门全开和全关位置信号送给控制系统。

上述附件生产厂家很多，结构也有很大差异，但其原理都很近似，电/气转换和定位器主要采取两种形式，即E/P、定位器分开和一体化设计，而定位器又分为气动机械平衡式和智能型。控制部件中E/P、减压阀、气动机械平衡式定位器都是利用力平衡原理进行调节实现需要的功能。

1. 安装准备

安装准备工作除电动执行机构相同部分外，还要做好以下工作：

为了实现某些特殊的控制功能，一些执行机构上还配备了其他的控制部件，如实现联锁功能的电磁阀，实现保位功能的锁气器，加快动作速度的气放大器，失气时维持短时操作的储能罐等。

此外气动执行机构能否可靠工作依赖于气源的可靠性，因此进入气动执行机构的气源必须经过净化、除尘、除油、除水；一般从无油的空气压缩机经干燥处理后的压缩空气母管取出支路引至执行机构前，还需要安装减压阀和过滤器，前者是为了降低控制气源压力至适合执行机构工作的压力，后者是为了滤去压缩空气中的水和其他杂质，保证进入电/气转换器、定位器以及执行机构压缩空气的清洁，也有不少产品采用了一体化设计；气源母管一般采用不锈钢管，用氧-乙炔焰焊或氩弧焊连接，在适当地段增设法兰。母管端安装法兰堵头，用以吹洗管道。

2. 安装过程工艺

气动执行机构安装通常是将执行机构垂直放置并位于阀门的上部，采用螺栓紧固，阀体应加支撑，保证稳固可靠。气动执行机构可以垂直安装，也可以斜装，如图 2-221 所示，但要保证缸体不产生变形，气缸的安装底座应有足够的刚度，活塞和活塞杆的连接不允许电焊焊接。同时气缸的活塞杆不得承受偏心载荷或横向载荷，应使载荷方向与活塞杆轴线相一致。气缸水平安置时，特别是长行程气缸，用水平仪进行三点位置（活塞杆全部伸出、中间及全部退回）校验。一些气缸执行机构安装后，应在安装结合活动部位加润滑油润滑。

图 2-221　气动执行机构的安装

安装后，先将速度控制阀（单向节流阀）的开度调至调整范围内的中间位置，随后逐渐调节减压阀的输出压力，当气缸接近预定速度时，即可确定工作压力，然后用速度控制阀进行微调，最后调节气缸的缓冲，调节缓冲针阀使活塞的惯性得到控制，其最终速度以不致撞击缸盖为宜。然后在工作压力范围内，无负载情况下运行 2～3 次，检查气缸是否正常工作。若采用带可调缓冲气缸，在开始工作前应将缓冲调节阀调至缓冲阻尼最小位置，气缸正常工作后，再逐渐调节缓冲针阀，增大缓冲阻力，直到满意为止。

3. 安装注意事项

（1）气动执行机构有正作用和反作用两种执行方式，安装调试时，注意不能操作错误。

(2) 对装有手动轮或定位器的气动阀，必须保证操作和维修方便。

(3) 控制阀应有足够的供气压力。气源管路配制时，应进行查漏，防止由于漏气引起控制阀/调节阀行程过程中供气压力不足。确保仪表空气的供气质量，避免堵塞、仪器膜片失效、O 形圈失效等问题。

(4) 气源管路敷设时尽量保持较短的连接距离，并尽量减少管件和弯头的数量以减少系统时滞。

4. 气动执行机构安装检查验收

气动执行机构安装检查验收见表 2-96。

表 2-96　　气动执行机构安装检查验收

工序	检验项目		性质	单位	质量标准	检验方法和器具
检查	型号规格				符合设计	核对
	外观				完整、无损	观察
	附件				齐全	观察
	绝缘电阻			MΩ	≥1	用 500V 绝缘电阻表测量
	气系统严密性				符合 DL/T 5210.4—2009 附录 D 的规定	压力试验
	活塞动作				灵活	试动观察
	安装位置				符合设计	观察
安装	固定				牢固	试动观察
	执行机构开、关方向		主控		与调节机构一致	
	气源质量				符合制造厂规定	核对
	调节机构位移		主控		与热膨胀方向一致	观察
	“三断”保护装置				可靠	试动检查
	露天防护装置				完好	核对
	接线	线端连接			正确、牢固	用校线工具查对
		线号标志			正确、清晰、不褪色	观察
连杆配制	连杆长度			m	可调，且小于 5	用尺测量
	连杆传动动作				灵活、平稳	试动观察
	连杆传动空行程	自动	主控	%	1	用尺测量
		远方操作	主控		1.5	用尺测量
	连杆连接				牢固、无松动	试动观察
	连杆调节螺丝				调节灵活	试动观察
	执行机构行程		主控		与调节机构全行程一致	观察

(三) 调节阀

根据流体力学的观点，调节阀是一个局部阻力可变的节流元件。通过改变阀芯的行程可改变调节阀的阻力系数，从而达到控制流量的目的。

1. 调节阀特性

调节阀的流量特性有等百分比特性、线性特性及抛物线特性三种。其流量特性如下：

(1) 等百分比特性（对数）。等百分比特性的相对行程和相对流量不成直线关系，在行

程的每一点上单位行程变化所引起的流量变化与此点的流量成正比，流量变化的百分比是相等的。所以它的优点是流量小时流量变化小，流量大时则流量变化大，也就是在不同开度上，具有相同的调节精度。

（2）线性特性（线性）。线性特性的相对行程和相对流量成直线关系。单位行程的变化所引起的流量变化是不变的。流量大时，流量相对值变化小；流量小时，则流量相对值变化大。

（3）抛物线特性。流量按行程的二次方成比例变化，大体具有线性和等百分比特性的中间特性。

从上述三种特性的分析可以看出，就其调节性能上讲，以等百分比特性为最优，其调节稳定、调节性能好，而抛物线特性又比线性特性的调节性能好，选型时根据使用场合的要求不同选用。

2. 调节阀安装

调节阀通常由机务专业随工艺管道进行安装，为保证调节阀安装后的流量特性，热工专业人员应了解和掌握调节阀的安装要点：

（1）安装准备。

1）安装之前，检查并除去所有运输挡块、防护用堵头或垫片表面的盖子，检查阀体内部，确保不存在异物；气缸安装使用前，应先检查确认气缸在运输过程中无损坏，连接部件无松动。

2）清洗安装管道，检查管道法兰及垫片表面光滑。确认管道清洁，不存在金属碎屑、焊渣和其他异物，否则异物可能会损坏阀门的密封表面，甚至阻碍阀芯、球或蝶板的运动而造成阀门不能正确地关闭。

3）调节阀前后位置应有直管段，长度不小于10倍的管道直径，以避免阀的直管段太短而影响流量特性。

4）确保阀门的周围留有足够的空间，以便在检查和维护时容易地拆卸执行机构或阀芯。

5）安装位置应方便操作和维修，必要时应设置平台，控制阀的上下方应留有足够的空间以便维修；远离连续振动的设备，当安装于振动场合时应有防振措施。

（2）调节阀安装。

1）调节阀应垂直、正立安装在水平管道上，口径大于50mm的控制阀应设置永久性支架。

2）对于法兰连接的调节阀，确保法兰面准确地对准管道，以使垫片表面均匀地接触。在法兰对中后，轻轻地旋紧螺栓，最后以交错形式旋紧这些螺栓。正确地旋紧能避免产生不均匀的垫片负载，并有助于防止泄漏，也有助于避免法兰损坏甚至裂开的可能性。

3. 安装注意事项

（1）调节阀体上标明的箭头方向必须与管道中的介质流向一致。

（2）用于高黏度、易凝固、高温等场所时，应采取保温或伴热措施；用于低温流体时应采取保冷措施。用于浆料、高黏度流体时还应配冲洗管线。

（3）调节阀方向不可装反，否则将影响调节流量特性，并可能导致调节阀损坏。

4. 气动调节阀控制系统安装检查验收

气动调节阀控制系统安装检查验收见表 2-97。

表 2-97　　气动调节阀控制系统安装检查验收

工序	检验项目		性质	单位	质量标准	检验方法和器具
检查	外观				完整、无损	观察
	附件				齐全	观察
	型号规格				符合设计	核对
安装	阀体方向		主控		阀体箭头应与介质流向一致	观察
	反馈机构				符合阀门行程要求，动作灵活	试动观察
	接线	线端连接	主控		正确、牢固	用校线工具查对
		线号标志			正确、清晰、不褪色	观察
	铭牌标志				正确、清晰	

（四）电动阀门装置安装

电动阀门由阀门电动装置和阀体组成，使用交流电作为动力，在程控、自控或遥控来的信号控制下，接通电动机驱动阀门的阀杆，带动阀芯动作，实现阀门的开、关或调节作用，以达到对管道介质的开关或调节目的。其运动过程可由行程、转矩或轴向推力的大小来控制。

电动阀门有角行程、直行程和多回转几种形式可选择；按安装方式可分为直连式和底座曲柄式；按工艺控制方式可分为开关型和调节型两种，其中开关型又有常闭型和常开型两种工作方式，前者是指断电时阀门处于关闭状态，后者是指断电时阀门处于开启状态。

电动装置一般由专用电动机、减速机构（用以减低电动机的输出转速）、行程控制机构（用以调节和准确控制阀门的启闭位置）、转矩限制机构（用以调节转矩或推力并使之不超过预定值）；手动、电动切换机构（进行手动或电动操作的联锁机构）；开度指示器（用以显示阀门在启闭过程中所处的位置）、阀位反馈装置、安装机架等组成。

电动装置通常直接安装在阀体上，一般由机务随工艺管道进行安装，但需要热工人员检查，确认装置满足安装要求。

1. 安装准备

安装之前，检查阀上的铭牌标记应与设计相符，外表面应平整、光滑，不得有裂纹、毛刺及磕碰等影响外观质量的缺陷，表面涂漆层应附着牢固、平整、光滑、色泽均匀，无油污、压痕和其他机械损伤。将端子或插件上相应触点短接，用500V直流电压的绝缘电阻表测量端子或插件与电动执行机构外壳间的绝缘电阻，应不低于1MΩ；有条件时，进行基本误差限、全行程偏差、回差、死区的初步检查试验。

图 2-222　电动阀门成排安装示意图

检查电动装置安装位置的环境条件，符合制造厂说明书所规定的工艺过程要求，便于维护、运行人员的操作调整和维护，特别是成排安装时要保证检修间距，方向一致，如图 2-222 所示。电动装置可以垂直安装或水平安装。但最佳的安装位置为垂直安装，因为垂直安装不但有利于装置的正常运转，而且具有便于操作、检修及维护等优点。水平安装时要让电动机方向朝上，不允许电动机朝下，特别是其电气接口不能朝上，防止雨水进入。

安装调节阀的管道一般不要离地面或地板太高，在管道高度大于 2m 时应尽量设置平台，以利于操作手轮和便于进行维修。

2. 安装过程工艺

调节阀安装前应对管路进行清洗，排除污物和焊渣。

电动阀安装方向应使阀体上和箭头方向与管道内的介质流动方向一致，因为其流通通道结构属于“之”字形，如果阀门反装，会降低其关闭时的密封能力，水流动时会增加阀门杆的压力，使阀杆产生附加位移，影响控制特性。

安装时，手动转动阀门，确定无异常情况下摇到全关位置，先将支架通过螺钉固定在阀门上，再将电动装置的输出轴插入到联轴器中可靠连接后，用螺钉将电动装置固定在支架上。然后手动全行程转动电动装置，确认无偏心、卡死等异常情况后，拧紧支架上的各个螺钉。安装中注意不要磕伤或划伤电动装置外表，尤其是防爆电动门的隔爆面。安装后要还原隔爆要求状态。

安装后，给传动机构的减速器加油润滑，恢复手轮机构到原来的空挡位置。为保证不使杂质残留在阀体内，在初次通入介质时全开所有阀门，使杂质能随介质流走，以免被阀门卡住。

图 2-223 电动阀门保护管及软管的安装

使用电线管时，电线管与阀门进线口应用软管连接，如图 2-223 所示。两头要考虑防水措施，电动装置应高于电线管，以防电线管内水珠流进电动装置引起安全故障。

按照设计图纸的仪表接线端子要求连接好电动装置和电源连线，为减少干扰，应将电动装置的电源线和输入信号线分开走线。

3. 安装注意事项

(1) 当电缆管从设备的上方引入时，电缆管的末端应低于设备电气接口，且软管有一段向下的弧度段，并在软管的最低处开口子排水，防止雨水顺着管子导进设备。

(2) 电缆软管安装时应考虑设备的膨胀情况，留足裕度。

(3) 成排安装的电动阀门，考虑安装电缆桥架的方式，这样更有利于现场的布置，但桥架应安装在阀门的下方或侧面。

(4) 安装在露天或高温场合，应采取防水、降温措施。在有振源的地方要远离振源或增加防振措施。

(5) 调节阀一般应垂直安装，特殊情况下可以倾斜，如倾斜角度很大或者阀本身自重太大时，对阀应增加支承件保护。

4. 电动阀门的电动装置安装检查验收

电动阀门的电动装置安装检查验收见表 2-98。

表 2-98　　电动阀门的电动装置安装检查验收

工序	检验项目		性质	单位	质量标准	检验方法和器具
检查	型号规格				符合设计	核对
	外观				完整、无损	观察
	附件				齐全	
	绝缘电阻			MΩ	≥1	用 500V 绝缘电阻表测量
安装	行程开关		主控		灵活、可靠	手动检查
	机械机构				传动灵活	试动观察
	力矩保护		主控		动作灵活、可靠	试动检查
	露天防护装置				完好	观察
	接线	线端连接	主控		正确、牢固	用校线工具查对
		线号标志			正确、清晰、不褪色	观察
	减速箱油量				符合制造厂规定	核对
	减速箱油质					
	减速箱密封				无渗漏	观察

（五）电动拉（推）杆安装

电动推杆是一种将电动机正反转的旋转运动，经齿轮减速后，通过一对丝杆螺母转变为推杆的直线往复运动的电力驱动装置。如通过各种杠杆、摇杆或连杆等机构可完成转动、摇动等复杂动作。通过改变杠杆力臂长度，可以增大或加大行程。DTT 型电动拉（推）杆由驱动电动机、减速器、滑动螺旋传动机构等主要部分组成。内部设有弹簧缓冲机构及超载保护装置，可保证产品安全、可靠地运行，一般用于挡板的切换。

1. 安装准备

安装准备工作参见电动阀门安装准备工作。

2. 安装过程工艺

图 2-224 是电动推杆示意图，其安装比较简单，只要考虑推杆在行程运动轨迹内无遮挡物，环境良好，操作部件要有足够的空间使得运行在推出/缩回位置时不会碰到前部 U 形夹或耳环。

进行电动推杆机械安装时，应避免受到横向力和冲力的影响。安装时将电动推杆装入支架，前部 U 形夹连接耳环或者法兰连杆；插入连接处的插销和锁簧时，不要完全拧紧安装螺丝。使电动推杆进行满行程的运行并且消除在此过程中出现的缺陷，然后拧紧支架上的螺丝。

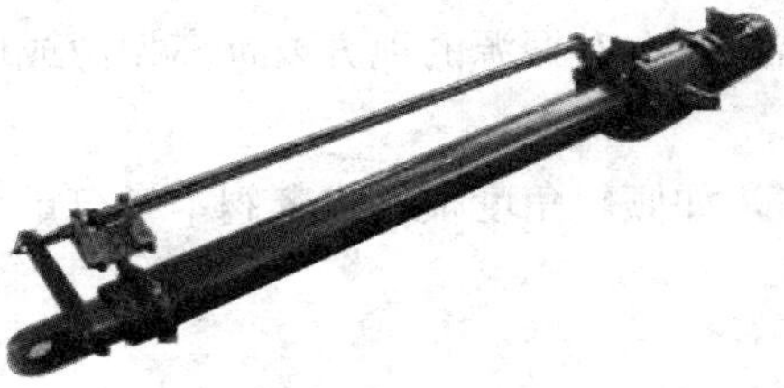

图 2-224　电动推杆示意图

连轴处宜涂上黄油进行防腐及润滑，以保持运转性能良好。电动推杆安装后应不晃动，重点检查保险装置等是否齐全和已正确安装，防止连杆在运行中脱落。

在确保没有电压的情况下方可打开接线盒，进行接线或接线检查。

3. 电动拉杆安装检查验收

电动拉杆安装检查验收见表 2-99。

表 2-99　　　　　　　　　　电动拉杆安装检查验收

工序	检验项目		性质	单位	质量标准	检验方法和器具
检查	型号规格				符合设计	核对
	外观				完整、无损	观察
	安装位置				操作维护方便	
安装	固定		主控		牢固	试动观察
	减速箱油质				符合制造厂规定	核对
	减速箱密封				无渗漏	观察
	露天防护装置				完好	
	拉杆开、关方向		主控		与调节机构一致	
	传动				灵活、平稳	试动观察
	保护开关接点				动作可靠	用校线工具查对
	接线	线端连接	主控		正确、牢固	
		线号标志			正确、清晰、不褪色	观察
	铭牌标志				正确、清晰	

（六）电磁阀安装

电磁阀是电动阀的一个种类。在气体或液体流动的管路中，利用电磁线圈通电产生的磁场来拉动阀芯，从而改变阀体的通断，控制介质流通的开或闭状态，线圈断电，阀芯就依靠弹簧的压力退回。电磁阀由线圈、固定铁芯、可动铁芯（活塞机构）和阀体等组成。当线圈不通电时，可动铁芯受弹簧作用与固定铁芯脱离，阀门处于关闭状态；当线圈通电时，可动铁芯克服弹簧力的作用而与固定铁芯吸合，阀门处于打开状态。这样就控制了液体和气体的流动。再通过流动的液体或气体推动油缸或汽缸来实现物体的机械运动，图 2-225 是电磁阀实物图。

图 2-225　电磁阀实物图

电磁阀通常是通电动作，以避免电磁铁长时间通电而发热烧毁。但也有例外，当电磁铁用于紧急切断时则失电动作，这种紧急切断用的电磁阀在结构上与普通电磁阀有所不同。

电磁阀品种很多，常以“位”和“通”进行气动换向电磁阀的分类。不同的“位”和“通”构成了不同类型的气动换向电磁阀。通常所说的“二位阀”、“三位阀”表示换向阀的阀芯有两个或三个不同的工作位置。而“二通阀”、“三通阀”、“五通阀”是指换向阀的阀体上有两个、三个、五个各不相通的接口连接管路，不同接口之间通过阀芯移位时阀口的开关来连通，从而改变介质流动方向，以控制气动执行机构的工作。

图 2-226 是三路二位直动式电磁阀（常断型）结构简单剖面图，当线圈通电时，静铁芯产生电磁力，阀芯受到电磁力作用向上移动，密封垫抬起，使 1、2 接通，2、3 断开，阀处

于进气状态，可以控制气缸动作。当断电时，阀芯靠弹簧力的作用恢复原状，即 1、2 断，2、3 通，阀处于排气状态。

图 2-227 为五路二位直动式电磁阀结构图，起始状态，1、2 进气；4、5 排气；线圈通电时，静铁芯产生电磁力，使先导阀动作，压缩空气通过气路进入阀先导活塞使活塞启动，在活塞中间，密封圆面打开通道，1、4 进气，2、3 排气；当断电时，先导阀在弹簧作用下复位，恢复到原来的状态。

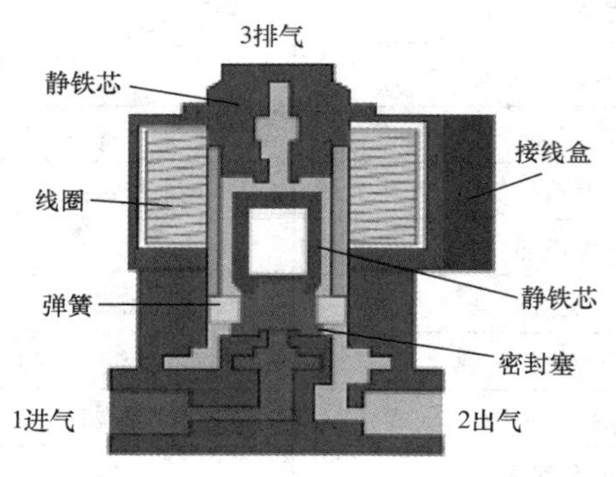

图 2-226　三路二位直动式电磁阀（常断型）结构简单剖面图

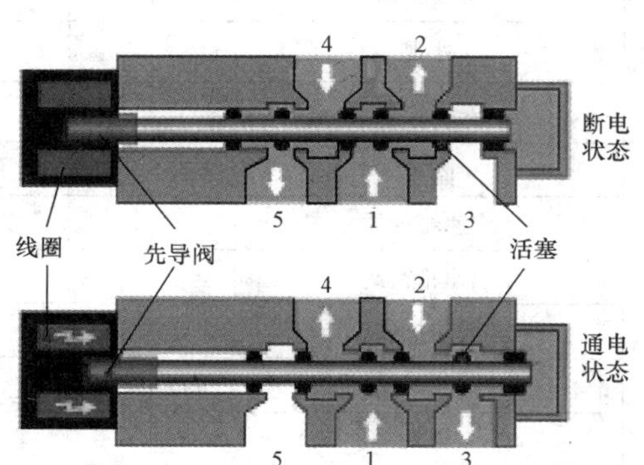

图 2-227　五路二位直动式电磁阀结构图

此外电磁阀有交流和直流二种：前者使用方便，但启动电流大，容易产生颤动，会引起发热。后者工作可靠，但需专门的直流电源，电压分 12 、24 、48、110V 和 220V。

1. 安装准备

检查电磁阀铭牌所标参数应与设计参数一致，如常开、常闭、电源类型（交、直流）、电压等级、介质压力、压差等，尤其是电源，如果出错将会烧坏线圈。电源电压额定电压电压波动范围：交流＋10％～－15％，直流＋10％～－10％。

用 500V 直流电压的绝缘电阻表测量端子与外壳间的绝缘电阻，应不低于 1MΩ。

选择安装位置，确保电磁阀安装处应有一定的预留空间，安装的管道高度离地面或地板大于 2m 时应尽量设置平台，以便日常保养与定期维修。

2. 安装过程工艺

确认电磁阀安装管道位置无直接滴水或溅水可能，且不位于管道低凹处（以免因蒸汽冷凝水、杂质等沉淀在阀内而妨碍动作）；如在容器的排出管道中安装时，应安装于容器底部稍上位置，而非自容器底部引出。电磁阀前后应安装有手动切断阀，同时设有旁路阀，便于电磁阀在故障时进行维护。

冲洗管道时，清除管道中的金属粉末及密封材料残留物。如果介质内混有尘垢、杂质等妨碍电磁阀的正常工作时，管道中应加装过滤器或滤网。

安装时，将电磁阀阀体上箭头与介质流向保持一致，线圈部件竖直向上且水平于地面的管道上，法兰安装时，放上合适的垫片（防止垫片挤入管道）后，紧固阀体与管道的连接；如螺纹连接，接管外螺纹长度不可超过电磁阀内螺纹的有效长度，并在外螺纹前端半螺距处用锉刀倒棱，自螺纹 2 牙处开始缠绕密封带，否则过量的密封带或黏结剂残渣进入电磁阀的内腔会引起故障。安装时防止力作用在电磁线圈组件上而引起变形，影响电磁阀的正常工作。

对于钢性不足或有水锤现象的管道，将阀的前后管道加装支架固定，以防电磁阀工作时引起振动。

连接磁线圈引出线（接插件），确认连接牢固，相关控制线路及设施连接可靠，元件触点接触良好。回路保险线容量合适。

3. 安装注意事项

（1）确保电磁阀本身及与其连接的管道无泄漏，阀体上标志的安装方向正确（但在真空管路或特殊情况下可以反装）。

（2）在冰冻场所使用时，须用隔热材料对管道加以保护或在管道上设置加热器。

（3）蒸汽用电磁阀入口侧应装有疏水阀，连接管路应有倾斜。

4. 电磁阀安装检查验收

电磁阀安装检查验收见表 2-100。

表 2-100　　电磁阀安装检查验收

<table>
<tr><th>工序</th><th colspan="2">检验项目</th><th>性质</th><th>单位</th><th>质量标准</th><th>检验方法和器具</th></tr>
<tr><td rowspan="3">检查</td><td colspan="2">型号规格</td><td></td><td></td><td>符合设计</td><td>核对</td></tr>
<tr><td colspan="2">外观</td><td></td><td></td><td>无残损</td><td>观察</td></tr>
<tr><td colspan="2">绝缘电阻</td><td>主控</td><td>MΩ</td><td>≥1</td><td>用 500V 绝缘电阻表测量</td></tr>
<tr><td rowspan="9">安装</td><td colspan="2">固定</td><td></td><td></td><td>端正、牢固</td><td>试动观察</td></tr>
<tr><td colspan="2">进出口方向</td><td>主控</td><td></td><td>正确</td><td>观察</td></tr>
<tr><td rowspan="2">成排安装</td><td>间距</td><td></td><td></td><td>均匀</td><td rowspan="2">用尺测量</td></tr>
<tr><td>高差</td><td></td><td>mm</td><td>≤3</td></tr>
<tr><td colspan="2">严密性</td><td>主控</td><td></td><td>无渗漏</td><td>观察</td></tr>
<tr><td colspan="2">铁芯</td><td></td><td></td><td>无卡涩</td><td>试动</td></tr>
<tr><td rowspan="2">接线</td><td>线端连接</td><td></td><td></td><td>正确、牢固</td><td>用校线工具查对</td></tr>
<tr><td>线号标志</td><td></td><td></td><td>正确、清晰、不褪色</td><td>观察</td></tr>
<tr><td colspan="2">铭牌标志</td><td></td><td></td><td>正确、清晰</td><td>观察</td></tr>
</table>

二、控制设备的安装

（一）振动给煤机控制系统安装

振动给煤机的给料过程是利用特制的振动电动机或两台电动机带动激振器，驱动给料槽沿倾斜方向作周期直线往复振动来实现，当给料槽振动的加速度垂直分量大于重力加速度时，槽中的煤被抛起，并按照抛物线的轨迹向前跳跃运动，抛起和下落在瞬间完成，由于激振源的连续激振，给料槽连续振动，槽中的煤连续向前跳跃，以达到给煤的目的。

振动给煤机控制系统主要由就地控制箱、振动机和连接电缆组成。

控制箱一般安装在给煤机附近，但不能直接安装在给煤机本体上，防止振动引起箱内元件的损坏。振动机应根据设计图示位置安装，一般情况下设备均预留振动机安装位置，只要将振动机安装即可，通常是采用焊接的方法来安装，如采用螺栓连接，则必须注意螺栓松动，应做好防松动的措施。

安装后需检查电缆及连接附件的可靠性，防止其松脱。

振动给煤机控制系统安装检查验收见表 2-101。

表 2-101　　振动给煤机控制系统安装检查验收

工序	检验项目		性质	单位	质量标准	检验方法和器具
检查	外观				完整、无损	观察
	附件				齐全	
	振动给煤机	安装位置			符合设计	核对
		安装角度			符合制造厂规定	
		线圈	主控		无短路、断路	万用表检查
	绝缘电阻		主控	MΩ	≥1	用 500V 绝缘电阻表测量
安装	控制装置固定				端正、牢固	试动观察
	接线	线端连接	主控		正确、牢固	用校线工具查对
		线号标志			正确、清晰、不褪色	观察
	外壳接地				良好	
	铭牌标志				正确、清晰	

（二）气动基地式仪表安装

气动基地式仪表是一种将测量、显示、控制等各部分设备集中组装在一个表壳里，组成一个整体的控制设备，适用于分散的就地调节系统或某些辅助装置的局部控制。在系统的可靠性、安全性选择上也会用到基地式气动仪表。

基地式仪表将必要的功能部件全集中在一个仪表之内，只需配上调节阀便可构成一个调节系统。

基地式仪表系统结构简单，使用维护方便。由于安装在现场，因而测量和输出的管线很短。基地式仪表减少了气动仪表传送带滞后的缺点，有助于调节性能的改善。缺点是功能较简单，不便于组成复杂的调节系统，外壳尺寸大，精度稍低。由于不能实现多种参数的集中显示与控制。

基地式仪表类型有温度基地式仪表、压力和差压气动基地式仪表。

基地式仪表必须垂直安装，靠近需要控制或调节的阀门旁边，其周边环境条件良好。

（三）可编程控制器安装

可编程控制器（PLC）将传统的继电器控制技术、计算机技术和通信技术融为一体，具有控制功能强、可靠性高、使用灵活方便、易于扩展等优点，使其在程序控制系统中得到广泛应用。PLC 系统组成示意图如图 2-228 所示。PLC 内部有多个 PID 模块，具有开方、温度补偿、压力补偿及加、减、乘、除等多种运算功能，使其成为一种带微处理机的智能调节器。目前在电厂吹灰、除渣、出灰和辅控系统中得到大量应用。

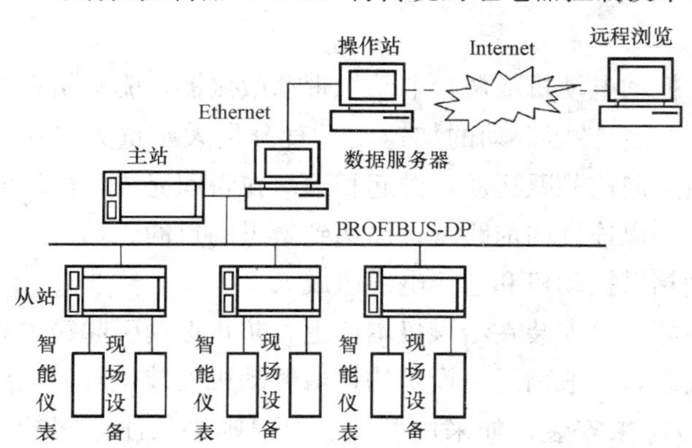

图 2-228　PLC 系统组成示意图

尽管 PLC 是专门在现场使用的控

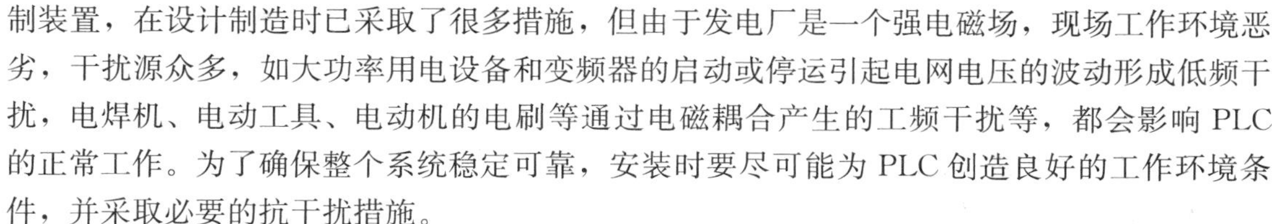

制装置，在设计制造时已采取了很多措施，但由于发电厂是一个强电磁场，现场工作环境恶劣，干扰源众多，如大功率用电设备和变频器的启动或停运引起电网电压的波动形成低频干扰，电焊机、电动工具、电动机的电刷等通过电磁耦合产生的工频干扰等，都会影响 PLC 的正常工作。为了确保整个系统稳定可靠，安装时要尽可能为 PLC 创造良好的工作环境条件，并采取必要的抗干扰措施。

1. 安装前准备

（1）技术准备。详细阅读 PLC 的使用说明书，明确其性能指标和安装环境。熟悉其安装方法，掌握其布线原则和注意事项。

准备好使用的设备、工具、材料，主要有双踪示波器、多路输出的直流稳压电源、数字万用表、信号发生器、常用电工工具和导线若干。

PLC 一般安装于盘柜上，如需要单独安装，则先对设备进行试装，以检查安装孔的大小及安装附件的情况，如紧固用的螺栓是否配齐。

对待安装的 PLC 进行外观检查，应完好无损。PLC 的控制系统多半要考虑以后的改造和扩展，因此应预留有一至二成的扩展空间。

（2）安装环境确认。PLC 的工作环境将影响其工作效率和寿命，因此 PLC 安装时应满足环境温度在 5～ 55℃；相对湿度小于 35%～85%，不会有温度突变或其他因素引起露水凝聚；避开太阳光直接照射。

无腐蚀和易燃气体、铁屑及大量灰尘、频繁或连续的振动（振动频率为 10 ～ 55Hz、幅度峰-峰为 0.5mm）或超过 10g（重力加速度）的冲击。

为了避免其他外围设备的电干扰，PLC 应与变压器、电动机控制器、变频器等保持适当距离，尽可能远离高压设备和高压电源线，之间的距离应大于 200mm。

PLC 输入输出单元的安装位置应考虑到卸载工具等外围设备的连接与操作的方便性，PLC 输入输出单元往往装有维护检查用指示灯，因此要安装到操作人员易于看见、手能够达到的高度的位置。组件装设位置应利于日后检修，预留空间供日后系统扩充使用。

（3）静电的隔离。静电是电子产品无形的杀手，人体被静电触到只是轻微的酥麻，但在干燥的场所，人体身上的静电却是造成静电损坏电子组件的因素。为了避免静电的冲击，在进行安装或更换组件时，应先碰触接地的金属，以去除身上的静电；不要碰触电路板上的接头或是 IC 接脚；电子组件不使用时，应将组件放置在有隔离静电的包装物里面。

2. PLC 安装

（1）安装方式。为了使控制系统工作可靠，通常将 PLC 安装在有保护外壳的控制柜中，以防止灰尘、油污和水溅。基座安装时，在确定控制箱内各种控制组件及线槽位置后，要依照图纸所示尺寸，标定孔位，钻孔后将固定螺丝旋紧到基座直到牢固为止。

PLC 模件不要安装在柜内热空气聚集的最上部，为了保证 PLC 在工作状态下其温度保持在规定环境温度范围内，安装 PLC 部件时应有足够的通风空间，上下部要和其他的设备、配线管等之间维持充分的间隔距离，避免在规定以外的方向（如纵向或上下颠倒等）上安装，基本单元和扩展单元之间间隔应大于 30mm。如果周围环境超过 55℃，则要安装电风扇，强迫通风。为了避免电磁干扰，各 PLC 单元与其他电器元件之间要留 100mm 以上间隙。

PLC 外壳的 4 个角上均有安装孔。通常有两种安装方法，一是用螺钉固定，不同的单元有不同的安装尺寸；另一种是DIN轨道固定。DIN轨道配套使用的安装夹板左右各一对。在轨道上，先装好左右夹板，装上PLC，然后拧紧螺钉。

I/O模块插入机架上的槽位前，要先确认模块是否为预先设计的模块；I/O模块在插入机架上的导槽时务必插到底，以确保各接触点紧密结合；模块固定螺丝务必锁紧；接线端子排插入后其上下螺丝必须旋紧。

PLC电源应与输入输出设备的电源分开，并在PLC电源输入端附近安装噪声滤波器，或通过增设隔离变压器来衰减接地干扰（隔离变压器的二次侧采用非接地方式）。

固定PLC的螺钉不宜拧得太紧或太松，太紧会造成PLC的安装孔胀裂或“滑丝”，太松则使PLC工作时会产生振动或噪声。

（2）接地安装。良好的接地是保证PLC可靠工作的重要条件，可以避免偶然发生的电压冲击危害。

为了抑制加在电源及输入、输出端的干扰，PLC的接地端最好接专用地线，接地点与动力设备（如电动机）的接地点分开。若达不到这种要求，必须做到与其他设备公共接地，禁止与其他设备串联接地，接地点应尽可能靠近PLC。

在装上电源模块前，必须同时注意电源线上的接地端与金属机壳连接，否则会导致一系列的问题，如静电、浪涌、干扰等。

基本单元要接地，如果要用扩展单元，其接地点应与基本单元的接地点接在一起。

（3）敷线。与PLC控制系统连接的各类信号传输线，除了传输有效的各类信息之外，总会有外部干扰信号侵入。此干扰主要有两种途径：

一是通过变送器供电电源或共用信号仪表的供电电源串入的电网干扰，这往往被忽视；二是信号线受空间电磁辐射感应的干扰，即信号线上的外部感应干扰，不但引起I/O信号工作异常和测量精度大大降低，严重时将引起元器件损伤。而布线方法在提高抗外部感应干扰的能力上起着较大的作用。但布线操作特别是抗干扰措施，很多时候依靠积累的经验，因此安装施工中根据已有的经验采取相应的措施是很必要的，通常敷线中应重点注意的是：

1）由于电缆的种类、信号的性质及电平不同，其对干扰的信号/噪声比也不同，同时考虑到以后维护及系统更换作业的方便，电缆原则上均应分类整理［如电力线与信号线、输入信号与输出信号线、模拟信号与数字信号线、高电平信号与低电平信号线、通信线与动力线、高频设备（变频器等）控制信号与一般的通信和测量信号线、DC信号与AC信号等］后，相同信号电平级别的放在一起布线，不同信号电平级别的应采用不同种类的电缆分电缆、分开布线的原则进行敷设。敷设全程应避免接近或平行，无法避免时，采用隔板或穿电线管方式进行分离布线（隔板或穿线导管必须接地），或全部使用屏蔽电缆或双绞屏蔽电缆，在PLC侧与接地端子单点连接（输入设备侧开路）。

2）采用没有共通阻抗的布线方法时，如果有共用返回电路，返回电路的线径应有足够的余量。输入输出模块根据机型不同有负公共端子和正公共端子，布线时要注意极性。

3）不要将噪声滤波器的初级侧与次级侧扎在一起，以防噪声滤波器的效果降低。多芯电缆的终端应进行适当的支撑及固定，以免在电线端受到拉力。电线的末端与端子连接时，应用转矩螺丝刀，以适当的压力将螺钉拧紧达到连接。尤其是AC供电电源的端子应使用环型压接端子，避免使用U型压接端子，以确保安全、可靠。

4）对于装有 PLC 的柜，为了防止受到其他电气设备漏电流的影响，在电气上需要和其他设备绝缘设置。应用屏蔽电缆进行输入、输出布线时的屏蔽导体的接地，将靠近 PLC 侧的屏蔽导体连接到外壳接地端子上。但切不可将输入 COM 端和输出 COM 端相接在一起。屏蔽电缆的接地示意图如图 2-229 所示。通信电缆接地按通信单元手册中的屏蔽处理原则进行。

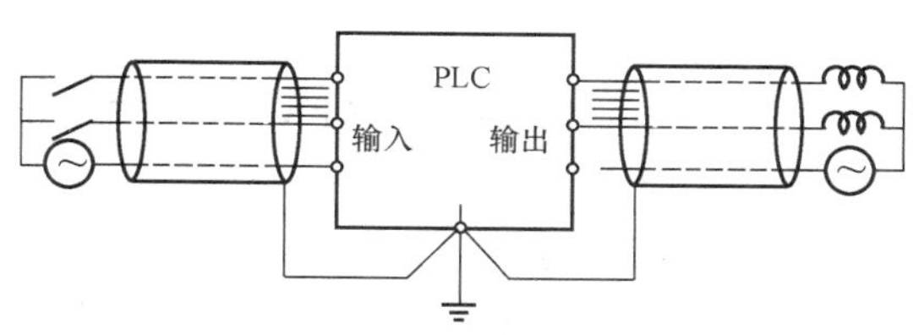

图 2-229　屏蔽电缆的接地示意图

5）输入线一般不要超过 30m。如果环境干扰少、电压降不太大时，可适当长一些。PLC 的输出接线端一般采用公共输出形式（少数 20 点以下的小型 PLC 采用独立输出形式），即几个输出端子构成一组共用一个 COM 端。不同组的 COM 端内部并联在一起。不同组可以采用不同的电源；同一组中必须采用同一电源。

（4）安装注意事项。

1）输出端接线分为独立输出和公共输出。当 PLC 的输出继电器或晶闸管动作时，同一号码的两个输出端接通。在不同组中，可采用不同类型和电压等级的输出电压。但在同一组中的输出只能用同一类型、同一电压等级的电源。采用继电器输出时，承受的电感性负载大小将影响到继电器的工作寿命。若连接输出元件的负载短路，将烧毁印制电路板，因此输出回路应有熔丝以保护输出元件输出。

2）布线时 PLC 单元上安装有防尘罩的时候，在布线结束之前不要除去该罩，以防布线的碎屑进入其中。布线结束后要除去防尘罩，防止 PLC 内部温度上升导致功能下降。

3）PLC 垂直安装时，要严防导线头、铁屑等从通风窗掉入其内部，使其不能正常工作甚至损坏。

4）使用风扇在外部空气的吸入口安装空气过滤器，采取防止灰尘进入的措施。

5）在寒冷地区，考虑到冬季暖气可能出现时通时断现象，有时会因急剧的温度变化而造成结露，导致短路而引起误动作。这些地区可考虑在柜内安装小容量的加热器进行微加热，以保证柜内空气温度不低于 5℃；或保持 PLC 电源接通不中断，使 PLC 通电状态下部件的自身发热保持环境温度，防止结露现象发生。

3. PLC 安装验收

PLC 控制系统安装验收见表 2-102。

表 2-102　　PLC 控制系统安装检查验收

工序	检查项目		性质	单位	质量标准	检验方法和器具
检查	型号规格				符合设计	观察
	插件、插头位置				符合设计	观察
安装状态	固定				端正、牢固	手动检查
	接地				符合制造厂规定	测量
	插板、插件				端正、牢固	手动检查
	绝缘电阻		主控	MΩ	符合 DL/T 5210.4—2009 附录 A	用绝缘电阻表测量
	接线	线端连接	主控		正确、牢固	用校线工具查对
		线号标志			正确、清晰，不褪色	观察
	铭牌标志				正确、清晰	观察

第六节 干扰、接地与防护

一、干扰与接地

现代大型火力发电厂的现场，成千上万个温度、压力、流量、电量、阀位等模拟量以及开关量信号的显示与控制都是通过DCS来完成，而这些测量与控制设备又距离DCS的电子间较远，由于生产现场线路密布，设备启停频繁，厂区内存在严重的电场和磁场干扰源。在这样的电磁环境中，这些设备与信号电缆必然会受到控制回路自身、电磁耦合、静电感应、接地线电位波动产生的干扰电压等的电磁干扰，这些电磁干扰轻则会引起一些信号畸变，致使参数显示不准、误发报警信号、控制设备出现误扰动、自动投入品质不好等，降低系统可靠性；重则导致设备不能正常运行，甚至损坏DCS部件或引起机组跳闸，影响机组安全经济运行。因此DCS所要面对最重要的问题之一就是如何有效地抑制干扰，提高所采集信号的可靠性。接地作为保障操作人员安全和抑制外界各种干扰、提高DCS系统可靠性的有效办法，本应引起相关人员足够的重视，然而在调试和生产过程中却发现大量的DCS误动事故都与接地有一定的关系。近几年随着机组的增加，因干扰问题引起热工系统异常，甚至导致机组跳闸事件增多，以下所举接地系统引发的热工系统异常案例说明了接地的重要性。

（一）接地与干扰原因引起控制系统故障案例分析

1. 屏蔽电缆两点接地引发的热工系统异常

某电厂基建4号机组冲管开始，当两侧送风机、引风机运行，热井换水，锅炉水冲洗时，发生送风机B跳闸。检查报警记录和历史曲线，发现风机轴承温度（三取二逻辑作保护信号）同时发生大幅度跳变（因该保护为三取二方式而非单点保护，所以未设置变化速率大屏蔽保护输出功能），在三点温度同时超过90℃后风机跳闸。在排除DCS模件故障等可能的原因后，拆线检查发现：就地接线盒处电缆屏蔽层引出处，有毛刺碰到金属电缆套管，形成了两点接地，产生地环电流引起信号误动。经整理接线后信号恢复正常。

对于TSI的延伸电缆的屏蔽层，如果安装敷设途经未做好防护，电缆屏蔽层因振动等原因在运行过程磨损，导致两点或多点接地，将可能引起信号的跳变。如某机组4号轴承振动高高跳机，检查时发现4号轴承振动传感器延伸电缆的屏蔽层，因磨损造成多点接地，电位差引起信号跳变，导致机组跳闸。

某电厂1号机组DCS改造后，OVATION系统上电不久，发现600个左右的热电偶信号中有大约200个信号白天在大幅跳跃，晚上这些信号的跳跃幅度会小得很多。经一段时间的分析检查，发现这些信号跳变的原因是这些热电偶的负端现场都接地。根据OVATION热电偶模件的结构，其负端在DCS侧也接地，这样这些测量回路就两端接地，由于现场的地与DCS的地之间存在着电势差，且这个电势差不稳定，白天现场施工人员比较多，电动设备的启停比较频繁，因此导致了热电偶信号的跳跃且出现白天与晚间幅度不同的现象。

2. 电缆使用不当引发的热工系统异常

某电厂2号机组投产后，给煤皮带机在运行中经常无缘由地跳闸。经检查发现，给煤皮带机变频器、DCS模件等设备均正常。分析认为可能是由于变频器工作时干扰比较大，而控制电缆仅是普通KVV型电缆，不能有效防止电场、磁场耦合的干扰信号所致。后在机组小修时更换了控制电缆，采用了屏蔽双绞线，之后误跳闸情况未再发生。因此该热工信号的误动是由于电缆选择不当所致。

在某电厂3号机组调试过程中，发现一些电动阀门自动打开或关闭，查明原因是由于控制信号与电源共用电缆引起，后更换电缆后恢复正常。

3. 接地电阻大引发的热工系统异常

某电厂9号发电机驱动端轴承温度高，同时发电机定子绕组温度和进风温度也出现波动，测量回路发现有380V的感应电压存在，经检查发现公共直流地接地不良，由此分析认为，发电机的磁感应引起测量回路感应了380V电压，导致驱动端轴承温度变送器损坏，在将公共直流地接地后感应电压消失，信号恢复了正常。

某电厂2号机组DCS改造后，炉壁温是采用远程柜安装在炉顶。投运后不久，过热器一壁温多次显示失准，检查测量系统未发现正常，但只要拆一下回路接线或拨一下模件重新装回，显示即恢复正常，原因无法解释。在2号机组检修时，检查该温度元件补偿导线的屏蔽层，发现接地不良，重新接地后此缺陷没有再出现过。

某电厂1号机组运行在750 MW时，汽轮机3号瓦振动持续跳变，检查回路发现电缆的屏蔽线没有接地。另一脱硫系统的增压风机在停运时，发现其振动信号值一直跳变，最高值超过振动保护值。经检查原因是就地测量机柜的接地虚焊引起。

4. DCS与就地动力设备之间形成共通接地引发的热工系统异常

某电厂2号机暖通变B相单相接地信号发出后，经检查发现空气处理器C有单相接地故障，单相接地故障消除前，引起经DCS监控系统后的2号机6kV的A/B段上所有表计（电源及负荷）均摆动；单相接地故障消除后，所有表计指示正常。经分析该电厂DCS监控系统、集控室、空气处理器C等均在12.6m层，DCS监控系统的接地网与电厂主接地网是分离的，但可能因构架等原因，两者接地体之间有可能连通。上述相关设备的接地引下线较长，引下线电阻较大，当发生单相接地故障时，有电流流过接地回路，会在接地装置上产生较高幅值的干扰电压、电流信号，从而引起表计的摆动。

5. 由防雷接地不当引发的热工系统异常

雷雨期间，某电厂2号炉后墙二次风流量显示至零值，二次风总风量从900T跌至580T，等离子PLC DI模件也有一损坏，3号机组就地变频器输出模拟量到DCS AI通道也有通道损坏。3号机柴油发电机不明自启。而期间另一电厂也遭受雷击，造成脱硫区域、循泵房区域、引风机区域、化学制水区域发生的部分户外热工控制设备及其相应的PLC通道损坏。

某次雷电闪击之时，某电厂3号机组1、5号轴承振动信号显示突然异常，很快恢复正常，但与此同时1、4号轴承振动信号交错显示异常（与现场测试信号互换）。

（二）干扰

由以上案例可以看到，机组能否安全生产和经济运行，在很大程度上取决于热控控制系统的可靠性，而控制系统的可靠性最大的问题是干扰问题。干扰产生在很大程度上与安装的不规范相关，因此提高DCS的抗干扰水平，确保设备在复杂电磁环境下可靠运行，首要的工作是安装人员了解和掌握干扰产生的机理，严格按规范进行控制系统的安装与调试。

1. 干扰产生的机理、来源与输入方式

(1) 干扰产生的机理。干扰是指窜入或叠加在系统电源、信号线上的与热工信号无关的电噪声信号，是控制系统中最常见也是最易影响系统可靠性的因素之一。干扰大都产生在电流或电压剧烈变化的部位，这些部位的电荷剧烈移动，电流改变产生磁场，对设备产生电磁辐射；磁场改变产生电流，电磁高速产生电磁波。因此在电厂中干扰常以电场或磁场的形式出现。通常电磁干扰按干扰模式不同，分为共模干扰和差模干扰。共模干扰是信号对地的电位差，主要由电网串入、地电位差及空间电磁辐射在信号线上感应的共态（同方向）电压叠加所形成。共模电压通过不对称电路可转换成差模电压，直接影响测控信号，造成元器件损坏（这是一些系统 I/O 模件损坏率较高的主要原因），这种共模干扰可为直流，也可为交流。差模干扰是指作用于信号两极间的干扰电压，主要由空间电磁场在信号间耦合感应及由不平衡电路转换共模干扰所形成的电压，这种干扰叠加在信号上，轻则影响系统的测量与控制精度，引起控制系统指令错误而导致运行设备或保护系统的异常动作，严重的直接引起控制系统的硬件故障设备损坏，造成生产事故。

(2) 干扰的分类。人们从不同角度研究干扰的表象，产生了各式各样的分类法，如：

1）按干扰的表现形式，可分为规则干扰（如直流电源的纹波，50Hz 的交流电流干扰）、不规则干扰（如幅值及特性随使用条件而变化的干扰）、随机干扰（如电磁耦合、接触不良和交叉电路引起的干扰）。

2）按干扰的频率高低可分为低频干扰和高频干扰。

3）按干扰发生的间隔频率可分为突发干扰、脉冲干扰、周期性干扰、瞬时干扰、随机干扰，跳动干扰。

4）影响开关电源质量的干扰可分为出现在输出入端子上的干扰（电流交流声、尖峰脉冲噪声、回流噪声）和影响内部工作的干扰（开关干扰、振荡、再生噪声）。

5）影响交流电源质量的干扰可分为高次谐波干扰，保护继电器和开关的震颤干扰，雷电浪涌，尖峰脉冲干扰，喷射环电弧干扰，瞬时浪涌以及瞬时升降、频率变化、电压变化等产生的干扰。

6）按干扰的形态可分为共模干扰和差模干扰。

(3) 干扰的来源。发电厂的干扰源很多，为讨论方便，通常将干扰的来源分为内部干扰和外部干扰两种。前者是来自控制系统内部元器件及电路间的相互电磁辐射引起的干扰，如逻辑电路相互辐射及其对模拟电路的影响，模拟地与逻辑地的相互影响及元器件间的相互不匹配使用等，这都属于制造厂对系统内部进行电磁兼容设计时考虑的内容，其预防和抑制手段主要在仪表制造厂家的设计改进，不属于安装的讨论范畴；而后者在发电厂中主要来自以下几个方面：

1）雷电干扰。雷电干扰来自雷电的静电感应、电磁感应、过电压波、电磁辐射等。如雷直击于外部线路注入大电流流过接地电阻或外部线路阻抗而产生浪涌电压；雷击产生的电磁场在热控系统外部线缆上产生的感应电压和电流，即所谓间接雷击；直接对地放电的雷电入地电流耦合到附近热控接地系统的公共接地路径上。

2）空间辐射干扰。雷电、电力网络、电气设备的暂态过程、射频、高频感应设备、发电机本身的交变磁场、直流电动机整流子炭刷的滑动、电焊机的弧光、电动工具炭刷的脉冲电流产生了电磁波、变频器高速切换耦合性噪声会产生空间辐射干扰。

3）来自工频电源的干扰。雷电等引起的输电线路侧和各种高电压、大电流、大电感的设备（如动力设备、变压器和电源装置等）启停时引起电源侧的过压、欠压、瞬时掉电、浪涌等会产生工频干扰。电网中存在各种整流设备、交直流互换设备、电子电压调整设备、电力补偿电容、非线性负载及照明设备、变频器、电焊机等，这些负荷都可能使电网中的电压、电流产生尖峰脉冲等波形畸变，对电网中的用电设备产生谐波干扰，这些统称为电源干扰。虽然大多数DCS电源采用了隔离电源，但由于制造工艺等因素影响和分布参数特别是分布电容的存在，难以做到完全隔离，因此控制系统仍会受到一定的电源干扰。

4）感应干扰。变压器、MCC控制柜、动力设备周围和动力电缆沿途都存在很强的电磁场或电场，并且经常发生变化（特别是动力设备启动时，瞬间电流能够达到额定电流的6～11倍），这些变化的电磁场通过感应形式窜入或叠加到热工测量与控制设备或其信号的传输线路中形成干扰。虽然采用了屏蔽设备或电缆屏蔽等屏蔽技术，但由于屏蔽技术的不完备，难以做到完全屏蔽。

5）地电位干扰。雷电时瞬间大电压来不及泄放、电焊机工作时接地线与焊枪不在同一位置时其间的控制测量设备、控制系统的接地不符合标准要求（接地电阻过大、接地线断线或接地线与高压、大电流设备的接地线距离太近等），都会引起地电位的变化而引入干扰。此外三相供电不平衡产生的地电流、屏蔽层不共地产生的接地环流也会引入干扰。

6）接地不当和导线接触不良产生的干扰。现场电缆密布，设备启停频繁，控制系统或仪表本身接地线连接不良，安装工艺不符合要求，接地点不当，信号屏蔽线两点接地、I/O机柜的信号地和交流地公用地，都会引起因接地电位变化而导致对测量与控制信号的干扰；导线间接触不良、电缆接头松动也会产生接触干扰。

实际上上述的干扰很多的时候是同时产生的，例如变频器，其整流桥对电网来说是非线性负载，它所产生的谐波对同一电网的其他用电设备会通过电源侧产生谐波干扰；其逆变器大多采用脉冲宽度调制（PWM）技术，当工作于开关模式且作高速切换时会产生大量耦合性噪声，对系统内其他的用电设备产生电磁干扰源。其输入和输出电流中含有的许多高频谐波成分，在工作过程中会以各种方式将这些高频谐波成分的能量传播出去，对周围的用电设备产生电磁辐射，传导干扰到电源，通过配电网络传导给系统其他设备的同时，还会对相邻的其他线路产生感应耦合，感应出干扰电压或电流。

在发电厂热工系统设备的安装、维护中，预防和抑制外部干扰，对机组的安全稳定运行至关重要。

（4）干扰的输入方式。发电厂现场线路密布，设备启停频繁和处于强交变电磁场环境，使各类干扰信号有可能通过以下几种不同的耦合方式进入热控系统与设备：

1）辐射。由大容量设备启停等产生的工频电磁波，由电火花、电焊、对讲机等产生的高频电磁波，以及由于雷击过电压，在电子设备周围形成电场和磁场，直接作用到电子设备上产生电路干扰或对控制系统通信网络的辐射，由通信线路的感应引起干扰。辐射干扰分布比较复杂，与现场设备的布置和环境有关，尤其对频率反应比较敏感。

2）耦合。1）所叙述情形以及电力电缆产生的电磁波借助遍布电厂的电子设备的各种引线，通过电磁感应，耦合到引线上，再从引线引入到电子设备之中。通过引线感应主要有三种耦合方式：

① 容性耦合（也称静电耦合）：由两个电路之间的静电效应而引起的干扰。被控现场往往有很多信号同时接入计算机，而且这些信号线会走电缆槽或者电缆管，但必然有很多根信号线一起敷设（其中也不排除有的电缆线平行敷设），这些信号之间均有分布电容存在，于是干扰源通过分布电容，将干扰信号的电压耦合到引线上产生干扰电压，同时又通过这些分布电容将干扰加到别的信号线上，形成相互干扰。

② 感性耦合（也称磁场耦合）：电子设备引线与干扰源之间存在有互感，当干扰源电路电流发生变化引起磁场变化时，通过磁链合，使引线内电流发生变化而产生干扰。

③ 阻性耦合（漏电流耦合）：当测量信号线绝缘不好存在漏电阻时，外部干扰信号（如地电流）产生的干扰电流通过漏电阻直接进入引线产生干扰。

3）共阻抗耦合。两个电路间有公共的阻抗，其中一个电路的电流经公共阻抗产生压降，将在另一个电路中产生干扰电压。例如，一个电源给几个仪表同时供电，由于电源存在内阻，输电线路也有一定的阻抗，因此只要任一台仪表的电流发生变化，都会影响另一台仪表的供电电压，干扰信号将通过电源线传至另一台仪表。

4）接地网的影响。当电子设备与电气设备共用接地网时，如果发生电气设备过电压等情况，接地网电位发生瞬时变化，此时，不同电子设备的接地之间产生电位差，由此引起干扰。

以上外部干扰或直接或通过引线间接作用到电子设备上，以下面的形式干扰电子设备的工作。

1）辐射噪声（Radiatednoise）。辐射噪声即电子设备直接受到周围电磁场的辐射干扰。

2）共模干扰（同性干扰、对地干扰）。相对于公共电位基准点（通常为接地点），在测量装置或仪表的两个输入端上同时出现干扰，称为共模干扰。这种干扰电压可能是直流电压，也可能是交流电压，其幅值可以达到几十伏甚至上百伏。共模干扰由地电位差及空间的电磁辐射在信号线上的电压叠加而形成，使两信号线上的电位相对于基准点一起涨落。但由于控制系统所需要监视和控制的参数很多，而且这些参数分布在生产现场的各个部位，而被测信号 U_s 的参考接地点 A 和计算机系统输入端的参考接地端 B 之间往往有一定的电位差 U_{cm}，这个电位差将形成“地环电流”，相当于在信号源和放大器之间形成了一个干扰源，如图 2-230 所示。所以计算机控制系统的两个输入端与计算机系统的参考接地点之间分别有 U_s+U_{cm} 和 U_{cm} 两个电压，很显然 U_{cm} 是输入端上共有的干扰电压，所以称其为共模干扰电压，也称共态干扰电压。其模干扰电压在一定条件下（如输入电路参数两端不对称）可转换成差模电压，直接影响测量结果，甚至可能造成元器件损坏（如 I/O 模件损坏等）。

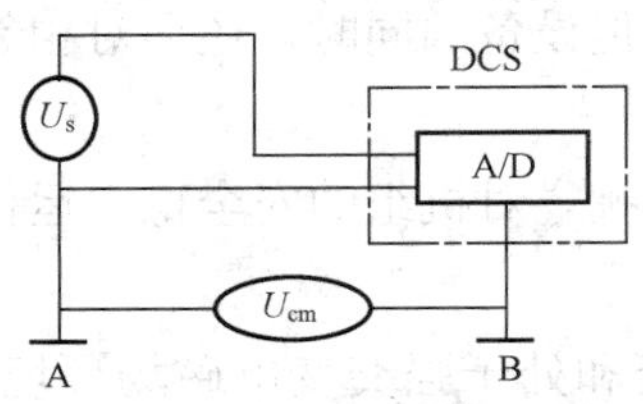

图 2-230　共模干扰示意图

3）差模干扰（串模干扰、正态干扰）。当干扰电压和电流通过信号线的两根导线分别作为往返线路传输、作用于信号两级间，叠加在被测信号上的干扰称为差模干扰。通常被测信号是缓慢变化的直流信号，比如变送器的输出直流电流信号等，差模干扰与被测信号叠加在一起进入计算机，所以又称为串联干扰或者串模干扰、正态干扰。其主要由空间电磁场在信号间耦合感应，也可以由不平衡电路转换共模干扰所形成，叠加在信号上，直接影响测量与控制的精度。差模干扰示意图与波形图如图 2-231 所示（图中U_s为被测对象；U_n为干扰信号；U_i为计算机实际采样到的输入信号）。由图 2-231 中可以看出，U_i的波形理想状态下应该与U_s一致，但是由于干扰源U_n的影响，就变成了如图 2-233（b）所示的波形，这样就有可能引起控制系统的误判断，从而作出错误的处理而威胁到机组的安全稳定运行。

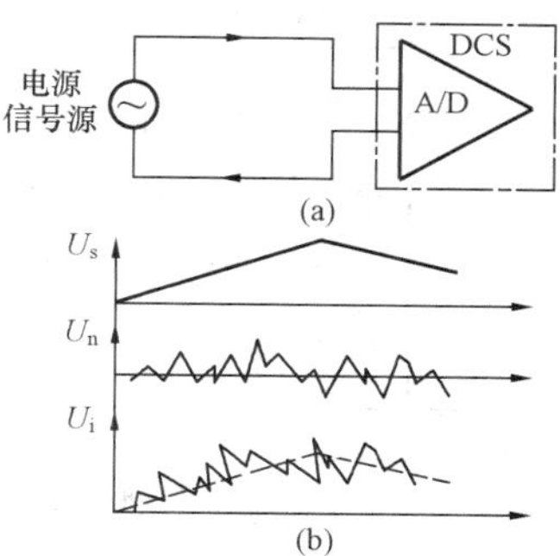

图 2-231　差模干扰示意图与波形图
（a）差模干扰示意图；
（b）差模干扰波形图

2. 安装上的干扰抑制措施

干扰信号对控制系统设备产生影响需要满足三个条件：一是控制系统设备附近存在干扰源且产生的干扰信号达到一定的幅度；二是存在易受干扰信号影响的接收电路，三是干扰源到接收电路之间有耦合通道，这三个因素缺一则不能对控制系统产生作用。因此在解决干扰问题时，首先要搞清楚干扰源、接收电路的性能，以及干扰源与接收电路之间的耦合方式，才能采取相应措施，抑制干扰的影响。

针对上述分析，抑制干扰的原则是“避、防、抗、补”。

“避”——采取主动远离措施，消除或抑制干扰源。如远离电力线、大电力设备，对可能产生干扰的设备进行屏蔽，减少其向空间的发射，电源电缆与信号电缆分电缆、分层敷设，保持一定的空间距离。

“防”——破坏干扰途径。对信号线采用隔离措施，对于以“路”的形式侵入的干扰，采用隔离变压器、光电耦合器等，切断某些干扰途径；对于以“场”的形式侵入的干扰，采用屏蔽措施，如将传输线缆穿镀锌铁管，走镀锌铁皮线槽等。

“抗”——削弱接收电路（被干扰对象）对干扰的敏感性。如高输入阻抗的电路比低输入阻抗的电路易受干扰，模拟电路比数字电路的抗干扰能力差，采取双绞线屏蔽电缆等。

“补”——对有干扰的线路，采取补救措施，如采取电容、磁环，加装防浪涌保护器，改变电缆间距离等。

对安装来说，抑制干扰源对其他回路的干扰是最有效的措施，但有时由于条件限制或费用过高等原因，很难得到实现。这样就应对受干扰的弱电信号回路和电子控制装置采取防护措施，以增强其抗干扰能力。下面从安装角度，介绍一些常用的抑制干扰技术。

（1）双 UPS 电源或隔离变压器。对于热控系统而言，当热控设备的供电线路上引入的干扰超过允许范围时，将会影响热控设备的正常工作，甚至对设备造成损坏。例如，在有些场合大型电气设备启动频繁，大的开关装置动作也较频繁，这些电动机的启动、开关的闭合产生的火花会在其周围产生很大的交变磁场，这些交变磁场既可以通过在信号线上耦合产生干扰，又可能通过电源线上产生高频干扰。优先采用双 UPS 电源或在供电回路中加装隔离变压器、保障系统接地的可靠性，是抑止来自工频电源干扰的有效方法。如某电厂二期工程中，燃油泵控制系统的远程 I/O 站由于距离较远采用了就地电源供电，为提高该系统抑止电源干扰的能力，采用了安装隔离变压器的方法来保障该系统接地的可靠性，至目前为止燃油泵远程 I/O 系统运行可靠稳定。另一电厂在解决温度信号漂移的处理过程中，根据外方要求，在电源回路中也增加了隔离变压器，取得一定效果。

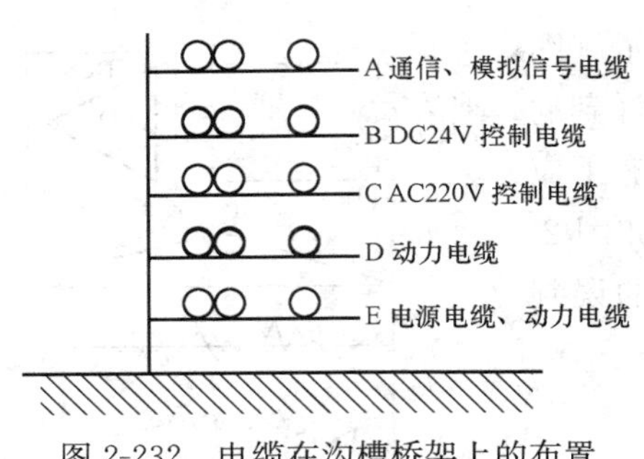

图 2-232　电缆在沟槽桥架上的布置

(2) 物理性隔离法或远离。

1) 动力电缆采用带屏蔽功能的电缆。敷设时避免控制电缆、信号电缆与动力电缆平行，且按顺序分层排列敷设，排列顺序应符合设计规定；如无规定时，带屏蔽信号电缆、强电信号控制电缆、电源电缆、电动机动力回路电缆宜按自下而上的顺序排列（见图 2-232）。每层桥架上的电缆可紧靠或重叠敷设，但不宜超过 4 层。信号电缆与动力电缆之间的最小距离应满足 GB 50168—2006 中表 5.2.3 要求。要合理布置电缆在沟槽桥架上的位置及电缆引出槽时的布置。必要时要对某些电缆单独布槽、布管，以消除电子元器件信号在传输线路中的干扰。

2) 不同类型的电缆托盘均要接地。避免电信号回路与强电回路共用接地线。

3) 仪表内、仪表间的软接线应将强电和弱电分开，强、弱电端子分开布置。

4) 电子设备与强电设备保持一定距离。大功率元件、高频元件与一般元件妥善隔离，或将干扰源、载扰线路、易受干扰的设备或线路用金属板或金属网包围起来，以降低辐射干扰的传播。屏蔽金属板、网或机柜需良好接地。

5) 信号远传应注意在两端加装隔离器件，以免干扰信号从线路中途引入，对两端设备造成影响。

6) 现场宜采用带盖板的金属电缆桥架和电缆槽，并用两端可靠接地的方法，来实现利用金属走线槽或穿金属管作为第二屏蔽层的作用。

7) 现场仪表（变送器、执行器等）按要求加装金属防护罩，并要求做到可靠接地，附近无接地设施的应敷设接地电缆或接地扁铁与主接地相连。

(3) 电缆屏蔽层可靠接地。在热工控制系统中，干扰信号虽然与雷电、电源、接地电位、电缆等有关，但主要来源于电缆。电缆不但向空间辐射电磁噪声，也敏感地接收来自邻近干扰源所发射的电磁噪声，因此电缆既是干扰信号的主要发射器，又是主要的接收器。为此在电厂控制系统中广泛采用屏蔽电缆作为抑制干扰的重要措施，但在不同的区域、不同的电厂取得的效果不一样，电气专业与热工专业的规程对接地方式要求也不一样。对电气自动装置和继电保护回路来说，由于其输入回路或输出回路都有一端处于开关场的高压或超高压环境中，暂态过电压，电磁感应干扰是主要矛盾，且电缆芯所在回路为强电回路，因而屏蔽层电流产生的低频干扰信号影响较小，故电气专业规程对继电保护和自动装置规定屏蔽层宜在两端接地；对于热工专业，因设备比较分散，就地设备处的屏蔽层都要接到全厂公用地困难较大，且仪表及控制系统信号绝大多数是低频信号，电缆芯线所在回路为弱电回路，更多的是低频干扰，电磁感应干扰比较而言矛盾不突出，而厂房内热工系统范围内通常没有设置等电位接地带，当不能实现等电位接地时，两点接地产生的屏蔽层电流会对芯线产生干扰而有可能使控制系统误动。为保证热工信号不受地电位不一致导致的干扰电压的影响，故热工专业规程规定除非 DCS 厂家有特殊要求，所有进入 DCS 的信号均应采用单点接地的方式，这样屏蔽层电压为零，可显著减少静电感应电压；避免形成接地回路，有利于消除低频干扰。在安装检修工作结束前，应检查确认所有的信号线有良好的绝缘，防止漏电阻引入干扰；电缆屏蔽层接地全程连续可靠，断开电缆屏蔽线与接地线的连接，测量其与地线间的电阻应大于 1MΩ。

（4）正确和可靠接地。DCS 与动力设备之间的接地方式一般有三种（见图 2-233）：单独接地、公共接地和共通接地。以采用单独接地的方式最好，如若无法满足单独接地的条件，也可采用公共接地，但是不允许采用共通接地的方式。尤其要避免 DCS 与电动机、变压器、变频调速器、压缩机等设备共通接地。

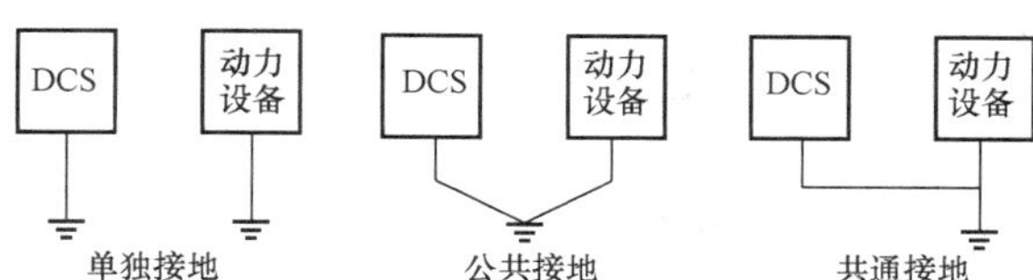

图 2-233　DCS 系统与动力设备之间的接地方法示意

3. 防干扰措施验收

安装结束后，按表 2-103 热控保护、屏蔽、信号接地线安装表要求，施工人员进行自查，质量人员进行验收。

表 2-103　　热控保护、屏蔽、信号接地线安装验收

工序	检验项目	性质	单位	质量标准	检验方法和器具
控制系统接地线面积	地线汇集板		mm	600×200×20 的铜板	核对
	地线汇集板和地网地极间		mm^2	接地线截面积不小于 50	
	系统内不同性质的中心接地点至地线汇集板		mm^2	接地线截面积不小于 25	
	机柜间链式接地		mm^2	接地线截面积不小于 16	
	机柜内间接地		mm^2	导线连接截面积不小于 4	
接地连接	地线汇集板和地网地极间连接			低压绝缘动力电缆；线鼻子压接后，用带弹簧垫的螺栓连接或焊接	螺栓连接用扳手检查，焊接的观察检查
	独立接地的连接			控制装置及机柜不与接地网连接时，其外壳应与柜基础底座绝缘	断开接地点，万用表检查
	光缆连接			光缆的金属接头、金属挡潮层、金属加强芯在入户处直接接地	检查
	远程控制柜或 I/O 柜			就近独立接入电气接地网	
	系统接地电阻		Ω	连接电气接地网时不大于 0.5，独立接地网时不大于 2	专用接地测量仪器测量
保护接地	控制盘柜			型号规格符合设计要求和 CECS81 的有关规定，连接保护接地网牢固可靠，无串接地情况	扳手检查
	接线盒				扳手或螺丝刀检查
	电线管				检查
	电缆架				
	设备安装底座				
	串接部位			焊接金属跨接线	扳手或螺丝刀检查
	其他			与人体有可能接触到的带电设备的裸露金属部件，保护接地完好	核对

续表

工序	检验项目	性质	单位	质量标准	检验方法和器具
信号接地	与公共接地连接			牢固、紧密	核对
	接线方式			符合设计	
信号电缆屏蔽接地	屏蔽层接地方式	主控		符合设计要求，通常总屏蔽层及对绞屏蔽层均一点接地	万用表测量
	屏蔽层接地位置			信号源浮空时在控制系统侧接地，信号源接地时靠近信号源接地，放大器浮空时屏蔽层一端与屏蔽罩相连，另一端接共模地	检查
	接地线连接	主控		全程电气连续性完好	
	接地的传感器及管线			不直接与发电机、励磁机的轴承座接触	
	地线与地极连接			焊接点无断裂、虚焊、腐蚀	
	所有接地连接			牢固、接触良好，连接处无松动	

（三）接地

接地好比控制系统的一根安全带。虽然不接地控制系统也能够工作，但这就像高空作业时没有系上安全带一样，虽然正常工作时安全带没有任何作用，可一旦操作人员失足，没有安全带生命就可能完结。因此合理、可靠的系统接地，对DCS可靠运行非常重要。当接地系统出现问题时（接地电阻过大，多点接地，接地线断线或接地线与高电压、大电流设备相接触等），会造成人员的触电伤害及设备的损坏，出现“死机”或测量与控制信号异常突变等原因不明的故障。因此为了保证DCS的监测控制精度和安全、可靠运行，必须确保接地系统可靠，热工专业应充分了解控制系统接地分类和目的，对控制系统接地方式、接地要求、信号屏蔽、接地线截面选择、接地极设计、接地箱布置等方面，进行认真设计和统筹考虑。

1. 接地的目的和分类

接地的作用可以分为两种：一是保持设备与地同电位，保证当进入DCS的信号、供电电源或DCS设备自身出现问题时，能迅速将过载电流导入大地，以保护人员和设备不受伤害；二是为DCS提供屏蔽层，确保整个控制系统的一个公共信号参考点（即参考零电位），以抑制干扰，提高DCS及与之相连仪表的测量可靠性。前者称为保护接地（交流接地），后者称为工作接地（直流接地）。具体到DCS而言，其主要作用是：

（1）保护接地。保护接地也称为交流接地，包括防雷接地和机壳安全接地。

1）防雷接地是受到雷电袭击时，为防止造成损害的接地系统。常有信号（弱电）防雷地和电源（强电）防雷地之分，区别不仅仅是要求接地电阻不同，而且在工程实践中信号防雷地常附在信号独立地上，和电源防雷地分开建设。

2）机壳安全接地是将系统中平时不带电的金属部分（机柜外壳、操作台外壳等）与地之间形成良好的导电连接，以保护设备和人身安全。因为系统是强电供电（220V或110V），通常情况下机壳等是不带电的，当故障发生（如主机电源故障或其他故障）造成电源的供电火线与外壳等导电金属部件短路时，这些金属部件或外壳就形成了带电体。如果没有很好的接地，则带电体和地之间就有很高的电位差，人不小心触到这些带电体，就会通过人身形成通路，产生危险。因此，必须将金属外壳和地之间作很好的连接，使机壳和地等电位。此外，保护接地还可以防止静电的积聚。

（2）工作接地。热工自动化系统处在强电、磁场环境下工作，现场有很多信号同时进入控制系统，由于电、磁场的作用，会造成线路上的干扰，为保障设备的正常运行，热工自动化系统设置了工作接地，也称为直流接地，包括：

1）机器逻辑接地：也称主机电源地，是计算机内部的逻辑电平负端公共地，也是＋5V等电源的输出地。如控制器的正负 5V、正负 12V 的负端，通常连接公共接地极。

2）信号回路接地：如各变送器的负端接地、开关量信号的负端接地，用以抑制干扰信号等。

3）电缆屏蔽接地：也称模拟地（AG），测量与控制电缆屏蔽层的接地，用以抑制现场信号传输中的干扰信号。

4）本安接地：是本安仪表或安全栅的接地。这种接地除抑制干扰外，还有使仪表和系统具有本质安全性质的措施之一。

除上述几种接地外，在很多场合下容易引起混乱的还有一个供电系统地，也称交流电源工作地，它是电力系统中为了运行需要而设的接地（如中性点接地）。

2. 接地要求和方法

上述的各种接地各有不同要求，虽然目前大多数热控系统强调一点接地，接地电阻必须小于 1Ω 等，但具体内容上差别很大。

（1）防雷措施。

1）雷电多发区应选择合理的位置，安装防浪涌保护器，室外变送器应有耐瞬变电压保护功能，或增装防雷击压敏感电阻，并确保电缆护套软管与护套铁管连接可靠。

2）金属导体、电缆屏蔽层及金属线槽（架）等进入机房时均采用等电位连接。保护信号的屏蔽电缆应在屏蔽层两端及雷电防护区交界处做等电位连接并接地。

3）通信光缆的所有金属接头、金属挡潮层、金属加强芯等，在入户处直接接地。

4）电子室内信号浪涌保护器的接地端宜采用截面积不小于 1.5mm^2 的多股绝缘铜导线，单点连接至电子室局部等电位接地端子板上；电子室内的安全保护地、信号工作地、屏蔽接地、防静电接地和浪涌保护器接地等，均连接到局部等电位接地端子板上。

5）进、出主厂房的测量与控制信号电缆，须采用金属屏蔽层电缆且穿钢管埋地敷设。电缆金属屏蔽层宜做等电位连接接地，钢管至少两端接地。信号电缆内芯线的相应端口，安装适配的信号线路浪涌保护器，其接地端及电缆备用芯线均可靠接地。

6）信号线路浪涌保护器连接在被保护设备的信号端口上，其输出端与被保护设备的端口相连，其接地端采用截面积不小于 2.5mm^2 的铜芯导线与相应的等电位接地端子板连接。

（2）供电系统地。在电厂内有一个很大的地线网，而通常供电系统的地是与地线网连在一起的。有的厂家强调 DCS 的所有接地必须和供电系统地以及其他地（如避雷地）严格分开，而且之间至少应保持 15m 以上的距离。从抑制干扰的角度来看，将供电系统地和控制系统的所有地分开是很有好处的，但从工程角度来看，在有些场合下单设控制系统地并保证其与供电系统地隔开一定距离是很困难的，这时可以考虑将控制系统的地和供电地共用一个。

（3）控制系统接地。符合规程或制造厂和CECS81的有关要求。其中与楼层钢筋可直接连通的DCS机柜，其安装底座应与楼层钢筋焊接良好，同时DCS机柜通过导线连接至接地点。与楼层钢筋不可直接连通的DCS机柜，应保持与安装金属底座的绝缘，固定机柜间接地电缆的线芯面积不小于6mm^{2}的垫片，螺栓等紧固无松动、锈蚀。然后将所有机柜的接地通过星形连接方式汇接到DCS的总接地铜牌上。总接地铜牌到DCS专用接地网（或厂级接地网）之间的连接需采用多芯铜制电缆，其导线截面积应满足厂家要求，两端采用焊接的方式连接，若接入厂级接地网，在DCS厂家提供的范围内不得有高电压强电流设备的安全接地和保护接地点。接地焊缝平整、无裂纹；搭接长度为2倍扁钢宽或6倍圆钢直径；隐蔽处接地附图且尺寸标注正确、清楚；除制造厂有明确规定外，整个控制系统内各种不同性质的接地，均应各自通过电缆连接电缆隔层接地柜，经绝缘电缆或绝缘线引至总接地板，以保证“一点接地”。柜内各种接地以独立接地。

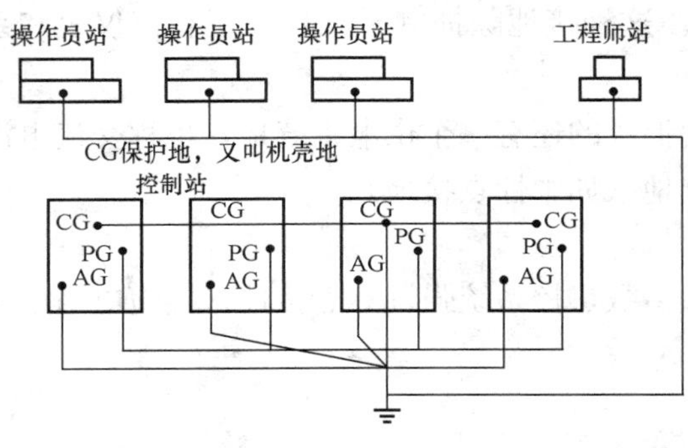

图 2-234　一种DCS接地图

CG（Cabinct Groxzrxling）—保护地，又称机壳地；
PG（Powcr Grounding）—电源地，又称逻辑地；
AG（Anaicg Grounxding）—模拟地，又称屏蔽地

控制系统本身是由多台设备组成的，除了控制站以外，还包括很多外设，而且数据也往往不止一台，这就涉及多台设备和多种接地的问题。此外，一般系统的供电是各站（控制站，操作站等）用专门一条线单独供电，即彼此之间不相互供电。图2-234是一种DCS接地图。

（4）保护地。热控系统中的机柜、金属接线盒、汇线槽、导线穿管、铠装电缆的铠装层、用电仪表和设备外壳、配电盘等均设计有一个保护接地，该保护一般在机柜和其他设备设计加工时就已在内部接好，有的系统中已将该保护地在内部同电源进线的保护地（三芯插头的中间头）连在一起，有的不允许将保护地同该线相连。在安装前须仔细阅读厂家提供的接地安装说明，无论哪种方式，CG必须将一台设备（控制站、操作员站等）上所有的外设或系统的CG连在一起，然后用较粗的绝缘铜导线将各站的CG连在一起，最后从一点上与大地接地系统相连。还有一点须注意的是，同一系统的所有外设必须从一条供电线上供电，而且一台设备［如操作员站位所连接的所有外设和主机系统（计算机、打印机、拷贝机主机系统）］的电源必须从设备的供电分配器上取电，而不允许从其他地方取电，否则可能会烧坏接口甚至设备。对于不得不用长线连接的场合，或用较粗导线提供供电，或采取通信隔离措施。各站的CG在连接时可以采用辐射连接法或采用串行接法。电源逻辑地如图2-234所示，首先，各站内的逻辑地必须位于一点PG，然后，粗绝缘导线以辐射状接到一点上，最后接到大地接地线上。在有些系统中，所有的输入、输出均是隔离的，这样其内部逻辑地就是一个独立的单元，与其他部分没有电气连接，这种系统中往往不需要PG接地，而是保持内部浮空。

(5) 模拟地。随着机组容量增大和控制系统采用屏蔽电缆的增多，屏蔽层正确接地已成为抗干扰的重要环节。AG是所有的接地中要求最高的一种。各控制系统控制机柜中均应设有独立的AG。多数控制系统提出AG一点接地，而且接地电阻小于1Ω。DCS设计和制造中，在机柜内部都安置了AG汇流排或其他设施。在接线时将屏蔽线分别接到AG汇流排上，在机柜底部，用绝缘的铜辫连到一点，然后将各机柜的汇流点再用绝缘的铜辫或铜条以辐射状连到接地点。现在大型机组基本采用接地柜。大多数的DCS要求，不仅各机柜AG对地电阻小于1Ω，而且各机柜之间的电阻也要小于1Ω。

除非制造商有特殊要求，否则控制与测量信号电缆的总屏蔽层及对绞线屏蔽层，均不宜作为信号地线。在制造厂无特殊要求的情况下，同一信号回路或同一线路的屏蔽层应接至信号源的公共端，并保持良好的单端接地。对于芯线带屏蔽或对绞屏蔽且有总屏蔽的电缆，每个分屏蔽与总屏蔽接在一起后再接地。

铠装电缆的金属铠不应作为屏蔽保护接地，接入公共接地极的必须是铜丝网或镀铝屏蔽层。

具有单点接地要求的信号电缆屏蔽层接地方式：当信号源浮空时，屏蔽层应在控制系统侧接信号地；当信号源接地时，屏蔽层应在信号源侧接地。

有单点接地要求时，信号屏蔽层具有全线路电气连续性。检查接线盒或中间端子柜的屏蔽电缆接线，当有分开或合并时，其两端的屏蔽线通过端子可靠连接。

接地的传感器及管线，与发电机、励磁机的轴承座间，应设计有防止直接接触的措施。

光缆的金属接头、金属挡潮层、金属加强芯，应设计在入户处直接接地。

对有“一点接地”要求的控制系统，拆除电缆屏蔽线与接地间的连接，测量屏蔽电缆屏蔽线与地间的绝缘电阻，应不小于线路绝缘电阻允许值。

(6) 信号地的处理。原则上不允许各变送器和其他的传感器在现场端接地，而都应将其负端在DCS端子处一点接地即可。但在有些场合，现场端必须接地的，必须注意原信号的输入端子绝对不允许和控制系统的接地线有任何电气连接，而控制系统在处理这类信号时，必须在前端采用有效的隔离措施。

(7) 安全栅的接地。图2-235所示的是安全栅接地原理图。从图中可以看出有三个接地点：B、E、D，通常B和E两点都在控制系统这一侧，可以连在一起，形成一点接地。而D点是变送器外壳在现场的接地，若现场和控制室两接地点间有电位差存在，那么，D点和E点的电位就不同了。假设以E作为参考点，D点出现10V的电势，此时，A点和E点的电位仍为24V，那么A和D间就可能有34V的电位差，已超过安全极限电位差。但齐纳管不会被击穿，因为A和E间的电位差没变，因而起不到保护作用。这时如果现场的信号线碰到外壳上，则可能引起火花，并会点燃周围的可燃性气体，这样的系统也就不具备本安性能了。所以，在涉及安全栅的接地系统时，须保证D点和B（E）点的电位近似相等。在具体安装中可以用以下方法解决此问题：一种是用一根较粗的导线将D点与B点连接起来，来保证D点与B点的电位比较接近；另一种就是利用统一的接地网，将它们

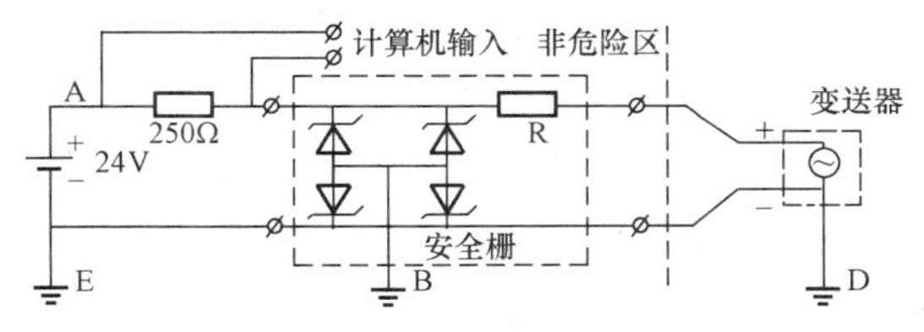

图2-235 安全栅接地原理图

分别接到接地网上，这样，如果接地网的本身电阻很小，并用较好的连接，就能保证D点和B点的电位近似相等。但注意，此接地一定不要与上面几种接地发生冲突。

以上讨论了几种接地的方法和注意事项。在不同的系统中，对这几种接地的组态要求不同，但大多数系统对AG的接地电阻一般要求1Ω以下，而安全栅的接地电阻应小于4Ω，最好小于1Ω，PG和CG的接地电阻应小于4Ω。

机柜内屏蔽电缆的屏蔽层接地。机柜内接线端子的接地线，应成闭合回路。

(8) 配UPS的电源系统接地。由于UPS交流输入端、输出端中的接地线已连在一起，且与外壳相连，因此在配线时注意：UPS输入端的接地线单独与供电系统电气地相连，无电气地时，应在交流电源进线处就近接地，不要引到DCS中；UPS交流输出端只引出相线和零线与控制站或操作站开关电源相连；UPS外壳不能与控制站或操作站外壳相连或碰在一起。

(9) 控制系统接地网的连接。目前大多数DCS一般的做法是将所有机柜的接地通过星形连接方式汇接起来，或通过不同电缆引入电缆隔层接地箱铜牌，再单独用绝缘铜缆引入接地网，两端采用焊接的方式连接。就铜缆引入的接地点来说，接地可分为控制系统专用接地网或厂级接地网两种：

1) 控制系统专用接地网，即通过打入接地桩，为控制系统专门设置一接地网，与控制系统有关的接地直接引到该接地网上。这种做法早期的DCS应用较多，其优点是专用地的地电位较稳定，不易受大电气设备地电位波动的影响。主要缺点是：需要一远离高压设备的纯净专用地，但在电厂主厂房内难以找到；由于电缆敷设的原因也难以保证控制系统的单点接地要求，加上控制系统的安全地与逻辑地不同地，设备过电压时两个地间会有电位差，可能引起控制系统机柜与控制系统模件间放电，而导致控制系统损坏。

2) 控制系统厂级接地网，即不单独为控制系统专门设置接地网，而以厂级接地网的某一点作为控制系统的接地点。共用地的优点是可以避免多点接地，简单易行，这是目前应用比较多的接地方法。但其也有缺点，即易受动力设备接地附近地电位波动的影响，为此安装时要求共用地的控制系统接地点应与大电气设备接地点有一定距离，并在该范围内不得有高电压强电流设备的安全接地和保护接地点。

鉴于共用地与专用地存在优、缺点，人们又设计了介于两者间的接地方法，即在现场单独埋入一块铜板作控制系统专用接地网（与其他接地极相距10m以上），然后再将专用接地网与电气地网连接起来，这样不但可以避免多点接地，又减小了动力设备接地点地电位波动的影响。这里专用接地网与电气地的连接有两种方式，一是用铜板永久性连接，使两地之间电位动态相等；二是用避雷器相连，以便使两地在过电压工况下暂时相连，瞬时保证两地电位相等。

3. 接地材料的选型

接地材料是接地的工作主体，材料的选择很重要。广泛使用的接地工程材料有各种金属材料（最常用的如扁钢）、接地体、降阻剂和离子接地系统等。金属材料如扁钢，也常用铜材替代，主要用于接地环的建设，这是大多接地工程都选用的；接地体有金属接地体（角钢、铜棒和铜板），这类接地体寿命较短，接地电阻上升快，地网改造频繁（有的地区每年都需要改造），维护费用比较高，但是从传统金属接地极（体）中派生出特殊结构的接地体（带电解质材料），使用效果比较好，一般称为离子（或中空）接地系统；另外是非金属接地体，使用比较方便，几乎没有寿命的约束，各方面比较受到认可。机柜内接地线必须用绝缘铜芯线（线芯面积不小于 4mm）直接与公共地线连接。

4. 接地电阻测试指标

（1）若制造厂无特殊要求，热控系统接地电阻（包括接地引线电阻在内），采用独立接地网时不大于 2Ω，连接电气接地网时不大于 0.5Ω。

（2）每个机柜的交流地与直流地之间的电阻应小于 0.1Ω。

（3）断开每个机柜接地线与外界的连线，用万用表检查柜内信号地和保护地相互间、与地间、与机柜间的接地电阻，任意两者之间电阻应大于 2MΩ。

（4）进行单端接地情况抽测，断开电缆屏蔽线与接地间的连接，测量屏蔽电缆屏蔽线与地间的绝缘电阻，应大于线路绝缘电阻允许值（2MΩ）。

5. 热控专用接地装置安装验收

安装结束后，按表 2-104 热控专用接地装置安装表格要求，施工人员进行自查，质量人员进行验收。

表 2-104　　热控专用接地装置安装表

<table>
<tr><th>工序</th><th colspan="3">检验项目</th><th>性质</th><th>单位</th><th>质量标准</th><th>检验方法和器具</th></tr>
<tr><td rowspan="9">接地极及接地母线安装</td><td colspan="3">材质</td><td></td><td></td><td>符合设计</td><td rowspan="3">核对</td></tr>
<tr><td colspan="3">规格、尺寸</td><td></td><td></td><td>符合设计</td></tr>
<tr><td colspan="3">埋入深度</td><td>主控</td><td></td><td>符合设计</td></tr>
<tr><td colspan="3">接地极范围</td><td></td><td></td><td>范围内不得有高电压强电流设备安全接地和保护接地点</td><td rowspan="2">观察</td></tr>
<tr><td rowspan="3">焊接</td><td colspan="2">外观</td><td></td><td></td><td>焊缝平整、无裂纹</td></tr>
<tr><td rowspan="2">搭接长度</td><td>扁钢</td><td></td><td></td><td>2 倍宽</td><td rowspan="2">用尺测量</td></tr>
<tr><td>圆钢</td><td></td><td></td><td>6 倍直径</td></tr>
<tr><td colspan="3">隐蔽工程记录</td><td></td><td></td><td>附图清楚，尺寸标注正确、清楚</td><td>检查</td></tr>
<tr><td colspan="3">接地极电阻</td><td>主控</td><td>Ω</td><td>符合设计</td><td>接地电阻专用表测量</td></tr>
<tr><td rowspan="2">安装</td><td colspan="2" rowspan="2">防浪涌保护器</td><td>配置</td><td></td><td></td><td>按设计要求</td><td>核对设计</td></tr>
<tr><td>接地</td><td></td><td></td><td>符合规范要求</td><td>检查</td></tr>
</table>

二、防护

（一）防护总体要求

1. 环境

环境条件是保证 DCS 能够长期正常运转的前提，环境温度过高、灰尘太大，容易造成工控机硬盘损坏，引成 DPU、I/O 模件的电子元件出现故障或缩短电子设备的使用寿命；环境湿度不正常，产生的静电可能造成 DPU 死机或电子元件烧损，或因操作人员不注意使静电放电造成插头故障而影响工艺操作。因此，要严格控制电子设备间的环境条件，注意做好消防、空调、通风及照明等工作。尤其是通风和空调，由于 DCS 温度和湿度要求严格，因此应保证空调系统的正常运行，中央空调出风口不能正对机柜或 DCS 其他电子设备，以免冷凝水渗透到设备内造成危害；同时，电子模件决不允许有粉尘进入，所以要求电子间需一直保持环境清洁和滤网干净，注意除湿和调整好温度。DCS所在电子间的温度、湿度及洁净度要求一般是：

（1）温度要求：夏季（23±2)℃，冬季（20±2)℃，温度变化率小于5℃/h。

（2）相对湿度：45%～60%。

（3）洁净度要求：尘埃粒度不小于0.5μm，平均尘埃浓度不大于3500粒/L。

电子间内应安装监视室内温度和湿度的仪表，以便实时监控DCS的工作环境。

2. 控制设备外壳防护等级

外壳防护等级（IP代码）是将产品依其防尘、防止固体异物侵入、防水、防湿气的特性加以分级。所指的固体异物包含工具、人的手指等均不可接触到灯具内的带电部分，以免触电。它一般是由两个数字所组成，如IPXX，第一个数字表示产品防尘、防止固体异物侵入的等级；第二个数字表示产品防湿气、防水侵入的密闭程度。数字越大，表示其防护等级越高。外壳防护等级IP代码的组成及含义见表2-105。

表2-105　　外壳防护等级IP代码的组成及含义

组成	代码	对设备防护的含义	对人员防护的含义
代码字母	IP		
第一位特征数字		防止进入	防止接近危险部件
	0	无防护	无防护
	1	≥ϕ50	手背
	2	≥ϕ12.5	手指
	3	≥ϕ2.5	工具
	4	≥ϕ0.1	金属线
	5	防止有害的粉尘堆积	金属线
	6	完全防止粉尘进入	金属线
第二位特征数字		防止进水造成有害影响	
	0	无防护	
	1	垂直滴水到外壳无影响	
	2	外壳倾斜15°时，滴水到外壳无影响	
	3	水或雨水从60°角落到外壳上无影响	
	4	液体由任何方向泼到外壳无伤害影响	
	5	用水冲洗无任何伤害	
	6	猛烈喷水	
	7	可于短时间内浸水（1m）	
	8	于一定压力下长时间连续浸水	
附加字母（可选译）			防止接近危险部件
	A		手背
	B		手指
	C		工具
	D		金属线

续表

组成	代码	对设备防护的含义	对人员防护的含义
补充字母（可选译）		专门补充的信息	
	H	高压设备	
	M	做防水试验时试样运行	
	S	做防水试验时试样静止	
	W	气候条件	

注 无特征数字，可用“X”代替。

（二）防护具体要求

1. 防爆

电厂中存在爆燃的三要素为可燃物、点燃源和氧化剂。其中可燃物有氢气、乙炔、CO、SO^2、各类硫氢化合物、轻柴油、煤粉等各种易燃易爆化学物质；点燃源有来自外部的明火、电弧、高温表面、机械撞击、设备正常运行或故障状态下可能出现的火花或相邻的热载体及来自设备内部微小的放热反应产生的热量。氧化剂则是无处不在的空气中存在的氧气。如施工过程不加以注意，很可能留下导致爆燃或爆炸的隐患，甚至直接引起爆燃和爆炸。如燃油泵房内设备或接线盒的电缆引入口中的橡胶密封圈，是一个保持产品防爆性能的重要部件，但这个部件在使用中往往不被人们重视，未能对其做到正确的选型与安装，有的原密封圈丢失后选用的尺寸和材质不符合标准要求，有的安装时未将其压紧，有的安装后干脆不用密封圈，结果外部气体可以畅通无阻地进入接线盒。一旦接线盒内的接线连接处因接触不良出现火花时，就可能点燃空腔内的可燃性气体引起爆炸。因此在具有可燃物的场所进行热工设备安装时，必须采取安全技术与管理的防范措施，防止爆炸危险性环境形成及事件的发生。

长期以来，我国涉及防爆电气安全的国家标准，主要是国标 GB 3836 系列为主的制造检验标准和防爆电气产品标准。这些标准的实施主体是产品制造企业和防爆电气产品质检机构。但是防爆电气产品在危险场所使用能否确保防爆安全，不仅有赖于设计制造和检验部门提供高防爆安全性的产品，而且有赖于产品用户部门的安全使用。

（1）防爆基础知识。

1）危险场所的界定。根据国家标准 GB 3836.14—2000《爆炸性气体环境用电气设备 第 14 部分：然险场所分类》和 GB 12476.1—2013《可燃性粉尘环境用电气设备 第 1 部分：通用要求》标准中的规定，将危险场中的物质环境，按存在的物态不同划分为爆炸性气体环境和可燃性粉尘环境；按场所中危险物质存在时间长短，将两类不同物态下的危险场所划分为三个区，其中：

① 爆炸性气体环境的三个区分别为：

0 区：爆炸性气体环境连续出现或长时间存在的场所；

1 区：在正常运行时可能出现爆炸性气体环境的场所；

2 区：在正常运行时不可能出现爆炸性气体环境，如果出现也是偶尔发生并且仅是短时间存在的场所。

0 区一般只存在于密闭的容器、缸罐等内部气体空间，在实际现场 1 区也很少涉及，大多数情况属于 2 区。

② 可燃性粉尘环境分为：

20 区：在正常运行过程中可燃性粉尘连续出现或经常出现，其数量足以形成可燃性粉尘与空气混合物和/或可能形成无法控制和极厚粉尘层的场所及容器内部。

21 区：在正常运行过程中，可能出现粉尘数量足以形成可燃性粉尘与空气混合物但未划入 20 区的场所。该区域包括与充入或排放粉尘点直接相邻的场所、出现粉尘和正常操作情况下可能产生可燃浓度的可燃性粉尘与空气混合物的场所。

22 区：指在异常条件下，可燃性粉尘云偶尔出现并且只是短时间存在、或可燃性粉尘偶尔出现堆积或可能存在粉尘层并且产生可燃性粉尘空气混合物的场所。如果不能保证排除可燃性粉尘堆积或粉尘层时，则应划分为 21 区。

2）设备基本防爆类型与温度等级划分。按国家标准 GB 3836.14 的规定，设备的基本防爆类型见表 2-106；爆炸性气体混合物引燃温度分组如表 2-107。

表 2-106　　设备的基本防爆类型

防爆电气设备类型	标志	定义描述	适用区域
隔爆电气设备	d	隔爆型防爆形式是将设备可能点燃爆炸性气体混合物的部件全部封闭在一个外壳内，其外壳控制系统能够承受通过外壳任何接合面或结构间隙，渗透到外壳内部的可燃性混合物在内部爆炸而不损坏，并且不会引起外部由一种、多种气体或蒸气形成的爆炸性环境的点燃。按其允许使用爆炸性气体环境的种类分为Ⅰ类和ⅡA、ⅡB、ⅡC类	1、2 区域
本质安全型电气设备	i	本质安全型防爆形式是在设备内部的所有电路都是由在标准规定条件（包括正常工作和规定控制系统的故障条件）下，产生的任何电火花或任何热效应均不能点燃规定的爆炸性气体环境的本质安全电路。该防爆形式只能应用于弱电设备。 说明： 本质安全通常指某个系统，而不是指某一个设备。本质安全的关联设备指内部装有本质安全电路和非本质安全电路，且结构使非本质安全电路不能对本质安全电路产生不利影响的电气设备	0、1、2 区（Ex ia）或 1、2 区（Ex ib）
增安型电气设备	e	增安型防爆形式是一种对在正常运行条件下不会产生电弧、火花的电气设备采取一些附加措施以提高其安全程度，防止其内部和外部部件可能出现危险温度、电弧和火花可能性的防爆形式。它不包括在正常运行情况下产生火花或电弧的设备	主要用于 2 区，部分种类可用于 1 区
浇封型电气设备	m	浇封型防爆形式是将可能产生引起爆炸性混合物爆炸的火花、电弧或危险温度部分的电气部件控制系统，浇封在浇封剂（复合物）中，使它不能点燃周围爆炸性混合物	1、2 区
气密型电气设备	h	该类防爆设备形式采用气密外壳，即环境中的爆炸性气体混合物不能进入设备外壳内部。气密控制系统外壳采用熔化、挤压或胶粘的方法进行密封，这种外壳多半是不可拆卸的，以保证永久气控制系统	1、2 区

续表

防爆电气设备类型	标志	定义描述	适用区域
充砂型电气设备	q	充砂型防爆形式是一种在外壳内充填砂粒或其他规定特性的粉末材料，使之在规定的使用控制系统条件下，壳内产生的电弧或高温均不能点燃周围爆炸性气体环境的电气设备保护形式	1、2区
正压型电气设备	p	该防爆设备是电气设备的一种防爆形式。它是一种通过保持设备外壳内部保护气体的压力高于周围爆炸性控制系统环境压力的措施来达到安全的电气设备	1、2区
充油型电气设备	o	油浸型防爆形式是将整个设备或设备的部件浸在油内（保护液），使之不能点燃油面以上或外控制系统壳外面的爆炸性气体环境	1、2区
无火花型电气设备	n	该类型电气设备在正常运行时，不能够点燃周围的爆炸性气体环境，发生引起点控制系统燃的故障的可能性也不大	2区
特殊型电气设备	s	指国家标准未包括的防爆类形式，该形式暂由主管部门制定暂行规定，并经指定的防爆检测系统验单位检验认可，且具有防爆性能	

表 2-107　　爆炸性气体混合物引燃温度

电气设备的温度组别	气体蒸汽的引燃温度	电气设备最高表面温度	电气设备的温度组别	气体蒸汽的引燃温度	电气设备最高表面温度
T1	>450	450	T4	>135	135
T2	>300	300	T5	>100	100
T3	>200	200	T6	>85	85

3）安全栅基础。爆炸性危险场所使用的本安设备（除独立电源外），都必须外接一关联设备安全栅。安全栅是一种安全保护性组件，是具有限能作用的装置，接在本安与非本安电路之间，防止非本安电路产生的危险能量串入本安电路，确保本安电路的安全。安全栅一般安装在安全区，如安装在危险区则必须置于另一种防爆形式之中，通常是隔爆外壳。

① 齐纳式安全栅。齐纳式安全栅线路简单，使用的元器件少，成本低，体积小，性能可靠，所以被广泛使用。其电路工作原理图见图 2-236（其中 D1、D2 齐纳二极管用于交流电路时可选用双向稳压管）。

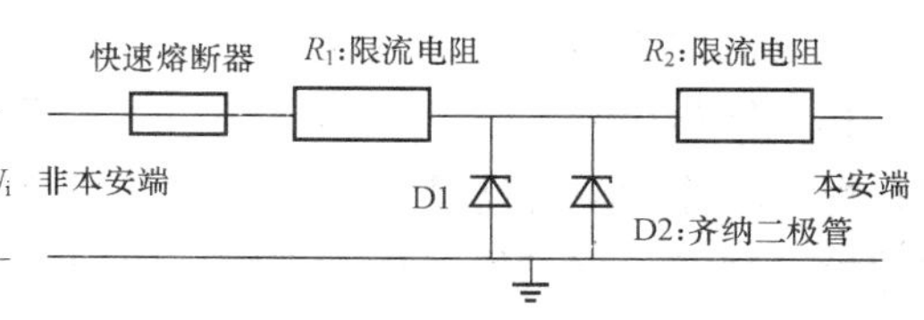

图 2-236　齐纳式安全栅电路工作原理图

正常工作时，非本安端所加电压低于齐纳二极管的齐纳电压，所以 D1、D2 处于不导通状态，不影响系统的正常工作。

当非本安端发生故障，所加电压高于齐纳二极管的齐纳电压时，D1、D2 处于导通状态，输出电压被限制在齐纳电压上，当输入电压过高，其电流急剧上升，雪崩过程将快速熔断器瞬时熔断（在同一电流作用下，熔断器的熔断时间小于齐纳管的击穿时间 1/10），保护了齐纳二极管，同时切断了电源，防止高电压串入爆炸性危险场所。当输出端短路时，限流电阻 R_2 将短路电流限制在安全范围内。

② 隔离式安全栅。隔离式安全栅是将电源、输入和输出信号完全隔离，再经限能装置

与危险场所的设备相连，保证了系统的本安防爆性能，增强了信号抗干扰能力，使现场设备工作更安全可靠。

（2）危险场所的热工设备电缆安装。危险场所热工设备与电缆的安装，应符合 GB 3836.15—2000《爆炸性气体环境用电气设备　第 15 部分：危险场所电气安装》的规定。

1）安装前检查。

① 核对准备安装的热工设备的主体部分明显处设置有标志“Ex”或“Ex＋防爆形式＋类别＋温度组别”。标志正确、清晰和耐久。铭牌应采用黄铜、青铜或不锈钢材料制成。标注项至少应有制造厂名称或注册商标、产品的名称及型号、防爆标志；出厂防爆合格证编号（防爆检验单位代号＋年代号＋编号）及防爆技术鉴定文件齐全、有效。

② 核对热工设备、电缆、接线盒、仪表附件和材料的型号规格符合设计，均满足防爆要求，外壳、接线柱、绝缘件无裂纹、损坏；防爆面及进线口密封良好、齐全；带电禁动的标志清楚、明显。

③ 检查确认防爆仪表及附件的安装周围环境，无滴水、淋水，通风无腐蚀性或含粉尘气体，便于检修。

④ 电缆及其附件的选型及设置应考虑机械损伤及化学腐蚀等的影响。

2）设备安装与管件连接。

① 电气设备安装与线路敷设在危险性较小的区域或距离危险源较远的地方，应避开有机械损伤、震动、腐蚀、粉尘积聚以及有危险温度的场所，否则应采取相应的防护措施。

② 设备安装时应与地平面垂直，最大倾斜角度不超过 15°；防静电接地与进线孔密封符合防爆要求，闲置孔眼密封无遗漏。金属外壳及配线管路金属附件应与金属机箱等构件组成等电位连接体。避免电气设备绝缘漏电使壳体电位局部升高引起邻近金属附件的电位差产生电火花。

③ 外壳上的衬垫，如防爆用应采用金属或金属包覆的可压缩不燃材料，防护用应采用橡胶或塑料的可压缩不燃材料。

④ 隔爆密封管件与设备间距不大于 0.45m，安装牢固，保护钢管之间及钢管与附件、钢管与电气设备引入装置间应采用螺纹连接，连接有效啮合的丝扣，DG25mm 以下时不少于 5 扣；DG32mm 以上时不少于 6 扣，锥管螺纹为 5 扣。紧固螺栓的防松措施可靠、无锈蚀；螺纹处涂导电性防锈油脂（铅油及磷化膏），具有良好的电气连续性；穿墙保护管内外间隙填充密实，保护管采用管卡固定牢固，管口封堵严密。

⑤ 当钢管中含有三根以上绝缘导线时，其绝缘导线总截面积不得超过钢管截面积的 40％。

3）电缆敷设。

① 在爆炸和火灾的危险环境中敷设电线和电缆时，应符合 GB 50257—2014《电气装置安装工程　爆炸和火灾危险环境电气装置施工及验收规范》有关规定，当采用穿管或封闭式电缆桥架或电缆沟敷设时，介质密度大于空气时敷设在高处，反之敷设在低处；当沿工艺介质管道敷设时，敷设在爆炸及火灾危险性小的一侧；当介质的密度大于空气密度时，敷设在工艺管道的上方，反之在其下方。

② 电气设备上未用的孔应用堵件封堵，并符合相应防爆形式的要求。当引入装置附近

的温度由于设备发热超过 70℃时，用户安装时应选用适合此温度的耐高温电缆或导线。

③ 明设塑料护套电缆，其敷设方式采用电缆槽板、托盘或桥架时，可采用非铠装电缆。爆炸危险环境中不准明敷绝缘导线，应用镀锌钢管布线。

④ 电缆的通道包括穿过金属管或电缆沟，应采取措施防止可燃气体、蒸气或液体从一种危险环境传播到另一种危险环境，在电缆沟内充沙或通风防止气体积聚。在 1、2 区与非危险环境之间的电缆通道，应填充阻燃堵料或加设防火隔墙分隔。

4）电气线路连接。

① 导线或电缆的最小铜芯截面积（本安系统除外）1 区为铜芯 2.5mm^2；2 区为铜芯 1.5mm^2。有振动处的设备连线，应采用多股软导线或电缆。导电芯线无毛刺，上紧接线螺母时不能压住绝缘材料；接线盒内的接地芯线必须比导电芯线长（即使导线被拉脱，接地芯线仍保持连接）、保持清洁、无杂物和导电线丝。绞线终端接头应用芯线套或定型端子压接，但不能采用单独锡焊连接方法。

② 危险环境中布线电缆不能有中间接头。当不可避免的中间接头位置在 1 区危险环境时，应在防爆盒内连接和分支；在 2 区危险环境时应采用压紧连接、防松螺钉连接、溶焊连接等方法，连接后再用热塑管或灌封接头进行密封。

③ 导线连接时不能采用压紧螺母直接压在导线上的接线方法，为防振动、发热、气候变化等原因引起松动，压紧接线的螺母下方必须有弹簧垫圈或采用双螺母锁紧，确保牢固可靠、接触良好。

5）接地。设置在危险场所的热工设备的金属外壳、金属机架、金属电线管及其配件、电缆、保护管、电缆的金属护套等非带电裸露部分均应采用 RV 绝缘铜芯线（额定电压为 500V，芯线截面为 2.5mm^{2}以上）与装置或系统的接地连接件连接在一起。连接件应有防松措施。接地线应分别接入接地干线，禁止串联连接。输送爆炸物质的金属管道，不得作为保护地线用。

6）安装注意事项。

① 防爆电气设备未使用的引入装置及通孔应用适合相关防爆形式的堵塞件进行堵封。

② 绝缘套管在接线中可能承受扭转力矩，安装应用扭力扳手施加力矩，要保证导电线和绝缘套管都不转动。

③ 防爆外壳上用的紧固件只能用工具开启的结构，禁止用元宝螺母的压紧结构。

④ 装有熔断器的防爆外壳应有联锁装置，保证电源断开后才能更换内部元件，并且外壳关闭后方能带电，或增设“严禁带电开盖”的警告牌。

⑤ 插接装置应有联锁机构：保证在带电情况下，插接装置不能断开；当断开时，插头本能断电。严禁未插入插座的插头带电。

⑥ 在危险场所的设备已有投入运行（或试用）的情况下，严禁工作人员携带火种和穿有钉子的鞋进入该区域，工作时应使用有色金属工具，禁止进行明火作业或可能产生火花的作业，如必须进行时，应检测需要工作环境中可燃性气体的浓度，以确认是否可工作。工作结束后不留火种。

（3）危险场所的电气线路安装验收。安装结束后，按表 2-108 热控防爆安装工程表格要求，施工人员进行自查，质量人员进行验收。

表 2-108　　热控防爆安装工程表

<table>
<tr><th>工序</th><th colspan="2">检验项目</th><th>性质</th><th>单位</th><th>质量标准</th><th>检验方法和器具</th></tr>
<tr><td rowspan="6">设备检查</td><td rowspan="4">外观</td><td>型号规格</td><td></td><td></td><td>符合设计</td><td>核对</td></tr>
<tr><td>铭牌及防爆特殊标志“EX”</td><td></td><td></td><td>正确、清晰</td><td rowspan="3">观察</td></tr>
<tr><td>外壳、接线柱、绝缘件</td><td></td><td></td><td>无裂纹、损坏</td></tr>
<tr><td>防爆面及进线口</td><td></td><td></td><td>密封良好、齐全</td></tr>
<tr><td colspan="2">出厂合格证及防爆鉴定文件</td><td></td><td></td><td>齐全、有效</td><td rowspan="2">核对</td></tr>
<tr><td colspan="2">附件</td><td></td><td></td><td>齐全</td></tr>
<tr><td rowspan="18">设备安装</td><td rowspan="5">防爆仪表及附件安装</td><td>周围环境</td><td></td><td></td><td>通风无腐蚀性或含粉尘气体，便于检修</td><td rowspan="3">观察</td></tr>
<tr><td>紧固螺栓防松措施</td><td></td><td></td><td>齐全，无松动、锈蚀</td></tr>
<tr><td>隔离密封</td><td></td><td></td><td>密实、完好，闲置孔均密封</td></tr>
<tr><td>接地连接</td><td></td><td></td><td>可靠、完好</td><td rowspan="3">观察</td></tr>
<tr><td>带电禁动的标志</td><td></td><td></td><td>清楚、明显</td></tr>
<tr><td rowspan="7">保护管与其他管件、设备的安装连接</td><td>连接检查</td><td></td><td></td><td>螺纹连接，且螺纹有效啮合丝扣不少于 6 扣，锁紧螺母紧锁，螺纹处涂导电性防锈油脂，具有良好的电气连续性</td></tr>
<tr><td>转动部件</td><td></td><td></td><td>均匀、无摩擦</td><td rowspan="2">观察</td></tr>
<tr><td>穿墙保护管</td><td>主控</td><td></td><td>内外间隙填充密实、完好</td></tr>
<tr><td>保护管固定</td><td></td><td></td><td>不允许焊接，管卡固定牢固</td><td>试动、观察</td></tr>
<tr><td>保护管管口封堵</td><td>主控</td><td></td><td>严密</td><td rowspan="2">观察</td></tr>
<tr><td>接线盒安装</td><td></td><td></td><td>防爆等级符合要求，安装牢固无松动，无锈蚀，进线孔密封完好</td></tr>
<tr><td>防静电接地</td><td></td><td></td><td>符合设计规定</td><td>万用表测试</td></tr>
<tr><td rowspan="4">防爆密封管件</td><td>材质</td><td></td><td></td><td>符合设计规定</td><td>核对</td></tr>
<tr><td>充填</td><td>主控</td><td></td><td>密实、完好</td><td>观察</td></tr>
<tr><td>与设备间距</td><td></td><td>m</td><td>≤0.45</td><td rowspan="2">用尺测量</td></tr>
<tr><td>金属软管长度</td><td></td><td>m</td><td>≤0.45</td></tr>
<tr><td rowspan="2">正压通风防爆装置</td><td>风管</td><td></td><td></td><td>畅通</td><td>试验观察</td></tr>
<tr><td>风压</td><td></td><td></td><td>符合设计规定</td><td>核对</td></tr>
</table>

续表

工序	检验项目		性质	单位	质量标准	检验方法和器具
电缆线路	爆炸场所电缆及接线	电缆			型号合适、无明显损坏	观察
		接线连接（压接或螺栓连接）			接线紧固，接触良好	试动观察
		屏蔽接地			一点接地，接线牢固	绝缘电阻表测试
	电缆敷设	易燃气体场所			密度大于空气时，电缆在高处架空敷设，且采用穿管或封闭式电缆桥架	观察
					密度小于空气时，电缆敷设在低处，用穿管或封闭式电缆桥架或电缆沟	
		沿一般介质管道			敷设在爆炸及火灾危险性小的一侧	
		电缆沿输送易燃气体或液体的管道敷设时			管道介质密度小于空气时电缆宜敷设在工艺管道下方	
		电缆固定			牢靠	

2．防火

（1）采用的难燃性、耐火材料产品，应适用于工程环境且具有耐久可靠性。

（2）电缆敷设在油箱、油管道、热管道以及其他容易引发电缆火灾的区域，应重点采取防火措施，如实施阻火分隔，宜采用难燃性或耐火性电缆。

（3）电缆夹层消防通道畅通；火灾报警及灭火装置符合设计，动作可靠。

（4）电缆通道分叉处、进入控制室下的电缆夹层处、控制室、电子设备室、盘、台、箱、柜等电缆进线孔、穿越沟（隧）道或楼板的竖井口内、隧道、墙壁、柜、盘等处的所有电缆、测量管路孔洞和盘面之间的缝隙，采用合格的不燃或阻燃材料封堵，防火措施符合规定。

（5）后备硬手操停炉和停机线路电缆应采用阻燃（A 级）电缆。

（6）电缆、电缆构筑物采取防火封堵分隔措施时，施工应满足 DL 5190.4—2012 中 8.1 的规定。

（7）对于两机一控的单元控制室下的电缆夹层，宜有隔墙将两机组的夹层隔开。

（8）电缆竖井在零米层与沟（遂）道的接口以及穿过各层楼板的竖井口，应采用防火枕或防火堵料进行阻火分隔。当电缆竖井的长度大于 7m 时，每隔 7m 应设置阻火分隔。

安装结束后，按表 2-109 热控防火阻燃安装工程表格要求，施工人员进行自查，质量人员进行验收。

表 2-109　　　　热控防火阻燃安装工程表

工序	检验项目		性质	单位	质量标准	检验方法和器具
材料检查	阻燃电缆				型号、质量符合设计和 GB/T 19666—2005 中相关规定，且有权威部门质量鉴定和出厂合格证书	对照设计图纸检查，检查技术或产品鉴定报告
	防火材料	型号、材质			符合设计规定，适用于工程环境且具有耐久可靠性。鉴定资料和产品合格证齐全	对照设计图纸，检查技术或产品鉴定报告
		电缆用封闭式防火槽盒及防火隔板			燃烧性能符合 GB 8624—2012 规定的 A 级或 B1 级要求	核对
		电缆防火涂料			符合设计	
		防火堵料和阻火包			符合设计	
防火设施与措施	电缆夹层	消防通道			畅通	观察检查
		火灾报警及灭火装置			符合设计，动作可行	核对，试验
	阻火隔墙	阻火隔墙设置	主控		按设计规定	对照图纸检查
		电缆通道的分叉处			防火包填实，无缝隙	观察检查
		电缆通道进入控制室下的电缆夹层处			防火包、矿棉块等软质防火堵料填实，无缝隙，进行阻火分隔	
		单元控制室下的电缆夹层			隔墙隔开机组间夹层	观察检查
	使用阻燃电缆场所	进入 DCS 信号电缆			符合设计规定	现场检查
		后备硬手操停炉和停机线路			符合设计规定	
		油箱、油管道、热管道			阻火分隔	现场检查
		其他易引发电缆火灾的区域			按设计规定（如汽机调门处电缆、火检电缆）	
孔洞封堵	盘、台、箱、柜	耐火衬板安装	主控		牢固	扳动检查
		防火堵料			牢固密实，无缝隙	观察检查
	穿墙楼板	防火包	主控		填实，无缝隙	观察检查
		防火堵料			密实，不透光亮	
		防火隔板安装			牢固，不透光亮	扳动并观察检查
	电缆竖井	在穿越沟（隧）道或楼板的竖井口内	主控		防火包或防火堵料填实	观察检查
		电缆竖井的长度大于 7m			每隔 7m 用防火包或防火堵料填实	
	电缆管口封堵严密，堵料凸起			mm	2～5	

3．防腐

水处理车间的仪表管和电缆不得敷设在地沟内，以免腐蚀。酸、碱室内不得安装除敏感元件外的仪表和电气设备。酸、碱处理场所电缆和仪表管应远离酸、碱贮存罐和酸、碱输送管道。控制柜、仪表接线盒应远离、背向酸、碱处理场所，且在空气流通的上游。

对有危险性介质的管路（如油、氢、瓦斯等），应涂与主系统相同颜色的面漆。油漆涂于物体表面，能形成一层具有一定理化性能的漆膜，可使物体表面与周围腐蚀介质隔绝，起到防腐作用。因此，碳钢管路、管路支架、电缆架、电缆槽、保护管、固定卡、设备底座以及需要防腐的结构，其外壁无防腐层时，均应涂防锈漆和面漆。涂漆应遵守下列规定：

（1）管路的面漆宜在严密性试验后涂刷。

（2）涂漆前应清除表面的铁锈、焊渣、毛刺及油、水等污物。

（3）涂漆宜在 5～40℃环境温度下进行。

（4）多层涂刷时，应在漆膜完全干燥后才能进行下道涂刷。

（5）涂层应均匀、无漏涂，漆膜附着应牢固，无剥落等现象。

（6）对有危险性介质的管路（如油、氢、瓦斯等）应涂与主系统相同颜色的面漆。

（7）测量管路冲管时导致高温的管路应涂刷高温漆。

（8）对于高温热表面（如测量蒸汽介质的脉冲管路在冲管时将承受高温），若需涂漆，可选用耐高温防腐涂料。

安装结束后，按表 2-110 热控防腐施工表格要求，施工人员进行自查，质量人员进行验收。

表 2-110　　热控防腐施工

工序	检验项目	性质	单位	质量标准	检验方法和器具
涂漆	需涂漆部位			符合设计要求	核对
	油漆性能、规格			符合设计要求，可能接触高温的管路应涂刷高温漆	
	涂层面积			符合设计要求	
	涂刷表面处理			无锈蚀、焊渣、毛刺及油、水等污物	观察
	仪表管路涂漆时间			系统试压后，且环境温度为 5～40℃下进行	
	漆层质量	主控		均匀、牢固、无漏涂和剥落现象，多层涂刷时应在漆膜完全干燥后再进行下道涂刷	
	漆层颜色			危险性介质的管路（如油、氢、瓦斯等）涂与主系统相同颜色的面漆	
其他防腐	化学水处理场所的电缆、仪表管			无安装在地沟附近情况	观察
	酸、碱处理场所电缆、仪表管			远离酸、碱贮存罐和酸、碱输送管道	
	电气设备及仪表			酸、碱室内不得安装除敏感元件外的仪表和电气设备	
	控制柜、仪表接线盒			远离、背向酸、碱处理场所，且在空气流通的上游	观察
	其他有腐蚀性场所内的热工设备、部件、电缆			防腐蚀措施可靠	

4. 防人为误动

（1）可能影响机组安全运行的操作或事故按钮（控制台、屏上紧急停机停炉按钮，现场停重要辅机或设备的操作开关、按钮）的防人为误动措施完善、可靠。

（2）热工现场设备的重要等级应通过标识牌颜色标识。所有进入热控保护联锁系统的就地一次检测元部件，其标识牌都应有级别颜色（保护红色、报警黄色，其他无色）标志。

（3）机柜内电源端子排和重要保护端子排应有明显标识。在机柜内应张贴重要保护端子接线简图以及电源开关用途标志名牌。线路中转的各接线盒、柜应标明编号，盒或柜内应附有接线图，并保持及时更新。

（4）工程师站、电子间、电缆隔层宜装设电子门禁，记录人员出入及时间。

（5）热工保护联锁信号强制和解除、逻辑和定值修改等，严格执行规定，并实行监护制。

5. 防水

在电厂安装中，涉及露天布置的设备较多，特别是锅炉和外围。在这种情况下，有关仪表设备，包括变送器、就地仪表、执行机构以及仪表管路，有一部分也不可避免地要露天布置。因此在安装时应有必要的防雨措施；保证其仪表柜和接线盒柜的所有孔洞、电缆保护管管口封堵严密，露天设备防雨罩或可能进水的设备的防水措施完善、可靠；露天设备电缆或连接软管进入元件时不应是最低点，且其最低点应留有出水细孔。控制室与电子室内控制盘柜上方应避开暖通通风口，以防止暖通积水进入盘柜内。

安装结束后，按表 2-111 热控防水施工表格要求，施工人员进行自查，质量人员进行验收。

表 2-111　热控防水施工表

<table>
<tr><th>工序</th><th colspan="2">检验项目</th><th>性质</th><th>单位</th><th>质量标准</th><th>检验方法和器具</th></tr>
<tr><td rowspan="5">安装</td><td colspan="2">室内盘、屏、柜和设备上方有空调出风口时</td><td></td><td></td><td>有防滴水措施</td><td rowspan="5">检查</td></tr>
<tr><td rowspan="4">室外检查</td><td>仪表柜</td><td></td><td rowspan="4"></td><td rowspan="2">柜门关闭严密，所有孔洞已封堵，能防雨水进入</td></tr>
<tr><td>接线盒</td><td></td></tr>
<tr><td>露天设备</td><td rowspan="2"></td><td>防雨罩能保证设备防雨水进入</td></tr>
<tr><td>露天电缆保护管</td><td>管口封堵，雨水无法进入</td></tr>
</table>

6. 防冻

电厂中露天布置的设备在安装时除应有必要的防雨措施外，对冬天有冰冻的地区，还必须采取相应的防冻措施，以免超出所使用仪表的正常工作温度区间。敷设在气温较低处的取样装置和管路，因介质过稠导致传压迟缓、凝固、冰冻、析出结晶等现象发生，造成测量异常或影响仪表测量显示的准确性。

热工仪表管路的防冻措施除保温外，主要是将露天的变送器和就地表计等安装在就地仪表箱或专门的小室内，气动执行机构及汽、水、油、燃机烟压测量管路设计伴热系统等。而伴热系统采取蒸汽伴热或电伴热两种方式。当介质的黏度较大时（如重油等），其仪表测量管路及附件也要采取防冻设施，在其管路上装设隔离容器，也是防冻的一种方式。

在冬天有冰冻的地区，对露天的、重要的仪表管路要及时采取防冻措施，防冻的类型较多，有保温、蒸汽伴热、电伴热等。在南方地区，伴热系统的安装相对比较少，对于锅炉房露天的主要测点的保温箱（主给水、汽包水位等）必须安装电伴热系统。

（1）蒸汽伴热。蒸汽伴热一般是将通有蒸汽的伴热管路与仪表管路敷设在一起，然后外加保温（未进入伴热区的蒸汽管本身也应保温），仪表管路进入保温箱时，保温箱内也应装设伴热管。

对于单根或者两根敷设的仪表管路，可以将伴热管敷设在仪表管路的旁边或中间。对于成排敷设的仪表管，可以敷设“之”字形伴热管。

敷设伴热管时，应注意使流量、水位等差压仪表的正、负测量仪表管路尽可能受热均匀一致，以免引起测量误差。为此，差压仪表的正、负压测量管路离伴热管不应太近，受热程度应基本相等；成排敷设的管路布置时，尽量将差压测量管路布置在中间位置。

有伴热管的仪表管路从室外进入室内的穿墙（或墙板）处，应加强保温，孔洞要堵严，进入室内后继续伴热一段距离，以防止穿墙处冻结。

伴热汽源应可靠，每台机组可安装一根伴热母管，其压力的选择应能使蒸汽输送到各分支管路的末端。一般压力不超过 1MPa，温度不超过 200℃。各伴热分支管路上，均应装设一次阀门和二次阀门。一次阀门作为开关汽源用，装在分支管从母管引出的地方；二次阀门作为调整伴热汽量和调节伴热温度用，装在各分支的末端。各分支管的疏水可根据情况接到疏水母管或直接排入地沟。伴热温度不得使测量管路内介质汽化。

伴热采用蒸汽的，其蒸汽管路采用单回路供汽和回水，不串联连接；伴热管路的集液处有合适的排液装置；伴热管路的连接宜焊接，固定后应能自由伸缩；伴热管路的进口设有截止阀；当采用回水方式时，疏水器设有截止阀。测量管和伴热管应在同一保温壳内，伴热蒸汽压力为 0.3～1.0MPa，以避免测量管内介质冻结或汽化。

安装结束后，按表 2-112 蒸汽伴热防冻工程检验表格要求，施工人员进行自查，质量人员进行验收。

表 2-112　　蒸汽伴热防冻工程检验表

工序	检验项目		性质	单位	质量标准	检验方法和器具
安装	位置	重伴热管			与测量管路紧密接触	观察
		轻伴热管			与测量管路有一定距离	
		差压管伴热	主控		正、负压管受热程度一致	
	连接	排液装置			畅通	
		严密性			无渗漏	核对
		伴热管路连接			焊接连接，单回路供汽和回水、各回路无串联	核对观察
	伴热管固定				固定时不应过紧，并能自由伸缩	观察
	伴热阀门				伴热管路进口装有截止阀，回水方式时疏水器装有截止阀，阀操作方便灵活	检查
	伴热蒸汽参数		主控	MPa	压力宜为 0.3～1.0	观察

续表

工序	检验项目	性质	单位	质量标准	检验方法和器具
安装	保温			测量管和伴热管应在同一保温壳内，不影响伴热，且介质不致使测量管内介质冻结或汽化	观察
	加热效果			符合防冻要求	检查

（2）电伴热。蒸汽伴热的热源是不稳定的，属于不调节伴热方式，温度波动较大，整个管路伴热不均匀，有造成被测介质汽化的可能性，而且耗能也较大。电伴热克服了上述缺点，近年来得到广泛应用。

保温式保护箱由箱体、加热器、仪表托架三大部分组成，其结构形式与保护箱相同，所不同的是箱内装有加热装置，电热装置由电热管、温度控制器组成，箱体侧面装有插座，当接通电源后，箱内加热到所需温度时，再由温度控制器接通电源继续升温。通过反复工作使箱内温度能保持在一定范围内。其恒温加热器主要参数：额定电压为 200V、50Hz ；额定功率为 300～500W。控制温度可由用户自定。仪表箱再加一层保温棉，在保温箱门口和进出管线口加胶密封，可达到仪表系统更佳保温防冻效果。

在安装过程中，一般选用低温型自限温伴热带，这种伴热带由 PTC 特性的高分子复合材料制成。它具有电热节能和阻流开关两个特性。当通电发热时，随温度的升高电阻自动逐渐增大，最后在某一温度时电阻值发生突变，以至阻断电流，温度不再升高。若仪表管温度降低，此时伴热带的电阻又变小，电流又自动增大，对仪表管加热，达到温度自控的目的。伴热带主要用于管道、阀门、测量仪表管线的防冻、保温，其外层编织层不但具有传热、散热作用，同时能作为防静电的安全接地，如图 2-237 所示。

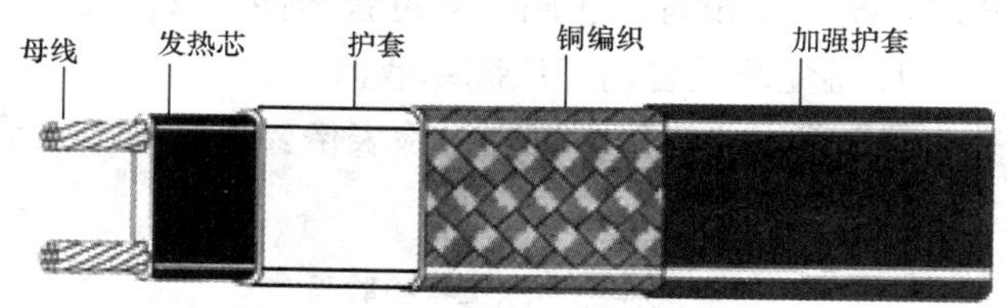

图 2-237　自限温伴热带示意图

在发电厂安装伴热带的位置一般是信号比较重要且又露天布置的仪表管路。锅炉侧的给水压力、流量；汽包水位、压力；主蒸汽、再热器、集汽集箱压力等。在开停机及生产中排污时，这些仪表管的温度可达 100～200℃，这已经超出了此种伴热带的最高承受温度。所以为了防止仪表管在运行时产生的高温和泄漏造成伴热带损坏，要先对仪表管作一次保温。才能正式安装伴热带。对一次保温有以下要求：

1）一次保温的厚度在 20～30mm，最好是一层平整的岩棉。

2）对一次保温材料的固定，不能用铁丝或其他尖锐的物品（以免挫破伴热带）。

伴热带到货时一般是成捆包装，长度在 100m 左右，它的附件包括电源接线盒（配电柜来的 220V 电源通过电源接线盒转接至伴热带）、终端（安装在伴热带末端，保护伴热带短路或漏电）、限流器（过电流保护）、热缩套管（在伴热带接线侧起保护作用）、纯棉纱带和铝铂胶带（固定伴热带在仪表管上）。图 2-238 为自调控伴热电缆敷设现场图。

图 2-238　自调控伴热电缆敷设现场图

对于电阻型伴热带的电源接线盒、限流器安装，电阻型伴热带像电热丝，要构成一个电流回路，需要安装一个限流器和两个电源接线盒。它设计专门的配电系统，限流器安装在配电柜内，接线盒直接安装在仪表管附近的就地。需要安装固定支架来固定接线盒，水平仪表管起始接线盒应安装在远离就地取源阀门 1.2～2m 的位置，在垂直仪表管段安装起始接线盒应低于取源阀门 30～50mm，终端接线盒安装于仪表盘（保温箱）附近。自发热型伴热带整个带体不构成回路，仅安装一个电源接线盒即可，末端用终端固定。这种类型的电伴热系统限流器和电源接线盒已经安装在仪表柜内。

对于伴热带带体的安装，在伴热带带体安装前，应检查伴热带型号规格符合设计，外观无损伤，用绝缘电阻表对带体进行冷态、热态的电性能测试，线芯的绝缘接地电阻应不小于 20MΩ 或符合产品说明书规定；然后根据限流器和带体的型号，确定带体最长安装度以及敷设的类型。有平行敷设和 S 形敷设两种，对于管路长或测点分散的盘柜，应采用平行敷设，敷设时根据仪表管的数量（一般伴热带与仪表管数量相仿），均匀分布于仪表管上下两面；对于管路相对较短的场所，可以采用 S 形的敷设方法，敷设时弯曲弧度应相对宽松自然。

在伴热带敷设完成后，要对带体二次保温，主要目的是保护伴热带和隔热。电伴热带施工时要注意的事项包括：

1）伴热带安装前，应对其进行冷态和热态的电性能测试，线芯的绝缘接地电阻应大于或等于 20MΩ。

2）对伴热带的安装长度要进行严格的计算，启动的瞬间电流不能大于限流器的最大电流值。

3）安装时，伴热带安装方法符合制造厂规定，沿管路均匀敷设，与仪表管的捆扎应用绝缘材料，如玻璃丝布、石棉带等。绝对不能用铁丝等金属物固定，保温符合设计要求。

4）测量管冲洗时不会导致电热线外皮损伤；对于类似汽包的温度特别高位置引出的仪表管，伴热带应离开一次阀一定距离。防止伴热带终端过热损坏。

5）在施工完毕后，敷有伴热带的保温层外，应注明内有伴热电缆等警告标志。

6）伴热电源不宜使用检修电源。

7）保温箱内保温层和防冻伴热元件完好，温度传感器固定于保温壳内，避免受热直接加温，温控装置接线正确，投切开关扳动无卡涩，调温旋钮转动灵活，并调整到设定温度值上。

8）通电试验时，应对伴热带间歇送电（伴热带启动的瞬间电流较大）。

安装结束后，按表 2-113 电伴热防冻工程检验表格要求，施工人员进行自查，质量人员进行验收。

表 2-113　　电伴热防冻工程检验表

工序	检验项目	性质	单位	质量标准	检验方法和器具
安装	型号规格			符合设计	核对
	电热线外皮耐热温度	主控		应高于测量管冲洗时传至电热线外皮的温度	试验
	伴热的电源、电压、电流			不应使用检修电源，电压、电流应与电热线技术要求相符	检查
	电热线敷设	主控		符合设计要求	观察
	温度传感器安装位置			在保温壳内，且离开电热线	
	电热线固定			牢固	检查
	绝缘电阻		MΩ	≥1	500V 绝缘电阻表测量
	加热效果			符合防冻要求	检查

第三章 热工仪表与控制装置调试

第一节 测量仪表调试

本节介绍热控单体仪表调试的方法、技术要求及一些相应的投运方法，包括温度类、压力类、料位、流量等典型相关仪表。

一、调试一般要求

热工测量与控制仪表单体调试，包括试验室内单体校验、现场静态系统综合误差校验和投运与动态调试三部分。

（一）现场调试标准试验室基本要求

为保证安装的仪表精度等级符合规定要求，施工单位应在现场建立调试标准试验室（以下简称试验室）。有条件拆卸下来的安装于现场的热工常规测量仪表，在安装前应严格执行国家标准调试法规的规定，尽量安排在试验室进行检查和校验，以达到仪表本身的精确度等级的要求，并符合现场使用条件。

1. 试验室环境要求

试验室应远离振动大、灰尘多、噪声大、潮湿或有强磁场干扰的场所，地面应避免受振动的影响，墙壁应装有防潮层。室内有防尘、恒温、恒湿设施，保持整齐、清洁、安静、光线充足，有上、下水设施；恒温源间（设置检定炉、恒温油糟的房间）应设排烟、降温装置，并应有洗手池和地漏；入口应设置有缓冲间，缓冲间与标准仪表间的两道门之间应留有足够的距离，门与门框之间应装有密封衬垫。对装有检定炉、恒温油糟的标准仪表间，应设置灭火装置，还应有防止火灾漫延的措施。

除恒温源间、现场维修间和备品保管间外，实验室温度应保持在18～25℃，相对湿度为45%～70%，空调系统应提供足够的、均匀的空气流；应避免标准仪表间与外墙相连，特别要避免标准仪表间强阳光照射。标准仪表间应有防尘、恒温、恒湿设施，室温应保持(20±3)℃，相对湿度在45%～70%。检定人员在标准试验室工作时，应遵守试验室的管理规定。

试验室可单独设置交流380/220V电源总配电箱，再分别引至除备品保管间外的各工作间的分电源箱内。试验室内所需要的直流110V或220V、48V或24V电源，宜单独由整流调压设备提供。要求电源电压稳定，交流电源及60V以上的直流电源电压波动不应超过±10%。60V以下的直流电源电压波动不应超过±5%。除恒温源间、备品保管间及现场维修间外，其他工作间应按照GB 14050—2008《系统接地的型式及安全技术要求》中4.2的要求，设置公用接地设施。

试验室应配置清洁、干燥的压缩空气气源，压力波动不超过±10%，并对温度、湿度等参数进行检测和记录。不同项目的检定装置要做到互不干扰。

标准间内严禁放置其他与试验无关设备及机具。工作结束后应及时关闭试验设备电源，并关好门窗，做好防盗措施。

2. 文件资料管理

现场调试试验室受现场条件限制，无法按规范取得所有文件，但至少应做好以下文件资料管理工作：

（1）现场调试试验室设专责负责管理，建全标准室六项管理制度。建立统一标准计量器具设备台账（做到仪器名称、型号、数量、质量清楚），并按功能分区域摆放整齐（工具、接头放入专用工具箱内）。所有开展的检定项目装置、标准计量器具，应具备有效的制造许可证或者国家的进口设备形式批准书，出厂证书，可以溯源的计量标准考核证书（至少一个检定周期，若原件公司计量室保存可复印件代替）和标准计量器具检定证书。

（2）检定项目装置和标准计量器具的使用说明书，开展检定项目所归属的计量检定规程；检定人员的计量检定员证复印件；已校验仪表的原始校验记录及相应的校验报告副本（或电子版）。

（3）现场调试试验室工作应实施标准化、规范化、程序化管理，并经政府计量部门或授权的计量传递部门认证，以确保国家基准所复现的计量单位量值能通过标准逐级传递到测量仪表，保证被测对象所测得量值与真值的一致性。

3. 计量器具管理

（1）现场调试试验室的标准计量仪器和设备配置，应符合三级试验室的标准要求，满足安装机组控制设备和仪表检定、校准和调试的需要，并按规定的计量传递原则传递，封印完整。

（2）应确保计量器具存放和使用在适宜的环境下，温度、湿度、振动、清洁等影响数据结果的因素应控制在规定范围内。根据仪器计量器具的技术状况，及时调整、校验，以确保仪器计量器具在现场使用中处于良好的受控状态。

（3）热工调试标准试验室中，不属于现场使用的计量器具，不得携带出试验室。外单位借用热工试验室仪器计量器具时，应办理借用手续。归还时应检查热工试验室仪器计量器具是否完好。

（4）所有标准计量器具应具有上级计量法定机构颁发的有效期内的检定证书，封口部完整，不得任意拆修，且满足校验项目的精度、量程等要求。未经检定、检定不合格或超过检定周期的热工试验室仪器和计量器具严禁在安装校验中使用。使用中，标准器的允许误差绝对值应不大于被检压力表允许误差绝对值的1/4，标准表的量程应大于被检表量程，但不宜过多。

（5）现场调试试验室专责负责试验室标准计量器具的使用、保管、维护及搬迁，避免标准计量器具丢失、损坏。

（6）现场调试试验室标准计量器具应按周期进行检定，工地现场调试试验室应将送检的标准计量器具清理干净，连同送检台账送至检定单位进行检定。

（7）工程结束，标准计量器具经批准转移到下一工地前，现场调试试验室应对台账和仪器进行检查确认；新工地现场调试试验室应核对转移来的台账和仪器，并建立新工地的新台账。

（8）标准计量器具因暂时不用不需要送检时，应由现场调试试验室专责填写计量器具封存申请表，经计量主管部门批准后封存保管。若因损坏或检定不合格达到报废条件的，由现场调试试验室专责填写计量器具报废申请表，经计量主管部门批准后报废。管理人员及时更新计量台账并和报废清单一并上报公司计量室进行登记备案。

（9）现场调试试验室不能校验的仪表设备应及时送相关具备资质的单位检定。

4. 调试人员管理

（1）参加调试仪表校验工作的人员，必须经过相关部门的计量检定和仪表调试培训，经考试合格取得计量检定员证和仪表调试校验资格证书后，方可对现场热工测量设备进行检定。

（2）调校前，必须对调试人员进行安全交底；校验人员工作前应充分了解和熟悉校验设备、工器具性能，掌握热工仪表测量标准和热工标准仪器检定规程及校验流程，能正确使用热工试验室仪器计量器具，以免造成仪器、仪表的损坏或试验人员的伤害。

5. 仪表检定与校验

（1）标准仪器精度选择应符合规定，如弹簧压力表标准器允许误差的绝对值应不大于被测表的 1/4。使用标准仪器时，应严格按照说明书规定方法操作，防止摔、碰、进水或用力过猛等不恰当的操作造成设备损坏；计量器具应定期清理、维护，使设备始终处于良好的工作状态。

（2）各仪器设备必须连接紧固，以免升压后造成人身伤害和设备损坏；校验变送器时，其输出信号与外回路连接正确，各项设置正确，以免变送器输出通道过流或短路、接地；如需在现场进行调校，必须在评估现场条件对调校结果的影响后方可进行。

（3）校验过程中做好原始数据记录，并至少保管一个仪表检定周期以上。

（4）仪表校验合格贴“校验合格”标签，标签内容至少应包括仪表名称/编号、量程/定值、校验人员、校验时间。仪表校验结束及时填写“校验报告”，报告应填写整齐、规范，报告内容格式应符合计量检定规程要求，工程结束前装订成册用于移交。

（5）仪表校验不合格，应首先进行修复、调整，修调后仍不合格的，应填写校验结果通知书，并及时通知建设或业主单位更换。

6. 设备的定置堆放

现场调试试验室内应建立设备堆放专用间，严格执行出、入库单登记制度；所有校验前或校验后的热工常规测量仪表（包括温度表、压力表、热电阻、热电偶、温度变送器、压力变送器、差压变送器、温度开关、压力开关、差压开关等）和精密、易损仪表设备（包括硅表、钠表、pH 计、导电率仪、液位计、TSI 探头/模件、计算机等）应按照待校区、合格区和不合格区定置堆放和管理，并对合格品和不合格品进行分类处理：

（1）合格品处理。对调校过的热工设备做好专用标识、标记，合格的仪表设备贴上合格标签，注明检定日期或有效日期，并经检定人员签名。外表清理后统一堆放在试验室合格区域内。

（2）不合格品处理。对于经校验不合格的设备，统一堆放在试验室不合格区域内，按照相关流程作进一步处理。

（二）试验室内调整校验

1. 调整校验前准备

开始校验工作前，检查并记录标准间的温度、湿度应符合计量要求的检定条件。校验用标准仪表种类的选择、允许误差、仪器的零位偏差、有效期、与被校对象的阻抗匹配等，符合计量要求。确认被校表、标准表量程，禁止超过设备最大可校范围校验。

带有刻度的仪表校验，通常选择准刻度点进行。微压压力开关校验时注意膜盒放置与安装位置一致；微压测量仪表校验时注意膜盒内无积水。通电热稳定后进行调前精度校验，压力仪表校验到上限时还应进行规定的时间耐压试验。精度计算时注意量程范围、精度等级，仪表误差应校验至最小，以免现场环境温度变化引起误差。

确认校验压力仪表的介质，符合被校仪表应用介质的要求。

2. 校验用介质与仪器选用

温度仪表或元件校验时，应根据类型、测量介质、测量范围及型号，选择相应的调校用标准仪器和设备准备，其中：

（1）校验热电偶用的主要设备和仪器有温控仪、标准热电偶、标准温度计、多功能热电偶校验仪、信号发生器、低电位直流电位差计、参考恒温器、油恒温槽、500V 绝缘电阻表、精密电流表（0～50mA）、24VDC 稳压电源。

（2）校验热电阻用的主要设备和仪器有 0.05 级精密直流电桥、冰点槽、沸点槽、标准电阻箱、二等标准铂电阻温度计或标准温度计、250V 绝缘电阻表、温控仪、油槽、热电阻校验仪、万用表等。

（3）手提式恒温炉由于其温场达不到标准的要求，只能用作现场比对，不宜作为标准使用。

（4）一些 DCS 的通道校验，应使用标准电阻箱，不宜使用校准仪的热电阻功能进行检验。同样热电偶功能也存在不适应某些 DCS 通道校验的可能；因此使用校准仪进行 DCS 通道校验前，首先要确认校准仪是否适合 DCS 通道校验。

（5）压力仪表校验前，应根据压力仪表类型、测量介质和测量范围及型号，选择不同的标准仪器与设备，包括活塞式压力计、真空泵、无油气体压缩机、500V 绝缘电阻表、手操压力泵、压力回路校验仪、标准精密压力表、标准 U 形管、台式压力计、倾斜式微压计、24V 直流电源、标准信号发生器、精密电流表等，见表 3-1。选择原则是标准器的允许误差绝对值应不大于被检压力表允许误差绝对值的 1/4，标准表的量程应大于被校表量程 1/3，或与被校表同量程。

表 3-1　　试验设备/仪器

序号	仪器设备名称	技术要求	用　途
1	压力标准器 活塞式压力计 标准 U 形管 数字微压计 手操压力泵 压力校验台 真空压力源	误差小于被检变送器基本误差绝对值的 1/4	变送器输入的压力标准器，还可用来检定密封性和静压影响

续表

<table>
<tr><th>序号</th><th>仪器设备名称</th><th>技术要求</th><th>用　　途</th></tr>
<tr><td>2</td><td>多功能回路校验仪</td><td rowspan="3">误差小于被检变送器基本误差绝对值的 1/4</td><td rowspan="2">测量变送器输出信号的标准器，还可用作变送器直流电源。两者结合可作为测量压力的标准器</td></tr>
<tr><td>3</td><td>压力模块</td></tr>
<tr><td>4</td><td>精密压力表</td><td>测量压力的标准器</td></tr>
<tr><td>5</td><td>直流电流表</td><td>0～30mA，0.01～0.05 级</td><td>测量变送器输出信号的标准器</td></tr>
<tr><td>6</td><td>直流电压表</td><td>0～5V，0～50V，0.01～0.05 级</td><td rowspan="2">直流电压表测量变送器输出信号的标准器；二者结合可作为测量变送器输出电流的标准器</td></tr>
<tr><td>7</td><td>标准电阻</td><td>250Ω（100Ω）不低于 0.05 级</td></tr>
<tr><td>8</td><td>绝缘电阻表</td><td>直流 100、500V，10 级</td><td>测量变送器绝缘电阻的标准器</td></tr>
<tr><td>9</td><td>交流稳压源</td><td>220V，50Hz，允许误差为±1%</td><td>变送器的交流供电电源</td></tr>
<tr><td>10</td><td>直流稳压器</td><td>24V，允许误差为±1%</td><td>变送器的直流供电电源</td></tr>
<tr><td>11</td><td>温湿度计</td><td></td><td>监测校验环境</td></tr>
<tr><td>12</td><td>手操器</td><td></td><td>用于设置和保存变送器参数</td></tr>
</table>

（6）压力仪表校验时，应将手操泵、校验台清洗干净后才能更换检定用介质。其中高压抗燃（EHC）油系统仪表检定时，介质一般应采用 EHC，以免污染 EHC 油质；氢气系统仪表检定时，介质宜采用空气；定冷水系统仪表检定时一般应采用纯水检定；润滑油、空侧密封油、辅机润滑油、液压油系统仪表检定时宜采用相应的油质检定。

3. 调整校验操作

调试人员掌握仪表的调校规程，熟悉仪表的原理及调试方法，并熟练掌握所使用的标准设备和所采用的产品的说明书、操作步骤。

根据实际情况，也可以进行现场校验。现场校验时，周围应没有影响校验人员安全的因素和影响校验精度的不利环境。

（1）校验前检查。

1）材料检查。安装于高温高压介质中的套管，要检查材质检验报告，其材质的钢号及指标应符合规定要求。

2）外观检查。根据设计图纸确认被检仪表型号、类型、测量范围、传感器结构和材料、电源供电形式、输出信号及其他有关的技术指标符合设计要求；检查外观完好，包括仪表（或装置）外壳、外露部件（端钮、面板、开关等）表面应光洁完好，完整无损，无锈蚀、变形；零部件装配应牢固可靠、无松动，表面涂层应均匀光洁、无明显的剥脱现象；表计的铭牌应完整、清晰，注明产品的名称、型号、规格、准确度等级、测量范围等主要技术指标，以及制造厂名称、出厂编号、制造年月等，防爆产品还应有相应的防爆标志；接线端子板的接线标志应清晰，引线孔密封应良好。

安装户外可能受雷击影响的仪表与元件，外观检查时同时检查具有防雷功能，或确认现场已采取防雷与防干扰措施。

带有刻度线的仪表，数字和其他标志应完整、清晰、准确；表盘上的玻璃应保持透明，无影响使用和计量性能的缺陷；仪表表壳、玻璃及底座应装配严密牢固；接头螺纹无滑扣、错扣，紧固螺母无滑动现象；压力表指针平直完整，轴向嵌装端正，与表盘或玻璃不碰撞；

测量特殊气体的压力表，应有明显的相应标记。带有零点止位销的压力表，在无压力或真空时，指针应紧靠止销钉上，同时“缩格”应不得超过规定的允许误差绝对值。没有零点止销的压力表，在无压或真空时，指针应位于零点分度线宽度范围内，零位标志应不超过规定的允许误差绝对值的 2 倍。电接点的接点应无明显斑痕和烧损。用于压差测量的仪表，高、低压容室应有明显的标记。

可动部分应转动灵活、平衡，无卡涩；各调节器部件应操作灵敏、响应正确，在规定的状态时，具有相应的功能和一定的调节范围；如有电源熔丝，则容量应符合要求。

用于测量温度的仪表还应注明分度号；热电阻或热电偶的保护套不应有弯曲、扭斜、压扁、堵塞、裂纹、砂眼、磨损和严重腐蚀等缺陷。骨架无破裂、短路或断路现象（断路会引起热电阻温度计仪表指示过量程）。热电偶的热接点应焊接牢固、表面光滑，无气孔、夹渣等缺陷，无断路及短路现象，型号规格符号设计，“＋、－”标记清晰正确，内部引出线接线牢固。

压力表的传动装置中如齿轮有锈蚀、磨损或齿间如有毛刺、污物存在，应清除干净，否则将导致压力表出现滞针和跳针故障。

3）绝缘电阻测试。测量时应稳定 10s 后读数，绝缘电阻检查应符合表 3-2 规定（有单独要求的除外）。

表 3-2　绝缘电阻测量条件与阻值表

被测对象	环境温度（℃）	相对湿度（%）	被测仪表电源电压（V）	绝缘表输出直流电压（V）	绝缘表读数前稳定时间（s）	绝缘电阻（MΩ）			
						信号[2]—信号	信号—接地	电源—外壳	电源—信号
热电偶	15～35	≤80	—	500	10	≥100	≥100	—	—
铠装热电偶			—	500		≥1000	≥1000	—	—
热电阻/壁温专用 铂			—	250/100		≥100	≥100	—	—
热电阻/壁温专用 铜			—	250/100		≥50	≥50	—	—
直读式仪表	5～35	≤80	＞60	500		≥20	≥20	≥20	≥20
控制开关	15～35	45～75	＞60	500		—	—	≥20	≥20
动圈式仪表	15～35	45～75	＞60	500		—	≥40	≥20	≥20
常规仪表[1]	15～35	45～75	＞60	500		—	≥20	≥20	≥20
	15～35	45～75	≤60	100		—	≥7	≥7	≥7
调节、控制仪表	15～35	45～75	—	500		≥20	≥20	≥50	—
变送器	15～35	45～75	＞60	500		≥20	≥20	≥50	≥50
			≤60	100		—	—	—	—
导波雷达	15～35	45～85	—	500		≥5	≥5	≥1	—
执行机构	—	—	＞60	500		—	≥20	—	≥50
伺服放大器	0～50	10～70	＞60	500		—	≥20	—	≥50
电接点水位计	15～35	45～85	＞60	500		≥500	≥100	≥50	≥50

续表

被测对象		环境温度（℃）	相对湿度（%）	被测仪表电源电压（V）	绝缘表输出直流电压（V）	绝缘表读数前稳定时间（s）	绝缘电阻（MΩ）			
							信号②—信号	信号—接地	电源—外壳	电源—信号
液位开关		15～35	45～85	220	500	10	≥0.5	≥20	—	—
				≤48	100		—	—	—	—
电磁阀		15～35	≤85	＞60	—		—	—	≥20	—
电涡流传感器		15～35	45～75	＞60	500		≥5	≥100	≥100	—
分析仪表		15～35	45～75	＞60	500		≥2	≥20	≥50	≥50
发电机检漏仪		15～35	45～75	＞60	500		≥100	≥100	≥100	≥100
工业摄像机		—	—	—	100/500		—	≥1	≥20	—
皮带秤	显示仪表	15～35	70～75	＞60	500		—	≥20	≥20	≥20
	传感器			≤60	100		—	≥20	—	—

① 统指显示、记录、计算、转换仪表。

② 信号—信号指互相隔离的输入间、输出间、测量元件间以及相互间的信号，视被测对象而定。

（2）仪表校验。仪表校验送电前，应确认空气开关、熔丝容量、供电电压符合设计要求。校验中应严格按照仪表专业的技术规范和操作程序进行，防止错检、漏检，把好质量关，认真记录好原始试验数据和问题。校验时一般采用比值法，将被校表的示值与标准表对比，观察被校表的示值误差是否满足精度要求，校验操作如下：

1）预热与校验点选择。首先按仪表制造厂规定的时间进行预热；制造厂未作规定时，可预热 15min（具有参考端温度自动补偿的仪表，预热 30min）后进行仪表的校验；校验在主刻度线或整数点上进行；其校验点数除有特殊规定外，应包括上限、下限和常用点在内不少于 5 点；热电偶校验点的选取应根据规定进行选取。

2）调前校验。仪表均应进行调前校验，调前校验从下限值开始，逐渐增加输入信号，使指针或显示数字依次缓慢地停在各被检表主刻度值上（避免产生任何过冲和回程现象），直至量程上限值，然后再逐渐减小输入信号进行下行程的检定，直至量程下限值。过程中分别读取并记录标准器示值，其中压力表校验上限值只检上行程，下限值只检下行程。

3）调整与误差计算。对于零位和满量程可调的仪表，当调前校验结果，其示值基本误差值大于 2/3 示值允许基本误差限值时，按说明书要求进行零点和量程的反复调整，直至两者均小于示值允许误差，并使各校验点误差减至最小。然后进行仪表的示值基本误差和回程误差校准，校准过程中不得进行任何形式的调整，取上下行程中误差的最大值作为示值基本误差和回程误差；要求仪表的示值基本误差应不大于仪表的允许误差；仪表的回程误差应不大于仪表允许误差绝对值的 1/2（有单独规定的仪表除外）。报警点动作差应不大于仪表允许误差，恢复差应不大于仪表允许误差的 1.5 倍（有单独规定的仪表除外）。基本误差的计算按下式进行计算

$$\Delta E_1 = E_c - E_b \tag{3-1}$$

式中 ΔE_1——仪表测量的基本误差，单位可以是 mA、V、kPa 或 MPa；

E_c——各校验点仪表的示值，单位可以是 mA、V、kPa 或 MPa；

E_b——各校验点标准表的示值，单位可以是 mA、V、kPa 或 MPa。

数据处理时，小数点后保留的位数应以舍入误差小于变送器最大允许误差的 1/10 为限。各校验点中绝对值最大的误差值作为校验结果判断的依据。

回差的计算：变送器测量的回差按下式进行计算

$$\Delta E_2 = |E_{c1} - E_{c2}| \tag{3-2}$$

式中 ΔE_2——变送器的回差，单位可以是 mA、V、kPa 或 MPa；

E_{c1}——各校验点变送器上行程的示值，单位可以是 mA、V、kPa 或 MPa；

E_{c2}——各校验点标准表下行程的示值，单位可以是 mA、V、kPa 或 MPa。

数据处理时，小数点后保留的位数应以舍入误差小于变送器最大允许误差的 1/10 为限。各校验点中绝对值最大的回差值作为校验结果判断的依据。

4）报警点动作差与恢复差校验。具有报警功能的仪表的输出端子连接指示器，调整好报警设定值；平稳地增加（或减少）输入信号，直到设定点动作为止；再反向平稳地减少（或增加）输入信号，直到设定点恢复为止；过程中报警输出接点应正确、可靠；记录每次报警动作值和恢复值，其与设定值的最大差值分别为设定点动作差和恢复差。

5）校验工作结尾。校验结束后，切断被校仪表和校准仪器电源（无电源仪表无此项要求）；安装于现场的仪表，其外露的零位、量程和报警值调整机构宜漆封，并贴上有效的计量标签；放在规定的场所；做好校准记录，数据应准确、真实并归档。

检定工作完毕后，应对标准仪器进行清洁，整齐、有序地放回原位并保持校验台及室内清洁。

4. 校验注意事项

（1）校验若采用有毒有害、腐蚀性强的传压介质，必须做好相应的防护措施；校验过程中产生的废弃物，例如校验废油、维丝、报废电池等要注意垃圾分装，严禁随意丢弃。校验完后，应将其取压口擦干净密封，以免杂质污染系统和腐蚀敏感元件，待装的热工仪表及控制装置应按规定妥善保管，防止破损、受潮、受冻、过热及灰尘侵污。

（2）校验温度元件时，检验人员应戴好防护口罩和隔热手套，以防烫伤和吸入有毒气体，校验过程中要加强空气流通。校验结束后温度类仪表或元件，禁止直接用手接触加热端，待其冷却后再行处理。

（3）压力设备应注意接头的匹配，不能使用蛮力硬接。严禁超温、超量程使用。校验压力仪表过程中，应逐步加压或泄压，升压以后，当压力超过 0.49MPa 时，禁止带压拧紧各连接头；校验量程上限时，应关闭校准器通往被检仪表的阀门，耐压 3min 无泄漏；如需调整，不要打开泄压阀将压力突然全部泄去，应缓慢下降以防止对标准仪器造成冲击。

（4）弹簧管压力表仪表允许误差计算时，注意上限值的精度等级与其他点的不同。校验时应进行轻敲位移偏差检查。记录点通常正行程校验时不记零点，反行程校验时不记量程上限值。

（5）智能变送器初次校准时应施加被测物理量进行，以后校准可以通过手操器进行。当仲裁检定时，应施加被测物理量校准。调整阻尼不影响变送器测量准确度和稳定度（变送器出厂时通常设有阻尼）。

（6）压力开关校验中应进行振动试验检查（在开关设定点切换前后，对开关进行少许振动，其接点不应产生抖动），若铭牌上未给出准确度等级或无分度值的开关和控制器，其设定点动作差应不大于测量量程绝对值的 1.5%；恢复差不可调的开关元件，其恢复差应不大于设定值允许动作差绝对值的 2 倍；恢复差可调的开关元件，其恢复差应不大于设定值允许动作差的 1.5 倍。重复性误差校准，设定点动作误差连续测定 3 次，其值应不大于开关或控制器允许设定值误差的绝对值。

（三）系统综合误差校验

1. 送电前工作

（1）调试人员已熟悉设备调试流程，现场工作票等相关安全措施也已落实。检查调试现场应无明显粉尘及障碍物，照明良好。设备已按照设计及安装规范要求安装完毕，并有相关的防尘防雨保护箱及便于维护和检修位置通道或平台。设备的防水、防腐、防热、防人为故障安全措施已落实。

（2）检查、确认设备的设计编号、型号规格应与设计相符，铭牌上的信息清晰可见，外观无破损；被校验系统仪表和元件单体均校准合格，电缆敷设和回路接线完成且正确、可靠；电缆线芯浮空后进行线路绝缘测试且满足绝缘要求，屏蔽电缆的屏蔽层接地可靠；设备电压性质等级与熔丝等级符合设备实际需求。对具有仪用气管路的设备调试前应先进行管路吹扫，确认管路干净后再进行设备调试，防止管路内的灰尘、水等杂物造成设备损坏或工作不可靠。

（3）严禁在未了解设备情况的前提下，擅自送电而引起设备损坏和人身伤害。对需停电进行工作的设备，开关处必须挂上“有人工作，禁止合闸”的标志牌。

2. 设备送电调校

（1）检查仪表信号线的屏蔽线在 DCS 机柜侧可靠接地后，合上系统中各个设备的电源，按系统中预热时间最长的仪表的预热时间进行预热。

（2）仔细核对被校验系统标记量程，正确选择标准器的精度符合规程要求，系统综合误差校准，校准点包括常用点在内不少于 5 点（下限值只检下行程，上限值只检上行程）；若综合误差不满足要求，对系统中的单体仪表进行校准。

（3）在测量系统的信号发生端（温度测量系统可在线路中）输入模拟量信号，在测量系统的显示端记录显示值，进行系统综合误差和报警设定点校准；校准过程中，两端工作人员保持联系，信号应缓慢、平稳地上升和下降，严禁过快过急，以免超量造或信号突变造成仪器仪表损坏或伤人。

（4）做好记录和系统综合误差计算，应满足示值综合误差不大于该测量系统的允许综合误差；综合回程误差不大于系统允许综合误差的 1/2。

（5）调试完成后应及时拉电并做好设备的隔离措施，恢复调试前所做的安全措施，及时清理现场，做到工完料净场地清。

3. 注意事项

（1）拆装仪表时应小心谨慎，严禁乱放，避免表计失手滑落损坏或伤人。检查线路的绝缘时要将线芯浮空后进行。

（2）查线、送电调试时认真核对盘柜及回路，避免走错位置和送错电源。进入带电盘柜进行查线或接线工作时，必须办理电气工作票，做好安全措施。带电调试时应设专人监护并监护到位。

（3）严格按照厂家说明书和调试流程进行设备调试，如在调试过程中发现异常情况，应立即切断电源，待查明原因后方可继续。

（4）现场调试时注意避免对已安装设备造成损坏。露天设备必须做好防雨措施。

（四）投运与动态调试

1. 安装检查

（1）仪表部件安装牢固、平正；承压部件无泄漏，位置和朝向便于检修；设备投入运行前确认无保护或者保护已退出，有报警信号功能要求的表计，报警值已调整在报警设定点。

（2）有防干扰要求的测量装置，其电缆的屏蔽层接地正确、可靠；设备防火、防冻、防水、防灰、防人为误动设施完好；零位、量程和报警值调整机构外露的现场仪表已漆封，并贴有效的计量标签。

（3）当对测量高温高压介质的设备进行排污时，应做好安全防护措施，以防蒸汽外泄。设备投用时应严格按照投用程序进行，在投用过程中一旦发现有介质泄漏，应马上进行隔离，并对泄漏的介质及时进行清理。

2. 投运

（1）确认原工作回路已恢复，合上盘内电源开关，合上仪表电源开关。

（2）检查仪表参数显示应与当时实际情况相符。

（3）带信号接点的测量仪表（或装置），短路发讯点或控制室进行仪表报警回路试验，相应的声光报警系统应正常。

（4）如实记录试验数据和问题，认真做好原始记录。

二、测量温度类仪表调试

这里介绍热电偶、热电阻、温度表、温度变送器、温度开关的测量原理、校验方法、验收内容和常见故障及处理。

（一）热电偶调试

1. 热电偶测量原理

热电偶测温的基本原理是热电效应，其工作原理如图 3-1 所示。将两种不同材料的导体或半导体 A 和 B 焊接起来，构成一个闭合回路。当导体 A 和 B 的两个执着点 1 和 2 之间存在温差时，两者之间便产生电动势，因而在回路中形成一定大小的电流，这种现象称为热电效应。热电偶是按此效应制成的测温组件。热电偶的热电势是由热电极的接触电势和温差电势两部分组成。所以，当热电极材料均匀时，热电势的大小与热

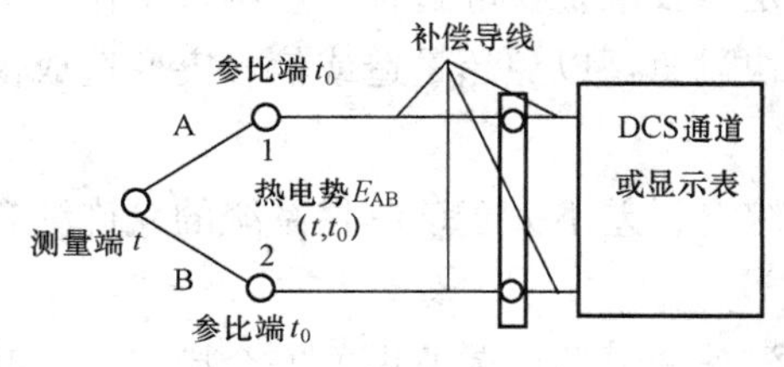

图 3-1　热电偶工作原理图

极的长度、直径无关，它只是与热电极材料的成分和两端的温度有关。

在用热电偶进行温度测量时，热电偶的冷端必须进行补偿。从热电偶的测温原理可知，热电偶热电势大小不但与热端温度有关，而且与冷端温度有关。只有在冷端温度恒定的情况下，热电势才能正确反映热端温度大小。在实际运用中，热电偶冷端受环境温度的影响波动较大，因此冷端温度不可能恒定，而要保持输出电势是被测温度的单一函数值，就必须保持一个节点温度恒定。热电偶技术条件都是指冷端（非工作端）处在0℃时的电动势，要求工作时保持0℃，这样热电势才能正确反映热端温度大小，否则就会产生误差。

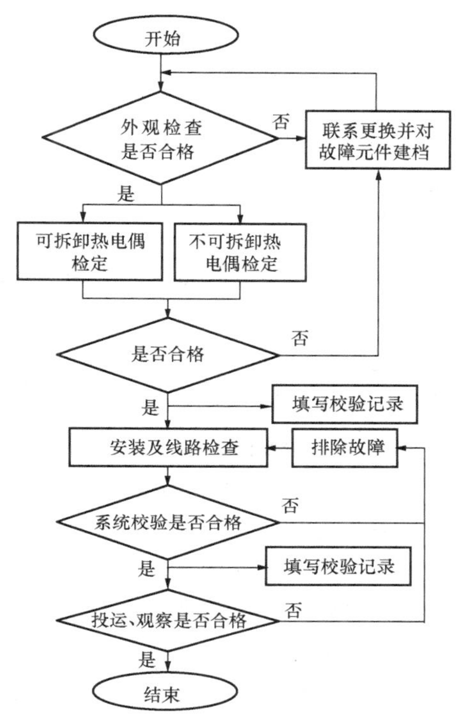

图 3-2 热电偶调试流程图

由于热电偶的重复性和稳定性好，价格低廉，测温范围宽，体积和热惯性小，制作和安装简易，因此热电偶成为测量流体介质温度和物体表面温度最常用的温度测量元件。

常用热电偶有铂铑-铂（S 分度）、铜-康铜（T 分度）、镍铬-康铜（E 分度）、镍铬-镍硅（K 分度）、铁-康铜（J 分度）。

2. 热电偶单体调试

（1）校验前准备工作。校验前准备工作参见本节“一、调试一般要求”，热电偶调试流程如图 3-2 所示。

（2）热电偶单体校验。现在安装的热电偶有不可拆卸式和可拆卸二种，应分别进行检查和校验。

根据现场情况，有些热电偶设备无法拆卸（一般为随厂供设备自带的），则进行现场对比试验：先用万用表检查热电偶每根芯线应不开路，芯间不短路。绝缘电阻测试符合相关规定要求。在室温或正常工况下，用标准测温仪测出室温或同一区域相邻测点相互间安装点温度，再用标准热电偶校验仪测出热电偶信号值，两者误差在允许范围内，即认为该热电偶合格。

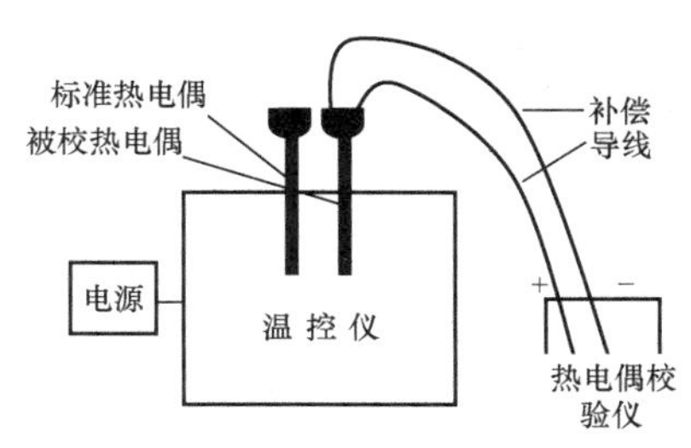

图 3-3 热电偶检定示意图

可以拆卸的热电偶校验（包括新进的）必须在试验室进行检定。热电偶检定如图 3-3 所示。热电偶校准点要求见表 3-3。

用于 300℃以上热电偶各点的校准，在管形电炉中与标准铂铑 10-铂热电偶比较进行。

对于贵金属热电偶，应使用无水酒精浸过的脱脂棉理直热电级，套上氧化铝绝缘管，绝缘管的两孔对应极性不可互换。绝缘管后露出部分应套上塑料管。廉价金属热电偶可套绝缘瓷珠。

表 3-3　　热电偶校准点要求

热电偶名称		标准点（℃）③			
T 分度		100	200	280	350
K 分度	①	300	400	500	600
	②	400	600	800	1000
E 分度		300	400	500	600

① 测量低于 600℃时。

② 测量高于 600℃时。

③ 校准点应包括正常使用点。

为保证标准热电偶热电势的稳定，确保量值传递准确可靠，标准热电偶必须用保护管加以保护，保护管一般选用石英管或氧化铝管，其直径为 6～8mm，长度约为 400mm。

为使标准热电偶、被检热电偶测量端温度一致，并使被检热电偶沿标准热电偶周围均匀分布，测量端应露出绝缘管约 10mm，各测量端处于同一平面上，贵金属热电偶用直径 0.2～0.3mm 铂丝捆扎 2～3 圈；廉价金属热电偶用与热电偶相同、直径为 0.2mm 的合金丝捆扎 2～3 圈。包括标准热电偶在内，捆扎成束的热电偶总数不应超过 6 支。装在检定炉内管轴的中心线上，其测量端应处于检定炉内最高温度场内，插入深度约 300mm。检定炉内最高温度场内可装有高温合金块。

热电偶校准方法一般采用双极法。标准读数时，炉温偏离校准点温度不得超过±5℃；当炉温升到校准点温度，炉温变化小于 0.2℃/min 时，从标准热电偶开始依次读取各被检热电偶的热电势，再按相反顺序进行读数，如此正反顺序读取全部热电偶的热电势；300℃以下点的校准，在油恒温槽中与标准温度计进行比较。校准时油槽温度变化应不大于±0.1℃/min。

在检定记录表上正确填写所有测量数据，计算被校准热电偶的标值误差，其热电势（冷端温度为 0℃）对分度表允许误差应符合表 3-4 规定。

表 3-4　　热电偶电势（冷端为 0℃）对分度表允许误差表

热电偶名称	分度号	等级	热端温度	允许温度(±)
铂铑 10-铂	S	Ⅰ	0～1600	1℃或[1+(t−1100)×0.003]
		Ⅱ	0～1600	1.5℃或 0.25%t
镍铬-镍硅（镍铬-镍铝）	K	Ⅰ	−40～1000	1.5℃或 0.4%t
		Ⅱ	−40～1200	3.0℃或 0.75%t
镍铬-康铜	E	Ⅰ	−40～800	1.5℃或 0.4%t
		Ⅱ	−40～900	3.0℃或 0.75%t
铜-康铜	T	Ⅰ	−40～350	0.5℃或 0.4%t
		Ⅱ	−40～350	1℃或 0.75%t

注　表中 t 为热端温度，单位为℃。

（3）热电偶现场调试。热电偶安装后应进行测量系统综合误差测试，以确保机组启动后能正确、可靠地投入运行。测试通常采用比对试验方法。

系统综合误差测试前，先检查确认热电偶已校验，合格证等校验标识明显，外观良好。

热电偶设计编号、型号、接线符合设计。热电偶插入紧密、牢固。然后根据设计图纸，用万用表从就地元件、接线柜到控制柜逐段检查，确认接线正确、牢固，线号标志正确、清晰、不褪色；热电偶补偿导线颜色正确，与热电偶分度号匹配；确认机柜端电缆屏蔽层单点接地良好。

热电偶测温系统进行综合误差试验时，可采用下列方法中的一种：

1）卸下与热电偶元件连接的补偿导线，用螺丝将两芯线拧紧后放入玻璃试管中，然后放入盛有碎冰和水混合物并插有标准温度计的保温瓶中，保温瓶内温度要求保持在（0±0.5)℃内。在回路适当处串接信号发生器，输入校准点温度或对应的电量值，在终端观察和记录显示值。

2）直接抽出热电偶芯，待冷却后放入玻璃试管中，然后做法与1）相同。

3）在现场将补偿导线直接与带温度补偿的温度校正仪连接，输入各校准点温度值，在终端观察和记录显示值。

4）直接抽出热电偶芯，待冷却后放入校准炉中，开启校准炉电源，升、降温度至各校准点，在终端观察和记录显示值。

完成测试后，进行热电偶测温系统的允许误差计算，其中配指示仪表的测温系统，允许误差为补偿导线、补偿盒、线路电阻、变送器和指示仪表允许误差的方和根；配记录仪表的测温系统为补偿导线和记录仪表允许误差的方和根；连接 DCS 通道的热电偶测温系统，为补偿导线、变送器和模件允许误差的方和根。经计算得出的测量系统示值允许综合误差，应不大于该测量系统的允许综合误差；测量系统的回程误差应不大于该测量系统允许综合误差的 1/2。

调试完成后恢复接线，清理现场，查看终端显示应正常。

（4）投运与动态调试参见本节“一、调试一般要求”中“（四）投运与动态调试”的内容。

3. 热电偶调试验收及故障处理

热电偶校验验收见表 3-5。热电偶常见故障及处理方法见表 3-6。

表 3-5 热电偶校验验收表

工序	检验项目			性质	单位	质量标准	检验方法和器具
检查	连接点					焊接牢固	观察
	热偶丝					无机械损伤、裂纹、气孔、腐蚀和脆化变质	
	极性标志					清楚、符合设计	
	型号及用途标志						
	绝缘电阻	热电偶			MΩ	≥100	用 500V 绝缘电阻表测量
		铠装热电偶			MΩ·m	≥1000	
热电偶性能检查	铂铑 10-铂（S）		Ⅰ	主控	℃	符合检定规程要求	用比较法，管式炉和标准铂铑-铂热电偶
			Ⅱ				
	铂铑 30-铂铑 6（B）		Ⅱ				
			Ⅲ				

续表

工序	检验项目		性质	单位	质量标准	检验方法和器具
热电偶性能检查	铜-康铜（T）	Ⅰ	主控	℃	符合检定规程要求	用比较法，管式炉和标准铂铑-铂热电偶
		Ⅱ				
		Ⅲ				
	铁-康铜（J）	Ⅰ				
		Ⅱ				
	镍铬-康铜（E） 镍铬-镍硅（K） 镍铬硅-镍硅（N）	Ⅰ				
		Ⅱ				
		Ⅲ				
热电偶现场调试			主控		安装检查、系统综合误差校测试符合要求	用比较法
投运与动态调试			主控		符合现场实际	观察

表 3-6　　　　热电偶常见故障及处理方法

阶段	故障描述	可能原因	处理方法
静态检定	热电偶温度输出无变化	热电偶断路	检查热电偶及接线
		热电偶短路	检查热电偶及接线
		热电偶损坏	更换热电偶
	热电偶输出误差大	仪器连接的补偿导线型号不匹配	更换补偿导线
		正、负端接反	交换正、负端接线
		测量用设备本身误差	检查测量用设备
		热电偶绝缘不良	检查绝缘
		热电偶损坏	更换热电偶
动态调试	热电偶温度输出无变化或显示坏点	DCS画面未做好或模件故障	检查画面与逻辑；检查模件是否送电；通信是否良好；通道是否损坏
		热电偶断路、短路或松动	检查热电偶及接线端子
		补偿导线开路或接地	检查热电偶接线盒是否进水；检电缆查是否有对接头；查电缆是否被外力损坏，或离热源较近被烫坏
		热电偶开路或接地	就地检查热电偶是否开路或接地，若损坏，修复或更换
		热电偶损坏	更换热电偶
	热电偶温度显示偏低	DCS未加温度补偿	检查DCS显示值是否为加温度补偿后的温度
		DCS分度号设置错误	检查DCS分度号设置是否与就地热电偶一致
		补偿电缆型号用错	检查补偿电缆型号是否与热电偶分度号对应
		补偿电缆短路或接地	检电缆查是否有对接头；查电缆是否被外力损坏，或离热源较近被烫坏
		补偿电缆正负接反	分别检查DCS端子排、中间接线盒、温度计接线盒中是否正负芯线接反
		热电偶未插入到底	检查热电偶底部是否与套管底部紧密接触；温度计是否与被测物体表面紧密接触，或是否插入至被测液体液面以下
		热电偶接线盒进水	清理积水并烘干

续表

阶段	故障描述	可能原因	处理方法
动态调试	热电偶温度显示偏高	DCS分度号设置错误	检查DCS分度号设置是否与就地热电偶一致
		补偿导线型号不匹配	更换补偿导线
		补偿电缆正、负端接反	分别检查DCS端子排、中间接线盒、温度计接线盒中是否正负芯线接反，交换正、负端接线
		热电偶CRT显示不准	检查DCS对应信号的量程、型号设置是否正确
		安装位置不合理	设计确认
		热电偶绝缘不良	检查绝缘
	热电偶输出不稳定，温度显示跳变	热电偶安装不合理	检查安装
		补偿电缆屏蔽层接地不良	检查补偿电缆屏蔽层是否为单端接地，接地电阻是否符合要求
		接线松动	检查接线端子是否压紧
		DCS盘柜或模件接地未做好	检查DCS盘柜和模件接地电阻是否小于规定值
		有大功率电磁或无线电干扰源	检查热电偶元件、DCS盘柜附近是否有干扰源；检查补偿电缆是否与电气大功率动力电缆并列，加电容试验波动是否消除

（二）热电阻调试

1. 热电阻测量原理

热电阻是利用电阻与温度呈一定函数关系的金属导体或半导体材料制成的感温元件，图3-4为四线制热电阻。金属导体有铂、铜、镍、铑铁合金等，半导体有锗、硅、碳及其他金属氧化物等，其中铂热电阻和铜热电阻属国际电工委员会（IEEE）所推荐的，也是我国国际化的热电阻。铜热电阻测温范围为－50～150℃，铂热电阻测温范围为－200～850℃（陶瓷材料可用至850℃）。铜热电阻的分度号是Cu50和Cu100，0℃的标称电阻值R_0分别为50Ω和100Ω。铂热电阻分为A级和B级，它们的分度号都是Pt10和Pt100，其0℃的标称电阻值R_0分别为10Ω和100Ω。常见热电阻如图3-5所示。

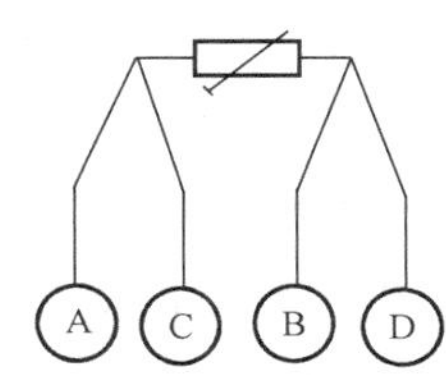

图3-4 四线制热电阻

2. 热电阻单体调试

(1) 校验前准备工作。参见本节“一、调试一般要求”，热电阻调试流程如图3-6所示。

热电阻在校验拆装时必须小心，防止热电阻损坏；升温校验过程中应注意避免烫伤，干式检定炉的温度场中不得加水、油等添加剂；在冰点槽内装入适量冰水混合物时，水面应低

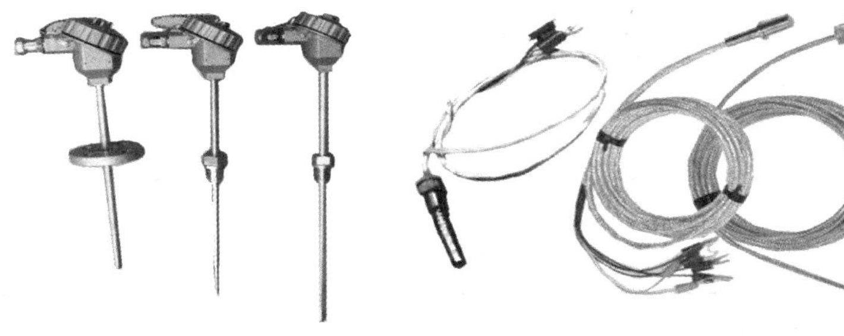
图3-5 常见热电阻

于冰面 30mm，标准温度计和被检热电阻插入冰点槽的深度应不小于 300mm，热电阻与冰点槽底部和壁面相距应不小于 20mm。

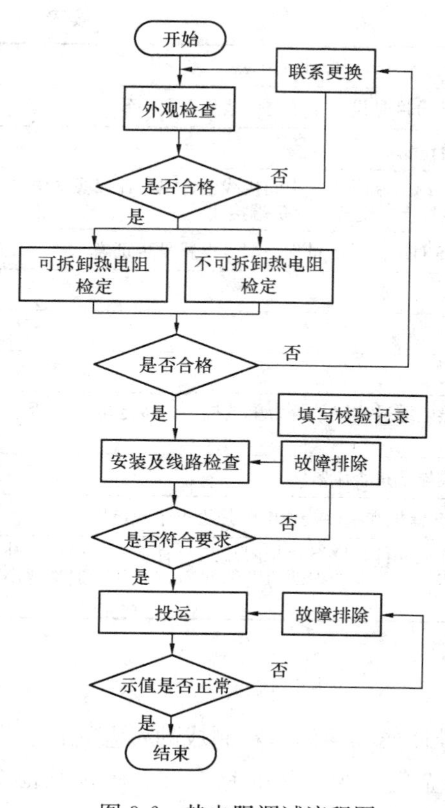

图 3-6　热电阻调试流程图

(2) 热电阻单体校验。现场安装的热电阻有不可拆卸和可拆卸两种，应分别进行检查和校验。

对于随厂供设备自带的不可拆卸热电阻，可进行检查和对比检查。先用万用表检查热电阻不开路，芯间不短路。用标准温度计测出安装点环境温度，再用热电阻测试仪测出热电阻的显示温度，根据测点间相互比对和环境温度比较，两者基本相符即认为该热电阻状态正常。对经比对检查合格的热电阻加贴标识，填写记录和报告。

可拆卸热电阻必须在试验室检测。热电阻放置在玻璃试管中，试管内径应与感温元件直径或宽度相适应。用脱脂棉或木塞塞紧管口后，插入介质中，插入深度不少于 300mm。校准时，通过热电阻的电流应不大于 1mA。

1) 0℃时对应的温度值 T_0 测定。将标准温度计和被检热电阻插入盛有冰水混合物的冰点槽内(槽内盛入适量冰水混合物，使水面低于冰面 10mm)，插入深度不少于 300mm，热电阻周围的冰层厚度不少于 30mm。当标准温度计温度在 0℃稳定后，用热电阻测试仪读取 T_0 值。

2) 100℃时对应的温度值 T_{100} 测定。将被检热电阻移至温控仪中，并升温到标准温度计测得 100℃稳定后，用热电阻测试仪读取 T_{100} 值。

3) t℃时对应的温度值 T_t 测定。将温控仪升温到 t 温度值，标准温度计测得 t℃稳定后，用热电阻测试仪读取 T_t 值。

在有效温度范围内，热电阻的电阻值通过分度表查算出的温度值 t 与真实温度的最大偏差不得超过表 3-7 规定。

表 3-7　　热电阻的允差等级和允差值

热电阻类型	允许等级	有效温度范围（℃）		允差值
		线绕原件	膜式元件	
PRT	AA	−50～+250	0～+150	±(0.100℃+0.0017 | t |)
	A	−100～+450	−30～+300	±(0.150℃+0.002 | t |)
	B	−196～+600	−50～+500	±(0.30℃+0.005 | t |)
	C	−196～+600	−50～+600	±(0.6℃+0.010 | t |)
CRT	—	−50～+150	—	±(0.30℃+0.006 | t |)

注　1. 在 600℃到 800℃范围内的允差应有制造商在技术条件中确定。

2. \| t \| 为温度的绝对值，单位为℃。

（3）热电阻现场系统调试。

1）确认热电阻已校验合格，外观良好。

2）核对热电阻测点安装位置，应符合设计，热电阻安装插入紧密、牢固。检查热电阻设计编号、型号，确认与设计相符。

3）回路检查：用绝缘电阻表检查回路接线绝缘，应符合绝缘要求；确认接线方式与设计相符；回路接线用万用表逐线逐段检查，线端连接应正确、牢固，线号标志应正确、清晰、不褪色。

4）在热电阻端拆除接线，确认显示终端显示状态正确，或用热电阻校验仪模拟相应的温度信号，确认与显示终端一致。

5）调试完成后恢复接线，清理现场。

（4）投运与动态调试。投运与动态调试参见“一、调试一般要求”中“（四）投运与动态调试”的内容。

3. 热电阻调试验收及故障处理

热电阻检定验收见表 3-8；热电阻常见故障及处理方法见表 3-9。

表 3-8　　热电阻检定验收表

工序	检验项目			性质	单位	质量标准	检验方法和器具
检查	绝缘电阻		Pt		MΩ	≥100	用 100V 绝缘电阻表测量
			Cu		MΩ	≥50	
	感温元件装配					无短路、无开路	用万用表检查
R_0标称电阻误差测试	铂热电阻	A 级	Pt10(R_0=10Ω) Pt100(R_0=100Ω)	主控	℃	符合检定规程要求	比较法，水槽与标准温度计
		B 级	Pt10(R_0=10Ω) Pt100(R_0=100Ω)				
	铜热电阻		Cu50(R_0=50Ω) Cu100(R_0=100Ω)				
$\frac{R_{100}}{R_0}$电阻比	铂热电阻		A 级	主控	比值		比较法，水槽与标准温度计
			B 级				
	铜热电阻						
热电阻现场调试				主控		安装检查、系统综合误差校测试符合要求	用比较法

注　1. A 级铂电阻不适用于二线制接线方式；对 R_0=100Ω 的 A 级铂电阻，使用温度范围应小于或等于 650℃。
2. 对二线制接线方式热电阻检定时，应包括热电阻内部引线电阻；对于多支感温二线制热电阻检定时，则需制造厂提供热电阻内部引线电阻值。

表 3-9　　热电阻常见故障及处理方法

阶段	故障描述	可能原因	处理方法
静态检定	热电阻温度输出无变化	热电阻断线或短路	检查热电阻
		热电阻坏	更换
	热电阻输出误差大	接线方式不对	检查接线
		绝缘不良	检查绝缘
		校验方法不对	检查标准仪器的精度
			温控仪的套管未密封
		热电阻坏	更换

续表

阶段	故障描述	可能原因	处理方法
动态调试	显示坏点	DCS画面未做好或模件故障	检查画面与逻辑；检查模件是否送电；通信是否良好；通道是否烧坏
		接线松动	检查接线端子是否压紧
		电缆开路、短路或接地	检查热电阻接线盒是否进水；检电缆查是否有对接头；查电缆是否被外力损坏，或离热源较近被烫坏
		热电阻开路或接地	就地温度计是否开路或接地，若损坏，则修复或更换
	温度显示无变化	热电阻短路或短线	检查热电阻及接线
		热电阻安装不正确	检查安装
		热电阻坏	更换
	温度显示偏低	热电阻未插入到底	检查热电阻底部是否与套管底部紧密接触；温度计是否与被测物体表面紧密接触，或是否插入至被测液体
		热电阻接线盒进水	清理积水并烘干
	温度显示偏高	绝缘不良	检查绝缘
		接线方式不对	检查接线
		热电阻CRT显示不准	检查DCS对应信号的量程、型号设置是否正确
	热电阻输出不稳定，温度显示跳变	热电阻接线不牢固	检查接线端子是否压紧
		接线松动	检查接线端子是否压紧
		DCS盘柜或模件接地未做好	检查DCS盘柜和模件接地电阻是否小于规定值
		补偿电缆屏蔽层接地未做好	检查补偿电缆屏蔽层是否为单端接地，接地电阻是否符合要求
		有大功率电磁或无线电干扰源	检查热电阻元件、DCS盘柜附近是否有干扰源；检查电缆是否与电气大功率动力电缆并列

（三）温度表及电接点温度表调试

各种测温方法是基于物体的某些物理化学性质与温度有一定的关系，这里温度表指的是膨胀式温度计，即当某些液体和固体的温度升高时有体积膨胀的特性，包括双金属温度计、压力式温度计等。

1. 膨胀式温度计测量原理

双金属温度计是由膨胀系数不同的两种金属彼此牢固结合作为感温组件的温度计。双金属温度计的感温组件通常绕成螺旋形，一端固定，另一端连接指针轴，当刻度变化时，感温组件的伸缩率发生变化，通过指针轴带动指针偏转，在刻度盘上直接指示出温度值。

图 3-7　常见温度计

压力式温度计的原理是利用充灌于温包、毛细管和弹簧管内工作介质的压力（或体积）随温度变化，使受压弹簧曲率改变，自由端产生位移，此位移通过连杆传动机构带动指针偏转，在刻度盘上直接指示出温度值。

常见温度计如图 3-7 所示。

2. 温度计单体调试

（1）校验前准备工作。参见本节“一、调试一般要求”，温度计调试流程如图 3-8 所示。

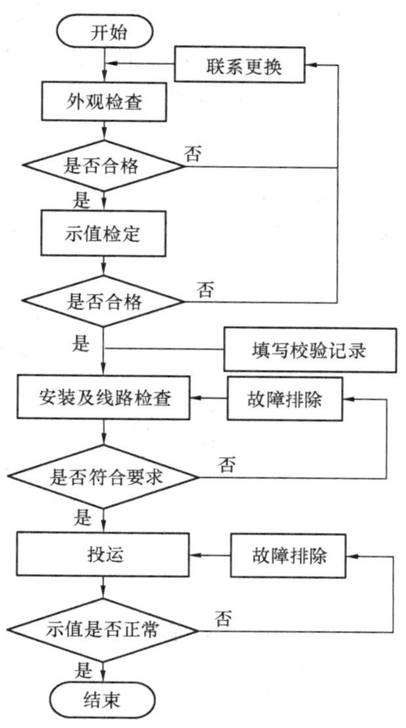

图 3-8　温度计调试流程图

（2）试验室单体校验。温度表的检定点在仪表测量范围内均匀选取不少于 5 点（包括常用点和报警点），有 0℃刻度的温度计校准点应包括 0℃；对于电接点温度表，需要通电预热 15min 以上再进行校验。

校验项目包括零点校验、显示误差校验、接点动作误差和切换误差校验。其中：

1）零点校验。将温度计温包插入盛有冰水温合物的冰点槽内，10min 后读数并记录。

2）显示误差校验。将被检表与标准表插入恒温槽内，通过恒温槽加热至离检定点±0.5℃，待示值稳定（通常需 10min）后读数并记录。在上升和下降两个方向逐点进行校验，读取时视线应垂直于表盘，读数估计到最小分度值的 1/5 或 1/10。

3）接点动作误差和切换误差校验（适用于电接点温度表）。将标准温度计和电接点温度表插入恒温槽内，电接点用铜导线引出并串到万用表回路中，控制恒温槽温度缓慢上升，在信号接通瞬间读取标准温度计读数，轻敲表计同时观察万用表显示；然后缓慢下降温度，在信号断开瞬间读取标准温度计读数，同样轻敲表计同时观察万用表显示。

校准上升和下降的全行程中，指针应平稳移动，不应有显见的跳动和停滞现象；电接点温度表的接点接触良好，无抖动现象。

校验过程中，做好原始数据记录，计算温度计示值基本误差，应不大于仪表的允许误差限，回程误差应不大于允许误差的绝对值，重复性误差应不大于允许误差绝对值的 1/2；电接点温度表的接点动作值误差应不大于允许基本误差的 1.5 倍。电接点温度表的切换误差应不大于允许基本误差绝对值的 1.5 倍，电接点温度计切换重复性应不大于最大允许误差绝对值的 1/2。

（3）现场校验。可用温控仪代替恒温槽，为了减少传热误差，温控仪必须配置与不同口径温度计相对应的内套管。校验方法与内容与试验室相同。

3. 温度表及电接点温度表调试验收及故障处理

膨胀式温度计的调校验收见表 3-10。

表 3-10　　膨胀式温度计的调校验收表

工序	检验项目	性质	单位	质量标准	检验方法和器具
调校	室温点读数误差	主控	%	≤允许基本误差	比较法，标准温度计和恒温槽
	示值误差		℃	≤允许基本误差绝对值	
	回程误差				
	上升、下降全行程示值动作			指针无跳动或卡住现象，示值平稳	观察
	信号动作误差		℃	≤允许基本误差绝对值	将信号指针整定后，改变槽温校对
	接点接触			良好	用校线工具查对

这两种表计内部机械损坏的概率不大，但随着时间使用延长，表计的精度会下降，并常会发生卡针或表壳破损的情况，最后更换。

（四）温度变送器调试

1. 温度变送器工作原理

温度变送器由输入处理单元、线性化单元、电压/电流转换、自校正电路、电压调整单元和反向保护电路、冷端补偿和R/V变换等组成，用于将工业热电偶或热电阻信号转换成4～20mA或1～5V直流信号。温度变送器原理如图3-9所示。

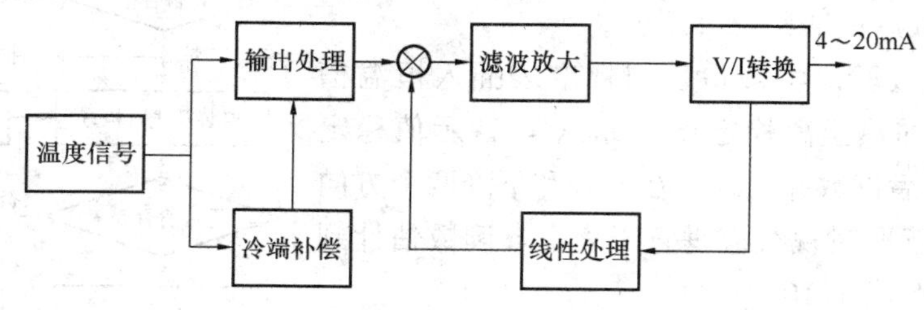

图3-9 温度变送器原理图

2. 温度变送器单体调试

(1) 准备工作及注意事项。参见本节“一、调试一般要求”，温度变送器调试流程如图3-10所示。

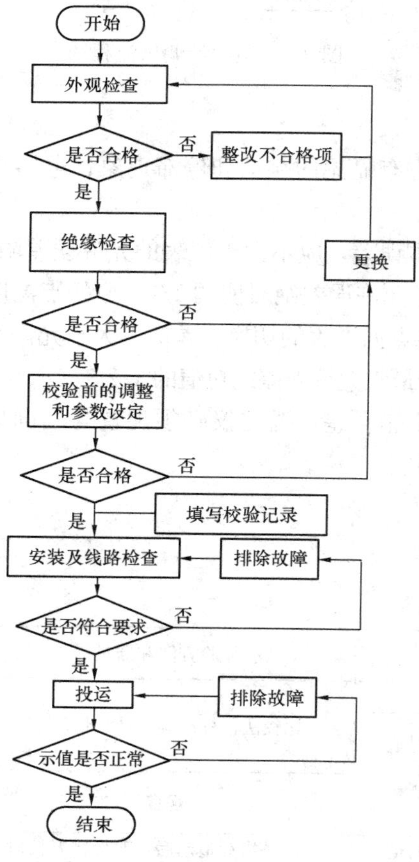

图3-10 温度变送器调试流程图

(2) 温度变送器单体校验。

1) 精度校验。热电偶温度变送器的校验按变送器接线图接线通电，输入信号，使输出达到满量程的40%左右，连续运行2h，然后进行变送器校验。

设TH为变送器输入信号上限值，TL为下限值，则量程$TS=TH-TL$，根据热电偶分度表查出对应信号TH、TL的毫伏值UH、UL。输入UH、UL值时，变送器应分别输出20mA或4mA。否则，应通过调整量程和零位，直至符合精度要求（要求考虑环境温度影响）。校准点一般不少于5点，应包括常用点，分别输入UL和$UL+25\%$、$UL+50\%$、$UL+75\%$、$UL+100\%$的毫伏电压，测量上述各校验点的输出电流，然后依次减少输入电压，测出各点输出电流。对应上述各校验点，输出电流的标准值应为4.0、8.0、12.0、16.0、20.0mA（要求考虑环境温度影响）。

2) 输出抖动量试验。在进行示值误差校验时，观察各校验点上输出值的抖动量，最大抖动量不应大于变送器基本误差的1/2。

3) 温度变送器校验标准。变送器基本误差符合精度要求。回程误差不大于允许基本误差的绝对值。其

输出电流应符合制造厂规定。

对于热电阻温度变送器的调校，除用电阻值代替上述毫伏电压信号外，其调校项目方法和误差计算均同于热电偶温度变送器。

对一体化温度变送器先参见热电阻或热电偶校验部分，可省略热电阻和热电偶加热校验。

(3) 系统校验。参照热电阻或热电偶单体调试。

3. 温度变送器调试验收与故障处理

温度变送器检定验收见表3-11；温度变送器常见故障及处理方法见表3-12。

表3-11　　温度变送器检定验收表

工序	检验项目		性质	单位	质量标准	检验方法和器具
检查	输出电流				符合制造厂规定	按制造厂规定的接线方式和方法进行
	热电偶温度变送器	断偶保护			符合检定规程要求	
		冷端温度补偿		℃		比较法，二等水银温度计
调校	零点迁移					输入信号检查
	示值误差		主控	%		
	回程误差			℃		

表3-12　　温度变送器常见故障及处理方法

阶段	故障描述	可能原因	处理方法
静态检定	输出无变化	温度元件断线或损坏	更换温度元件
		温度转换器损坏	更换温度转换器
		接线方式错误	检查接线
	输出误差大	绝缘不良	检查绝缘
		校验方法错误	检查标准仪器的精度
			温控仪的套管未密封
动态调试	输出无变化	温度转换器损坏	更换温度转换器
		温度元件损坏	更换温度元件
	输出误差大	绝缘不良	检查绝缘
		安装位置错误	检查安装位置
		温度变送器CRT显示不准确	检查DCS对应信号的量程、型号设置是否正确
		屏蔽线接线方式错误	屏蔽线单点接地
	输出不稳定	温度变送器接线不牢固	检查接线

(五) 温度开关调试

1. 温度开关工作原理

温度开关是利用金属或液体受热膨胀、冷却收缩的原理制成的。温度变化经由温包通过密封在毛细管内的饱和蒸汽转换为压力的变化，使得控制器内的波纹管伸长或缩短，带动杠杆动作，通过拨臂拨动微动开关，将触点闭合或断开。常见温度开关如图3-11所示。

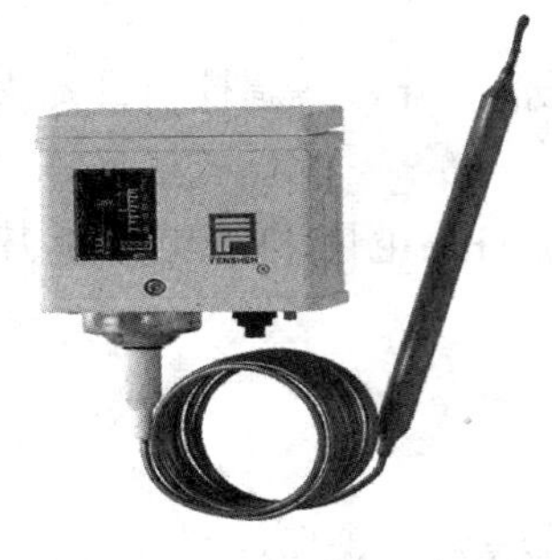

图 3-11　常见温度开关

2. 温度开关单体调试

(1) 准备工作及注意事项。参见本节“一、调试一般要求”，温度开关调试流程如图3-12所示。

外观检查时，还应检查感温组件毛细管密封性、柔软性良好，引线和密封圈无龟裂现象。微动开关和机械触点应无显著氧化，闭合释放动作正确可靠。

注意，不得使液体渗入开关内部，不得使外壳出现裂纹，不得随意改变外接端子的形状。校验中，要注意恒温槽的实际温度应为标准温度计示值加上该温度计的修正值。调试时防止塑胶或金属外壳压塌或变形。

(2) 温度开关单体校验。

1) 切换差不可调的开关检定。

① 设定点粗调。将标准温度计和被检温度开关的温包均插在恒温槽内同一水平面（如 JOFRA 温控仪、水浴、油浴），标准温度计尽可能靠近温包，并不断搅拌；开关的引出线连接在测量设备电路中（检测开关动作与否，如万用表、通灯等），控制恒温槽温度，使其稳定在开关的设定点上，进行高或低报警调整。其中高报警调整时，若开关没有动作，则往设定点减小的方向调整设定螺母，使开关刚好动作；若开关已动作，则往设定点增大的方向调整设定螺母，使开关复位，再往设定点减小的方向调整设定螺母，使开关刚好动作。低报警调整时，若开关没有动作，则往设定点增大的方向调整设定螺母，使开关刚好动作；若开关已动作，则往设定点减小的方向调整设定螺母，使开关复位，再往设定点增大的方向调整设定螺母，使开关刚好动作。

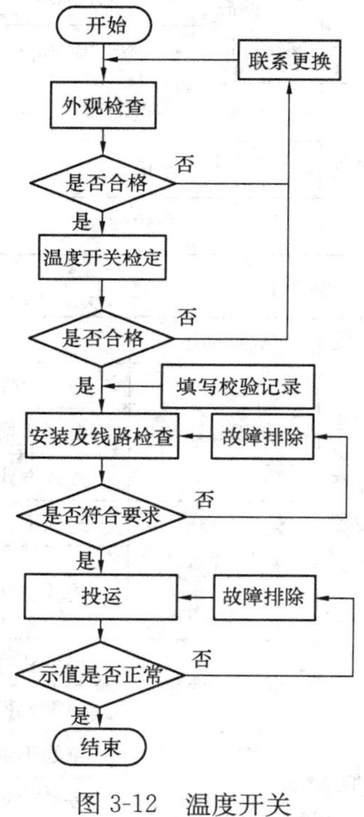

图 3-12　温度开关调试流程图

② 设定点细调。控制恒温槽温度缓慢下降（低报警时上升），升、降速度不宜大于 1℃/min，在开关复位的瞬间迅速读取标准温度计的示值，再控制恒温槽温度缓慢上升（低报警时下降），在开关动作的瞬间迅速读取标准温度计的示值。检查被校开关的接点动作误差，若不满足精度要求，则根据偏差，微调设定螺母。重复上述设定点粗调步骤，在满足精度要求的前提下，尽量减小误差。

2) 切换差可调的开关检定。对于切换差可调的开关，按 1) 完成设定点粗、细调的同时，调整切换差，使设定点和切换差均满足最大切换差应大于量程的 30%，最小切换差应不大于量程的 10%（注：生产厂对切换差有特殊要求的除外）。对于切换差不可调的开关，检查其切换差应不大于开关量程的 10%。

3) 重复性检查。连续测量开关的动作值和回复值三次，取三次中误差大的值作为重复性误差，其值应满足开关精度要求。

4）检定标准及误差计算。给出精度等级的温度开关，接点整定动作误差应不超过温度开关允许误差绝对值。未给出精度等级的温度开关，接点动作误差应不超过报警整定值的1.5%。其误差计算公式为

$$动作误差=\mathrm{Max}(开关的动作值——设定值)$$

$$切换误差=\mathrm{Max}(开关的动作值——开关的回复值)$$

$$重复性误差=\mathrm{Max}(开关的动作值\ n_2——开关的动作值\ n_1)$$

（3）回路检查。确认接线方式与设计相符。用万用表逐线逐段检查回路接线，线端连接应正确、牢固。现场短路或开路开关接点，终端显示开关信号应与现场一致。线号标志应正确、清晰、不褪色。

控制系统启动时，表计投入使用。

3. 温度开关调试验收及故障处理

温度开关检定验收见表 3-13；常见故障及处理方法见表 3-14。

表 3-13　　温度开关检定验收表

工序	检验项目	性质	单位	质量标准	检验方法和器具
检查	外观检查				观察
	绝缘测试	主控	MΩ		绝缘电阻表
调校	动作值整定	主控		符合工艺流程要求	用温度标准器具检查
	动作误差		℃	符合检定规程要求	
	接点			接触良好	用校线工具查对
	切换误差			符合检定规程要求	标准器具检查

表 3-14　　温度开关常见故障及处理方法

阶段	故障描述	可能原因	处理方法
静态检定	温度开关输出无变化	设定点不正确	调整设定螺母
		微动开关损坏	更换
		微动开关氧化或锈蚀	去除氧化层
		微动开关绝缘不合格	烘干
		线路或测量设备故障	检查连接线路和测量设备
		毛细管路盘折或折断	检查管路或更换
动态调试	温度开关输出无变化	线路或电源故障	检查线路和电源
		温度未达到设定点	不处理
	温度开关动作不正常	温度开关安装不正确	检查安装
		温包与套管不匹配	更换套管

三、压力类仪表调试

这里介绍压力表、变送器、压力开关等仪表的测量原理、校验方法、验收内容和常见故障及处理。

（一）压力表调试

1. 压力表测量原理

压力表的工作原理是利用弹性敏感元件（如弹簧管）在压力作用下产生弹性形变，其变量的大小与作用的压力成一定的线性关系，通过传动机构放大，由指针在分度盘上指示出被测的压力。压力表按弹性敏感元件不同，可分为弹簧管式、膜盒式、膜片式和波纹管式等。

弹簧管压力表可用于测量真空或0～100MPa的压力，它是用一根扁圆形或椭圆形截面的管子弯成圆弧形而成。管子一端封闭，另一端固定在仪表基座上，当固定端通入被测压力时，弹簧管承受内压，截面形状趋于圆形，刚度增大，弯曲的弹簧管伸展，封闭的自由端外移，然后通过传动机构带动压力表指针转动，指示被测压力。在弹簧管压力表中，游丝的作用是为了减小回程误差。压力表结构如图3-13所示。

膜片式压力表适用于测量具有一定腐蚀性的介质（如硝酸、大部分有机酸和无机酸等）的压力。此外，膜片式压力表更适用于测量非凝固或非结晶的各种黏性介质的压力。仪表适合在周围环境为－40～60℃、相对湿度不大于90%的条件下工作。

膜片式压力表由测量系统（包括法兰接头、波纹膜片）、传动指示机构（包括连杆、齿轮传动机构、指针度盘）和外壳（包括表壳和罩圈）等组成。其作用原理是基于弹性元件（测量系统中的膜片）变形。在被测介质的压力作用下，膜片产生相应的弹性变形——位移，借助连杆组经传动机构的传动并予放大，由固定于齿轮轴上的指针将被测值在度盘上指示出来。

2. 压力表单体调试

（1）准备工作。参见本节“一、调试一般要求”，压力表调试流程如图3-14所示。

（2）压力表、电接点压力表校验。

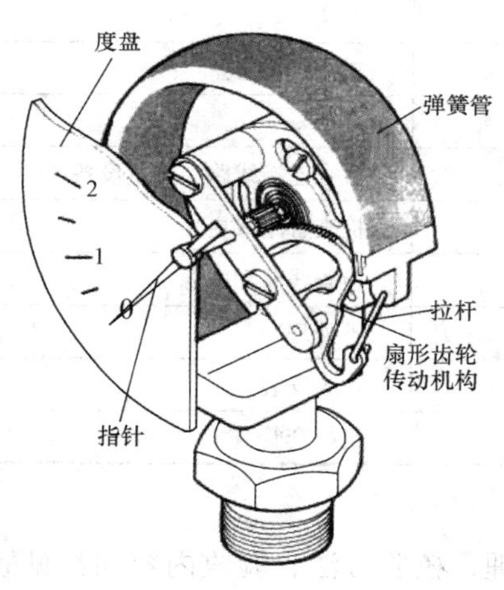

图3-13　压力表结构示意图

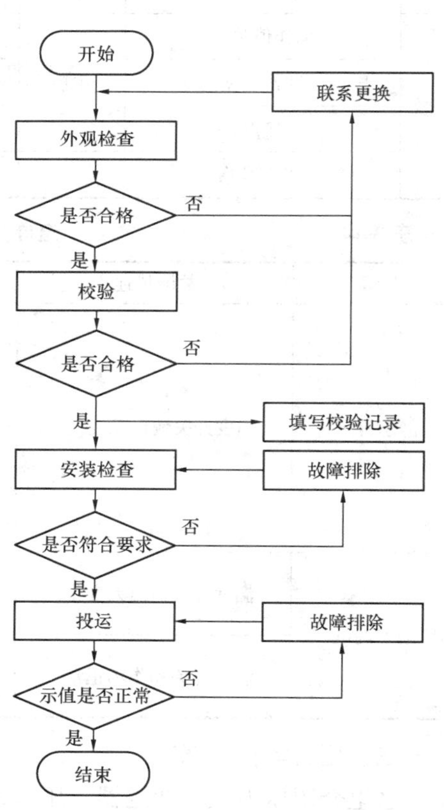

图3-14　压力表调试流程图

1）普通压力表单体校验。在校验之前应先确定好校验压力表所用的工作介质符合要求，并注意校验测量上限不大于0.25MPa的压力表时，工作介质应为清洁的空气和无毒、无害及化学性能稳定的气体；测量上限为0.25～250MPa的压力表时，工作介质应为无腐蚀性的液体。

在现场校验时，标准仪器与压力表使用工作介质若为液体，它们的受压点应基本保持同一水平面。如不在同一水平面，应考虑由液柱高度差所产生的压力误差。

用扳手把标准表和被校表装在压力校验台上，并按图3-15连接好标准器和被校压力表，标准表和被校压力表的表面应朝向校验人员，并调整校验台为水平位置。

弹簧管压力表有两个调整环节，一是杠杆的活动螺丝；二是转动传动机构改变扇形齿轮与杠杆夹角。调整杠杆的活动螺丝可以得到不同的传动比，达到调整压力表线性误差的目的，改变扇形齿轮与杠杆的夹角可以起到调整压力表非线性误差的作用。

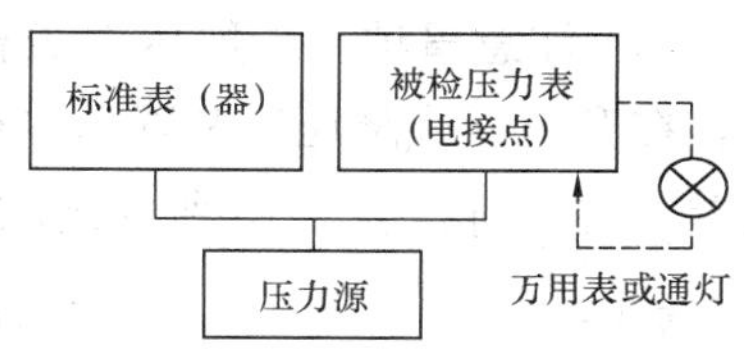

图3-15 压力表检定装置示意图

压力表的示值检定应按标有数字的分度线进行。校验时先缓慢升压至各校验点，使被校表指针对准校验点，读标准表读数，在每一校验点读数两次，第一次读数在轻敲前进行，第二次在轻敲后进行。在轻敲位移符合要求后，才能判断校验点的误差。用同样的方法进行下行程校验，由所读取的资料计算基本误差、变差和轻敲位移等。

校验时应缓慢、平稳升压（或降压），在示值达到测量上限后，切断压力源（或真空源），耐压3min，然而按原检定点平稳地降压（或升压），校准点一般不少于5点，并且应包括常用点。指针在标尺刻度范围内移动应平稳，无跳动和卡涩现象。

2）电接点压力表设定点校验。电接点压力表的指示部分校验与普通压力表校验方法相同，其接点动作值校验方法如下：

电接点压力表校验在示值检定合格后进行信号误差的检定，其方法是将上限和下限的信号接触指针分别定于三个以上不同的检定点上，检定点应在测量范围的20%～80%选定，缓慢地升压或降低，在信号接通瞬间读取压力值，在信号断开瞬间读取压力值，以确定工作值和恢复值。

电接点可用作高报警接点或低报警接点两种，对每一个设定点应在升压和降压两种状态下进行校验。校验时先把指针调到设定值，使设定指针位于设定值上，然后进行平稳、缓慢地升压或降压（指示指针接近设定值时的速度每秒应不大于量程的1%），直到信号接通或断开为止，在标准器上读取接点的动作值和回复值。如果动作值的偏差大于其允许误差，需重新调整设定值，反复操作后，使动作值符合要求。测量电接点的通、断可用万用表或通灯来测量，接点的接触电阻应符合要求。

3）误差标准。计算各校验点的误差时，以轻敲表壳后的指示值为准，每一校验点的误差都不应超过所规定的允许误差。仪表的基本误差不应超过仪表的允许误差。仪表的回程误差不应超过仪表允许误差的绝对值。仪表的轻敲位移不应超过仪表允许误差的绝对值的1/2。电接点压力表的接点动作误差应符合厂家规定值，对于厂家未规定接点动作误差的，其动作值与设定值比较计算误差不应超过允许误差的1.5倍。

指针偏转平稳性检查是指在示值误差检定的过程中，目测指针的偏转情况。

（3）压力、电接点压力表的投用。压力表经检验合格交安装部门安装后，调试人员应用万用表逐线逐段检查回路接线，确认连接正确、牢固，线号标志应正确、清晰、不褪色。电接点压力表还应在现场短接或开路接点，确认终端显示与实际需求相符。机组启动后，在仪表管路具有一定压力时进行冲管；冲管后投运，投运时要缓慢打开二次阀门，一般压力表的工作压力应在大于表计满量程的1/2，但小于量程的 2/3 处；当压力表与取样点较近或压力表波动较大时，应增加阻尼以防打坏表计。增加阻尼的方法一般有两种：一是在表计的进压口旋进或旋出阻尼螺钉，二是控制二次阀门的开度来控制冲击压力。

（4）注意事项。一般压力表检验时，示值按分度值的 1/5 估读；校验时，对每一检定点，在升压（或降压）和降压（或升压）校验过程中，轻敲表壳前、后的示值与标准器示值之差，均应符合表 3-15 所规定的允许误差。电接点的动作允许误差与切换差见表 3-16。

表 3-15　　压力表的准确度等级及允许误差关系表

准确度等级	允许误差(%)(按量程的百分数计算)			
	零位		测量上限的90%～100%	其余部分
	带止销	不带止销		
1	1	±1	±1.6	±1
1.6(1.5)	1.6	±1.6	±2.5	±1.6
2.5	2.5	±2.5	±4	±2.5
4	4	±4	±4	±4

注　使用中的 1.5 级压力表允许误差按 1.6 级计算，准确度等级可不更改。

表 3-16　　电接点的动作允许误差与切换差表

准确度等级	设定点偏差允许值(%)(以量程百分数计算)		电接点的回复值(切换差)	
	直接作用式	磁助直接作用式	直接作用式	磁助直接作用式
1	±1	±0.5～±4	不大于示值允许误差的绝对值	不大于量程的 3.5%
1.6(1.5)	±1.6			
2.5	±2.5			

1）压力真空表校验时，校验压力测量上限为−0.3～2.4MPa 的压力真空表，抽真空时指针应能指向真空方向；压力真空表的压力测量上限为 0.15MPa 时，真空部分校验应检定两点示值；压力真空表的压力测量上限为 0.06MPa 时，真空部分校验应检定三点示值。

2）压力表的校验内容，除确定仪表的基本误差、变差、零位、轻敲位移外，还要注意指针偏转的平稳性（有无跳动、停滞卡涩现象）。压力表的校验点应在测量范围内均匀先取，除零点外，对于压力表和真空表校验点数不小于 4 点；对于压力真空（联程）表其压力部分不小于 3 点，真空部分为 1～3 点。校验点一般选择带数字的大刻度点。

3. 压力表调试验收及故障处理

弹簧管式压力表、真空表、压力真空表及差压表调校验收见表 3-17，压力表常见故障及处理方法见表 3-18。

表 3-17　　弹簧管式压力表、真空表、压力真空表及差压表调校验收表

工序	检验项目		性质	单位	质量标准	检验方法和器具
检查	测量特殊介质仪表盘面标志				清楚	观察
调校	液柱修正				正确	观察
	示值误差		主控	%	符合检定规程要求	比较法，压力、真空校验台和标准仪表
	回程误差			Pa		
	轻敲变动量			Pa		观察
	指针在全程中运动					
调校	信号动作	绝缘电阻测试				绝缘电阻表
		报警偏差	主控	Pa	符合检定规程要求	改变压力，校对动作值
		给定针动作			灵活	观察
		接点接触			良好	用校线工具查对

表 3-18　　压力表常见故障及处理方法

故障描述	可能原因	处理方法
表盘示值有线性误差	指针安装不正确	压力加到被校表的中间值（观察标准表），用起针器拔下指针，再根据标准表的指示压力装入指针，轻敲使指针固定，再重新校验一遍，确认其误差是否已达到规定要求
表盘示值有非线性误差	弹簧管自由端与扇形齿轮的轮杆传动比调整不当	先调整连杆与扇形齿轮间的夹角，改变其放大比例，将其调整为线性误差，再按照线性误差处理
	指针位移太小，致使偏前或偏后，游丝松紧不一	可调整游丝松紧，将中心齿轮转动位置
	弹簧管变形失效，位移与压力不成正比例关系	需要更换弹簧管
卸压后，指针不能恢复到零点	指针打弯或松动	可用镊子矫正，校验后敲紧
	游丝力矩不足	可脱开中心齿轮与扇形齿轮的啮合，逆时针旋动中心齿轮轴以增大游丝反力矩

（二）变送器调试

压力、差压、流量变送器根据应变原理将压力信号转换成电信号，使其参数可以方便地远程传送，变送器主要有电容式、霍尔式、力平衡式、振弦式等类型，测量范围从真空到50MPa，精确度可达 0.1%以上，信号输出有电流、电压和频率等形式。

1. 变送器测量原理

变送器通常由感压单元、信号处理和转换单元、显示单元组成。变送器测量原理如图3-16 所示。

变送器是一种将压力（或压差）变量转换为可传送的标准化输出信号的仪表，其输出信号可与压力（或压差）变量之间有一给定的连续函数关系（通常为线性函数）。压力变送器主要用于工业过程压力参数的测量和控制，压差变送器常用于流量测量和容器液位测量。

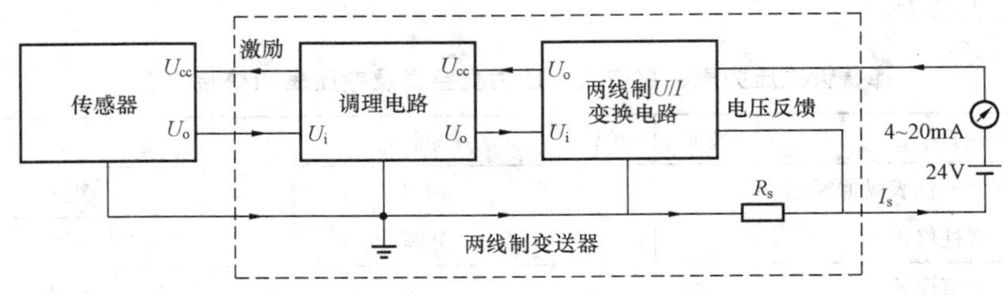

图 3-16　变送器测量原理图

压力变送器主要有电容式和压电式两种，都是由传感器组件和电子组件两部分组成。

(1) 传感器组件。传感器组件通常主要由压力（或差压）传感器、温度传感器、传感器组件存储器、模/数信号转换器等四部分组成。传感器有以下四种。

1) 电容式传感器。电容式传感器的感压膜片是一种张紧的弹性元件，感压膜片的位移与压差成正比，最大位移为 0.10mm，是弹性压力检测部件，组成测量电容的另外两个固定极板分别固定在涂有绝缘层的基座上，隔离膜片将整个基座封闭起来，感压膜片又将其分为左右两个容室，两个容室内充满硅油，主要作用是隔离测量介质，以免腐蚀测量极板，膜片位移原理如图 3-17 所示。当压差为零时，可动极板与两固定极板间的间隙相等，两差动电容量相等。当被测压力作用于隔离膜片时，通过硅油使测量膜片产生与压力成正比的位移，从而改变了可动极板与固定极板间的距离，引起电容变化，电容量的变化与过程压力成正比，通过测量电容的变化达到测量压力的目的。

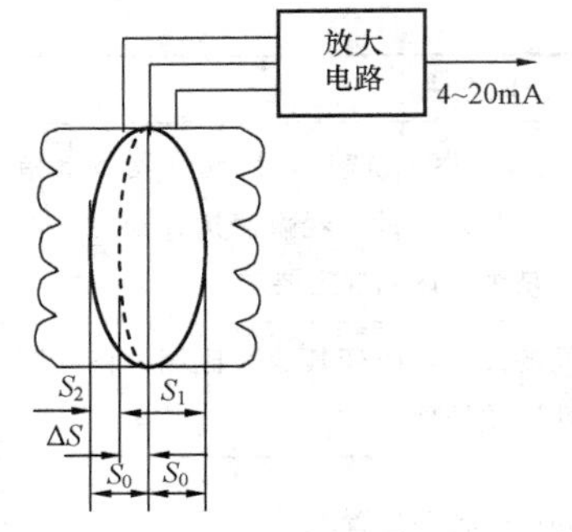

图 3-17　膜片位移原理图

2) 单晶硅谐振式传感器。单晶硅谐振式传感器是采用超精细加工工艺在单晶硅材料上制成两个完全一致的 H 形谐振梁，并以一定的频率产生振动，其工作原理如图 3-18 所示。其谐振频率取决于梁的长度及张力，而张力随压力的变化而变化，实现了压力变化转换成频率信号的变化，并采用了频率差分技术，将两个频率信号直接输出到脉冲计数器，从而使传感器具有误差小、重复性好、分解能力和反应灵敏度高、直接输出数字信号等特点。由于传感器良好的特性，可使变送器几乎不受静压和温度的影响，而且具有优良的过压性能和范围较宽的量程。

3) 压电式传感器。压电式传感器测量绝对压力并通常用在真空及液位测量中。传感器含有一个由硅片上的硅电阻组成的惠斯登电桥，过程压力通过隔离膜片和灌充物变送到感应

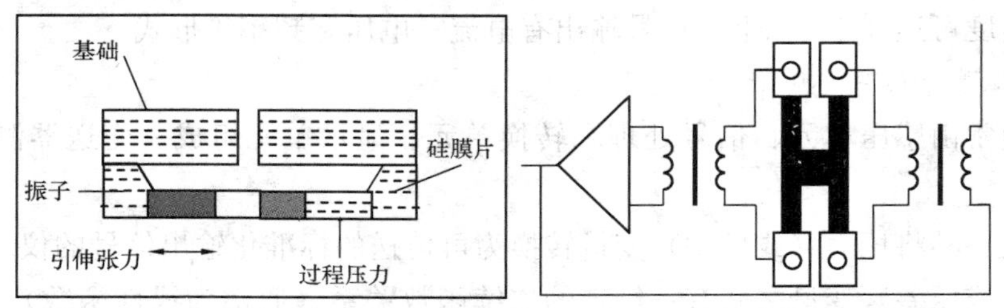

图 3-18　单晶硅谐振式变送器工作原理图

元件，使硅片产生非常微小的倾斜，这一变化的结果则改变了与所需压力成正比的电桥电阻。

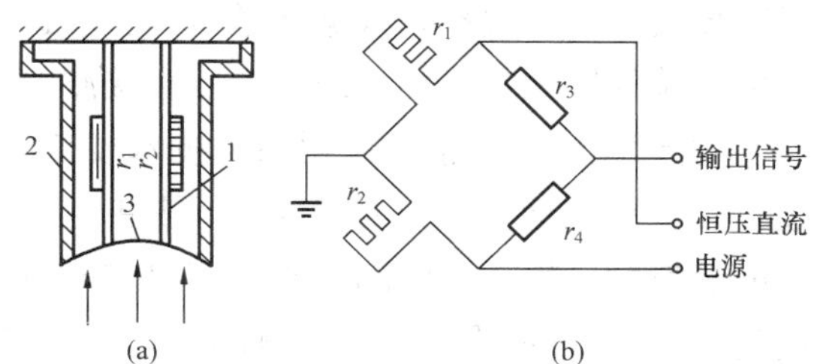

图 3-19　电阻应变压力传感器原理示意图

(a) 传感筒；(b) 测量桥路

1—应变片；2—外壳；3—密封膜片

4) 应变式传感器。应变式传感器利用应变片作为转换元件，应变片有金属电阻丝应变片（金属丝粘贴在衬底上组成的元件）和半导体应变片两类。根据电阻应变压力传感器原理（见图 3-19），应变片在被测压力作用下产生弹性变形 dL/L（即应变 e），其电阻值随之发生变化，如果已知应变片的电阻变化与其变形（即应变）的关系，则通过对应变片电阻变化的测量就可测知被测压力，即将被测压力转换成应变片电阻值的变化；然后经过桥式电路得到毫伏级的电量输出，供显示仪表显示被测压力或经放大电路转换成统一标准信号后，再传送到 DCS 或记录仪表。

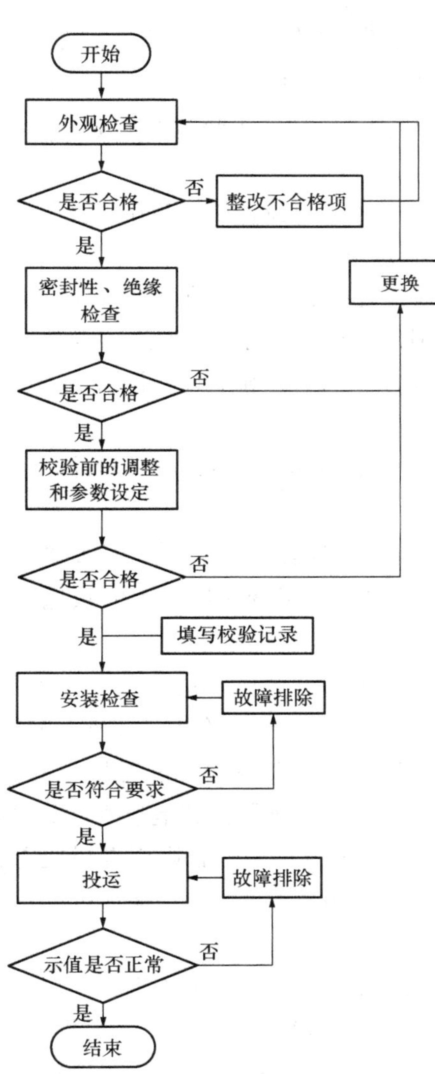

图 3-20　变送器调试流程图

(2) 电子组件。电子组件包含有一块混合了数字 ASIC 专用集成电路、微处理器和表面镶嵌技术的信号板，它接收传感器组件来的数字输入信号及其修正系数，然后对信号进行修正和线性化，电子组件的输出部分将数字信号转换成 4～20mA 模拟信号输出到控制系统。

2. 变送器单体调试

(1) 准备工作。参见本节“一、调试一般要求”，变送器调试流程如图 3-20 所示。

变送器的校验前应了解其在现场的安装位置和用途：当取样位置与变送器有较大高度差时，校验中必须加上高度差修正值；汽包水位变送器使用输出信号为 4～20mA 的差压变送器，当汽包水位为零时，变送器的输出为 12mA。

(2) 变送器单体校验。

1) 试验室单体调校。

标准设备和被检变送器必须在检定条件下放置 2h 以上，以达到热平衡。精度低于 0.5 级的变送器可缩短放置时间，一般为 1h。标准设备和被检变送器应正确连接，并使变送器的取压口与标准表的取压口在同一水平面上。确保导压管中充满传压介质，传压介质为气体时，应确保其清洁、干燥；传压介质为液体时，介质应根据制造厂要求或现场实际情况选择。根据变送器的要求选择输出负载，一般为250Ω直流电阻，若使用多功能校验仪则无需另加负载，可以直接测量变送器的输出电流。

① 密封性检查。根据说明书及技术规范连接线路和表计，确认变送器与压力校验器紧密连接后，平衡地升压（或疏空），使变送器测量室压力至测量上限值（或当地大气压力90%的疏空度）后，关闭隔离阀，密封15min，在最后5min内其压力值下降（或上升）不得超过测量上限的1%。变送器耐压试验参数表见表3-19。差压变送器在进行密封性试验检查时，将高、低压容室连通后同时引入额定工作压力进行观察。

表3-19　　变送器耐压试验参数表

测量区域	正压力	真空	压力真空
耐压试验值	测量上限值	−93.3kPa	测量上限值或下限值
耐压时间（min）	5	3	3
质量要求	数值变化小于耐压试验值1%为合格（也可通过变送器输出信号的等效变化来观察）		

例如，进行0～400kPa、0.5级、3051型电容式压力变送器密封性试验时，将额定工作压力400kPa引入压力变送器，切断压力源，观察5min压力下降值，不超过所加压力的1%（4kPa）。

进行差压变送器密封性试验的同时，检查变送器的输出下限电流，该值与在大气压力时的输出下限电流的差值即为静压影响，该值应小于变送器允许误差的1/2。

② 校验前调整和参数设置。智能压力变送器、差压变送器配备相应的手操器进行调整和设置。以Rosemount3051系列变送器为例，使用HART375手操器设置变送器参数，本书中未涉及的参数通常保持出厂默认值，若有特殊技术要求，可参照相关设备说明书进行调整和设置。

检查电路的电源电压和极性，确认无误，接通电源。通电预热，在变送器校验前，一般需通电预热15min。

显示设置：按要求设置变送器显示的数值为实际测量值或量程的百分比值；按要求设置变送器显示的工程单位，一般为Pa、kPa、MPa或%；按要求设置变送器显示的数值分辨率（小数点的有效位数）。

阻尼时间设置：按要求合理设置变送器的阻尼时间，一般为0.2～0.4s。

量程设置：根据定值清单设置变送器使用的工程单位，常用的单位有Pa、kPa、MPa、bar、inH_2O、mmH_2O等；根据定值清单，再结合变送器的实际安装位置进行量程的正、负迁移后，最终设定变送器的量程；缓慢调节压力至变送器量程的下限值和上限值，即“零位”和“满量程”，检查变送器示值，其示值误差应小于最大允许误差，否则应选择变送器的“传感器修正（sensor trim）”选项，再选择“零位修正（zero trim）”的功能进行变送器标定。

输出信号设置：根据设计，设定变送器输出信号为输入信号的线性值或方根值，一般为线性值；根据设计，设定变送器输出信号类型，一般为4～20mA或1～5VDC无源信号；缓慢调节压力至变送器量程的下限值和上限值，即“零位”和“满量程”，检查变送器输出信号，其与标准信号的误差应小于最大允许误差，否则应使用变送器的“analog output trim”功能块进行标定。

③ 零位与量程调整。智能变送器初次安装校准时，应施加被测物理量进行量程和零位调整。调整时，对于低量程变送器应注意消除液柱差影响；若有水柱修正，校准时应加上水柱的修正值；当传压介质为液体时，应保持变送器取压口的几何中心与活塞式压力计的活塞下端面（或标准器取压口的几何中心）在同一水平面上。

调整前先将阻尼电位器反时针调到极限位置（阻尼最小处），即关闭阻尼，稳定后校验。

输入下限压力信号时，调整变送器输出电流为物理零位（通常为 4mA），否则调整零位；加压至上限压力信号值时，调整输出电流为满量程（通常为 20mA），否则调整满量程。由于调量程时影响零点输出，而调零点时不影响量程输出，因此，零点和量程需反复调整几次，直至零点和量程输出电流分别为 4mA 和 20mA，满足精度要求。零点和量程调整完后，再将阻尼电位器调到合适位置。对于智能变送器可以先进行内部零位、量程设定，再进行逐点检查。校验点应按量程均布选择，包括上限值、下限值在内不少于 5 个点（通常选择为量程的 0%、25%、50%、75%、100%）。

④ 基本误差和回差的校验。完成零位与量程调整后，再从零位开始平稳地输入压力信号到各校验点，读取并记录标准表和被校变送器的示值和输出信号，直至上限；然后反向平稳改变压力信号到各校验点，读取并记录标准表和被校变送器的示值和输出信号，直至下限。如有需要，可做多个循环的校验。校验过程中不允许调整零点和量程，不允许轻敲和振动试验仪器和被校变送器，在接近校验点时，输入压力信号时应足够慢，避免过冲现象。校验过程在记录表格上做好原始数据记录。

⑤ 零点迁移。对需零点迁移的变送器进行零点迁移。在迁移前先将量程调到所需值；按测量的下限值进行零点迁移，输入下限对应压力，用零位调整电位器调节，使输出为 4mA；复查满量程，必要时进行细调；若迁移量较大，则先需将变送器的迁移开关（接插件）切换至正迁移或负迁移的位置（由迁移方向确定），然后加入测量下限压力，用零点调整电位器将输出调至 4mA；复查满量程，必要时进行细调。

⑥ 填写校验报告。校验后根据校验过程记录表格上的原始数据记录，进行变送器基本误差和回程误差的计算，并确认其基本误差不大于变送器最大允许误差，回程误差不大于允许误差绝对值的 4/5。变送器准确度等级及最大允许误差、回程误差见表 3-20。

表 3-20　　变送器准确度等级及最大允许误差、回程误差

准确度等级（%）	0.05	0.1	0.2（0.25）	0.5	1.0	1.5	2.0
最大允许误差（%）	±0.05	±0.1	±0.2（0.25）	±0.5	±1.0	±1.5	±2.0
回程误差（%）	0.05	0.08	0.16（0.20）	0.4	0.8	1.2	1.6

运行中的智能变送器量程修改，可以通过对存储器内的上限和下限调整直接进行。

2）变送器现场调试。

① 安装检查。变送器现场安装完成后，调试人员检查确认仪表管安装正确，连接可靠。对差压变送器需确认正、负压侧连接正确。进行回路检查，确认接线方式与设计相符。用万用表逐线逐段检查回路接线连接应正确、手轻拉接线应牢固，线号标志应正确、清晰、不褪色。确认系统对应单体设备校准工作结束并合格。

② 系统综合误差校准。合上系统中各个设备的电源，按系统中预热时间最长的仪表的预热时间进行预热；系统综合误差的校准点包括常用点在内不少于 5 点。

在现场变送器处，确认变送器与压力校验器紧密连接后，平衡地升压（或疏空），使变送器测量室压力至各校验点，直至上限；然后反向平稳改变压力信号到各校验点，直至下限。校准过程中，读取并在记录表格上记录标准表和被校变送器的原始示值和输出信号。

③ 综合误差计算。

完成系统综合误差测试后，进行变送器测量系统综合误差计算。其中，配指示仪表（记录仪表）的系统允许综合误差为变送器和指示仪表（记录仪表）允许误差的方和根；进入 DCS 通道的系统允许综合误差为变送器和模件允许误差的方和根。计算后系统的示值允许综合误差应不大于该系统的允许综合误差；回程误差应不大于该测量系统允许综合误差的 4/5。

若综合误差不满足要求，应对系统中的单体仪表进行校准或检修。

3）变送器投用。确认取样仪表管已进行严密性试验。

对压力变送器的投用顺序为：先关闭变送器上的二次阀，打开一次阀，微开排污阀，等排污阀有污水排出来后开大排污阀进行排污，等污水排放干净后关闭排污阀，打开二次阀。

对差压变送器的投用顺序为：先关闭变送器上的二次阀，打开平衡阀，打开一次阀，微开排污阀，等排污阀有污水排出来后开大排污阀进行排污，等污水排放干净后关闭排污阀，打开二次阀，等压力稳定后关闭平衡阀。

3. 变送器调试验收及故障处理

调校人员检定前应悉安装验收要求，检定过程中严格按要求检定，检定结束后，按表 3-21、表 3-22 变送器调校验收表格要求进行自查，质量人员进行验收。

表 3-21　　电容、电感、压电、压阻式压力和差压变送器调校验收表

<table>
<tr><th>工序</th><th colspan="2">检验项目</th><th>性质</th><th>单位</th><th>质量标准</th><th>检验方法和器具</th></tr>
<tr><td rowspan="3">检查</td><td rowspan="2">电源电压</td><td>极性</td><td></td><td></td><td>正、负极性正确</td><td rowspan="2">使用数字电压表测量</td></tr>
<tr><td>幅值</td><td></td><td></td><td>符合制造厂负载特性曲线要求</td></tr>
<tr><td colspan="2">严密性</td><td></td><td></td><td>无渗漏</td><td>按制造厂要求进行压力试验</td></tr>
<tr><td rowspan="6">调校</td><td colspan="2">压力变送器液柱修正</td><td></td><td></td><td>正确</td><td rowspan="6">输入压力或差压检查</td></tr>
<tr><td colspan="2">示值误差</td><td rowspan="5">主控</td><td rowspan="5">%</td><td rowspan="5">符合检定规程要求</td></tr>
<tr><td colspan="2">回程误差</td></tr>
<tr><td colspan="2">端基一致性</td></tr>
<tr><td colspan="2">重复性误差</td></tr>
<tr><td colspan="2">死区</td></tr>
</table>

表 3-22　　智能压力、差压变送器调校验收表

<table>
<tr><th>工序</th><th colspan="2">检验项目</th><th>性质</th><th>单位</th><th>质量标准</th><th>检验方法和器具</th></tr>
<tr><td rowspan="4">检查</td><td colspan="2">严密性</td><td></td><td></td><td>无渗漏</td><td>按制造厂要求进行压力试验</td></tr>
<tr><td rowspan="2">电源电压</td><td>极性</td><td></td><td></td><td>正、负极性正确</td><td rowspan="2">使用电压表检查</td></tr>
<tr><td>幅度</td><td></td><td></td><td>符合制造厂负载特性要求</td></tr>
<tr><td colspan="2">单点接地电阻</td><td></td><td>Ω</td><td>≤100</td><td>使用万用表检查</td></tr>
</table>

续表

工序	检验项目		性质	单位	质量标准	检验方法和器具
检查	软件组态初检				符合工艺流程对测量要求	用专用智能通信器进行组态检查
	软件组态数据设置与校核				符合工艺流程对测量的要求	用专用智能通信器进行设置与校核
调校	流量开方器输出允差	≤7.1%	主控	%	符合检定规程要求	输入压力或差压信号，使用SFC智能通信器、准确度为0.04级的基准信号源和0.03级的电压表。按产品说明书方法，利用SFC键盘，对仪表的零点、量程、零点迁移进行调校
		7.1%～50%				
		≥50%				
	示值误差					
	回程误差					

变送器校验过程中常见故障及处理方法见表3-23。

表3-23　　变送器常见故障及处理方法

故障描述	可能原因	处理方法
变送器无显示	电源等级不匹配	检查输入电源
	电源极性接反	检查电源接线
	熔丝熔断	检查熔丝
	显示元件损坏	检查变送器输出信号，若输出性信号正确，则更换显示元件
变送器显示值不正确	超出测量范围	核对变送器测量范围
	膜盒损坏	更换变送器
	HART375强制输出未恢复	恢复变送器至正常工作模式
	变送器死机	复位或断电后重启变送器
	压力源未送至变送器	检查各个阀门位置是否正确
变送器输出不正确	输出信号类型不对	检查输出信号类型
	输出回路供电方式不对	检查输出回路供电方式
	输出信号的正负极接反	检查输出信号的正负极
	输出通道熔丝坏	更换熔丝
	输出回路负载不匹配	检查输出回路负载
HART375连不上变送器	变送器不支持HART协议	核对变送器型号参数
	变送器电源未打开	打开变送器电源
	所接测量端子不对	检查接线
	变送器死机	复位或断电后重启变送器

（三）压力（差压）开关调试

1. 压力（差压）开关工作原理及结构

压力（差压）开关是一种简单的压力（差压）控制装置，当被测压力（差压）达到额定值时，电子压力开关可发出警报或控制信号。

当系统内压力（差压）高于或低于额定的安全压力时，开关感应器内碟片瞬时发生移动，通过连接导杆推动开关接头接通或断开；当压力（差压）降至或升至额定的恢复值时，碟片瞬复位，开关自动复位，即当被测压力（差压）超过额定值时，弹性元件的自由端产生位移，直接或经过比较后推动开关元件，改变开关元件的通断状态，达到控制被测压力的目

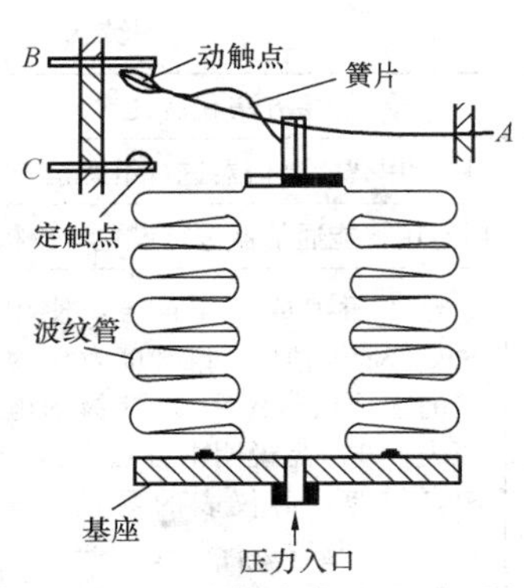

图 3-21　压力开关结构图

的。压力（差压）开关类别包括常开式和常闭式，其结构如图 3-21 所示。

2. 压力（差压）开关单体调试

（1）准备工作及注意事项。

准备工作及注意事项参见本节“一、调试一般要求”，压力开关调试流程如图 3-22 所示。已投用开关再检定时，确认已采取必要的安全措施，如联锁信号强制、通知运行或悬挂相应警告牌等。

（2）压力、差压开关单体校验。

1）绝缘检查。500V 绝缘电阻表测量开关绝缘电阻，各接线端子与外壳之间、互不相连的接线端子之间、触点断开时连接触点的两接线端子之间的绝缘电阻均应不少于 20MΩ。

2）耐压试验。按图 3-23 连接开关和标准设备，检定时开关的配管连接应紧密。在不少于装置上限量程标称值条件下，对装置耐压 5min，压力（真空）示值变化小于耐压试验的 1%为合格。

3）动作值检定。用压力源进行缓慢加压，在对线灯点亮瞬间读取标准表读数，此即为上升动作值；再缓慢降低压力，在对线灯熄灭瞬间读取读数，此为恢复值。如接点动作误差超出误差允许范围，需反复调整，在整定压力开关的动作值时，应该首先利用复位弹簧的整定螺丝整定好开关的复位值，再利用差值弹簧的整定螺丝去整定开关的动作值。将压力升（降）至设定点，调节开关调整螺钉使之动作。

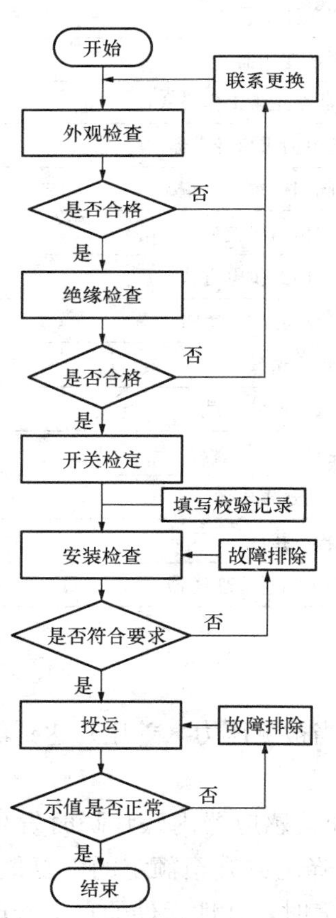

图 3-22　压力开关调试流程图

若切换差可调，对有特殊要求的应调整切换差。压力开关的差动值，也叫压力开关的死区。压力开关动作后，必须使压力稍低于压力开关的动作值，才能使微动开关复位，动作值与复位值之差叫做压力开关的差动值。将压力开关安装在校验装置上，先将差动旋钮旋至零位，使压力到达动作值，调整调节杆，用万用表电阻挡监视输出接点状态，当接点正好闭合时停止调节。然后使压力下降到规定的死区范围，调节差动旋钮，使接点正好断开，如此反复校核两次，直到动作都准确为止；切换差应不大于量程的 10%。

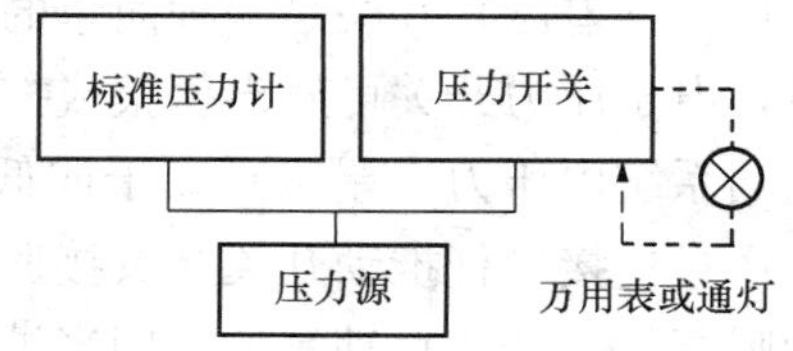

图 3-23　开关检定装置示意图

按上步骤连续测定三次，重复性误差应小于允许误差，否则重新检定。

当切换差大于量程的10%时，调整切换差，重复以上检定步骤，直至达到要求。

(3) 回路检查及动作试验。确认开关现场已安装就位，接线已完成；核对编号、型号符合设计；线号标志应正确、清晰、不褪色。

用万用表或对线灯检查开关回路接线及接线终端，连接应正确、牢固，核对动作设定值与设计相符，接点形式符合设计逻辑要求。

具备物理动作试验条件的开关回路，通过物理条件实际动作，确认开关信号对应联锁回路动作正确。不具备物理动作试验条件的开关回路，通过校验台施加物理信号模拟动作，确认开关信号对应联锁回路动作正确。

(4) 压力（差压）开关投用。

投用前确认开关外观清洁、完好无损。开关安装地点应便于调整维护，安装环境无剧烈振动及腐蚀性气体，仪表安装固定端正、牢固。确认耐压试验已完成并合格。开关的一、二次阀和排污阀应关闭，差压开关的平衡阀应打开。

以上确认完毕后打开压力开关一次阀，确认仪表管各处接头和隔离阀无泄漏。缓慢地打开排污阀，冲洗仪表管路，要求水、油介质要见本色，汽介质确认不堵，关闭排污阀。如工作介质温度较高则待仪表管冷却后，缓慢地打开二次阀，检查各连接部件无渗漏。

如该开关为差压开关，等待仪表管冷却后，打开高压侧二次阀，确认各连接部件无渗漏并经放气孔放气后，打开低压侧二次阀，关闭平衡阀，观察10min，仪表管应无异常升温现象。

3. 压力（差压）开关调试验收及故障处理

检定结束后，按表3-24压力（差压）开关调校验收表格要求进行自查，质量人员进行验收。压力（差压）开关常见故障及处理方法见表3-25。

表3-24　　压力（差压）开关调校验收表

工序	检验项目	性质	单位	质量标准	检验方法和器具
调校	压力开关液柱修正			正确	用压力标准器具检查
	动作值整定	主控		符合工艺流程要求	
	动作误差			符合检定规程要求	
	接点			接触良好	用校线工具查对

表3-25　　压力（差压）开关常见故障及处理方法

阶段	故障描述	可能原因	处理方法
静态调试	开关接点未闭合	开关动作后，接点未完全闭合	建议更换
		压力源输入有误或有较大泄漏	检查压力源及其连接正确性
动态调试	开关初始状态	平衡阀未关或节流孔板未安装	关闭平衡阀或确认节流件类型
		一、二次阀未开或管子堵塞	检查一、二次阀状态或疏通仪表管路
	开关输出不正常	高、低压侧管子接反	重新安装
		压力开关未迁移	重新检定
		单侧阀门未开	先打开平衡阀，然后打开阀门
		单侧仪表管堵塞	疏通仪表管
		回路绝缘电阻偏小	检查绝缘
		介质中有气体	排除或放出气体
		与取压元件不匹配	检查并更换
	开关动作频繁	切换差过小	调整切换差

四、物位测量表计调试

（一）电接点水位计调试

1. 电接点水位计工作原理与组成

电接点水位计是根据汽和水的电导率不同测量水位。水电导率一般要比饱和蒸汽的电导率大数万到数十万倍。电极装在水位容器上组成电极水位发送器。电极芯与水位测量容器外壳之间绝缘。由于水的电导率大，电阻较小，当接点被水淹没时，电极芯与容器外壳之间相当于短路，对应的水位显示灯亮，反映出汽包内的水位。而处于蒸汽中的电极由于蒸汽的电导率小、阻抗大，因此电路不通，即水位显示灯不亮。因此，可用亮的显示灯多少来反映水位的高低。利用这一特性，可将非电量的水位转化为电量，输送给智能二次仪表，从而实现水位的显示、报警输出等功能。

电接点水位计主要由水位测量筒体、陶瓷电极、电极芯、水位显示二次仪表及电源组成，如图 3-24 所示。

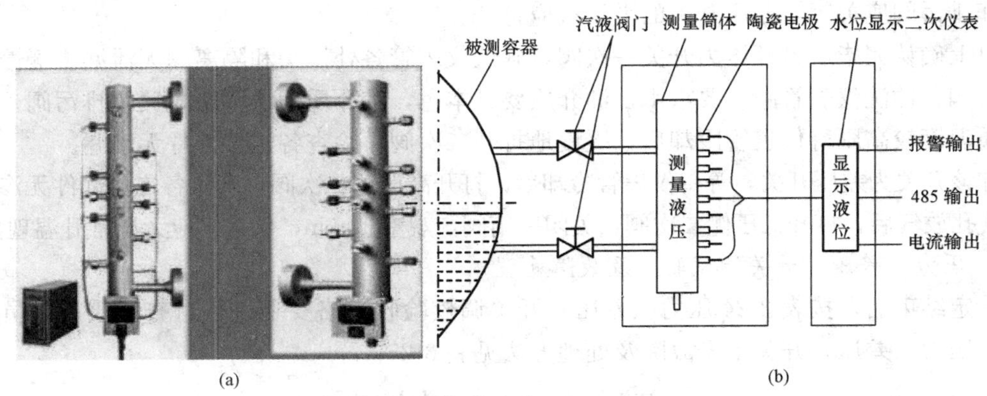

图 3-24　电接点水位计结构图

2. 电接点水位计单体调试

（1）准备工作。除参见本节“一、调试一般要求”外，检查电极之间绝缘段长度应不小于 15mm，电接点水位计调试流程如图 3-25 所示。

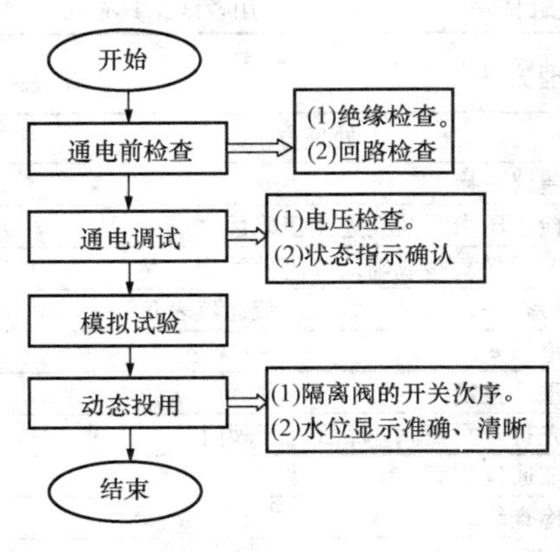

图 3-25　电接点水位计调试流程图

安装电接点水位计前必须对管道进行吹扫清理，防止杂质进入水位计，造成事故或影响机组安全运行。水位计不能参加酸洗或煮炉。

（2）静态调试。

1）通电调试。

确认电压正常，对电接点水位计送上电源。检查水位计通电后各指示灯状态显示正确，无错号、混码等异常现象，电流输出和参数显示正常。

用短接线分别短接各信号线与公共端之间，相应的指示灯应从红灯转变成绿灯。按照厂家说明书及设计院保护定值单设置正确的高限、高高限、低限、低低限报警值后，进行水位模拟试验，电接点水位计模拟试验项目表见表 3-26。

表 3-26　　电接点水位计模拟试验项目表

试验内容	试验方法
手动模拟试验	用电阻箱 100kΩ 挡，逐点模拟水阻，一端连接“筒体”端子，另一端连接各电极来模拟水位，显示仪显示应正确、清晰，报警输出正常
充水法试验	在测量筒处，通过充水进行模拟检验
进水动作试验	随水压试验，逐渐上升和下降水位，观察参数显示正确、清晰，声光报警、信号输出准确无误

模拟试验结束后水位计恢复到隔离状态，关闭所有水位计隔离阀。

2）电接点水位计动态投用。

初次投用必须由安装调试人员一起参与，并做好事故预想和相关的应急措施；排污时，注意蒸汽参数在允许范围内，防止蒸汽泄漏或烫伤人员。

电接点水位计动态投用，按以下步骤进行：

① 确认电源已送入，水位计显示正常，放气阀（灌水阀）关闭。

② 依次微开水侧一次阀和水侧二次阀进行排污，检查确认仪表管各连接处无泄漏和异常温变；排污干净后关闭排污阀。

③ 依次开大水侧一次阀和水侧二次阀，检查确认仪表管各连接处无泄漏和异常温变。

④ 依次微开汽侧一次阀和汽侧二次阀，无异常情况后逐渐开足阀门，检查确认仪表管各连接处无泄漏和异常温变。

⑤ 观察电接点水位计水位显示与其他水位计的数值应基本相近，且 4～20mA 电流输出正常。

电接点水位计动态排污投用时，必须确认水位保护信号不受影响或保护信号已强制而不受影响；动态消缺必须开好工作票和信号强制单，确认安全措施完善后再消缺。

3. 电接点水位计调试验收及故障处理

调试结束后，按表 3-27 电接点水位计调校验收表要求，施工人员进行自查，质量人员进行验收。电接点水位计调试过程中常见故障分析及处理方法见表 3-28。

表 3-27　　电接点水位计调校验收表

工序	检验项目		性质	单位	质量标准	检验方法和器具
检查	绝缘电阻	转换器		MΩ	符合制造厂要求	用 500V 绝缘电阻表测量
		电接点			≥100	
调校	指示表	数字量	主控		清晰、正确	使用 50kΩ 电阻，模拟水导电电阻，接入转换器相对应的接线端子上，对水位显示，高、低报警及其动作值逐点检查。 模拟量输出使用 0.1 级、4～20mA 标准表检查
		模拟量			阶跃式显示值与数字显示相对应	
	模拟量输出 4～20mA				符合制造厂的模拟信号与数字显示对照表	
	光柱显示				光柱明亮、清晰，示值正确	
	超限动作值	高、低报警	主控		动作值符合被测容器的运行要求、超限指示灯闪光	
		高、低保护				
	输出接点				接触良好	用校线工具查对

表 3-28　　电接点水位计调试过程中常见故障及处理方法

故障描述	可能原因	处理方法
绝缘不合格	表计内部绝缘有问题	修复或重新更换
	外回路绝缘问题	修复或重新更换
跳空气开关或烧熔丝	空气开关和熔丝容量不符	(1) 联系设计院确认以实际到货表计为准后，更换空气开关或熔丝； (2) 更换表计
水位指示不准	零水位基准错误	查对图纸重新确认
	水位计安装错误	重新安装水位计
	厂家标尺错误	更换标尺
水位计显示不会变化	隔离阀状态不正确	检查隔离阀状态
	电极与二次仪表连接不正确	重新检查二者连接方式
	二次仪表参数未按要求设定	按要求重新设定
水位显示异常跳动	电极脏	冲洗或更换
	负压容器排污阀未关严或内漏	关严或更换排污阀
	负压容器仪表管针形阀外漏	关严或更换针形阀
声光报警异常	二次仪表参数设定不正确	按要求重新设定参数
	二次仪表损坏或与设计不符	更换表计

（二）差压式水位计调试

1. 差压式水位计的原理

差压式水位计就是利用液体液位差引起的静压变化来测量液位高度。将一个空间用敏感元件（膜盒）分割成两个腔室，分别向两个腔室引入压力时，传感器在两方压力共同作用下产生位移（或位移的趋势），这个位移量和两个腔室压力差成正比，将这种位移转换成可以反映差压大小的标准信号输出。因此，其测量仪表就是差压计。

从调试角度来看，可以将差压液位测量分为无压容器测量和有压容器测量。无压容器测量指顶端敞口或有溢流管，容器内压力基本与大气压一致的液体储存容器，如凝结水补水箱、化水的除盐水箱等。这种容器的液位测量简单，由 $p=\rho gH$（g 为常数 9.8，液体密度为 ρ，液体高度为 H），在容器底部装一台变送器，测出液体的压强 p 就可以通过此公式计算出容器内液体的高度 H。有压容器测量指容器内压力与大气压不一致的液体储存容器，如凝汽器热井、除氧器、高/低压加热器、汽包等，其测量则要复杂得多，关键是水位与差压之间的准确转换，要求液位变送器安装高度必须在“零水位”以下，否则就会产生测量盲区。目前，国内外测量汽包水位最常用的都是通过单室平衡容器下的参比水柱形成差压来实现，如图 3-26 所示。

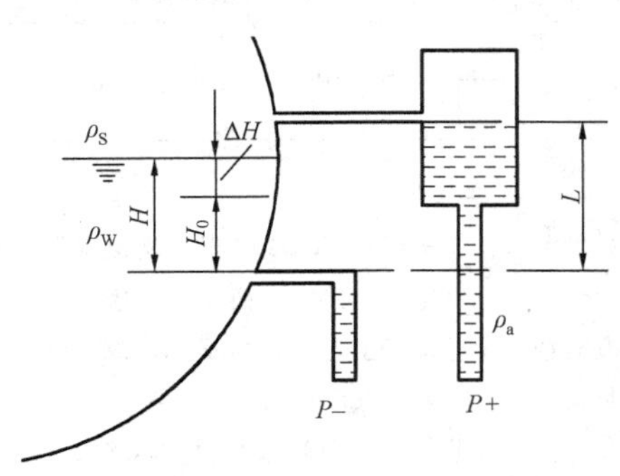

图 3-26　水位-差压转换原理图

正负压管输出的压差值 ΔP 按下式计算

$$\Delta P = P+ - P- = L(\rho_a - \rho_s)g - H(\rho_w - \rho_s)g \tag{3-3}$$

或改写成

$$H=\frac{L(\rho_a-\rho_s)g-\Delta P}{(\rho_w-\rho_s)g} \tag{3-4}$$

式中 ρ_a——参比水柱（P_+侧水柱）的密度；

ρ_w——汽包内饱和水密度；

ρ_s——汽包内饱和蒸汽密度；

H——汽包内实际水位。

（1）差压式水位计的误差。根据式（3-3）和式（3-4）以及图3-27可以看出，汽包水位与差压之间不是一个单变量函数关系，受饱和水密度和饱和蒸汽密度的变化影响，而饱和水密度和饱和蒸汽密度与汽包压力有如图3-27所示的函数关系。因此，汽包压力的变化将影响差压水位计的测量结果。此外，参比水柱温度变化同样也会影响差压水位计的测量结果。以$L=600$mm为例，计算表明，压力愈低差压信号的相对误差愈大。以工作压力$P=17$MPa为基准，并假定ρ_a为40℃时的密度值，汽包水位在$H=300$mm处，则当工作压力$P=11$MPa时，误差为−4.1%；当$P=5$MPa时，误差为−9.17%；当$P=3$MPa时，误差达到−12.4%。

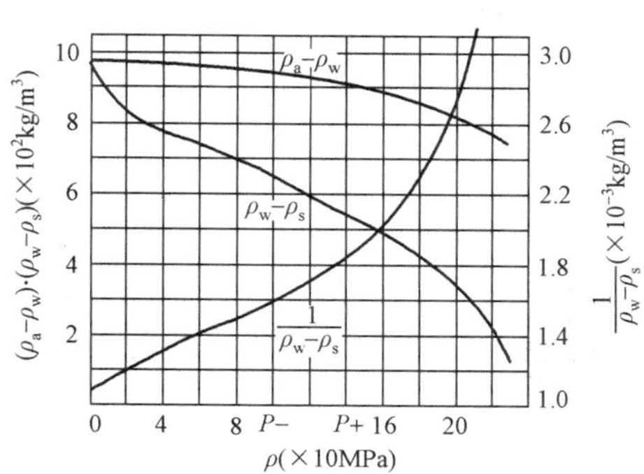

图3-27 饱和水密度和饱和蒸汽密度与汽包压力关系曲线图

根据某电厂条件下的计算，参比水柱平均温度对水位测量的影响见表3-29。

表3-29 参比水柱平均温度对水位测量的影响表（40℃为基准）

温度（℃）	40	60	80	100	120	130	140	160
影响值（mm）	—	9.6	33.2	62.3	91.4	108	125	162

从表3-29可知，如果参比水柱的设定温度值为40℃，当其达到80℃时，其水位测量附加正误差33.2mm；当参比水柱温度达到130℃时，其水位测量附加正误差高达108mm。

由此可见，汽包压力和参比水柱温度对差压信号的相对误差的影响都是不可忽略的。

（2）差压式水位计测量补偿。采用单室平衡容器的差压式水位计测量误差的补偿。由于汽包水位显示值是以汽包零水位为基准表示的，因此，有$H=H_0+\Delta H$，H_0为零水位，ΔH为水位计显示值。则式（3-4）可以写成

$$\Delta H=\frac{L(\rho_a-\rho_s)g-H_0(\rho_w-\rho_s)g-\Delta P}{(\rho_w-\rho_s)g} \tag{3-5}$$

若将参比水柱温度近似看作等于室温，则式（3-5）中$(\rho_a-\rho_s)$、$(\rho_w-\rho_s)$与汽包压力的关系如图3-27所示；若将汽包压力与这个密度差的关系近似用以下线性关系式来表达

$$(\rho_w-\rho_s)g=K_1-K_2P \tag{3-6}$$

$$(\rho_a-\rho_s)g=K_3\text{-}K_4P \tag{3-7}$$

并代入式（3-6），可得水位与汽包压力及差压之间的关系为

$$\Delta H=\frac{(LK_3\text{-}H_0K_1)-(LK_4-H_0K_2)P-\Delta P}{(K_1-K_2P)}=\frac{(K_5-K_6P)-\Delta P}{(K_1-K_2P)} \tag{3-8}$$

其中

$$K_5=LK_3\text{-}H_0K_1$$

$$K_6=LK_4-H_0K_2$$

式中，K_1、K_2、K_3、K_4、K_5、K_6 皆为常数。为了保证在将汽包压力与密度差关系近似线性化时有足够精确度，一般分段进行线性化逼真，即汽包压力在不同变化范围内时，这些常数取值也不同。

根据式（3-8）设计的带有汽包压力校正的差压式汽包水位测量系统方框图如图 3-28 所示。

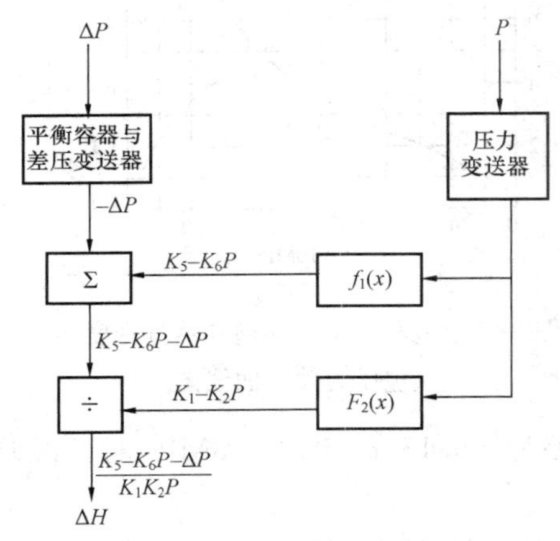

图 3-28 带有汽包压力校正的差压式汽包水位测量系统方框图

汽包水位测量经汽包压力校正后，测量精确度已得到提高，但是，上述补偿计算的前提是假定正压侧参比水住温度恒定，而实际上由于上部受饱和蒸汽凝结水的加热，参比水柱温度总是高于室温。汽包压力愈高，饱和蒸汽凝结水温度愈高，参比水柱平均温度也愈高。为了消除汽包压力对参比水柱温度的影响，相关规程要求平衡容器后参比水柱引出管先水平延长一段后再垂直向下接至差压变送器，这样参比水柱温度就不再受汽包压力影响了。

但是，环境温度（如冬天和夏天、刮风下雨造成的环境温度差）和其他不恰当措施影响造成的密度差对差压测量仍产生一定误差。为了使汽包水位测量由于受参比水柱温度影响而产生的附加误差在一定的可控范围内，《火电厂热控系统可靠性配置与事故预控》中要求“单室平衡容器及其输出 40mm 参比水柱段的仪表管不应保温”。但多数电厂对参比水柱的物理特性缺乏了解，对作为参比水柱的正压管，为了防冻从平衡容器下部开始全部进行了保温伴热措施（后果是使参比水柱温度提高），或全部不保温（后果是严寒地区冬天参比水柱管下部可能被冻），从而造成汽包水位测量附加误差增加，甚至可能导致严重缺水爆管事故发生。

2. 汽包内置式平衡容器

由上述介绍可知，单室平衡容器及参比水柱内水的温度受环境温度和风向以及容器结构、表管走向布置影响较大，而水的密度与水的温度密切相关，一个较小的差压误差，经补偿计算后会增加近 2 倍的误差，会给水位测量带来一个较大的随机误差。

某公司开发的专利产品（专利号：ZL03206523. x）DNZ 系列汽包内置式水位平衡容器解决了这一问题。它将单室平衡容器置于汽包内部，使其参比水柱永远处于饱和温度环境下，克服了传统单室平衡容器的参比水柱水温变化造成的测量附加误差，影响测量可信度的问题，其工作原理如图 3-29 所示。

汽包内置式平衡容器主要由冷凝罐、正压取样管、备用正压取样管、平衡罐等组成。汽包运行过程中饱和蒸汽进入到冷凝罐中冷凝成饱和水回流到平衡罐中，参比水柱所形成的静压通过正压取样管引到差压变送器的正端，汽包内的水通过水侧取样管引到差压变送器的负端。

由于将平衡罐安装在汽包内，使平衡罐及引出管中的水的温度为汽包内饱和水温度，其密度为饱和水的密度，这样在进行补偿计算时就有相对稳定的参数，可以准确计算出汽包水位。

由于在汽包的汽侧取样管上焊接有冷凝罐，可以及时向平衡罐中补充冷凝后的饱和水，可以保证在锅炉点火不久就投入汽包水位。

3. 汽包水位测量调试

根据式（3-3）计算出汽包水位变送器校验差压值，然后进行差压式液位变送器的调校，其方法与前述的变送器相同，参见本节“三、压力类仪表调试”的“（二）变送器调试”部分内容，这里仅介绍内置式水位计的调试。

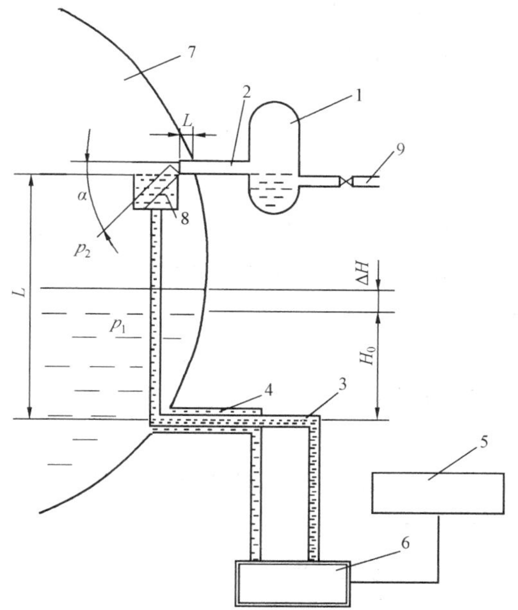

图 3-29　汽包内置式平衡容器原理图

1—冷凝罐；2—汽侧管；3—正压取样管；4—负侧取样管；5—DCS；6—差压变送器；7—汽包；8—平衡罐；9—备用正压取样管

（1）补偿公式调试。选取正确的补偿公式，用电流信号发生器连接 DCS 的汽包压力和水位差压模拟量信号输入通道；选择压力电流信号 3 点（建议 1/4 汽包额定压力、3/4 额定压力、额定压力），先后分别调节压力电流信号到 3 个选择点，在各点上分别加±300、±150、±50、0mm 共 7 点水位的差压信号，观察并记录显示值，计算其测量误差应在 0.5%以内。

（2）冷态上水调试。冷态上水调试的目的是检验机械安装尺寸的正确性和进行水位实际保护传动试验。

首先，利用锅炉水压试验前，汽包上水过程中给各平衡容器注水，并打开各水位计一次门和排污门进行排污，排污完毕后，关闭排污门投入各水位计。

手动控制汽包水位，缓慢升降水位，以电接点通断瞬间为准，读取各水位计的示值，其偏差应在 10mm 以内，否则应查找原因给予消除。

在升降水位的同时做实际水位保护传动试验。在做实际水位保护传动试验前应先完成各种逻辑关系试验。

（3）热态水位升降调试。汽包上水调试完成后，应进行热态水位升降调试。热态水位升降调试的目的是检验各水位计在锅炉正常热态运行时的偏差是否满足要求。

锅炉点火前上水时，给平衡容器注水，锅炉点火升压带负荷的过程中应特别注意各水位计的显示变化情况，出现偏差应及时分析、查找原因，并给予消除。若有必要在锅炉升压到 1MPa 左右时，对各水位计进行排污。热态水位升降调试在额定汽包压力工况下进行。

机组负荷达到 80%以上时解除水位自动，手动控制汽包水位，缓慢升降水位，以电接点通断瞬间为准，读取各水位计的示值，其偏差应在 30mm 以内，否则应查找原因给予消除。

水位控制升降幅度应控制在水位的高、低极值（±Ⅲ值）以内，其范围应尽可能的大，一般可在−200～200mm 进行。

差压式磁翻板液位计的校验采用“充水法”，即在测量筒处充水进行模拟检验，显示器应显示正确，无异常现象。按测量液位逐点记录每一点的显示值，校准点一般包括常用点不少于 5 点。

（三）导波雷达液位计调试

1. 导波雷达液位计测量原理和结构组成

导波雷达液位变送器的电磁波时域反射性发生器每秒中产生 20 万个能量脉冲并发送入波导体，当该脉冲与液体表面接触时，由于波导体在气体中和液体中的导电性能大不相同，这种波导体导电性的改变使波导体的阻抗发生骤燃变化，从而产生一个液位反射原始脉冲，所以导波雷达发出的高频微波脉冲沿着探测组件（钢缆或钢棒）传播，遇到被测介质，由于介电常数突变，引起反射，一部分脉冲能量被反射回来（如图 3-30 所示），发射脉冲与反射脉冲的时间间隔与被测介质的距离成正比，通过测量从发射到反射的时间 ΔT，则可以得到雷达顶部到液面的距离 $S=V\Delta T/2$，如果距离为 H，则液位 $=H-S$，就可以精确测量出容器的液位。

常见的导波雷达液位计如图 3-31 所示，导波雷达液位变送器（见图 3-32）包括测量和转换两部分。测量部分主要由钢缆或铜棒、保护套及其外壳等组成；转换部分由电子组件和指示表组成，将连续变化的物理量转换成连续变化的模拟量。

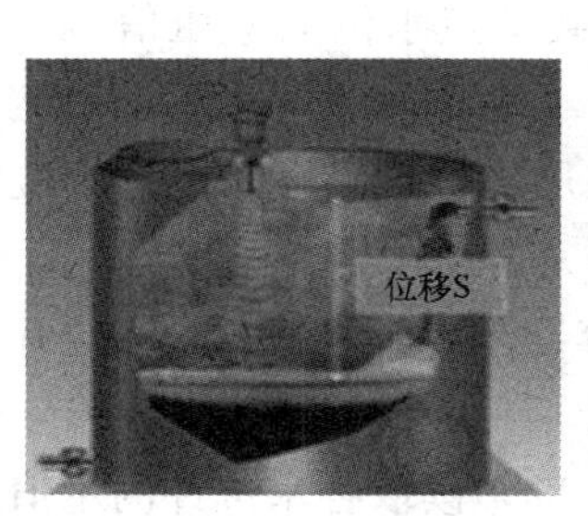

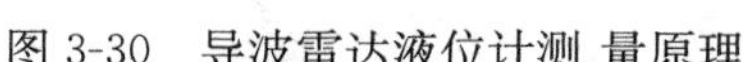
图 3-30　导波雷达液位计测 量原理

图 3-31　导波雷达液位计

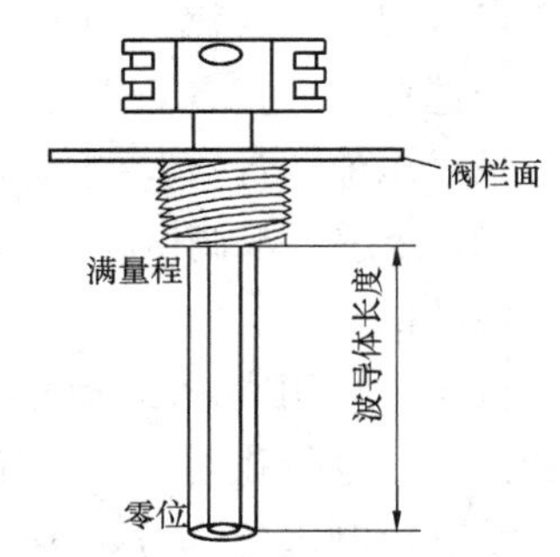

图 3-32　导波雷达液位变送器

2. 导波雷达液位计调试

(1) 通电前检查。参见本节“一、调试一般要求”，导波雷达液位计调试流程如图 3-33 所示。

检查流体通道清洁、光滑，与波导体连接牢固，无晃动现象。物位计的探头（换能器）与主机之间的传输电缆应为屏蔽电缆，其允许长度为：液介（或固体）式不大于 100m，气介式不大于 20m。

(2) 通电前参数调整。通电前确认电压等级，符合设备电源要求，检查变送器与手操器

（HART）已正确连接。液位计已满足调试要求，方可通电调试。通电后对变送器参数按照实际安装位置和测量所需的参数进行设置，具体设置参考厂家说明书。

（3）模拟试验。根据变送器的可测范围及实际安装位置测量所需的量程，对变送器的测量精度及输出进行确认。

在试验室条件下，把探头浸入与被测液体样品或者与被测液体性能相近的液体中，按浸入总量程的0%、25%、50%、75%、100%进行测量，检查其精确度及偏差、来回差测试。进行差等测试，确定HART上及相应的二次显示仪表上的显示值、电流输出与实际测量值符合偏差要求。

在现场条件下，对导波雷达液位变送器的测量筒进行注水，模拟容器的实际液位。选取一定的测量位置点进行测试，确认液位显示、电流输出及液位测量值符合偏差要求，或用钢卷尺测量探头至反射面的距离，与物位计测量值比较，计算误差；然后在物位计测量范围内选取具有代表性的测点重复进行比测，测点选取不得少于10个。

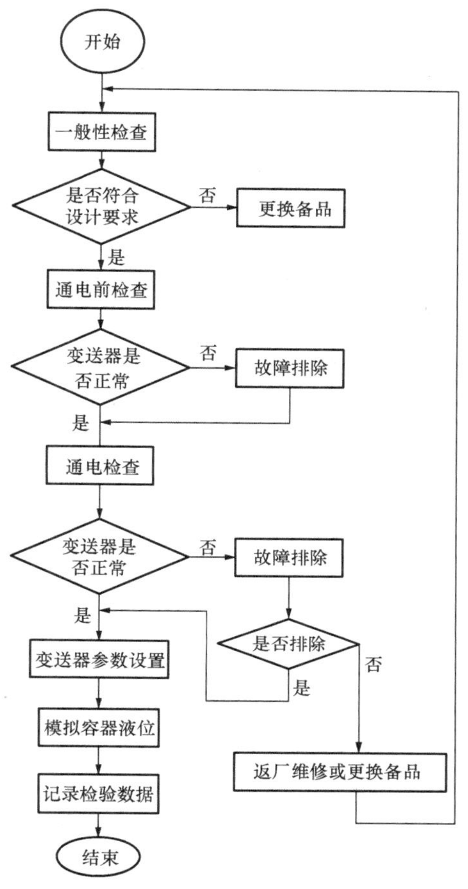

图3-33　导波雷达液位计调试流程图

重复性误差：在液位计测量范围内，固定好探头，移动反射板后，仍移动至原同一位置，测量5～10次，记录各次测量值，选择3～5个不同距离的测试点重复此试验，取各测试点中最大（或最小）测量值与该点重复测量的均值之差，测试结果中最大者即为重复性误差。

上述试验过程，在校验记录表格上记录试验原始校验数据，并根据记录数据，计算基本误差、来回差，符合准确度要求后，完成检定报告填写。

（4）投运与动态调试。静态调试试验合格，随机组启动，将液位计投入运行，观察核对液位显示与实际液位的偏差应小于仪表的允许误差。若不合格则联系相关人员处理。

3．调试验收与故障处理

调试结束后，按表3-30雷达物位计调校验收表格要求，施工人员进行自查，质量人员进行验收。现场调试过程中导波雷达液位计常见故障及处理方法见表3-31。

表3-30　　雷达物位计调校验收表

工序	检验项目	性质	单位	质量标准	检验方法和器具
检查	参数设置及整定			符合被测容器的运行要求	按制造厂规定的方法
检查	外接CRT终端装置通电			画面稳定、字迹清楚、亮度可调	通电检查
	外接打印机			项目齐全、字迹清楚	

续表

工序	检验项目		性质	单位	质量标准	检验方法和器具
调校	示值误差		主控	%	符合检定规程要求	按制造厂规定的方法
	分辨力					
	测量盲区				符合制造厂要求	
	超限报警	动作值			符合被测容器的运行要求	按制造厂规定的方法
		接点			接触良好	用校线工具查对

表 3-31　导波雷达液位计常见故障及处理方法

故障描述	可能原因	处理方法
绝缘不合格	信号电缆绝缘不好	修复或更换
	表计内部绝缘有问题	修复或更换
	外回路绝缘有问题	修复或更换
画面上无显示	DCS 机柜内熔丝熔断	检查消缺后更换熔丝
	组态中的通道设备错误	检查并更改正确的通道
	表计内部有故障	修复或更换
DCS 显示不准确或与就地实际位置有偏差	参数设置是否正确	按要求重新设置参数
	传感器是否已连接上	接好传感器
	传感器与 DCS 参数设置不一致	重新设置 DCS 组态内部参数
	传感器已损坏	更换传感器
	安装位置松动	重新安装仪表，确认测量无盲区
测量值波动范围大	电缆屏蔽问题	修复或更换
	仪表内部有问题	修复或更换
	仪表软件故障	考虑版本时效性

（四）电容式液位计调试

1. 工作原理

电容式液位计由电容式液位传感器和检测电容的线路组成，如图 3-34 所示。其基本工作原理是电容式液位传感器把液位转换为电容量的变化，然后再用测量电容量的方法求知液位数值。

电容式液位传感器是根据圆筒电容器原理进行工作的，如图3-35所示。其结构如同2

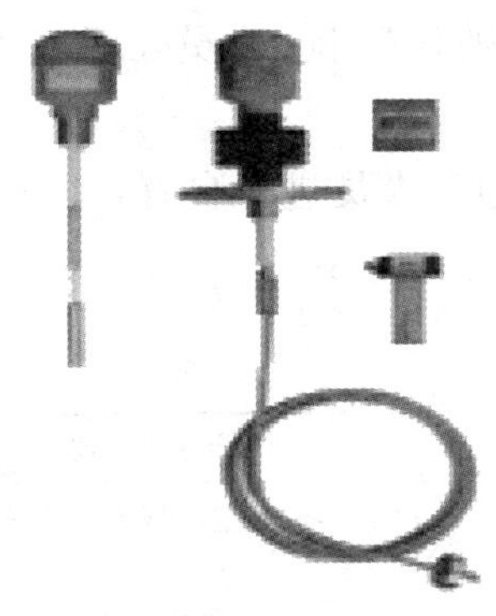

图 3-34　电容式液位传感器

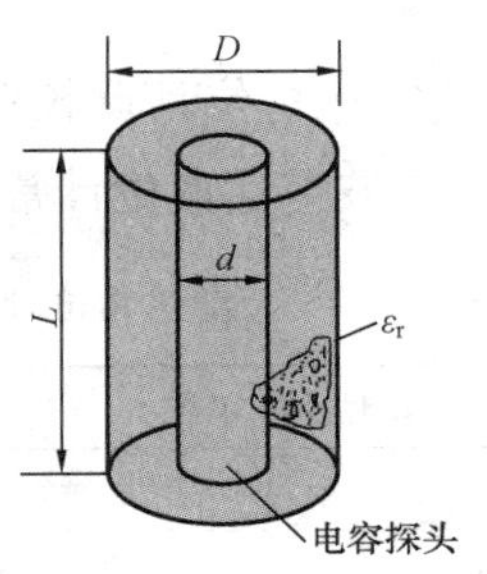

图 3-35　电容式液位计测量原理

个长度为 L、半径分别为 D 和 d 的圆筒形金属导体，中间隔以绝缘物质，当中间所充介质是介电常数为 ε_1 的气体时，两圆筒的电容量为

$$C_1 = 2\pi\varepsilon_1 L/(\ln D/d) \tag{3-9}$$

如果电极的一部分被介电常数为 ε_2 的液体（非导电性的）浸没时，则必须会有电容量的增量 ΔC 产生（因 $\varepsilon_2 > \varepsilon_1$），此时两极间的电容量 $C = C_1 + \Delta C$。假如电极被浸没长度为 1，则电容增量为

$$\Delta C = 2\pi(\varepsilon_2 - \varepsilon_1)L/(\ln D/d) \tag{3-10}$$

当 ε_2、ε_1、D、d 不变时，电容量增量 ΔC 与电极浸没的长度 L 成正比，因此测出电容增量数值便可知道液位高度。

如果被测介质为导电性液体时，电极要用绝缘物（如聚乙烯）覆盖作为中间介质，而液体和外圆筒一起作为外电极。假设中间介质的介电常数为 ε_3，电极被浸没长度为 L，则此时电容器所具有的电容量为

$$C = 2\pi\varepsilon_3 L/(\ln D/d) \tag{3-11}$$

2. 电容式液位计调试

（1）调试准备工作。参见本节“一、调试一般要求”，电容式液位计调试流程如图 3-36 所示。

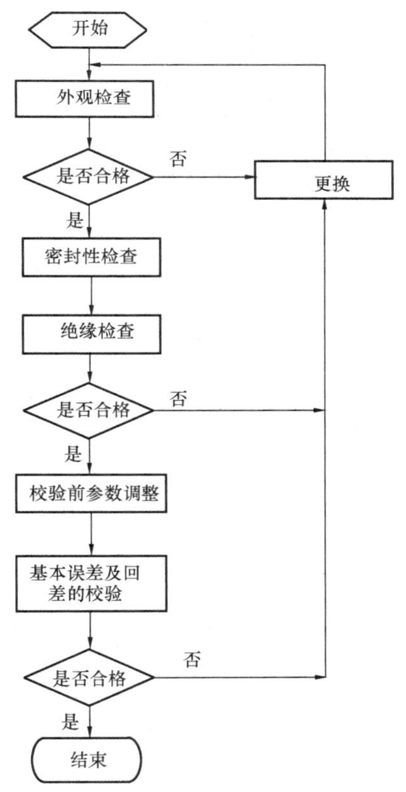

图 3-36　电容式液位计调试流程

液位计的传感器与二次仪表的连线长度和导线电阻应符合厂家手册和相关标准。

（2）通电设置。确认物位计已经满足通电调试要求后送电。电源送入后验证电压符合厂家手册要求。在确认条件满足的情况下完成液位计的设置和调整（具体根据厂家说明书进行产品设置和调整）。

（3）模拟试验。在试验室条件下，把探头浸入与被测液体样品或者与被测液体性能相近的液体中，按浸入总量程的 0%、25%、50%、75%、100%进行测量，检查其精确度及偏差。确定显示值、电流输出与实际测量值符合偏差要求。

在现场确认仪表安装位置正确，检测无盲区，用对讲机试验仪表测量无明显变化，确认仪表屏蔽完好后，根据变送器的可测范围及实际安装位置测量所需的量程，对电容式液位变送器的测量筒进行注水，模拟容器的实际液位。选取一定的测量位置点进行测试，确认液位显示、电流输出及液位测量值符合精度要求。

在上述试验过程中，在校验记录表格上记录试验原始校验数据。并根据记录数据计算基本误差、来回差，符合准确度要求后，完成检定报告填写。

（4）投运与动态调试。调试试验合格，随机组启动，将液位计投入运行，观察核对液位显示与实际液位的偏差应小于仪表的允许误差。若不合格，则查找原因，联系相关人员

处理。

3. 电容式液位计调校验收与故障处理

调试结束后，按表 3-32 电容式液位计调校验收表格要求，施工人员进行自查，质量人员进行验收。现场调试过程中电容式液位计常见故障及处理方法见表 3-33。

表 3-32　　电容式液位计调校验收表

工序	检验项目		性质	单位	质量标准	检验方法和器具
检查	绝缘电阻			MΩ	≥50	用 500V 绝缘电阻表测量
	人体电容感应				示值上、下摆动，反应正常	仪表通电后，手握电容电极观察示值变化
	模拟电容动作	示值变化			显示表指示某一值	用模拟电容接到 C_x 和地线端子上，观察显示仪表示值变化
		报警给定			报警灯有变化反应	
调校	报警接点				接触良好	用校线工具查对
	示值误差		主控	%	符合检定规程要求	
	回程误差			mm		
	重复性误差					
	报警动作值误差			%		

表 3-33　　电容式液位计常见故障及处理方法

故障描述	可能原因	处理方法
绝缘不合格	信号电缆绝缘不好	修复或更换
	表计内部绝缘有问题	修复或更换
	外回路绝缘有问题	修复或更换
跳空气开关或烧熔丝	空气开关和熔丝容量不符	（1）确认表计的铭牌电流和实际电流是否有出入，提交设计解决； （2）更换表计
	表计内部有故障	修复或更换
无显示	检查电源	送上电源
	空气开关合不上	检查消缺后合上开关
	熔丝熔断	检查消缺后更换熔丝
显示不准确	参数设置是否正确	按要求重新设置参数
	传感器是否已连接上	接好传感器
	传感器与二次表不配套	更换相应的传感器或二次表
	传感器已损坏	更换传感器
	二次表故障	修复或更换
	安装位置松动	重新安装仪表，确认测量无盲区
测量值波动范围大	可能有外部电磁干扰	检查附近是否有干扰源，并采取有效措施
	电缆屏蔽问题	修复或更换
	仪表内部有问题	修复或更换
	仪表软件故障	考虑版本时效性

（五）射频导纳物位变送器调试

射频导纳物位控制技术是一种从电容式物位控制技术发展起来的，防挂料性能更好，工作更可靠，测量更准确，适用性更广的物位控制技术。“射频导纳”中“导纳”的含义为电学中阻抗的倒数，它由阻抗成分、容性成分、感性成分综合而成，而“射频”即高频，所以射频导纳技术可以理解为用高频电流测量导纳的方法。

1. 射频导纳物位变送器测量原理与结构

射频导纳物位变送器测量原理与结构见图 3-37，高频正弦振荡器输出一个稳定的测量信号源，利用电桥原理，以精确测量安装在待测量容器中的传感器上的导纳，在直接作用模式下，仪表的输出随物位的升高而增加。

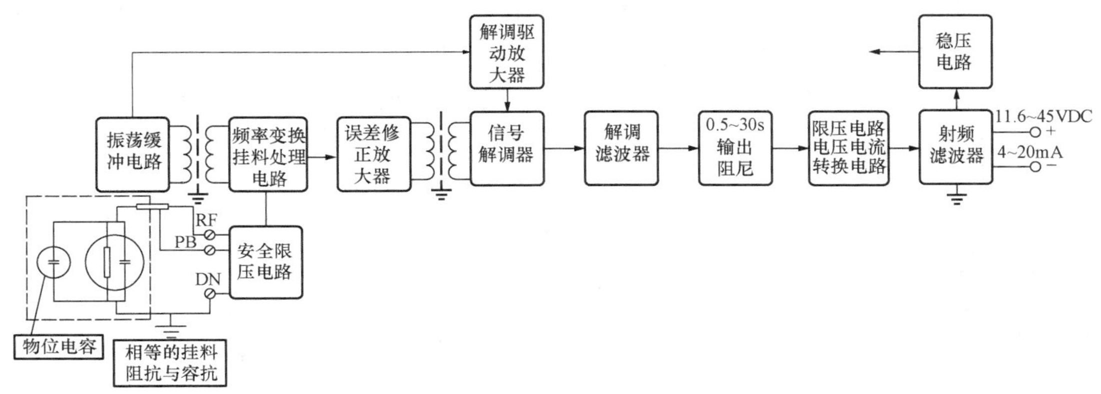

图 3-37 射频导纳物位变送器测量原理与结构示意图

射频导纳技术与传统电容技术的区别在于测量参量的多样性，三端驱动屏蔽技术和增加两个重要电路（即高精度振荡驱动器和交流鉴相采样器），根据实践经验改进而成，即解决了连接电缆屏蔽和温漂问题，又解决了垂直安装的传感器根部挂料问题。

变送器由检测和变送两部分组成，检测部分主要由探头、保护套外壳、指示表等构成；变送部分主要由振荡器、电桥电路、误差修正放大电路、解调驱动放大器、信号解调器、延时调节电路、零位和量程调节、三端防挂料屏蔽电路、限压电路、电压电流转换电路及指示表等构成。

在金属容器上装一个射频导纳变送器，变送器的探头与金属容器的容器壁及物料介质形成一个电容

$$C = E_{o}S/D \tag{3-12}$$

式中：E_{o}为探头与金属容器壁间空气的介电常数（$E_{o}\approx$）；S 是探头与金属容器间的面积；D 是探头与金属容器壁间的距离。

在初始状态下，调整电桥电路电容器，平衡掉初始电容 C_{o}（分布电容），使变送器的输出信号位零（即 4mA 值）。

当容器内装有物料介质时，由于物料介质的介电常数大于 1，存在一个物料介质电容

$$C_{w} = C = E \times S_{o} \times H \tag{3-13}$$

式中：E 为物料介质介电常数；S_{o}是单位长度探头与金属容器壁间的面积；H 为物料介质高度。

对于一个容器来说，物料介质的 E 是固定的，S_0、D 也是固定的，所以测量的电容与物料介质的高度（H）成正比，增大的电容使电桥失去平衡，输给解调器的电压正比于电桥不平衡度，由物位变化引起的信号变化，经解调器、解调滤波放大，输出阻尼后，转换成与物位成正比的 4～20mA 电流信号输出，无论是射频电容式还是射频导纳式变送器均可准确地测量介质的物位。

当容器排料物位下降时，会在探头上附着一层挂料，对于高导电物料介质的测量情况就会发生变化，以前纯电容现象变为由电容和电阻组成的复合阻抗，这时由于挂料的电阻远大于液体中的电阻而造成的。这种由电阻和电容组合而成的符合信号称为导纳，从而引起两个问题：

（1）探头本身相当于一个电容，它不消耗变送器的能量（纯电容不耗能），若探头表面覆盖有挂料，则探头电路中含有电阻，挂料的阻抗会消耗能量，从而产生检测输出信号错误。为此在振荡器与电桥之间增设一个缓冲放大器电路，使消耗的能量得到补充，从而不降低加在探头上的振荡电压。

（2）对于高层电的物料介质，探头绝缘层表面的接地点扩展到整个挂料层，使有效电容扩展到挂料的顶端，这样就会产生挂料误差，切挂料的导电性越强误差越大。但任何物料介质都不是完全导电的，从电学角度考虑，挂料层相当于一个电阻，探头被挂料覆盖部分相当于一条由无数个无穷小的电容和电阻组成的传输线。根据对导电挂料电特性的研究发现，如果挂料足够长，则挂料的容抗和阻抗相等。因此根据对挂料阻抗所包含的信息，在电路中增设一个交流驱动电路，该驱动电路与交流变换器和同步检测器一起就可以分别测量电容和电阻，由于挂料的阻抗和容抗相等，电路上测得总电容相当于C物位加C挂料再减去与C挂料相等的电阻，就可以实际测量物位的真实电容值，从而排除挂料对输出信号的影响，即

$$C测量 = C物位 + C挂料 - R挂料 = C物位$$

2. 射频导纳物位变送器单体调试

（1）调试准备工作。参见本节“一、调试一般要求”，射频导纳物位变送器调试流程如图 3-38 所示。

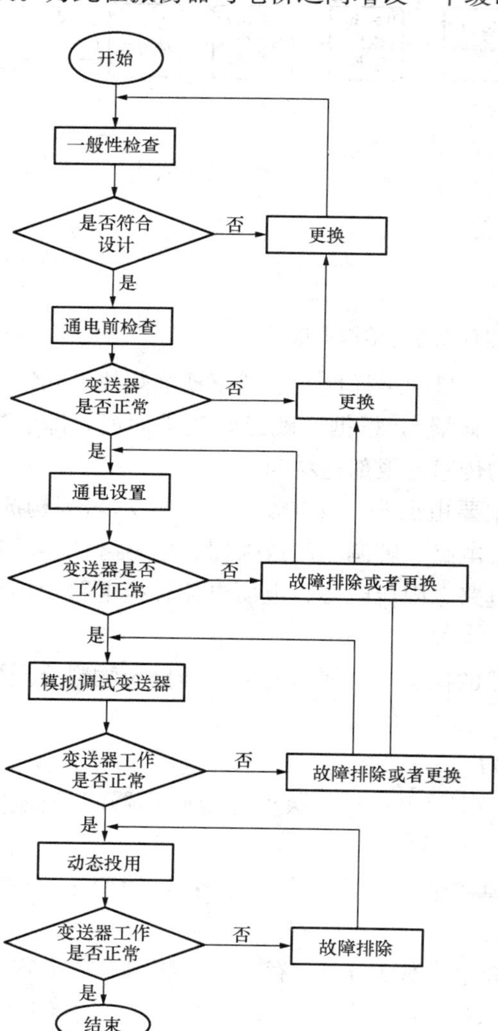

图 3-38　射频导纳物位变送器调试流程图

（2）通电设置。检查、确认满足通电要求后送电，测量电压符合变送器电源要求，检查变送器二次表显示正常后，对变送器参数按照安装位置和测量所需的参数进行设置，一般需

要设置的参数有变送器零位、量程、测量单位、阻尼时间、测量介质选择。具体设置步骤及方法参见厂家说明书。

（3）模拟试验。根据变送器的可测范围及实际安装位置测量所需的量程，对变送器的测量精度及输出进行确认。确认可在试验室也可以在现场完成。

在试验室条件下，把探头浸入与被测液体样品或者与被测液体性能相近的液体中，按浸入占总量程 0%、25%、50%、75%、100%的 5 个位置，进行测量的精确度及偏差、来回差等测试，确定二次表显示、电流输出等与实际测量值偏差符合要求。

在现场条件下，选取一定的测量位置点进行测试，确认二次表显示、电流输出及液位测量值符合偏差要求，或用用钢卷尺测量探头至反射面的距离，与物位计测量值比较，计算误差；然后在物位计测量范围内选取具有代表性的测点重复进行比测，比测点不少于 10 个。

在上述试验过程中，在校验记录表格上记录试验原始校验数据，并根据记录数据，计算基本误差、来回差，符合准确度要求后，完成检定报告填写。

（4）投运与动态调试。调试合格，并确认被测介质温度压力符合变送器设备运行要求（一般被测介质温度要求在－180～500℃，工作压力为－100kPa～32MPa）后，随机组启动，将液位计投入运行；随着被测介质压力温度升高，检查变送器法兰面应无泄漏，电流输出应无异常。观察核对液位显示与实际液位的偏差应小于仪表的允许误差。若不合格，查找原因，联系相关人员处理。

3. 射频导纳物位变送器调校验收与故障处理

调试结束后，按表 3-34 射频导纳物位变送器调校验收表格要求，施工人员进行自查，质量人员进行验收。调试过程中射频导纳物位变送器常见故障及处理方法见表 3-35。

表 3-34　射频导纳物位变送器调校验收表

<table>
<tr><th>工序</th><th colspan="2">检验项目</th><th>性质</th><th>单位</th><th>质量标准</th><th>检验方法和器具</th></tr>
<tr><td>检查</td><td colspan="2">参数设置及整定</td><td></td><td></td><td>符合被测容器的运行要求</td><td>按制造厂规定的方法</td></tr>
<tr><td rowspan="2">检查</td><td colspan="2">外接 CRT 终端装置通电</td><td></td><td></td><td>画面稳定、字迹清楚、亮度可调</td><td rowspan="2">通电检查</td></tr>
<tr><td colspan="2">外接打印机</td><td></td><td></td><td>项目齐全、字迹清楚</td></tr>
<tr><td rowspan="5">调校</td><td colspan="2">示值误差</td><td>主控</td><td>%</td><td>符合检定规程要求</td><td rowspan="3">按制造厂规定的方法</td></tr>
<tr><td colspan="2">分辨力</td><td></td><td></td><td></td></tr>
<tr><td colspan="2">测量盲区</td><td></td><td></td><td>符合制造厂要求</td></tr>
<tr><td rowspan="2">超限报警</td><td>动作值</td><td></td><td></td><td>符合被测容器的运行要求</td><td>按制造厂规定的方法</td></tr>
<tr><td>接点</td><td></td><td></td><td>接触良好</td><td>用校线工具查对</td></tr>
</table>

表 3-35　射频导纳液位变送器常见故障及处理方法

<table>
<tr><th>故障描述</th><th>可能原因</th><th>处理方法</th></tr>
<tr><td rowspan="3">绝缘不合格</td><td>信号电缆绝缘不好</td><td>修复或更换</td></tr>
<tr><td>表计内部绝缘有问题</td><td>修复或更换</td></tr>
<tr><td>外回路绝缘有问题</td><td>修复或更换</td></tr>
<tr><td rowspan="2">跳空气开关或烧熔丝</td><td>空气开关和熔丝容量不符</td><td>确认表计的铭牌电流和实际电流是否有出入，提交设计解决</td></tr>
<tr><td>表计内部有故障</td><td>修复或更换</td></tr>
</table>

续表

故障描述	可能原因	处理方法
无显示	检查电源	送上电源
	空气开关合不上	检查消缺后合上开关
	熔丝熔断	检查消缺后更换熔丝
显示不准确	参数设置是否正确	按要求重新设置参数
测量值波动范围大	传感器是否已连接上	接好传感器
	传感器与二次表不配套	更换相应的传感器或二次表
	传感器已损坏	更换传感器
	二次表故障	修复或更换
	安装位置松动	重新安装仪表，确认测量无盲区
	电缆屏蔽问题	修复或更换
	仪表内部有问题	修复或更换
	仪表软件故障	考虑版本时效性

（六）液位开关调试

液位开关从形式上主要分为接触式和非接触式，其中常用的非接触式开关有电容式液位开关，接触式的浮球式液位开关应用最广泛。

1．工作原理

（1）浮球式液位开关。浮球式液位开关由互相隔离的浮筒组和触头组两大部分组成。当被测液位升高或者降低时，浮筒随之升降，使其端部的动作磁钢摆动，通过磁力推斥，使相同磁极的接点磁钢摆动，触头组动作。其中电缆式浮球开关如图 3-39 所示，其工作原理如图 3-40 所示。

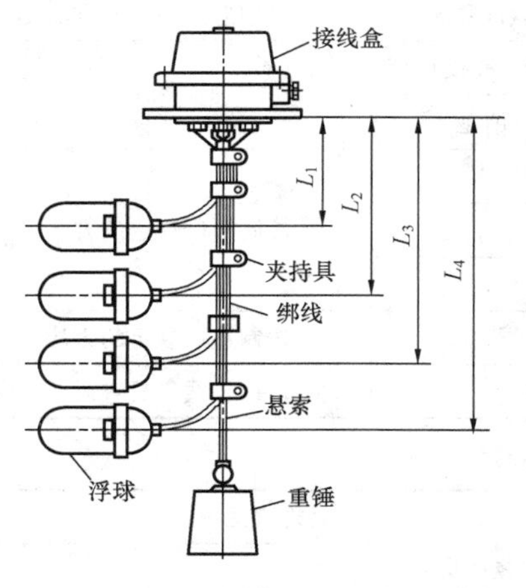

图 3-39　电缆式浮球开关

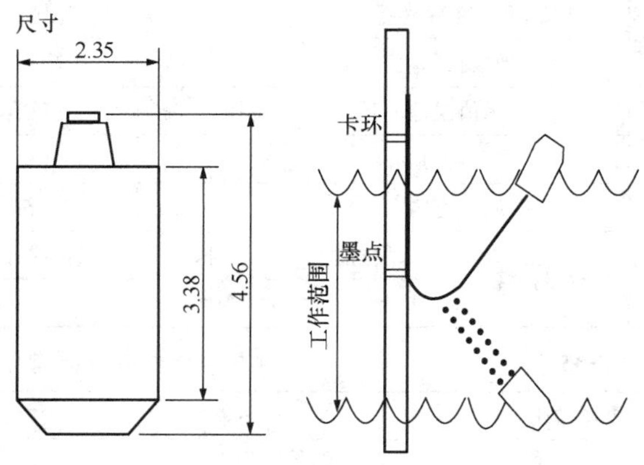

图 3-40　电缆式浮球开关工作原理图

（2）浮筒式液位开关。浮筒式液位开关如图 3-41 所示，其工作原理如图 3-42 所示。当液位逐渐上升或下降使得开关连杆上升或下降到一定高度，带动磁性微动开关，使微动开关的输出接点状态发生变化。

图 3-41　浮筒式液位开关

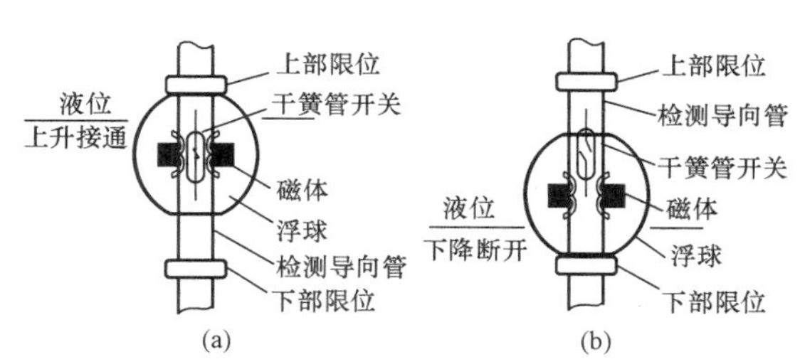

图 3-42　浮筒式液位开关工作原理图

（a）接通状态；（b）断开状态

（3）电容式液位开关。电容式液位开关如图 3-43 所示。采用侦测水位变化时所引起的微小电容量（通常为 PF）差值变化，由专用的电容检测芯片进行信号处理，可以输出多种信号通信协议。电容式水位检测的最大优势在于可以隔着任何介质检测到容器内的水位或液体的变化，大大扩展了实际应用；同时有效避免了传统水位检测方式的稳定性、可靠性差的弊端，甚至在某些特殊领域不能检测的问题。电容式液位开关测量原理如图 3-44 所示。

图 3-43　电容式液位开关实物图

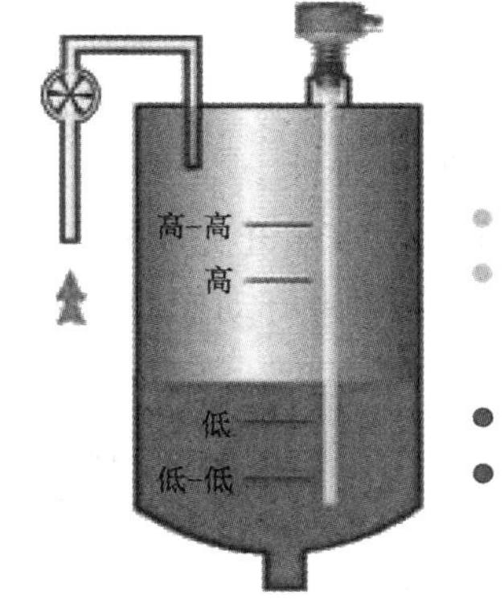

图 3-44　电容式液位开关测量原理

2. 液位开关单体调试

液位开关调试分为液位开关校验和液位开关现场调试两部分。液位开关校验包括外观检查、绝缘检查和灌水试验；现场调试包括安装检查、联调和现场投用。液位开关调试流程如图 3-45、图 3-46 所示。

（1）调试准备工作。准备工作除参见本节“一、调试一般要求”外，检查微动开关的机械触点应无显著氧化、闭合，释放动作正确可靠。如微动开关触点为水银触点，玻璃泡应无破损现象。

测量筒体取样口标高及取样口间距应正确。测量筒体与液位开关接点盒法兰连接紧密完好。测量浮子与连杆连接牢固。浮球（子）、接点动作灵活、无卡涩。确认磁性开关、接线端子等各固件牢固。通过手动模拟液位开关动作，确定出公共端、常开点、常闭点。

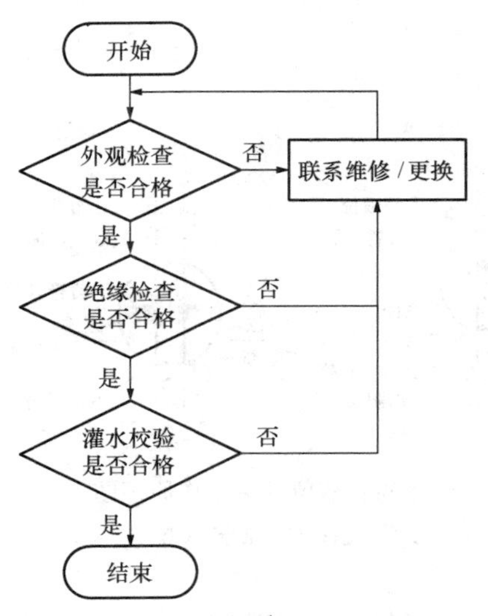

图 3-45　液位开关校验流程图

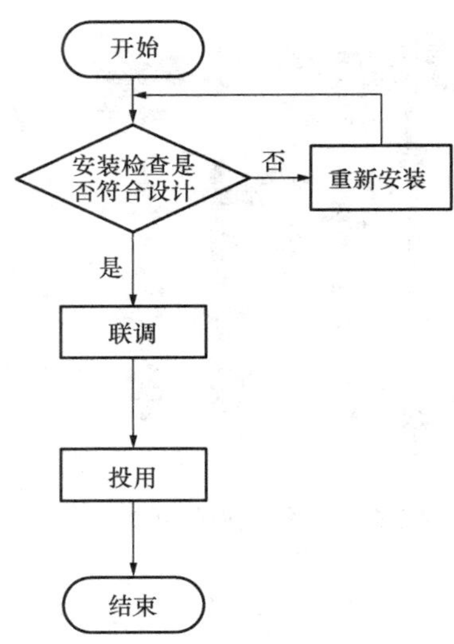

图 3-46　液位开关现场调试流程图

开关测量筒垂直安装，以保证测量范围内液位变化时浮球与测量筒内壁不触碰。动作值及回复值的刻度线在高、低位取样孔之间（对浮球式液位开关），以确保开关正确动作和复位。

高压加热器液位开关、四大管道疏水袋等高温区域的液位开关必须采用耐高温电缆。浮子式液位开关用于凝坑、循坑、污水坑等低洼地方时，必须有防异物缠绕措施；必须有防接点进水措施，防止接点进水、锈蚀而导致动作失常。对于设备本体附带的液位开关，应进行现场试验，确认其准确性。

（2）静态调试。液压开关应根据被测介质实际压力进行耐压试验（可以选择跟机务水压试验一起进行），然后进行动作误差和切换误差校验（灌水校验），以浮球式液位开关为例，校验步骤如下：

1）将校验容器水平放置，液位开关固定在校验容器上方。为了方便安装后设定值的微调，在校验之前先将磁性开关调整在依附杆的中间位置，做好标记。

2）关闭排水阀，缓慢打开进水阀，使容器液位缓慢平稳上升，在磁性开关动作瞬间关闭进水阀，用标准尺测量液位，标记上升动作线，此即为上升动作值。

3）缓慢打开排水阀，让容器液位缓慢平稳下降，在磁性开关回复瞬间关闭排水阀，标记下降动作线，此即为下降动作值。如接点动作值与定值相差太大，反复调整安装位置，最后读取动作值与恢复值。

按以上步骤连续校验三次，重复性误差符合设计要求，用油漆笔标记高、低报警线，微动开关等可调部件上点上漆封。

用卷尺测量上升动作线和下降动作线之间的距离，做好记录。根据记录数据，计算动作误差、切换差，完成检定报告填写。

（3）液位开关现场调试。检查确认开关已校验，合格证等校验标识明显、正确，筒体方向符合要求。用水平管核实实际安装位置符合设计要求。回路检查确认接线正确、牢固；就地模拟开关或接点动作，确认显示正常后联调结束。

（4）液位开关投用。液位开关投用时，先缓慢打开气侧一次阀，再打开水侧一次阀，确认开关无泄漏。再缓慢地打开排污阀，冲洗开关及管路，要求水、油介质要见本色，汽介质确认不堵，关闭排污阀。投用后确认开关工作正常。

在对已投运的液位开关进行排污时，应注意做好强制、防烫等措施，避免误动或人身伤害。

3. 液位开关调校验收与故障处理

调试结束后，按表3-36液位开关调校验收表格要求，施工人员进行自查，质量人员进行验收。

现场调试过程中液位开关常见故障、可能原因及处理方法见表3-37。

表3-36　液位开关调校验收表

工序	检验项目	性质	单位	质量标准	检验方法和器具
调校	动作值整定	主控		符合工艺流程要求	向水位测量筒内注水，用玻璃连通管检查
	动作误差		mm	符合检定规程要求	
	接点			接触良好	用校线工具查对

表3-37　液位开关常见故障及处理方法

故障描述	可能原因	处理方法
开关不工作	接点接地	更换
	磁性微动开关损坏	更换
	微动开关氧化或锈蚀	去除氧化层
	微动开关绝缘不合格	烘干
	线路或测量设备故障	检查连接线路和测量设备
	因外力或介质脏使传动机构卡塞，传动机构运作不灵活	检查开关是否垂直放置；检查传动机构；去除铁锈等杂质
	失磁	更换
开关输出无变化	线路或电源故障	检查线路和电源
	液位未达到设定点	不处理
	传动机构卡涩	排污处理
开关动作不正常	开关安装不正确	检查安装位置
	开关接点动作频繁	水位在设定点附近波动，不处理
	开关接点接地	若电缆外皮损坏，则更换；若电缆烤焦，则更换耐高温电缆；若接点进水，则更换

五、流量类表计调试

（一）差压式流量计调试

1. 差压式流量计测量原理

差压式流量计依据压差来衡量流量大小，以流动连续性方程（质量守恒定律）和伯努利方程（能量守恒定律）为基础。当在管道中放置一节流元件，流体流经节流元件时发生节流，在节流元件的前后两侧产生压力差（差压）。当流体、工况、管道、节流件、差压取出方式一定时，管道流量与差压有确定的关系。因此可通过测量差压来测量流量。节流元件通常采用标准节流装置，按国家相关标准进行设计、安装、使用的标准节流装置，其流量与差压的关系按理论公式标定，并有统一的基本误差、计算方法，一般不需要进行试验标定或比对。

（1）标准节流装置流量计算。孔板流量计流量算公式

$$Q_m = \frac{C}{\sqrt{1-\beta^4}}\varepsilon \frac{\pi}{4} d^2 \sqrt{2\Delta p \rho} \tag{3-14}$$

$$\beta = \frac{d}{D}$$

式中 Q_m——质量流量，kg/s；

C——流出系数；

ε——可膨胀性系数；

β——直径比；

d——工作条件下节流件孔径，m；

D——工作条件下上游管道内径，m；

Δp——差压，Pa；

ρ——上游流体密度，kg/m^3。

由式（3-14）可见，流量为 C、ε、d、ρ、Δp、β（D）6 个参数的函数，此 6 个参数可分为实测量［d、ρ、Δp、β（D）］和统计量（C、ε）两类。根据孔板的给定参数可以将式（3-14）转化为

$$Q_m = K\sqrt{\Delta p \rho}$$

其中，$K = \dfrac{\sqrt{2}C\pi d^2 \varepsilon}{4\sqrt{1-\beta^4}}$ （3-15）

（2）压力和温度补偿。孔板前后的压差大小不仅与流量还与其他许多因素有关，例如，当节流装置形式或管道内流体的物理性质（密度、黏度）不同时，在同样大小的流量下产生的压差也是不同的，因此要进行补偿。

根据克拉伯龙方程，有

$$pV = nRT \tag{3-16}$$

式中 p——压力，单位 Pa；

V——体积，单位 m^3；

n——物质的量；

R——气体常数。

相同质量的气体在温度和压力发生变化时，有

$$\frac{pV}{T} = \frac{p_1 V_1}{T_1} \tag{3-17}$$

式中 p_1——某种状态下气体压强，Pa；

V_1——某种状态下气体体积，m^3；

T——某种状态下气体绝对温度，K。

又有

$$V = m/\rho \tag{3-18}$$

将式（3-18）代入式（3-17），由于 $m_1 = m$，化简得

$$\rho = \rho_1 \frac{pT_1}{p_1 T} \tag{3-19}$$

将式（3-19）式代入式（3-15），有

$$Q_m = K\sqrt{\frac{\Delta p \rho_1 p T_1}{p_1 T}} = K'\sqrt{\frac{\Delta p p}{T}} \tag{3-20}$$

其中，$K' = K\sqrt{\frac{\rho_1 T_1}{P_1}}$。$p_1$、$T_1$、$\rho_1$ 一般选择某一已知值，根据流量计算书，令 p_1 =工况压力，T_1 =工况温度，ρ_1 =工况密度。这样一来 K' 成为一个常数。

标准节流装置适用于测量圆形截面管道中的单相、均质流体（可压缩的气体或认为不可压缩的液体），要求流体充满管道，流动是稳定的或随时间缓变的，流束与管道轴线平行；流体流经节流件前流动应达到充分紊流，在节流件前后一定距离内不发生相变或析出杂质。

2. 差压式流量计单体调试

差压式流量计调试参见本节“三、压力类仪表调试”的“（二）变送器调校”内容。但调试前，调试人员应特别注意检查以下内容：

（1）检查在所要求的整个直管段前后规定的长度上（通常节流件上游 10D、下游 5D），管道截面圆度与管道的粗糙度符合规程规定。

（2）测量风量、风粉混合物流量的变送器必须安装在取样点上方，取样管路应倾斜向上安装，不允许管路下行，否则管路容易堵塞。

（3）测量汽水流量的变送器必须安装在取样点下方，取样管路应倾斜向下安装，不允许管路向上翻，否则管路中积存的气泡不易排出，影响测量。

（4）核实测量管路的正负压侧是否连接正确，发现接反，应及时修改量程或通知安装人员改正。

（5）差压变送器的量程要严格按照节流件流量计算书设置。流量不是与差压值呈线性关系，而是与差压值的平方根呈线性关系。一般由变送器输出线性的差压信号，在 DCS 逻辑中进行开方，以及加入压力、温度修正来计算流量。

3. 投用。

流量变送器投用时，排污冲洗完成后还必须从差压变送器放气孔放气，以免测量管路中积存气泡，产生测量误差。

在调试过程中，特别是机组刚开始启动、参数较低时，经常会遇到流量显示不准的情况，如果检查确认节流装置安装正确、流量变送器设置正确、投用正确、DCS 补偿计算正确，则基本可判断是因为流体未充满管道、存在脉动流和旋转流，这属于正常现象。随着流体参数逐渐接近额定参数，流量示值会接近真实值。

（二）浮子式流量计调试

1. 浮子式流量计测量原理和分类

浮子式流量计是在测量过程中始终保持浮子前后的压力降不变，通过改变流通面积来改变流量。因此，浮子式流量计又称为恒压降流量计、变面积式流量计和转子流量计。

浮子式流量计按结构形式可分为玻璃管浮子流量计（见图 3-47）、金属管浮子流量计（见图 3-48）。

2. 浮子式流量计单体调试

（1）试验前准备工作。参见本节“一、调试一般要求”。调试用流体（液体或气体）应

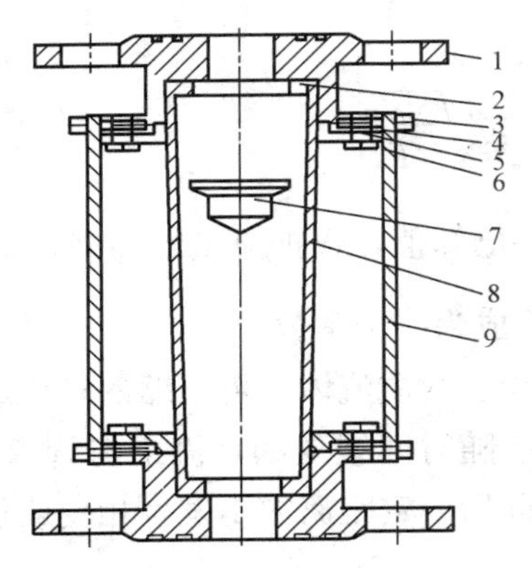

图 3-47　玻璃管浮子流量计

1—基座；2—止档；3—支板螺丝；4—密封圈；5—压盖；6—压盖螺丝；7—浮子；8—锥管；9—支撑板

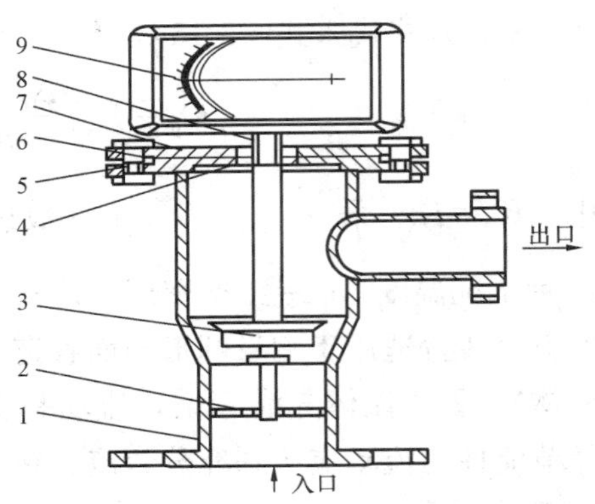

图 3-48　金属管浮子流量计

1—壳体；2—导向环；3—浮子；4—导管座；5—本体法兰；6—密封垫；7—上法兰；8—导管；9—指示器

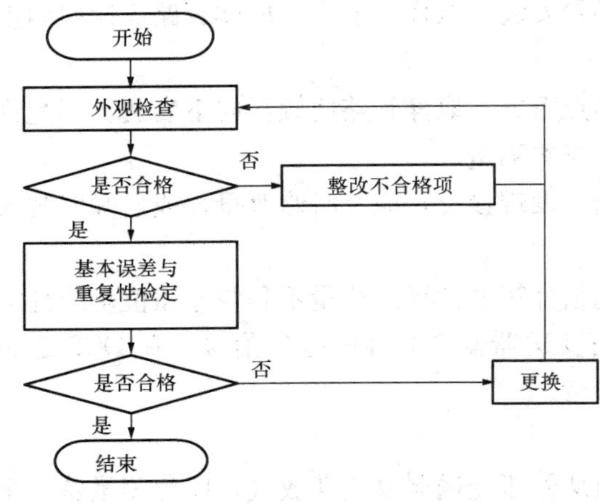

图 3-49　浮子式流量计调试流程图

尽可能等同流量计所使用的介质。流体应安全、清洁、单相流并充满试验管道，其流动保持相对稳定，无涡流。浮子式流量计调试流程如图 3-49 所示。

（2）浮子式流量计单体校验。将流量计安装在流量标准装置上，做到系统无泄漏、无振动、便于观察。对准确度为 1.0 级和 1.5 级的流量计安装倾斜度应不超过 2°，准确度等级 2.5 级以下的，不超过 5°。

缓慢打开流量调节阀，使流体流过流量计，待流体状态和浮子稳定后开始进行检定。在流量计的流量范围内，一般应选择包括上限流量和下限流量在内的 5 个均匀分布点进行检定。每一流量点要检定 2 次。检定方法可分为容积法、称重法和标准表法。校验时在校验记录表格上如实填写原始数据，并根据记录数据计算流量计的示值基本误差、来回差，并符合表 3-38 要求，完成检定报告填写。

（3）投运与动态调试。安装后，检查管路无泄漏，缓慢打开流量调节阀，将浮子位置稳定在流量定值。

3. 浮子式流量计调校验收与故障处理

调试结束后，按表 3-39 浮子式流量计调校验收表格要求，施工人员进行自查，质量人员进行验收。现场调试过程中浮子式流量计常见故障及处理方法见表 3-40。

表 3-38　　流量计准确度等级、最大允许误差和回差

准确度等级	1.0	1.5	2.5	4.0	5.0
最大允许误差（%）	±1.0	±1.5	±2.5	±4.0	±5.0
最大允许回差（%）	1.0	1.5	2.5	4.0	5.0

表 3-39 浮子式流量计调校验收表

<table>
<tr><th>工序</th><th>检验项目</th><th>性质</th><th>单位</th><th>质量标准</th><th>检验方法和器具</th></tr>
<tr><td rowspan="4">检查</td><td>出厂校验报告</td><td></td><td></td><td>数据准确、项目齐全</td><td rowspan="4">观察</td></tr>
<tr><td>读数刻线</td><td></td><td></td><td>清楚</td></tr>
<tr><td>转子外形</td><td></td><td></td><td>完整、无损</td></tr>
<tr><td>转子材质</td><td></td><td></td><td>符合设计要求</td></tr>
<tr><td rowspan="4">检验</td><td>示值误差</td><td>主控</td><td>%</td><td rowspan="2">符合检定规程要求</td><td rowspan="4">JJG 257—2007《浮子式流量计检定规程》规定的方法进行</td></tr>
<tr><td>重复性误差</td><td></td><td></td></tr>
<tr><td>基端转子位置</td><td></td><td></td><td rowspan="2">符合制造厂规定</td></tr>
<tr><td>刻度换算</td><td></td><td></td></tr>
</table>

表 3-40 浮子式流量计常见故障及处理方法

<table>
<tr><th>故障描述</th><th>可能原因</th><th>处理方法</th></tr>
<tr><td rowspan="2">指针抖动</td><td>介质波动</td><td>增加阻尼</td></tr>
<tr><td>介质压力不稳定</td><td>采用稳压稳流装置增加阻尼</td></tr>
<tr><td rowspan="2">指针停于某位置不动</td><td>浮子流量计卡死</td><td>将仪表拆下，将变形的止动器取下整形，再装复</td></tr>
<tr><td>实际流量恒定不变</td><td>不处理</td></tr>
<tr><td rowspan="2">无电流输出</td><td>正负线接反</td><td>检查接线，按要求正确连接</td></tr>
<tr><td>液晶屏显示无输出</td><td>更换线路板</td></tr>
<tr><td rowspan="3">测量误差大</td><td>安装不规范</td><td>检查安装方式，按正确方式安装，倾角不大于 20°</td></tr>
<tr><td>浮子流量计周围有磁性物质</td><td>检查环境，去除磁性物质</td></tr>
<tr><td>测量液体介质密度变大</td><td>将变化以后的介质密度带入公式，换算成误差修正系数进行修正</td></tr>
</table>

（三）容积式流量计调试

1. 容积式流量计测量原理和结构分类

容积式流量计又称定排量流量计，简称 PD 流量计，在流量仪表中是精度最高的一类。它利用机械测量元件把流体连续不断地分割（隔离）成单个已知的体积部分，根据测量室逐次重复地充满和排放该体积部分流体的次数来测量流体体积总量。以计量流体总体积的流量计称为容积式流量计。容积式流量计按测量介质的种类不同可以分为液体容积式流量计和气体容积式流量计。容积式流量计可分为腰轮流量计、椭圆齿轮流量计、刮板流量计、旋转活塞流量计、往复活塞流量计、圆盘流量计、螺杆流量计、双转子流量计、液封转筒式流量计、湿式气量计及膜式气量计等。

容积式流量计的优点是计量精度高、安装管道条件对计量精度没有影响、可用于高黏度液体的测量、范围度宽、直读式仪表无需外部能源可直接获得累计总量，清晰明了，操作简便。容积式流量计的缺点是结构复杂，体积庞大，被测介质种类、口径、介质工作状态局限

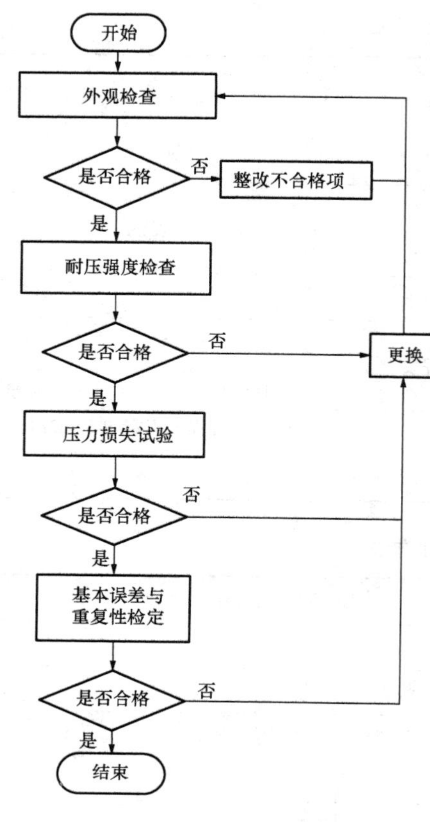

图 3-50　容积式流量计调试流程

性较大，不适用于高、低温场合，大部分仪表只适用于洁净单相流体，会产生噪声及振动。

容积式流量计分为直读式和远传式两种，常应用于昂贵介质（油品、天然气等）的总量测量。

2. 容积式流量计单体调试

（1）准备工作。参见本节“一、调试一般要求”。要求检定用液体黏度应尽量与流量计实际测量液体的黏度相一致。当采用其他液体时，因检定液体与实际测量液体黏度的差异对流量计引入的误差，一般不应超过流量计基本误差限的 1/3。容积式流量计调试流程如图 3-50 所示。

（2）调试流程。

1）耐压强度试验：将流体注满流量计腔体及通道，加压到额定压力的 1.5 倍历时 5min，流量计应无损坏和渗漏。

2）压力损失试验：在最大流量时流量计进出口之间的差压不超过设计值。

3）基本误差与重复性检定：将流量计与流量标准装置连接好，进行测量。一般进行包含最大、最小流量在内的不少于 3 个检定点的检验。检定点的流量值偏差不超过 2.5%。

3. 容积式流量计调校验收与故障处理

调试结束后，按表 3-41 容积式流量计调校验收表格要求，施工人员进行自查，质量人员进行验收。现场调试过程中容积式流量计常见故障及处理方法见表 3-42。

表 3-41　　容积式流量计调校验收表

<table>
<tr><th>工序</th><th colspan="2">检验项目</th><th>性质</th><th>单位</th><th>质量标准</th><th>检验方法和器具</th></tr>
<tr><td rowspan="4">检查</td><td colspan="2">刻度盘</td><td></td><td></td><td>字迹清晰、无擦伤、划痕、裂纹</td><td rowspan="3">观察</td></tr>
<tr><td colspan="2">鼓轮计数器</td><td></td><td></td><td>鼓轮转动灵活、高低一致、字形端正、间距均匀</td></tr>
<tr><td colspan="2">远传流量计印刷电路板接插件</td><td></td><td></td><td>无松动</td></tr>
<tr><td colspan="2">严密性</td><td></td><td></td><td>无渗漏</td><td>与热力系统一起进行压力试验</td></tr>
<tr><td rowspan="4">检验</td><td rowspan="2">旋翼式</td><td>示值误差</td><td>主控</td><td>%</td><td rowspan="4">符合检定规程要求</td><td rowspan="4">按 JJG 667—2010《液体容积式流量计检定规程》规定的方法进行</td></tr>
<tr><td>灵敏度</td><td rowspan="3"></td><td></td></tr>
<tr><td rowspan="2">齿轮式、椭圆齿轮式、腰轮式、刮板式</td><td>示值误差</td><td>%</td></tr>
<tr><td>重复性误差</td><td></td></tr>
</table>

表 3-42　　容积式流量计常见故障及处理方法

故障描述	可能原因	处理方法
计量室转子卡死	管道中有杂物进入计量室	拆洗流量计，清洗过滤器和管道
	被测流体凝固	设法溶化
	由于系统工作不正常，出现水击或过载，使转子与驱动齿轮连接的销子损坏	改装管网系统，消除水击和过载，修理流量计
流量计计量不准确	温度偏差大，自动温度补偿器失灵	检查和修理
	被测介质黏度改变	按使用介质重新调校，或按介质重选新表
	操作时系统旁通阀未关紧，有泄漏	关紧旁通阀

（四）电磁流量计调试

1. 电磁流量计工作原理

在封闭管道中设置一个与流动方向相垂直的磁场，通过测量导电液柱在磁场中运动所产生的感应电动势推算出流量。

电磁流量计由一次装置和二次装置组成，按一次装置和二次装置的组合形式可分为分体型和一体型。电磁流量计主要用于测量导电液体的体积流量。

2. 电磁流量计单体调试

（1）准备工作。参见本节“一、调试一般要求”。调试用流体（液体或气体）的电导率应为5mS/m（50μS/cm）至500mS/m（5000μS/cm）的范围内，或根据流量计制造厂给出的技术指标另行确定。检定用温度范围应为4～35℃，在给定流量点的每次检定过程中液体温度变化应不超过±0.5℃。电磁流量计调试流程如图3-51所示。

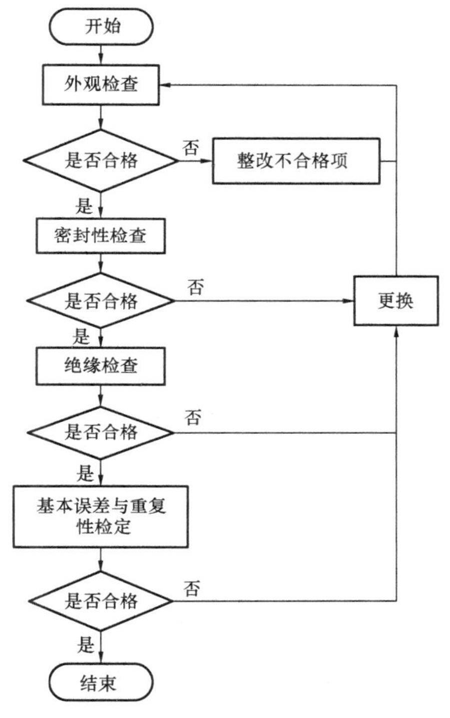

图 3-51　电磁流量计调试流程图

（2）密封性检查。将流体住满流量计腔体及通道，加压到最大试验压力，流量计及其上、下游直管段各连接处应无损坏和渗漏。

（3）相对示值误差检定。

1）连接流量计与流量标准装置，检查确认无泄漏后，将流量调到校准的流量值，等待流量、温度和压力稳定。

2）记录标准器和被检流量计的初始示值（或清零），同时启动标准器（或标准器的记录功能）和被检流量计（或被检流量计的输出功能）；校准点一般选择流量低限（Q_{min}）及流量高限（Q_{max}）的10%、25%、50%和75%进行。按装置操作要求在每个校验点运行一段时间后，同时停止标准器（或标准器的记录功能）和被检流量计（或被检流量计的输出功能），记录标准器和被检流量计的最终示值。

3）根据记录数据，分别计算检定点的累积流量值或瞬时流量值偏差，应不超过±5%或不超过±1%流量高限（Q_{max}）。每个流量点的重复检定次数应不小于3次。完成检定报告填写。

（4）投运与动态调试。调试合格，随机组启动，将液位计投入运行。

3. 电磁流量计调校验收与故障处理

调试结束后，按表3-43电磁流量计调校验收表格要求，施工人员进行自查，质量人员进行验收。现场调试过程中电磁流量计常见故障及处理方法见表3-44。

表3-43　　电磁流量计调校验收表

工序	检验项目		性质	单位	质量标准	检验方法和器具
检查	出厂校验报告				数据准确、项目齐全	查对
	传感器绝缘电阻	信号端子		MΩ	≥20	用500V绝缘电阻表测量
		电源端子		MΩ	≥100	
调校	参数设置				符合设计和工艺流程对测量的要求	按 JJG 1033—2007 和制造厂说明书规定的方法进行
	示值误差		主控	%	符合检定规程要求	
	重复性误差					
	零点允许误差			%		
	低流量积算信号切除值					

表3-44　　电磁流量计常见故障及处理方法

故障描述	可　能　原　因	处　理　方　法
输出信号出现较大波动	电极材料与被测介质选配不当	根据仪表选用或有关手册正确选配电极材料
	被测介质为固体含量较多的浆液	控制浆液的浓度在一定范围
	被测介质中含有过多气泡	在电磁流量计上游安装集气包和排气阀
流量计无输出	传感器零部件损坏或测量管内壁附着污物，覆盖整个电极	应定期清洗电极及其他零部件
	转化元件或电极损坏	更换元件
	熔丝烧毁、电源故障	更换熔丝，检查确认电源供电品质良好

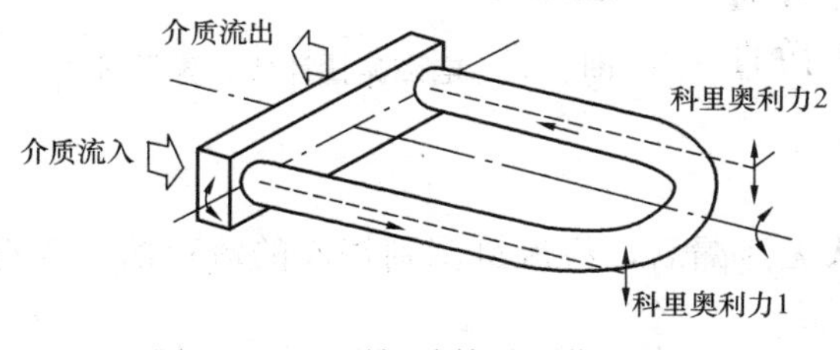

图3-52　U形振动管的工作原理图

（五）质量流量计调试

1. 质量流量计工作原理和机构组成

利用流体在振动管内流动时产生的科里奥利力，以直接或间接的方法测量科里奥利力而得到流体质量流量，如图3-52所示。流量计由传感器和变送器组成，其中传感器主要由振动管、驱动部件等构成，变送器主要由测量和输出单元等构成。

2. 质量流量计单体调试

质量流量计具体调试流程与电磁流量计相同，见图3-51。

（1）调试前的准备工作。除参见本节“一、调试一般要求”外，检定用流体要求单相、清洁，无可视颗粒、纤维等物质。液体应充满管道及流量计。检定流体应与流量计测量流体

的密度、黏度等物理参数相接近。检定条件要求环境温度一般为5～45℃；相对湿度一般为35%～95%；大气压力一般为86～106kPa，外界磁场和机械振动对流量计的影响可忽略。

（2）密封性检查。将流体充满流量计腔体及通道，加压到最大试验压力保持5min，流量计及其上、下游直管段各连接处应无损坏和渗漏。

（3）相对示值误差检定。参见JJG 1033—2007《电磁流量计检定规程》中相对示值误差检定。

（六）称重类仪表调试

1. 电子皮带秤校验

皮带长度、皮带速度、每圈运行时间、实验时间等相互关联，它们直接影响着校验标准数值。精确的技术参数是校验精度的必要保证，皮带长度要用测量尺沿皮带进行精确的测量，皮带的整圈时间要用秒表读取，然后计算出其他相应参数数据，并对所测量、计算的数据进行核对，保证数据的精度。

（1）零点检定。

1）在空载情况下进行零点测量；实际零点值与原零点值比较，应不大于皮带秤的最大允许误差，否则应进行原因检查和处理；确定无其他异常情况后，方可对皮带秤进行调零。零点检定时，零点自动调整（跟踪）装置必须脱开。

2）零点累计示值：皮带空荷运行整数圈后，零点指示器的累计示值应不大于这段时间内在最大流量下应累计负荷的百分比，其百分比值应满足表3-45规定。

表3-45　　皮带秤的零点累计示值规定

Ⅰ级秤	Ⅱ级秤	Ⅲ级秤	Ⅳ级秤
0.025%	0.05%	0.1%	0.2%

注　单位是t_{max}，为规定时间内，最大流量下对应的累计负荷。

3）零点鉴别力：在3min左右时间内，皮带空荷运转整数圈的条件下，在秤架挂码位置上，施加最大负荷的砝码，共做三次，零点指示器的累计示值应有明显的改变。

4）零值稳定性：在3min左右时间内，皮带空荷运转整数圈的条件下，记录零点指示器的累计示值，连续进行五次；在这五次试验中，零点指示器的最大示值与最小示值之差，为皮带秤的零值稳定性，其值应不大于表3-46的数值。

表3-46　　皮带秤的零值稳定性规定

Ⅰ级秤	Ⅱ级秤	Ⅲ级秤	Ⅳ级秤
0.000 9%	0.018%	0.035%	0.007%

注　单位是C_{max}，为最大流量（Q_{max}）下，1h的煤输送量。

（2）模拟负荷检测。

1）有效称量范围内的鉴别力。有效称量范围为该秤最大流量（Q_{max}）的20%～100%。在称重框架上吊挂相应于60%最大流量（Q_{max}）的砝码，运转整数圈，记录仪表累计示值。然后在吊挂上施加一个允许误差砝码，再运转相同圈数，记录第二次累计示值，依此共做三次。两种状态所得累计示值之差应不小于计算值的一半。

2）重复性。称重框架上保持规定的砝码负荷，取下允差砝码，皮带运转整数圈，记录累计示值，依此共做五次。五次检测结果中的最大值与最小值之差（极差）与五次称量累计示值平均值之比为重复性，应不大于检定时最大允许误差的百分比，或极差应不大于按检定时最大允许误差计算的允差值。

3）线性度。把相应于最大流量的砝码 M，挂在称重框架的砝码吊挂上，施加预负荷，皮带运行三圈后取下。然后在砝码吊挂上依次施加 0、1/4、1/2、3/4M 和 1M 质量的砝码，在皮带运行相同整数圈的条件下，记录累计示值，依次重复试验三次，得到 15 个累计示值。按式（3-21）计算模拟负荷的线性度；皮带秤负荷与累计示值之间关系曲线的线性度，应不大于检定时最大允许误差的百分比

$$\delta_{n}=\left(\frac{D_{i}-D'_{i}}{D'_{i}}\right)_{max}\times 100\% \tag{3-21}$$

式中 δ_n——负荷的线性度，单位为%；

i——0、1、2、3、4，各量程点的序号；

D_i——各量程点三次测量示值的算术平均值；

D'_i——各量程点的理论值。

$$D'_{i}=i\frac{D_{4}-D_{0}}{4}+D_{0} \tag{3-22}$$

（3）在线实物检测与校准。

1）实物检测是在现场实际运行状态下，用日常输送计量的物料，对称重装置进行的一种综合检测。这是目前检测皮带秤最准确的方法。检测前，输送带在负载下至少运行 30min。允许调零。

2）在线实物检测：物料通过料斗秤（实物检测装置）计量进入下料斗下料，通过皮带秤进行动态计量，或用物料先进行动态计量再导入料斗秤。把料斗秤称量的示值作为标准值与皮带秤的累计示值进行比较，用于检测和校准皮带秤的称重精度。

3）检测程序：在约 40%和 80%最大流量的量程点上，按不小于国家检定规程规定的最小累计负荷 T_{min}确定的标准物料量（最小累计负荷 T_{min}为在有效称量范围内，保证计量误差不大于最大允许误差所必需的最小物流量），连续地通过皮带秤，记取仪表在物料通过后的累计示值 W，每个量程点做三次，得到 6 个累计示值。按下式计算相对示值误差

$$\delta_{m}=\frac{W_{i}-Q_{i}}{Q_{i}}\times 100\% \tag{3-23}$$

式中 δ_m——相对示值误差，%；

W——物料通过后的累计示值；

i——1、2、3、每个量程点检测的次数；

Q——物料静态称重的质量，kg 或 t。

检测结果应不大于最大允许误差。如果被检皮带秤在使用中只要求一个恒定的流量，则也可以只在这个量程点进行检测，检测次数至少为三次。

4）校准：若检测结果超差，应检查确认现场皮带秤称重框架、皮带及输送机、实物检测装置等无异常；在实物检测操作正确的情况下，可对皮带秤的参数进行调整。参数调整后，应再重复实物检测程序，检测结果均符合要求，方可认定校准完成。未能实现对皮带秤校准时，应暂停检测，待查清原因，解决影响皮带秤长期稳定性的问题后，再继续进行实物

检测与校准。

（4）最大允许误差。皮带秤在进行正确零点调整以后，对于任何大于或等于 T_{min} 的物料，其计量最大允许误差应不大于表 3-47 中所列的相应值。

表 3-47　电子皮带秤的最大允许误差

准确度等级	最大允许误差（%）		备　注
	检　定	使用中	
Ⅰ	±0.125	±0.25	由于实物检测装置配置困难，无法检定，按Ⅱ级秤使用
Ⅱ	±0.25	±0.5	用于火电厂进厂煤、入炉煤计量
Ⅲ	±0.5	±1.0	仅可用于入炉煤计量
Ⅳ	±1.0	±2.0	精度太低，不推荐

（5）投运。在输送机运转之后、运送物料之前，应进行现场巡回检查，确认皮带、称重框架没有物料（如煤块）堆积或卡涩、皮带跑偏等影响称重的不良状况，若发现问题应及时处理或进行设备检修。

待皮带空转一定时间（最好为 30min）后，进行皮带秤的零点测量，检查零点值应稳定。

2. 动态电子轨道衡单体调试

动态电子轨道衡的调试分为静态调试和动态调试两部分

（1）静态调试。静态调试的好坏直接决定动态电子轨道衡运行的准确度，传感器的安装对动态电子轨道衡的静态调试影响极大，传感器按照技术要求安装调整好后，应保证各传感器受力均匀，无虚点。利用一定质量的标准砝码对各传感器受力点进行压量测试，检测其输出值是否一致。若各受力点输出值不一致，则可通过接线盒调整输出量使其一致。各受力点输出值调平后，利用 20%以上最大称量质量的标准砝码标定出动态电子轨道衡的标准输出值。

（2）动态调试。动态调试是用动力机车牵引已知标准质量的动态检衡砝码车对衡器进行动态称量，检查衡器输出值与标准值间的差值，用软件参数加以调整，以获得满意的结果。根据 JJG 234— 2012《自动轨道衡》的要求，每一列动态检衡车为五节，按照一定规律编组并与动力机车联挂，然后以规定允许的车速和运行方式在称重台面上往返通过，取得十组以上的数据，然后以均方根的方法计算系统误差，并用硬件或软件调整的方法，使系统误差的最大与最小均值近似为零。一台性能良好的动态电子轨道衡，其动态计量的系统误差应与其静态计量的系统误差相接近，即两者应具有较好的一致性。

（3）检定。检定是依据国家 JJG 234—2012 进行检定，检定内容包括静态检定、动态检定、感量检定、抗干扰性能检验等。检定器具是采用不同质量的标准砝码或动态检衡车，先对设备进行静态检定；再用五节不同质量的动态检衡车以一定规律的编组形式组成动态检衡车组，利用机车牵引动态检衡车组，以正常称量的车速和方式往返通过称重台面进行动态检定。另外，动态检定还包括把五节以上的常用载重车辆与标准检衡车混合编组，对设备进行往返动态称量检测，五节标准检衡车的示值质量与标准值之差不能超过规定的允差要求，同时检验动态电子轨道衡对不同车型的判别能力，以防车辆误判。

(4) 操作与维护。首先打开交流稳压电源或UPS电源，当交流稳压电源或UPS电源工作稳定后，再打开显示器、数据采集通道、计算机主机、打印机。开机后，微机先自检，自检完后则自动进入工作程序，操作员可根据屏幕上的提示进行称重操作。关机时按开机的逆顺序进行，不需要关机的可以不关。

六、分析仪表调试

(一) 氧量仪调试

1. 氧量仪测量原理

在氧化锆电解质（ZrO_2管）的两侧面分别烧结上多孔铂（Pt）电极，在一定温度下，当电解质两侧氧浓度不同时，高浓度侧（空气）的氧分子被吸附在铂电极上，与电子（4e）结合形成氧离子 O^{2-}，使该电极带正电；O^{2-}离子通过电解质中的氧离子空位迁移到低氧浓度侧的Pt电极上放出电子，转化成氧分子，使该电极带负电。两个电极的反应式分别为

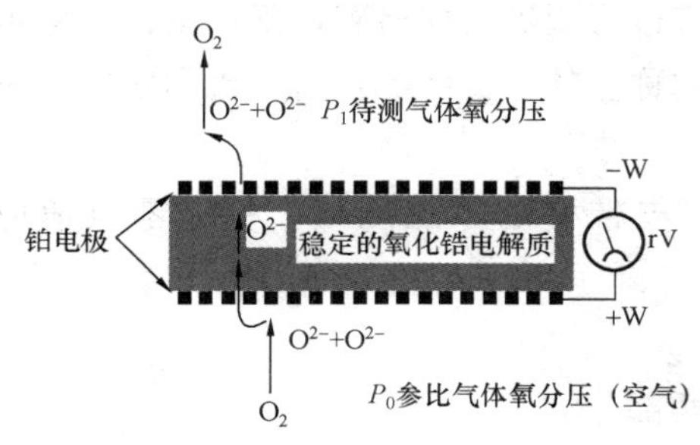

图3-53 氧化锆测氧原理图

在空气侧（参比侧）电极上：

$$O_2 + 4e \longrightarrow 2O^{2-}$$

在低氧侧（被测侧）电极上：

$$2O^{2-} - 4e \longrightarrow O_2$$

这样在两个电极间便产生了一定的电动势，氧化锆电解质、Pt电极及两侧不同氧浓度的气体组成氧探头，即所谓氧化锆浓差电池，氧化锆测氧原理如图3-53所示。两级之间的电动势 E 由能斯特公式求得

$$E = RT/nF \ln (P_0/P_1) \tag{3-24}$$

式中 E——浓差电池输出，mV；

R——理想气体常数，8.314W·S/mol；

T——绝对温度（273.15+t）℃；

F——法拉第常数，96500C/mol；

n——4e的电子转移数；

P_0——参比气体氧浓度百分数，一般为20.6%；

P_1——待测气体氧浓度百分数。

该分式是氧探头测氧的基础，当氧化锆管处的温度被加热到600～1400℃时，高浓度侧气体用已知氧浓度的气体作为参比气，如空气，则 P_0=20.60%，将此值及公式中的常数项合并，又实际氧化锆电池存在温差电势、接触电势、参比电势、极化电势，从而产生本地电势 C，(mV) 实际计算公式为

$$E = 0.049\,6T\ln (0.209\,5/p_1) \pm C \tag{3-25}$$

式中 C——本地电势，新镐头通常为±1mV。

测出氧探头的输出电动势 E 和被测气体的绝对温度 T，即可算出被测气体的氧分压（浓度）p_1。

2. 标定准备工作

除参见本节“一、调试一般要求”外，调试人员应准备好表3-48中所列氧化锆氧量分

析器试验设备和仪器。运行中标定还应开好工作票，做好安全隔离措施。

表 3-48　　　　氧化锆氧量分析器试验设备和仪器

设备、仪器名称	型号规格	精度/浓度	用　途
绝缘电阻表	3301-5MΩ		测量绝缘电阻
标准气体 1		跨标气	标定氧量
标准气体 2		零标气	标定氧量
万用表	FLUKE17B		回路检查

注　1. 跨标气：高浓度标准气体，大气（20.9%）或是 1.0%～100%O_2（N_2混合）的标准气体。

2. 零标气：低浓度的标准气体，0.1%～10% O_2（N_2混合）的标准气体。

检查氧量仪设备已按照设计及安装规范测点位置要求安装完毕，并有相关的防尘防雨保护箱及便于维护和检修位置通道或平台。氧量仪的电缆敷设接线正确，接地连接可靠。测量探头、气管路的严密性试验合格，连接的保护套管安全可靠。引出到保温壁外面的保护套管已进行保温。

在氧量分析设备产配没有提供高浓度的标准气体时，一般可采用空气作为高浓度气体进行标定。设定氧气浓度为 20.90%（根据区域不同空气中的含氧度有所变化，可以根据实际区域的含氧浓度设定）。采用空气为高浓度气体标定时，需要采用气泵或利用机组运行时烟道内负压，保证空气能充满氧化锆反应室并保持流动。

通气标定前必须先调节好减压阀的气压和通气流量，避免过高的压力和过大流量损坏氧化锆管。

对于有高浓度必须大于零度标气浓度 10 倍要求的氧量仪，核实标定用的标准气体的浓度。

运行过程中对氧化锆探头进行检查时必须断电，等温度降低后方可拆卸检查。

3. 氧量仪单体调试

氧量仪调试流程如图 3-54 所示。

（1）回路检查。

1）内回路检查。对氧量仪内部电源规格选项和输出量程等拨动开关的位置，根据实际所需按厂家说明设置。确认氧量仪的内部电气连接和氧量仪于就地探头连线以及接地正确、紧固，接触良好。探头内热电偶至接线端子的补偿导线的正负极连接正确，测量电池以及加热器的连接线连接正确、牢固。氧量仪输出接线极性正确，屏蔽接线正确；开关量报警信号状态及接点接触性良好。

2）外回路检查。检查确认氧量仪外部供给电源回路接线及接地线紧固、正确、接触良好、绝缘正常；依据设计接线图，检查变送器至 DCS 机柜回路接线正确、

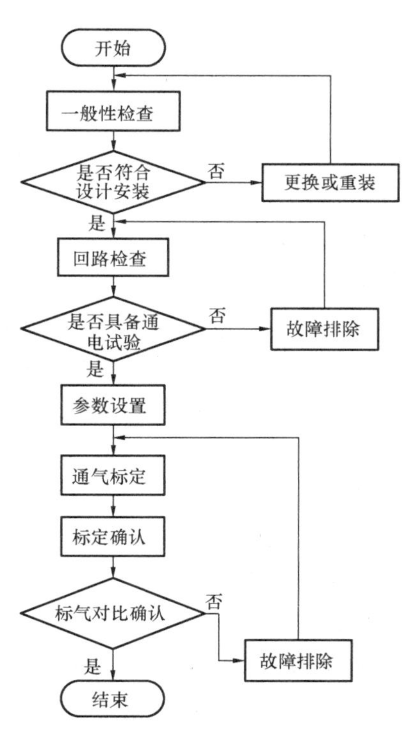

图 3-54　氧量仪调试流程图

牢固。氧量仪至氧化锆探头设备间的回路接线连接正确可靠，接触良好。对于自带一套气管路校验装置的氧量仪，检查气管路的连接正确性和接口的严密性，有外接的气管路，对管路进行吹扫干净。

（2）通气标定。氧量仪设备送电，确认电压正常；检查氧量仪通电后各状态指示和参数显示正常后，进行氧量仪标定前设置。设置时注意不同型号规格的产品界面和菜单操作有所不同，应根据所采用的氧量仪设备说明书要求进行设置（主要进行面板显示的项、设备时间、氧量仪与所使用的传感器型号选择和对应的工作温度、测量范围、报警值设定、气体标定恢复时间等）。

将氧化锆温度慢慢升至额定工作温度（不同的传感器工作温度要求不同），一般应使设备在工作温度下稳定运行12～24h后再进行标定。标定分为手动标定（校准）和自动标定（校准）。

1）手动标定

在氧量仪器界面菜单选择手动校准。进入校准菜单界面后，根据厂家说明书步骤输入所用标准气体的跨标气和零标气的含氧浓度标准数值（此数值为标准气体所用的标准气瓶上所标示的氧气浓度数值，标准气瓶一般随氧化锆仪器设备厂家配备）。

① 跨标气标定。高含氧量标准气瓶安装好减压阀和流量装置后，将干净的橡皮软管一端与流量装置的出口连接，橡皮软管另一端封闭，通过减压阀调整气压控制在0.15～0.2MPa，调节流量为100～250mL/min后，将橡皮软管接入氧化锆传感器“标准气入口”。缓慢打开标准气瓶阀门，通入高浓度含氧标气，保持100～250mL/min的流量。通入标准气体1～2min后，氧量仪菜单界面上显示的气体含氧浓度读数与原先设定的跨标气标准气体浓度一致，稳定后通过菜单界面按钮确认，系统自动存入。根据设备不同，有采用电池电压毫伏值显示，只有要氧浓度所对应的电池电压毫伏值确认稳定后进行标定，关闭标准气瓶出口减压阀，完成高浓度的标准气体标气。

② 零标气标定。低含氧量标准气瓶安装好减压阀和流量装置后，将干净的橡皮软管一端与流量装置的出口连接，橡皮软管另一端封闭，通过减压阀调整气压控制在0.15～0.2MPa，调节流量为100～250mL/min。将橡皮软管接入氧化锆传感器“标准气入口”。缓慢打开保准气瓶阀门，通入低浓度含氧标气，保持100～250mL/min的流量。通入标准气体1～2min后，氧量仪菜单界面上显示的气体含氧浓度读数与原先设定的零标气标准气体浓度一致，稳定后通过菜单界面按钮确认，系统自动存入。根据设备不同，有采用电池电压毫伏值显示，只有氧浓度所对应的电池电压毫伏值稳定后才可进行标定，关闭标准气瓶出口减压阀，完成低浓度的标准气体标气。

手动标定完成确认后，系统会根据原设定的系统标定恢复的时间自动回到测量状态。

③ 标定确认。氧量仪在测量的状态下，重新连接标准气体，保持气压控制在0.15～0.2MPa，调节流量为100～250mL/min，分别输入零标气和跨标气。对比氧量仪显示界面的数值和输入的标准气体的零标气和跨标气的数值。根据原先所选择的量程设定，测量氧量仪输出模拟量输出值，确认输出模拟量与输入的标准气体相对应。若氧量仪的界面显示和输出模拟量数值偏差超过设备精度要求，对氧量仪进行重新通气标定，操作步骤参照前面“通气标定”，直至到达设备精度要求。

核对 DCS 控制画面显示的氧量含量与就地仪表显示，确保一致。

完成手动标气后拆除连接“标准气入口”上的皮软管后，切记盖回“标准气入口”塞子或盖子，保证“标准气入口”处密封，防止空气进入探头反应室造成测量误差。

④ 误差计算。根据记录数据，计算示值基本误差应不大于量程的5%，回程误差应不大于量程的5%。完成检定报告填写。

2）自动标定。自动标定是根据仪器本身设置相关的参数，如自动校验时间、校验周期、校验的含氧浓度、自动恢复时间等。自动标定的时间相当于一个计数器，根据校验周期，每次自动校验后自动计时。自动校验后根据恢复时间恢复到测量状态。由于氧化锆自动标定一般不采用，因此不作详细介绍。

调试完成，做好调试过程相关数据记录，形成正式报告。

（3）投运与动态调试。参见本节“一、调试一般要求”。

4. 氧量仪调试验收与常见故障处理

调试结束后，按表 3-49 氧化锆氧量分析器调校验收表格要求，施工人员进行自查，质量人员进行验收。氧化锆氧量分析器常见故障及处理方法见表 3-50。

表 3-49　　氧化锆氧量分析器调校验收

工序	检验项目		性质	单位	质量标准	检验方法和器具
检查	内阻	探头电池［在（750±50）℃范围内］		Ω	≤80	按 JJG 535—2004《氧化锆氧分析器检定规程》规定的方法
		控温热电偶（在常温下）			2～6	
		加热电炉丝（在常温下）			10～120	
	仪表接地端子到接地网电阻			Ω	≤0.2	用电桥测量
	稳压电源装置	±2.5～±5V		V	±0.2	用数字万用表
		±6～±15V			±1	
调校	控温装置	冷端温度补偿范围		℃	20±20	按制造厂规定的方法
		温度变换器，恒温性能、温度指示表			符合制造厂规定要求	
	变送器	示值误差	主控	%	符合检定规程要求	按 JJG 535—2004 规定的方法
		重复性误差				
		O_2/mA 线性度				

表 3-50　　氧化锆氧量分析器常见故障及处理方法

故障描述	故障原因	处理方法
温度超过额定工作温度	测量电池超温	检查测量电池安装位置，保证测量电池温度在额定工作温度
温度故障	热电偶信号线断	检查热电偶
	热电偶元件损坏	更换新热电偶
	热电偶极性接反	检查接线，更正接线

续表

故障描述	故 障 原 因	处 理 方 法
实际氧气浓度较高，但显示为零	测量探头加热器坏	更换加热器
	热电偶损坏	更换热电偶
	加热器的保险丝损坏	更换保险丝
	变压器损坏	更换变压器
	温控器损坏	更换温控器
	测量电池的毫伏值超出测量范围	检查探头
	专用电缆短路或者断开	检查所有连接线，测量探头专用电缆
	烟气里有可燃物质	检查探头是否对测试气体有反应
	测量电池损坏	更换测量电池
显示正常输出不正常	电子变送器坏	更换变送器
测量值不稳定，变化大	探头内部引出线断开	检查连接线
显示始终为测量量限的终值，或比估计的要高	测量探头或电池法兰处存在泄漏	更换测量电池或电池法兰处的密封圈，若泄漏发生在电池处，则须更换电池

（二）飞灰测碳仪系统调试

1. 飞灰测碳仪测量意义与原理

飞灰含碳量是燃煤锅炉的主要运行经济指标和技术指标之一，它标志着锅炉中煤燃烧质量。影响火电厂热效率的两项最大的因素是排烟热损失（Q_2）和固体不完全燃烧热损失（Q_4），Q_4由烟气中的飞灰含碳量来衡量。飞灰含碳量过高将导致煤耗上升，并影响粉煤灰的利用以及增加地球表面及大气中碳黑。但不能一味地追求低含碳量，过低的含碳量是以过高地提高磨煤机或提高送风机的工效为代价，这样整个锅炉的效率反而降低。因此，检测燃煤锅炉的飞灰含碳量可以直接了解锅炉的燃烧状态，以便指导运行人员及时进行燃烧调整，使锅炉经常保持在最佳运行状态，达到节能降耗的目的。飞灰测碳仪视测量原理的不同，目前在线运行的飞灰测碳仪大约有流化床CO_2测量法、光学反射法、重量燃烧法、红外线测量法、放射法、微波吸收法等，其存在的问题是样品不具有代表性、运行不具备稳定性、测量不具有实时性等。

2. 飞灰测碳仪系统单体调试

监测系统在出厂前，通常在实验台上已进行冷态试验、模拟运行以及设备老化试验，以便从软件、硬件两方面检验系统的功能和性能是否符合预定的要求。现场安装后进行现场调试，现场调试分为冷态调试和运行调试两种：

（1）冷态调试。冷态调试是在锅炉停炉的状态下，运行烟道式锅炉飞灰在线测碳系统进行零参数标定的调试过程。

按照装置接线图检查系统的连接线路，确认整个线路无接线错误，电路无短路及接地良好，检查仪用空气气路连接正确，打开调压阀，将气压调至 0.5MPa。

系统通电，启动主机系统，运行控制程序，检查设备工作情况，确认系统工作正常；检查测量箱内温控器及气源压力指示值，保证在正常范围内。

（2）运行调试。运行调试是在锅炉启动后，投入煤粉并且稳定燃烧，同时锅炉负荷大于

60%时，设备投运，系统自动采集数据，4h后进行运行参数的设定调试。

收取飞灰样品，同时记录下收灰的时间，将灰样送化验室，化验出灰样可燃物的百分含量。根据化验的结果及记录的收灰时间对系统进行标定或与运行显示数据对比，检验误差。

（三）$CO/CO_2/H_2O$ 分析仪表调试

1. $CO/CO_2/H_2O$ 分析仪工作原理及组成

$CO/CO_2/H_2O$ 分析仪利用非分散窄波段的红外线吸收技术，依靠一个单光来切割的多波长光学系统来测量烟气中的 $CO/CO_2/H_2O$ 对红外光的吸收。

被加热到800℃的红外线发射源，发射出含有多种波长段的红外线，经过凸透镜的聚焦作用而成非分散的单光束，该光束通过一个以3460r/min转速转动的光谱滤波盘，该滤光盘具有5个通道，依次只允许通过以下波段的光线，如图3-55所示：

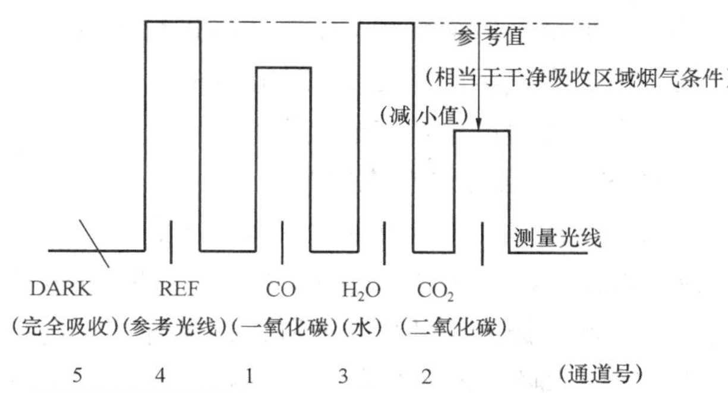

图3-55 $CO/CO_2/H_2O$ 分析仪表工作原理

（1）CO可吸收的红外线波段；

（2）CO_2 可吸收的红外线波段；

（3）H_2O 可吸收的红外线波段；

（4）不会被 $CO/CO_2/H_2O$ 所吸收的红外线波段；

（5）不通过任何红外波段。

所有光线穿过透镜组、测量室到反光镜后穿过过程烟气经探头内反光镜检测器，在检测器中通过光/电转换器转换为电流信号，远传到控制单元；控制单元根据各衰减光线的电流信号与参考光线REF（组成上无反射片，主要靠胶框来反射光的胶框）的电流信号的偏差，计算得出烟气中 $CO/CO_2/H_2O$ 的体积浓度；再一方面按照设定的量程变送成为4～20mA的电流信号送给记录仪和数据采集系统（DAS）显示和记录（见图3-56），另一方面显示在控制单元的液晶显示器上。

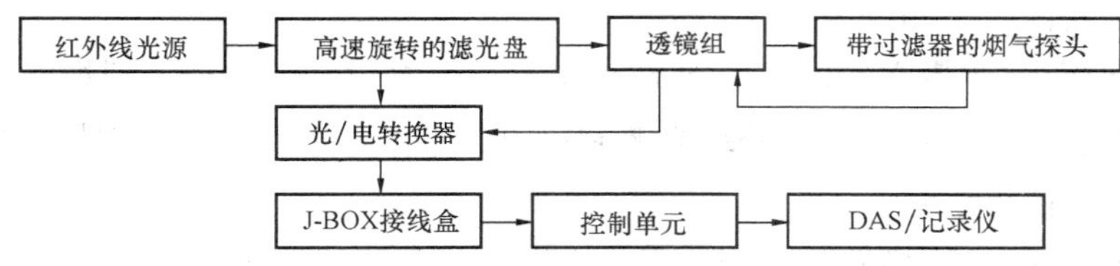

图3-56 $CO/CO_2/H_2O$ 分析仪表系统框图

$CO/CO_2/H_2O$ 分析仪主要由以下三部分组成：

（1）不锈钢探头/测量室：位于烟囱70m平台外，穿过烟囱壁插入烟气流中。

（2）红外线收发装置：产生红外线光源和接收经穿过烟气后从反光镜反射回来的光信号，并将之转换为可远传的电信号。

（3）控制单元：用于整个分析仪表的控制、测量、校准、计算和系统诊断。

2. $CO/CO_2/H_2O$ 分析仪表单体调试

（1）外观检查：设备外观完好，表面清洁，无缺损现象；各种铭牌标识齐全，各种部件装配牢固；引线无折痕和绝缘损坏等情况。

（2）设备连接检查：检查所有取样管及标定用的气管路及附件连接正确、牢固；外部电源已经连接并且电压等级符合被检设备运行要求。

（3）上电检查：检查完毕后通电检查，确认设备是否正常工作，变送器是否正常，能否正确显示。

（4）标定：接入标准气体，根据安装设备上的标准要求，通入相应浓度的标准气体，对设备进行浓度标定。

（5）对标定点显示浓度与实际浓度进行比较，对就地显示与DCS显示进行对比。

（6）检定完成后恢复接线和连接导管。

（7）做好校验记录，完成检定报告。

（四）SO_2/NO分析仪表调试

1. SO_2/NO分析仪测量基本原理及组成

SO_2和NO对于不同波段的紫外线（218.5mm波长和226.5mm的波长）具有优先选择的特性。因此光源发出的恒定光强度的紫外线经过一组聚光透镜后进入气体测量室，被室内SO_2或NO气体吸收各自对应波长段的紫外线，并经安装在其中的反光镜反射回光学系统；反射光线经过单色分光仪（允许SO_2/NO对应吸收波长段的紫外光通过，轮换通过，每15s切换一次），通过分光仪后紫外光线经过调制和光/电转换器后送出电流信号经过接线盒远传到控制单元，经控制单元进行一系列诊断处理，综合计算后输出4～20mA电流信号供DAS和记录仪（见图3-57）。

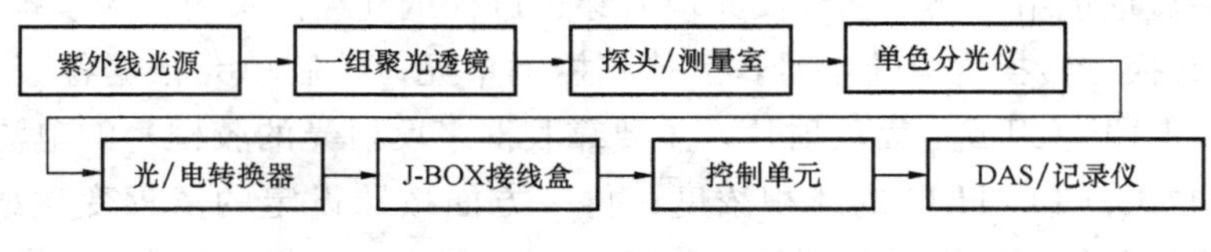

图3-57 SO_2/NO分析仪表系统框图

该类仪表主要由以下四部分组成：

（1）不锈钢探头/测量室：位于烟囱70m平台层，穿过烟囱壁插入到烟气流中。

（2）紫外线收发装置：产生紫外线光源和接收经烟气后以反光镜反射回来的光信号，并将之转换为可远传的电信号。

（3）接线盒：光/电转换器与控制单元的中转站，并包括必要的整流分压回路。

（4）控制单元：用于整个分析仪表的控制、测量、校准、计算和系统诊断。

2. SO_2/NO分析仪表单体调试

（1）上电检查：检查完毕后通电检查，确认设备是否正常工作。

（2）标定：接入标准气体，根据安装设备上的标准要求，通入相应浓度的标准气体，对设备进行浓度标定。

（3）对标定点显示浓度与实际浓度进行比较，对就地显示与DCS显示进行对比。

（4）检定完成后恢复接线接连接导管。

（5）做好校验记录，完成检定报告。

（五）LS541 浊度仪调试

1. LS541 浊度仪基本测量原理

LS541 浊度仪利用物体对光会反射的原理进行测量，由吸发器、反射器、空气吹扫装置和控制单元四部分组成，其中吸发器内部装有光源。反射器内置反光镜；空气吹扫装置包括分别安装于收发器侧和反向器侧的两台鼓风机和两个吹扫空气流量开关；控制单元用于整个分析仪表的控制、测量、校准、计算和系统诊断。

收发器中光源发出的光束经光分离器分为参考光束和测量光束，其中参考光束直接进入光/电转换器，测量光束通过过程烟气并经另一侧的反光镜反射后进入光/电分离器。进入光/电分离器的参比光束和测量光束信号，根据光强度被转换为相应的交流电压信号，远传到电子室的控制单元，经过控制单元的诊断、校验和计算后输出 4～20mA 供给外界用户（到集控室或灰控室，见图 3-58）。

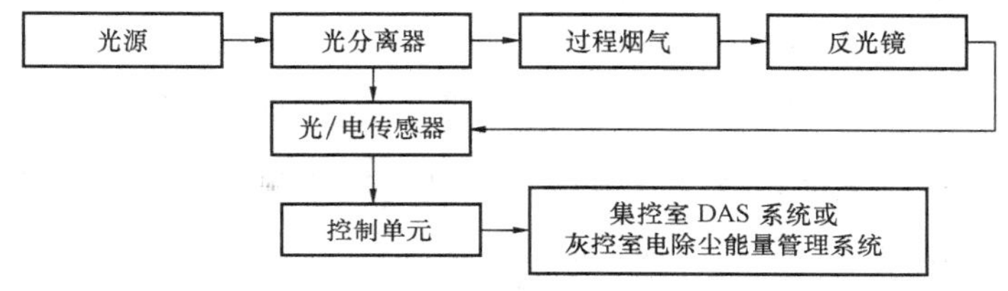

图 3-58　LS541 浊度仪系统框图

2. 浊度仪单体调试

（1）上电检查：检查完毕后通电检查，确认设备是否正常工作。

（2）标定：接入标准气体，根据安装设备上的标准要求，通入相应浓度的标准气体，对设备进行浓度标定。

（3）对标定点显示浓度与实际浓度进行比较，对就地显示与 DCS 显示进行对比。

（4）检定完成后恢复接线接连接导管。

（5）做好校验记录，完成检定报告。

七、机械量测量仪表调试

（一）概述

汽轮机监视系统（Turbine Supervisory Instrumentation System，TSI）是一种可靠的多通道监测保护系统，用于连续不断地测量和显示汽轮发电机组转子和汽缸的机械运行参数，同时输出信号到 DCS 或 DEH：模拟量输出信号用于记录和显示各运行参数，开关量输出用于报警和保护。这里重点叙述就地探头的监测对象和工作原理。

1. 测量范围

TSI 监视和测量的主要参数包括：轴承振动、偏心、键相、轴向位移、转速、零转速、缸胀和胀差，TSI 测点布置示意图如图 3-59 所示。

（1）轴承振动。振动监测器用来测定汽轮机转速在 600r/min 以上时转子的振动，转速低于 600r/min 时，转子的弓弯值只作为偏心值记录下来。汽轮机组的振动监测点布置在各支承轴承处（见图 3-59），一般汽轮机组都有多个轴承（数量随机组容量和高、中压缸是否合缸有所变化），因此需要对每个轴承的 X 向和 Y 向振动进行监测。其中 X 向振动监测转

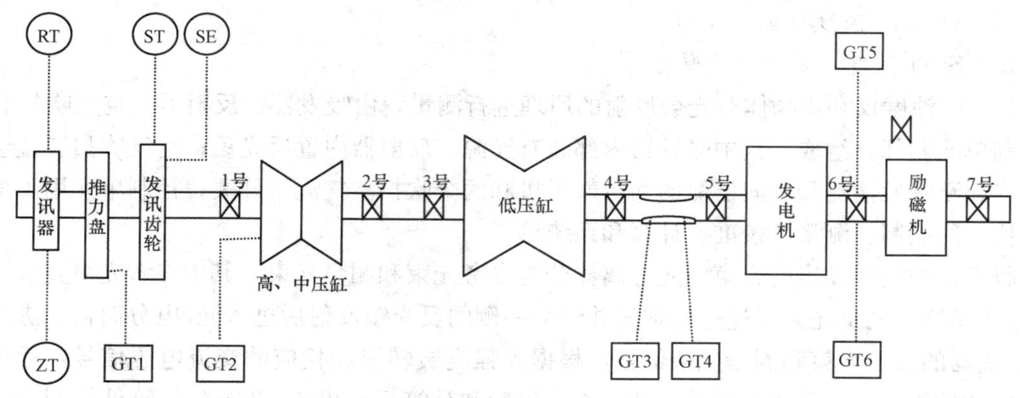

图 3-59　TSI 测点布置示意图

RT—偏心；ZT—键相；ST—零转速；SE—转速探头；GT1—轴向位移；GT2—缸胀；GT3—低压缸差胀（汽轮机侧）；GT4—低压缸差胀（发电机侧）

⊠——表示 1～7 号轴承，每个轴承的测点布置同 6 号轴承所示

子在水平方向上相对于轴承的位移，就地信号通过涡流监测系统的前置器输入到相应的 X 向振动监测器。Y 向振动采用复合式探头系统进行监测：一方面采用涡流探头监测转子在垂直方向上相对于轴承的位移，另一方面采用速度传感器探头监测轴承壳在垂直方向的振动，就地信号分别通过涡流系统前置器或者速度传感器输入到相应的 Y 向振动监测器。

（2）偏心和键相。偏心是指汽轮机在低速阶段（从盘车转速到 600r/min 左右的启动或停机阶段），转子由于本身静态的机械弯曲、受热不均匀导致的瞬态热弯曲或重力弯曲等一种或几种原因综合产生的转子弓弯值，即转子表面的外径和转子真实的几何中心线之间的变化。键相是指汽轮机转子每转一周发出一个信号的指示器。

每个偏心监测系统包括一个监测器、两套带电缆的前置器和探头。偏心监测器接受两个电涡流传感器的输入：其中一个趋近式探头（偏心探头），用于测量轴的弓弯；另一个则是键相探头，借助于一个峰－峰值信号调节线路，用来做同步参考系，因而就以转子旋转一周作为一个偏心测量周期。每个测量周期后，偏心监测器显示两个测量的结果：①直接偏心——偏心探头测量过程中输出的直流电压信号对应的显示；②峰-峰值偏心——监测器产生的一个正比于实际峰-峰偏心值的新信号对应的显示。

（3）轴向位移。轴向位移是指转子在轴向相对于一个固定参照物（推力盘）的相对位移，也可以是转子推力盘在轴向相对于推力轴承支承面的相对位移（转子位移）。

TSI 采用涡流监测系统监测轴向位移，同时为了可靠起见，采用了与门逻辑的双通道监测器，以防止单一通道的报警和保护误动。因此，每个轴向位移监测系统包括一个监测器和两套带电缆的前置器和探头。

（4）转速和零转速。转子的转速是 TSI 的一个重要测量参数，除了显示转速以及零转速的功能外，还用于确定振动频率以及与转子旋转率的比较分析。转速监测分为转速和零转速两种。

每个转速监测系统包括一个监测器、两套带电缆的前置器和探头。转速监测器将电涡流传感系统来的两个键相脉冲之间的时间间隔，换算成转速值（r/min）进行显示和报警保护的输出。

与转速监测相同，每个零转速转速监测系统也包括一个监测器、两套带电缆的前置器和探头。与转速监测系统不同的是，单个探头就可以根据键相信号的原理完成零转速的监测。只是为了可靠起见，采用双探头和与门逻辑的双通道监测器，以防止单一通道的报警和保护误动。

(5) 缸胀。缸胀（机壳膨胀）是指在汽轮机运转壳体的热膨胀。

TSI 应用两个直流线性差动变压器（LVDT）来测量汽缸相对于基础（固定的）沿轴线的热膨胀。探头的安装如图 3-60 所示，探头一般安装在绝对死点的相对端基础上，在这个相对端，汽轮机机壳压在基础上，两个通道都用来进行同一测量。在汽轮机中心线两侧，各有一个 LVDT，用来分别测定机器壳体两边的热膨胀。这样就可指出汽缸两侧的膨胀率是否相同。

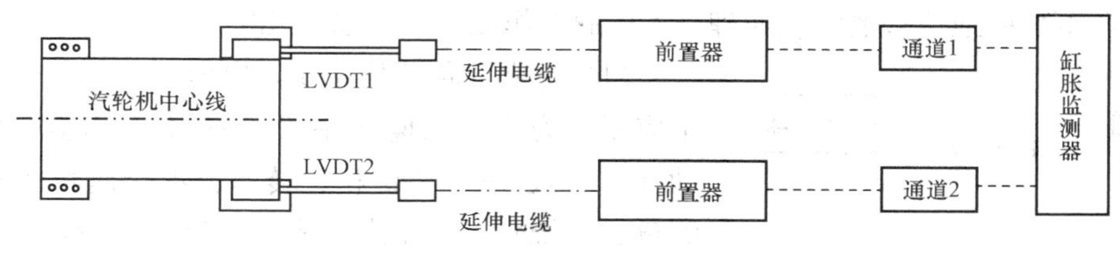

图 3-60　探头的安装

(6) 胀差。胀差是指汽轮机转子轴向膨胀和壳体（或定子）轴向膨胀二者之间的差异。在汽轮机内，汽轮机转子与壳体之间须保持一个严格的距离，以避免机器转子与定子之间互相接触。当蒸汽进入汽轮机后，转子及汽缸均要膨胀。由于转子质量较小，温升较快，因而膨胀较汽缸更为迅速，这样转子与定子之间的间隙就发生了变化。

TSI 采用涡流原理进行胀差的测量，根据探头安装方式的不同，分为斜面式胀差监测器和补偿式胀差监测器两种。

1) 斜面式胀差监测器。斜面式胀差监测器可进行连续在线热膨胀监测。它接受两个涡流趋近式探头的输出信号，探头的安装有双斜坡安装和单斜坡安装两种方式（见图 3-61）。图 3-61 中探头 1、2 的组合为双斜坡安装方式的示意，图中探头 3、4 的组合为单斜坡安装方式的示意，安装的两个探头与被测对象的表面垂直。斜面的角度可从 4°～45°。双斜坡斜方式与比单斜坡方式的测量方式的区别在于前者可提供更大的测量范围。

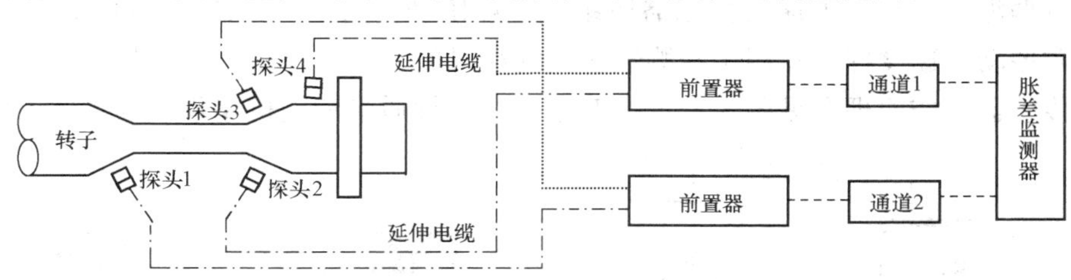

图 3-61　斜面式胀差监测系统示意图

2) 补偿式胀差监测器。补偿式胀差监测器接受两个趋近式探头的输出信号。而探头的安装是用“补偿式”的安装方式（见图 3-62），一般轴上装有一个垫片，垫片的每一边都有一个探头进行探测（图中探头3、4）。或者有两个垫片，两个探头分别探测各个垫片（图中探头1、2）。在热膨胀时，被监测的垫片移出第一个探头的监测范围，随即进入第二个探头的监测范围。这种安排比用一个探头监测范围扩大一倍。

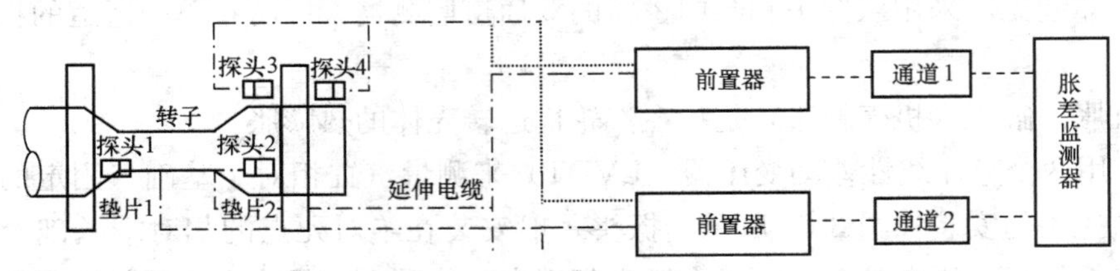

图3-62　补偿式胀差监测系统示意图

2. 工作原理和应用

根据各参数就地信号的测量原理，TSI的工作原理包括以下几类。

图3-63　电涡流传感器系统示意图

（1）电涡流传感器系统。电涡流传感器系统是TSI中应用最为广泛的监测手段，应用于汽轮机组轴承振动（*X*向）、偏心、键相、转速、零转速和胀差信号的测量。系统包括前置器、探头和延伸电缆三部分，如图3-63所示。前置器是一个模块化的电子线路，可以安装在就地机柜中，它产生一个用于探测能量损耗的无线电频率信号（RF），并根据能量损耗产生一个正比于所测间隙的直流电压信号。探头是系统的传感器部分，安装在就地（靠近被测对象表面），其内置的线圈用于接收前置器来的RF信号，并向外释放和回收这些信号。延伸电缆用于前置器和探头之间的连接。

工作原理：前置器产生的RF信号由延伸电缆送到探头端部里面的线圈上，在探头端部的周围就都有了RF信号。如果在这些RF信号的范围之内没有导体材料，则释放到这一范围内的能量都会回到探头。如果有导体材料的表面接近于探头顶部，则RF信号在导体表面会形成小的电涡流，这一电涡流使得RF信号有一定的能量损失。该损失大小是可以测量的：导体表面距离探头顶部越近，其能量损失越大，传感器系统就可以根据这一能量损失，产生一个正比于间隙距离的直流负电压输出。

（2）复合式探头监测系统。复合式探头监测系统用于汽轮机组*Y*向轴承振动的监测，它由一个电涡流探头和一个速度传感器所组成，如图3-64所示。其中，电涡流探头用于监测轴的相对振动，速度传感器用于监测轴承壳的绝对振动。

速度传感器工作原理图见图3-65，是基于一个惯性质量和随机座移动的壳体。传感器

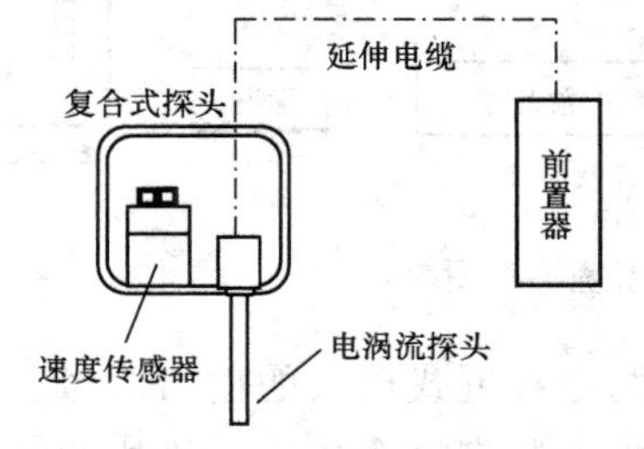

图3-64　复合式探头监测系统示意图

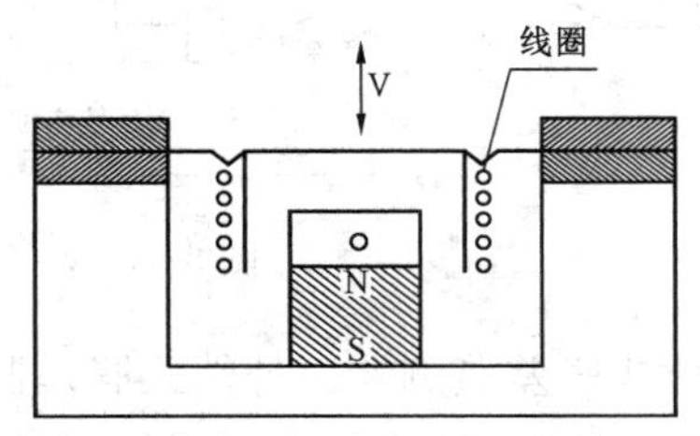

图3-65　速度传感器工作原理图

内有一个固定在传感器壳体上的磁铁，磁铁外部围绕着一个惯性质量线圈，通过弹簧连在传感器壳体上，在最低的工作频率以上，因为传感器是刚性的且固定在机壳上，线圈相对于空间没有运动，所以磁铁与机壳的振动是完全一样的。磁铁在线圈内运动，因而在线圈内产生电压，该电压正比于机壳的速度。

（3）LVDT 传感器。LVDT 传感器用于汽轮机组汽缸膨胀的监测，主要有振荡器、差动变压器（带动铁芯）和解调器组成，如图 3-66 所示。

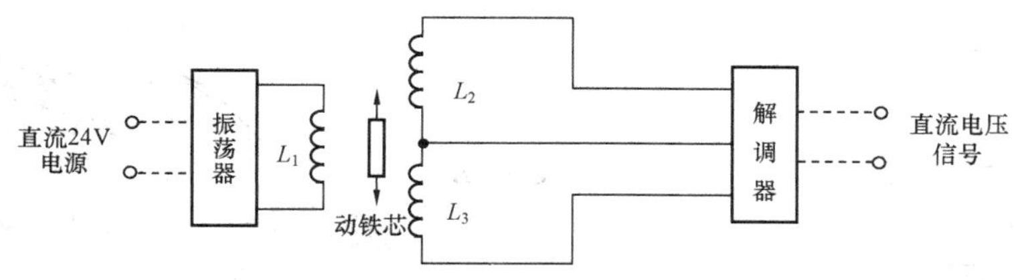

图 3-66　LVDT 示意图

LVDT 的基本工作原理就是将汽缸膨胀（芯杆位移）转换成线性直流电压输出，转换过程为：外供的 24VDC 电源接到振荡器引线，在此电压驱动下振荡器产生一个交流电流，并将此交流电流加到差动变压器的初级绕组 L_1 上。变压器的两组次级绕组 L_2、L_3 反向串接，并通过动铁芯与初级绕组相耦合。次级绕组 L_2、L_3 的输出电压之差作为次级输出电压供给解调器，用以产生一个直流电压信号。因此动铁芯位置决定了次级绕组 L_2、L_3 的输出电压幅值和解调器输出信号的极性，当芯杆向着 LVDT 方向移动，此信号幅值和极性从负→零→正变化，否则信号幅值和极性从正→零→负变化。当铁芯零位和外壳零位重合时，输出电压为零。

（二）涡流位移式传感器调试

1. 涡流位移式传感器调试前准备工作

调试人员应熟悉位移传感器的原理及调试方法，并熟练掌握所使用的标准设备和所采用产品的说明书界面菜单操作步骤。按表 3-51 涡流位移式传感器调校用标准仪器和设备表将仪器和设备准备齐全。三等标准量块、四等标准测量块、千分表、百分表、数字万用表、直流稳压电源。

表 3-51　　涡流位移式传感器调校用标准仪器和设备表

仪器设备名称	参考规格型号	精度	用途
万用表	FLUKE19	0.01	测量输出电压
振动校验仪	TK3E		调节间距
信号发生器	1045	0.01	提供 24V 直流电压

2. 涡流位移式传感器单体调试

涡流位移式传感器调试流程如图 3-67 所示。

（1）安装检查。在安装前对传感器进行外观检查，检查外观、型号、规格是否符合设计要求。按图 3-68 连接传感器的探头、延伸电缆和前置器、24V 直流电源和测试标准计量仪表。连接时注意探头、延伸电缆和前置器应根据说明书配套校验、安装和应用。

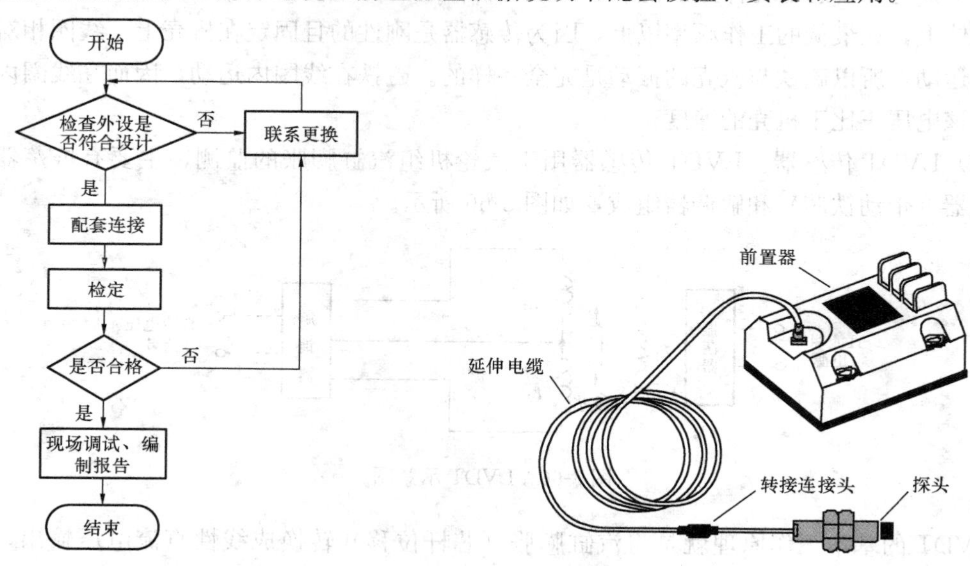

图 3-67　涡流位移传感器调试流程图　　图 3-68　涡流位移式传感器系统组成示意图

(2) 涡流位移式传感器检定。确认连接接线正确，接头连接紧固，固定传感器探头用的塑料套管尺寸合适，探头和校准器接触端面的距离定义为 L。旋转千分尺调节钮增大 L 值，然后根据如下线性灵敏度计算公式式 (3-26) 计算传感器线性灵敏度。

1) 静态灵敏度的检定。把位移传感器安装在相应的位移静校器上，打开 24V 直流电源，旋转千分尺调节钮，使探头与试件平面紧贴（即 $L=0$），再将探头头部与试件间距调到传感器线性起始位置（前置器输出电压 -1V 左右为线性起始点）。改变 L 值，每增加 250μm 间隔（10%量程）设置 1 个测量点，观察传感器每一间隔前置器的输出电压 U_i，直至传感器线性终点位置（输出电压为 -17V 左右）。反向旋转千分尺调节钮减小 L 值，L 值每减小 250μm 间隔，观察传感器每一间隔前置器的输出电压，直至传感器线性终点位置（前置器输出电压为 -17V 左右）。校验过程记录传感器移动每一间隔距离 L_i 与前置器的输出电压，在整个测量范围内，包括上、下限值共测 11 个点，以上、下两个行程为 1 个测量循环，一共测 3 个循环。

2) 静态幅值线性度的检定。在校验灵敏度的同时，进行幅值线性度的检定。线性灵敏度计算公式为

$$S=\frac{1}{8}\Sigma\left|\frac{U_i-U_{i-1}}{L_i-L_{i-1}}\right|,\ i=3,\ 4,\ \cdots \tag{3-26}$$

式中　S——位移传感器线性灵敏度，mV/mil；

L_i——传感器每间隔移动位置，mil；

U_i——传感器每间隔移动位置的输出电压，mV。

3) 零值误差。把传感器安装在位移静校器上，在工作状态下将位移传感器置于零点（起始工作点），用示波器测出传感器的噪声信号，该信号与满量程时传感器的输出信号之比即为传感器的零值误差。

4）动态参考灵敏度的检定。对于测量中用支架固定的传感器，在检定中用适合的支架将被检传感器固定在标准振动台台面垂直方向上的合适位置，并确保支架及传感器非活动部分与振动台之间不产生相对运动；对于测量中不用支架固定，可直接安装在被测振动体上的传感器，在检定中应将被传感器刚性的安装在标准振动台上。用标准加速度计监控振动台，在被检传感器的动态范围内，选取某一实用的频率值（推荐 20、40、80、160Hz）和某一指定的位移值（推荐 0.1、0.2、0.5、1.0、2.0、5.0mm）进行检定，被检传感器的输出值与振动台的位移值之比为该传感器的动态参考灵敏度。

做好相应的记录，出具检定报告。检定结果应满足厂家产品说明书和设计的要求，如发现超差，在确认测量读数无误的情况下联系更换。

线性中心点确定：依据线性灵敏度的计算结果，符合厂家精度要求的部分即传感器的线性范围，选其中间点作为传感器线性中心点，该点对应的位置（L_0）和前置器输出电压值（U_0），作为传感器安装间隙和复核安装间隙的参考值。

（3）涡流位移式传感器现场调试。按厂家安装说明书上的安装要求，检查确认传感器探头、延伸电缆和前置器的编号匹配且安装符合要求后，进行探头安装间隙调整，具体连接如图 3-69 所示。其中：

1）振动探头安装时，用塞尺和数字万用表分别测取安装间隙 L 和前置器输出电压 U，并与 L_0 和 U_0 比较，若两者基本一致，则认为安装间隙正确，否则重新调整。

2）位移探头安装时，要根据位移往哪个方向变化或往哪个方的变化量较大来决定其安装间隙的设定。当位移向远离探头端部的方向变化时，安装间隙应设在线性近端；反之，则应设在线性远端。

记录每一间隔与前置器的输出电压，出具检定报告。

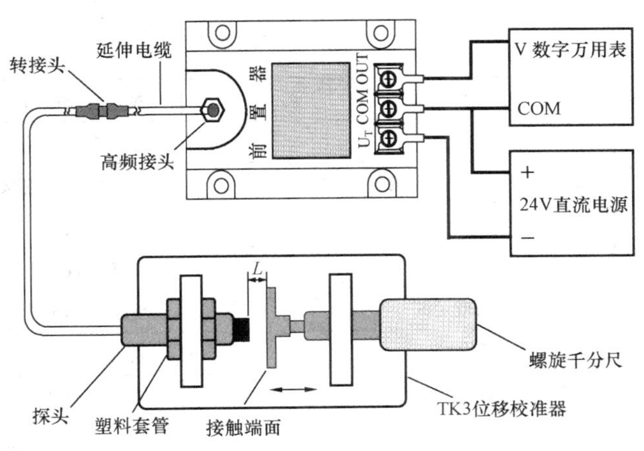

图 3-69 涡流位移式传感器校验连接图

3. 涡流位移式传感器调试验收与故障处理

调试结束后，按表 3-52 涡流位移式传感器调校验收表格要求，施工人员进行自查，质量人员进行验收。

涡流位移式传感器常见故障及处理方法见表 3-53。

表 3-52　　涡流位移式传感器调校验验收表

<table>
<tr><th>工序</th><th colspan="2">检验项目</th><th>性质</th><th>单位</th><th>质量标准</th><th>检验方法和器具</th></tr>
<tr><td rowspan="2">检查</td><td colspan="2">传感器线圈直流电阻</td><td></td><td></td><td>符合制造厂规定</td><td>用直流单臂电桥</td></tr>
<tr><td colspan="2">稳压器性能</td><td></td><td></td><td>符合制造厂规定</td><td>用数字电压表测量</td></tr>
<tr><td rowspan="7">调校</td><td colspan="2">仪表指示方向</td><td>主控</td><td></td><td>符合轴向位移或膨胀变化方向</td><td>移动模拟装置，改变对应传感器与模拟轴之间的间隙</td></tr>
<tr><td rowspan="3">报警和保护</td><td>正负动作</td><td>主控</td><td></td><td>符合轴向位移或膨胀变化方向</td><td rowspan="2">同上，并分别按正、负向“报警”检查按钮及“复位”按钮，进行功能检查</td></tr>
<tr><td>指示灯</td><td></td><td></td><td>相应的灯亮</td></tr>
<tr><td>接点</td><td></td><td></td><td>接触良好</td><td>用校线工具查对</td></tr>
<tr><td colspan="2">测量范围</td><td></td><td></td><td>≥30%实际值</td><td>查对</td></tr>
<tr><td colspan="2">系统示值误差</td><td>主控</td><td>%</td><td>≤3</td><td>在轴向位移校验台进行检查</td></tr>
<tr><td colspan="2">线性度</td><td>主控</td><td>%</td><td>≤1.5</td><td>在轴向位移校验台进行检查</td></tr>
</table>

表 3-53　　涡流式位移传感器常见故障及处理方法

阶段	故障描述	可能原因	处理方法
静态调试	涡流位移式传感器电压输出无变化	接线端子接线是否接错，连接头连接不好、开路	检查接线、连接头
		探头损坏	更换探头
		前置器损坏	更换前置器
		延伸电缆断或短路	更换延伸电缆
	涡流位移式传器输出线性超差	探头、前置器、延伸电缆不配套	检查传感器各部件是否配套
		探头固定不合格	紧固探头
		探头试件表面不清洁	擦洗探头和试件
动态调试	显示故障	TSI 模件故障	检查更换模件
		系统电压不正常	检查电源回路
		接线开路短路，连接头松动脱落	检查接线、连接头
		探头损坏	更换探头
		前置器损坏	更换前置器
		延伸电缆断或短路	更换延伸电缆
	误差大、不稳定	探头固定不合格	紧固探头
		探头试件表面不清洁	擦洗探头和试件
		信号干扰	检查并确认单点接地
		电缆屏蔽不好	检查

（三）胀差探头调试

1. 补偿式测量胀差探头单体调试

补偿式测量胀差探头安装调试的关键是交叉点电压的确定。如果交叉点电压未定准，胀差显示线性不好或显示数据误差较大。交叉点电压的确定方法如下：

（1）根据探头出厂或测试报告提供的灵敏度，或现场移动托盘，采集探头线性数据，计算出每个探头的灵敏度，设置模件组态中 2 个探头灵敏度值。选择 1 个和 2 个探头组态默认且 *COV* 都比较接近的中间电压值，写入组态中，上传修改后的组态至模件。

（2）根据选定 *COV* 现场定位 2 个探头的位置。用万用表测量 2 个探头的前置器输出电压，当电压接近 *COV*，且偏差不大时固定好探头。2 个探头都固定好后，调整托盘位置，使 2 个探头的前置器输出电压尽量相等，记录该电压值为实际的交叉电压（*COV*）值，将模件组态中 2 个探头的 *COV* 修改为该电压值，上传模件组态。

（3）移动托盘，检查测量线性，检查线性时观察组态中单个探头的 *DIRECT* 值和间隙电压值。设置胀差方向，转子向发电机测胀为正。

零点确定及托盘固定：胀差量程为－10～40mm，因此，对高压缸胀差，则(40－10)/2＝15mm，用零点定位方法，将发电机侧探头以交叉点电压所在位置靠近测量盘 15mm。

算出零点对应电压，公式为

电压值＝交叉点电压＋灵敏度×3(交叉点电压及灵敏度均指发电机侧探头)

依据电压定位，确定零点后，固定托盘。

2. 存在的问题

TSI 调试过程中，有时会发现胀差探头在调试线性过程中总是出现线性不好的现象，特别是双探头互为补偿式的测量方法，在确定交叉点电压时需要反复调整，包括调整量程和探头灵敏度，使测量误差减小到允许范围以内，但这样定位后使探头量程压缩。其原因是：

（1）探头安装时，两探头之间距离可能偏大，导致交叉点电压附近存在死区。

（2）常规安装调整方法是建立在理想前提下，一次测量系统的位移一电压特性是线性的，并且其灵敏度完全符合统一指标。但是，现场实际测出的位移-电压特性与制造厂给定的位移一电压特性有差别，有时差别较大。由于位移-电压特性不可调整，而且又是非线性误差，因此无法做到全测量范围的误差在允许值内。

（四）速度传感器调试

1. 速度传感器工作原理及组成

速度传感器主要用于测量机械振动量，常用的磁电式传感器是利用电磁感应原理将振动速度转换成电压量输出，磁电式传感器结构如图 3-70 所示。

2. 速度传感器单体调试

速度传感器检定流程如图 3-71 所示。

（1）外观及附件的检查。外观、铭牌及各种连接

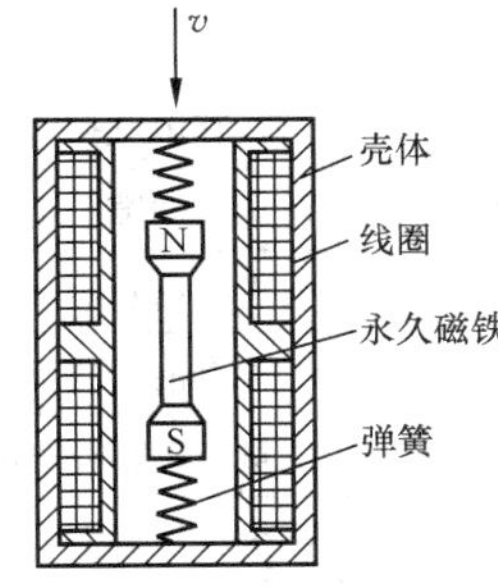

图 3-70　磁电式传感器结构图

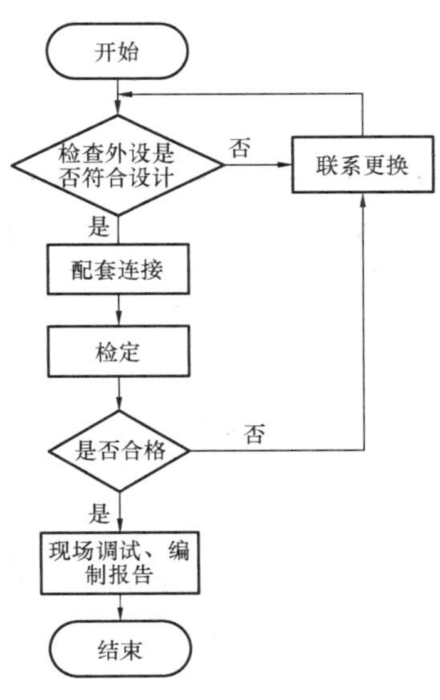

图 3-71　速度传感器检定流程图

部件等外壳表面的金属镀层或其他化学处理层不应有划痕和脱落现象。传感器的输出导线及格连接部件应配套齐全、完好、可靠。

（2）参考速度灵敏度的检定。将标准加速度计和被测传感器背靠背刚性安装在振动台台面中心，在被测传感器动态范围内选取某一实用的频率（160、80、40Hz）和速度值（1、2、5、10cm/s）进行正弦激振，被测传感器的输出电压值与所承受的振动速度值之比为该传感器的参考速度灵敏度。

（3）频率响应的检定。被检传感器的安装方法同上，在传感器工作频率范围内，均匀地选取至少7个频率值进行幅值线性度的检定，保持振动速度恒定进行激振，分布测量各频率点的输出电压值。

（4）动态范围的检定。被检传感器的安装方法同上，按产品说明书给出的频率范围，选取最低频率和最高频率，并分别在最大允许速度和最大允许加速度进行正弦激振，并观察这几种情况下传感器输出波形是否有明显失真，分别测量此时传感器的输出电压值。

做好相应的记录，恢复设备，并出具检定报告。

3. 速度传感器调试验收与故障处理

调试结束后，按表3-54速度传感器调校验收表格要求，施工人员进行自查，质量人员进行验收。速度传感器常见故障及处理方法见表3-55。

表3-54　速度传感器调校验收表

工序	检验项目		性质	单位	质量标准	检验方法和器具
检查	拾振器线圈电阻	电磁式			符合制造厂规定	用直流单臂电桥测试
		涡流式				
调校	稳压电源调整				符合制造厂规定	用电压表检查
	报警值整定				符合设计要求	按“给定”按钮检查
	仪表示值误差		主控	%	±5	在振动校验台检查
	系统示值误差				±10	
	报警	显示			“报警”灯亮	
		事故状态灯光记忆			正常	
		复位			“报警”灯灭	事故消失后按“复位”按钮

表3-55　速度传感器常见故障及处理方法

故障描述	故障描述	可能原因	处理方法
静态调试	前置器无电压输出	前置器工作电源故障	检查工作电源
		电气连接松动	检查电气接线
		传感器端面与测量值端面相接触	调整间隙
		前置器损坏	更换前置器
	前置器电压输出偏差超标	前置器电源电压不匹配	检查前置器工作电源电压等级
		补偿电阻不匹配	重新调整补偿电阻
		传感器与前置器不对应	重新核对
	前置器电压输出有波动	前置器电源电压不稳定	更换电源

续表

故障描述	故障描述	可能原因	处理方法
动态调试	测量显示不准	量程设置错误	核对量程
		延伸电缆的长度与前置器不匹配	重新核对延伸电缆的长度
		传感器固定不牢固	重新紧固传感器
		信号回路屏蔽、接地不恰当	重新检查屏蔽接地回路
		传感器损坏	检查、更换传感器
		通道内传感器灵敏度设置不正确	根据实际传感器型号设置正确灵敏度

八、盘装显示仪表调试

调校用标准仪器和设备：根据数显表的信号输入量，可以选定不同的标准仪器和设备，其标准仪器基本误差的绝对值一般应等于或小于被校仪表及装置基本误差绝对值的1/3。实际选用ALTEK热电偶校验仪、ALTEK热电阻校验仪、TRANSMATION1045信号发生器、FLUKE回路校验仪、500V绝缘电阻表、TRANSMATION频率发生器等。

数字显示仪表的检定项目包括：

（1）外观检查：设备外观完好，表面清洁，无缺损现象；各种铭牌标识齐全，各种部件装配牢固；引线无折痕和绝缘损坏等情况；所供型号及类型应符合设计要求。

（2）对仪表电气回路绝缘检查。

（3）校验线路连接。

（4）通电检查仪表显示及零位漂移，加信号对仪表进行上升、下降示值基本误差检定，仪表最大示值误差应不超过仪表允许误差。校准点一般不少于5点，应包括常用点。

（5）上、下限设定，调至设定值并检查动作情况，仪表报警动作值的误差不应超过示值允许误差的绝对值。

（6）做好校验记录，出具相应的检定报告。

（一）数字显示仪表调试

1. 数字显示仪表工作原理及结构

数字显示仪表是将一次仪表送来的电信号（电压、电阻、电流）经处理后转为电压信号进行数字显示，并且可以转换成按调节规律输出控制或报警信号，其工作原理如图3-72所示。

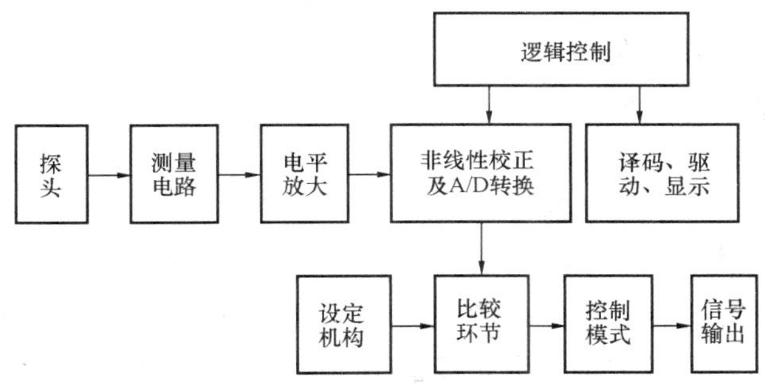

图3-72　数字显示仪表工作原理图

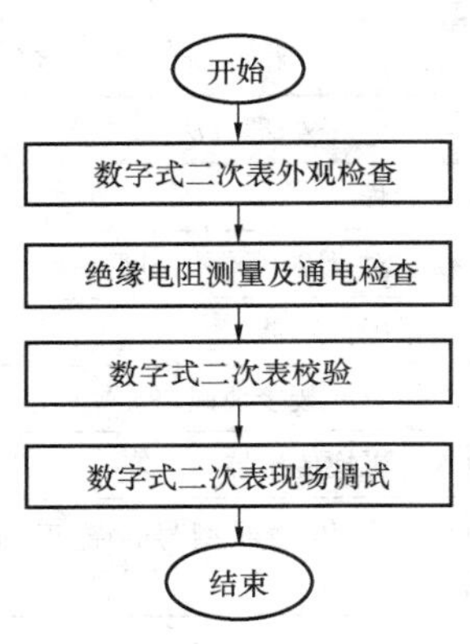

图 3-73 数字显示仪表调试流程图

2. 数字显示表单体调试

（1）准备工作。除参见本节“一、调试一般要求”外，检查仪表的开关、按键操作灵活、可靠，数字指示面板不应有影响读数的缺陷。数字显示仪表调试流程如图 3-73 所示。

（2）通电检查。接通电源，仪表显示值应清晰、无叠字，亮度均匀，不应有缺笔划、不亮等现象，小数点和极性、过载的状态显示应正确。

（3）数字式二次表校验。

1）分辨力校验。用标准设备模拟一次元件输出，校验可在除零点外任意一校验点附近开始，缓慢改变标准表输出，以仪表从一个分辨力值转换到另一个分辨力值时为起点，读取标准表示值，记为 X_1，继续同相改变标准表输出，仪表显示值再变一个分辨力值时，读取标准表示值，记为 X_2，连续进行 3 次，仪表单次分辨力值按式（3-27）计算：

$$d_i=X_i+1-X_i \tag{3-27}$$

式中 i——分别为次数 1、2、3；

X_i——标准表示值。

取 d_i 的 3 次平均值作为仪表的实际分辨力值 d，公式为

$$d=(d_1+d_2+d_3)/3 \tag{3-28}$$

实际分辨力的误差要小于或等于 1/2 分辨力值。

2）基本误差的校验。

① 通电预热：接通电源后，按厂家规定时间进行预热，如果没有明确规定，一般预热 15～30min。对具有零点、量程可调的仪表，允许在预热后进行预调，但在校验过程中不允许再调。

② 校验点选择：校验点应不少于 5 点，一般应包括上、下限值，原则上校验点应均匀分布。

③ 误差校验：使用标准设备模拟仪表信号输入，从下限值开始逐步增大输入信号（上行程），分别记录各校验点的读数。然后再由上至下进行下行程校验。

仪表的示值基本误差 Δ 应不超过 Δ_{max}，公式为

$$\Delta_{max}=\pm(a\%FS+bd) \tag{3-29}$$

式中 Δ_{max}——允许示值基本误差；

a——仪表准确度等级；

FS——仪表量程，即测量范围上、下限之差；

d——末位一个字所表示的值；

b——数字化过程中产生的量化误差系数，一般为 1。

3）稳定性检查。仪表经预热后，使用标准设备输入信号使仪表显示值稳定在量程的 80%处，保持 10min。观察仪表显示值，该值不应有间隔计数顺序的跳动，读取显示值的最大波动值。显示值的波动值不应大于其分辨力值，对于分辨力高的仪表（$a\%FS\geqslant10bd$），

波动不应大于2倍的分辨力值。

4）短期示值漂移。仪表经预热后，使用标准设备输入信号使仪表显示值稳定在量程的50%处，读取此值。以后每隔10min测量一次，共测量三次。取偏差最大的值做为示值漂移值，1h内的示值漂移不能大于允许基本误差的1/4。

5）零位、量程设定和调整以及仪表准确性检查。使用标准设备模拟一次元件输出，根据设计提供的量程范围将输出信号调整至二次表零位的对应值，调节零位调整螺钉，使二次表显示值与零位的偏差在允许范围内，再将输出信号调整至设计量程对应的值，调节量程调整螺钉，使二次表显示值与量程的偏差在允许范围内。再将输出调节至零位对应的值，记录二次表显示值，如偏差在允许范围内，结束调整；否则，反复调整零位与量程，直至零位与量程都在偏差允许范围内。

根据仪表的量程，把校验点分成五等份点，模拟标准输入信号，逐点记录每个等份点二次表的显示值。

6）报警值设定和确认。部分具有报警输出功能的二次表还需进行报警值的设定。首先，核对设计定值，用标准设备模拟一次元件输出，如该报警为高动作报警，从动作值下方开始增大信号输出值，当仪表显示值接近报警点时，应缓慢改变输入量，报警接点动作一刹那，记录二次表读数。用万用表确认接点动作正确，再减小信号输出值，接点恢复时，用万用表确认接点动作正确，记录读数值。如果报警值动作偏差大于允许误差，调整仪表的设定值，重复以上的步骤，直至报警动作值的偏差在允许范围内。如报警为低动作报警，输入信号应从动作值上方开始逐步减小。

（4）数字式二次表现场调试。检查二次表设计编号以及接线方式，确认与设计相符，安装位置及标识正确。数字式二次表安装的盘、台及控制柜已具备受电条件，盘柜内的接线正确，仪表的工作电源电压符合厂家和设计要求。确认仪表相连的回路和接线终端正确。线端连接应正确、牢固，线号标志应正确、清晰。

在就地一次元件侧拆除接线，连接相应的标准设备，接通仪表的工作电源，从零点开始输入物理量信号，观察记录仪表显示值，如有报警信号输出，应在输出端子连接万用表或其他显示装置，观察记录接点动作值应正确、可靠。

完成试验后清理现场，正确恢复接线。

3. 数字式显示仪调试验收

数字式显示仪及显示调节仪调校验收表见表3-56，温度巡回检测仪调校验收表见表3-57。

表3-56　　数字式显示仪及显示调节仪调校验收表

<table>
<tr><th>工序</th><th colspan="2">检验项目</th><th>性质</th><th>单位</th><th>质量标准</th><th>检验方法和器具</th></tr>
<tr><td rowspan="4">调校</td><td colspan="2">显示功能</td><td></td><td></td><td>符合JJG 617—1996《数字温度指示调节仪检定规程》规定</td><td>加电量信号检查</td></tr>
<tr><td colspan="2">示值误差</td><td></td><td>%</td><td rowspan="3">符合检定规程要求</td><td rowspan="3">加电量信号检查</td></tr>
<tr><td rowspan="2">重复性误差</td><td>一般仪表</td><td>主控</td><td></td></tr>
<tr><td>高分辨力表</td><td></td><td>%</td></tr>
</table>

续表

工序	检验项目		性质	单位	质量标准	检验方法和器具
调校	死区误差	一般仪表			符合检定规程要求	加电量信号检查
		高分辨力表				
	示值波动量	一般仪表				
		高分辨力表				
	模糊误差					
	1h 内漂移量					
	响应时间	阶跃输入		s		
		极性变化				
		过载恢复		%		
	报警	动作值误差				
		信号接点			接触良好	用校线工具查对
	热电偶冷端温度补偿				符合检定规程要求	通电检查

表 3-57　　温度巡回检测仪调校验收表

工序	检验项目			性质	单位	质量标准	检验方法和器具
检查	数字显示功能					符合检定规程要求	通电检查
	极性、单位、符号显示					符合工艺流程要求	
	自动巡检周期					符合制造厂规定	
	手动选点操作					动作正常	
	点序显示					正确，与输入一致	
	软件参数设置					符合工艺流程要求	按制造厂规定方法
调校	数字显示	示值误差		主控	%	符合检定规程要求	加电量信号检查
		重复性误差					
		死区误差					
		示值波动	一般仪表				
			高分辨力表				
		1h 漂移量			%		
		模糊误差					
		打印机打印误差			%		
调校	报警	动作值误差					加电量信号检查
		接点				接触良好	用校线工具查对
	热电偶冷端温度补偿					符合检定规程要求	通电检查

（二）双电源冗余切换装置调试

双电源冗余切换装置用于监测电源电路，并将一个或几个负载电路从一个电源切换至另一个电源的电器装置，主要用于两路可用的供电电源间，选择一路安全、可靠的电源向负载供电，以保证负载用电的连续性，其原理如图3-74所示。

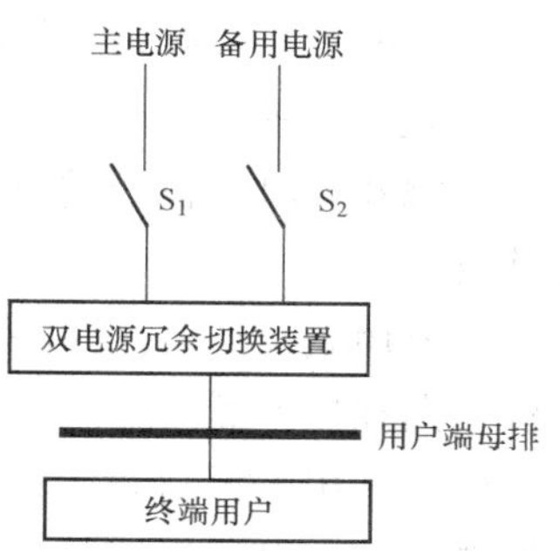

图3-74 双电源冗余切换装置原理图

1. 调试准备工作

除参见本节“一、调试一般要求”外，检查受电母线、切换装置安装完毕，受电母线已经电气试验具备受电条件。切换装置两路进线电源具备送电条件，可随时送电。调试现场无明显粉尘及障碍物，照明良好。双电源冗余切换装置调试流程如图3-75所示。

开好工作票，相关安全隔离措施落实，工作负责人对试验人员已进行安装技术交底。

检查送电母线上所有负荷开关都在断开位置，母线出线负荷端开关上已挂好禁止操作牌，防止他人误操作。

严禁采用机械卡住装置接点或短接等强制手段作装置切换试验。切换装置送电及试验过程中一旦发现异常情况，应马上切断电源，故障排除后方可继续试验项目。授电完成后应挂“设备已带电”警告牌。

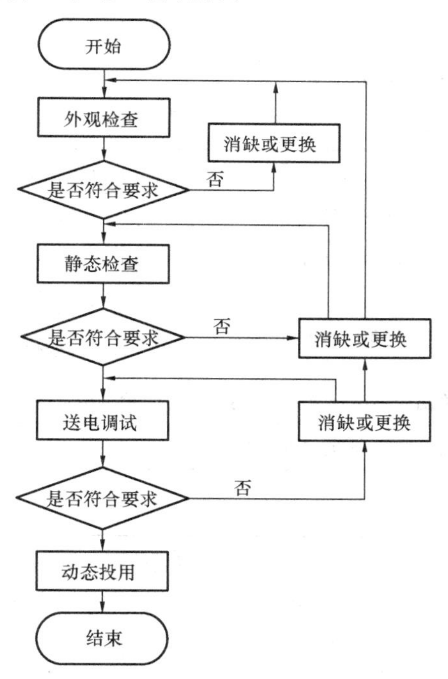

图3-75 双电源冗余切换装置调试流程图

在调试过程中应形成调试记录、调试报告。

2. 双电源冗余切换装置单体调试

(1) 外观检查。双电源冗余切换装置表面无划伤、挤压变形等现象。设备元器件齐全，无缺或少配件现象。装置的容量、规格型号、铭牌标志及编号应符合设计要求。

(2) 静态检查。检查装置进出线及二次插头，接触可靠无松动。装置安装牢固，无松动及晃动现象。手动分合切换装置，切换机构动作灵活，无卡涩。用万用表检查切换装置分合时，进出电源回路的通断应与产品接线图和设计要求相符合。断开切换装置所有进出线电源开关和二次插头；用500V绝缘电阻表测量切换装置进出电源线的对地绝缘电阻值和相间绝缘电阻值，应符合国家标准。

(3) 送电。切换装置电源一次系统接线原理图见图3-74（图中的S_1为主电源进线开关、S_2为备用电源进线开关。两路进线电源合相）。

断开S_1、S_2开关，通知电气调试人员送上两路进线电源，并在S_1、S_2的进线端用相序表和电压表对两路电源进行合相，如果相序不一致，应马上通知电气调试人员处理直至相序一致为止。

(4) 参数设置。合上S_1或者S_2开关，给切换装置供电，然后根据厂家资料和设计院定值清单进行参数设置，具体参数包括低电压切换定值、切换延时时间、主备电源选择等。

(5) 主电源自投试验。试验前把S_1、S_2都处于分闸位置。把录波仪接入双电源冗余切换装置出线端，开启录波仪的电源，使录波仪处于正常工作状态。

合 S_2，使备用电源处于工作位置，并用电压表检查进出线电压是否有缺相。合 S_1，投入主电源并计时，在经过内部设置的延时时间后，切换装置自动从备用电源切换到主电源供电状态。

用万用表检查二次回路的辅助接点应动作正常。检查和分析录波仪记录下的切换时的电压波形图和切换延时时间，应符合设计和厂家要求。

（6）备用电源自投。试验前置 S_1 于合闸位置，母线由主电源提供，S_2 处于分闸位置，示波器已接入电源出线回路，并工作正常。合 S_2，使备用电源处于热备用状态。断开 S_1，主电源失压，装置经过延时切换时间后自动切换到备用电源供电。

用电压表检查装置的进出线电压是否有缺相。用万用表检查二次回路的辅助接点应动作正常。检查和分析录波仪记录的切换时的电压波形图和切换延时时间，应符合设计和厂家要求。

（7）动态投用。确认双电源冗余切换装置已调试完成并满足投用要求。合 S_1 使主电源处于工作位置，合 S_2 使备用电源处于热备用状态。

3. 调试验收及故障处理

热控电源回路调试调试验收见表 3-58，常见故障及处理见表 3-59。

表 3-58　　热控电源回路调试验收表

工序	检验项目	性质	单位	质量标准	检验方法和器具
检查	盘内接线端子、配线及电缆截面			符合设计规定	查对
测试	变压器变比			符合设计规定	用电压表检查
	交、直流输出电压允差			符合热控系统电源性能要求	输入电压 190～240V 范围内变化
	交、直流稳压电源性能	主控		输出变化符合制造厂规定	检查输出电压
	工作/备用电源切换			动作可靠、满足全负荷要求	切换操作检查

表 3-59　　常见故障及处理

故障现象	故障原因	处理方法
控制器指示灯或液晶屏全不亮或不正常闪烁	接插件未扣牢，接触不良	检查并扣牢
	熔断器烧断或接触不良	更换熔断器并保证充分接触
控制器有电但不能自动转换	延时时间未结束	减小延时时间设定值或等延时结束
	机构电机上电容松脱	检查电容并排除
	两路电源电压都不在控制器正常工作电压范围内	检查电源，至少有一路电源电压应在（85%～110%）额定电压范围内
控制器烧坏	N 线开路	正确连接 N 线
	打耐压和测绝缘电阻时未将控制器脱离	进行耐压试验和测量绝缘电阻时断开 ATSE 上的熔断器或关闭控制器电源
	相线与中性线混接	检查并正确接线

续表

故障现象	故障原因	处理方法
双电源冗余切换装置频繁转换	中性线未接妥或电缆连接器、熔断器接触不良	检查并排除
	电网电压有较大波动而分闸延时、合闸延时时间设置值较小	加大分闸延时、合闸延时时间设定值
自动状态下，常用电源故障不转换	备用电源也存在故障	排除备用电源故障
	接插线没有可靠接牢	将线插牢

第二节　单体执行设备调试

在现代化生产控制过程中，执行机构起着十分重要的作用，它是自动控制系统中不可缺少的组成部分。执行机构（也称为执行器）是自动控制系统的执行环节，它接收来自调节器、工控机、DCS、控制系统等仪器仪表发出的控制信号，将其进行功率放大，并转换为输出轴相应的转角或直线位移，连续或断续地去推动各种执行机构，达到对被调参数（如温度、压力、液位等）进行调节的目的，以满足生产过程的需求。

执行机构根据使用的工作能源不同可分为三大类：电动执行机构、气动执行机构和液动执行机构。

电动执行机构是以电能为动力源的执行机构。它的主要特点是能源取用方便，信号传输速度快，传送距离远，便于集中控制，停电时执行机构保持原位不动，不影响主设备的安全，灵敏度和精确度较高；缺点是结构复杂、体积较大、推力小、价格贵，平均故障率高于气动执行机构，适用于防爆要求不高及缺乏气源和使用数量不太多场合。

气动执行机构是以压缩空气为动力源的执行机构。它的主要特点是结构简单，输出推力大、动作可靠、性能稳定、维护方便、价格便宜、防爆等。它不仅能与气动调节仪表配套使用，还可通过电/气转换器或电/气阀门定位器与电动调节仪表或控制系统配套使用。因此广泛应用于化工、石油、冶金、电力等工业部门。

液动执行机构是以液体（大多采用高压油）为能源，它能够输出较大功率的信号。目前在火力发电厂中液动执行机构主要用于汽轮机进汽调节部分，液动执行机构主要是接收来自DEH的电信号转变成油动机的机械位移，油动机的机械位移量又控制液动执行机构的进油量，从而达到控制液动阀的开度来改变汽轮机的进汽量。

执行机构根据输入信号的不同分为控制型和开关型，控制型执行机构能够根据输入信号的大小不同使执行机构精确地处于相对应的开度，而开关型执行机构则根据输入信号正负发出开启或关闭阀门的信号。高压调节阀和中压调节阀属于控制型执行机构，高压主汽阀和中压主汽阀属于开关型执行机构。

一、电动执行机构调试

1. 电动执行机构原理及其机构

电动执行机构按其控制类型可分为二位式电动执行机构和调节型电动执行机构，其中按电动执行机构的控制单元和执行单元的组合方式又可分为分体式电动执行机构和一体化电动执行机构。

电动执行机构驱动电动机采用电源为动力，使用方便、灵活。电动执行机构在自动化控制系统中，它主要接收来自控制仪表（或单元）的自动控制信号（0～10mA、4～20mA 或逻辑开关量）或来自执行机构就地操作信号，并将其转换成相应的位移控制阀门或挡板的开度，以达到生产过程控制的目的。

电动执行机构的组成部分主要包括主控制回电路、变压器、交流接触器（有些型号电动执行机构使用的是可控硅）、减速器、手动电动切换离合器、位置发送器、手轮部件和手—电动切换机构。其系统方框图如图 3-76 所示。

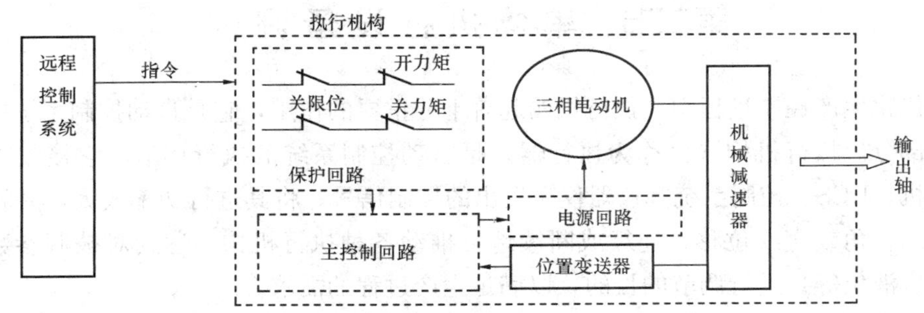

图 3-76　电动执行器组成及原理方框图

其中主要组成部分的工作原理：

（1）可控硅或交流接触器。可控硅或交流接触器的输出端接电动执行机构中的驱动电动机。电动机是通过可控硅或交流接触器实现正反转，因为驱动电动机的定子上均匀分布着三个相隔 120°电角度的定子绕组，其在定子中形成了旋转磁场，定子的感应磁场与定子旋转磁场相互作用使转子旋转，当任意更换两相电源位置定子时旋转磁场的方向就改变了方向，从而使驱动电动机反转。

（2）驱动电动机。驱动电动机一般为三相笼式异步电动机，电动机是由一个冲槽硅钢片叠成的定子和笼转子组成，并且电动机内部装有杠杆式制动机构，能保证电动机在断电时迅速地制动。

（3）位置变送器。位置发送器将输出轴位移转换成与之成比例的 0～10mA 或 4～20mA 电流信号，送至于执行机构的显示面板或提供位置指示，同时也送至控制系统实现闭环调节。

（4）机械减速器。机械减速器是采用一组平齿轮和行星齿轮相结合的传动机构，其作用是将高转速、小转矩电动机的输出功率变成低转速、大转矩执行机构的输出轴功率。为把输出轴限制在 90°的转角范围内，以保证不损坏执行机构及有关杠杆，因此在机座上装有两块止挡，它有调节机械限位的作用。

（5）主控制电路。保护控制电路主要是为了保护电动执行机构过热、过力矩、欠电压和自动调节系统等保护而设置的，执行机构内有行程开关保护接点和力矩保护接点，不论是行程开关保护还是力矩保护，其中任意开关接点动作都送至于保护控制回路，保护控制回路再控制可控硅或交流接触器使执行机构停止或转动。

在自动调节系统将输入信号 I_i 和来自执行机构位置变送器反馈信号 I_f 进行比较，并将二者的偏差进行放大后驱使驱动电动机转动，再经减速器减速，带动输出轴改变转角。输出轴转角的变化经位置变送器按比例地转换成相应的位置反馈电流 I_f，馈送到伺服放大器的输入端。当 I_i 与 I_f 偏差为 0 时，驱动电动机停止转动，输出轴稳定在与输入信号 I_i 相对应的位置上。由于电动执行机构是通过使 I_i 与 I_f 在数值上保持一致来达到输出轴转角跟随输入电流 I_i 变化的目的，所以电动执行机构是一个由主控制单元与执行单元组成的闭环控制系统。

电动执行机构输出轴转角 θ 与输入信号电流 I_i 之间的关系式如下：

$$\theta = KI_i \tag{3-30}$$

式中 K 为比例系数。

由关系式可知电动执行机构的输出转角与输入信号成正比，所以整个电动执行机构可近似地看成是一个比例环节。

2. 电动执行机构单体调试

（1）调试准备工作。调试人员熟悉电动执行机构原理、调试方法及调试流程，并熟练掌握所使用的标准设备和所采用的产品的说明书操作步骤。

确认机务安装结束，执行机构的安装方向与介质或风道设计流向一致，执行机构的开关位置已明确标注，执行机构的安装角度和安装方向便于维护和检修。接线完成，执行机构及其连接的管道的严密性试验合格。

审核执行机构的接线图和回路控制图，并具备上电调校条件。由工作负责人开好工作票，进行风险辨识和控制，并做好相应的安全隔离措施。

需要进行脚手架搭设的地方脚手架已经搭设完毕，并且经过验收合格。表 3-60 电动执行机构调校用的试验设备仪器已准备。

表 3-60　　电动执行机构调校用的试验设备仪器已准备

设备/仪器名称	型号规格	精度	用　途
绝缘电阻表	FLUKE1508		测量电动机及回路绝缘电阻
秒表	SW-2019	0.2s	用于测量电动阀全行程时间
数字万用表	FLUKE17B		用于回路检查

电动执行机构调校流程如图 3-77 所示。

（2）调试前检查。因不同执行器厂家的电气参数有所差别，所以设计选型时一般都需确定其电气参数，主要有电动机功率、额定电流、二次控制回路电压、是否具有位置反馈等，但为了保证正常运行，使用前应对基本性能和功能检查，检查步骤分为一般性检查、上电前检查和上电检查，而执行机构调校主要以分立式电动执行机构为例。

1）一般性检查。用 500V 绝缘电阻表检查对地绝缘应补不小于 1MΩ，潮湿地区应不小于 0.5MΩ。检查供电电源开关容量规格符合设计要求；电动执行机构的外观不能有裂纹、毛刺及磕碰等影响外观质量的缺陷；执行机构机械部分及其各附件完好无损，固定牢固；空气开关、熔丝容量、继电器、接触器规格型号满足设计要求；手轮及手自动切换装置完好，

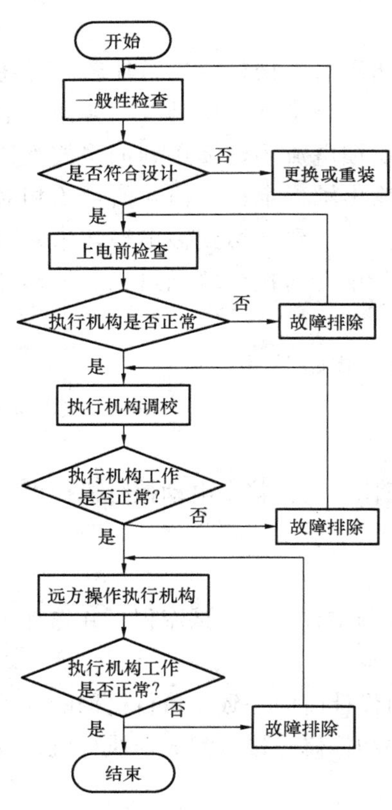

图 3-77　电动执行机构调试流程图

远方/就地切换按钮、开/关按钮完好，就地指示部分能正常工作；手摇手轮确认执行机构机械传动装置润滑正常，全行程机械无卡涩及异响。

2）上电前检查。核对执行机构电源电压等级；测量三相电动机相间直流电阻，要求相间直流电阻保持平衡其相间误差小于 5%；依据执行机构设计接线和原理如图 3-78 所示，检查回路接线，确保回路接线正确牢固。根据控制原理图检查执行机构的接触器、控制箱按钮动作正常、灵活，检查执行机构行程开关、力矩开关动作正常、可靠，并且开关接点输出正确；根据电动机额定电流整定热继电器过流保护定值。一般整定在电动机额定电流的 1.05～1.2 倍。

3）上电检查。回路试验完成且正常后，将阀门手动摇到中间位置，然后送动力电源，在 MCC 柜上点动操作门的开、关，查看执行机构的实际动作方向与操作指令是否一致，如不一致，则为相序接反，调换其中的任意两相即可。

（3）二位式电动执行机构调校。

1）力矩控制机构调整。

先调整关力矩，从小转矩值开始；然后根据阀门工作特性调整开方向转矩，一般开方向转矩要比关方向转矩大；执行机构的开、关力矩不大于 90%。

2）行程开关控制机构调整。

① 关方向调整。手动将阀门关严后，脱开行程开控制机构（用螺丝刀将控制机中顶杆推进 90°，使主动小齿轮与计数器个位齿轮组脱开）；用螺丝刀旋转“关”向调整轴，按箭头方向旋转直到凸轮压住弹性压板使微动开关动作为止，关向行程完成初调；松开顶杆使主动齿轮与两边个位齿轮正确啮合，为保证其正确啮合，在松开顶杆后，必须用螺丝刀稍许左右转动调整轴。此时可以手动打开几圈，而后关闭，观察关向行程是否动作正确可靠，如不符，则按上述程序重新调整。

② 开方向调整。在关方向调整好后，用手将执行机构开到所需的位置（注意此时行程控制机构不能脱开，否则关方向调整又被打乱）；脱开行程控制机构，旋转“开”方向调整轴。按箭头方向旋转直到凸轮压住弹性板，使微动开关动作为止，再使行程机构与主动小齿轮啮合，则开行程开关调整完成。当执行机构行程机构调试完成之后，可反复试操作几次，确认执行机构开到位和关到位的行程开关可靠地动作（即开行程开关已动作，但执行机构还可以手动盘 1.5 圈）。

③ 远程操作。在执行机构调试完成之后，在 MCC 控制柜进行远程试操作，查看 MCC 控制柜上的指示与执行机构实际状态是否一致，如果不一致则检查回路原因予以消除。

调试结束后，将相关电动执行机构数据记录填入《电动执行机构记录》及《电动执行机

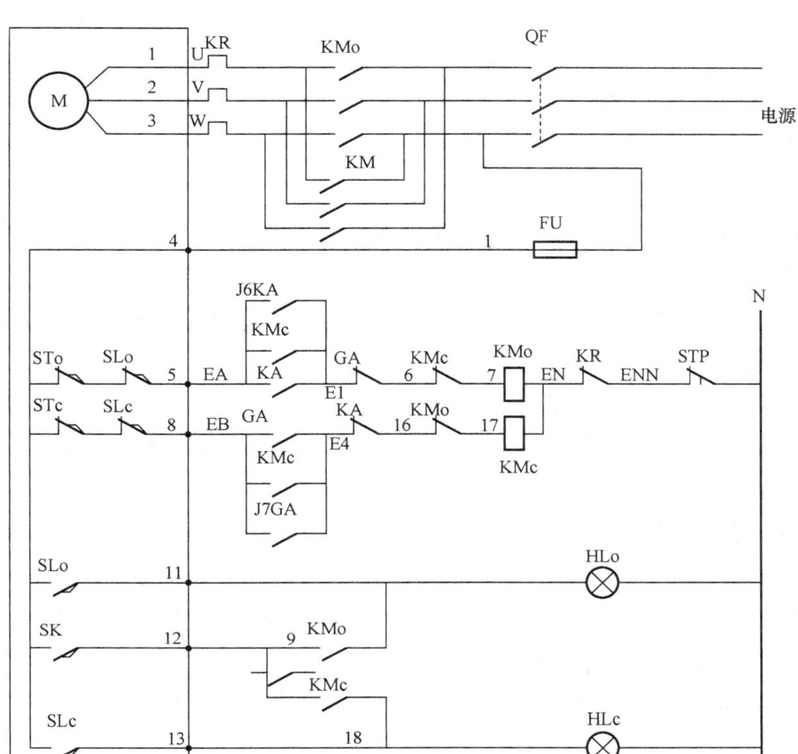

序号	符号	名称	序号	符号	名称
执行机构处			控制柜处		
1	SLo、SLc	开、关行程开关	5	KR	热继电器
2	TSo、TSc	开、关力矩开关	6	QF	三相空气开关
3	SK	闪光开关	7	KMo、KMc	开、关接触器
4	M	电动机	8	FU	熔丝
			9	KA、GA、STP	开、关、停按钮
			10	J6KA、J7GA	远方开关指令

图 3-78 电动执行机构通用原理接线图

构报告》。

（4）可调式电动执行机构调校。

1）行程开关调整。

执行机构在输入零位指令时关行程开关动作，输入量程指令时开行程开关动作。为确保行程开关在输入零位或量程指令时动作，允许指令在小于 3%偏差范围内，调整行程开关使其提前动作。

2）行程调整。

调整开始，先逐一输入 0、25%、50%、75%、100%指令信号，观察阀门的机械指示与指令命令应基本对应，然后逐一进行以下检查与调试：

① 失指令信号调整：断开指令信号，观察确认执行机构在失去指令信号后，其保护动作是否与设计状态（保位、全开或全关）一致，如不一致，按执行机构说明书调整内部参数设置，使保护动作效果满足设计要求。

② 调整死区，一般死区应不大于输入指令信号量程的1%，但执行机构的死区也不宜设得过小，以免产生振荡。

③ 零位调整：输入0指令使执行机构至全关，此时位置变送器输出应为4mA，否则调整零位电位器旋钮使输出应为4mA。

④ 量程调整：输入100%指令，使阀门全开，此时位置变送器输出应为20mA，否则调整满量程电位器旋钮使输出应为20mA。

⑤ 线性精度检查：上、下行程逐一输入0、25%、50%、75%、100%指令信号，用标准直流电流表测量并记录位置变送器反馈输出电流，计算其基本误差应小于±2%，来回差应小于1%的精度要求。

⑥ 重复上面两步，直至零位和满量程反馈输出符合精度要求（对于智能型执行机构（如Rotork IQ）无需进行反馈调整，其反馈输出值与阀门实际开度一一对应）。

⑦ 把“就地/远操”旋钮切换到远操，由远程（DCS）进行操作，确认就地执行机构动作位置与远程操作指令对应并且方向一致。

调试结束后，将相关电动执行机构数据记录填入《电动执行机构记录》及《电动执行机构报告》。

3. 调校验收与故障处理

电动执行机构调校验收见表3-61和表3-62，调校中常见故障及处理见表3-63。

表3-61　电动执行机构调校验收表

<table>
<tr><th>工序</th><th colspan="2">检验项目</th><th>性质</th><th>单位</th><th>质量标准</th><th>检验方法和器具</th></tr>
<tr><td>检查</td><td colspan="2">“手/自动”切换手柄</td><td></td><td></td><td>动作灵活、无卡涩</td><td>操作试动</td></tr>
<tr><td rowspan="6">调校</td><td colspan="2">动作方向</td><td></td><td></td><td>正确</td><td rowspan="6">按DL/T 641规定方法，通电检查</td></tr>
<tr><td colspan="2">机构动作</td><td></td><td></td><td>平稳、灵活</td></tr>
<tr><td colspan="2">行程时间</td><td></td><td></td><td>±20%额定时间</td></tr>
<tr><td rowspan="3">执行机构输出轴</td><td>行程误差</td><td rowspan="3">主控</td><td rowspan="3">%</td><td rowspan="3">符合检定规程要求</td></tr>
<tr><td>回程误差</td></tr>
<tr><td>死区</td></tr>
</table>

表3-62　电动执行机构伺服放大器调校验收表

<table>
<tr><th>工序</th><th colspan="2">检验项目</th><th>性质</th><th>单位</th><th>质量标准</th><th>检验方法和器具</th></tr>
<tr><td rowspan="4">调校</td><td rowspan="2">磁放大器</td><td>零点误差</td><td rowspan="4">主控</td><td>mV</td><td>±1</td><td rowspan="4">加电量信号检查</td></tr>
<tr><td>增益误差</td><td></td><td rowspan="3">符合制造厂规定</td></tr>
<tr><td rowspan="2">正反行程</td><td>死区允差</td><td></td></tr>
<tr><td>信号允差</td><td></td></tr>
</table>

表 3-63　　电动执行机构调校常见故障及处理

故障现象	故障原因	处理方法
失控的力矩行程不起控制作用	相序接错	调换相序
	接触器线圈接错	调换接线
	接触器吸铁不释放	清洁或调换接触器
行程控制机构失灵	微动开关损坏	更换
	微动开关位置移动	检查拧紧
转矩控制机构失灵	微动开关损坏	更换
	碟簧特性破坏	更换
开度指示机构失灵	电位器损坏	更换
	啮合齿轮松动	拧紧紧定螺丝
	导线接触不良	更换新线
电动机运转不正常，有连续嗡嗡声	二相运行	检查动力回路接通三相

二、气动执行机构调试

1. 气动执行机构原理及其结构

气动执行机构以气体的压力为动力源的执行器，驱动阀门或挡板动作。气动执行机构具有结构简单、工作安全可靠、价格便宜、维护方便、运行平稳、负载能力大、天然防火、防爆等优点，但是气动执行机构需要气源和空气净化装置，且气信号不便远传。气动执行机构主要有薄膜式、活塞式、拔叉式和齿轮齿条式，其中薄膜式气动执行机构使用弹性膜片将输入气压转变为对推杆的推力，通过推杆使阀心产生相应的位移，而改变阀门的开度。在电厂自动控制系统中，常采用薄膜式气动执行机构。气动活塞式执行机构以气缸内的活塞输出推力，由于气缸允许压力较高，可获得较大的推力，并容易制成长行程的执行机构，因此活塞式气动执行机构在电厂中主要用于高静压、高差压以及需要较大推力和较长行程的生产工艺中。

气动执行机构定位器接受控制器或人工给定的 20～100kPa 压力信号，并将此信号转换相应的阀杆位移，以控制气动阀的开度。为了改善气动执行机构的可调节性，克服阀杆的摩擦力和消除被调介质压力变化等影响，提高精确度，常把气动阀门定位器与气动执行机构配套使用，组成闭环回路。利用负反馈原理来改善控制质量，提高灵敏度和稳定性，使阀门能按输入的控制信号精确地控制气动执行机构的开度。典型的薄膜式基地式气动执行机构主要由弹性薄膜、压缩弹簧和推杆组成，如图 3-79 所示。各部件的作用与工作原理分别介绍如下：

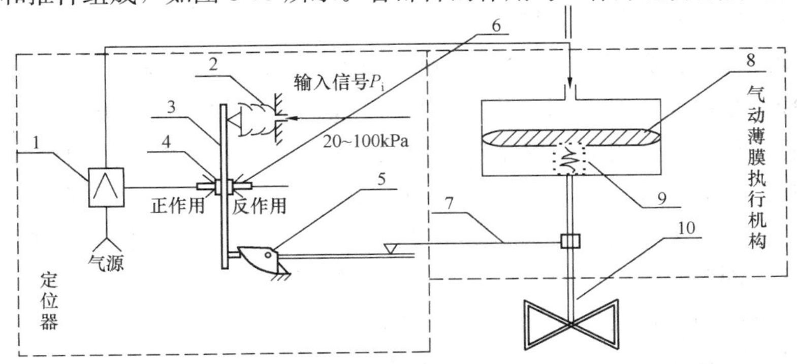

图 3-79　气动阀门定位器与气动薄膜执行机构的配合

1—气动放大器；2—波纹管；3—托板；4—挡板；5—反馈凸轮；6—喷嘴；7—反馈连杆；8—波纹膜片；9—压缩弹簧；10—阀芯推杆

（1）气动执行机构定位器。气动执行机构定位器是一个气压—位移的反馈系统，它按位移平衡原理进行工作，其动作过程是当来自控制器的气压信号 Pi 增加时，波纹管 2 的自由端产生相应的推力，推动托板 3 以反馈凸轮 5 为支点逆时针偏转，使固定在托板 3 上的挡板 4 与喷嘴 6 之间的距离减小，喷嘴的输出压力上升，气动放大器 1 的输出压力 PD 增大。PD 输入气动执行机构的上气室，对波纹膜片 8 施加向下的推力。此推力克服压缩弹簧 9 的反作用力后，使推杆 10 向下移动。推杆下移时，通过反馈连杆 7 带动反馈凸轮 5 绕凸轮轴顺时针偏转，从而推动托板 3 以波纹管 2 为支点逆时针转动，于是固定在托板 3 上的挡板离开喷嘴 6，喷嘴的背压下降，放大器 1 的输出压力 PD 减小。当输入信号使挡板 4 所产生的位移与反馈连杆 7 动作（即阀杆 5 的行程）使挡板 4 产生的位移相平衡时，推杆便稳定在一个新位置上。此位置与输入信号相对应，即执行机构行程与输入压力信号 Pi 成正比。

（2）电流—压力转换器。电流—压力转换器，通常也叫做 I/P 转换器，能够把标准的电信号转换为对应的压缩空气压强，利用电信号来控制气动执行机构的工作位置，在发电厂中得到了最广泛的应用。

（3）电磁阀。电磁阀内部有密闭的腔，在不同的位置开有通孔，每个电磁阀都有一个进口孔和多个出口孔，电磁阀也就是通过阀芯的移动来挡住或连通进口与出口的通与断，从而控制电磁阀体中介质的流动方向。

电磁阀也是用来控制流体的自动化基础元件，属于执行器，并不限于液压、气动。电磁阀的品种很多，通常以“位”和“通”进行分类，电磁阀的工作状态称为“位”，常用的电磁阀为两位式，即全开和全关两种状态。电磁阀与管路的接口称为“通”，常用的有二通、三通。电磁阀一般按线圈的个数可分为单线圈电磁阀和双线圈电磁阀。电磁阀一般设有手动螺钉，当试验或故障时可利用它强制压迫电磁阀的阀芯移动，使电磁阀的工作状态改变。

（4）三断自锁装置。从生产设备运行的安全性考虑，希望气动执行机构在断气源、断电源、断信号时，执行机构的输出轴能够锁定设计要求的位置上，以防止事故的扩大，三断自锁装置就是为此而设置的。三断自锁装置所采用的自锁方式，即在断气源、断电源、断信号时，将通往上、下气缸的气路切断和闭锁时，将执行机构锁定在原始的位置上，待执行机构故障排除后恢复气源、电源、信号源时执行机构能正常工作，从而降低事故的发生率，这也是执行机构设计三断保护的最主要目的。

（5）位置变送器。位置变送器是将执行机构的位移信号转换为 4～20mA 模拟量信号，并送至于分散控制系统用以指示阀门开度或者与智能定位器组合成闭环控制系统，它主要由差动变压器、直流放大器和电源电路组成。典型具有三断保护功能的气动执行机构配管如图 3-80 所示。其中失电自动闭锁的动作过程是当电磁阀 8 失电时，自动闭锁阀 9 开始排气，气动执行机构快速关闭。失气自动闭锁的动作过程是当仪用空气失去或者按下失气试验按钮 7 时失气闭锁阀 3 也同时失去气压而闭锁，这时气动执行机构保持在原始位置。失信号自动闭锁的动作过程是当阀门定位器 1 失去指令信号时，放大器 4（提高执行机构推力）失去信号气压，气动执行机构在失去工作气压时而快速关闭。

2. 气动执行机构单体调试

（1）准备工作。除参见本节（二）2（1）外，检查执行机构及其压缩空气管道连接已完

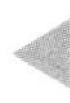

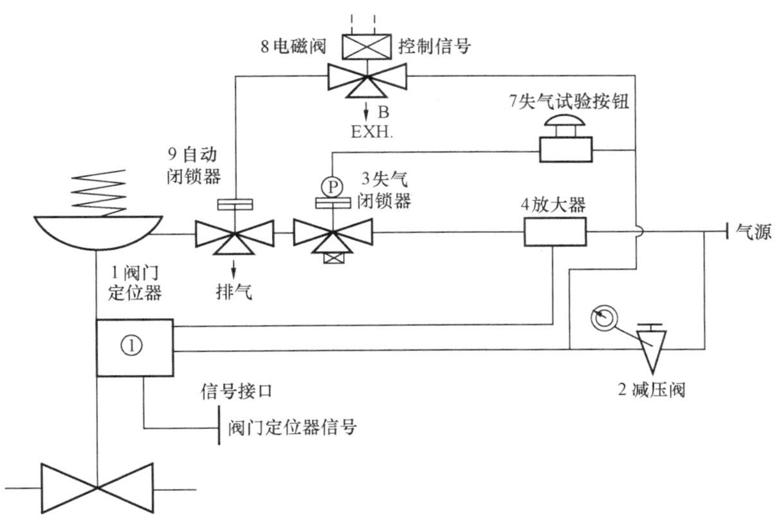

图 3-80　典型气动执行机构配管图

成，管道气密性试验合格，并且仪用空气母管冲洗完成，具备投用条件。气动执行机构调试流程如图 3-81 所示。

（2）调整前检查。因不同气动执行器厂家的参数有所差别，设计选型时一般都需确定其参数是否符合设计要求。但为了保证正常运行，使用前应对基本性能和功能作检查，检查步骤分为一般性检查和回路检查。气动执行机构调校主要以基地式气动执行机构为例。

1）一般性检查。检查执行机构机械部件完好，无损坏现象。检查执行机构及附件（如I/P、电磁阀、执行机构定位器、位置变送器和行程开关等）的型号规格符合设计，并无损坏现象，各固定部件连接牢固。带手动操作机构的执行机构，确认手动操作部分工作正常，确认全行程无卡涩，手轮在自动位。

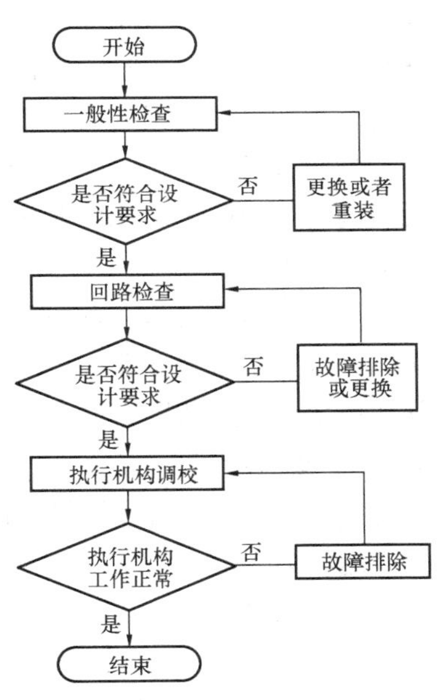

图 3-81　气动执行机构调试流程

2）回路检查。确认执行机构接线是否已完成，并且正确、紧固。核对电磁阀电源电压等级及其电磁阀电源的熔丝（或空气开关）容量应符合设计要求。依据执行机构控制原理图、配管图，检查各附件（如I/P、位置变送器、行程开关）的回路。检查行程开关的接点动作是否可靠，并检查行程开关对地绝缘及接点之间的绝缘符合要求。

3）气压调整。气动执行机构回路检查与试验完成后，将带有手动操作的执行机构操作手柄恢复到自动位置。在气动执行机构减压阀前拆开气管路进行吹扫，确认执行机构工作气源干净、无油污后恢复管路，并把减压阀调整在最小位置，接通执行机构工作气源，调整减压阀至使工作气压到执行机构铭牌要求范围。

（3）二位式气动执行机构调校。检查确认阀门在全开位置（气关式执行机构）或全关（气开式执行机构）位置时，执行机构的工作手柄应为自由状态，如果执行机构动作手柄不在自动状态，应手动操作手柄使其处于自由状态。

现场模拟电磁阀得电和失电来操作阀门，确认阀门动作方向正确，阀门运行平稳，无松动、卡涩和异响等异常现象。行程符合要求，在机务人员配合下标定阀门全开和全关位置的行程开关。

根据阀门已标定的全开和全关位置，调整行程开关，使之动作正确，接触良好。用秒表测定阀门开行程时间和关行程时间。

从DCS操作阀门，确认阀门的动作情况及各反馈信号正确无误。

（4）可调式气动执行机构调校。

1）I/P调校。

① 在I/P输出气管路接入标准压力表（以4～20mA转换成20～100kPa为例）。

② 进行零位调整，输入4mA直流信号，标准输出应为20kPa，否则调整零位调节器。

③ 进行满量程调整，输入20mA直流信号，标准输出应为100kPa，否则调整满量程调节器。

④ 进行线性试验，分别输入直流信号4、8、12、16、20mA，其I/P标准输出压力分别对应为20、40、60、80、100kPa。

计算执行机构上、下行程允许误差和回程误差应符合要求，如果出现超差现象应重复进行上述三个步骤，直到误差符合精度要求才恢复I/P与执行机构定位器连接管路。

2）比例臂位置调校。检查带电磁阀的气动执行机构的气管路，确保畅通。将调整螺母按执行机构的行程固定在比例臂相对应的刻度上，并将滚轮置于槽板中，使之能自由滚动，并且槽板应水平安装。

输入12mA直流电流，此时气动执行机构的阀杆行程为50%，通过调节阀杆位置的升降，使比例臂处于水平位置，再分别为输入4、20mA电流信号，确认阀门比例臂上升和下降的移动在允许误差范围之内。

3）位置变送器调校。

① 输入4mA电流信号将气动执行机构全关，执行机构开度应在0处，测量位置变送器的反馈电流应为4mA，否则调整位置变送器零位的电位器。

② 输入20mA电流信号将气动执行机构全开，执行机构开度应在100%处，测量位置变送器反馈电流应为20mA，否则调整位置变送器满量程的电位器。

③ 重复开、关阀门，检查、调整零位和满量程时位置变送器电流输出，直至符合精度要求。

④ 将执行机构调整到0、25%、50%、75%、100%的开度，测量位置变送器正、反行程反馈电流应满足精度要求。

在位置变送器调校过程中，如果出现超过允许误差应重复进行上述步骤，直至误差满足精度要求。

4）行程开关调校。将输入信号整定为4.32mA或19.68mA，使阀门基本处于全关（2%）、全开位置（98%），整定行程开关使其动作并反复操作几次，确保行程开关动作可靠、正常。

5）气动执行机构保护功能检查（仅对有此功能的而言）。失气自锁检查：分别在阀门全开、全关状态时，慢慢关断气源，确认执行机构能自锁——保持失气前状态，并核对失气保护动作值，如有偏差，调节自锁阀上整定旋钮，将自锁压力整定在设计压力。

失信号自锁检查：分别在阀门全开、全关状态下，断开信号，确认执行机构能自锁——保持失信号前状态。

失电检查：分别在阀门全开、全关状态下断开电源，确认执行机构能根据设计要求达到相应的状态（全开、全关或保持）。

6）远程操作。在执行机构调试完成之后，在远程终端对执行机构进行远程操作，确认远程终端的指示与执行机构实际状态一致。

3. 调校验收与故障处理

气动执行机构调校验收见表3-64和表3-65，气动（电-气）阀门定位器调校验收见表3-66，调校中常见故障及处理见表3-67。

表3-64　　气动执行机构调校

<table>
<tr><th>工序</th><th colspan="2">检验项目</th><th>性质</th><th>单位</th><th>质量标准</th><th>检验方法和器具</th></tr>
<tr><td rowspan="2">检查</td><td colspan="2">手操切换手柄</td><td rowspan="2"></td><td rowspan="2"></td><td rowspan="2">切换灵活，动作正确</td><td rowspan="2">在无气情况进行切换操作</td></tr>
<tr><td colspan="2">手/自动切换换</td></tr>
<tr><td rowspan="8">调校</td><td colspan="2">机械传动部件</td><td></td><td></td><td>动作灵活、无卡涩</td><td>转动手动手轮，试动作检查</td></tr>
<tr><td colspan="2">执行机构动作方向确认</td><td></td><td></td><td>符合制造厂规定</td><td>施加模拟电信号或气动信号，逐项检查</td></tr>
<tr><td rowspan="5">执行机构输出轴行程允差</td><td>始端</td><td rowspan="5">主控</td><td rowspan="3">%</td><td rowspan="4">符合检定规程要求</td><td rowspan="6">施加模拟电信号或气动信号，逐项检查</td></tr>
<tr><td>中间</td></tr>
<tr><td>终端</td></tr>
<tr><td>回程</td><td></td></tr>
<tr><td>空载行程时间</td><td></td><td>符合制造厂规定</td></tr>
<tr><td colspan="2">三断保护动作</td><td></td><td></td><td>符合制造厂规定</td></tr>
</table>

表3-65　　气动薄膜阀调校

<table>
<tr><th>工序</th><th colspan="2">检验项目</th><th>性质</th><th>单位</th><th>质量标准</th><th>检验方法和器具</th></tr>
<tr><td rowspan="5">调校</td><td colspan="2">气动阀门定位器与调节阀配用时的作用方向（正向或反向）</td><td></td><td></td><td>符合制造厂要求</td><td>查对气动（或电-气）阀门定位器喷嘴的间隙和反馈凸轮方向</td></tr>
<tr><td rowspan="2">行程</td><td>始点</td><td rowspan="2">主控</td><td>mm</td><td>门杆位移0.1～0.2</td><td rowspan="2">按制造厂规定施加0.02及0.1MPa气压进行查对</td></tr>
<tr><td>终点</td><td></td><td>门杆全行程位移正确</td></tr>
<tr><td rowspan="2">操作</td><td>指示器</td><td></td><td></td><td>与调节阀开度一致</td><td rowspan="2">加气压信号检查</td></tr>
<tr><td>全行程动作</td><td></td><td></td><td>灵活、无跳动</td></tr>
</table>

表 3-66　　　　气动（电-气）阀门定位器调校

工序	检验项目		性质	单位	质量标准	检验方法和器具
调校	工作气源品质				符合 GB 4830 规定	查对
	定位器正、反作用方向确认				符合设计要求	施加气动或电气信号检查
	定位器输出	误差极限	主控	%	符合检定规程要求	
		回程误差				
		死区				
	定位/直通切换				动作正常	

表 3-67　　　　气动（电-气）阀门定位器调校常见故障及处理

故障现象	故障原因	处理方法方法
I/P 气压输出不变化	气源故障	检查气源阀门是否打开
		检查管路是否堵塞
	控制信号故障	检查 DCS 信号
		控制信号线“+”“-”是否接反
	I/P 损坏	更换
不会动或动作不到位	无气源	检查气源阀门是否打开
	气管路阻塞	检查并疏通气管路
	管路或缸体泄漏	检查泄漏并解决
	执行机构卡住	联系机务解决
	执行机构及附件连接不牢固	检查执行机构及附件连接，应固定牢固，不得有松动
	I/P 故障	检查 I/P
	定位器故障	检查定位器
	电磁阀未得电或失电	检查电磁阀电源及 DCS 指令
	执行机构未在自动位置	切换到自动位置
	DCS 有强制信号	联系相关人员处理
	执行机构失气后未复归	就地复归
位置变送器电流输出不准	与阀体连接不牢固	检查连接，应固定牢固，不得有松动
	零位、量程已变动	重新调零位、量程
	位置变送器损坏	更换
行程开关不动作	安装不正确	重新安装
	行程开关松动	重新调整
	行程开关损坏	更换

三、液动执行机构单体调试

（1）准备工作：调试人员熟悉气动执行机构的原理及调试方法，并熟练掌握所使用的标准设备（见表 3-68）和所采用的产品的说明书操作步骤。

确认机务安装结束，执行机构的安装方向与介质设计流向要一致，执行机构的开关位置已明确标注，执行机构的安装角度和安装方向便于维护和检修。

油站和执行机构接线已完成，执行机构及其液压油管道连接已完成，管道密性试验合

格，液压装置运转正常，液压装置供油压力符合要求。

由工作负责人开好工作票，进行风险辨识和控制，并做好相应的安全隔离措施。

表 3-68　　液动执行机构调校用的标准仪器

设备/（仪器名称）	型号规格	精度	用　途
万用表	FLUKE17B	0.3	用于测量检查伺服阀的线圈电阻、电压及行程开关接点
绝缘电阻表	3301	5.0	用于检查伺服阀的绝缘、行程开关绝缘
秒表		0.2s	用于测量阀门的全行程时间
多功能校验仪	FLUKE743B		用于模拟执行机构定位器输入信号源

液动执行机构调试流程如图 3-82 所示。

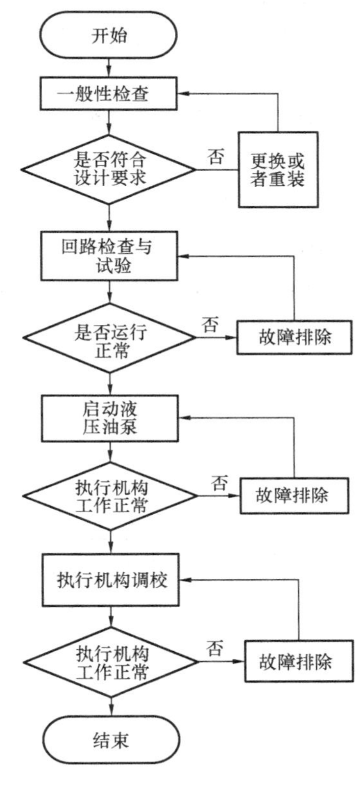

图 3-82　液动执行机构调试流程图

液动执行机构的功能进行试验和检查，包括一般性检查和回路检查与试验。

1）一般性检查。检查执行机构和液压装置等机械部件完好，并无损坏现象。检查执行机构及附件（如 I/P、泄压阀、执行机构定位器、LVDT 和行程开关等）的型号规格符合设计，无损坏现象，各固定部件连接牢固、可靠。

2）回路检查。确认执行机构接线是否已完成，并且正确、紧固。核对液压装置电源电压等级及其液压装置电源的熔丝（或空气开关）容量应符合设计要求。依据液压装置及液动执行机构的控制原理图、配管图，检查各附件的回路。

（2）液动执行机构调校。当将一个新的控制型油动机投入工作时，通常应该按次序进行下列调整：

1）线性位移差动变送器（LVDT）调校。将油动机开到中间行程的位置，松开外壳紧固部件后移动整个 LVDT 外壳进行粗调，松开后进行细调，直到测试点的 LVDT 输出电压为 0V。

当液动执行机构调校完成之后必须紧固外壳紧固部件和铁芯销紧螺帽。调整 LVDT 时，油动机会走动，因此每次调整后，均须使油动机置于行程的中点。

2）调整偏压。偏压是指油动机开始动作所要求的控制器输出电压。通过调整偏压电位器改变加在输入信号上的偏压信号，以使油动机在要求的信号值上开始动作。

3）调增益。增益是指油动机每变化 1cm 行程所需要的输入电压变化值。通过调整增益电位器来调整油动机的增益。

注意：增益的调整必须在行程开始的 5cm 范围内。

4）调整凸轮效应开始点。LVDT 的输出电路设计成有一个凸轮效应，当油动机开到某一点，在此点上不再有成比例的反馈信号。当位置信号增加到超过此点后，位置反馈信号就不再增长而位置误差信号一直增大。因而，油动机在进入凸轮效应影响范围后，即使输入相对增长较小的输入电压也会使油动机相当快地到达阀门全开的位置。此点即为凸轮效应开始点，调整凸轮效应电位器可以调整凸轮效应开始点。

1. *液动执行机构原理及其结构*

DEH 系统的控制原理与传统调节系统相似，但它完全取消了传统调节系统中的机械式转速感应装置、放大机构和阀位反馈机构，取而代之的是转速探头、微控制器、LVDT 等电子元件或系统。LVDT 测得的阀门开度信号被转换为数字量信号，这个信号被输入数字式控制系统进行运算处理，得到调门开度指令，该指令经过 D/A 转换器转换为模拟量后被送至电液转换器去控制油动机的开度，每个阀门均由各自独立的电液转换器控制。

(1) 油动机。随着汽轮发电机组容量的不断增大，蒸汽温度不断提高，DEH 控制系统为了提高动态响应而采用高压抗燃油，相应地也需要采用油动机为执行机构。一般 300MW 和 600MW 机组油动机分为开关型和控制型两类。

1) 开关型油动机。开关型油动机用于再热主汽门的控制，图 3-83 是开关型油动机的原理图，它的活塞杆与主汽门杠杆相连，杠杆支点布置成油动机向上移动为开汽门。油动机是单侧作用的：高压供油（EH 油）通过截止阀和节流孔板进入下油缸，推动活塞克服弹簧力通过杠杆作用打开汽门，而快速卸荷阀动作时下油缸的高压油失去，在弹簧力作用下达到关闭汽门的目的。

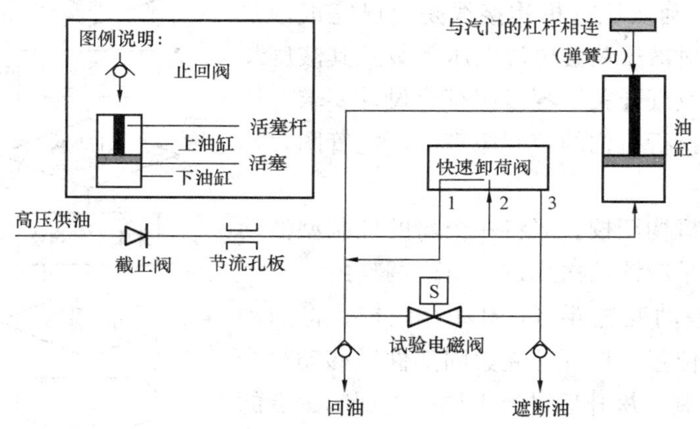

图 3-83　开关型油动机原理图

快速卸载阀是由危急遮断总管油压控制的，起快速关闭作用，与电气系统无关。当危急油压失去时，快速卸载阀动作，该油动机中所有的高压进油（包括下油缸的高压油）通过快速卸荷阀的 2→1 通道泄油，使汽门快速关闭。此回油还与上油缸相通，因而可将放出的油储存在上油缸，以免回油管过载。阀门组件上的重型弹簧提供快速关闭所需的力。

2) 控制型油动机。控制型油动机用于高压主汽门和调节汽门（包括再热调节汽门）的控制，图 3-84 是控制型油动机的原理图，与开关型油动机一样：它的活塞杆与汽门杠杆相连，杠杆支点布置成油动机向上移动为开汽门。通过控制电液转换器进入油动机的高压油流来控制汽门在要求的开度，工作原理如下：位置控制器信号及 LVDT 位置反馈信号在伺服放大器上相加，得出一个偏差信号，用于控制电液转换器输出到下油缸的工作油流量，从而达到控制油动机和汽门开度的目的：电液转换器或是使高压油进入下油缸开大汽门，或是从下油缸中放出工作油关小汽门，当偏差信号为零时，电液控制器输出与下油缸之间保持动态平衡，汽门就稳定在要求的开度上。电液转换器是做成机械偏压的，以保证电气信号消失时系统的安全运行。

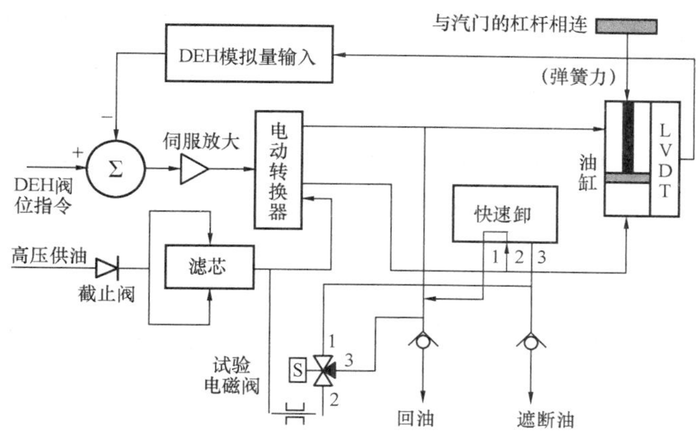

图 3-84 控制型油动机原理

可见控制型油动机能够正常工作的关键是其中的电液转换器和 LVDT（线性位移差动变送器）。

（2）电液转换器。电液转换器是一个由液压控制的中心封闭的四通油阀，其输出流量随着汽门开度指令与阀位反馈偏差信号的变化而变化。它由一个极化了的电力矩马达以及带有机构反馈的二级液压功率放大组成。第一级液压放大是一个双喷嘴和挡板系统，第二级液压放大是一个四通滑阀结构。第一级中，挡板固定在一衔铁的中点，并且在两个喷嘴之间穿过，在喷嘴的端部与挡板之间形成两个可变的节流孔。由挡板及喷嘴控制的油压通到第二级（油阀系统）两端的端面上。在第二级的四通滑阀结构中，相同压差下滑阀的输出流量与滑阀开度成正比。一个悬臂反馈弹簧固定在挡板上，并嵌入滑阀中心的一个槽内。在零位位置，挡板对流过两个喷嘴的油流的节流相同，因此就不存在引起滑阀位移的压差。当有信号作用在力矩马达上时，衔铁及挡板就会偏向某一个喷嘴，使得滑阀两端的油压不同，从而推动滑阀移动。滑阀会一直移动，直到由反馈弹簧所传递的反作用力与力矩马达发出的力相等为止。此时，挡板已经回到中间位置，滑阀两端的压差为零，滑阀就停留在新的位置上，直到输入另一个信号电流为止。

（3）线性位移差动变送器（LVDT）。LVDT 是一种电气机械式传感器，它产生与其外壳（可单独移动）位移成正比的电信号，由三个等距分布在圆筒形线圈架上的线圈所组成，一个杆状磁铁芯固定在油动机连杆上，此铁芯是沿轴向放置在线圈组件内，并且形成一个连接线圈的磁力线通路。中央的线圈为初级线圈，由交流电进行激励。这样，在外面的两个线圈就可看作为次级线圈，会产生感应电压。由于两个次级线圈是反向串接的，因此电压相位相反，变压器的净输出是两者电压之差。铁芯在中间位置时输出为零，称为零位，零位被机械地调整在油动机行程的中点。LVDT 的输出是交流的，它必须通过一个介调器进行整流后才能输出 4～20mA 的直流反馈信号。为了提高控制系统的可靠性，每个执行机构中安装有两个位移传感器，在模拟量输入模件中对信号进行高选处理。

（4）试验电磁阀（只应用于再热调节汽门）。为了能远方进行再热调节汽门的阀杆活动试验，在再热调节汽门的油动机块中装有试验电磁阀（如图 3-84 中虚线部分所示）。正常运行时，试验电磁阀失电，并处于图 3-84 所显示的状态（2→1 导通，其余不通）。当试验电磁阀得电阀门状态改变后（1→3 导通，其余不通），危急遮断油通过电磁阀 1→3 泄压到回油管道，调节汽门快速关闭。试验电磁阀再次失电，危急遮断油压重新建立，调门恢复正常工作状态。

（5）液压泵。液压泵为执行机构提供了必需的液压能量。单个装置能够为多个执行机构提供能量。液压泵的主要作用是把液体从油箱中抽到液压蓄液罐中，装置还具有控制和安全设备以保证蓄液罐中液体的供应。

2. 调校验收与故障处理

液动执行机构调校验收表格与电动执行机构相同。液动执行机构调校中常见故障及处理见表 3-69。

表 3-69　液动执行机构调校中常见故障及处理

故障现象	故障原因	处理方法方法
伺服阀油压输出无变化	液压油动力源故障	检查液压油管道阀门是否打开
		检查管路是否堵塞
	控制信号故障	检查 DCS 信号
		控制信号线“+”“−”是否接反
	伺服阀损坏	更换
不会动或动作不到位	液压油动力源故障	检查液压油管道阀门是否打开
	油管路阻塞	检查并疏通油管路
	管路或缸体泄漏	检查泄漏并解决
	执行机构卡住	联系机务解决
	执行机构及附件连接不牢固	检查执行机构及附件连接，应固定牢固，不得有松动
	伺服阀故障	检查伺服阀
	定位器故障	检查定位器
	电磁阀未得电或失电	检查电磁阀电源及 DCS 指令
	执行机构未在自动位置	切换到自动位置
	DCS 有强制信号	联系相关人员处理
	执行机构失气后未复归	就地复归
LVDT 电压输出不准	与阀体连接不牢固	检查连接，应固定牢固，不得有松动
	零位、量程已变动	重新调零位、量程
	LVDT 损坏	更换
行程开关不动作	安装不正确	重新安装
	行程开关松动	重新调整
	行程开关损坏	更换

四、电磁阀调试

1. 电磁阀工作原理及其结构

电磁阀是阀门的一种，使用电磁线圈驱动，通过对电磁线圈通电/断电控制管路的开启/关闭或改变流体（一般是压缩空气或者液体）流向。电磁阀从原理上分为三类：直动式电磁阀、分步直动式电磁阀和先导式电磁阀。

2. 电磁阀单体调试

电磁阀调试流程如图 3-85 所示。

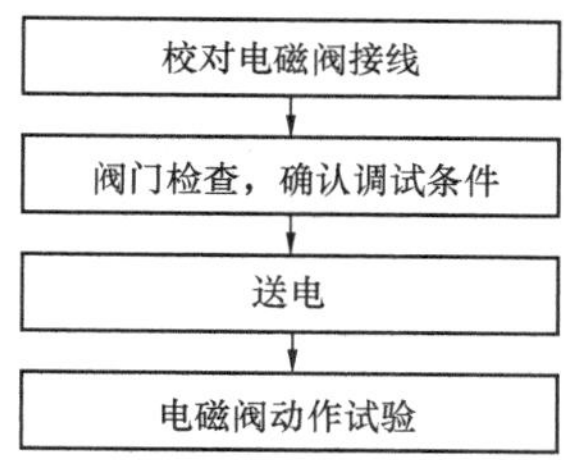

图 3-85　电磁阀调试流程图

（1）准备工作。

1）校对电磁阀接线。

根据施工图纸、说明书、技术交底逐一对线、接线，确保电源线及控制线正确、牢固，手轻拉无松动。确保电源等级与空开容量与电磁阀参数匹配。

2）阀门检查。

检查阀门装置外观应无运输、安装过程中造成的碰撞痕迹、裂纹等损伤，若有损坏必须立即上报。万用表测量电磁阀线圈电阻，应符合要求并做好记录。

（2）送电。调试送电前检查线路无人工作后方可送电。送电时就地电磁阀门处必须有人监护，并与配电箱侧送电人员保持通信畅通。送电后测量电源电压应正常，调试过程中，如出现异常而不能正操作电磁阀时，可拉开闸刀开关强行断电。

（3）电磁阀动作试验。电磁阀由于行程较短一般不设置反馈装置，因此在电磁阀开关动作试验中选择管路中充满介质时进行。通过远程或就就地操作箱打开或关闭电磁阀，观察管路介质通断或换向情况。电磁阀带电过程中，观察是否有明显振动或异音。

3. 电磁阀故障处理

电磁阀的故障将直接影响到切换阀和调节阀的动作，常见的故障有电磁阀不动作，应从以下几方面排查：

（1）电磁阀接线头松动或线头脱落，电磁阀不得电，可紧固线头。

（2）电磁阀线圈烧坏，可拆下电磁阀的接线，用万用表测量，如果开路，则电磁阀线圈烧坏。原因有线圈受潮，引起绝缘不好而漏磁，造成线圈内电流过大而烧毁，因此要防止雨水进入电磁阀。此外，弹簧过硬，反作用力过大，线圈匝数太少，吸力不够也可使得线圈烧毁。紧急处理时，可将线圈上的手动按钮由正常工作时的“0”位打到“1”位，使得阀打开。

（3）电磁阀卡住。电磁阀的滑阀套与阀芯的配合间隙很小（小于 0.008mm），一般都是单件装配，当有机械杂质带入或润滑油太少时，很容易卡住。处理方法可用钢丝从头部小孔捅入，使其弹回。根本的解决方法是要将电磁阀拆下，取出阀芯及阀芯套，用 CCI4 清洗，使得阀芯在阀套内动作灵活。拆卸时应注意各部件的装配顺序及外部接线位置，以便重新装配及接线正确，还要检查油雾器喷油孔是否堵塞，润滑油是否足够。

（4）漏气。漏气会造成空气压力不足，使得强制阀的启闭困难，原因是密封垫片损坏或滑阀磨损而造成几个空腔窜气。

在处理切换系统的电磁阀故障时，应选择适当的时机，等该电磁阀处于失电时进行处理，若在一个切换间隙内处理不完，可将切换系统暂停，从容处理。

4. 电磁阀调校验收

电磁阀调校验收见表3-70。

表3-70　电磁阀调校验收

工序	检验项目	性质	单位	质量标准	检验方法和器具
检查	线圈直流电阻	主控		符合制造厂规定	用直流电桥检查
	阀芯动作			灵活、可靠	通电检查
	介质通道			畅通	通气检查

第三节　控制装置及就地成套设备调试

一、可编程控制器（PLC）调试

（一）PLC概述

一个大规模的PLC控制系统主要由人机接口单元、逻辑处理单元（主站与从站中的PCU）、底层I/O单元（主站与从站中的I/O接口）和就地表计设备四部分组成，其中：

人机接口单元包括CRT或编程器、打印设备、通信卡和各类接口，是操作人员和控制系统之间的桥梁。

逻辑处理单元是整个控制系统的核心，它接收来自输入模件和人机接口单元的输入信号，经过一系列的比较判断等运算后形成输出指令。一方面通过输出模件实现对就地表计设备的控制，另一方面输出到人机接口单元用于报警和显示。

底层I/O单元可以看作是逻辑处理单元的延伸，用于就地表计设备和逻辑处理单元之间的连接。

1. PLC基本构成

PLC的基本构成如图3-86所示，主要由中央处理器CPU、存储器模块、输入输出模块和编程器组成，其中：

中央处理器CPU主要用来解释并执行用户及系统程序，通过运行用户及系统程序完成所有控制、处理、通信以及所赋予的其他功能，控制整个系统协调一致地工作。

随机存取存储器RAM用于存储PLC内部的输入、输出信息，并存储内部继电器（软继电器）、移位寄存器、数据寄存器、定时器/计数器以及累加器等的工作状态，还可存储用户正在调试和修改的程序以及各种暂存的数据、中间变量等。

只读存储器ROM用于存储系统程序，其中EPROM主要用来存放PLC的操作系统和监控程序，如果用户程序已完全调试好，也可将程序固化在EPROM中，而EEPROM主要用来存放用户程序。

输入输出I/O模块是可编程控制器与生产过程相联系的桥梁。输入模块的任务是将被控对象或被控生产过程的各种变量进行采集送入CPU处理，输出模块的任务是将PLC运算处理产生的控制输出送到被控设备或生产现场，驱动各种执行机构动作。

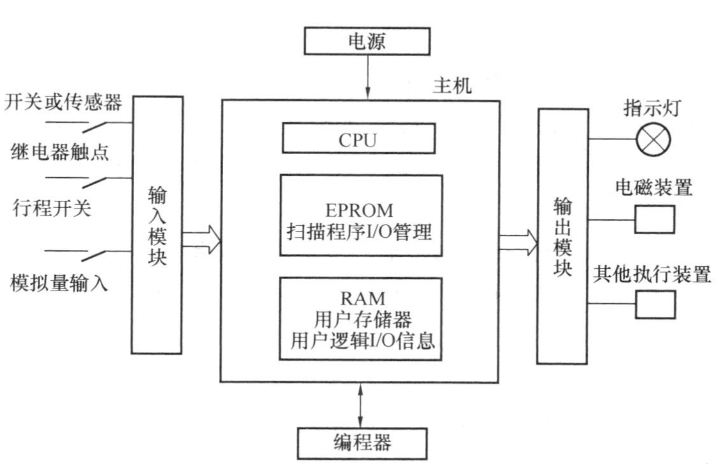

图 3-86　PLC 基本构成示意

编程器将用户所希望的功能通过编程语言送到 PLC 的用户程序存储器中。编程器不仅能对程序进行写入、读出、修改，还能对 PLC 的工作状态进行监控，同时也是用户与 PLC 之间进行人机对话的界面。

2. PLC 工作原理

（1）PLC 的工作周期。PLC 可编程控制器通过输入扫描、程序执行、输出更新三个阶段完成其一个工作周期（即扫描周期）。

首先以扫描方式读入所有输入端子上的输入信号存入输入映象区，刷新原输入映象寄存器信息。在程序执行阶段和输出刷新阶段中，输入映象寄存器与外界隔离，直至下一个扫描周期的输入扫描阶段，才被重新读入的输入信号刷新。因此 PLC 在执行程序和处理数据时，使用上一个采样周期输入映象区中的数据，使执行整个用户过程中使用的输入原始数据完全相同。

在执行用户程序过程中 PLC 按用户以梯形图方式编写的程序顺序，从上到下，从左到右的步序语句逐个扫描。若遇到程序跳转指令，则根据跳转条件是否满足来决定程序跳转地址。当指令中涉及输入、输出状态时，PLC 从输入映象区中取出相应的当前状态，然后进行由程序确定的逻辑运算或其他数字运算，最后根据程序中的有关指令将运算结果存入相应的输出映象区中的有关单元，这个结果在整个程序执行完以后送到输出端口上。

在执行完用户程序以后，PLC 进行输出刷新，将输出映象区中的内容同时送入输出锁存器，然后由锁存器通过 I/O 模块输出，使输出端子上的信号变为本次工作周期运算结果的实际输出。

PLC 按以上三个阶段构成的工作周期方式周而复始地循环工作，完成对被控对象的控制作用。在两个工作周期之间，PLC 进行编程器键入响应及自诊断等。

（2）PLC 的扫描方式。通常所说的扫描，就是上述 PLC 读取输入、执行程序和更改输出的过程。用户通过编程器或其他输入设备输入用户程序并存入用户存储器中。PLC 开始运行时，CPU 根据系统监控程序规定的顺序，通过扫描采用周期循环方式，读取各输入点的状态或数据、执行用户程序、更新各输出点状态、编程器键入响应以及自诊断。

CPU 的整个扫描由两部分组成，执行用户程序过程称程序扫描，用于完成扫描工作的时间称扫描时间，读取输入信息改变输出值称为 I/O 刷新，程序扫描和 I/O 刷新分开进行。整个扫描时间包括程序扫描时间和 I/O 刷新时间，程序扫描时间长短除取决于用户程序的长短和程序中指令类型外，还受其他一些因素影响，随机器类型的不同而有所不同。小型 PLC 的扫描时间为 10～20ms。

PLC 的工作周期为 PLC 进行相邻两次输入扫描之间的时间间隔，其长短除受扫描周期影响外，还受编程器键入响应和进行自诊断所用时间的影响，输出对输入的响应速度主要看扫描时间的长短。

（二）PLC 调试

调试前应完成调试方案的编写。调试方案应包括调试准备、实验室模拟调试和现场调试。调试时应根据调试方案有序推进。现场开始调试时，设备可先不运转，甚至不要带电。随着调试的进展逐步加电、开机、加载，直到按额定条件运转。

1. 试验室模拟调试

热工 PLC 控制系统的调试工作，常常受机务设备安装和热工安装工作的牵制，一般工程前期较空闲，而后期调试时间紧迫，忙得不可开交。为了减少后期的现场调试时间压力，可以利用前期的空闲时间，先在试验室内完成模拟调试，这样可以大大减少现场的调试时间，一旦现场调试条件具备，即可很快进入现场联调。

（1）准备工作。收集设计图纸和设备资料，主要包括：各个程控系统设计原理图，辅助系统网络配置说明书、产品的硬件和软件说明书，程控系统的 I/O 清单，有关一次测量元件和执行设备说明书。了解 PLC 控制器工作原理，参加 PLC 控制设备的技术培训和控制设备出厂验收；了解标准对 PLC 控制系统调试的具体要求，熟悉现场热控设备和热力系统。掌握 PLC 调试大纲内容和待调控制对象的特性及控制要求。准备好调试用仪器设备。

（2）外观检查。如果 PLC 部件现场组装，则根据设计图纸和厂家说明书，对每个部件进行外观检查，符合要求后进行组装。组装时要小心不损坏部件，按要求正确、牢固地安装每一个部件后，进行连线。连线后按下进行整体检查。

如果 PLC 部件已整装于一个机柜（或控制箱），则根据厂家硬件结构图，检查 PLC 柜内各种模件及风扇的外观完好，确认数量及安装插槽都正确、端子接线可靠无松动。检查控制柜内的电缆已安装齐全，模件之间的跨接线和通信连接线等厂家内部接线正确可靠；松开各模件接线端子排固定螺丝，拔出接线端子，检查端子排中与模件插头对应的卡簧应无变形、松动；各接线端子的接线号应齐全，接线应整齐美观，无裸露线；各模件连接插针应无变形、磨损；如模件安装底板的插针有变形则进行矫正，插针断裂的底板进行更换；检查确认控制器内后备存储电池的电量充足，否则更换新电池。测量电源接线端子绝缘，应符合规定要求。

（3）机柜上电。电源线可靠连接 PLC（或控制箱）电源进线端子后送电。用万用表测试电源电压值应不超过额定电压的±10%，确定电源模件可靠插入且所有 CPU 模件、通信模件和 I/O 模件均已拔出后，合上 PLC 电源进线开关。

观察电源模件受电后，应无异音和异味，各指示灯状态及温升应显示正常；风扇转动无卡涩、方向正确；测量电源模件输出各路电压值，与标准电压值的偏差应在允许偏差范围内。对冗余配置的电源，关闭其中的任一路，相应的输出电源应无异常，否则应进行处理或更换相应电源。

依次插入控制模件、通信模件，插上通信电缆，观察各模件状态指示灯显示及各站之间的通信工作应符合厂家说明书要求，冗余总线应处于冗余工作状态。

确认外部接线均已解除后，再依次插入各I/O模件，观察各I/O模件的状态指示灯显示应符合实际（有多少个输入通道，就有多少个输入指示灯。当PLC的输入端加上正常的输入时，输入指示灯应该亮；若正常输入而灯不亮或未加输入而灯亮，说明输入电路有故障，应予以检查处理。同样有多少个输出通道就有多少个输出指示灯）。按照控制程序，当某个输出继电器通电时，该继电器的输出指示灯就应该亮，若某输出继电器指示灯亮而该路无输出（负载不动作），或输出继电器线圈未得电而指示灯亮，说明输出电路有问题，应予以检查处理。

（4）程序模拟调试。将用户程序导入PLC（如需依据系统需求的功能自编梯形图程序时，则程序编写完后写入PLC）。模拟调试中，实际的输入信号可以用开关、按钮和电阻箱来模拟，各输出量的通/断状态通过PLC上有关的发光二极管和电流表来显示。可以根据功能表图，用开关或按钮来模拟实际的反馈信号，如限位开关触点的接通和断开，用电阻箱模拟热电阻信号的变化。对于顺序控制程序，调试程序的主要任务是检查程序的运行是否符合功能表图的规定，即在某一转换条件实现时，发生步的活动状态变化是否正确，即该转换所有的前级步是否变为不活动步，所有的后续步是否变为活动步，以及各步被驱动的负载（发光二极管或输出电流）是否发生相应的变化。此外在调试时要充分考虑各种可能的情况，逐一检查系统各种不同的工作方式、有选择序列的功能表图中的各分支路和可能的进程，不能遗漏。倘若程序执行功能有误则查除，并修改PLC中的程序和梯形图，直到在各种可能的情况下输入量与输出量之间的关系完全对应，符合控制对象的实际运行要求为止。

为了缩短调试时间，可以在调试时将程序中有些定时器或计数器的设定值减小，模拟调试结束后再恢复实际设定值。

（5）I/O通道完好性检查。用高精度信号发生器及高精度标准计量仪表，对PLC系统的输入和输出通道进行完好性检查。

1）电压电流型模拟量输入通道检查。

在相应的输入端子上连接模拟量信号发生器，按0，25%，50%，75%，100%送出所需要的模拟量信号（4～20mA或1～5V），在工作站或其他编程器上检查显示值（一般为工程单位值），记录每一个通道的输入信号值和输出显示值，计算其误差应满足模件的允许误差要求。

2）开关量输入通道检查。

用短接线短接开关量输入信号，在工作站或其他编程器上检查显示状态应翻转（可能的工程显示单位为开门/关门，启动/停止等）。

3）电压电流型模拟量输出通道检查。

在工作站或其他编程器上，按0，25%，50%，75%，100%发出指令信号，在输出通道的接线端子上，用电流表或电压表测试其输出值，计算其误差应满足模件的允许误差要求。

4）开关量输出通道检查。

对于有源开关量输出，在工作站或其他编程器上发出不同的指令信号（可能的工程单位信号为开门/关门，启动/停止等），在输出通道的接线端子上，用标准电压表测试其输出状态的变化（有电压/没有电压）。

对于无源开关量输出，在工作站或其他编程器上发出不同的指令信号（可能的工程单位信号为开门/关门、启动/停止等），在输出通道的接线端子上，用通灯或万用表测试其状态的变化。对于干接点输出，用通灯即可；对于固态继电器输出，则用万用表的欧姆档进行测试。

2. 系统现场调试

（1）现场送电前工作。现场调试送电前，检查确认系统主设备、辅助设备已经安装就位，PLC 程控系统的硬件设备、上位机及所控制的电气、热控设备的安装环境符合要求（如有不符应采取相应的补救措施，比如加装防雨晕、封堵等），电缆接线工作完成，送电和开展调试工作前，还应进行下述安装工作检查。

1）外观检查。

外观检查工作如试验室未进行，则按前述的试验室外观检查内容进行；如已进行且仅需检查安装过程中外观是否有明显损伤，其余检查可不再进行。

2）电源系统检查。

检查供电电源（UPS 电源及保安电源）正常。

检查空气开关及熔丝容量和所有带有熔丝的模件通道熔丝容量，应符合设计要求，若熔丝已损坏应查明原因后再予以更换。检查所有受电设备（包括各类模件和电源装置）的电压等级和故障记忆处理方式满足设计要求，并与现场供电电压等级和系统的安全要求匹配。

3）连接完好性检查。

PLC 现场调试大部分的问题和工作量都是在接线方面，而由于接线错误而导致设备被烧坏的情况也常有发生，因此在进行真正的调试之前，调试人员的义务和责任就是一定要对所有的电缆接接线，按照设计院设计的热控接线图纸进行一次完整而认真的接线正确性检查。

检查从机柜到电气接地网间的整个接地系统，其连接应完好无损，固定机柜间地线的垫片、螺栓等应紧固无松动、锈蚀；再次紧固接地螺钉；机柜内接地线用绝缘铜芯线（线芯面积不小于 $4mm^2$）直接与公共地线连接，无通过由螺丝固定的中间物体连接现象。

除非控制系统厂家有特殊要求，否则检查确认屏蔽电缆、屏蔽导线、屏蔽补偿导线的总屏蔽层及对绞线屏蔽层均应接地。同一信号回路或同一线路的屏蔽层只允许有一个单端接地点，并保证信号全线路屏蔽层具有电气连续性。检查接线盒或中间端子柜的屏蔽电缆接线，当有分开或合并时，其两端的屏蔽线通过端子连接应可靠。

检查所有 PLC 的 I/O 柜及远程柜的通信电缆接头和分支器等连接和各 I/O 模件的插件良好，特别是接头内的屏蔽线须固定扎实；各公用电源线、接地线、照明线和测量回路接线连接正确、牢固，所有公用线成环路连接可靠；检查机柜内模件跨接片和微动开关的设置符合设备和设计要求，手轻拉各连接接头、接插件和端子接线应牢固无松动。

4）绝缘及阻抗测量。

若制造厂无特殊要求，接地电阻（包括接地引线电阻在内）应不大于2Ω；当与电厂电力系统共用一个接地网时，控制系统地线与电气接地网的连接须用低压绝缘动力电缆，且只允许一个连接点，接地电阻应小于0.5Ω。每个机柜的交流地与直流地之间的电阻应小于0.5Ω。

进行电缆屏蔽层单端接地情况抽测，拆除电缆屏蔽线与接地网的连接，测量屏蔽电缆屏蔽线与地间的绝缘电阻，应大于线路绝缘电阻允许值。

测量二路电源回路电缆对地绝缘电阻大于20MΩ，PLC系统重要回路电缆接地绝缘电阻，测量终端匹配器阻抗，应符合规定要求，否则进行更换。测量绝缘电阻时注意绝缘电阻表电压等级。

上述工作完成后，断开外部设备接线，拔出除电源模件外的所有模件（如试验室内模拟试验已进行，则模件不需拔出），以确保机柜通电时不会发生烧毁模件的事故。

（2）机柜上电及调试。

1）机柜上电。

完成现场上电准备工作，检查所有电源开关（包括机柜交流电源开关和机柜直流电源开关）置于“断开”位置，测量电源进线接线端子上没有误接线或者误操作引起的外界馈送电源电压进入，确认与PLC系统相关的所有子系统的电源回路上无人工作，相关的所有子系统都允许上电，在供电电源处，联系电气专业或相关人员测量进线电压符合要求后，合上总电源开关；在控制机柜处，用万用表测试PLC电源进线端子处的电压值，如不超过额定电压的±10%（如果偏差较大，则应通知送电人员停电进行检查处理），且试验室模拟调试已完成（否则参照试验室模拟调试步骤进行），则合上PLC电源进线开关。

观察各模件受电后的情况，符合先前试验室模拟调试正常的情况后，检查整个系统的通信连接、显示器画面显示、各设备的运行状态等指示，应正常并与实际状况相符，否则予以处理；必要时可通过专用检查工具和专用软件进一步进行检查。

测量并在调试记录表格上记录系统所用的交、直流电源电压，包括PLC控制系统的交流供电电压、控制系统本身的电源模块产生的各种直流电压等。计算电压与设计电压之间的误差应小于5%。

2）软件组态的导入。

如试验室模拟试验未进行，则在确认逻辑处理单元（包括可编程控制器和通信模件的内部通信）与人机借口单元（主要是CRT或手操器）之间的通信正常后，进行系统组态；将上位机的PLC组态程序下装至PLC控制器中；下装完成后，检查PLC控制器和各模件的状态指示是否显示正常，如有异常情况，查明原因一一排除。

3）I/O通道完好性检查。

如试验室模拟试验I/O通道完好性检查未做，参见本节第一小节（二）PLC调试：试验室模拟调试，I/O通道完好性检查要求进行，然后观察各I/O模件的输入/输出状态指示灯显示，如与实际不符，对相应的输入/输出回路和PLC部件进行检查处理。

（3）控制系统联调。完成上述的工作后，根据现场情况逐步进行设备单体的动态调试和信号的联机调试，进行控制子系统的联锁试验，目的是在调试过程中，发现系统中的传感器、执行器和回路接线，以及PLC柜的接线图和梯形图程序设计中可能存在的问题，并对发现的问题加以解决，以确保控制系统符合设计和系统安全运行要求。

1）核查指示灯状态。

控制面板上指示灯的状态是反映系统工作的一面镜子，因此联调时先检查其显示应正常，否则进一步检查确认是灯泡故障、逻辑关系错误还是现在设备或接线问题，然后对症处理。

2）用户软件检查和修改。

所有的控制逻辑均应符合设计和现场实际要求，但是由于设计变更或设备升级等方面的因素，使得原设计不符合现场新的要求；或者原设计没有错误，但是在具体组态图上存在错误，使得不能实现原设计意图。针对以上可能出现的问题，必须按照设计图纸对控制逻辑进行检查，然后连接上位机，执行在线仿真作业。倘若程序执行功能有误则查明错误予以消除，并修改梯形图程序。此外与机务专业共同对顺控系统的定值进行检查分析，如有不符合现场要求的控制逻辑以书面的形式提交设计院、建设单位和设计单位，得到确认并通过联系单进行修改。

上述工作完成，梯形图程序执行功能正确无误后，可使系统进入静态联调。

3）检查手动动作及手动控制逻辑关系。

通过查看各个手动控制的输出点，确认相应的输出以及与输出对应的动作（执行机构、电动门等）应正常，然后再操作各手动控制能够实现所需要的功能。如有问题予以排除。

4）系统静态联调。

静态联试包括联锁试验、保护试验、程控组试验和模拟量自动控制试验四个方面内容：

① 先对所有的联锁条件进行静态联调试验。先手动启动某一次设备或系统，然后使备用一次设备或系统处于备用状态或联锁状态；使用信号发生器在现场模拟某一联锁条件成立，备用设备或系统自动启动，其结果应符合系统设计程序要求和预想的结果。

② 接着对所有的保护条件进行静态联调试验。先手动启动一次设备或系统，然后用信号发生器在现场模拟某一保护条件成立，被保护的设备或系统应迅速退出运行或跳闸。

③ 再对总程控组进行静态联调试验（如设计有总程控组），先对子程控组进行联调试验，调试时一步步推进，直至完成整个控制周期。哪个步骤或环节出现问题，着手解决哪个步骤或环节的问题。待所有子程控组联调试验完毕后，再进行总程控组联调试验。按下某一个程控组的启动/停止按钮，则辅机系统内的所有一次设备均应按照控制程序步序动作。应多观察几个工作循环，以确保系统能正确无误地连续工作。

④ 在上述逻辑控制项目调试基本完成后，可着手调试模拟量、脉冲量控制调试。最主要的是选定合适控制参数。参数有多种选择，通过经验与观察运行效果，逐步逼近最优参数。有的 PLC 的 PID 参数可通过自整定获得，但自整定过程也是一个缓慢的过程，需要相当的时间才能完成。

5）动态试验。

PLC 程控系统动态试验的目的是进一步对控制系统进行调整，使之控制逻辑完全达到系统投入的要求。为此，调试中还应参与重要辅机的启动过程，对启动过程中出现的问题进行技术分析，合理地修改控制逻辑、延迟时间和动态参数。同时按照事先编制的方案，进行一些设备异常工况试验，如人为造成热电阻断线、进行一些非法操作等，检查控制系统是否会报警提示或保护动作停运被控对象。

如果调试达不到规定的指标要求，则需对相应的硬件和软件部分进行适当调整，然后再进行试验，直到全部符合设计要求。

3. 调试注意事项

（1）PLC 的内部固化了一套系统软件，使得专业人员开始能够进行初始化工作和对硬件的组态。PLC 的启动设置、看门狗、中断设置、通信设置、I/O 模块地址识别都是在 PLC 的系统软件中进行。

（2）现场调试常常需要对已经编好的程序进行修改。修改的原因有多种，需求变更、原程序错误、PLC 运行中发生电源中断而导致有些状态数据丢失，如非保持的定时器被复位，输入映射区被刷新，输出映射区可能被清零，但状态文件的所有组态数据和偶然的事件如计数器的累计值会被保存。这时候通常需要 PLC 厂家工程师到现场对 PLC 进行编程，使某些内存可以恢复到缺省的状态。在程序不需要修改的时候，可以设计应用默认途径来重新启动，或者利用首次扫描位的功能恢复程序。

（3）所有的智能 I/O 模块，包括模拟量 I/O 模块，在进入编程模式后或者电源中断后，都会丢失其组态数据，用户程序必须确认每次重新进入运行模式时，组态数据能够被重新写入智能 I/O 模块。

（4）在现场修改程度时，切莫忘记将 PLC 切换到编程模式，否则往往会误以为 PLC 发生了故障，查找故障而耽误许多时间。

（5）在 PLC 进行程序下载过程中，许多 PLC 是不允许电源中断，否则会造成 PLC 无法运行，如果发生这种情况，可能需要对 PLC 的底层软件进行重新装入，而许多厂家不允许在现场该操作。目前大部分新的 PLC 已经将用户程序与 PLC 的系统程序分开，从而可避免这个问题。

（6）在各模件的拔插的过程中，应当轻拿轻放。插拔各种航空插头必须关掉电源，以免发生短路，损坏设备。

（7）在进行设备启动操作时，应与机务专业讨论后进行，严禁随意操作阀门、泵与风机，以免发生意外。

（8）各个 PLC 程控系统试验应严格按设计的试验步骤进行。

（三）PLC 系统性能与功能试验

PLC 控制系统经调试投运后，应进行整个控制系统的性能与应用功能测试，以确认其满足系统的稳定安全运行要求。目前 PLC 系统没有专门的在线验收测试规程，基本都参考 DL/T 656 分散控制系统在线测试验收规程项目进行检查和测试。下面仅列出测试项目内容，需要了解详细测试方法与要求的读者，可参第五章热工控制系统调试中关于控制系统验收测试中相关的内容。

1. 控制系统基本性能试验

（1）系统冗余功能试验。根据 PLC 控制系统的冗余配置情况，做以下试验。

1）电源冗余性能试验（应分别进行供电电源切换试验和电源模块供电切换试验）。

2）PLC 控制器冗余性能试验，要求应该保持连续、平稳状态。

3）PLC 通信模件或控制层网络冗余性能试验。

4）PLC与工作站之间的网络冗余性能试验。

（2）系统容错性测试。

1）模件热拔插试验，要求CRT对应的物理量示值热插拔前后应无变化。

2）模件抗干扰试验，要求标准干扰信号影响测量信号示值变化范围不大于测量系统允许综合误差的两倍。

3）操作容错性试验，要求非法命令输入，操作员站和控制系统不得发生出错、死机或其他异常现象。

（3）系统实时性测试。

1）CRT画面响应平均时间测试。要求：画面响应时间的平均值应小于1.5s（一般画面小于或等于1s，最复杂画面小于2s），或不低于制造厂出厂标准。

2）CRT画面上实时数据和运行状态的刷新周期测试，要求：CRT画面上实时数据和运行状态的刷新周期应保持为1s，且图标和显示颜色应随过程状态变化而变化。

3）系统响应时间测试，要求：开关量操作信号响应时间平均值应小于或等于2.0s，模拟量操作信号响应时间平均值应小于或等于2.5s。

4）模拟量和开关量的处理周期测试要求：模拟量控制系统小于或等于250ms，专用开关量控制小于或等于100ms。快速处理回路中，模拟量控制系统小于或等于125ms，专用开关量控制小于或等于50ms。

（4）系统可扩展性：各种模件应保留10%以上的备用通道，每块模件至少应保留1个备用通道（8或16通道的I/O模件）或2个备用通道（32通道的I/O模件）。

（5）与第三方系统的通信试验：通信数据正确无误，实时性应达到设计要求。

2. 控制系统应用功能试验

（1）PLC控制系统的上传和下载功能测试。将PLC的硬件配置和软件组态上传到工程师站或将以前备份的组态软件下载到PLC控制器中，不发生错误。

（2）PLC控制系统的操作功能测试。对PLC控制系统的各项操作功能进行操作，结果应符合设计要求。

3. 数据采集系统测试

开关量输入、输出的正确性测试以及模拟量输入、输出的精度测试可以抽样测试。

（1）超限报警和故障诊断功能的检查。

1）模拟量输入报警设定点动作功能检查。

2）输入过量程诊断功能检查。

3）输入信号短路保护功能检查。

4）输入断偶检测功能检查。

5）输入热电阻短路或断路检测功能检查。

（2）开关量信号正确性测试。

1）开关量输入信号正确性检查。

2）开关量输出信号正确性检查。

（3）数据输入输出精度测试。

1）热电偶冷端温度修正功能：误差不大于1℃。

2）模拟量输入精度测试：一般温度信号的误差应小于0.3%，其他信号应小于0.2%。

3）模拟量输出精度测试：最大相对误差应小于0.2%。

完成上述所有调试后，整个调试工作结束，经过一段时间的运行考验，如无异常则可以将系统投入实际运行，同时为确保日后维修的便利，须将调试后实际运行无误的梯形图程序做批注，并加以整理归档，以缩短日后维修与查阅程序的时间。

（四）调试验收与故障处理

PLC控制系统的调试验收见表3-71，常见故障及处理见表3-72。

表3-71　PLC控制系统的调试验收表

<table>
<tr><th colspan="3" rowspan="2">检验项目</th><th rowspan="2">性质</th><th rowspan="2">单位</th><th colspan="2">质量标准</th><th rowspan="2">检查方法</th></tr>
<tr><th>合格</th><th>优良</th></tr>
<tr><td rowspan="6">检查</td><td colspan="2">外观</td><td></td><td></td><td colspan="2">完整、无损伤、无锈蚀</td><td>观察</td></tr>
<tr><td colspan="2">电气回路绝缘电阻</td><td></td><td></td><td colspan="2">≥200MΩ</td><td>用500V绝缘电阻表测量</td></tr>
<tr><td colspan="2">输入电源电压误差</td><td></td><td>%</td><td colspan="2">±10</td><td>用电压表测量</td></tr>
<tr><td colspan="2">电源熔热容量</td><td></td><td></td><td colspan="2">符合设计要求</td><td rowspan="3">查对</td></tr>
<tr><td rowspan="2">查线</td><td>复查率</td><td></td><td rowspan="2">%</td><td>≥95</td><td>100</td></tr>
<tr><td>正确率</td><td></td><td colspan="2">100</td></tr>
<tr><td rowspan="5">设备调校</td><td colspan="2">在线自诊断</td><td></td><td></td><td colspan="2" rowspan="2">符合制造厂要求</td><td rowspan="2">通电检查</td></tr>
<tr><td colspan="2">数字显字功能检验</td><td></td><td></td></tr>
<tr><td colspan="2">工作/备用电源切换及断电保护</td><td></td><td></td><td colspan="2">数据不丢，输出保持原状态</td><td>进行切换、继电操作检查</td></tr>
<tr><td colspan="2">参数设定、校核、拷贝</td><td></td><td></td><td colspan="2" rowspan="2">满足工艺流程设计要求</td><td>用编程器检查</td></tr>
<tr><td colspan="2">逻辑功能模拟试验</td><td></td><td></td><td>用开关模拟信号检查</td></tr>
<tr><td rowspan="5">系统调试、投入</td><td colspan="2">系统无工质传动操作试验</td><td></td><td></td><td colspan="2" rowspan="2">满足工艺流程设计要求</td><td rowspan="2">通电检查</td></tr>
<tr><td colspan="2">系统带工质传动操作试验</td><td></td><td></td></tr>
<tr><td rowspan="2">I/O通道</td><td>接入率</td><td rowspan="3">主要</td><td rowspan="3">%</td><td>≥90</td><td rowspan="3">100</td><td rowspan="3">统计</td></tr>
<tr><td>完好率</td><td>≥95</td></tr>
<tr><td colspan="2">联锁保护动作正确率</td><td>≥90</td></tr>
</table>

表3-72　常见故障及处理

<table>
<tr><th></th><th>故障描述</th><th>可能原因</th><th>处理方法</th></tr>
<tr><td rowspan="5">送电前</td><td rowspan="3">电源模件无输出电压或电压不正常</td><td>输入电压不正常</td><td>检查输入电压</td></tr>
<tr><td>模件熔丝坏</td><td>更换模件熔丝</td></tr>
<tr><td>模件坏</td><td>更换模件</td></tr>
<tr><td>电源指示灯（POWER）不亮</td><td>PLC的工作电源未送电、或电压低于PLC工作电压要求、或电源模件故障</td><td>确认PLC工作电源已送电且电压符合要求后、更换电源模件故障</td></tr>
<tr><td>锂电池电压指示灯（BATT·V）亮</td><td>锂电池的电压已经下降到额定值以下</td><td>维修人员应在一周内更换锂电池</td></tr>
</table>

续表

	故障描述	可能原因	处理方法
送电后模件测试	通信模件不能正常工作	厂家未调整	重新调整
		通信电缆连接错误或松动	检查确认通信电缆的连接正确可靠
		模件损坏	更换模件
	输入输出模件工作不正	通信电缆松动	检查确认通信电缆的连接正确可靠
		通信地址设置错误	检查确认地址设置
		通道熔丝坏	更换熔丝
	系统不能组态	通信接口故障	检查系统通信
		软件保密要求	咨询厂家确认所有的保密措施已经开放
		模件物理地址和软件地址冲突	检查确认模件内跨接片和微动开关的设置
		软件版本冲突	确认当前平台适合该软件运行，必要时联系厂家更新
送电后系统功能测试	信号联调时CRT或手操器上信号没变化或相差较大	回路有问题	重新检查回路
		信号受干扰	检查信号线的屏蔽
		通道坏	修复或更换通道
		通道设置有误	检查通道设置的信号类型、量程等
	联锁不正确	回路有问题	重新检查回路
		逻辑错误	检查更改程序软件
		通道坏	修复或更换通道
		就地设备故障导致拒动或误动	重新调试就地设备
		通信故障	检查通信模件和通信电缆
		就地设备未送电	就地设备送电
	电源切换时系统扰动	电源切换时间太长	调整电源切换时间到系统允许范围内
	系统热备用切换时扰动	系统扫描时间太长	重新设置系统扫描时间
		模件工作不正常	检查排除模件故障
		控制系统容量偏小导致系统响应速度太低	尽可能简化软件组态，必要时给控制系统扩容
	当编程器面板上的“PROGRAM/MONITOR”开关打在“MONITOR”位置（非编程状态），运行指示灯（RUN）不亮	PLC接线不正确或者CPU芯片、RAM芯片有问题	检查确认接线正确后，更换CPU芯片、RAM芯片
	程序出错指示灯（CPU·E）灯亮	1）灯闪烁，可能发生以下错误： a）程序出错，如程序语法错误、程序线路错误、定时器或计数器的常数丢失或超值等。 b）锂电池电压不足。 c）由于噪声干扰或线间短路等引起的PLC内“求和”检查错误。 2）灯常亮，可能发生以下错误： a）由于外来浪涌电压瞬时加到PLC时，引起程序执行出错。 b）程序执行时间大于0.15s，引起监视器动作	a）检查程序等。 b）锂电池更换。 c）清除

二、成套监视装置调试

（一）工业电视调试

工业电视系统的调试，一般应包括下列内容：电气回路、视频、音频及控制回路检查；仪用空气管路吹扫及气压调整，摄像机的调节，监视器调节，保护功能试验，控制功能试验，系统联调及试投用。图 3-87 是炉膛火焰监测系统典型图。

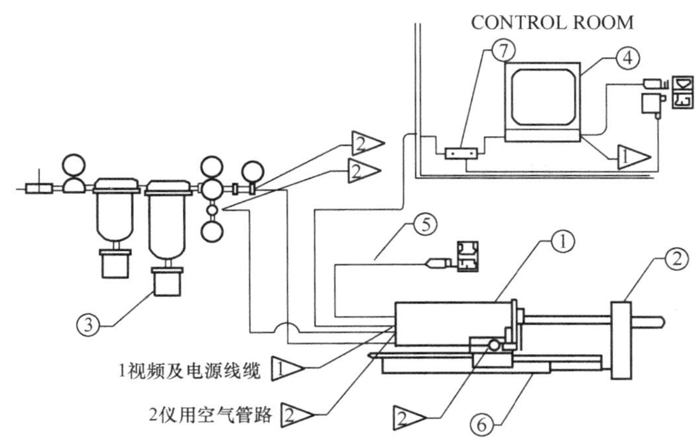

图 3-87　炉膛火焰监测系统典型图

①—摄像机；②—密封法兰；③—二级空气过滤器；④—监视器

⑤—电源；⑥—轨道；⑦—光圈遥控器

1. 检查及调试过程

（1）电气回路、视频、音频及控制回路检查。根据所要调试的监测系统的选型，依据相应的图纸资料及设备性能，对设备供电电源电压等级及绝缘进行核查，包括：摄像机、显示器、控制系统的供电电源等，确保正确。

检查视频回路，视频线缆应有单独的桥架并有相应的绝缘措施。

如采用通话器监听现场声响，则需检查音频信号接线正确。

依据设计图纸对现场控制及远方控制回路接线检查，确保准确无误。

（2）仪用空气管路吹扫及气源品质检查。在减压阀前拆去气管路，对气管路进行吹扫，干净后恢复；在电磁阀前拆去气管路，对气管路进行吹扫，干净后恢复。吹扫干净程度可以用一白布对准吹扫口，吹至白布上无明显污渍及颗粒状物体为准。

确保有稳定的气源，并对仪用空气管路包括软管进行检查，调节压力达到设计要求，确保管路无泄漏。如有压力开关用于控制回路，需对压力开关按设计定值进行标定，确保动作正确。过滤器滤杯应符合要求。

（3）摄像机的调节。检查摄像机的机械安装位置，应符合系统设计及设备说明要求。

摄像机的镜头应保持清洁，当图像模糊时，或镜头上有油垢、灰尘等脏物时，（应将摄像机从炉膛中退出、冷却，拆下空气管路），用干净的湿棉布或柔软的擦镜纸进行擦拭，镜头干净后，再恢复其工作状态。

摄像机一般由光导摄像管、视频放大器、偏转扫描系统、对比度控制单元、聚焦线圈、熄灭脉冲形成单元等组成。摄像机的调节一般包括焦距调节、光圈调节。

摄像机的焦距调节：顺时针或逆时针旋转焦距调节旋钮可以调节摄像机的焦距，通过焦距调节以获取清晰的图像。若要求摄像机聚焦，可以在调试过程中根据实际情况设置参照物将焦点对准参照物，在调节时，旋转焦距旋钮直至图像首次变得清晰，标记此时旋钮位置，并继续同方向旋转旋钮直到图像开始变得模糊，在这个范围内，来回旋转旋钮，以便获得一个最佳的清晰图像。摄像机的光圈调节：摄像机光圈调节，方法雷同于焦距调节，以获得最佳监视效果为准。

（4）监视器调节。监视器的作用是将摄像机送来的全电视信号还原成被观察物的图像。调试时应确保信号正确输入，注意色度调节、亮度调节、音量控制、对比度调节，以期得到更清晰的图像，同时注意画面的水平度及垂直度调节，以使图像完整。

（5）保护功能试验。用于炉膛火焰监测保护的工业电视系统，由于摄像头处于高温炉内，为使其工作正常，设置了仪用空气压力低及摄像探头超温保护。

模拟仪用压缩空气压力低，摄像探头应能自动退出高温区。模拟温度高，摄像探头应能自动退出高温区，并对温度传感器按定值进行标定。

（6）控制功能试验。对装载于推进器上的摄像探头，上电进行就地及远方电气控制回路操作试验，确保摄像头进退正常，如有行程开关，还应核对“推进到位”及“退出到位”信号。调试时，有监听设备可同时进行音质的调试。

（7）系统联调及试用。整系统上电、供气，对保护回路及控制回路设计功能、摄像机及显示器功能逐一调试。

对于炉膛火焰监测系统，试投用时，可根据锅炉燃烧方式的不同，如四角切圆燃烧或直吹式燃烧，在炉膛四角悬挂白炽灯或对侧平行悬挂多盏白炽灯做试验用参照物，进行摄像机位置的校正调试，至白炽灯影像能清晰出现在监视器屏上且位置达到最佳视觉效果。

2. 注意事项

调试时应确保信号电缆与动力电缆分开敷设。

对空气过滤器清洗滤杯和更换过滤器部件照如下步骤进行操作：将摄像机从炉膛退出，断开气路，可有少量余气放出，拆下所有的电缆和空气软管；从过滤器上拆下滤杯，将滤杯清洗干净；拆卸并调换过滤部件；装好滤杯，通上气源，恢复电源，开始正常使用。

确保信号电缆与动力电缆分开敷设。

3. 调试验收与常见故障处理

工业电视调试验收见表 3-73，常见故障及处理方法见表 3-74。

表 3-73 工业电视调试验收表

工序	检验项目	性质	单位	质量标准	检验方法和器具
调校	风冷系统			符合制造厂规定要求	按 GB/T 15414、GB/T 15415 规定的方法
	液冷系统				
	CRT 亮度、对比度	主控			
	图形显示			清晰、对称、不失真	观察
	探头进、退传动			进退自如，保护动作可靠	通电试验

表 3-74　　常见故障及处理

故障描述	可能的原因	处理方法
汽包水位监测时，就地观测，双色水位计界线分明，但远方监测无法看清，焦距光圈调整均无效	（1）视频信号线故障； （2）摄像机平台安装位置左右偏差距离超出角度调整范围； （3）摄像机平台安装位置未能使摄像镜头对准双色水位计中心位置	（1）检查视频线插结正确，排除视频线因外因（电焊灼烫）造成的断路故障； （2）重新调整云台的安装位置，至故障排除
汽包水位监测时，冷态下能正常观测，热态时观测不正常	摄像机云台安装未能考虑到热膨胀带来的位置偏差	调整云台安装位置，使其上下定位在锅炉启停时都能正常观测位置，尽量考虑热胀冷缩造成的位置偏差
汽包水位夜间监测时，屏幕显示正常，界面清晰，白天难以分辨	环境光过强，摄像机镜头亮度增益自动减小，影响观测效果	适当调整焦距，并使摄像机镜头推进水位计，或可搭设遮光棚排除故障
火焰监测时，四角切圆有一个或多个呈半圆或缺角现象	摄像机镜头角度未调整好	调整摄像机角度至图像正常
火焰监测时，屏幕显示太亮，呈白光甚至有木刻现象	（1）摄像机光圈未调整好； （2）摄像速度未调整好	（1）调小光圈至图像正常； （2）打开摄像机镜头保护罩增加摄像速度至图像正常
摄像探头无法推进或后退	（1）电磁阀损坏； （2）行程开关失灵，掉线或机械卡死； （3）机械进退小车与摄像机保护筒体脱焊	（1）更换电磁阀； （2）据情作相应处理； （3）将相连部分重新焊接牢固
摄像探头自动退出炉膛	（1）仪用空气压力偏低，保护回路动作； （2）超温保护动作； （3）误动作	（1）调整供气压力至正常范围； （2）确认冷却风压正常，温度正常开关恢复推进； （3）温度压力正常，则为温度传感器或控制器故障，更换后使用
火焰监测屏幕不清晰，并有斑点出现	镜头积尘	将探头退出，冷却，用软布或镜纸擦净，并可适当增加吹扫风压

（二）锅炉四管泄漏检测系统调试

1. 工作原理与组成

工作原理与组成详见安装章节，调试中涉及的主要设备包括声导管和传感器。

（1）声导管。固定在锅炉炉壁上，用来提供信号通道，使传感器与炉内连通，保证真实采集锅炉炉管泄漏所产生的声频信号。

（2）传感器。传感器是用来接收炉膛内的声频信号，当锅炉正常工作时，所接收的信号为背景噪声，其频率主要集中在低频段，而且声音强度较弱；当锅炉炉管发生泄漏时，泄漏声不仅使炉膛噪声强度明显加强，而且其频率主要集中在中高频段，传感器能将锅炉炉内噪声的强度、频谱等真实情况灵敏地转换成电流信号，传输给远在集控室的监测系统，同时每个声波传感器件内都自带一个自测试噪声发生器件，封装在不锈钢外壳中。

2. 调试过程

本书以 QN/XL 产品为例，介绍调试过程。

（1）静态通电调试。

1）通电前检查。

通电前进行电缆绝缘电阻检查，AC220V 回路的绝缘电阻应不小于 10MΩ；根据设计院图纸及厂家说明书，用万用表检查就地传感器到控制器的接线，监控柜内 AC220V 电源的接线（零线和火线）是否正确，检查电源电压是否在规定范围内。

检查工控机箱内的各卡件是否有松动、移位，机箱内是否有杂物，如有则固定好板卡，清理杂物。

声波传导管球阀检查，球阀扳手方向与声波传导管平行时阀门开；球阀扳手方向与声波传导管垂直时阀门关。检查阀门保持开的位置，只有未加气源吹扫系统的才将阀门关。

2）通电检查。

通电前先将所有的外接电缆去除后，通电时应观察系统有无异常现象，包括异味、打火、爆炸等，一旦有异常现象发生，应立即切断系统电源，待确诊故障并清除后再通电。

给控制器机柜上电，检查接线端子排上的保险黑端子的 LED（如设计有的话）是否亮，如果亮则熔丝断，先检查电缆接线，确认无误后重新更换 0.5A 熔丝。开机后设备自动进入应用程序，进入传感器自检画面，利用声波传感器件内自带的自测试噪声发生器件，对每个传感器进行自检，按一下传感器的测试按钮，然后观察传感器送上来的声波信号，应显示正常，如有异常情况应检查传感器及其接线。

（2）动态调试。动态参数设置通常在机组正常运行带规定的负荷以上，并且确认声波传导管不堵灰时才能进行。参数的调整在系统设定画面内，通常需要密码进入。

1）泄漏值设定。

如果实时频谱值大于泄漏值时，实时棒图显示将超过设定值且变红，如果该信号延续 t 时间（设定时间）将发出泄漏报警。

在动态调试时，泄漏值的设定会直接影响到系统在以后运行中的质量：当泄漏值设定过低，系统在以后的运行中可能会发生误报；当泄漏值设定过高，系统在以后的运行中可能会发生漏报。依据实时频谱值初步设定泄漏值，通常分四种情况：

① 当实时频谱值小于 2，泄漏值设定为 10～20；

② 当实时频谱值在 2～4 之间，泄漏值设定为 20～30；

③ 当实时频谱值在 4～6 之间，泄漏值设定为 30～40；

④ 当实时频谱值在 6 以上时，根据现场的实际情况进行调整，屏蔽背景噪声。

根据以上四种情况初步设定泄漏值后，厂方调试人员根据该点附件是否有泄漏史，是否有干扰声源、各种负荷的历史趋势曲线和观察的实时棒图等因数对泄漏值进行调整，以便准确地判断泄漏和跟踪其发展趋势。

通常系统有一个默认值（40），如果系统背景噪声变化不大，也可以直接设定为默认值。

2）堵灰值设定。

锅炉正常运行过程中会发生声波传导管积灰或堵灰现象，从而使系统不能正常监测炉内的背景噪声，堵灰情况严重时会发生漏报。为保证系统正常监测信号，系统提供了一个自诊断传导管是否堵灰的功能。当系统采集到声波传导管堵灰信号时，经过一定时间的判断，堵灰画面下会显示一个堵灰报警信号，设备自动除灰。

在动态调试时堵灰值的设定直接影响到系统在以后监测过程中对声波传导管堵灰判别。堵灰值的设定由厂方工程人员，依据平均值（能量值连续十次的平均）设定，分三种情况：

① 当平均值大于 4，堵灰值设定为 4；

② 当平均值为 3～4 之间，堵灰值以平均值为基础比平均值小 0.2 为宜；

③ 当平均值在 3 以下，堵灰值根据实际情况设定，最少不能低于 1.5。

根据以上三种情况初步设定堵灰值，通过对能量值地观察，在以上设定的基础上对堵灰值参数进行调整。

3）主要功能测试。

泄漏报警模拟：将某个测点的泄漏值更改为 0，确认推出后，经过一定时间的延时判断，发出泄漏报警信号，泄漏状态表的相应点将由绿变红、光子牌报警。

锅炉吹灰屏蔽：在泄漏报警情况下，从吹灰盘送入吹灰启动信号或将端子排上的该两根线短路，光子牌报警消失，去除吹灰屏蔽信号后，光子牌报警恢复。

声波传导管堵灰判断：将某个测点的堵灰值更改为 10，确认推出后，经过一定时间的延时判断，发出堵灰信号，堵灰状态表的相应点将由绿变红。

监听：进入监听画面，选择监听各通道，能否听到炉膛内声音，如果听得的声音过大，调节音量按钮。

打印功能测试：根据软件介面的提示，选择相应的画面打印即可。

数据记录：开机运行 1h 后即可进入历史画面，查看是否有记录。

其他功能：根据厂家使用说明，对相应的功能进行检查。

4）DCS 通信调试。

锅炉炉管泄漏自动报警装置都提供与 DCS 系统连接的标准通信接口，同时实现在锅炉炉管泄漏监测系统主机与集控室 DCS 操作员站上进行监视和报警功能。

（3）调试注意事项。

1）导管积灰会引起噪声传播通道堵塞，使传感器无法接收信号。投运后打开监听如无声音，特别是在锅炉吹灰时，锅炉内的背景声音很大时，如监听不到或声音很小则有可能堵灰。

2）锅炉烟气会对传感器造成腐蚀，使传感器的灵敏度降低。应经常性查看各个通道的历史曲线，对噪声曲线反应迟缓的传感器进行重点检查。触发“自检”按钮，每个通道的实时帮图值超过 50%以上，用万用表测量传感器信号输出端对地的交流电压，正常运行时低于 40mV，自检时 100mV 以上。

3）锅炉检修后，燃烧工况有可能发生变化，对噪声监测值与检修前有明显变化的通道，需重新进行调试设定。

4）锅炉风量调整不当而在炉膛内产生的啸叫声以及吹灰蒸汽阀门关闭不严密都会对噪声监测值的准确性产生影响，通过运行实践，要能够加以判别。

3. 故障分析处理

锅炉四管泄漏检测系统常见故障及处理如表 3-75 所示。

表 3-75 常见故障及处理

故障描述	可能的原因	处理方法
自检时，某一或几个通道实时帮图值在 10%以下	声波传感器坏不能正常采集到锅炉内的声音	更换声波传感器
	电缆故障	直接检查电缆间是否短路，如果短路，到现场查找原因
	熔丝断	更换熔丝
	DB 接头松动	检查主机箱后的 DB 接线头，重新插好即可
自检时，所有通道的实时帮图值在 10%以下	电源故障，+12V、−12V 电源损坏，声波传感器不能正常工作	更换电源
	DB 接头脱落	检查主机箱后的 DB 接线头，脱落后重新插好即可
多数测点同时发出泄漏报警信号，并送入光子牌	电缆短路，TEST 线有+12V 电压	检查回路，排除短路
	气源吹扫电磁阀坏后，气源回路常开，不停的吹扫传导管所致	更换电磁阀
无法监听	监听板松动，接触不良	重新查好监听板
	所有测点都无法监听，监听板损坏	更换监听板
计算机死机	A/D 板的 DB37 电缆备用芯浮空产生较大的感应电压进入主机，影响硬件，影响计算机的正常运行	将多余的备用芯去除
	硬盘上部分支持软件损坏	重新安装应用软件
	硬盘故障	更换硬盘
	计算机电源坏	更换计算机电源
	CPU 风扇坏	更换 CPU 风扇

(三) 火焰检测系统调试

火焰检测系统主要用于检测锅炉在不同燃烧工况下火焰的存在与否，是炉膛安全监控系统 FSSS 的重要组成部分。现在国内电厂常用的火检厂家主要有美国 forney 公司和 ABB 公司。以 forney 公司的火检系统举例，整套系统主要由检测器、放大器、光导纤维、安装管、信号传输电缆等组成。工作原理为：炉膛内的火焰通过凸透镜头、光纤将火焰发出的光信号传递到火检探头的光电二极管上，光电二极管将包含火焰强度与频率的光信号转变成电压信号后由火检探头板内的鉴频鉴幅电路处理，经过放大、滤波、比较后输出一个 0～10V 直流电压信号给火检控制板，火检控制板除为火检探头提供电源外，还将火检探头送来的直流电压信号与其内部设定值比较，若信号值大于设定值则输出一个有火的开关量信号，否则不输出信号。送出的有火信号进入 FSSS，并输入 4～20mA 信号至 DAS，为运行人员提供有/无火焰及火焰强弱判断。图 3-88 为火焰检测系统原理图。

火焰检测器工作在红外波段，其光学镜头、PbS 光电转换元件和前置交流放大器整体封装在一起。专用电缆把安装在现场的火焰检测器和置于遥控站 I/O 接口柜中的火焰检测器放大板连接成火焰检测系统，检测器前端装有火焰传导光纤，光纤外敷金属保护管，管内通

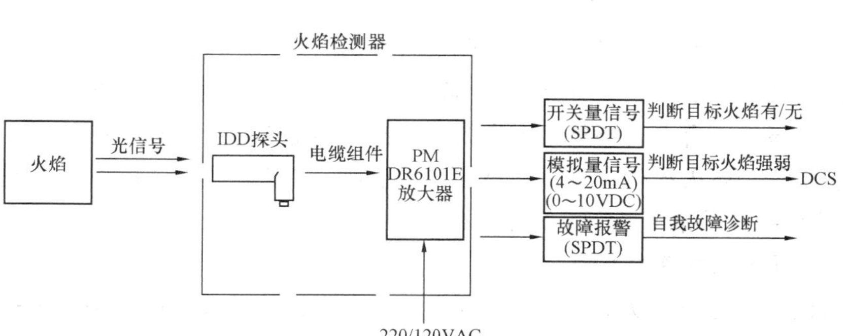

图 3-88　火焰检测系统原理

以冷却风。图 3-89 是火焰检测器结构示意图。

火焰检测器放大板接受交流模拟火焰信号，经电路处理后输出火焰 ON/OFF 状态信号以及 4～20mA 信号与 DCS 相连，实时交换数据。在调试过程中可利用便携式手持编程器通过放大板上的 RS-422 接口，将火焰特征参数送入 Battery-RAM 以保证正确鉴别火焰状态。

为了防止把炉膛内高温金属、高温烟气发出的红外线错误地感知为炉膛火焰，火检放大控制器的输入回路是按照鉴频原理来设计的。可编程鉴频放大器对只有辐射强度而无光强波动闪烁频率的红外线会视而不见，在选择的波动闪烁频率范围（通频带）内，火焰辐射强度超过一定量级才被确认“燃料着火”，特征火焰闪烁频率以及频带宽度可以根据要求和试验结果进行调节，用以区分不同燃料和燃烧的不同阶段。

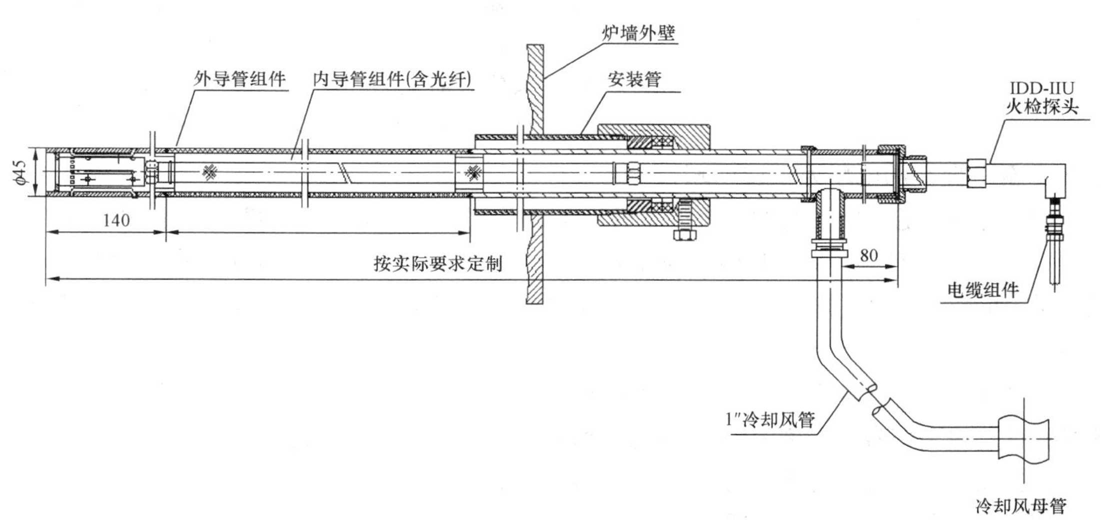

图 3-89　火焰检测器结构示意

火焰检测器的调试分为静态调试和动态调试两个阶段。

（1）静态调试是指锅炉启动前对火焰检测器系统的调试。主要包括检查确认回路接线正确牢固，火焰输出触点状态满足实际要求。试验供电冗余和通信的可靠性，测量电源电压值与设计值的偏差，完成火焰处理器初始值设置。

（2）动态调试是指锅炉启动后对火焰检测器系统的调试。根据对锅炉从启动到满负荷运行过程中临界工况、低负荷工况及危险工况实时数据的采集、统计、计算与处理，得出每一个燃烧器的燃烧特性，准确判定有火/无火条件的强度和频率设定值，获取提高单角鉴别率与提高可靠性的最佳结合点，调整每个火焰检测器的内部参数至最佳检测效果，确保锅炉运行期间真正发生全炉膛灭火时火焰检测器能正确动作，在正常运行工况下不出现误动，输出至 DCS 的火焰模拟信号准确。下文分别介绍三种常见的火检系统调试方法。

1. forney 公司的火检系统调试

（1）初始检查。检查确认探头到放大器的信号电缆回路接线，应正确牢固；按设计要求选择放大器内跳线器并设置拨码开关，其中：跳线器选择探头红外线模式或紫外线模式。S1、S2 拨码开关向右为高频，向左为低频，煤火焰选择为低频。

检查放大器内 7 个熔丝（图 3-90 中的 1～7）应完好无损，其中 1、3 输出通道（0～10V），2、4 输出通道（4～20mA），这 4 个熔断器的容量均为 1/8A（1、3 熔断器未用可做备用）。5 为探头电源熔断器，容量为 1/2A。6、7 为电源熔丝。

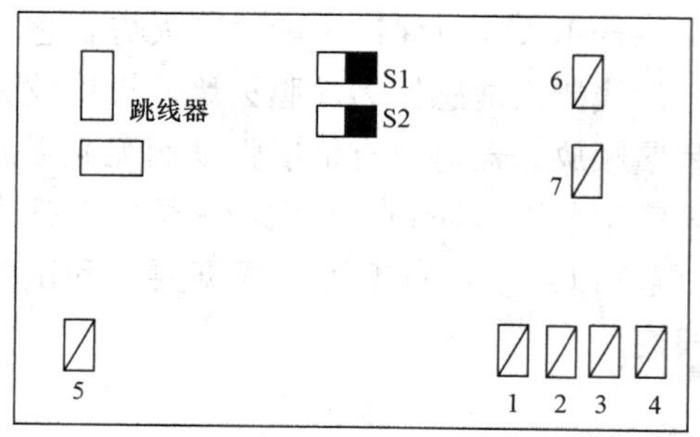

图 3-90　跳线器示意

检查完成后，给火检柜上电，一般火检电源为两路电源（互为冗余），电压等级为 220VAC，50Hz，通常一路为 UPS 电源，另一路为厂用保安段电源。

观察放大器面板上的指示灯，在黑炉膛情况下应显示火检无火，同时对应的指示灯应显示正常，比如故障灯应熄灭、电源指示灯应点亮等。

检查就地火检探头：断开四芯电缆，同时去除探头放大器上的“Blind”指令。检查探头的电压等级，引脚 A 至引脚 B 的电压为±50VDC，引脚 C 至引脚 B 的电压为±12VDC。

（2）静态试验。将安装的探头拆下后与四芯电缆连接。在距探头感光元件 300mm 的地方放置一个 60W/220V 钨丝灯泡作为光源。用数字电压表或示波器测量火检放大器输入接线端子上的信号，峰间应有 0.1～8.0V 交流电压，同时火检柜上对应模件的有火指示灯应点亮。

在对应模件上连接 HT－2000 手操编程器，初步调整放大器的参数到适当值后，遮住感光元件，检验信号应立刻消失，同时火检柜上有火指示灯应熄灭。

检查完成后，及时将探头复原至通常结构状态。

手操编程器上主要参数说明见表 3-76。

表 3-76　　手操编程器上主要参数说明

符号	参数	说　明
PKUP	有火门槛值	在点火时，火焰信号大于该值时火焰继电器动作，有火指示灯亮
DROP	无火门槛值	当火焰信号小于该值时，火焰继电器不动作，有火指示灯灭，火焰熄灭
GAIN	增益值	可调节火焰强度的大小

续表

符号	参数	说　明
MIN	最弱火焰	相当于火焰强度 4～20mA 的 4mA
MAX	最强火焰	相当于火焰强度 4～20mA 的 20mA
TD	延时	火焰熄灭的延时时间
IDD 或 UV	模式选择	
PPS	强度单位	火焰信号强度单位
INC		增加 DEC：减少 SEL：保存 NXT：下一步
SAV		保存 CHI：通道 1CH2：通道 2

（3）现场动态调整。当锅炉的燃烧工况和一、二次风、分级风有较大调整时，可能会造成燃烧器着火点提前或拖后而越出探头检测范围，容易造成单个燃烧器的火焰探头“偷看”和“漏看”现象，为了回避这些不利因素，结合运行工况整定参数是唯一有效方法。主要目的是获得每只火焰探头的火焰匹配强度、特征频率、通频带，具备识别火焰点燃/熄灭状态，区分煤/油火焰类别以及克服背景火焰干扰的能力。

以煤火焰探头为例，现场调试应在锅炉不投油最低稳燃负荷下进行。由于火焰探头是根据测量红外强度波动原理工作的，所以必须事先预置频率，根据经验数据，火焰波动频率随入炉煤挥发分的增加而提高，贫煤火焰的波动频率一般在 10～29Hz。如果煤的挥发分在 12%以上，波动频率可以初步设定在 25～29Hz，通频带 Q 值选择在 2～10。然后把火焰强度指示幅值调整在 75%～80%，在此条件下选频率定值，能使火焰强度信号幅值保持稳定的最高频率即为整定频率。

调整火焰强度，放大板为调整火焰信号强度提供了两种手段，一是粗调，通过改变可编程鉴频放大器增益来实现，有 2、…、15、30 等 6 挡可调；二是细调，调节交流放大器的负反馈电位器，放大倍数从 1～11 连续可调。

调整门槛值，根据实际燃烧情况，调整有火无火门槛值。

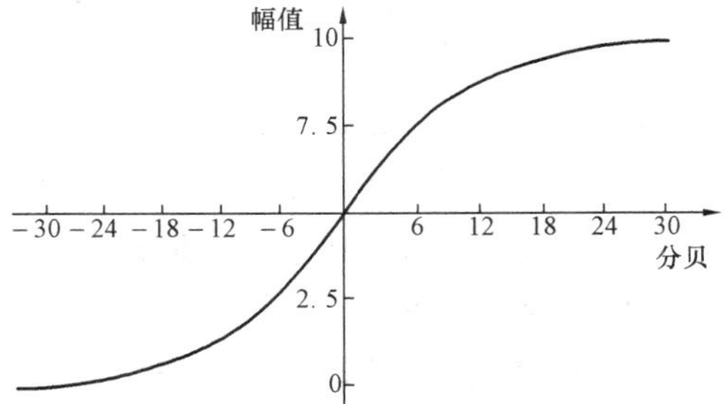

图 3-91　UVISOR 系统火焰信号曲线图

2. UVISOR 火焰检测系统调试

（1）UVISOR 火焰检测系统静态调试。UVISOR 火焰检测系统是 ABB 公司最新推出的产品，其目标是适合多种燃料运行，其火焰信号曲线如图 3-91 所示。

图 3-91 是对数放大器的曲线图，火焰信号被分配到画面中，以分贝值进行指示。设备前面板上的 LED 可及时检查火焰的存在，还提供两个模拟量输出通道，每个模拟量输出可组态为电压输出（0～10V）或电流输出（4～20mA）。火焰信号代表的刻度已被组态成表 3-77 的形式。

由于处理信号的智能单元在出厂前已经调试好，因此 UVISOR 火焰检测系统在现场的静态调试较简单，实际上只是对安装质量的一个检查。

表 3-77　　火焰信号输出

序号	模拟输出（%）	输出显示（dB）
1	5	−20
2	12.5	−12
3	25	−6
4	50	0
5	75	+6
6	87.5	+12
7	95	+20

1）检查确认火焰检测探头安装完毕，炉内火焰检测端的前端面距风箱喷口距离，应在120～220mm。具体尺寸根据煤种，燃烧工况及燃烧器实际内部安装结构确定。

2）检查与检测器连接的蛇形管终端部分，采用的是非金属材料。探头的接地端（外侧）已可靠地接地。

3）检查探头与 MFD 控制单元间的连线及所有接线正确。四芯屏蔽电缆截面积不小于0.552mm^2（厂家建议选用 ZR-KVVP 4×0.75 电缆）。电缆的屏蔽层，应在探头内及机柜接线端子附近破开，没有与其他金属物体短接情况。屏蔽线两端已分别与检测器和智能单元的对应端子直接连接。

4）检查确认火焰检测探系统所有接线、电源无问题，排布顺序及标识符合厂家要求后，合上电源。

5）MFD 通电时，系统先自动按顺序"启动自检"，探测单元的硬件和软件功能是否正常。若出现"XXXX"FAIL 信息表示检测失败，此时面板上的"Safe"指示灯开始闪烁，处理后按任意键可使检测重复进行。若无错误信息出现，面板上的"Safe"指示灯亮，液晶面将显示设备名字，表明自检通过，模件已完成检测开始工作。后端接线端子输出监视继电器（Watch Dog）的输出状态为 ON。

6）在光纤一端用电筒照射，观察另外一端应有光线通过，且光纤上无大面积黑点。

7）将检测器探头内的 PCB 板拆下，用电筒在感测器前端不停晃动，观察板子后端的LED 灯应闪烁，同时查看 MFD 智能单元对应通道应有火焰信号。

（2）紫外线无光纤式火检动态调试。UVISOR 火焰检测系统的联调主要是校准火焰极限值参数，以下是无光纤式火检的调试步骤。光纤式火检的调试步骤，跳过下列调试步骤中的 3）和 6）两项。

1）确认火焰检测探头已安装完毕，探头与 MFD 控制单元间的连线及所有接线、电源无问题，排布顺序及标识符合厂家要求后，合上电源。检查确认 MFD 控制单元上电后无错误信息出现，Safe 指示灯亮。

2）确认冷却风机已经开启，且正常运转，风压符合规定要求。

3）拧松活动法兰上紧定螺钉以便使探头定位，点燃油枪。

4）锁定 MFD 控制单元上的火焰继电器以避免意外跳闸。在 MFD 中输入"B"的初始值（典型值为"BG"=10，"T"=3s），使控制单元足够敏感以显示一个"正"的信号读数10～20dB。此处 dB 是电子学中放大器的单位，计算式为：

$$FQ=20\log(FS)-\text{Background} \tag{3-31}$$

式中　FQ——火焰质量；

FS——火焰信号；

Background——背景值B。

5）调整探头方向使之能获得最佳信号（dB读数或模拟输出显示）。

6）熄灭油枪火焰且取消火焰强制命令。

7）对油火焰检测进行参数校准：此时至少保证被检测火检对面的油枪点火，记录当前值；点燃被检测油枪，记录当前值。

8）校准火焰极限值参数，应精确地将其调整到燃烧器开和关的中间位置以求得到理想值，可依照下式：

$$(\text{燃烧器开信号}+\text{燃烧器关信号})/2 \tag{3-32}$$

如果结果为负数，应该从火焰极限（B）中减去当前值；如果结果为正数，应将其加到火焰极限值上。在此情况下，火焰继电器被激活，因此前面板上的UV LED将点亮。回到UV主菜单检查火焰信号值。

9）关掉燃烧器并检查火焰继电器关及火焰值从正变到负，分贝值正等于燃烧器开；通过锁定螺钉锁定旋转法兰，注意不要移动探头。

（3）煤红外线无光纤式火检动态调试。

1）仔细检查探头与MFD控制单元间的连线是否正确。

2）确认冷却风机已经开启。

3）MFD控制单元上电且没有错误信息出现，Safe指示灯点亮。

4）拧松活动法兰上紧定螺钉以便使探头定位。

5）使锅炉运行在某一稳定负荷，最好本层燃烧器都在投运状态。锁定MFD控制单元上的火焰继电器以避免意外的跳闸。

6）在MFD中输入“*LF*”，“*HF*”和“*BG*”的初始值（典型值为：“*BG*”＝10，“*LF*”＝64Hz，“*HF*”＝192Hz，“*T*”＝3s），使控制单元足够敏感以显示一个“正”的信号读数（10～20dB）。

7）调整探头方向使之能获得最佳信号（dB读数或模拟输出）。熄灭本火嘴且取消火焰强制命令。对煤火检进行参数校准。参数校准可使用AUTOTUNING选项自动完成：

① 除本火嘴外尽可能多的燃烧器运行情况下，选择scan flame菜单并运行scanning background选项后，自动调整背景参数，过程将持续约20s。

② 点燃主燃烧器后，选择scan flame菜单并运行scanning flame选项后，自动调整火焰参数，过程也将持续约20s。

③ 选择Autotune选项并执行（按ENTER键）。MFD将参数“*LF*”，“*HF*”和“*BG*”自动设置到可获取最佳选择性和较高的信号读数位置（注意“*LF*”，“*HF*”和“*BG*”参数选择原则是：较高的“*LF*”值和较低的“*HF*”值，提高选择性；较低的“*B*”值提高选择性，但不能低于6；较高的“B”值降低选择性）。

8）熄灭主燃烧器，确认火焰继电器失电。此时信号读数应低于0dB（5V或12mA），不推荐MFD工作在0dB极限附近。如果有火时火焰信号大于＋15dB，且无火时火焰信号小于－10dB，可以获得良好的火焰信号鉴别能力。

9）通过锁定螺钉锁定旋转法兰，注意不要移动探头。

（4）运行中 MFD 自检与错误信息处理。UVISOR 火焰检测系统运行中，其 MFD 将自动执行以下自检程序：

在线自检：内置自检程序不断地检测模件内的电压和向探头供电的电压。当火焰检测器的电压故障时，系统立即中断与前端部分有关供电以避免更严重的损坏。经过一定的延时，模件恢复供电。模件内的电压故障会导致监视继电器失电。每个一故障都会用特定的信息显示给运行人员，按退出（EXIT）键将使 MFD 复位（reset）。

循环自检：在运行过程中系统在不停地循环自检，以防止火焰检测器处于不安全的运行状态。对于红外（IR）及紫外（UV）火焰探头采用不同的程序检测。由于 IR 光敏电阻电池只在火焰存在时才工作，具有故障防护功能，它给出一个交流的火焰信号（闪烁）并给火焰继电器上电。因此红外探头的检测是通过解除给闪烁传感器扫描电压进行检测的。紫外（UV）放电管传感器故障时，可能会在没有任何火焰放电管仍自放电，检测程序将电压送出以驱动 UV 探头上的电子快门对探头进行检测。

自检期间如果火焰信号未在规定的时间内达到零，则会产生错误信息“UVSC”或“IRSC”，同时，在出现接线短路的情况时，将会产生错误信息“UVBL”或“IRBL”。两种错误均导致火焰继电器关闭（OFF），按退出（EXIT）键将复位该错误。

当检测到故障时发布相应的错误信息。如果没有探测到致命故障，不会停止整个设备的工作，仅有发生故障部分处于失效状态。在故障影响到所有功能的情况下，监视继电器（Watch Dog）失电（相应的“Safe”指示灯闪烁），同时导致火焰继电器失电。这些错误信息可以通过网络传送到监控系统。

MFD 在安装或正常操作过程中，可能会显示的错误信息及相应的解决办法见表 3-78。

表 3-78　　MFD 诊断信息

1. 上电诊断代码			2. 在线诊断代码			3. 周期诊断代码		
序号	测试	代码	序号	测试	代码	序号	测试	代码
1	CPU 登录	CPU	1	自检电压	VBLN	1	UV 探头状态	UVSC
2	程序存储校验和	ROM	2	内部电压	PWR	2	闪烁探头状态	IRSC
3	非挥发 RAM 电池	BATT	3	电压探头开	VSCN	3	UV 自检电压	UVBL
4	非挥发 RAM 完整性	BRAM	4	设置选择电压	VSET	4	闪烁自检电压	IRBL
5	校验参数完整性	PARM	5	火焰继电器读回矛盾	ECHO	5	20～30Hz 滤波	20L
6	挥发性 RAM 完整性	VRAM	6	区域预定至操作系统	MTSK	6	20～180Hz 滤波	20H
7	内部电压	PWR	7	数据结构完整性	SOFT	7	400～600Hz 滤波	400L
8	电压探头开	VSCN	8	校验参数完整性	PARM	8	400～3600Hz 滤波	400H
9	UV 自检电压	UVBL	—	—	—	—	—	—
10	闪烁自检电压	IRBL	—	—	—	—	—	—
11	设置选择电压	VSET	—	—	—	—	—	—
12	实时时钟	RTC	—	—	—	—	—	—
13	键位	KEY	—	—	—	—	—	—

如果上述原因的故障已被确定和修复，按动 ENTER 键，设备将继续其正常运行，否则按动 EXIT 键。

根据检测到故障的诊断类型（如下）将得到不同的情况：

1）BATT（启动诊断）指示：缓冲区电池没电且需要更换，因为它已不能保证在失去主电源的情况下对参数进行保存。此缓冲区电池用于 RAM 48Z02。RAM 48Z02 可保存与设备校准相关的参数。

2）PWR（启动和在线诊断）指示：设备的内部电压超差，检查主电源是否在此手册指示的范围内。

3）VSCN（启动和在线诊断）指示：探头供电电压超限，检查隔离地并正确连接至探头。

4）UVBL（启动和循环诊断）。

5）IRBL（启动和循环诊断）。

6）VBLN（在线诊断）指示：探头盲电压超限，检查隔离地并正确连接至探头。

7）VSET（启动和循环诊断）指示：用于“SET”选择的电压超限，检查其隔离公共端或电压值。

8）UVSC（循环诊断）指示：在盲检（自检）期间 UV 通道持续看见火焰，检查探头连接是否正确，接下来检查背景值设置是不是最小，此情况下增加 5dB 以上。由于有自点燃的可能，应调整或更换气体排放管。

9）IRSC（循环诊断）指示：在盲检（自检）期间 IR 通道持续看见火焰，检查探头连接是否正确和屏幕是否已被连接，接下来检查背景值设置是不是最小，此情况下增加 5dB 以上。

10）20L 20H 400L 400H（循环诊断）发生内部故障，除更换设备外没有别的解决方案。

3. ZHJZ-IV 型火焰检测系统调试

ZHJZ-IV 型火焰检测系统调试分为静态调试和动态调试两个阶段。

静态调试是指锅炉启动前对火焰检测器系统的调试，主要包括检查、确认回路接线、火检故障、火检电源故障、有火和火焰模拟量信号的正确性，所有火检处理模件初始值、通信模件初始值、火焰输出触点状态是否与厂家要求一致，以及供电冗余和通信可靠性等。

动态调试是指锅炉启动后对火焰检测器系统的调试。根据对锅炉从启动到满负荷运行过程中临界工况、低负荷工况及危险工况实时数据的采集、统计、计算与处理，得出每一个燃烧器的燃烧特性，准确判定有火/无火条件的强度和频率阈值及回差值，获取提高单角鉴别率与提高可靠性的最佳结合点，调整每个火焰检测器的内部参数至最佳检测效果，确保锅炉运行期间真正发生全炉膛灭火时火焰检测器能正确动作，在正常运行工况下不出现误动，输出至 DCS 的火焰模拟信号准确。

（1）ZHJZ-IV 型系统静态调试。在确认火检处理模件的排布顺序及标识符合制造厂家要求，火焰检测探头已安装完毕，所有接线及电源无问题后，系统上电进行静态调试：

1）检查系统无故障指示（若有故障显示应先处理消除）后，设置所有火检处理模件默认值一致，检查工作站所有火检器默认值应与火检处理模件相符。在暗炉膛状态检测所有火检处理模件的强度、频率及质量实时值应均在允许的范围内。

2）分别强制有火信号、故障信号和模拟量信号的输出，检查 DCS 或独立的工作站接收到的信号是否正确。

3）电源模件故障报警试验：分别关闭、打开各电源模件开关，检查 DCS 的火焰检测器电源故障报警应正确。

4）电源冗余切换试验：分别关闭、打开电源模件 A 和 B，目测观察火检处理模件有无异常现象。

5）通信模件冗余切换试验：拔掉工作中的通信模件，热备通信模件应自动切换至工作状态，不应出现通信中断现象。

6）失电状态测试试验：闭合所有电源模件的电源开关，在 DCS 侧检查或用万用表测量火检信号输出状态是否与 DCS 需求的一致。若不一致，打开所有电源模件电源开关，按厂家规定的流程，将所有火检处理模件强置为有火状态。再闭合所有电源模件的电源开关后，重新检查火检信号输出状态应与 DCS 的需求一致，然后打开所有电源模件的电源开关。

7）在火检处理模件面板上调整输出电流（4～20mA）至下限值、中间值和上限值，在模拟量输出端子测量输出电流，其误差应在±2.5%量程范围内。

8）在源点处强制全部给粉输入信号（给粉信号失去），用模拟校验装置或短接火焰信号输入端子的方法，输入全炉膛无火焰信号，此时装置应不动作；现场释放某一路给粉强制信号，经设定的时间延时后，系统应动作发出跳闸信号，“MFT 跳闸”和首次跳闸故障记忆灯“炉膛熄火”灯亮，“MFT 复归”灯灭且音响报警（每路试验，应结果相同）。

9）点火前完成火焰检测器的预调整，目前的方法是在就地探头处用模拟火焰信号照射试验：

① 用手电筒或照明光源及清洁布，在炉膛内按照从下至上、从 1 号角到 4 号的顺序一一进行模拟火焰光源照射试验。照射前先用清洁布将透镜擦拭干净。

② 启动 DCS 对火焰强度、频率、有火信号的记忆功能，并可同时查看 3 个参数随时间变化的实时趋势图和历史趋势图。

③ 在开始和结束光源照射试验的同时，用步话机联系，火检处理模件或 DCS 侧监视人员记录检测到火焰信号和火焰信号消失的时间。

④ 通过 DCS 历史趋势图检查火焰信号及计算火焰信号消失的延迟时间。

（2）ZHJZ-IV 型系统动态调试。进行 ZHJZ-IV 型火焰检测器的动态调试前，先介绍阈值和回差算法及内部参数设置原则：

阈值和回差算法：一般阈值应小于计算得出的投运工况下实时数据最小值的某一个定值，保证在任何投运工况下均可正确发出有火信号；回差值一般为阈值的 10%～30%，回差值加阈值应低于投运工况下实时数据的平均值。

内部参数设置方法：实时数据由停运工况变为投运工况时呈递增变化，反之呈递减变化，其投运工况下与停运工况下差值应最大，且两种工况下数据的波动范围都应比较窄且稳定。

动态调试在点火后进行，分为人工调试和自学习调试两种：

1）根据实时数据的稳定程度及现场经验，设定阈值和回差值，记录所有内部参数及阈值。

2）燃烧器投运几分钟后开始观察一段时间内实时数据变化情况，并记录1组实时数据最小值与中间值，观察数据波动范围是否稳定（通过炉打焦孔或火焰电视勘查验证投运成功与否的真实性），若数据波动范围稳定且数据变化显著，按照阈值算法调整阈值与回差值，若数据波动范围大、不稳定或实时数据平均值偏低则调整内部参数的算法模式，继续观察实时数据变化情况。当数据波动范围稳定但频率实时值偏低时，调整内部参数的频率增益。被监视燃烧器的相临层或对角燃烧器运行工况发生变化时，观察一段时间后手工记录1组实时数据的最小值与中间值，并按实际情况修正阈值与回差值。

3）进行启动燃烧器点火火焰探测试验：关闭目标启动燃烧器，启动临层和对角（对面）燃烧器（背景辐射光影响最大工况）点火，火检处理模件“有火”指示灯应不亮。目标启动燃烧器点火，关闭临层和对角（对面）燃烧器（背景辐射光影响最小），此时火检处理模件“有火”指示灯亮则为合格，否则继续2）项 。

4）按照上述步骤与方法调试其他启动火检处理模件的内部参数与阈值、回差值。

5）主燃烧器启动后参照2）、步骤调试主燃烧器火检处理模件的设定值。

6）进行主燃烧器火焰探测试验：关闭临层和对角燃烧器，启动目标主燃烧器（背景辐射光影响最小工况），查看火检处理模件“有火”指示灯亮为合格。

7）需要时，进行1带2配置火焰探测试验：关闭目标主燃烧器、临层和对角燃烧器，启动目标启动燃烧器（背景辐射光影响最小），火检处理模件“有火”指示灯亮为合格。关闭目标启动燃烧器、临层和对角燃烧器，启动目标主燃烧器（背景辐射光影响最小），火检处理模件“有火”指示灯亮为合格。

8）根据所记录的实时数据与现场观察实时数据变化规律，得出输出火焰模拟量信号特性。

9）提高单角鉴别能力调试方法：单角鉴别能力是指火焰检测器对目标火焰与背景火焰的区分能力，调整时先确定背景火焰，确保目标火焰关闭，点燃其他所有燃烧器并调至最大燃烧值。观察并记录目标火焰的最大强度值及频率值，再确定目标火焰：使燃烧器处于较弱的火焰状况，调整其他燃烧器使背景火焰影响最小，观察并记录火焰的最小强度值和频率值。将得到的记录按照阈值和回差算法确定阈值，按照启动燃烧器点火火焰探测试验验证鉴别效果，如果达不到鉴别要求，应调整探头观火视线或改变探头安装位置。

调试中要注意的是，在负荷较低即炉温较低时调出的火焰检测器往往过于灵敏，当较大负荷停下某一燃烧器时，受相邻角火焰（甚至对角火焰）及炉膛火焰的影响，该燃烧器的火焰检测器仍有信号输出即存在“偷看”现象，影响了控制逻辑功能的正常发挥和运行人员的正确判断，而当负荷较高即炉温较高时调出的火焰检测器有可能出现迟钝，在低负荷运行时容易造成火焰检测器输出信号不稳定，引起熄火保护误动；或冷态点火时会出现“漏看”现象即燃烧器已点燃但火焰检测器仍无输出，其结果或延长点火过程时间或引起火焰保护误动。若经多次细调不能得到理想的结果时，建议油火焰检测器宁可适当降低其灵敏度也要提高其稳定性，即宁可“漏看”而不“偷看”，以免出现燃油未着而喷入炉膛，而对煤火焰检测器则应适当提高灵敏度，即宁可“偷看”而不“漏看”，因为投粉时炉温一般已经较高，煤粉几乎都能燃着。

4. 火检冷却风系统调试

火检冷却风系统是给现场火检探头提供冷却用风的重要辅助系统，对保护火检设备有极其重要的作用。一般现场共有两台火检冷却风机。正常情况下，一台风机运行，另一台风机处于远程备用。当一台冷却风机运行时，冷却风机出口母管压力一般在 8.0kPa 以上，当母管出口压力低于 6.0kPa 时，进行 CRT 报警；当其母管出口压力低于 5.5kPa 时，联动另一台备用冷却风机；当其母管出口压力低于 5.0kPa 时，通过 3 个“火检冷却风压力低低”开关进行三取二逻辑运算，将信号送入“火检失去冷却风”MFT 逻辑中。

（1）安装检查。检查就地火检冷却风管完好，风管无打折扭曲；与探头连接应可靠，管卡牢靠。火检探头与信号传输电缆连接紧固，无松脱现象；火检信号电缆不影响油枪和点火抢的进退路线，避免由于油枪或者点火枪的进退损伤电缆。检查探头接线盒的螺丝齐全且紧固，能可靠避免雨水进入。

（2）冷却风检查。冷却风机启动，火检冷却风系统投运后，检查应无火检冷却风压力低报警；就地火检冷却风管无漏风、风与探头连接处风管无漏气现象，风管末端压力表压力大于探头冷却风最低压力要求。

一台冷却风机运行，一台冷却风机备用，短接冷却风压力低开关接点。

（3）试运行探头检查。检查有关火检的信号及保护项目是否有错误的强制，避免因为火检信号强制影响炉膛安全保护。

运行中，用点温枪检查火检探头的环境温度应低于厂家要求的范围。检查火检柜每块火检卡面板上的指示灯显示正常。

对运行燃烧器的火检信号进行 12h 历史趋势检查，并在同一趋势内加入负荷参数作为参考，注意每一帧趋势图的时间段不能超过 3h，避免漏看。

5. 火焰检测系统调试验收及常见故障处理

火焰检测系统调试验收见表 3-79，火焰监视装置故障处理见表 3-80。

表 3-79　　火焰监视装置调试验收表

工序	检验项目		性质	单位	质量标准	检验方法和器具
	电缆	性质			高温电缆	
		屏蔽层接地			控制系统侧单点接地	
		绝缘电阻			大于 2MΩ	
	参数设置	频率				
		强度				
调校	火焰显示信号回路自检功能				符合制造厂规定	按制造厂规定方法，用灯光或火光模拟火焰检查
	火焰检测灵敏度		主控		火焰状态模拟指示灯显示正	

（四）火灾报警系统

1. 简介

锅炉启动烧油阶段，未充分燃烧的燃油会凝结和聚集在空气预热器的部件上，当进入空气预热器的烟气温度增高时，沉积的燃料油污物被烘烤变硬，当达到一定温度条件时，则可点燃这些燃料油污沉积物，造成火灾发生，因此必须在空气预热器内安装火灾报警系统。一般的火灾报警系统都采用先进的红外探测技术，在空气预热器运行状态下可以实时准确地监测其热态辐射红外线的能量，从而达到监控空气预热器内部的温度场分布目的。当空气预热器内因温度过高而辐射的红外线能量超出正常范围时，火灾报警系统发出报警信号，确保在火灾发生的初期警示运行工作人员采取相应措施，以避免火灾的发生。火灾报警系统结构如图 3-92 所示。

表 3-80　　常见故障处理

故障描述	故障原因	排除办法
无火检信号输出	火检系统工作电源不正常	电源空气开关输出正常且与放大器电源选择开关匹配
	探头输入电压无	检查探头的直流输入电压，熔丝或接线是否断开
	探头组件损坏	更换火检探头
	探头温度过高	确保探头表面温度在工作范围内，检查火检冷却风位置
火检故障报警	输出信号干扰	检查确保放大器地盘接地良好
		检查连接电缆是否断开
		更换火检探头
		检查电缆屏蔽是否良好

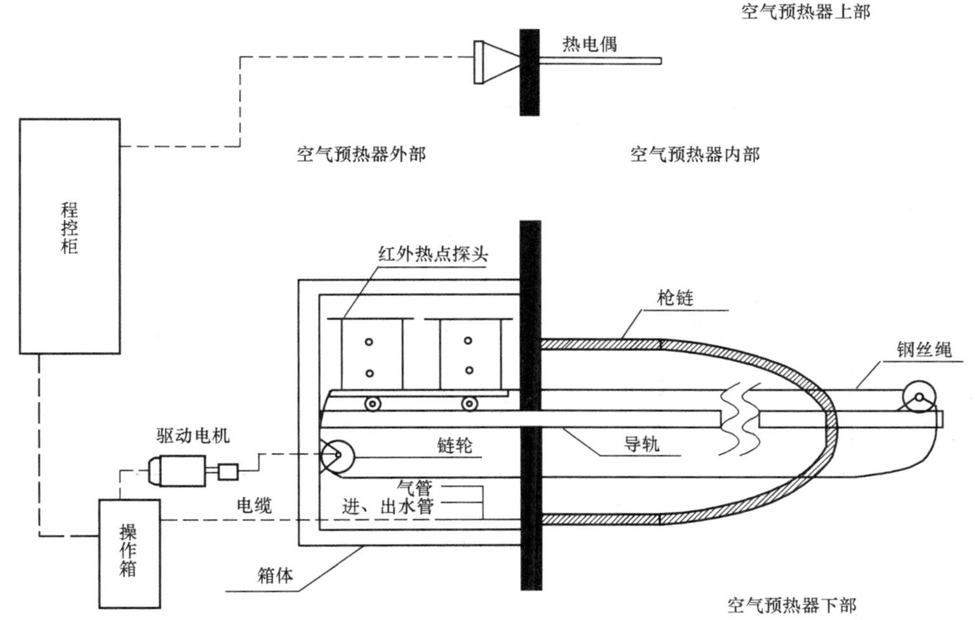

图 3-92　系统结构示意

2. 调试过程

(1) 探头校验。对所有的测温探头（热电偶和红外线探头）进行检查校验，确保所有探头工作正常。

（2）接线检查。检查所有信号回路和电源回路，正确无误后，送电调试。

（3）红外线执行机构调试。确认红外线执行机构电气回路已检查完毕，且控制盘柜已送电后，手摇执行机构，应动作灵活无卡涩；把控制方式打在手动位置，点动执行机构进退按钮，应动作正常；将电动或手动操作执行机构到进到位或推到位位置，调整进到位或推到位的限位开关，使之动作正常。重新电动进推一遍执行机构的行程，应动作正确灵活，且进到位推到位都停止自如。

（4）功能检查。检查程控柜内热电偶和红外线测温探头的温度，显示正确情况下，用毫伏信号源模拟热电偶信号，用加热源（打火机）靠近红外线测温探头，模拟火灾发生，系统应自动触发火灾报警信号。

（五）IDAS分散式智能数据采集网络

1. 功能

智能数据采集前置机安装在现场，把一部分相对比较集中、监控要求较低的运行参数，比如像汽包壁温、发电机线圈温度等，采用数据采集网络进行数据采集与处理，然后通过一定的通信方式把采集到的参数传给DCS进行监视，这样的系统就叫做IDAS分散式智能数据采集网络，也称之为远程智能数据采集前置机。

一般智能数据采集前置机采用密封结构，具有防尘防潮功能，环境适应性强，具有抗干扰和容错功能，数据采集量大，可节约很多信号电缆，降低投资成本，一般一个采集网络最多可挂50块远程智能前端，一个智能前端一般具有20个通道。前置机系统结构如图3-93所示。

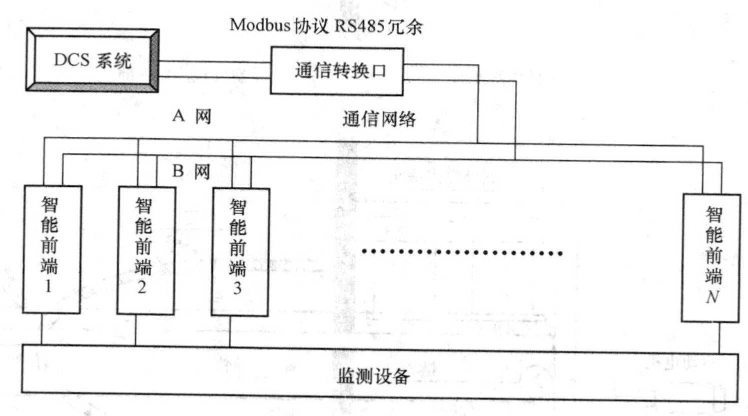

图3-93　前置机系统结构示意图

2. 调试过程

（1）接线检查。根据设计院的图纸和厂家说明书，检查就地信号电缆到智能前端的接线正确无误、来自UPS的交流220V供电可靠。

（2）通道参数设置和校验。根据厂家说明书获得通道设置权限，一般的做法有短接修改许可插针，输入修改密码。

根据设计院图纸，选择每个通道的信号类型（热电偶、热电阻、电流、电压），设置信号的上下量程、数据小数位，热电偶热电阻的分度号、电流电压测量信号范围、热电阻两线制三线制的接线方式等。

当智能前端的所有通道测量同一种信号类型时，只需把校验信号加到末位通道，校验完末位通道即自动完成整个智能前端所有通道的校验，若智能前端内有多种类型信号，则应对所有通道都进行校验。具体校验步骤：

1）短接修改许可插针，输入密码，进入校验状态；

2）根据每个通道测量的信号类型选择相应的校验菜单；

3）先进行零位校验，在通道的输入端施加零位信号，热电偶用0mV，热电阻直接在输入端短接施加0Ω电阻，要求输入信号维持5s采样时间，然后按菜单设置健储存零位校验码；

4）然后进行满度校验，在通道的输入端施加满度信号，热电偶用50mV，热电阻为320Ω，信号同样保持5s，然后储存满度校验码；

5）按照以上步骤完成所有通道校验；

6）退出校验状态，恢复智能前端正常显示。

（3）通信设置。检查智能前端与上位机的通信电缆应正确无误，为了保证网络通信的可靠，都采用相互冗余的双网进行通信。

按照厂家说明书，设置每个智能前端在采集网络里面的地址号，注意在同一个网络里每个智能前端的地址号是唯一的。一般的智能前端各有个RS422和RS485通信口，采用MODBUS-RTU通信协议与上位机进行通信，支持的通信波特率可根据需要选择375k bit/s到1.25M bit/s，但是通信波特率不易设的太低，以免影响数据在CRT的刷新频率。

注意传送的数据格式，每个测量点都由两个字节组成，高字节在前，低字节在后，一般像温度点，都是由冷端补偿温度开始，依次是各个点的测量值，最后的两个字节是CRC16校验码。同时注意应对传送上来的温度数据，在上位机上除以十以保证一位小数，对于其他种类的信号，则根据在智能前端上的小数位的设置来补足小数位。

通信参数设置完成后，可根据智能前端上的两个通信状态指示灯来判断与上位机的通信是否正常。指示灯闪烁表明通信正常，若指示灯不亮或持续发亮则表明通信出错。

3. 安装注意事项

IDAS远程I/O前置机根据现场要求，合理安装，安装位置应尽量远离带有强电工作的设备或变频器。

网络通信线从IDAS通信转换口处引出，依次将现场前置机并接起来，通信线走至末端，在末端前置机通信端子上加一匹配电阻便可。匹配电阻为标准100Ω、1/4W电阻。

通信线严禁与动力电缆敷设在一起，应分层敷设（一般走信号电缆层）。网络中A网与B网的通信线不能交叉混接，敷设过程中应标明电缆进出走向，便于检查和维护。

4. IDAS分散式智能数据采集网络常见故障处理

常见故障见表3-81。

表 3-81　　常见故障处理

故障描述	故障原因	排除方法
显示跳变	接线松动	重新接线，确认接线牢固
热电偶温度故障	热电偶信号线断	检查热电偶
	热电偶坏	更换热电偶
	热电偶极性接反	检查接线，更正接线
	温度显示偏低	（1）补偿导线正负接反，更正接线； （2）热电偶绝缘差，需更换热电偶
显示不随现场实变化	设置错误	重新进行设置
	通信错误	检查连接线
	IDAS 死机	拉电后重新上电，即可恢复正常

三、成套控制装置调试

（一）给煤机程控调试与标定

目前燃煤机组应用较多是 STOCK 电子称重式给煤机，其控制系统由由微机控制系统和电控设备组成。给煤机微机控制系统由电源板、CPU 板、变频器、输入输出电路等。电源板主要由供微机控制用各路低压电源，所有 I/O 信号的光电隔离和输出信号继电器等组成；输入 I/F 转换板和输出信号 F/I 转换板也插在电源板上；CPU 板包含微处理器、存储器、数字接口电路以及一个键盘显示器，其中称重传感器的数字放大电路也在 CPU 板上；变频控制器主要由整流电路、直流中间电路、逆变电路、控制电路等组成。给煤机电控设备主要是称重传感器、断煤装置、堵煤装置、变频电机、清扫电机等。给煤机控制结构如图 3-94 所示。

给煤机微机控制原理：给煤机启动后，微机根据用户的给煤率信号和测量到的称重信号，计算并转换成对应一定电动机转速的频率信号，经光电隔离器传送到变频控制器，再由变频器驱动变频电动机。同时，测速电动机将速度信号反馈给微机形成 PID 闭环控制，从而使给煤率稳定在用户要求给定量上，其原理如图 3-95 所示。

给煤机微机控制系统的调试分以下内容逐步进行：

1. 给煤机机械调整

（1）调试前工作。检查微机柜、动力柜和皮带电机、清扫链电机外壳接地应良好；检查皮带电动机和清扫链电动机绝缘电阻应符合规定；检查模拟量信号电缆的屏蔽层已可靠接地。

准备好调整和标定的工具：标定探头及电缆一对、标定砝码一对、水平检尺一根和反光纸若干。测量直流电流的电流表精度应为±0.2%加 2 位，测量直流电压表精度应为±0.1%加 1 位，具有 4-1/2 位高分辨率模式。

（2）皮带张力调整。从给煤机驱动电动机一侧的张力辊检修门的观察窗观察皮带张力指示计，检查皮带张力是否正常，张力辊轴承盖的凸出部分应该在指示中心上下做相同幅度的摆动。因此，当给煤机工作时，可以很有效地调节皮带张力。

调整时，要向相同的方向同样旋转两个螺栓拧最多八圈，以避免螺纹的损坏。此过程可以重复进行或反复进行，直到调整到所需要的张力。

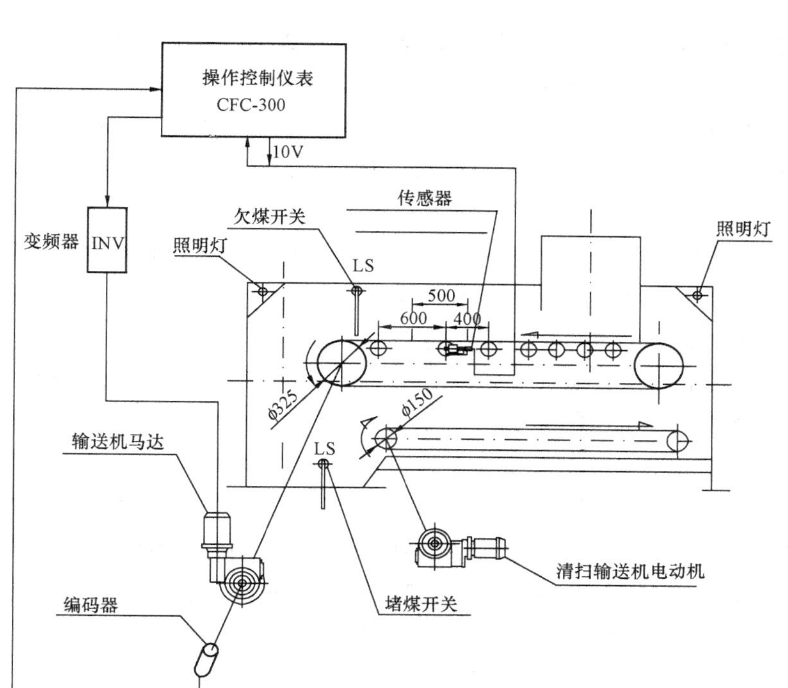

图 3-94　给煤机控制结构

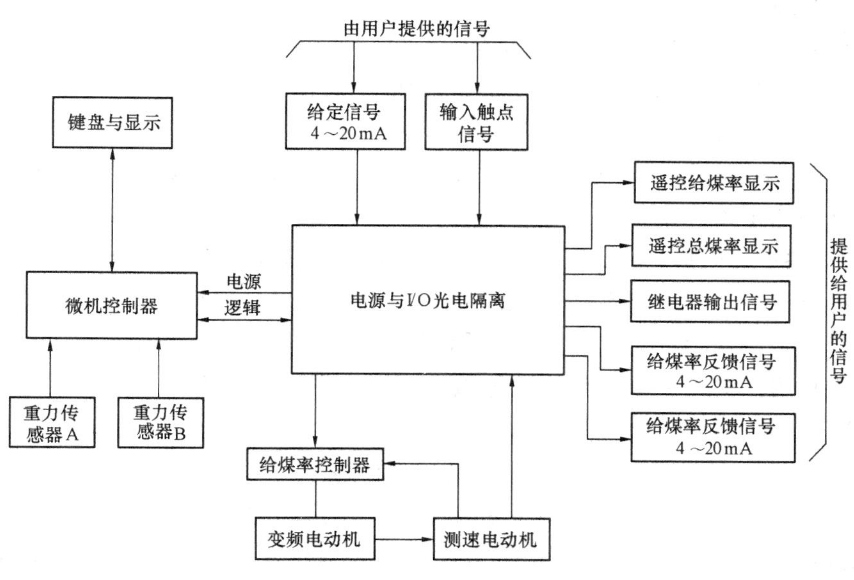

图 3-95　给煤机控制系统图

（3）调整皮带运行轨迹。调整皮带运行轨迹主要是使皮带驱动滚筒和被动滚筒同心，这样可以避免因皮带从被动滚筒上脱落而造成的损坏，还可以使皮带通过称重跨距辊区域平衡，不受干扰地运行，称重精度不受损害。

皮带地背面带有位于皮带中心地 V 形凸起导轨，它嵌入滚筒和称重辊的中间凹槽里，以辅助保证皮带运行不跑偏，若皮带运行轨迹调整不良，则V形凸起导轨将压在凹槽的边上，使皮带凸起，这从皮带表面可以很明显地观察出。运行轨迹调整良好地皮带，在称重跨距辊和称重辊上都没有凸起，在驱动滚筒和被动滚筒上只偶尔有轻微地凸起。如果在被动滚筒上出现有规律的凸起，或在称重辊及称重跨距辊上出现偶尔凸起，则需要调整皮带的运行轨迹。

调整皮带运行轨迹主要是通过调整被动滚筒而实现的，拧紧张紧螺栓（右侧的）将被动滚筒的中心线向左移动，使被动滚筒上的皮带向左移动，直至它回到滚筒的中心，同样地，将左侧的张紧螺栓拧紧，将使皮带向右移动。

调整皮带轨迹一般应在给煤机脱离系统，皮带上无煤时进行。具体步骤如下：

1）打开给煤机的末端的门，打开工作灯。

2）确保被动滚筒是水平的。

3）按前面所述调节皮带张力。

4）在皮带上横画一道粉笔印，以指示皮带转一整圈，开动给煤机慢速运转。

5）密切注视皮带运转至少5圈，观察是否有凸起现象。开动给煤机以最大速度运转，皮带至少转20圈，如果不出现凸起现象，则可认为轨迹已调整适当。

6）如果皮带在滚筒上出现凸起，首先在驱动滚筒上调整。将适当的皮带张紧螺栓向所需的方向拧一圈，然后在慢速下观察皮带至少5圈，看这一调整效果如何。如不出现凸起，则开动给煤机，以最大的速度皮带至少转动20圈。继续按此步骤进行，直至皮带在驱动滚筒上的轨迹调整适当为止（注意：某些皮带可能在驱动滚筒上出现来回移动的现象，应对此进行调整，使其移动平均在滚筒的中心运转）。

7）完成轨迹调整后，重新调整皮带的张力到张力的指示的中点。

当给煤机在运行时调整皮带轨迹，按如下步骤进行：

8）当给煤机正常运转时，无法从观察孔看到皮带的凸起，必须密切观察在每一侧皮带与滚筒边缘之间的距离，在滚筒的两侧，这两段距离必须保持一致。

9）若需调整皮带轨迹，必须彻底仔细地观察，由于皮带在高速的转动，因此在错误方向上的调节可能很快导致皮带的脱落以致达到损坏的程度。如果出现错误方向的调节，必须立即反向调节以进行补偿，完成轨迹调整后，重新调整皮带张力到指示计的中点。

（4）称重托辊调整。称重辊与两侧称重跨距辊应在同一平面内，其平面度误差不大于0.05mm，以保证精确的称量精度。调整步骤如下：

1）将标定砝码挂在称重辊两侧的称重辊传感器上。

2）由给煤机入口端的检修门插入水平验尺，与皮带的边缘相平行，使其机械加工面与称重跨距辊接触；在水平验尺与称重辊及两个称重跨距辊的三个接触面之间各插入一个0.127mm的垫片。

3）松开锁紧螺母，转动调节块，降低称重辊；缓慢转动调节块，升高称重辊，直至垫片与水平检尺和称重辊配合接触（滑动配合），然后拧紧锁紧螺母。

4）在给煤机的另一侧同样调整。

5）取出水平尺，取下标定砝码（在调整称重辊后，应重新校准给煤机）。

（5）输送链张力调整。输送链张力靠调整在张紧链轮轴两端的螺栓来调节。打开给煤机入口的检修门便可以调节，适当的张力的标志是从驱动链轮到第一条支撑板之间链的下垂度为5cm（链的拉长是缓慢，正常运转3～4年后才需重新张紧）。给煤机调整机构示意如图3-96所示。

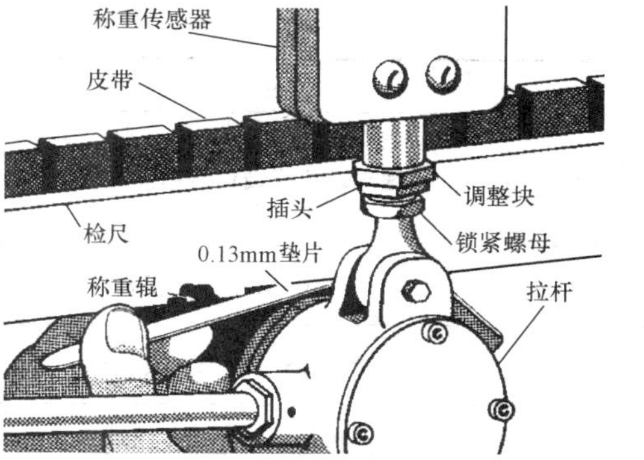

图3-96 给煤机调整机构示意

2. 设定参数

根据厂家说明书以及出厂技术数据测试报告，对给煤机程控程序设定参数，主要有电动机转速、最小给煤率、最大给煤率输入、输出板标定、定度检查等。

3. 功能检查

在就地检查各项试验均完成后，与DCS进行联调，并在DCSCRT画面上进行远操，对给煤机的各项功能进行检查，包括容积式功能试验、就地状态操作试验、遥控状态操作试验、给煤机线性检查、模拟给煤率、模拟出口堵煤引起的给煤机停机、给定值检查。

4. 给煤机的标定

标定是通过两个单独的步骤实现。第一步去除系统的皮重，包括称重辊、称重传感器支撑装置和给煤机皮带的重量，同时还计算出皮带速度与电动机转速的关系。第二步用已知重量的标定砝码校准称重传感器的输出。

5. 输入和输出校正程序

包括输入/输出通道设置和I/O通道调整两部分，前者是因为给煤机控制器可接收给煤率命令信号，并且输出隔离的模拟反馈信号。当这些信号相关的输入和输出模块与控制系统联用时，远控操作给煤机之前必须对其加以调整。后者是每个使用的通道必须调整零点（OFFSET对应于给煤率为0时输出值）和量程（SPAN对应给煤率为100%时输出值）。

如果给煤机未安装远程模拟命令输入，输入校正部分可以省略。如果模拟输出信号不存在，输出校正部分可以省略。

6. 给煤耗机调试验收与故障处理

给煤耗机调试验收见表3-82，给煤耗机调试过程中的问题处理见表3-83。

表3-82　给煤耗机调试验收表

工序	检验项目	性质	单位	质量标准	检验方法和器具
调校	振幅—控制信号线性度误差	主控	%	≤5	通电检查
	振动给煤机振幅		mm	≥2	

表3-83　给煤耗机调试过程中的问题处理

故障码	定　义	故障原因
01	A/D转换器溢出（报警）	(1) 称重信号超过0～30mV； (2) 放大后信号超过0～3V
02	A/D转换器不转换（报警）	(1) A/D转换器故障； (2) A/D转换器线路故障

续表

故障码	定　义	故障原因
03	测速电动机反馈信号消失（停机）	（1）电动机故障； （2）测速电动机故障； （3）反馈线路故障
04	E^2PROM 故障（报警）	（1）板卡坏； （2）线路故障
05	NVRAM 故障（报警）	（1）板卡坏； （2）掉电检测电路故障
06	给煤机出口堵塞（停机）	堵料堵煤开关或线路故障
07	LOCAL 或定度时有料（停机）	（1）有料； （2）断煤开关或线路故障
08	遥控总量显示故障（停机）	参数设定太小
09	给煤率达不到要求（报警）	一般为空带引起
10	电动机速度控制故障	（1）变频器故障； （2）速度反馈故障
11	进口断料	原煤仓走空或堵塞

（二）磨煤机油站程控调试

燃煤机组每台磨煤机配有一套稀油站和一套液压油站。稀油站用来冷却减速机内的齿轮油，以确保减速机内部件的良好润滑；液压油站用来对磨煤机施行加载，通过磨辊提升实现磨煤机启、停和开空车。

1. 磨煤机油站程控原理

稀油站工作原理：当油温小于某一设计定值 25℃，电加热器加热，油泵低速运行，当油温加热到高于某一设计定值 28℃时，高速泵自启动，稀油站正常工作，螺杆泵将润滑油从磨煤机齿轮箱中吸出，经管道进入双筒过滤器的一个滤筒，经过滤后再沿管道进入冷却器，冷却器后的油被送往油分配器，分配给各个润滑点，工作后的润滑油汇集于齿轮箱内，再经螺杆吸出，如此循环往复的连续工作，对减速机起到减磨、冷却和清洗作用，保证磨煤机可靠的运行。

液压油站工作原理：磨煤机加载系统是磨煤机重要组成部分，有高压油泵站、油管路、液动换向阀、加载油缸、蓄能器等部分组成，启动油泵组，接到磨辊提升指令，电磁换向阀 2 带电，液动换向阀关闭，关闭到位后，电磁换向阀 1 带电，加载油缸、蓄能器充压，磨辊提升，此时可空载启动磨煤机，启动后，电磁换向阀 1 断电，加载油缸、蓄能器泄压，磨辊下降，下降到位后，电磁换向阀 2 断电，液动换向阀打开，至此，磨煤机启动完成，比例溢流阀根据制粉系统来的指令调节加载油压，实现对磨煤机出力的调节。

2. 调试过程

对油站的控制，以前一般是通过由许多继电器组成的硬回路来实现控制的，随着 PLC 的广泛应用，对油站运行进行程控也逐步普遍了。程控流程大致为，就地来的油站信号经继电器扩展或直接进入 PLC 的输入模块，输入信号经 PLC 逻辑处理后由控制柜输出，为增加对外输出接点对数或满足电压等级要求，输出接点一般都装有扩展继电器。

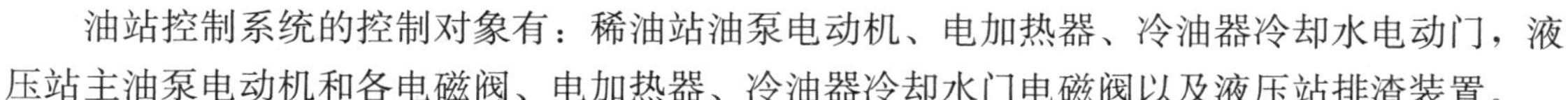

油站控制系统的控制对象有：稀油站油泵电动机、电加热器、冷油器冷却水电动门，液压站主油泵电动机和各电磁阀、电加热器、冷油器冷却水门电磁阀以及液压站排渣装置。

磨煤机油站控制系统调试，是需要热工、电气、机务调试三者紧密配合的，其调试过程可以分以下几个部分：

（1）设备单体调试。按《热工计量检定规程汇编》在试验室内完成压力表、开关、变送器、热电偶、热电阻等热工测量仪表的检定，使之满足设计要求。

（2）安装检查。检查控制机柜、动力柜安装工作已结束，外壳接地良好；检查相关设备绝缘电阻符合规定；现场仪表与控制设备已安装到位，电缆连接正确、牢固，屏蔽层均已可靠接地，设备熔丝等级符合设计。准备好调整和标定的工具。

（3）控制系统上电及 PLC 硬软件调试。参见本节第一小节可编程控制（PLC）调试：系统现场调试的步骤和要求，进行控制系统上电，导入软件、模件 I/O 通道精度测试、执行设备的单体调试、输入/输出信号联调、性能与应用功能试验、备份等。

（4）控制系统软件调试。按油站设计功能要求，进行控制逻辑的检查和修改，如与设计图纸或现场实际不符，通过本单位技术人员填写联系单送交设计和业主单位进行审批，并根据回复联系单进行修改，直到确认所有的控制逻辑均应符合设计和现场实际要求、并保持与图纸一致。

1）进行远动控制回路联调。

手动操作启动或停用现场执行设备，现场执行设备动作和画面上响应时间应符合运行实际需求。

2）进行设备联锁/保护试验。

现场应手动启动一次设备（如调速阀、流量调节阀、比例溢流阀），备用一次设备处于备用和联锁/保护投入状态。现场信号原点处模拟某一联锁/保护条件成立，备用设备应按系统设计要求联锁启动，或保护系统应按系统设计要求迅速停止或切除对应的控制对象。要求对所有联锁/保护条件一一进行静态联锁/保护检查。

3）程控组试验。

先操作试验子程控组，待所有子程控组操作试验完毕后，操作试验总程控组。按下某一个程控组的启动/停止按钮，则辅机系统内的所有一次设备将按照控制程序步序动作操作试验。

（5）磨煤机油站启动调试。液压油站油压、流量整定：启动油泵，调节溢流阀、调速阀、流量调节阀、比例溢流阀等阀门，对油压、流量进行整定，使之满足运行要求。启动调试过程中先后要完成磨辊升降试验、稀油站高、低速油泵切换试验。

（三）空气预热器漏风控制系统

空气预热器漏风控制系统一般都用于容克式空气预热器，在实际运行中空气预热器中的转子受热时不均匀地膨胀，发生蘑菇状变形，使扇形板和转子径向密封圈之间存在着间隙，间隙越大漏风面积越大，压力较高的空气必然要穿过密封间隙漏向压力较低的烟气，这会使送风机和引风机的负荷和电耗率增加，严重时会限制锅炉出力，影响锅炉的安全经济运行。空气预热器漏风控制系统通过间隙传感器探头采集间隙信号，并把间隙信号转化成标准信号送到工控机，工控机经过计算和逻辑判断，输出控制信号以驱动提升机构，通过电动机升降机构来保证在任何工况下，空气预热器的上部扇形板与转子径向密封片之间的间隙为最小，从而最大限度地减少漏风量、节能降耗、提高整个机组运行效率的目的，其原理如图 3-97 所示。目前国内常用的空气预热器漏风控制系统主要厂家有：上海锅炉厂生产的 SG-AP/LCS60-B1 型和哈尔滨锅炉厂生产的 LCS-1x 型空气预热器漏风控制系统。下面根据 LCS-1x

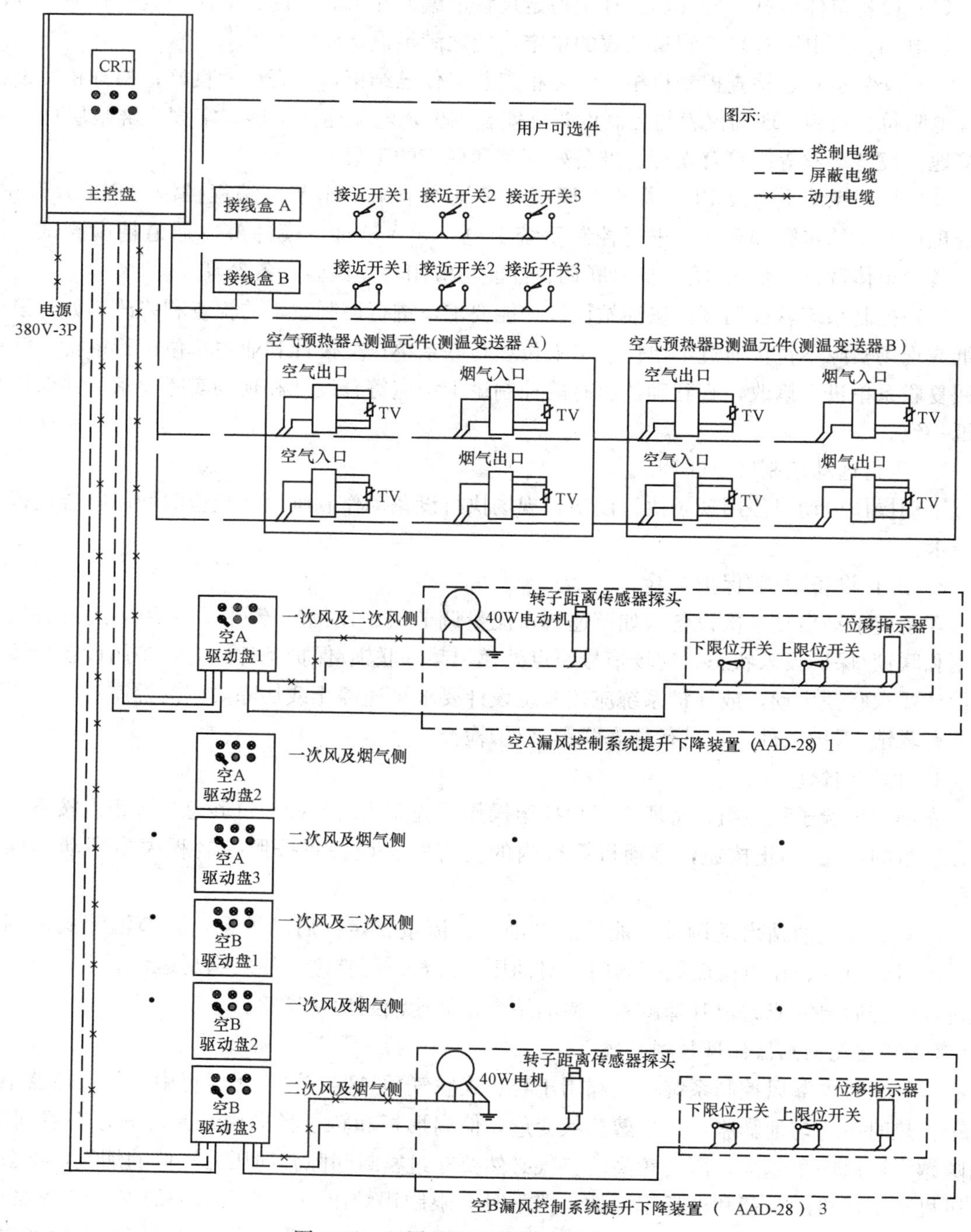

图 3-97　空预器漏风控制系统原理示意

注：用户需提供三相四线制 AC380V，1kW 动力电源一路。

型漏风控制系统并结合其他厂家的特点做简单介绍。

1. 系统构成与功能

空气预热器漏风控制系统一般都由扇形板提升下降装置、传感器箱、转子距离测量组件、主控盘（包括驱动盘）、转子热变形温度传感器和转子停转装置几部分组成。

（1）系统构成。

1）提升下降装置。

每块扇形板配一套提升下降装置，驱动电动机经过减速后它的输出轴与涡轮、涡杆连接在一起，两个吊杆与扇形板外侧的两个吊点相连。通过控制柜控制减速电动机的正/反转，驱动螺旋升降机的上升或下降，借助与之相连的两个吊杆控制空气预热器扇形板的上升或下降，并通过安装在传感器箱内的两个上下行程开关，来控制电动机的行走行程，保证空气预热器能够保持良好的密封状态。

2）传感器箱。

传感器箱连接在一侧螺旋升降机上部，箱内的 T 形联板与升降机的提升涡杆相连接。提升涡杆的上升或下降带动 T 形联板位置也随之发生移动，从而带动位置指示器（电子尺）拉杆的拉伸或缩短以及开关顶杆的上下移动。位置指示器用来指示扇形板上升或下降的绝对位移；开关顶杆的上下移动将带动限位开关撞板的上/下移动，当撞板推动限位开关动作后，上/下限位开关的触点闭合，作为扇形板提升下降装置的上/下止点信号（即扇形板的上下止点），以此来保证空气预热器的安全运行。

3）转子距离测量组件。

转子位移间隙测量传感器是把间隙物理量转换成电信号的一种变换装置，测量探头安装连接在扇形板的外部边缘侧，其端面与扇形板的下表面位于同一水平面上，检测面为转子角钢端面。传感器测量信号经过前置放大器处理后，向 PLC 送出 4～20mA 模拟量信号，并作为系统距离跟随的主判据，决定扇形板的上升或下降。

4）主控盘。

现在漏风控制系统的主控盘都是由带有触摸显示屏的 PLC 控制系统组成，它是整个系统的控制、测量核心，通过对主控盘的操作，可实现系统信息查阅、关键数据的设定以及对系统的手动操作等功能。

5）转子热变形温度传感器。

在空气预热器的烟气进出口和二次风进出口处各安装两只热电阻，分别测量烟气和两次风的进出口温度，测量的温度信号被传送到主控盘上的 PLC，然后根据程序内的“温度—变形量”曲线公式计算出转子外缘下垂位移，作为间隙跟踪的另一个判据来控制扇形板上升或下降。

6）转子停转装置。

转子停转测量组件由接近开关支架、探测反射块组件和接近开关组成，一般每台空气预热器共有 3 套，分别装在空气预热器主轴上。每套之间相互间隔 120°，在转子转动时，每当检测块通过测量装置时，测量装置将采集到一次脉冲信号，系统把采集的脉冲信号上传到 PLC 控制器中，通过内部 3 取 2 表决方式来判定转子是否停转，并将判定结果送到 DCS 中。在发生停转或接近开关测量失败时发出声光报警信号。

(2)功能。

1)距离跟随方式。

距离跟随为漏风控制系统主要的工作方式，通过实际间隙测量值与运行人员事先输入的间隙下限、上限及正常值进行比较，如实际值在下限将提升；实际值在上限将下降，直到到达正常值范围。

2)一次跟踪。

属于距离跟随的补充方式。当实际间隙在不超过系统上下限值范围内时，距离跟随将不起作用，使得间隙仍处在一个设定的范围内，而一次跟踪可对距离跟随带来的偏差进行弥补，从而使自动化系统的控制更完善。一次跟踪在间隙达到正常最佳值后将自动返回。

3)温度跟随。

PLC 根据四路测得的温度计算出转子相对于冷态(安装初始状态)的蘑菇状变形量，当变形量导致扇形板间隙超过设定值时，将进入温度跟随运行方式。

4)强行提升。

属于优先权最高的运行方式，可在“距离跟随”或“温度跟随”状态下进行强行启动，“强提”状态启动后，当前的“距离跟随”或“温度跟随”将被复归，只执行强制提升程序。当因系统下降超时、间隙过小、转子停转等故障信号触发强行提升程序时，停止按钮也将不起作用，直到提升至上限极限位置(上限位开关动作)，只有在故障消失或故障得到确认后，停止按钮才恢复使用。

5)过电流调节。

当空气预热器主电动机电流因扇形板与转子摩擦而增大，达到过流调节设定值时(一般比正常工作值大 3A)且持续时间超过 0.5s，系统将自动提升空气预热器所有扇形板，直到电流恢复到设定值以下，再延时提升 10s 停止，等待空气预热器旋转超过一周(时间约为 60s)。在一周以内如果还有某个点电流大于设定值则继续提升扇形板，如果没有则进行下一步调节。第二步调节开始后保持 2 号和 3 号扇形板位置不动，然后将 1 号扇形板投入自动，由于此时，间隙测量值大于给定值，扇形板自动下放，当第一块扇形板调节到正常后，如下放中未发生二次过流则可判定转子电流增大不是由第一块扇形板引起的，系统将按次序自动下放第二块扇形板和第三块扇形板，如果某一块扇形板在下放过程中发生二次过流，则可以判断是由该扇形板引起主电动机过流。处理方法不是简单的提到上极限，而是将其提升，等电流正常后再延时提升 10s 停止(对应 0.5mm)，然后以实际测量值作为新的给定值，这样扇形板就会在新的合适位置继续投入自动。

6)转子停转报警。

控制系统将自动检测安装在每个空气预热器底部轴承防水罩周围间隔 120°三个接近开关的导通状态，并按照 0.5r/min 标准判断空气预热器是否属于停转，如果转速正常，触摸屏上显示运行正常，如果异常，在触摸屏运行画面上将出现故障指示，并同时向 DCS 系统发出报警信号。

2. 调试过程

(1)静态调试。根据设计院及厂家图纸认真检查控制系统的所有电缆接线情况，应正确无误；现场空气预热器及漏风控制系统机务及电气安装工作已基本结束，具备调试条件；给主控盘上电，观察主控盘上所有设备的状态指示，应显示正确。

把升降电动机的控制方式打在就地位置，检查和调试升降电动机的动作方向应正确无误且灵活无卡瑟。根据机务或厂家提供的具体安装数据，把扇形板提升到机械零位位置，调整转动提升机的定位指针使指针刚好指在刻度尺的0mm位置，同时调整位移指示器拉杆，使得PLC上位置指示器数显表也显示为0mm。

缓慢提升升降电动机到机务指定的上限位置，调整上撞板使得上限位开关处于动作位置；缓慢下放升降电动机到机务指定的下限位置，调整下撞板使下限位开关处于动作位置。调整转子距离传感器的位置使之与转子角钢间隙刚好为5mm（即转子距离传感器底面与扇形板底面距离为2mm），然后锁紧探头上部的锁紧大螺母。注意转子距离传感器与驱动盘内的放大器板已经进行一对一的校准，不可互换。检查所有连接螺丝、螺母应锁紧。

（2）功能检查。

1）主控盘上电并把控制方式切换到就地状态，观察就地控制箱上的位移指示器数显表和触摸屏上位移指示应一致。

2）在就地状态下操作提升机，在下降过程中按动下限位开关，电动机应停止下降；在上升过程中按动上限位开关，提升机也应停止提升。在提升或下降过程中观察刻度尺应与驱动盘位置指示器数显表指示一致。

3）调整转子距离传感器，使探头底面距离转子角钢平面不大于10mm。将控制盘切换到自动状态，在触摸屏运行画面中启动距离跟随，检查距离跟随的控制功能应工作正常。

4）温度跟随试验：用信号发生器模拟空气出入口和烟气入出口具有200℃的温差。可以在触摸屏温度跟随画面上观察到，转子理论计算变形量大约为3mm，漏风控制系统马上启动温度跟随工作方式。

5）强制提升：在触摸屏上按动强制提升按钮，系统马上进入强制提升工作方式，提升装置将提升至上限位开关动作后方才停止。在距离跟随状态下，每半个小时或者在触摸屏上按动一次跟踪按钮，无论扇形板和转子的距离与设定值（5mm）差距有多么小，提升装置都将动作一次，直到距离达到规定设定值（5mm）。

6）报警功能测试：通过拔下转子距离传感器插头、位置指示器插头、启动转子停转装置等方式来模拟传感器异常、电子尺异常、下降超时、距离过小和转子停转等各种故障，来验证触摸屏运行画面上的故障显示功能和声光报警，模拟完后注意信号和连接头的恢复工作。

3. 常见故障处理

空气预热器漏风控制系统常见故障分析处理见表3-84。

（四）锅炉点火控制系统

锅炉点火控制系统主要是在锅炉启动时，用它来点燃主燃烧器的煤粉气流。此外，当锅炉在低负荷运行，或者当燃煤质量变差，炉膛温度降低，危及煤粉气流稳定，炉内火焰发生脉动以致有熄火危险时，也用点火装置来稳定着火和燃烧，同时也可作为辅助燃烧的一种手段。

现代大、中型煤粉炉常采用过渡燃料的点火装置，可分为气—油—煤粉的三级点火系统和油—煤粉的二级点火系统两种。三级点火系统是用点火器点燃着火能量最小的气体燃料，再点燃雾化的燃料油，最后点燃主燃烧器的煤粉气流。二级点火系统则采用一种过渡燃料——燃料油，即用点火器点燃燃料油，再点燃主燃烧器中的煤粉气流。

表 3-84　　常见故障分析处理

故障	原因	解决办法
扇形板不动	电气	检查回路的断路器、电动机的接线端电压及接线、电动机的过载继电器是否动作
	提升和下降装置机械故障	扇形板卡涩，及时处理。 检查提升和下降装置连接部分是否正常、扇形板和装置之间是否有障碍物
转子距离传感器异常报警	传感器受污	检修期间，将传感器移出，检查检测面是否干净，必要时进行清洁
	电气	检查传感器的前置盒输入、输出是否正确，检查所有接线部分是否松动，4～20mA 信号是否正常输出
	传感器破损	该传感器需要更换
位置指示器动作不到位	限位开关未正确设置	检查传感器箱安装的上下限位开关，必要时调整它们的位置
位置指示器异常报警	位置指示器受污	检修期间，将位置指示器拆开，检查连杆是否拉伸自如，表面是否光洁，必要时进行清洁
	电气	检查位置指示器的接线盒是否卡紧，接线是否脱落
	位置指示器破损	该位移指示器需要更换
位置指示器数显表	电气	检查接线正确与否及 4～20mA 信号是否正常输出
	仪表破损	该数显表需要更换
温度传感器指示异常	电气	检查接线盒接线及 4～20mA 信号是否正常输出
	安装	检查安装位置是否偏离正确位置，是否有障碍物或者污染物影响正常指示
	温度传感器破损	该温度传感器需要更换
转子停转装置异常	电气	检查接近开关接线及遇到反射块时红灯是否点亮
	安装	所有的接近开关和反射块是否在正确位置上
	破损	接近开关需要更换
触摸屏显示异常	电气	检查触摸屏电源及通信电缆接线或者重新输入程序
	破损	触摸屏需要更换
PLC 故障	电气	检查所有模拟量单元接线、检查电池是否需要更换、检查 PLC 故障输出接线或者重新输入程序
	破损	PLC 需要更换

如果煤粉锅炉装有煤粉预燃室，就可以用点火器点燃装在煤粉预燃室燃烧器中的小油枪喷射出来的雾状油，再点燃煤粉燃烧器中的煤粉气流，待着火燃烧形成火炬后再去点燃主燃烧器的煤粉气流。

点火装置的点火器都采用电气点火器，常用的电气点火器有电火花点火器、电弧点火器和高能点火器三种，而当今大型发电机组中一般都采用高能点火器进行点火。

点火控制装置主要组成部分：点火控制装置的进油控制阀也称为油角阀，点火控制装置的仪用空气吹扫控制阀也称为吹扫阀、油枪、点火枪、点火控制装置的打火装置，当代大型机组采用的是高能点火器和火焰检测探头。

图 3-98 为 LDH-20 高能点火器工作原理。高能点火器输入交流 220V 50Hz 电压经变压器 B 升压至 2500V，并经硅堆组成的桥式整流器变成直流向电容 C 充电，达到 2500V（即放电管 R-12 的放电电压）放电管放电，在半导体电咀 LDZ 发火间隙处打出火花。R_1 用来整定发火频率，R_2 保证发火间隔中，电容中电压泄放掉，增加了设备维修的安全性，R_3 用来保护半导体电阻故障时不损坏设备。

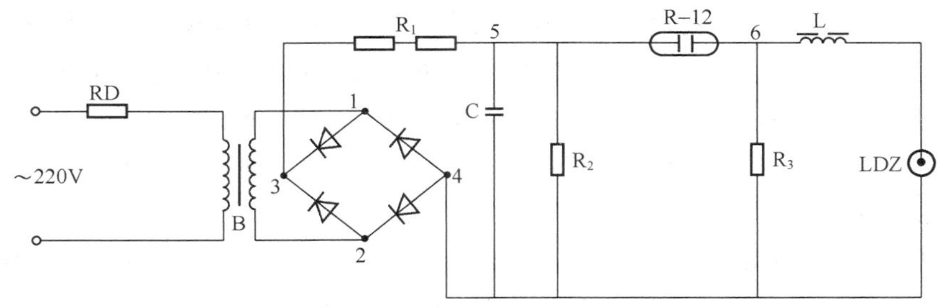

图 3-98　高能点火器工作原理

1. 锅炉点火条件

炉膛吹扫完成后，可让主燃料跳闸复位，如果满足炉膛点火决条件，即可进行点火。例如，某电厂 600MW 机组锅炉点火许可条件为

（1）锅炉跳闸信号解除（吹扫完成）；

（2）燃油跳闸阀打开；

（3）燃油压力正常；

（4）燃油温度正常；

（5）火焰检测器冷却风系统压力正常；

（6）燃烧器在水平位置；

（7）确认油角阀、吹扫阀关到位；

（8）确认油枪、点火枪退到位。

在“允许点火”信号发出之后，锅炉就正式进入点火状态，FSSS 开始进行点火控制。

2. 点火控制装置调试

（1）点火控制装置调试前的准备。准备好点火控制装置厂家资料和说明书；检查点火控制装置的规格型号符合设计要求；检查点火控制装置的配件应无缺少或者破损；检查电源开关及熔丝容量、继电器、接触器规格型号及电压等级满足设计要求；用 500V 绝缘电阻表对点火控制装置进行绝缘测试，其绝缘电阻不小于 20MΩ；按点火控制原理图和回路接线端子图，核查现场控制柜与现场一次元件和 DCS 柜之间连线，高压电缆两端分别与高能点火器输出座及半导体电咀输入头部相连，确保连接正确紧固。

检查高压电缆连接高能点火器及半导体电阻，确保其电缆中心电极端面和点火器输出座（电阻输入端）接触电极端面紧密贴合，防止接触不良而在接触面间打火。

（2）调试。确认点火控制装置调试前的准备工作完成后，关闭油角阀前手动隔离阀，燃烧器置在水平位置。

1）点火控制装置通电、单体调试。

点火控制装置通电，就地/远控切换按钮切换到就地位置（相应就地指示灯亮）检查按钮、旋钮、指示灯及其他元件是否完好。对点火控制装置的油角阀、吹扫阀进行单体调试，确认阀门开关位置；对点火控制装置的油枪、点火枪进行单体调试，确认进退指示正确；每套点火控制装置进行远程顺序控制操作均应满足设计要求。

2）电动推进器的调试。

按下进点火枪按钮，看推进器的夹爪是否向前移动。按下进或退点火枪按钮，直到对应指示灯亮止，如果按“进”枪按钮而“退到位”指示灯亮，或者按“退”枪按钮而“进到位”指示灯亮，则限位开关信号接反；如果夹爪处于到位位置而到位信号灯都不亮，则限位开关信号接错，应重新接正确或上下调整限位开关位置；如果推进器卡死，可拆下电动机后盖用手转动“风叶”（不同产品有所不同），使其运动，逆时针向前顺时针向后。

3）高能点火器的调试。

将点火枪固定在夹爪上。点火枪夹爪位置的确定：当点火枪进到位后，点火枪插入气枪雾化区 50mm 左右，将高压电缆线两端接头分别拧在点火器和点火枪上，一定要拧紧、拧正。注意高压电缆线未拧紧之前不允许点火。将就地控制柜内的时间继电器定在 15s 左右。按动点火按钮，观察打火器打火是否正常，如果点火枪已到位，从燃烧器的观察孔可看到明亮的闪光，同时可听到打火声。调试时不要连续打火，每次打火时间不超过半分钟，休息 1min 再试验。防止高能点火器中变压器过载发热，甚至烧坏。

4）火焰检测器的调试。

火焰探头安装前应对光或打火机火焰观察火焰检测器是否有强度显示和火焰信号。如果没有，首先看电源指示灯是否亮，若不亮打开火焰检测箱，将插板插紧即可。如果火焰检测器距火检探头连线不够长，需接一段，注意两根线不能接反。火检探头一定要配冷却风（必须一直通）。

5）前后墙燃烧 B&W 锅炉的点火控制装置调试。

前后墙燃烧 B&W 锅炉每只（煤）燃烧器都配有一只点火器（包括油枪和高能点火器），与一台磨煤机组有关的点火装置分为前后墙对应于两个燃烧器组的两个点火装置。点火器必须以组为单位进行启停，例如，每组点火器有四支点火器，则该组四支点火器必须同步进行。启动点火器组的命令将产生以下程序：

① 进所有的（4 支）油枪；

② 油枪进入到位后，进入所有的（4 支）点火枪和高能点火器；

③ 开吹扫阀；

④ 吹扫阀开到位后，高能点火器通电打火；

⑤ 吹扫预定时间（如 5s）后关吹扫阀；

⑥ 吹扫阀开到位后，开油枪进油阀（油角阀）；

⑦ 延时（如 10s）后，将高能点火器断电并退出。

在程序执行终了一定时间（如 15s）后，4 支油枪中只要任一支油枪未检测到火焰，则为点火失败。这时关闭 4 支油枪的油角阀，并将 4 支油枪退出炉膛外。

启动点火器组的程序按上述 5 个步骤顺序进行，4 支油枪同步动作，程序每执行一步，需等其反馈信号（4 支油枪进入位置信号、4 支点火枪进入位置信号、4 只吹扫阀开关信号、4 只油角阀开关信号）确认后，方可执行下一步程序，否则等待（报警）或点火失败。停运点火装置的命令产生以下程序：

① 进入点火枪并通过高能点火器进行打火；

② 关闭油枪油角阀；

③ 打开吹扫阀，吹扫油枪（定时，如 1min）；

④ 关闭吹扫阀；

⑤ 将高能点火器断电并退出点火枪；

⑥ 退出油枪。

3. 常见故障处理

锅炉点火控制系统常见故障分析处理见表 3-85。

表 3-85　　常见故障与处理方法

序号	故障描述	故障原因	处理方法
1	点火器通电后无任何反映	（1）7A 熔丝管损坏； （2）电源插座及电缆插头未接触上； （3）元器件损坏	（1）更换同型号熔丝管； （2）旋紧所有插头； （3）及时更换同型号元器件（通常放电管、变压器易损坏）
2	点火器通电后电缆内部有响声，但电阻不发火或发火很弱	（1）电缆内部击穿放电； （2）电阻阻变大或损坏； （3）接触电缆插头未旋紧	（1）更换同规格电缆； （2）更换同规格电阻； 3）旋紧所有插头
3	点火器通电后电阻发火正常但电缆输出座局部发火	（1）输出座接触地线松动； （2）输出座组件接触不良	（1）旋紧接地螺钉； （2）旋紧组件两面螺钉
4	点火器通电后电阻发火正常但电缆与其他设备接触处有放电现象	点火器的地线形成双回路	属正常现象
5	发火频率过高	限流电阻过小或损坏	增大限流电阻使频率正常

4. 新型点火技术

目前，在电厂锅炉上应用的节油和无油新型点火技术主要有两种：微油点火稳燃技术（气化小油枪）和等离子无油点火稳燃技术。在最近几年内，随着技术成本的下降以及燃油成本的上涨，使这两种技术得到了大面积的迅猛推广，在新上机组中节油或无油点火装置几乎成了标准的附加配置，在运行机组的改造中也得到了越来越多的应用。

（1）等离子点火技术。等离子点火技术的基本原理是以大功率电弧直接点燃煤粉。等离子发生器利用直流电流（280～350A）在介质气压 0.01～0.03MPa 的条件下通过阴极和阳极接触引弧，并在强磁场下获得稳定功率的直流空气等离子体，其连续可调功率范围为50～150kW，在燃烧器的一次燃烧筒中形成 $T>5000$K 的梯度极大的局部高温区，中心温度可达 6000℃。

一次风粉送入等离子点火煤粉燃烧器经浓淡分离后，使浓相煤粉进入等离子火炬中心区，通过等离子“火核”受到高温作用，在极短时间内迅速释放出挥发物，并使煤粉颗粒破裂粉碎，从而迅速燃烧。由于反应是在气相中进行，使混合物组分的粒级发生了变化，因而使煤粉的燃烧速度加快，有助于加速煤粉的燃烧，这样就大大地减少了煤粉燃烧所需要的引燃能量。另外，等离子体内含有大量化学活性的粒子，可加速热化学转换，促进燃料完全燃烧。针对有限的点火功率不可能直接点燃无限煤粉量的问题，等离子燃烧器采用了多级燃烧结构（见图 3-99），煤粉首先在中心筒中被点燃，并在中心筒的出口处形成稳定的二级煤粉的点火源，并依次逐级放大，使煤粉能够稳定燃烧，等离子燃烧器的出力也随之增大。缺点是初期投资高，煤种适应性仍显不足。

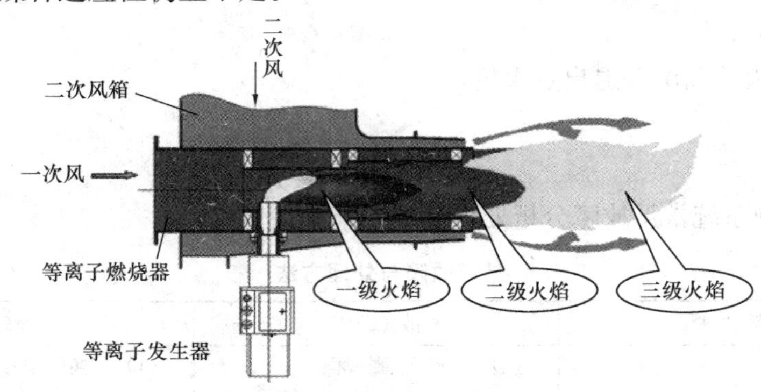

图 3-99　等离子燃烧器的多级燃烧结构

等离子发生器是等离子点火装置的核心部件之一，由线圈、阴极、阳极组成（见图 3-100）。其拉弧原理为：首先设定输出电流，当阴极 2 前进同阳极 1 接触后，整个系统具有抗短路的能力且电流恒定不变，当阴极缓缓离开阳极时，电弧在线圈磁力的作用下拉出喷管外部。一定压力的空气在电弧的作用下，被电离为高温等离子体。

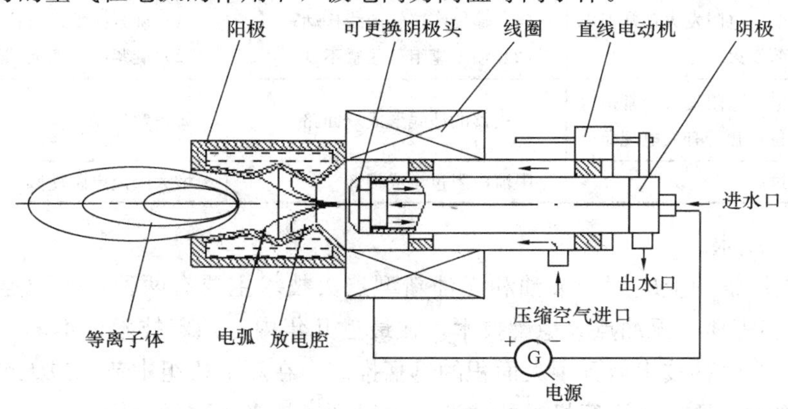

图 3-100　等离子发生器工作原理

等离子点火及稳燃系统主要由等离子点火器及燃烧器、供电系统、控制系统、冷却水系统、载体空气和火检冷却风系统、冷炉制粉冷风加热系统、一次风在线监测系统、图像火检系统、燃烧器壁温监测系统等构成。

（2）等离子点火系统调试。等离子点火系统调试，热工方面可参考高能点火系统调试内容，只是逻辑点火断弧后存在炉膛爆燃或爆炸的可能性，因此要对原保护逻辑进行适当修改，并合理设定保护逻辑，以下是某机组使用等离子点火系统时的逻辑修改（仅供参考）：

1）在 FSSS 逻辑中设计“正常运行模式”与“等离子运行模式”，由运行人员在 DCS

画面切换，从而实现FSSS逻辑切换功能，“正常运行模式”运行时，维持原有的FSSS逻辑。

2）F磨煤机启动条件中点火能量满足条件之一“相应油层（EF）至少有3个角在运行”在“等离子运行模式”时改为“4个角等离子点火装置启弧成功”，该信号由等离子主控PLC送出。

3）E磨煤机启动条件中，点火能量满足条件原3个条件，在“等离子运行模式”时增加：F给煤机运行，F给煤机出力大于36t/h，并且4个角等离子点火装置启弧成功。

4）任意两角等离子装置工作故障导致断弧立即跳F磨煤机。

5）F给煤机运行120s后，F层火检丧失2个或以上角火焰（延时5s）时，跳F磨煤机。

6）将F磨煤机出口闸板的4个控制电磁阀和磨煤机密封风门电磁阀改为由DCS分别控制，在F磨煤机4个出口闸板全部打开时，关闭F磨煤机密封风门；F磨煤机4个出口闸板有任一个关闭时，打开F磨煤机密封风门。

7）如F磨煤机跳闸，联跳给煤机，联关磨煤机4个出口气动门，等离子点火器跳闸；当等离子任一台点火装置断弧时，光字牌发出声光报警，同时自动关闭该角对应的磨煤机出口闸板门，在关闭指令发出后，该出口闸板在15s内关不到位，在操作画面发报警。

锅炉MFT时，等离子点火器全部跳闸，并禁启；

“等离子运行模式”运行时，点火延时不触发MFT；

“等离子运行模式”运行时，取消F磨煤机任意出口门关闭跳磨逻辑。

（3）微油燃烧技术。微油燃烧技术又叫气化小油枪点火稳燃技术，主要是由气化小油枪和稳燃燃烧器组成。微油气化燃烧的工作原理是利用机械雾化和压缩空气的高速射流将燃料油挤压、撕裂、破碎，产生超细油滴后通过高能点火器引燃，同时利用燃烧产生的热量对燃油进行加热，使燃油在极短的时间内蒸发气化。由于燃油是在气化状态下燃烧，可以大大提高燃油火焰温度，并急剧缩短燃烧时间。气化燃烧后的火焰，中心温度高达1800～2000℃。它作为高温火核在煤粉燃烧器内快速点燃一级煤粉。

当浓相煤粉通过气化燃烧高温火核时，煤粉温度急剧升高、破裂粉碎，释放出大量的挥发分，并迅速着火燃烧。已着火燃烧的浓相煤粉在二次室内与稀相煤粉混合并点燃稀相煤粉，实现了煤粉的分级燃烧，燃烧能量逐级放大，达到点火并加速煤粉燃烧的目的，大幅度减少煤粉燃烧所需的引燃能量。为了防止燃烧器烧坏和在燃烧器内发生结渣，采用多级气膜冷却风保护喷口安全。

气化小油枪所需的油量非常少，只需要50～60kg/h，在冷态启动初期，虽然需要用辅助油枪帮助提高炉膛温度，但总的节能效果是极其惊人的，一般能达到90%以上，燃料的燃烬度即使在点火初期也能达到80%以上，气化油枪对煤种的适应性比等离子点火较强。目前国内做得较好的有浙大天元及大唐节能。

（五）电动滤网

1. 电动滤网原理及结构

在火力发电站中，开式水的“水-水”热交换器中冷却水部分用的都是外部水源（海水或河床水），如不进行过滤，必然会使管道中的阀门堵塞，交换器出现损坏现象。于是在冷却水进入交换器前加装了电动滤网装置，如图 3-101 所示。电动滤网装置通过滤网进行杂物污水过滤，然后通过排污装置将杂物排出，从而提供相对干净的冷却水源。

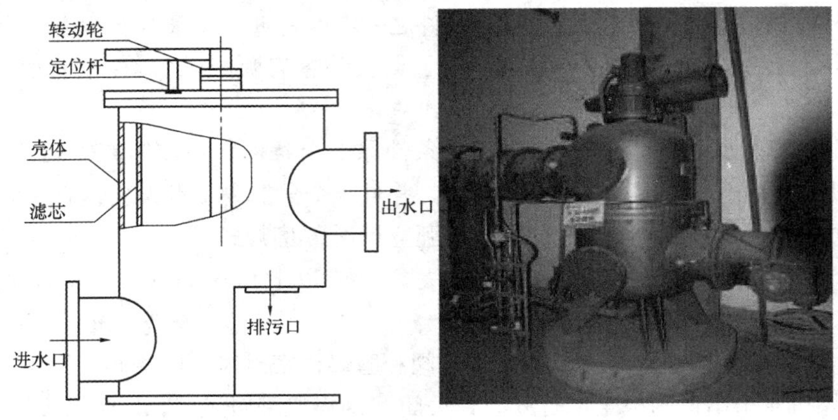

图 3-101　电动滤网示意及实物图

电动滤网通常由控制系统、进出口执行机构、排污阀、差压报警设备等四个部分组成。其中控制系统逻辑一般做在 PLC 中，执行机构通常由旋转电动机、电动执行器等组成。差压报警器则主要检测滤网差压，作为旋转电机启动的条件判断设备。电动滤网的控制方式一般有三种，一种是自动方式，即通过就地差压开关或者时间继电器判断，当滤网差压高时或时间继电器时间达到设定值时，则自动启动旋转电动机，当滤网差压低于一定值时，则停止旋转电动机，进出口阀门以及排污门做相应的动作。另外两种方式则是就地或者远程手动操作电动机或者执行机构，控制电动滤网的启动过程。

2. 电动滤网调试过程

（1）调试条件。

电动滤网调试前应具备的条件：就地表计校验安装完成，机务安装结束，控制柜、滤网电动机、执行机构、开关等接线完成；循环水管未充水，人孔门打开，调试现场无明显粉尘及障碍物，照明良好；外部电源具备供电条件，测试仪器、设备准备齐全，工作票已开好，相关安全措施已落实。

（2）一般性检查。目测检查控制柜操作面板涂层应牢固、均匀，不应有脱落、划伤、锈迹等缺陷，字体清晰。检查控制柜内元件齐全、完好、无松动，各转换开关、按钮动作灵活，无卡涩。

控制柜、滤网电动机接地线接线正确牢固，检查滤网电动机、电动执行机构机械部件完好，无损坏现象，手盘转动均匀，无卡涩。滤网差压开关正、负压侧配管正确，各表计接头紧固。

（3）控制柜调试。调试前先进行回路检查，确认厂家内部接线及外部电气接线正确、紧固，核对熔丝、空气开关、接触器、热继电器、变压器容量符合设计要求。测量控制柜接地电阻符合厂家要求。电源进线电压符合厂家及设计要求后，按以下步骤进行调试。

1）机柜受电 PLC 静态调试。

在控制柜内拆除滤网电动机和电动执行机构等外回路，用绝缘胶布包好。合上外部电源

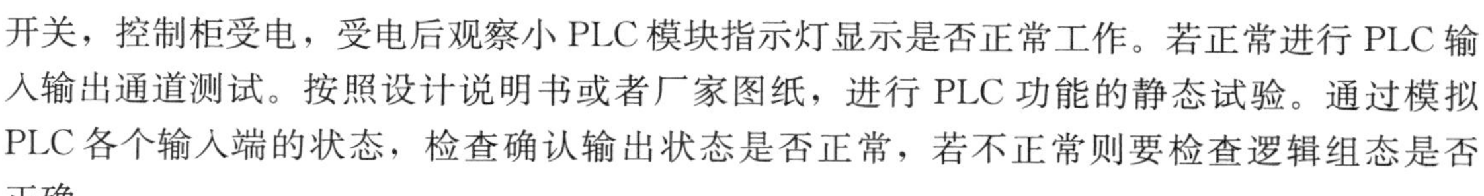

开关，控制柜受电，受电后观察小 PLC 模块指示灯显示是否正常工作。若正常进行 PLC 输入输出通道测试。按照设计说明书或者厂家图纸，进行 PLC 功能的静态试验。通过模拟 PLC 各个输入端的状态，检查确认输出状态是否正常，若不正常则要检查逻辑组态是否正确。

2）电动二次滤网控制柜静态调试。

① 手动工作方式调试。将转换开关打到手动位置，在控制柜上手动开、关电动执行机构，确认控制柜输出执行机构开、关指令；在端子排上模拟相应的行程开关动作，确认开、关指示正确。

② 自动工作方式调试。将转换开关打到自动位置，排污时间间隔继电器开始工作，N（N 为自己设置的时间继电器的时间）秒钟后，确认接触器动作、滤网电动机三相输出正常、滤网排污旋转指示正确，同时确认控制柜输出执行机构开指令。

模拟电动执行机构开行程开关动作，排污时间继电器开始工作，N 秒钟后，确认控制柜输出执行机构关指令；脱开开行程开关模拟信号，模拟关行程开关动作，确认滤网电动机接触器断开、滤网停止指示正确。

③ 差压控制方式调试：将转换开关打到自动位置，模拟滤网前后差压高信号，确认接触器动作、滤网电动机三相输出正常、滤网排污旋转指示正确，同时确认控制柜输出执行机构开指令。

④ DCS 远方控制方式调试：将转换开关打到自动位置，在 CRT 上手动开、关、停电动执行机构，确认控制柜输出执行机构开、关指令。

控制柜调试完成，恢复柜内接线，就地执行机构打在“停止”位。

滤网电动机及电动执行机构调试：送电后进行电动执行机构调试并配合机务专业进行电动机试转，试转时注意确认滤网旋转方向正确，电动机转动无异常，电动机电流是否在正常范围内。

（4）系统功能测试。

1）手动工作方式测试。将转换开关打到手动位置，在控制柜上手动开、关电动执行机构，确认执行机构开、关、停动作正常。

2）自动工作方式测试。将转换开关打到自动位置，排污时间间隔继电器开始工作，30s 后，确认旋转滤网开始排污旋转、同时执行机构排污阀开始打开。电动执行机构开到位后，排污时间继电器开始工作，30s 后，确认执行机构开始关闭；电动执行机构关到位后，确认旋转滤网停止。到此，一个排污循环测试完成。

3）DCS 远方控制方式测试。将转换开关打到自动位置，在 CRT 上手动开、关、停电动执行机构，确认执行机构开、关、停动作正常。

功能测试完成，控制柜拉电备用，参照说明书设置排污时间间隔继电器（一般 6h）和排污时间继电器（一般 5min），封闭人孔门。

（5）动态投用（循环水开启时）。手动操作阀门，进行二次滤网排污。确认工作无异常后，将切换按钮打在自动位置，二次滤网投用，观察系统应工作正常。

3. 注意事项

（1）静态功能测试和动态投用时，就地必须有人监视，防止出现异常情况。

(2) 时间继电器调整时，应断电进行。

(3) 时间继电器可根据现场循环水的水质情况延长或缩短排污间隔（4～6h 排污一次），为避免滤网电动机过热，排污时间设置一般不超过 10min。

(4) 每次开启循环水时，应将二次滤网自动排污一次，防止管道垃圾会突然增加堵在二次滤网内，造成二次滤网前后压差增大。

(5) 定期检查差压开关接口、二次滤网前后压力表接口，以防堵塞，造成仪表反应不准确、差压控制失效。

(6) 定期对控制系统进行检查，出现故障及时解决，以避免由于不排污，造成二次滤网堵塞及停机；未能及时解决的，应组织人员手动打开排污阀，人工手动转动执行机构进行排污。

4. 常见故障处理

电动滤网系统见故障及处理见表 3-86。

表 3-86　电动滤网系统调试故障处理表

故障描述	故障原因	排除方法
熔丝熔断	熔丝型号不正确	更换正确型号的熔丝
	回路接地	检查控制部件、电动机、执行机构，确认安装时电线不被盖板压住
		电动机/执行机构/开关受潮或进水，烘干处理
	电源冲击（电流）	对回路进行电流试验
电动机跳闸	滤网堵塞	手动排污，清理滤网；设置时间继电器缩短排污间隔，延长排污时间
	缺相	检查线路/更换电动机
	进水	烘干
	接地	检查电缆有无破损
滤网工作不正常	电源回路失电	检查空气开关、熔丝、接触器、热继电器的容量及输出，损坏的更换
		确认电源接线紧固
		检查变压器输出
	控制回路故障	确认厂家内部线紧固
		按设计及厂家接线图重新检查回路，确保回路接线正确
		检查接触器、热继电器、时间继电器、中间继电器，确保动作正常
	电动执行机构开关不到位	机务处理后重新调整行程
差压控制不正常	测量管路堵塞	清理测量管路
	管路泄漏	拧紧处理

（六）ETS 系统调试

1. 系统概述

汽轮机紧急跳闸系统（ETS）用作汽轮发电机组危急情况下的保护，它与 DEH、TSI 一起组成汽轮发电机组的监控保护系统。ETS 监视汽轮机转速、轴向位移（推力轴承磨损）、轴承润滑油压、凝汽器真空以及电液调节系统的控制油油压、振动等。当这些参数中的任一个超过运行极限值时，系统将关闭汽轮机的所有进汽阀门，使汽轮机跳闸，以保证机组设备的安全，系统还有供用户扩充用的遥控跳闸接口。下面主要以乐清电厂1、2号机组上海汽轮机有限公司（STC）生产的危急遮断系统（ETS），根据汽轮机安全运行的要求，接受就地一次仪表或TSI二次仪表的停机信号，控制停机电磁阀，使汽轮机组紧急停机，保护汽轮机的安全。危急遮断系统（ETS）对参数进行监视，一旦参数超越正常运行极限值，通过停机电磁阀，使所有汽轮机进汽阀的油动机关闭。

机械超速遮断系统是汽轮机的另一套安全保障系统，除ETS系统的所有遮断指令均送到AST电磁阀，由危急遮断控制块来泄去AST油压实行停机外，机组还设置了一套飞锤式机械超速保护机构，可以在汽轮机意外超速时，通过泄去隔膜阀的控制油压（即低压安全油压）来泄去AST油压实行停机；另外还设置了一套手动装置，可以通过操作手柄泄去隔膜阀的控制油压（即低压安全油压）来泄去AST油压实行停机。这种泄去隔膜阀的控制油压的方式都不受电信号（ETS停机信号）的影响而能直接遮断汽轮机。

手动停机：系统在机头设有手动停机机构供紧急停机用。手动拉停机机构连杆，通过危急遮断装置连杆使危急遮断装置的撑钩脱扣，通过危急遮断装置使高压遮断组件中的紧急遮断阀动作，切断高压保安油的进油并泄掉高压保安油，快速关闭各进汽阀，遮断机组进汽。

ETS装置通过各种传感器监测着汽轮机的运行情况（如图3-102所示）。具体监测的参数有：

（1）汽轮机超速110%；

（2）EH油压低；

（3）润滑油压低；

（4）冷凝器真空度低；

（5）推力轴承磨损（轴向位移大）；

（6）由用户决定的遥控遮断信号。

ETS系统应用了双通道概念，允许重要信号进行在线试验，在线试验时仍具有保护功能。

系统组成。ETS系统由下列各部分组成：一个安装遮断电磁阀和状态压力开关的危急遮断控制块、三个安装压力开关和试验电磁阀的试验遮断块、三个转速传感器、一个装设电气和电子硬件的控制柜以及一个远程遥控试验操作面板。

汽轮机上各传感器传递电信号给遮断控制柜，在控制柜中，控制器逻辑决定何时遮断危急遮断总管的油路并自动停机。

1）危急遮断控制块。危急遮断控制块当自动停机遮断电磁阀（20/AST）得电关闭时，自动停机危急遮断总管中的油压就建立。为了进行试验，这些电磁阀被布置成双通道。一个通道中的电磁阀失电打开将使该通道遮断。若要使自动停机遮断总管压力骤跌以关闭汽轮机的蒸汽进口液动阀，两个通道必须都要遮断。

20/AST电磁阀是二级阀。EH抗燃油压力作用于导阀活塞以关闭主阀。每个通道的导阀压力由63/ASP压力开关监测，这个压力开关用来确定每个通道的遮断或复通状态，以及作为一个联锁，以防止当一个通道正在试验时同时再试另一个通道。

2）危急遮断试验块。每个试验块组装件由一个钢制试验块、两个压力表、两个截止阀、两个电磁阀和三个针阀组成，每个组装件被布置成双通道。安装在前轴承座上的试验块组装

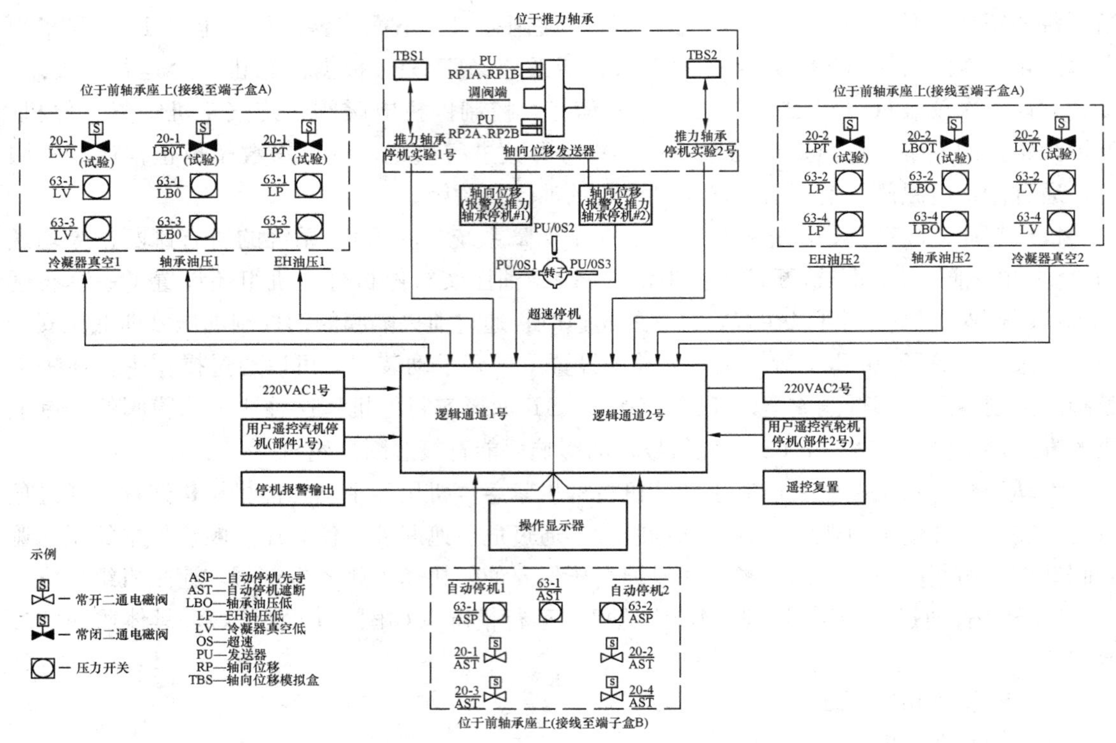

图 3-102　危急遮断系统（ETS）系统图

件（该组装件一侧是从系统供油经节流孔流入，而另一侧与泄油或无压油相连）与安装在附近的端子箱上的压力开关相连接。在每个通道中均有一个节流孔，以使试验时被检测参数不受影响。在供油端有一个隔离阀，它允许试验块组件检修时不影响系统的其他部分。

为了更换试验块上除压力表外任一元件，首先必须关闭隔离阀，然后打开手动试验阀泄放试验块中的介质。在更换时，须确保遵守相应的清洁、清洗抗燃油的维护及管理程序等。压力开关和压力表可以关闭相应的截止阀而从系统中隔离出来。在试验块中的介质被泄压后，这些截止阀就应打开，以保证在复置自动停机前，全部截止阀是重新开启的。

如果介质（压力或真空）达到停机值，压力开关将动作，并且引起自动停机遮断总管中油压泄压而遮断汽轮机。当在试验时，可以通过就地的手动试验阀，或者通过遮断试验盘远程遥控试验电磁阀，使所试验通道中的介质降到遮断停机值。

3）危急遮断控制柜。危急遮断控制柜以 PLC 为主体，还包括一个转速控制箱（其中包括三个有处理和显示功能的转速报警器）、一个交流电源箱、一个直流电源箱和位于控制柜背面的若干排输入输出端子。

ETS 装置通常有一个控制柜和一块运行人员试验面板，通常控制柜中多数采用一套 PLC 可编程逻辑控制器组件，冗余的可编程控制器作为逻辑控制单件，提供全部遮断、报警和试验功能，增强了逻辑的灵活性和可靠性。I/O 接口组件提供接口功能。增设有第一动作原因的历史记录（即故障首出记录），同时设置了多通道外控停机选择。

三个转速报警器能够将独立的磁阻发生器的输入信号进行数字处理，并且当转速超过额定转速的 10%（3300R/MIN）时，继电器的触点动作。超速保护采用三选二方式，这三只传感器装在前轴承箱轴齿轮的三个切点位置。

交流电源板要求两个独立的交流电源，其中一路电源为UPS供电。如果一个电源出故障，机组将继续无扰动运行。两路独立的交流电源由控制柜下部的交流电源盒接入。

操作员的试验面板在DEH的显示器上实现，作为运行人员的信号监测及在线试验操作。

4）隔膜阀。该阀门装在前轴承箱的右侧，用于机械超速系统与ETS系统的动作联系，其作用是机械超速系统动作、润滑油压下降时，泄去危急遮断油总管上的安全油，遮断汽轮机。当汽轮机正常运行时，润滑油系统的汽轮机油通入隔膜阀的上部腔室中，其作用力大于弹簧约束力，隔膜阀处于关闭位置，切断危急遮断油总管通向回油的通道，使调节系统能正常工作。当机械超速机构或手动遮断杠杆分别动作或同时动作时，通过危急遮断滑阀泄油，可使该范围内的润滑油压局部下降或消失，压弹簧打开隔膜闪，泄去危急遮断总管上的安全油，通过快速卸载阀，快速关闭所有的进汽阀和抽汽阀，实行紧急停机。

2. ETS调试

当全部的接口接点都连接好并检查过以后，按下面的步骤调试ETS。调试流程如图3-103所示。

（1）调试应具备的基本条件。

1）调试所需的资料齐备，包括接线图，逻辑图，有关的设备说明书已准备，并核对系统原理图、逻辑图、端子接线图之间正确无误，保护系统逻辑符合设计和运行要求；如发现错误，以书面方式通知设计方和业主，并让设计方提出修改通知。

2）调试计量仪器已按要求准备且在计量检定周期内。

3）检查所有设备安装到位，核查从现场或其他系统取来的所有接线（包括电源线接线极性），应连接正确无误、牢固，手松拉无松动。接地与公用性已形成环路连接，测量装置与线路绝缘电阻测量符合规定要求。

4）现场相关的所有一次性元件单体校验工作完成，核查校验记录单完整，精度和报警保护定值设置值符合设计，填写规范。

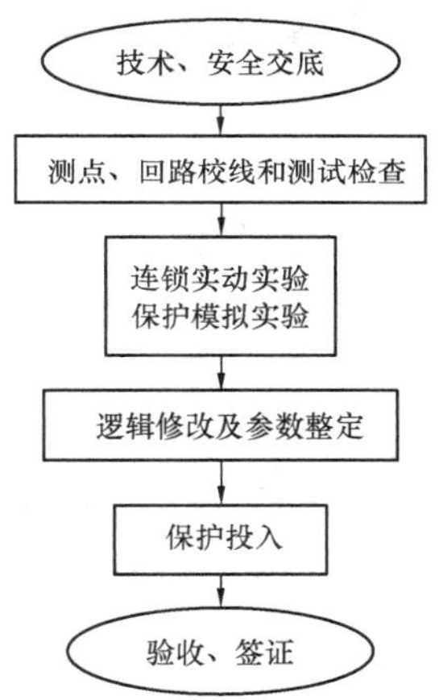

图3-103 ETS调试流程图

5）检查确认所有保护信号实际定值设置，符合设计和运行要求。

6）主控室及电子间有充足的照明，温度、湿度满足要求。

7）系统所需的冗余电源（或气源），具备随时送电（或送气）的能力。

8）EH系统调试结束。

（2）ETS通电后操作面板功能试验。断开ETS输出控制接线，确认两组相互独立的交流电源连接ETS柜内交流端子（根据厂家接线图）正确无误后，闭合直流电源面板及交流电源面板上的电源开关。

复置汽轮机输入信号，确定操作员试验面板无报警状态显示。若有报警信号查明情况并予以改正，然后操作面板功能检查试验。

1）正常运行时操作员试验面板的使用。

若某个报警情况出现，那么操作试验面板上就会点亮相应的功能键上的指示灯或点亮面板上部的指示灯。当功能键上的指示灯亮了，若要检查一下该报警的属性，只要按一下“输入状态”键。切换到“输入信号状态”画面，处于非正常状态的传感器指示灯点亮，见图3-104。灯亮指示报警状态，灯灭指示状态正常。当两个通道的传感器处在以下这些功能的报警状态，如：EH 油压低、润滑油压低、真空低，三个超速通道中有两个传感器指示超速，或者遥控信号动作，那么汽轮机就遮断。汽轮机遮断后，若要检查遮断的原因，按一下“首出遮断”键，切换到“首出遮断报警”画面，首出遮断信号相应的指示灯点亮。

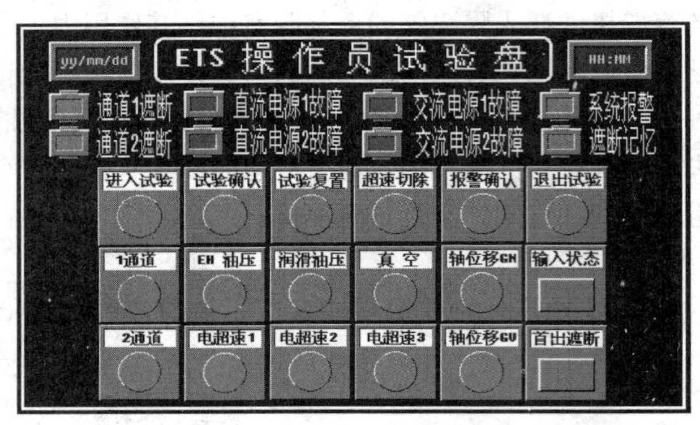

图 3-104　危急遮断系统（ETS）试验盘

2）操作员试验面板在线试验遮断功能。

① 在键盘上通过按“进入试验”功能键进入试验方式，然后按下要试验的功能键（例如：EH 油压、润滑油压、低真空等）。

② 按“通道 1”或“通道 2”键对应于要试验的通道，再按一下“试验确认”键进行试验状态。检查确认点亮的指示灯所试验的通道处于动作状态。

③ 按“复位试验”键复置相应的动作通道，检查确认试验的通道不再处于遮断状态。

④ 如果试验完成，按“退出试验”键退出试验方式。

3）操作员试验面板上试验超速功能。

① 在键盘上按“进入试验”键，进入试验方式，再按“超速 X”键，选择相对应的超速通道 1～3 后，在键盘上按一下“试验确认”键进行试验。

② 检查确认操作员试验面板指示灯指示的试验通道为选择的超速通道，处于动作状态（通道 1 对应于通道 1 或 3 的超速试验，通道 2 对应于通道 2 超速试验）。

③ 按“复位试验”键复置相应的动作通道，检查确认试验的通道不再处于遮断状态。

④ 按“退出试验”键，退出试验方式。

（3）ETS 系统联调试验。

1）AST 电磁阀不连动试验。

先拆除输出至 AST 电磁阀的端子接线，连接万用表或其他监视表计，防止 AST 电磁阀反复动作，过热损坏。在确认回路正确的情况下，用短接或解线的方法使系统复位。

检查润滑油压低、凝汽器真空低所对应的压力开关调校完毕，安装就位，汽轮机超速转速表整定完毕，润滑油压和凝汽器真空已建立正常值。

① 汽轮机超速遮断试验：汽轮机挂闸，从就地探头处用信号发生器加模拟转速信号，当超过 3270r/min 时，检查万用表或其他监视表计显示和 ETS 首出及相应声光报警正确。

② 轴向位移大遮断试验：汽轮机挂闸，短接 TSI 装置轴向位移大输出接点，检查万用表或其他监视表计显示和 ETS 首出及相应声光报警正确。

③ 振动大遮断试验：汽轮机挂闸，短接 TSI 装置振动大的输出接点，检查万用表或其

他监视表计显示和 ETS 首出及相应声光报警正确。

④ 胀差大遮断试验：汽轮机挂闸，短接 TSI 装置胀差大的输出接点，检查万用表或其他监视表计显示和 ETS 首出及相应声光报警正确。

⑤ 润滑油压低遮断试验：汽轮机挂闸，人工手动调整润滑油压试验块上的压力泄放阀或关闭进油阀且缓慢开启回油阀慢慢泄压，检查万用表或其他监视表计显示和汽轮机跳闸时的润滑油压值记录应符合设计规定，同时 ETS 首出及相应声光报警正确。

⑥ 凝汽器真空低遮断试验：汽轮机挂闸，人工手动调整凝汽器真空试验块上的真空泄放阀慢慢泄压，检查万用表或其他监视表计显示和汽轮机跳闸时的真空值记录应符合设计规定，同时 ETS 首出及相应声光报警正确。

⑦ 支持轴承温度大于 75℃遮断试验：汽轮机挂闸，在 DCS 控制中调整任一支持轴承温度的跳机定值到当前室温以下，检查万用表或其他监视表计显示和 ETS 首出及相应声光报警正确。

⑧ 推力轴承温度大于 110℃遮断试验：汽轮机挂闸，在 DCS 控制逻辑中调整任一推力轴承温度的跳机定值到当前室温以下，检查万用表或其他监视表计显示和 ETS 首出及相应声光报警正确。

⑨ 发电机定子温度小于 100℃遮断试验：汽轮机挂闸，在 DCS 控制逻辑中调整任一发电机定子温度的跳机定值到当前室温以下，检查万用表或其他监视表计显示和 ETS 首出及相应声光报警正确。

⑩ 发变组故障遮断试验：汽轮机挂闸，由电气发出一个发变组故障信号，检查万用表或其他监视表计显示和 ETS 首出及相应声光报警正确。

⑪ 手动停机遮断停机试验：汽轮机挂闸，人工手动在 BTG 盘上操作紧急按钮，检查万用表或其他监视表计显示和 ETS 首出及相应声光报警正确。

2）电源试验。

① 如果 ETS 系统一路电源失去，检查电源应可靠切换，系统工作应正常同时声光报警正确。

② 如果 ETS 系统两路电源全部失去，检查万用表或其他监视表计显示和 ETS 首出及相应声光报警正确。

3）AST 电磁阀连动试验。

① 拆除连接万用表或其他监视表计的输出接线，恢复至 AST 电磁阀的端子电缆接线。

② 进行通道在线试验，在 ETS 试验盘上按相应的通道试验按钮，检查相应的 AST 电磁阀应正确动作。

③ 复归所有的保护信号，实际启动直流润滑油泵，在润滑油信号取样管压力建立起来后，关闭进油阀，缓慢开启回油阀，让压力非常缓慢下降，待保护压力开关动作时，关闭回油阀，检查 ETS 应动作，确认 AST 电磁阀可靠跳闸，与此同时首出信号和保护动作跳闸信号应及时正确报警。然后打开进油阀，待油压上升至保护动作值以上时，系统应恢复，AST 电磁阀回归正常，人工确认后报警信号应消失。

4）机组启动时试验。

① 机组启动时，投入所有保护，并进行系统监护。

② 配合机组相关试验，比如进行汽轮机的机械超速保护试验时，可将 ETS 的正常超速保护设定点提升到 114%，按“超速切除”键，等“超速切除”指示灯亮［表示正常的电超速保护（超速 110%）已切除］，允许机务进行机械超速试验。机械超速试验完成后，按一下“退出试验”键，“超速切除”指示灯灭（表示正常电超速保护功能已恢复）。

（4）数据记录。试验过程中，认真做好试验原始数据，并根据试验原始数据计算误差。

认真填写调试过程记录，调试工作卡、调试工作备忘录等，发现问题，及时通知厂家处理。

3. 调试验收与故障处理

ETS 系统调试验收见表 3-87，常见故障及处理见表 3-88。

（七）给水泵控制系统调试

给水泵汽轮机数字式电液控制（Microprocessor-based Electro-Hydraulic Control，以下简称 MEH）系统是大型电站自动控制系统的一个组成部分。MEH 接受机炉协调控制系统的指令，对给水泵汽轮机进行大范围转速闭环控制，从而控制锅炉的给水流量。MEH 由控制部分与液压部分组成。控制部分与 DEH 和 BPS 控制系统一样，具有灵活方便的组态功能，能与电厂 DCS 系统联网实现信息共享。液压部分的高压调节阀、低压调节阀伺服执行机构与 DEH 的伺服执行机构一样，具有响应快速、安全、驱动力强的特点。

表 3-87　　ETS 系统调试验收表

检验项目		性质	单位	质量标准		检查方法
				合格	优良	
查线	复校率		%	≥95	100	查对并记录
	正确率		%	100		查对记录
电源熔丝容量				符合设计要求		核对
绝缘电阻				≥200MΩ		用 500V 绝缘电阻表检查
硬件组态				符合设计要求		查对并记录
供电电源电压误差			%	±10		用电压表测试
断电器、开关、状态灯的用途、切投标志				清楚正确		观察核对
跳机模拟传动试验				动作正确		模拟参数的变化或短接接点，观察继电器显示灯
配合其他专业的模拟传动试验				自动主汽门及其他联动设备动作正确，记录显示准确		模拟参数的变化或短接一次元件接点，观察并记录

表 3-88　　ETS 系统调试故障处理表

	故障描述	可能原因	处理方法
送电后模件测试	电源模件无输出电压或电压不正常	输入电压不正常	检查输入电压
		模件熔丝坏	更换模件熔丝
		模件坏	更换模件
	输入输出模件工作不正常	连接电缆松动	检查确认连接电缆的连接是否正确、可靠
		通信地址设置错误	检查确认地址设置
		通道熔丝坏	更换熔丝

续表

	故障描述	可能原因	处理方法
送电后系统功能测试	信号联调或控制器上信号没变化	回路有问题	重新检查回路
		信号受干扰	检查信号线的屏蔽
		通道坏	修复或更换通道
	联锁不正确	回路有问题	重新检查回路
		逻辑错误	检查更改程序软件
		通道坏	修复或更换通道
		就地设备故障导致拒动或误动	重新调试就地设备
		就地设备未送电	就地设备送电
	电源切换时系统扰动	电源切换时间太长	调整电源切换时间到系统允许范围内

1. 工作原理与系统构成

MEH 的工作原理与 DEH 系统的工作原理类同，在此不再叙述，仅介绍一下系统构成。

液压系统。MEH 共用 DEH 的液压油（EH 油），没有独立的高压抗燃油供油系统。根据机组容量和设计不同，MEH 液压系统中的主汽门（或速关阀）和调节汽门有多种不同的配置，下面就液压系统中普遍存在的调节汽门（高压调门和低压调门）和危急保安系统加以说明。

1）调节汽门。

与 DEH 一样，MEH 的调节汽门也是控制型的油动机，如图 3-105 所示。调节汽门的活塞杆与汽门杠杆相连，杠杆支点布置成油动机向上移动为开汽门。通过控制电液转换器进入油动机的高压油流来控制汽门在要求的开度，控制原理与 DEH 控制型油动机的原理一样，在此不再重复。位置反馈也是用两个 LVDT 输入控制系统后进行高选。

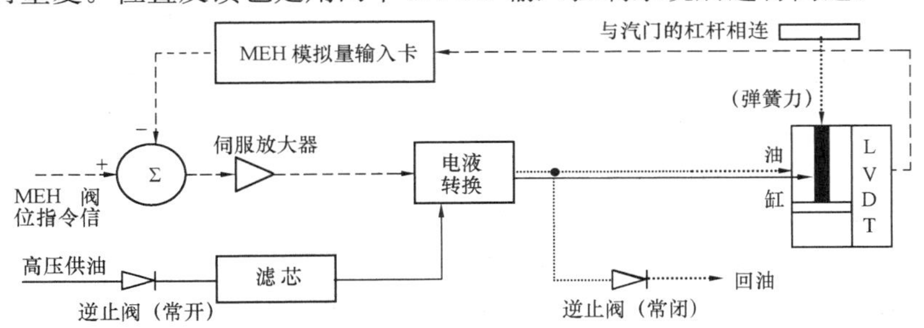

图 3-105 控制型油动机原理

与 DEH 的控制型油动机不同的是，MEH 的油动机控制块中没有快速卸荷阀，所以调节汽门不能快关，只能通过 MEH 阀位指令信号和电液转换器的机械零位偏置来确保调节汽门的关闭。

2）危急保安系统。

危急保安系统由速关阀、危急保安装置和速关组件组成，如图 3-106 所示。危急保安系统以低压调节油为工作介质。

① 速关阀。速关阀是蒸汽和给水泵汽轮机之间的主要关闭机构，当运行过程中出现事故时，它能在最短时间内切断进入给水泵汽轮机的蒸汽。前面已经提到，MEH 的调节汽门

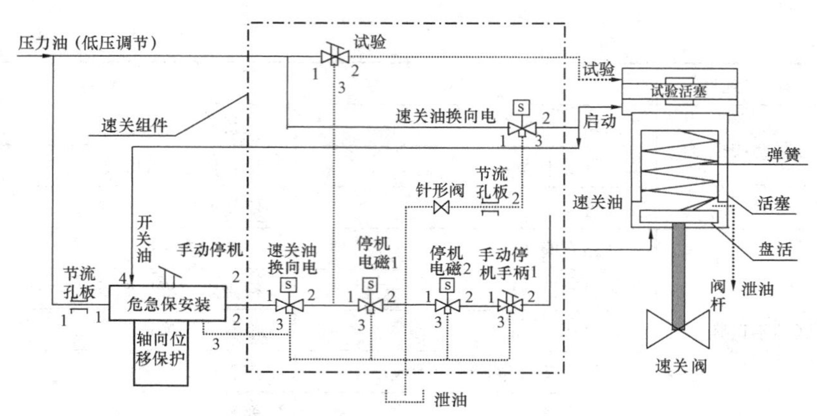

图 3-106　危急保安系统原理

由于没有快速卸荷阀，调节汽门的关闭时间相对比 DEH 调节汽门的关闭时间长，所以速关阀的保护就显得尤其重要。

② 速关组件。速关组合件主要由速关油换向电磁阀、启动油换向电磁阀、停机电磁阀 1、停机电磁阀 2、手动停机阀和速关阀试验阀组成，见图 3-106 点划线框内部分。速关组合件主要是用于控制进出速关阀的油压，控制速关阀的开关。图中启动油换向磁阀在得电时，1→2 导通、2→3 截止，失电时，2→3 导通、1→2 截止，而速关油换向电磁阀和停机电磁阀的动作情况正好相反。

启动油换向磁阀和速关油换向电磁阀用于速关阀的开启：速关阀要求打开时，先使速关油换向电磁阀和启动油换向电磁阀同时带电，停机电磁阀 1、2 均不带电，由于速关油电磁阀的 2→3 导通、1→2 截止，所以就切断了压力油到速关油的通道。启动油换向电磁阀的 1→2导通、2→3 截止，压力油经过 1→2 建立启动油和开关油。启动油和开关油分别用于推动活塞盘和触发危急保安装置投用（详见危急保安装置的叙述）。等待一定时间（一般 3～8s），待启动油将活塞盘完全推向活塞后，先让速关油电磁阀断电复位，则压力油到速关油的通道导通，同时由于弹簧就被完全封闭在活塞环中，速关油压就可以建立起来。再过一定时间（一般 3～8s）后让启动油换向电磁阀断电，则启动油换向电磁阀的 2→3 导通、1→2 截止，启动油与泄油口接通。此时整个活塞环在速关油压力作用下向上运动，直到将试验活塞压到油缸的底部，阀杆在活塞带动下向上提升，阀门开启。

因为电磁阀回油口装有节流孔板和可调节针形阀，所以泄油速度比较缓慢。可以通过调整针形阀来控制回油流量以控制速关阀开启速度。在开启过程中，以下两点必须注意：①启动油换向电磁阀和速关油换向电磁阀的动作顺序不能调换；②启动之后（速关阀开启）启动油压力应该为零，否则应检查针形调节阀开度和节流孔板 2。

两个停机电磁阀用于速关阀的关闭：只要停机电磁阀 1 和 2 任一带电，速关油就通过其中一个电磁阀的 2→3 通道与泄油口接通，速关油迅速泄掉，作用在活塞上的弹簧力推动活塞和阀杆以关闭阀门。活塞环后残留的部分速关油流入活塞和弹簧空间并泄油。为了确保事故发生时，速关阀能快速关闭，速关组合件将两只停机电磁阀串联布置以防止单只电磁阀拒动发生事故。

手动停机阀与停机电磁阀的作用一样：动作手动停机手柄 1，速关油就通过其中的 2→3

通道迅速泄压，作用在活塞上的弹簧力推动阀杆关闭阀门。

试验阀的作用是在线进行阀门活动性试验：动作试验阀上的操作手柄（保持动作状态），压力油通过其中的1→2通道建立试验油。将试验活塞压向活塞环底部，并通过活塞盘和活塞推动阀杆向关闭方向产生相应的位移。停止试验，只需恢复试验阀上的操作手柄就可以。因为有节流孔板3，以及试验活塞特殊的截面设计，速关阀部分位移和复位缓慢，而且一般位移控制在20mm以内，不会影响通过速关阀的蒸汽流量，因此不影响给水泵汽轮机的正常运行。

③ 危急保安装置。危急保安装置的作用是当给水泵汽轮机运行过程中出现故障或某些检测参数异常时，泄放速关阀中速关油，使速关阀关闭，切断进入给水泵汽轮机的汽源。

危急保安装置装在开前轴承座上，开启速关阀的过程中，当触发危急保安装置的接口4处有启动换向阀来的开关油触发时，压力油便进入危急保安装置，并保持1→2通道导通，直到有保护信号使危急保安装置动作。压力油通过危急保安装置的1→2通道向速关组合件提供速关油开启速关阀。当危急保安装置动作时，其中的1→2通道截止、2→3通道导通，速关阀通过速关组合件和危急保安装置的2→3通道泄放，速关阀关闭。

压力油压力低、手动压下手动停机手柄2、机械式轴向位移保护和危急遮断器动作时，可以使危急保安装置动作。

2. MEH系统调试

（1）调试前需具备条件。给水泵汽轮机系统所有设备、管道、阀门安装结束，并经验收签证；闭式水系统、给水泵汽轮机EH油循环结束，油质化验合格；给水泵汽轮机控制油系统已投运，系统参数正常；系统相关热工测量元件、执行机构等一次设备安装完毕，校验合格，并附有校验记录；系统接线已完成，端子固定牢固；各一次设备标牌正确；

给水泵汽轮机调试资料、工具、仪表、记录表格已准备好，安全、照明和通信措施已完成。

（2）MEH系统调试。DEH系统调试内容包括接地电阻、绝缘电阻测试，电源部件性能测试，硬件和基本软件测试，输入、输出信号回路测试，应用软件检查与修改，动、静态参数设置，控制回路检查及功能测试，阀门及油动机行程调整，阀门行程开关调整，阀门特性试验，汽轮机保护系统信号检查、调试及联锁试验。

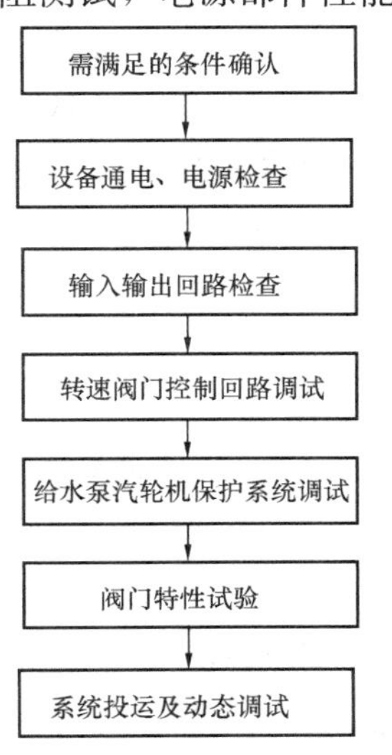

图3-107 分系统调试流程图

调试工作的操作程序可按如图3-107所示的流程图顺序进行。

1）通电、电源测试。

通电前按接线图纸进行接线核对，应正确无误，连接紧固，手轻接线应无松动。对电源电压、接线、熔丝、绝缘等进行检查，要求用DC500V的绝缘电阻表分别对输入对输出、输出对外壳、输入对外壳项进行绝缘测试，绝缘电阻应大于10MΩ以上。

通电后检查所有组件的电源开关、指示灯工作应正常。逐项测试记录各输出电压，测试数据应符合手册要求。

2）输入/输出信号检查。

数字量输入信号，在现场源点模拟短接接点，检查系统画面状态的变化应与输入信号对应。

数字量输出信号，操作员站画面强制输出信号，检查现场控制对象动作应与操作信号一致。

模拟量输入信号，在现场源点输入模拟量信号，检查画面参数及报警显示应符合精度要求。

模拟量输出信号，在模拟量输出端子连接标准计量仪表，操作员站画面上设置相应的模拟量输出信号，检查记录计量仪表显示，表计应符合精度要求，或检查现场控制对象动作范围，应与操作信号一致。

3）Woodward505 功能检查。

① 给水泵汽轮机启动允许条件。

当“启动允许、EHC 内部发出给水速度要求低限、无汽轮机跳闸”三个条件信号同时满足时，按“RUN”按钮时，给水泵汽轮机应能启动。

② 给水泵汽轮机启动转速控制应能实现以下功能：

给水泵汽轮机转速大于 14r/min 时盘车自动脱扣。

给水泵汽轮机转速达 500r/min 应自动停止升速，进行低速暖机且“MANUAL”灯亮，“AUTO”灯灭。

给水泵汽轮机低速暖机结束后，自动设定目标转速为 1500r/min，给水泵汽轮机以每秒 40 转升速率升速至 1500r/min，进行高速暖机。

高速暖机结束，给水泵汽轮机转速自动升至 2500 r/min 且“READY FOR AUTO”灯亮，给水泵汽轮机启动结束。

③ 给水泵汽轮机 CCS 方式切换。

当“EHC 内部速度信号检查没有故障报警、给水泵汽轮机未跳闸、“MANUAL”按钮未按下、CCS 发出“READY FOR AUTO”信号、按下“AUTO”按钮”条件同时满足时，给水泵汽轮机切换至 CCS 方式运行。

④ 给水泵汽轮机给水控制功能试验。

通过试验，确认给水泵汽轮机未切换至 CCS 方式时，按 ECP 盘上的“INCREASE”、“DECREASE”按钮能改变给水泵汽轮机速度设定，这时 CCS 的输出跟踪手动设定信号；当给水泵汽轮机切换在 CCS 方式下运行时，给水泵汽轮机速度设定由 CCS 输出信号控制。

⑤ 超速试验功能检查。

用信号发生器模拟给水泵汽轮机转速，进行超速试验功能检查，控制与保护回路应能正确动作。

⑥ 汽门活动试验功能检查。

4）ProTech 203 超速保护装置调试。

① ProTech 203 超速保护装置参数设置。

ProTech 203 超速保护装置参数设置内容包括：跳闸转速的设置、测速装置故障转速设置、测速装置故障时间设置、测速齿轮齿数设置、测速装置故障时机组是否跳闸设置。

② ProTech 203 超速通道模拟试验步骤。

把 ProTech 上选择开关打至“PROGRAM”位置，按下通道 A 中“OVERSPEED

TEST”按钮；转动通道A中“TEST FREQUENCY”电位器，增加给水泵汽轮机模拟转速（注意液晶显示器中的转速），当转速至6380r/min时，跳闸指示灯亮，确认通道A跳闸，然后复归通道A中“OVERSPEED TEST”按钮。通道A仍在跳闸状态。

按通道B中“OVERSPEED TEST”按钮，转动通道B中“TEST FREQUENCY”电位器，增加给水泵汽轮机模拟转速（注意液晶显示器中的转速），当转速至6380r/min时，跳闸指示灯亮，确认通道B跳闸，同时确认给水泵汽轮机跳闸。恢复通道B中“OVERSPEED TEST”按钮，通道B仍在跳闸状态。

按通道A和B“RESET”按钮，确认给水泵汽轮机复归。

重复上面2～10步，试验ProTech中通道A和C。

重复上面2～10步，试验ProTech中通道B和C。

试验结束后，把ProTech中选择开关打至“MONITOR”位置。

5）汽门静态特性试验。

① 给水泵汽轮机高、低压调门静态特性。

模拟Woodward505阀位控制信号，缓慢开启、关闭给水泵汽轮机高、低压调门，记录阀位控制信号、阀位反馈信号、油动机行程和阀门行程，作出给水泵汽轮机高、低压调门的阀门特性曲线。

② 给水泵汽轮机DEH系统阀门快关时间测试。

模拟Woodward505“SHUTDOWN”信号，确认给水泵汽轮机高、低压主汽门，高低压调门快速关闭，记录各阀门快关时间。

6）给水泵汽轮机复归与跳闸试验。

模拟给水泵汽轮机无跳闸信号。按集控室控制盘上“CLEAR”按钮，按集控室控制盘上“RUN”按钮（如果给水泵汽轮机在盘车状态的时间应稍长一些），按集控室控制盘上“RESET”按钮。确认高低压主汽门开启，“TURBINE RESET”指示灯亮，“TURBINE TRIPPED”指示灯灭。

按集控室控制盘上“RUN”按钮，确认高低压调门开启。由有关人员模拟给水泵汽轮机跳闸保护任一条件，确认给水泵汽轮机跳闸信号正确，所有高低压主汽门、调门关闭，“TURBINE TRIPPED”指示灯亮，“TURBINE RESET”指示灯灭。

试验结束后，应通知有关人员解除相应的强制信号。

7）给水泵汽轮机跳闸保护与报警试验（只试验电气回路）。

逐一模拟给水泵汽轮机跳闸条件，确认给水泵汽轮机跳闸；同时逐一进行信号报警试验，应符合实际。

8）主汽门活动性试验。

① 高压主汽门活动性试验。

先检查确认高压调门在关闭位置时就地控制盘上“HPSV READY FOR TEST”绿灯ZL406亮，高压主汽门在全开位置时“OPEN”红灯亮“CLOSED”绿灯灭。

按下高压主汽门活动性试验按钮HMS501“TEST”并保持，检查确认高压主汽门关闭且“OPEN”红灯灭“CLOSED”绿灯亮，“HPSV TEST SUCCESSFUL”绿灯亮，现场高压主汽门活动无卡涩现象。

释放高压主汽门活动性试验按钮 HMS501 "TEST"。检查确认高压主汽门开启且"OPEN"红灯亮"CLOSED"绿灯灭。现场确认高压主汽门恢复全开。

② 低压主汽门活动性试验。

检查确认低压主汽门在全开位置且"OPEN"红灯亮"CLOSED"绿灯灭后，按下低压主汽门活动性试验按钮 HMS500 "TEST"并保持，检查确认"OPEN"红灯仍亮"CLOSED"绿灯转亮，"LPSV TEST SUCCESSFUL"绿灯亮；现场确认低压主汽门部分关闭无卡涩现象，记录行程。

释放低压主汽门活动性试验按钮 HMS500 "TEST"。检查确认"CLOSED"绿灯灭"OPEN"红灯仍亮，现场确认低压主汽门恢复全开无卡涩现象。

9）实际超速试验。

① 超速试验应具备的条件。

确认超速试验应具备的条件满足，包括给水泵汽轮机符合正常冲转升速条件、给水泵汽轮机与汽泵联轴器已脱开、转速指示器能正常投运、给水泵汽轮机复归与跳闸试验已进行完毕且动作正常、"LAMP TEST"试验正常、ProTech 203 模拟超速试验合格。

② Woodward505 电超速试验步骤。

按正常启动方法将给水泵汽轮机升速至 2500r/min，按 Woodward505 控制盘上"ORERSPEED TEST ENABLE"键，检查控制盘上显示的转速指令应正常。

按控制盘上"ADJ ↑"键缓慢增加给水泵汽轮机转速指令，（注意监视 Woodward 505 显示器上的实际转速与设定转速的指示值），同时按控制盘上"OVETSPEED TEST ENABLE"键和"ADJ ↑"键缓慢增加转速指令至 5800r/min。检查确认"OVERSPEED TEST ENABLE"键缓慢增加转速指令至 5800r/min，"OVERSPEED TEST ENABLE"键上的红色指示灯亮。

继续按"OVERSPEED TEST ENABLE"键缓慢增加转速指令至 6264r/min，确认"OVERSPEED TEST ENABLE"键上的红色指示灯开始闪烁。

释放"OVERSPEED TEST ENABLE"键，确认给水泵汽轮机超速保护动作，给水泵汽轮机跳闸，高低压主汽门、调门关闭，给水泵汽轮机转速下降。若超速保护不动作，立即按紧急跳闸按钮，确认给水泵汽轮机跳闸。

③ ProTech 203 后备超速试验步骤。

重复 b）中试验方法。继续按"OVERSPEED TEST ENABLE"键和"ADJ ↑"键，缓慢增加转速指令，直到 ProTech 203 中 3 取 2 超速开关跳闸，引起给水泵汽轮机跳闸。确认高低压主汽门、调门关闭，转速逐渐下降。

如转速接近 6380r/min 时未跳闸，立即按紧急跳闸按钮，确认给水泵汽轮机跳闸。

10）配合 CCS 投给水泵汽轮机转速自动，进行有关调节特性试验。

3. 注意事项与安全措施

调试人员应认真学习并严格执行《安规》有关规定和调试制定的有关规章制度。

（1）对 Woodward505 控制系统的模件插拔时必须戴防静电护腕；禁止用手触摸 Woodward505 模件的印刷电路板。

（2）同一 I/O 模件中所有信号回路未检查完时，不准插入对应的 I/O 模件；I/O 模件插入插槽前需确认信号端子线无接地情况。

（3）与就地设备联调时应注意输出控制命令信号的类型和时间长短，以免损坏就地设备，尤其是马达控制回路。

（4）整套启动试运调试阶段的消缺工作应特别注意在运行的设备与检修设备的关系，必须先看清有关图纸，在有人监护的情况下进行工作。

（5）进入工地现场必须戴安全帽，在现场行走应注意行路通道，以免发生碰（撞）伤或摔伤等事故。

4．调试验收与调试问题分析处理

给水泵控制系统调试验收见表3-89，常见问题及处理见表3-90。

表3-89　　汽动给水泵调试验收表

<table>
<tr><th colspan="3" rowspan="2">检验项目</th><th rowspan="2">性质</th><th rowspan="2">单位</th><th colspan="2">质量标准</th><th rowspan="2">检查方法</th></tr>
<tr><th>合格</th><th>优良</th></tr>
<tr><td rowspan="2">查线</td><td colspan="2">复查率</td><td rowspan="2"></td><td rowspan="2">%</td><td>≥95</td><td>100</td><td rowspan="2">统计</td></tr>
<tr><td colspan="2">正确率</td><td colspan="2">100</td></tr>
<tr><td colspan="3">绝缘电阻</td><td></td><td></td><td colspan="2">＞200Ω</td><td>用500V绝缘电阻表检查</td></tr>
<tr><td colspan="3">接地系统</td><td></td><td></td><td colspan="2">＜1Ω</td><td>用测量仪器检查</td></tr>
<tr><td colspan="3">输入电源电压误差</td><td></td><td>%</td><td colspan="2">±10</td><td>使用电压表测试</td></tr>
<tr><td colspan="3">软件检查</td><td></td><td></td><td colspan="2">合理、符合设计要求</td><td>核对图纸</td></tr>
<tr><td colspan="3">软件修改、参数设置及静态模拟试验</td><td></td><td></td><td colspan="2">合理、符合设计要求</td><td>试验、观察、测试</td></tr>
<tr><td colspan="3">I/O通道正确率</td><td></td><td>%</td><td>≥95</td><td>100</td><td>100%测试</td></tr>
<tr><td colspan="3">外设通电检查</td><td></td><td></td><td colspan="2">工作正常</td><td>查线测试</td></tr>
<tr><td rowspan="8">动态模拟试验</td><td colspan="2">转速控制</td><td rowspan="8">主要</td><td rowspan="8"></td><td colspan="2" rowspan="8">合理、符合设计要求</td><td rowspan="8">观察、查记录</td></tr>
<tr><td colspan="2">负荷控制</td></tr>
<tr><td rowspan="2">手动控制</td><td>就地</td></tr>
<tr><td>遥控</td></tr>
<tr><td colspan="2">自动方式控制</td></tr>
<tr><td colspan="2">MCS方式控制</td></tr>
<tr><td colspan="2">阀门在线试验</td></tr>
<tr><td colspan="2">保护在线试验</td></tr>
<tr><td rowspan="9">跳闸保护模拟试验</td><td colspan="2">后备超速保护</td><td rowspan="9">主要</td><td rowspan="9"></td><td colspan="2" rowspan="9">合理、符合设计要求</td><td rowspan="9">观察、查记录</td></tr>
<tr><td colspan="2">低油压保护</td></tr>
<tr><td colspan="2">低真空保护</td></tr>
<tr><td colspan="2">泵进口低流量保护</td></tr>
<tr><td colspan="2">泵进口低压力保护</td></tr>
<tr><td colspan="2">MFT保护</td></tr>
<tr><td colspan="2">电源及重要传感器故障保护</td></tr>
<tr><td colspan="2">轴承温度高保护</td></tr>
<tr><td colspan="2">轴承高振动保护</td></tr>
<tr><td colspan="2" rowspan="2">监视仪表</td><td>投入率</td><td rowspan="2">主要</td><td rowspan="2">%</td><td colspan="2">100</td><td rowspan="2">统计</td></tr>
<tr><td>正确率</td><td>≥90</td><td>≥95</td></tr>
</table>

表 3-90 调试问题分析处理

故障描述	可能原因	处理方法
调门抖动	SD 卡通道不正常	更换通道或增加 SD 卡
	伺服阀两组线圈并联不稳定	改用一组线圈
	前置器零点或量程发生漂移	重新调整零点和量程
	LVDT 工作特性不稳定	更换 LVDT 并重新整定参数
转速跳变	转速测量电缆的屏蔽性能不好	重新检查电缆屏蔽和接地，保证在 MEH 机柜侧接入总的接地母排
	转速探头安装间隙偏大	重新安装转速探头，合理调整间隙并紧固支架
给水泵汽轮机启动时挂不上闸或跳闸故障	电源故障	检查电源空气开关和电源回路
	启动油电磁阀、速关阀电磁阀故障	检查电磁阀是否烧坏

第四章 热工安装调试管理

随着电厂自动化水平的不断提高，热工测量及自动化设备在电厂中的地位显得特别重要。在电厂基建过程中，认真做好热工测量及自动化设备安装及调试管理，对提高热工安装调试质量、保证机组分部试运行和整套试运行的顺利进行，将起到关键的作用。

本章将根据施工安装项目管理，结合“施工技术管理制度”、“质量体系、职业安全卫生和环境体系”、“基建达标”等要求，介绍热工安装及调试管理的基本内容。

第一节 热工施工管理

一、施工组织管理

（一）施工特点、组织形式和管理措施

1. 施工的作业特点

热工测点和执行机构遍及厂区热力系统和工艺管道中的各个部位，各种测量信号通过电缆汇集到控制室、电子室用于显示与控制。热工安装作业的特点是点多面广、工艺复杂、交叉作业频繁，安装中涉及钳工、电工、焊工等多工种技术结合。目前除了进口机组有比较详细的安装图外，国产机组在电缆桥架布置、电缆走向、仪表管布置、测点安装等方面的设计图纸不够详细，均需要热工安装技术人员和施工人员进一步细化，有的甚至需要根据实践经验现场自行设计。因此热工施工人员除了需要熟悉热力系统和工艺流程，掌握钳工、电工、焊工、电子等多种知识外，还要有丰富的现场实际经验。

2. 施工的组织形式

在电力施工企业中，热工专业作为一个专业工种，一般同电气专业一起以专业公司或专业工区的形式存在，但热工施工班组的分工形式则有不同的组合，比如：

（1）按区域施工方式分工的一般设：锅炉热工班、汽轮机热工班、外围热工班；

（2）按专业面施工方式分工的一般设：温度班、流压班、特种仪表班；

（3）按热力过程施工方式分工的一般设：汽水系统班、烟风系统班、分散控制系统（DCS）班、辅助系统班等。

不同的分工方式有各自的优缺点：

（1）按区域方式分工要求施工人员掌握的工作面广，有利于专业施工的整体性和协调性，但不利于工作的熟能生巧和工作效率的提高；

（2）按专业面施工的方式分工，因工作相对专一，有利于提高施工技能和工作效率，但不利于培养施工人员的一技多能和工作的全面性；

（3）按热力过程施工的方式分工，强调施工人员的系统性，有利于系统验收和调试消缺

过程中同调试人员的配合协调工作，但不利于施工效力的提高。

目前，在大型机组热工施工和市场经济的环境下，专业公司中以按区域或按热力过程分工的方式偏多。也出现了大量电缆敷设和接线、桥架管路安装等专业分包队伍。

3. 主要管理措施

针对热工安装的工作性质和作业特点，应重点做好下列管理措施：

(1) 认真做好前期的施工策划和技术准备工作。包括组织机构的设置，程序文件和管理制度的制订。根据施工总体计划进行专业施工计划的编制，并把 DCS 受电列入工程控制里程碑节点范围。

(2) 积极参与工程前期工作。特别是设备的招标、评标和合同谈判工作，并进行安装技术规范书的编写。通过这些工作可以尽早熟悉设备的特性，提出施工过程中的合理要求，如减少现场安装工作量、提高施工工艺质量等，机务四大管道上的热工测点的开孔及温度套管的焊接工作，原则上必须在制造厂或配管厂内完成。

(3) 做好标准化、信息化管理工作。随着工程达标、创优工作的深化，标准化和信息化管理的地位更加突出，施工企业除了普遍采用 P3 等工程管理软件之外，针对热工安装的特点，开发和应用电缆敷设软件、仪表管 CAD 设计、电缆桥架的二次设计等专业软件，加强施工记录的标准化管理。

(4) 做好热工人员上岗和其他施工人员的培训管理。目前在市场竞争激烈的形势下，施工企业的用工形式有所增加，必须加强职工的上岗培训和取证工作。例如，经培训取证后在电缆接线方面采用专人专管、接线挂牌，电缆敷设引进成建制专业施工队伍，制订专门管理程序来确保工艺质量。

(二) 施工技术管理

随着电力建设工程机组容量的不断增加和自动化水平的不断提高，热工专业的施工范围越来越大，控制系统接地可靠性与抗干扰能力等要求越来越高，为了保证工程质量，不断提高施工技术水平，热工专业施工单位不断改进和加强各项施工工作的技术组织管理，是整个工程施工管理的重要组成部分。

热工专业施工技术管理的基础工作，包括贯彻国家和行业的技术标准与技术规程，制定和建立企业的各项技术标准、规程和管理制度，组织交流科技情报和技术文件管理，合理地组织专业施工与管理活动等。

1. 技术标准和管理制度

技术标准分国家标准、行业标准、地方标准和企业标准四大类，从执行效力上讲应是递减的。因为在电力建设工程的施工验收和电力生产的运行检修中，国家标准是指在全国范围内需要统一的最基本的主要技术要求；行业标准是指对没有国家标准而又需要在全国某个行业范围内统一的技术要求；地方标准是指对没有国家标准和行业标准而又需要在省、自治区、直辖市范围内统一的工业产品的技术要求；企业标准则是符合但又严于国家标准、行业标准或地方标准要求的标准，仅在企业内部适用。执行标准的顺序，则应是企业标准、地方标准、行业标准和国家标准。

国家标准和行业标准又分别有强制性标准和推荐性标准两大类。强制性标准是必须遵守和执行的标准，推荐性标准又称为非强制性标准或自愿性标准，没有强制力。除非涉及国家安全、卫生、健康、环保、反欺诈这五类的可以制定为强制性标准外，其他工业技术类的规范、规程，基本上都制定为推荐性标准。但是，推荐性标准由行业主管部门以行规的形式执行时，就起了强制性的作用，成为各方必须共同遵守的技术依据。

电力建设的施工技术标准，是对安装调试质量及其质量的检验方法，确保施工调试过程各项活动的有效开展和达到预定的质量目标等所作的技术规定，是施工单位组织安全文明施工、检验和评定工程质量等级的技术依据。这些标准中，针对发电厂热工测量与控制专业应执行的安装与调试技术标准主要有以下部分。

(1) 国家标准、行业标准（参见附录F：热控标准参考目录清单）。

(2) 企业标准（如电建公司可组织制订并发布的热工专业主要施工工艺规程）。

1) 电缆桥架安装施工工艺规程；

2) 电缆导管施工工艺规程；

3) 电缆敷设施工工艺规程；

4) 控制电缆接线施工工艺规程；

5) 热控管路安装工艺规程；

6) 热控控制盘台箱安装工艺规程；

7) 热控测点安装工艺规程；

8) 其他防止质量通病、控制工艺质量的规程等；

9) 热工设备单体调试规程。

(3) 施工技术管理制度。施工技术管理制度是施工技术管理的一系列准则的总称。建立和健全严格的施工管理制度，把整个施工单位的技术管理工作科学的组织起来，是施工单位进行技术管理、建立正常的生产秩序的一项重要基础工作。

1) 电力建设工程应执行的施工主要技术管理制度。

① 施工技术责任制度；

② 工程质量管理制度；

③ 施工组织设计编审制度；

④ 施工图纸会审制度；

⑤ 施工技术交底制度；

⑥ 设计变更管理制度；

⑦ 施工技术档案管理制度等。

2) 引进仪表设备执行的施工技术管理制度。

对于安装国外引进工程或进口的仪表设备，应遵守合同指定的标准规范（国内标准作为补充和参考），当合同未指定标准规范时，则执行国家标准或行业标准。在查阅和执行的同时，应注意：

① 施工图纸的编制内容；

② 设计分工界限和接口，特别是控制装置之间的连接部分，包括交换信号的连接、隔离、各个控制装置之间的工作协调等；

③ 自动化装置的技术规范和说明书；

④ 设计、制造、安装、调试和运行所遵循的标准；

⑤ 启动调试大纲和运行规程等清单；

⑥ 设备和材料的供货范围；

⑦ 备品、备件、专用工具、测试检验设备等清单；

⑧ 设备和材料开箱检验及保管制度。

2. 施工组织设计的编制和评审

项目施工组织设计是施工单位据以组织施工的指导性文件。在火力发电厂安装工程开工之前，工程管理部门应组织各相关的职能部门共同编制施工组织设计，并组织相关部门对其进行评审，施工组织设计由总工程师负责批准。专业施工组织设计是在项目施工组织设计的基础上，依据技术合同、有关专业施工图和设备技术说明书编制对本专业施工的指导性文件，专业施工设计原则上由专业公司组织编制，项目部门组织评审并报公司分管总工（或项目总工）批准。热控专业的施工组织设计与其他专业一样，一般应在专业工作面正式开工以前一个月编制并审批完毕。

专业施工组织设计是将总设计中有关内容具体化，凡总设计中已经明确的，可以满足指导施工要求的项目不必重复编写，其内容一般是：

（1）工程概况：本专业的工程规模和工程量，本专业的设备及设计特点，本专业的主要施工工艺说明等。

（2）平面布置（总平面布置中有关部分的具体布置）以及临时建筑物的布置和结构。

（3）主要施工方案（方法、措施）：如分散控制系统、PLC 控制系统及独立自动化装置的安装调试方案、特殊材料安装要求、部件加工工艺、季节性施工技术措施和可靠性防护措施等。

（4）有关机组启动试运的特殊准备工作。

（5）施工技术及物资供应计划，其中包括：施工图纸交付进度、物资供应计划（包括设备、材料、半成品、加工及配置品）、作业指导书编制计划、机械及主要工具配备计划、人员配备计划、运输计划等。对于应遵守的主要法律、法规、标准、规范性文件及其他要求，列出清单。

（6）综合进度安排。

（7）保证工程质量、安全、文明施工、劳动保护、降低成本和推广技术革新项目等的指标和主要技术措施。

施工组织设计批准以后，施工部门应当积极创造条件贯彻实施，未经原审批单位同意不得任意修改。各级技术负责人、技术人员和施工负责人，应将施工组织设计作为技术交流的主要内容之一，分级进行交底，使全体施工人员了解并掌握有关部分的内容并辅助实施。在施工过程中做好原始记录，积累好资料，待工程结束后及时做出总结。

3. 施工过程中的主要技术工作

目前施工单位一般技术机制为：公司总部设总工和工程部专工，项目部作为公司的派出机构也有相应的总工和部门专工，专业公司设主任工程师，系统工程师和班组技术员，整个技术系统围绕工程进度、质量、安全和效益要做的主要技术工作有：

（1）施工前期。

1）施工图纸、资料的熟悉并分级组织会审；

2）各单位工程施工方案或作业指导书的编制；
3）设备及装置性材料领用卡编制；
4）施工任务书及施工图预算编制；
5）专业施工总进度及分系统施工进度计划编制；
6）施工技术及安全交底；
7）工程文件包建立；
8）开工报告审批。

（2）施工中期。
1）施工技术和质量记录；
2）施工项目交接和中间验收；
3）设计、设备缺陷处理及材料代用；
4）施工项目的验收及签证；
5）施工进度计划更新。

（3）施工后期。
1）系统完善及尾工盘点；
2）工程文件包整理、完善和竣工资料的移交；
3）竣工草图会签；
4）设备材料库存量盘点；
5）调试配合；
6）工程总结。

二、施工过程管理

（一）施工进度管理

施工进度管理是项目管理的一项重要内容，按项目管理的要求，施工进度计划可分为
（1）由业主或总承包商对整个项目工程所编制的一级网络进度计划；
（2）由分包单位对所承担的项目工程编制的二级网络进度计划；
（3）由分包单位下属具体承担施工建设的专业公司编制的三级网络进度计划。

专业工区按专业分类的不同，可将网络进度计划细分到三级以下的网络进度计划，通过P3之类的项目管理软件（当前较多的施工企业采用）进行工程进度的控制。技术人员定期对工程实施情况进行跟踪、反馈，及时刷新P3软件的数据，计算工程进度，为下一步的工程进度控制工作提供准确的信息，并根据全面分析，对进度计划进行动态调整，保证工程安装进度始终处于受控状态。

在发电厂建设中，热工专业施工进度受诸多因素的制约。在一级进度计划上，只出现DCS控制系统受电的目标，大部分作业都不是关键路径，其安装工作除控制室和就地仪表盘及部分电缆桥架等可在土建施工完毕后自行安排施工外，其他部分工作都是以机务安装工作为主线进行的。调试工作，除了仪表的单体校验可待设备到货后在实验室进行外，现场的调试工作要项目安装到一定程度并经安装系统验收完成后才能进行。因此，热工专业施工时间比较集中，交叉和配合施工难度大，并且是在整体工程安装后期才形成高峰，有效工期很短。这就需要热工施工进度和劳动力组织的编制不但要考虑整套机组总体工程施工综合进

度，还要以本专业的工程量为依据进行综合安排。热工安装需要控制的主要配合进度有：

1. 在土建施工时应完成项目

根据以往安装经验，配合土建部门在仪表导管、电气线路的敷设路径中预留孔洞，预埋支吊架等所需的铁件以及预埋电缆管、预埋保护管等（如这部分工作由土建负责，应事先与土建人员核对图纸，以防漏项）。

根据就地仪表、变送器、执行机构以及就地盘、箱、柜等的安装位置，在混凝土平台上预埋底座铁件及预留孔洞，同时检查控制室和电子装置室内的仪表盘、机柜、设备等基础埋件与电缆孔洞尺寸，应符合设计和实物尺寸。

为穿越混凝土平台的执行机构拉杆预留孔洞，核对大力矩执行机构混凝土基础的位置与尺寸。

2. 在锅炉受热面和烟风道保温前应完成项目

炉膛水冷壁上的取源部件（例如炉膛压力、火焰监视装置预留管等）、烟风道上的取源部件安装（例如烟风道各段取压、测温元件插座和氧气分析取样装置的预埋管等）。

3. 锅炉整体水压试验前应完成项目

与水压试验有关的各系统的压力、流量、水位、分析等取样部件应安装至取源阀门，力争将导管敷设至仪表阀门和排污阀门。

与水压试验有关的各系统的测温元件插座和插入式测温元件应安装完毕（如冲洗管道时有可能损坏测温元件，则可在冲洗后安装，水压试验时其插座应安装临时丝堵）。

汽包、过热蒸汽管等处的金属壁温等需与管壁焊接的部件，应完成安装。

4. 锅炉整体风压试验前应完成项目

全部风压取压装置及烟、风道测温元件均应安装完毕。烟气分析如采用旁路烟道，则旁路烟道应安装完毕。

与风压试验有关的预留孔洞（如烟气分析取样、炉膛火焰监视装置预留管等）应临时堵死。

送、引风机入口挡板执行机构安装完毕。其他与风压试验有关的风门挡板的执行机构，有条件时，也应安装完毕。

需装节流件的管道，在管路吹洗后，将节流件安装完毕。

5. 凝汽器、加热器安装时应完成项目

在凝汽器穿管前或加热器吊心检查时，应开完温度、压力、水位等的取源部件用孔。

凝汽器、加热器灌水进行真空系统严密性试验前，压力、水位等取源阀门的取源部件及插入式测温元件等应全部安装完毕。

6. 汽轮机本体安装时应完成工序

汽缸扣盖前应安装好汽轮机内缸（双缸时）的测温元件，并核对汽缸插入式测温元件的插入深度，不应与转子叶片相碰。内缸壁温热电偶应做好隐蔽工程安装记录，检查确认极性正确。

汽缸保温前应安装好汽缸上的插入式和金属壁温热电偶，接好线并检查确认极性正确。汽缸上的压力取源部件应安装至取源阀门。

汽轮机推力瓦、支持轴承瓦、氢冷发电机密封瓦等安装时，应配合安装金属壁温热电阻并将引线敷设好。在扣瓦盖时应复查热电阻有无损坏、引线是否脱落。

发电机穿转子、扣端盖前，检查发电机线圈和铁芯的测温元件是否损坏，绝缘是否良好，并安装好冷、热风温的测温元件及引出线。

水冷发电机扣端盖前，应检查高阻检漏仪的电动机绝缘电阻并安装好引出线。

汽轮机扣前箱、中箱及轴瓦盖之前，应完成汽轮机轴向位移、相对膨胀、轴振动和汽轮机转速等测量元件以及电磁阀、位置开关等电气元件的安装和接线工作，扣盖时应复核。

7. 汽轮机油系统管路安装时应完成工序

油系统管路酸洗前，应焊好温度和压力取样插座。

油系统管路油循环前，应安装完测温元件，压力取源部件应安装至取源阀门。

8. 热力设备各辅助系统在其压力试验前应完成工序

安装与压力试验有关的压力、流量、液位、分析等取源部件，并连接至取源阀门。

安装与压力试验有关的测温元件。

9. 锅炉点火和汽机冲转前应完成

各测量和控制系统的仪表管路进行冲洗，相关电气回路进行通电试验。

（二）施工质量管理

1. 建立和完善质量体系

工程质量是施工过程的综合反映，也是衡量施工管理水平的主要标志。根据施工企业ISO 9001：2015质量体系的要求，质量管理应采用过程控制的方法进行管理，“所有工作都是通过过程来完成的”并突出了用户满意和持续改进的要求。

建立和完善质量体系一般要经历以下四个阶段：

（1）质量体系的策划与设计；

（2）质量体系文件的编制；

（3）质量体系的运行；

（4）质量体系的审核与评审。

2. 热工施工过程中质量检验的主要工作

质量管理工作一方面是要通过质量体系的运行来保证与工程质量相关的各方面的工作处于受控状态，另一方面是要严格执行质量检验和验收制度。热工施工过程中质量检验的主要工作有：

（1）质量检验计划的编制。在机组热工安装和调试开工以前，根据设计图纸、设备说明书以及验标等相关资料，确定施工和调试过程中的各分项、工序的质量检验要求，列出关键工序见证点。质检计划是指导安装和调试质量管理的整体框架。

（2）过程策划工作。针对具体的安装和调试项目，以分项或工序为单位编制质检过程策划书，确定相应的质量要求并在检验过程中加以实施。在以往质量管理方法的基础上，施工过程前质检过程策划可以加强过程的质量控制力度和管理绩效，尽早地发现和解决问题，对后续工作的开展形成样板效应，有效地减少质量损失和节约质量成本。

（3）设备进货检验。设备质量是影响机组质量水平的重要因素，对已到货的热工设备，项目物资部门、技术、质检人员应会同厂方代表组织开箱检验，对设备存在的质量问题按相关不合格品、轻微不合格品程序进行处理。

(4) 质量工艺导则的编制和执行。根据设计图纸、设备说明书以及验标规定等相关资料，针对各类热控设备的安装调试确定相应的质量要求，可以制订单独的文本或在作业指导书中明确，在施工中严格执行。

(5) 现场日常质量检验。根据热工专业特点，专职质检人员必须保持日常现场质量巡检，及时发现和处理安装调试过程中产生的质量缺陷，严格执行不合格品和轻微不合格品的控制程序。

(6) 做好质量签证和系统验收工作。施工企业要严格执行三级验收签证和系统交接验收，并通知监理和总承包及以上单位的验收签证。过程工序验收签证包括：各类质量检验记录、各类见证点（W 点和 H 点）签证。终结验收包括：分项工程验收、分部工程验收和单位工程验收，应及时组织有关单位对隐蔽工程和关键工序进行检查验收，并签证确认。

(7) 机组调试期间缺陷管理和封闭。热工专职质检人员要及时跟踪检查调试过程中的质量状况，特别要关注与调试相关单位的配合情况。在调试的开始阶段质量部门和相关技术部门要参与检查监督，在系统的正常运行过程中要不定期地参与检查监督。

(三) 施工安全与环境管理

电力建设施工必须贯彻“安全第一、预防为主、综合治理”的安全生产方针，所有施工活动首先要考虑的是安全措施。要求按照《职业健康安全管理体系要求》（GB/T 28001—2011）、《环境管理体系要求及使用指南》（GB/T 24001—2004）的管理方法和国家能源局推行的《项目安全标准化达标要求》开展施工现场的安全和环境管理，按照体系贯标的要求结合热工专业的特点，做好安全施工和环境管理方面工作。

1. 落实安全工作、制定规章制度

认真贯彻执行《电力建设安全健康与环境管理工作规定》，落实各级行政正职为安全第一责任人的各级安全责任制，做到在计划、布置、检查、考核、总结施工工作的同时，计划、布置、检查、考核、总结安全工作。

企业应根据国家、行业有关安全健康与环境保护的法律、法规、标准制定本企业的规章制度和安全健康与环境管理体系方面的程序文件。

2. 制定环境控制目标、进行危险因素评价和控制

各工程项目要建立安全、环境管理网络，制订安全施工的环境控制目标，要宣传和贯彻执行国家《劳动法》和《安全生产法》，做好职工的安全生产保护和职业病防治工作。

各工程项目要建立安全健康和环境管理方面的法律、法规清单。自下而上开展重大职业安全健康和环境管理危险因素的识别并建立相应的危险因素清单，做好危险分析预测、危险评价和危险控制。

3. 开展安全技术措施交底、严格执行作业指导书

施工前要进行安全技术措施计划和具体施工措施的落实，每份施工作业指导书中，必须明确指出该项施工中的主要危险点，有相应安全、环境因素识别清单和对应的施工技术控制措施，经审核批准，在施工前进行交底后执行。

4. 开展安全培训考核、执行安全施工工作票

做好职工的安全教育、安全考核和特殊工种岗位资格审查。

危险区域的作业，办理并严格执行相应的安全施工工作票制度，严格遵守安全施工作业

票和动火工作票等管理制度。

（四）到货保管和验收

到达现场的设备、材料应按相关规定和制造厂技术文件规定的保管条件分类入库妥善保管，防止丢失、损坏和变质。

1. 设备到货保管环境

测量仪表、控制装置、监视和控制系统硬件、电子装置机柜等精密设备，宜存放在温度为5～40℃、相对湿度不大于80%的保温库内。

控制盘（台、箱、柜）、执行机构、电线、阀门、有色金属、优质钢材、管件及一般电气设备，应存放在干燥的封闭库内。

管材应存放在棚库内。电缆应绕在电缆盘上，宜用木板或铁皮等封闭，存放在棚库或露天堆放场内，避免直接曝晒。电缆盘应直立存放，不得平放。存放场所的地基应坚实并易于排水。

2. 设备开箱、验收

凡到现场后不得随意打开防腐包装的设备，应按合同规定办理接收手续。包装箱外（或内）有湿度指示器、振动指示器或倾斜指示器时，开箱前（或后）应检查指示器并作记录。

设备到达现场后，应按合同规定和商检要求进行验收和开箱检查。设备开箱时，应进行下列工作并记录：

（1）根据到货单和装箱单核对设备及其附件、备品、备件、专用仪器、专用工具的型号、规格、数量和技术资料；

（2）外观检查设备有无破损、变形和锈蚀；

（3）精密贵重设备开箱检查后，应恢复其必要的包装并妥善保管。

第二节　热工调试管理

基建阶段热工调试工作是全面检验机组热工系统在设计、制造、安装等方面工作质量的重要环节，也是保证机组能安全、可靠、经济、文明地投入运行，形成生产能力，发挥投资效益的关键程序。它是一项复杂而细致的工作，但其主要工作又集中在土建、安装基本完成之后才能进行。要做好基建阶段热工调试管理工作，必须了解整个调试过程，即从机组分系统调试开始，至168h满负载连续运行后移交生产为止，它涉及以下诸多方面。

一、调试组织管理

热工测点和执行机构遍及厂区热力系统和工艺管道中的各个部位，各种测量信号通过电缆汇集到控制室、电子室进行仪表显示或计算机控制。因此热工调试工作的特点，是点多面广，设备繁杂，整个调试作业环境复杂，交叉作业较多。针对工程建设，调试周期相对较短，但准备阶段时间充裕，后期调试任务时间集中，且受机务和热控安装进度的影响较大。这就要求热工调试要十分重视组织管理，充分利用准备阶段的充裕时间，做好、做全、做细热工调试的前期准备工作，消除准备阶段考虑不周对后期调试工作带来的不利影响。

（一）调试组织机构与职责

基建阶段热工调试由基础调试和系统调试两部分组成。目前国内基建阶段调试任务的划分，通常基础调试由安装公司调试工区（或调试队）承担，系统调试由专业调试单位或电力科学（试验）研究院承担。这就要求工程开工时，安装公司调试单位和专业系统调试单位应分别成立相应的调试组织机构。

1. 安装单位调试组织

安装单位的现场调试部门通常以调试工区形式存在，调试工区（或调试队）一般以班组为单位组织调试，各班组按照施工区域或热力系统对班组调试工作进行分工，分工中应明确每档的工作范围，责任到人。主要管理职责如下：

（1）专业负责人（工区主任）职责。热工专业负责人（工区主任），是对一个项目的全过程进行负责，即从一个项目的投标阶段直至该项目完成 168h 试运、提交调试报告和工作总结为止。

工程前期，负责组织机构及人员策划，明确相关人员职责，组织、指导工区管理组成员开展工作，如组织编制重大技术组织措施，组织制订工区质量目标，明确各部门的质量职责，批准本工区质量计划，审批质量管理措施，并对本工区的调试质量负全面领导责任。

工程中，定期召开办公会议，讨论研究工区生产经营和管理等工作。参加项目开工及完工报告审核，组织、协调好本工区的资源，以满足工程进度计划要求，并对下属人员的工作绩效、工作能力、工作态度进行月度/年度等考核并及时将评价意见、改进要求和努力方向反馈给本人。

（2）技术负责人职责。技术负责人在工区主任的领导下，对管辖的项目技术问题负责，按照项目年度施工计划，组织力量，合理调度，按计划、高质量地完成工程项目。

工程前期，负责编制重大技术组织措施，制订工区质量目标和施工作业指导书。工程中，负责工区内施工计划的组织实施和检查工作。组织有关人员深入施工现场，及时掌握施工动态，调配各方面力量，做好劳动力、机工具的综合平衡工作，确保调试进度。

负责主持调试工作协调会，督促各班组召开班组生产会议。负责组织对工区重大质量问题和质量事故的处理。

（3）班组长职责。按照生产要求，负责制订和实施完成调试任务的措施，做到科学调度，合理分工，明确职责，保证生产任务安全、优质、准点、高效的完成。

健全班组各项管理制度，认真做好班组各项班组工作（包括班组台账）。坚持开好班前、班后会，认真组织落实安全、质量、进度等技术交底，施工中进行督促和检查。组织好班组平时各种学习、培训及参加一些有意义的活动。

（4）班组成员职责。按照进度计划，认真完成班组长安排的各项任务；坚持文明调试，严格遵守电厂中的“两票三制”；杜绝习惯习惯性违章，确保调试安全。

（5）值班人员职责。值班人员必须服从当值指挥和工作负责人的安排，安全高效地完成责任范围内的消缺工作，保证机组安全稳定运行，值班期间不得擅自离岗。必须了解和熟悉调试消缺有关制度及办理工作票、停送电联系流程和程序，严格执行“两票三制”。交接班时必须向下值人员交代机组运行状况和待处理未完项事宜及机工具和实验仪器的交接。值班负责人还应负责缺陷登记和缺陷处理情况的跟踪，缺陷处理原因应写得具体、详细。

2. 调试单位调试组织

调试单位成立调试项目部，项目部下设专业调试组；在工程调试办公室领导下，按计划进行和完成调试工作，主要组织形式和管理职责如下：

(1) 调试项目部。调试单位应为调试项目部配备足够的且具备相应资质的调试人员，同时根据现场调试进度和每档工作的完成情况，及时合理地进行人员调配。

(2) 调试负责人。热工专业调试室应指定调试负责人，以对项目从投标阶段开始，直至该项目完成168h试运，提交调试报告、工作总结和工程验收结束为止的全过程进行负责。调试负责人除了全面负责现场热工专业调试工作（包括工作计划的制订、实施和本专业人员的管理、调度），包括调试现场热工专业的安全生产、调试质量和工程技术资料管理、调试现场的专业技术交流与培训、专业范围内质检工作的配合、各调试人员完成的调试报告和工作总结审查、调试现场本专业人员的工作考评等外，还应熟悉热工专业与安装单位、DCS等系统（或设备）厂家之间的分工界限，必要时进行分工协商。在调试期间，注意热工专业工作的进展并及时汇报主管领导。

(3) 调试人员。热工系统调试任务，通常分工到人，如DAS系统调试、FSSS系统调试、MCS系统调试等（但在调试过程中相互会有穿插）。调试人员应参加工程初步设计及施工图设计审查，对系统设计（包括配置）、设备选型、控制方案是否合理等提出意见和建议；负责编写热工专业调试方案与措施，参与DCS系统出厂验收。完所成承担的系统调试任务、试运行中的问题处理、调试报告的编写等。

（二）调试工作划分

做好调试工作的划分，恪守职责开展调试工作，是减少调试工作漏洞的基础，调试工作划分包括：单位间调试工作划分、调试单位的主要工作、调试工作范围划分。

1. 单位间调试工作划分

根据DL/T 5437《火力发电建设工程启动试运及验收规程》的规定，调试工作分为分部试运和整套启动，单位间的调试工作划分通常为：

(1) 安装单位。负责仪表控制柜输入下端子至现场的接线质量核实确认；负责分部试运工作中的单体调试、单机试运、整个启动调试阶段的设备与系统的维护、检修和消缺，以及调试临时设施的制作安装和系统恢复等工作。

(2) 调试单位。负责所承担的分系统试运调试及整套启动调试的方案措施编制，实施；负责仪表控制柜输入端子上部的接线质量核实确认。

(3) 生产单位。在整个试运期间，根据调整试运方案措施及运行规程的规定，在调试单位的指导下负责运行操作，逐步介入和接收设备与系统的维护、检修和消缺工作。

(4) 建设单位。确定各有关单位的工作关系，建立各项工作制度，做好启动调试的全面组织协调工作。

此外热工调试作为整个调试过程的重要组成部分，既有相对独立的调试工作，又贯穿在机务、电气和各分阶段调试工作之中，特别是采用DCS分散控制系统之后，热工调试同机务、电气和其他专业之间的配合更加密切，单体调试、分系统调试之间的界限更加模糊或重叠。

2. 调试工作范围划分

DCS调试前，首先要明确调试工作的范围。由于DCS控制范围，正随着机组容量的增大而逐步扩展至全厂范围，不可避免地与其他控制系统存在工作范围的交界处。为防止

DCS系统的调试工作遗留漏洞，需要对调试工作范围从系统上进行有效的划分。对于那些和DCS有控制信息交叉但又不在DCS内控制的系统，DCS调试时需要配合联调好与其他系统之间的信号通信。

（1）基础调试工作范围。基础调试工作范围，包括属于安装范畴的热工单体设备调试及回路调试，主要由测量温度、压力、流量、物位、机械等的单体测量仪表、一次元件和执行设备（如电动和气动执行机构、电磁阀、气动阀、电动阀等）的调校、就地成套设备调试、控制电缆敷设连接正确性检查，以及配合参加分部及整套启动试运行直至机组商业移交。

（2）系统调试工作范围。热控系统调试可分成前期调试、分系统联调、系统调试三部分，其中，前期调试一般包括控制系统工程出厂验收、到现场后复原试验、通道精度测试。分系统联调一般包括回路调试、顺序控制、锅炉火焰安全监控，电液控制，汽轮机紧急跳闸、给水泵控制、旁路控制、模拟量控制等系统的调试。系统调试一般通常包括：控制系统性能与应用功能测试、机组工况突变系统控制性能，AGC控制性能调整等上位机及系统调试。

对于采用DCS分散控制系统来说，热控专业间的分工接口一般以I/O接线柜为界，在分系统调试过程中，安装单位同调试单位之间需要相互配合进行信号联调和工作面的覆盖，如I/O点传动一般由热工系统调试人员负责和组织，现场信号送出由安装调试单位负责；必要时，机务配合解决存在的问题。另外有些工艺系统的控制在主机DCS内实现，比如脱硝系统和等离子点火系统其控制调试通常由设备厂家调试，电气ECS系统控制调试工作由电气调试人员完成。这些不在DCS调试人员工作范围之内的调试工作，应做好调试的信息沟通工作。

对于分系统及整套试运中的联锁保护传动和静态、动态试验，由热工系统调试人员负责，机务配合；工程中的验收性试验通常由机务负责组织。工期紧张时工程中的验收性试验可与动态试验合并进行，机务负责；具体配合事宜由调试总负责人、热工和机务协调进行。

与DCS厂家之间工作模式一般为：热工系统调试人员对DCS组态提出修改、完善建议和意见，并经热工和机务专业内部确认后，提交设计单位（或生产单位）核准，并根据下发的程序文件，DCS厂家执行修改并完善，热工调试人员负责验收、检查并重新调试。

3. 调试单位的阶段主要工作划分

调试单位的阶段主要工作大致可以分成：前期准备工作、分系统调试、整套启动、调试后期工作部分：

（1）前期准备工作。调试单位成立调试项目部，确定调试组织机构，配备具有相应资质要求的调试人员后，热工专业应进行并做好以下的调试前期准备工作：

1）作业文件、资料准备和编制。编写工程调试所的专业资料清单，由项目部统一传递至有关单位，请有关单位予以配合，便于调试人员借阅相关资料时渠道畅通。

制订质量和安全相关制度，编写调试大纲（调试组织设计）、各调试方案（包括DCS出厂验收和现场复原试验方案）、调试计划和相关技术措施，并组织专业组讨论，必要时请相关专业人员参加会审。

仔细研究设计资料，按照热工调试标准化的要求，根据DCS系统出厂资料、设计院设计资料和工程验评表的要求，提前整理出控制系统相关清单，如分系统I/O传动单和设备清单，单个设备、保护、联锁和机组保护联锁清单，主要测点和一般测点、主要保护联锁和一般保护联锁、自动调节系统清单等，对调试工作中涉及的新技术、新设备，及时组织调试人员进行调研，收集技术资料。

准备好调试联络单、保护投/退申请单、安全学习记录、技术培训记录、技术交底记录、调试质量验评表、缺陷和故障登记表等标准文件模板。

制订工程师站和逻辑修改程序流程管理办法，规范工程师站和逻辑修改管理。

2）计量仪器仪表。根据调试分工负责项目的要求，准备调试所需要的计量仪器仪表（规格、量程、精度应符合调试要求）、对讲机、计算机、工具和仪表校验和调试记录单，如有不足，应尽快向专业室或项目部提出申请，由生产技术部及时购买，以满足调试工作需要；对计量仪器仪表的送检时间进行计划，以确保其校验周期符合工程进度要求。此外还应编写热工专业调试所需要的其他耗材清单报项目部统一安排。

3）确定工作界限，进行工程技术支持。熟悉调试合同所规定的专业工作范围和进度；熟悉热工专业与安装单位、DCS 等系统（或设备）厂家之间的分工界限；协商好与安装等单位的分工界限（以防止安装调试工作中的漏洞），并初步计划热工专业各项工作进度安排和人员计划。

根据项目部安排，参加工程初步设计、设计审查、设计联络、设备招标会议，对发现的问题及时提出改进建议。参加 DCS 系统出厂验收。

专业调试方案与措施确定后，在调试工作开始前，向参加调试工作的各有关单位相关人员进行交底并留下记录和签名。

（2）分系统调试前工作。分系统调试前，制作 DCS 机柜接线表并贴于机柜门内侧，以便于 I/O 或设备传动。在现场醒目位置粘贴分系统设备清单、机组保护联锁清单、自动调节系统清单，便于试运各单位及时了解热工调试进度。

熟悉热力设备性能和使用说明，及时了解工程进度情况和热控设备安装的质量情况，按照工程进度要求，以控制系统图为准，督促、检查现场设备、测点安装进度和质量，及时进行 DCS 系统 I/O 通道精度、调节阀和执行机构传动（单台调节阀和执行机构的调试报告由安装单位完成）、测量参数补偿性能和数字式电液调节系统（DEH）的 I/O 传动、静态和仿真调试做好记录。检查系统趋势画面的组态和控制逻辑的合理性。核对所有报警和保护定值的正确性。

（3）分系统调试工作。通知安装检查和紧固端子接线，与 DCS 厂家一起检查系统模件及柜间电缆确保接触可靠不松动，拆除 I/O 端子板上所有短接线，解除组态中所有强制信号。

按照 DCS 带电、厂用带电、酸洗、吹管等节点，合理安排专业内的工作进度，有条不紊地进行保护联锁传动。

按调试方案要求做好分系统调试和分部试运调试工作。完成分系统调试验评表中规定的其他工作。

按分系统调试验评进行自检完成表中规定的其他工作。

（4）整套启动调试。进行控制系统的试验、调整，完成 DCS、DEH 基本性能和应用功能测试。

完成整套启动前的质量验评工作。

按整套启动试运调试方案的要求，做好机组空负荷、带负荷及168h满负荷试运中数据收集整理工作，填写有关记录。

168h试运期间，一般不消缺、不作系统调整和试验，如想早点结束该工程的调试工作，可抓紧时间开始调试报告的编写。

（5）调试后期工作。调试后期工作是完成调试报告的编写（对应每项调试方案有一份调试报告）；按资料管理要求做好竣工资料的整理汇编工作；对调试中出现的设备缺陷（包括整套启动试运前、后质量督促检查中提出来的）和消缺完善工作进行全程跟踪闭环管理。

（三）调试工作准备

1. 调试大纲（调试组织设计）编写

按照《火力发电建设工程机组调试技术规范》中附录A规定：调试大纲是机组调试过程中科学组织和规范管理调试过程、明确各参建单位职责、保证机组安全、可靠、按期、稳定投入生产的重要纲领性文件。每个工程项目应编写一个调试大纲。调试大纲编写内容最好包含下列内容：前言、编制依据、机组设备系统概况及特点、启动试运的组织与职责分工、调试阶段工作原则及管理程序、调试范围及项目、调试措施编制计划清单、重要调试项目原则方案、控制节点、调试安全、质量目标及保障措施、防止重大事故措施和机组调试计划网络图。

2. 明确应遵循的有关标准、制度

工程项目应按照“执行调试标准，推行标准调试”的工作理念，首先明确从事热工调试工作需掌握和了解的国家标准、行业标准和企业标准。

通过相应的调试组织机构制定调试管理制度，同热工调试有关的主要管理制度有：

（1）调试人员工作规则；

（2）转动机械试转管理程序；

（3）单体调试与分系统调试交接制度；

（4）分系统调试管理程序；

（5）调试操作卡制度；

（6）调试过程中设备送电管理制度；

（7）调试过程中消缺工作票管理制度；

（8）调试过程中系统图、逻辑图、控制接线图修改管理制度；

（9）调试过程中热控接线改错管理制度；

（10）调试过程中电气、热工保护定值修改管理制度；

（11）调试过程中电气、热工保护联锁撤出/恢复运行管理制度；

（12）调试过程中设备异常、设备及元件损坏报告登记制度；

（13）调试过程中备品备件领用/借用制度。

3. 调试方案编写

调试方案是调试工作最具体的指导性文件，它是对调试内容、调试程序、调试标准，采用工艺、技术条件、投运设备系统、各专业调试进度的配合、系统运行方式及操作指南的陈述。

调试方案由调试单位具体负责此项调试的专业工程师编写。在明确了DCS调试的工作范围后，应着手开始相关资料的收集与研究工作，如DCS内控制的主设备设计规范书和运行维护说明书、控制设备使用维护说明书、设计院图纸资料、炉侧和机侧的定值保护清单、技术规定、DCS组态设计的SAMA图等。通常火电机组基建调试中，电厂会成立专门的档案室。由档案室人员负责从各厂家、设计院获得所有设备的技术参数和设计资料，DCS调试人员可从档案室获得所需的资料。

在得到调试所需的资料后，应对资料进行审核。调试资料包括控制系统图，相关的设备说明书等。DCS调试中的资料审核主要包括：DCS组态SAMA图审核和接线图审核。其中：

DCS的逻辑组态通常是由某个控制系统软件组态公司完成，逻辑组态公司在开展逻辑设计前要完成表述控制原理的SAMA图绘制，这是进行DCS逻辑设计的基础，DCS逻辑设计应当完全与SAMA图的控制思想一致。DCS调试人员对逻辑组态方的SAMA图进行检查，确认其设计的正确性和完整性，如发现其中设计不合理或者与热力系统运行不符的处理，应通过书面提交逻辑组态公司对控制逻辑及时进行修正。

接线图审核是检查设计院提供的接线图、I/O清单表与就地设备的接线是否对应。设计院提供的接线图实际上也是在参考各类厂家提供的设备控制说明后完成的，其中不可避免的有因就地设备更改、设计不正确或没能完全理解厂家设备说明等引起的设计错误。DCS调试人员应当根据获得的各项设备资料，检查设计院提供的接线图的正确性。发现接线图的错误后，应及时开出设计整改单，通知设计院重新设计或更正。

在上述基础上，通过了解比较同类机组的调试情况，依据最新版的相关规定、规范和标准编制各个分系统调试方案。

（1）调试方案格式。调试方案用于调试工作的指导，是调试工作的依据，其格式分正文和附录两部分，为了保证调试方案有规范性和质量，调试方案正文的内容应包括：

1）编制的目的；

2）系统及设备的主要技术规范；

3）调试的依据及标准；

4）调试仪器仪表的型号规格及精度等级；

5）调试应具备的条件及检查的内容；

6）调试内容、步骤及操作程序；

7）组织分工及时间安排；

8）安全注意事项及措施；

9）调试方案附录，应包括：

① 调试过程记录表清单；

② 调试质量控制实施情况表；

③ 分系统调试前检查清单；

④ 调试技术交底记录表（包括时间、地点、参加人员签到）；

⑤ 阀门、执行机构动作测试记录表；

⑥ 联锁、保护（报警）试验记录表；

⑦ 分部试运参数记录表；

⑧ 调整试运质量检验评定表（验评表）；

⑨ 分部试运后签证验收卡。

（2）调试方案划分。由于单体设备、装置调试（也称基础调试）和分系统及系统的整套启动调试（也称系统调试），按照国内安装调试惯例，通常是由不同单位负责调试，所以调试方案也通常分为基础调试方案与系统调试方案两部分。

1）基础调试方案。基础调试方案由安装单位调试专业工程师编写，主要有《热工就地单体调试及回路调试方案》和具体设备或装置的作业指导书。根据现场实际工作情况编写，包括主要工作的工程量清单、标准表清单、作业风险控制计划（RCP）表、主要调试项目简单步骤描述以及劳动力及机工具配备计划等五个方面的内容。

2）系统调试方案。系统调试方案由调试单位的专业工程师编写，国内机组系统调试方案，大多按调试子系统编写，通常的调试方案目录主要包括：

① DCS复原调试方案；

② 数据采集系统（DAS）调试方案；

③ 给水泵汽轮机控制系统（MEH）调试方案；

④ 模拟量控制系统调试（MCS）方案；

⑤ 锅炉安全监控系统（FSSS）调试方案；

⑥ 开关量控制系统（OCS）或程序控制系统（SCS）调试方案；

⑦ 汽轮机紧急跳闸系统（ETS）调试方案；

⑧ 汽轮机监视系统（TSI）调试方案；

⑨ 数字电液控制系统（DEH）调试方案；

⑩ 旁路控制系统（BPS）调试方案；

⑪ 其他辅控系统调试方案。

在机组进入细调试阶段，还应编写以下试验方案：

① 协调控制系统负荷变动试验；

② AGC负荷跟随试验。

（3）调试方案流程。调试方案应经专业内讨论或有关方会审才能定稿，必要时调试方案（措施）应请机务专业参加讨论，以确定控制方案的合理性和控制逻辑的正确性。定稿后的调试方案，由调试单位的专业负责人审核、调试总负责人批准，并视其重要程度分别征求业主/监理、总承包意见或报试运指挥部、启动验收委员会审批，批准后方可实施。

调试方案均需调试项目部填写“调试方案报审表”，经总承包、业主/监理单位审核后存档。

批准后的调试方案，至少应于该项目调试前两周发送至各有关部门或单位；调试工作正式开始前，应向有关人员技术交底并留下书面记录。

4．调试计划和网络进度表

按照标准规范要求，调试工作开始前应完成质检计划的编制和开工报告的编制，并报监理单位批准。

为了把众多的调试内容落实到具体的时间段内完成，协调好各专业交叉作业之间的配

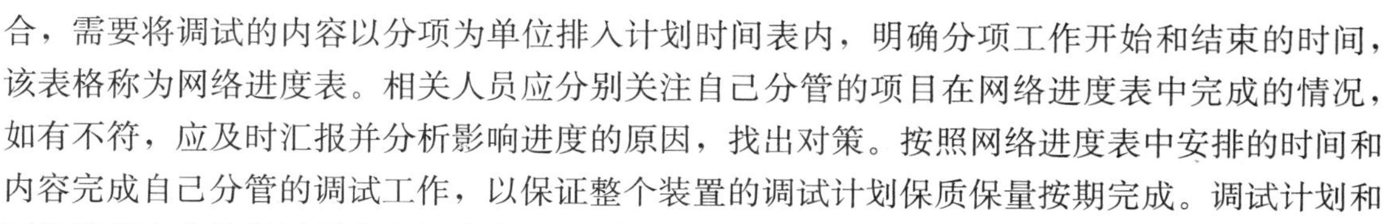

合，需要将调试的内容以分项为单位排入计划时间表内，明确分项工作开始和结束的时间，该表格称为网络进度表。相关人员应分别关注自己分管的项目在网络进度表中完成的情况，如有不符，应及时汇报并分析影响进度的原因，找出对策。按照网络进度表中安排的时间和内容完成自己分管的调试工作，以保证整个装置的调试计划保质保量按期完成。调试计划和网络进度表在执行过程中会因主客观的原因而进行必要、及时的调整。

5. 建立现场计量标准试验室

调试工作开始前，施工现场建立计量标准试验室，应把调试工作所需仪器仪表的配置情况以清册形式明确。仪器仪表应注明型号、规格、量程范围、测量精度和所需数量，其配置应适应整个调试工作的需要。凡计量仪表还应注明其校验合格证的有效期，送检检定报告应齐全，可溯源。

二、调试过程管理

调试工作应在确保安全、质量的情况下，保证工程进度的准点完成，与此同时，还应有效地控制成本。

（一）安全与质量管理

1. 安全管理

安全工作是一切工作的基础，要培养、提高和强化调试人员的安全意识，杜绝习惯性违章作业和因麻痹大意引发不安全事件。调试过程中应重点做好以下安全措施：

（1）进场教育。调试人员到场后，应组织调试人员对前一工程调试总结的经验与教训进行学习，强调调试工作中应重点注意的安全措施和注意的问题。调试工作开始前，应对全体调试人员进行开工安全技术交底。

（2）过程控制。调试工作过程，应严格遵守相应的安全风险作业计划表（RCP）和进行相应的危险源识别交底，重要节点和每项工作开展前的安全技术交底，同时也加入对系统的介绍和相关的调试方案学习。

（3）安全活动。每天班会中，针对每档工作应进行安全技术交底，同时进入施工现场时再进行现场的安全技术交底。每周和每月定期进行安全分析活动。对现场工作班组长，应不定期地进行安全检查（如施工环境，劳动保护用品，文明施工，习惯性违章等）。

（4）执行制度。现场调试、消缺时必须严格执行工作票制度、停送电制度等和热工调试相关的管理制度。

2. 质量管理

质量是调试工作的灵魂，为保证和提高热工调试工作质量，施工过程中可采取以下质量控制措施：

（1）规范方案、逻辑修改。一般情况下，热工负责控制方案、逻辑功能的实现，并以DCS组态第三次设计联络会（软件冻结）各方共同确定的控制方案、逻辑功能为准。在此基础上的任何修改，都应该有相关的程序文件和记录。

（2）缺陷管理。缺陷管理，在调试过程发生的缺陷及时登记到缺陷汇总表上，登记记录应详细，注明原因及责任单位，并以书面形式联系相关人员处理。

（3）质量控制。对现场调试工程中遇到的质量问题，应从设计、设备、安装、调试这几个方面分别进行分析、汇总，举一反三，从源头上解决存在的问题。调试报告及实验数据做到真实记录，并且保证原始记录齐全、易查，保证试验数据的可追溯性。

（4）竣工资料。竣工资料及时完善，相应验收确认工作也应及时跟进。工程总结编制要把调试过程中发生的主要质量问题分析和相应的改进措施实事求是的记录，供后续工作参考。

3. 成本控制

成本控制是工程施工单位赖以生存的基础，因此成本控制管理是施工过程中的重要组成部分，主要包括：

（1）人员投入管理。热工调试的成本控制主要在于人员的投入，因此整个过程应充分重视技术准备工作和现场调试前准备工作，保证人员到位的准确性。

（2）做好系统验收、保证交接质量。施工安装质量的好坏会直接影响到分部试转和整套试运行的顺利进行，特别是热工测点分布在机务设备和工艺管道之中，加强对系统设备的完整性交接验收，对分系统调试的进度与质量和成本控制关系重大，必须按质检计划的要求做好分级检验、严格把关，及时做好交接签证记录。

（3）注重过程控制、确保调试质量。热工调试过程控制的重点是完善调试方案和安全技术措施、加强热工定值和调试过程中的缺陷管理、及时做好定值修改、消缺统计和记录工作，做好调试备品备件的预报和采购，积极推行调试操作卡和采用计算机管理（如调试过程管理软件），及时对调试过程的进展情况进行记录并实现网络查询。努力实行调试管理的“四化”：即调试程序化、记录表格化、试验标准化、管理电脑化，是成本控制的一个手段。

（二）进度管理

根据业主排定的调试进度网络图（一般由调试单位编排提供）和工程整体施工计划，在各里程碑节点的基础上，进度计划主要围绕下面的主线来安排：

DCS受电→厂用受电→锅炉水压试验→电除尘升压→锅炉通风试验→炉前清洗→锅炉酸洗→冲管→整套启动第一阶段→整套启动第二阶段→168h试运行。

1. 系统盘点

依照项目调试计划和各个节点来进行，抓住调试的重点方向。对调试工作具体步骤进行合理的分解和细化，对于现场能提前调试的设备尽量提前调试，未能按时完成的细化到每个点进行汇总，注明未完成原因和责任单位。

针对节点要求，对该阶段应完成的调试工作内容进行系统检查（如双电源投用情况、阀门移交情况等）。

2. 阶段性自检

阶段性自检以安装、调试、建设单位为主，目的是在工程各个主要调试节点前，对该阶段需要完成的调试工作进行系统的检查和确认，保证相关系统能安全可靠投用。

3. 阶段性检查

阶段性检查是邀请专家组在工程各个主要调试节点前到现场，对该阶段需要完成的主要调试工作、调试设备和重要信号等调试数据进行抽查，检查出的相应问题及时进行整改。

4. 后期调试进度管理

后期调试进度管理工作好坏，影响到机组的整套启动进展。工作内容包括：

（1）按调试前期所分系统，定人去进行尾工盘点，细化到每个I/O点，然后统一汇总，未完成的注明原因和责任单位；

（2）排出后续厂家到场计划和具体时间，已联系单形式通知业主进行联系；

（3）同时做好设备缺件的跟踪管理，跟踪业主联系厂家供货时间，以保证跟随工程进度，做到及时更换和调试。

5. 调试报告与总结

（1）调试报告。调试报告是调试工作的总结性文件，它是对调试内容、调试过程、调试标准、采用工艺遇到的问题和处理的方法及结果、调试完成的情况、质量评价分析与建议的综合陈述。调试报告一般根据调试方案的框架编写，所以对应每一个调试方案应该有一份调试报告。一般要求调试报告应在调试工作完成后三周内编写完成。调试报告的格式分正文和附录，其中调试报告的正文内容包括：

1）前言；

2）系统及设备的主要技术规范；

3）调试的依据及标准；

4）调试所用仪器仪表；

5）调试内容，包括调试过程、主要试验曲线及试验情况；

6）调试中遇到的问题及处理；

7）调试结果、建议及遗留问题；

8）调试报告附录，应包括调试方案附录全部内容。

（2）调试总结。调试总结可与安装总结同时期进行，重点是总结调试过程中出现的问题，以引起以后机组调试中注意，避免重复发生，详见本章第四节《工程竣工管理》。

第三节 过程质量监督

一、安装调试过程质量监督

（一）倒送电前监督

UPS供电主要技术指标应满足DL/T 774的要求，切换可靠，波形曲线记录完整，并具有防雷击、过电流、过电压、输入浪涌保护功能和故障切换报警显示，且各电源电压宜进入故障录波装置和相邻机组的DCS系统以供监视，不经批准不得随意接入新的负载。

设有独立于DCS系统的电源报警装置。机柜两路进线电源及切换/转换后的各重要装置与子系统的冗余电源均应进行监视，发生任一路总电源消失、电源电压超限、两路电源偏差大、风扇故障、隔离变压器超温和冗余电源失去等异常时，控制室内电源故障声光报警信号均应正确显示。

为保证硬接线回路在电源切换过程中不失电，提供硬接线回路电源的电源继电器的切换时间应不大于60ms。失电会导致机组严重故障的机柜电源，其冗余配置的供电系统及电源自动投入装置，经验证工作正常，备用电源的切换自投时间应满足规定要求；检查互为备用的两路交流220V总电源应属于同一相（一般为A相），任一路总电源消失，相关控制盘声光报警信号应显出。

抽查电气ECS-6kV厂用电、低压厂用及控制室、计算机房相关的屏、台、盘倒送电设备安装质量应良好；检查相关控制回路的联调报告，应齐全，结论符合要求。

操作员站上操作相关设备的闭、合逻辑、实际动作和CRT显示数据应正确，对应的远方操作、操作电源消失、保护动作等相关信号及报警、闭锁操作功能正常，具备投运条件。

高压厂用变压器低压侧工作分支断路器，6kV段备用分支断路器，检修变压器、公用变压器、照明变压器、汽机变压器、锅炉变压器的高压侧断路器控制回路调试完毕，具备投运条件。

锅炉、汽轮机变压器低压侧断路器、高压启备变和6kV快切装置控制回路调试完毕，具备投运条件。

同一设备不同延时的闭锁功能设置正确。

相关的模拟量信号测量通道检查完毕，信号联调结束，精度符合要求。操作记录、SOE信号、报表打印功能调试完毕，能投入使用。

涉及倒送电的热控电缆敷设合理、整齐，电缆孔洞封堵符合要求；控制屏、盘标识清楚。

（二）水压试验监督

水压试验前，涉及水压试验的热工测量仪表单体校验完成，精度抽测合格，现场安装结束。

水压试验中，涉及水压试验的热工取样装置、部件与管路随水压试验一起进行水压试验，应无泄漏，如有异常应有后续处理跟踪记录。

I/O通道校验、控制系统的电源试验和接地电阻测试、DCS系统抗干扰试验应已完成，计算机房、电子室的环境应满足控制系统要求。

设计和制造单位提供或有关单位整理的主要检测参数、温度压力修正公式和相关的计算方法应完整可查。

调试方案和调试准备工作完成（如调试计划、调试记录表格样张等），具备调试工作开始条件。

以往在基建过程，热控系统安装调试中存在的问题和注意事项已整改和封闭。

（三）首次点火前监督

检查检测元件、脉冲管路、二次线路和现场设备的安装情况（敷设、防护、连接、密封性、接线、绝缘、挂牌）、节流元件、汽包水位计平衡容器及自动调节中的节流机构的安装记录、热控系统隐蔽项目详细记录、高温、高压的取样装置（如压力、流量、水位等）、取样管路上一次阀门前管道及一次阀门材料核对记录和热控系统专用受压容器进行的焊接质量监督记录，应符合规程要求。

检查DCS显示、历史数据记录、事故顺序记录、报表打印和操作员操作记录等均正常；检查涉及锅炉点火的热控测量与控制设备及系统，均安装调试完毕，满足投运条件。

检查和抽查热控系统的布置、电缆接线、盘内接线和端子排接线等图纸的变更修改记录，应与设计变更通知单及现场实际安装相符。对热工接线采用手拉，螺丝刀拧的方式，应紧固、无松动。

抽测测量系统综合误差应满足系统精度要求，参数修正符合现场实际需求，保护报警定值设定符合设计要求。

二、整套启动质量监督

（一）整套启动前监督

机组整套启动前，由于控制系统的工作环境，接入过程通道的信息量等都与出厂验收时有很大不同，尤其是在现场时间接近1年，因此整套启动前，应进行技术文件和现场安装质量、测量系统精度测试、调试质量与系统功能全面检查，其中包括对技术资料、已安装或完成调试的热控设备文件资料、安装和校验记录、调试记录和报告、不合格设备记录、人员持证状况、标准仪器送检记录、法定计量单位使用情况等进行检查；对测量系统精度和控制元件动作正确性进行抽查校验；对现场安装质量进行全面检查；对电源质量和控制系统性能与应用功能、部分回路接线可靠性进行测试、抽查和部分重要功能（联锁、MFT等）进行实动试验。有凝似的应在机组移交商业运行前再次进行确认试验，特别是系统通信负荷率和主要控制站、主要过程处理单元的负荷率等应进行重点确认，同时确认整套启动前所需的下列条件具备：

（1）抽查控制室及计算机房的盘、台上热控设备安装质量应良好；抽查热控装置一次元件取样安装及焊接质量应符合要求。

（2）检查执行机构安装及调试情况应符合规范要求（如操作开关、按钮、操作器及执行机构手轮等操作装置，须有明显的开、关方向标志，全程操作运动灵活）。

（3）不停电电源切换良好、供电可靠；熔断器符合使用设备及系统的要求，并标明容量与用途。

（4）仪控气源的可靠性及品质应符合标准。

（5）分散控制系统基本性能与应用功能静态调试合格，记录齐全。

（6）FSSS、DEH、MEH、MCS、SCS接线正确、静态调试合格；DAS输入输出点接线正确，精度符合要求，画面显示清晰正确，软手操正确（显示误差必须符合精度要求，反应灵敏、记录清晰）。

（7）汽轮机安全监控系统、汽轮机旁路系统调节、保护装置静态调试合格。

（8）常规仪表的监视和控制装置静态调试及记录合格、定值正确。

（9）热工报警与保护定值已确认与发布的清册相同；热工信号、热工保护、联锁装置功能调试后正常投入使用（包括信号光字牌应书写正确、清晰，灯光和音响报警正确、可靠）。

（10）热控自动调节系统及远方操作装置静态调试合格（如操作方向、执行机构运动全程时间、调节系统控制的重要运行参数越限报警和保护功能）、动作正确，具备投入条件。

（11）热控电缆、测量管路敷设合理、整齐，孔洞封堵符合要求。

（12）控制室及计算机房空调符合要求。

（13）热工设备保持整洁、完好、标志和铭牌齐全、正确、清晰；热工盘内、外有良好的照明，并保持盘内、外整洁。

（二）整套启动与试运行过程监督

遵照DL/T 5437《火力发电建设工程启动试运及验收规程》、DL/T 5294《火力发电建设工程机组调试技术规范》、DL/T 5295《火力发电建设工程机组调试质量验收及评价规程》和DL/T 659《火力发电厂分散控制系统验收测试规程》规定进行。

1. 整套启动过程监督

在机组分部试运行时，与试运行设备直接有关的热工仪表、远方操作装置、热工信号、保护联锁均应同步投入。

在开始进行机组整套总启动时，所有设计的仪表、保护、联锁、报警信号及安全所必须的顺序控制装置均应全部投入。自动调节系统可逐步投入。个别装置由于某种原因一时不能投入的，应有原因说明，并在试生产期内全部投入。

进入168h试运行前，完成热工自动系统应进行的试验（自动调节系统动态试验，RB试验、AGC和一次调频试验），必要时应做阀门特性、飞升特性试验，并提供相应的试验数据、曲线及试验报告，确保自动和顺控装置投入运行后的调节和控制指标达到设计要求。

2. 试运行过程监督

热工系统测量参数反应灵敏、记录清晰，显示符合精度和热力流程要求，同参数多点显示值间误差不大于系统允许综合误差。信号光字牌应书写正确、清晰，灯光和音响报警正确、可靠。

自动调节系统、热工保护联锁与顺序控制系统均随主设备准确可靠投入运行，正常运行工况下，调节系统品质符合DL 657《火力发电厂模拟量控制系统验收测试规程》要求。

试运行期间，做好试运行中的主重要测点、自动调节、保护联锁、顺序控制系统投撤、主保护和保护联锁动作次数及原因的记录，并做好主重要测点、自动调节、保护联锁、顺序控制的投入率统计工作。

3. 整套启动与试运行过程专业管理

参加值班人员除遵守常规的工程建设安全规定外，应严格现场定期巡检制度并做好记录。巡检要特别注意电缆槽盒、保护管、软管有没有离热源较近，有无可能烫坏；仪表管、阀门、接头有无泄漏；锅炉执行器、槽盒、保护管、仪表管是不是影响锅炉膨胀；油枪、磨煤机等易发生火灾区域电缆防火措施是否到位。巡检发现缺陷时不能擅自处理，先向当班指挥汇报，汇报必须清楚、详尽，由指挥决定处理时间和方式：①可以直接处理；②强制联锁/保护逻辑后处理；③必须办理工作票后处理等。

安排专人做好缺陷单登记管理工作，防止丢失，根据当班缺陷当班处理原则，专业负责人组织安排好消缺工作。严格交接班纪律。交接班时要将当班主要工作、下步工作安排、当班处理缺陷、遗留缺陷清清楚楚的交代给下一班，以保证试运工作良好的延续性。

所有与试运有关人员必须保持通信畅通，手机24h开机，随叫随到，以备应对突发紧急事件。

（三）试运行结束后监督

试运行结束后，重点确认：不停电电源（UPS）供电可靠；仪控压缩空气压力和供气品质符合设计和相关规程规定；全厂热工设备的接地符合设计和规程规定。全厂各类仪表、变送器、传感器及其一次元件按设计规定的型式、规格和精度装设齐全，并全部投入运行，指示准确、清晰，其计量检查标识齐全、粘贴位置正确，且均在检定有效期内；全厂就地热控装置和设备全部投运、功能正常、可靠。控制箱、接线盒内部清洁、封闭良好，挂牌统一、规范。执行机构动作准确、可靠。

分散控制系统（DCS）投运正常、功能完善、可靠。打印机、拷贝机、操作员站和工程师站均正常运行，且无死机现象。事故顺序记录仪（SOE）功能齐全、正常、投运可靠。全厂热工信号系统完善，符合设计和机组安全运行的需要。报警信号在CRT或光字牌上的显示准确、清晰。

计算机数据采集系统（DAS）投运正常。CRT图像显示正确，画面清晰。各类运行参数、控制指标的数据和其精度符合设计规定，满足机组稳定运行的要求。

锅炉炉膛安全监控系统（FSSS）投运正常、功能完善、可靠。主控室内设置的火焰监视工业电视可视效果良好。各类保护装置按设计规定全部投入运行。保护逻辑符合设计规定，满足机组安全、稳定运行的要求。机组整套试运行期间，主要保护无拒动或误动。

热控自动调节系统（MCS）包括基地式调节系统的投入率及其调节品质符合设计DL/T 5295《火力发电建设工程机组调试质量验收及评价规程》的规定。

汽轮机数字电液调节系统（DEH）和汽动给水泵汽轮机数字电液调节系统（MEH）均运行正常、功能完善、可靠，符合设计规定。

顺序控制系统（SCS）全部投运。其系统的步序、逻辑关系、运行时间和输出状态均符合设计规定，功能正常、可靠。附属机械、辅助设备的联锁保护全部投运，功能正常、可靠，符合工艺过程的要求。

高、低压旁路控制系统的自动和保护装置功能正常，高、低旁路能按要求正确投入运行，其调节和保护功能正确、可靠。

主控制室和电子设备间的照明充分。室内温度、相对湿度以及噪声等环境控制指标符合相关规定。

三、竣工验收质量监督

（一）热工系统验收监督

热工系统的启动验收遵照DL/T 5210.4《电力建设施工质量验收及评价规程》（第4部分：热工仪表及控制装置）、DL/T 5437《火力发电厂基本建设工程启动及竣工验收规程》的规定和试生产移交验收标准，做好验收工作。

试生产期结束时，对热工仪表合格率、DAS投入率、自动投入率和利用率、保护投入率和动作正确率指标进行逐项考核验收。对每套自动调节系统的品质特性进行检查或试验，各项试验数据、曲线和扰动试验报告进行逐项考核验收。

（二）竣工资料监督

设计、施工、调试单位做好技术资料的收集、修改、核对、整理、保管与移交工作，机组在投产竣工验收三个月内向生产单位移交完整、准确的技术资料，作为热工仪表原始技术资料建档存查，应提交的竣工资料应符合规范和业主档案要求。

所有签定记录、验收报告上的数据应是有效数据。

第四节 工程竣工管理

热工工程竣工与安装调试总结完善，主要包括两个方面的内容：热工工程竣工资料管理和工程总结管理。前者包括设备厂家资料、产品说明书、调试报告、质量签证、设计更改单、遗留缺陷等，工程完成后，应在规定时间内及时将这些竣工资料通过指定途径移交建设单位；后者指的是工程完成后，应进行技术和管理两个方面的总结，以不断提高工程质量水平。

一、工程竣工资料管理

工程竣工资料对于机组的后续管理，包括保证机组长期稳定运行，有效地进行问题分析和机组的寿命管理，都非常重要。各方人员都应对工程竣工资料的完善程度予以高度重视，工程竣工验收时，应确保以下资料的完好性。

1. 设备技术档案

（1）热控设备台账和清册（检测仪表、I/O清册、调节系统设备、机炉主保护和一般保护、联锁系统设备、顺序控制系统设备、SOE、备用设备、控制系统硬件）。

（2）系统软件和应用软件清单及软件（包括固化软件，每个软件的名称、版本号、创建日期、升级启用时间、应用环境、对应的硬件设备名称和型号规格及版本号等）。

（3）设计资料、图纸（包括热控系统配置图、控制原理功能块图、逻辑图、实际安装接线图），核对设计变更通知单与图纸保持一致。

（4）制造厂技术文件和设备技术资料（产品原始设计计算书（如流量孔板、喷嘴）、检定证明、试验记录、使用说明书）。

（5）电缆、管道设计清册。热控系统电源与气源系统图。

（6）热控系统报警与保护定值清册。

2. 技术资料

（1）主要参数测点实际安装图，电缆与管路敷设记录。

（2）隐蔽工程、汽包水位测量筒、流量检测装置（孔板、喷嘴等）的安装记录。

（3）分项、分部及单位工程的三级验收质量评定报告。

（4）高温高压取样系统材料金相试验报告。

（5）系统调试方案、调试和试验记录、曲线、总结报告。

（6）单体仪表（包括TSI、火检探头、保护联锁用继电器）、通道的校验记录。

（7）接地电阻测试报告、测量系统综合误差测定报告、管道的吹扫和密封性试验。

（8）控制系统验收会签记录。

（9）各种技术改进图纸、资料和热控系统重要修改说明。

（10）整套启动运行的热控设备运行记录及问题分析处理资料。

（11）热控系统安装、调试遗留缺陷、处理措施和设备损坏及更换记录。

3. 文件包管理

在工程建设中推行文件包管理制度，是为了加强对工程资料的管理，提高科技档案的管理水平，保证工程文件和原始记录真实、完整、及时，使一切施工作业活动均有文件依据，文件包是一个单位工程所有施工技术文件的汇总，使施工作业活动的结果均可追溯。

（1）管理职责：项目总工程师负责本项目部文件包制度的全面实施和管理；项目部的专业工程师负责文件包的过程控制、监督和审查；专业工程师负责文件包的建立、收集、充实、整理、移交；项目部档案管理员负责工程竣工后文件包的接受、复印、装订和归档。

（2）文件包组卷内容见表 4-1。

表 4-1　　文件包组卷内容、顺序及要求

序号	名　称	内容及要求
1	内封面	标准样张（由业主提供）
2	签字页	标准样张（由业主提供）
3	卷内目录	标准样张（由业主提供）
4	工程概况	（1）工程范围； （2）设计与设备特点； （3）主要工作量； （4）主要施工方案； （5）施工大事记等。 （工程概况由负责该单位工程安装施工的技术人员或负责人编写。若有分包的则由主要安装施工的单位编写）
5	质量验评、签证记录	（1）质量验评表：单位工程质量验收表、分部工程质量验收表、分项工程质量验收表、检验批施工质量验收表； （2）工序验收签证书：隐蔽工序验收签证书、严密性试验验收签证书、停工待检点验收签证书、见证点验收签证书。 除了单位、分部验收表存放在质检专工处，分项验收表及签证书原件由技术员分类保管
6	质量检验记录（施工记录）	（1）质量检验记录按分部和分项工程质量验收表中所列顺序排列； （2）设备基础沉降观测记录； （3）热工和电气仪表、保护、自动、控制装置校验记录； （4）电缆敷设记录； （5）分部试运方案、措施、记录与报告和验收签证等
7	检验记录	（1）原材料构件质保书或产品合格证； （2）设备材料出厂证明书； （3）主要材料的试验记录和质保书； （4）焊接、热处理检验记录和图表、探伤底片、检验报告、焊接工艺评定书、质量评定； （5）金属材料等的金相理化检验记录； （6）合金钢零部件和紧固件的光谱分析及硬度试验记录； （7）其他有关的检验记录等
8	不合格品处理记录	（1）施工质量事故； （2）不合格品处理报告； （3）设备缺陷处理单及处理报验单
9	设计变更	（1）工程变更资料一览表； （2）设计修改通知单及反馈单； （3）设计变更申请单； （4）工程联系单及材料代用

续表

序号	名　称	内容及要求
10	重要文件	（1）开工、停工、复工、竣工报告； （2）图纸会审、技术交底记录； （3）作为生产依据的来往文件和重要会议纪要； （4）专业组织设计、施工方案/作业指导书； （5）工程总结（应含有施工中碰到的技术问题及解决或处理方法。由负责该单位工程安装施工的技术负责人编写。若有分包的则由主要安装施工的单位编写）
11	卷内备考表	标准样张（由业主提供）
12	工程照片	每个单位工程8～10张工程照片（另外装订成册）

（3）热工文件包参考清单见表4-2。

表4-2　　热工文件包参考清单

序号	编　号	内　　容
1	01-RK-01	1号共用热控安装
2	01-RK-02	1号机组锅炉热控安装
3	01-RK-03	1号机组汽轮发电机组热控安装
4	01-RK-04	1号机组除氧给水热控安装
5	00-RK-05	辅助厂房水系统热控安装
6	00-RK-07	启动锅炉热控安装
7	01-RK-10	1号机组除灰渣系统热控安装
8	01-RK-14	1号机组全厂热控单体调校和热工测量信号回路调校

二、工程安装调试总结与完善

1. 安装调试经验与教训总结

安装、调试单位实事求是地汇总和分析监理、监督、质检等部门在基建过程中提出的安装、调试工作中的缺陷与问题，总结安装、调试经验与教训，客观公正地提出建议和改进措施，并通过修改作业指导书，定期完善企业安装调试规程，为后续工程提供参考和服务。

2. 问题反馈

安装、调试单位进行安装调试经验与教训总结时，应将基建过程中发生的问题按设计、安装、调试、工程建设和生产准备进行分类，并在工程结束时，分别提交设计、安装、调试、工程建设和生产准备等部门，以使后续工程的对应专业部门及人员在工作中加以重视。

3. 学习和培训

为避免以前工程中发生的类似问题在下个工程中再次发生，工程结束后或下一个工程开工前，安装、调试单位应组织热工安装调试专业人员进行学习和培训，内容重点是：

（1）热工专业的安装、调试、检修规程和规定，上级管理部门下发的反事故措施等文件；

（2）前次及更多工程的安装调试经验与教训总结资料，工程安装、调试问题反馈修改后的作业指导书等；

（3）安装、调试新技术与新工艺；

（4）专业人员的安装、调试经验和过程中应重点注意的问题交流。

通过学习和培训，不断强化热工、安装调试人员的问题分析识别能力，提高专业水平。

第五节 工程管理案例

一、热工安装组织

中电投习水电厂 2×660MW 火电机组热工施工组织案例如图 4-1 所示。

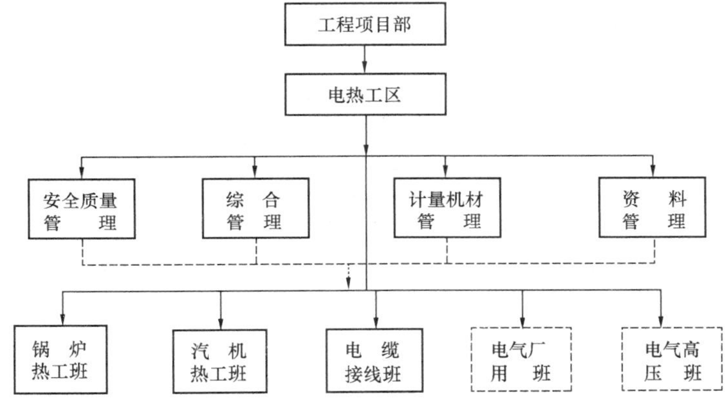

图 4-1 中电投习水电厂 2×660MW 火电机组热工施工组织

660MW 机组热工安装节点和劳动力计划如图 4-2 所示。

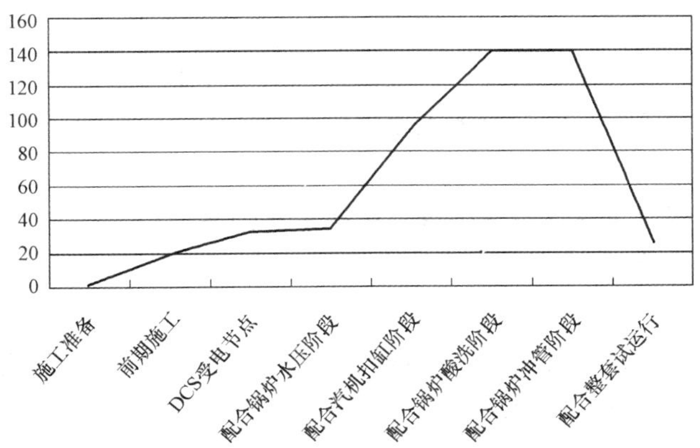

图 4-2 660MW 机组热工安装节点和劳动力计划参考图

二、热工调试组织

（1）中电投习水电厂 2×660MW 火电机组热工基础调试组织案例如图 4-3 所示。

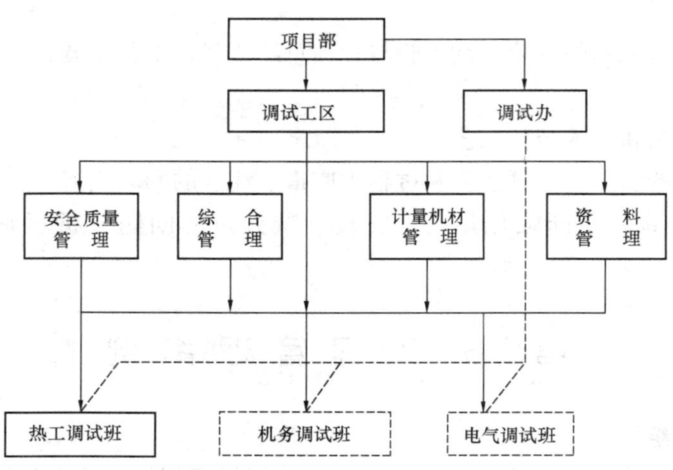

图 4-3　中电投习水电厂 2×660MW 火电机组热工基础调试组织

（2）660MW 机组热工调试工期和劳动力计划如图 4-4 所示。

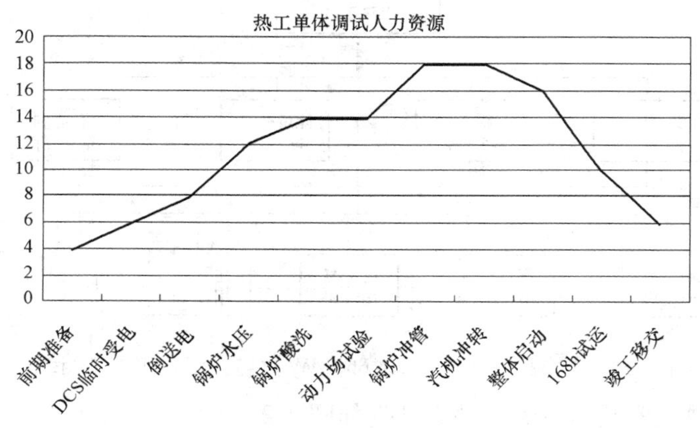

图 4-4　660MW 机组热工调试工期和劳动力计划图

热工单体调试工期和人员配置安排一般都是根据实际工程项目的节点进度实行安排，不同的机组，不同的合同工程量划分所需人力资源都有所不同，比如新建机组增加了外围启动锅炉等系统，一般常规的 600MW 机组为例的人员配置参考如下。

三、热工安装及调试可靠性管理要求（中电投集团案例）

（一）热控设备施工技术关键点及要求

1. 取样元件安装应符合下列规定：

（1）温度取样元件安装位置应避开干扰区域和测量盲区，能正确反映介质的实际温度，确认保护套管的长度应符合设计要求。套管材质应符合实际环境的要求，合金材质应进行热处理，螺纹连接处应使用符合技术要求的垫片。

（2）压力取样元件安装位置应避开干扰区域和测量盲区，能正确反映介质的实际压力，测量回路宜采用焊接式阀门并减少接头连接。

（3）物位取样元件安装位置应避开测量盲区，敞口容器缆绳式物位测量装置周围宜有漂浮物隔离措施，容器物位开关探头的插入深度应符合技术要求。

2. 电缆安装应符合下列规定：

（1）电缆桥架走向应与高温管路和油管路保持安全距离，各层电缆容量不应超过2/3，施工过程中应及时做好电缆桥架、保护管的封堵以及高温区域的隔离工作，电缆保护软管应留有一定的弧度，必要时在最低处开放水孔，以防积水。

（2）剖接电缆时，不应损坏绝缘层，应确认热控设备本体、中间接线盒、I/O通道等各处线芯是否可靠连接或对接。屏蔽线无断点，屏蔽回路应为单点接地，接地点宜在机柜侧。

（3）信号电缆的敷设不宜中间对接。

3. 管路的敷设和连接应符合下列规定：

（1）导管、阀门和仪表管的整体管径、接口、垫片和接头规格应匹配，且焊接可靠，垫片应根据压力、介质要求选择合适的材质。

（2）高温高压仪表管及仪表阀门材质应符合规范要求，走向合理，中间无影响疏水的凹凸走向，坡度应符合规范要求。

（3）应保证真空和风量测量严密性试验合格。

（4）应及时做好敞口封堵，控制管路清洁度，及时投入防冻伴热装置。

4. 隐蔽工程安装应符合下列规定：

（1）隐蔽工程的安装应做好见证验收工作，并留存工程照片。

（2）炉管壁温温度元件标识应清晰完整，炉管泄漏探头、火检探头、油枪、点火枪的炉内安装位置应符合设计和制造厂要求。

（3）汽轮机（包括给水泵汽轮机）、发电机、风机本体区域的振动、转速等测量元件的探头安装和引线敷设应牢固可靠，本体引出孔洞处应采取防磨损和防渗透措施。

5. 执行机构安装应符合下列规定：

（1）执行机构的连杆、曲柄各连接件应正确匹配，确保方向正确且连接可靠，在全行程内转动灵活无卡涩。

（2）安装地点应远离高温源，操作手轮和监视面板朝向应便于运行维护人员巡检和操作。

6. 现场盘柜安装应符合下列规定：

（1）盘柜的安装应固定牢固，接地、绝缘应符合技术规范，安装位置应考虑系统管路的膨胀和设备的沉降，盘柜朝向应便于运行维护人员的巡检和操作。

（2）施工过程中应及时做好现场盘柜的临时防雨措施。

7. 现场二次设计应符合下列规定：

（1）应保证热控设备每个测点管路敷设从一次阀到元件连接的独立性。

（2）重要保护信号的就地短电缆应独立分开，强弱电电缆应分别走独立的桥架或保护管。

8. 应避免在中间接线箱、盒上部开孔，必须时，应采取防止雨水进入的措施。

（二）热控设备单体调试技术要求与管理

（1）施工单位应及时编制、报审单体调试计划，并组织单体调试工作。

（2）现场应建立符合计量要求的热控标准试验室。计量检定设备和人员资质应符合国家计量要求。

（3）调试前应确认热控设备内部接线可靠，标识正确，同时设备标识应增加设备功能栏，注明测点主要用途。

（4）温度元件调试应符合下列规定：

1）DCS设置与元件型号、分度号、补偿导线型号、接线方式等应符合设计要求。

2）施工单位宜根据校验结果选择精度差小且同向偏差的测温元件，作为同侧相邻的测温元件。

（5）压力元件调试应符合下列规定：

1）DCS设置与元件量程等应符合设计要求，压力测点有安装落差时应考虑液柱修正。

2）高静压微差压变送器应做投用前和额定工况下的零位校验。

（6）流量测量仪表调试应符合下列规定：

1）DCS设置与就地元件的量程、孔板系数等应符合设计要求。

2）安装位置应符合规范要求，确认介质可充满整个测量管道。

（7）物位测量仪表调试应符合下列规定：

1）DCS设置与就地元件的量程等应符合设计要求。

2）校验时应用实际或相似物料、界面验证仪表灵敏度（或分辨率）的正确性。

（8）成分分析仪表校验应在制造厂指导下进行，标定时应确认现场环境对标定结果无影响且所用标准试剂合格。

（9）执行机构调试应符合下列规定：

1）执行机构开关时间应满足设计要求。

2）电动执行机构应确认失电、失信号状态符合设计和工艺流程安全要求，带手动操作的还应确认手动/电动操作切换正常且手动操作可靠。

3）气动执行机构应确认失电、失信号、失气状态符合设计和工艺流程安全要求，带手动操作的还应确认手动/气动操作切换正常且手动操作可靠。

4）液动执行机构应确认失电、失信号、失压状态符合设计和工艺流程安全要求，带手动操作的还应确认手动/液动操作切换正常且手动操作可靠。

（10）电源柜调试应符合下列规定：

1）受电前应确认内部配置符合设计要求，制造厂内部接线正确可靠。

2）初次受电前应进行双电源切换试验，确认切换时间符合相应的规范要求。

3）模拟电源柜失电试验，检查失电报警显示是否正常。

（11）就地控制（程控）柜调试应符合下列规定：

1）受电前应确认内部配置符合设计要求，制造厂内部接线正确可靠。初次受电宜在制造厂服务人员到场确认后进行，接地符合设计要求。

2）受电后各单位应结合设计要求和制造厂说明书完成各自合同范围内的各项功能试验，确认符合设计要求。

3）带双电源切换的控制柜，应及时投用双路电源。

（三）热控系统调试管理

1. 一般规定

（1）热控系统分系统调试及整套启动试运应分别在试运指挥部下设的分部试运组和整套试运组的领导下进行。

（2）调试工作应按照调试合同、行业规范、规程及集团公司的相关规定执行。

（3）热控控制策略初步设计完成后，项目公司宜聘请有能力的科研或调试单位根据本工程的控制工艺进行优化设计。

（4）保护、联锁逻辑定值宜由设计单位根据主辅设备制造厂说明书及工艺控制的需求提出，生产单位汇总，由项目公司组织设计、制造、施工、调试、监理、工程建设管理公司、生产以及技术监督机构等单位的机务、热控人员进行专题审查。

（5）机组厂用电受电前，经专题审查后的保护、联锁逻辑应汇编成清册，报生产单位分管领导批准后发布第一版，并交调试单位执行。

（6）工程建设管理公司/监理单位应制定工程师站、电子间工作管理规定，定期进行控制软件备份，严禁在控制系统中使用非本系统的软件，未经测试确认的各种软件禁止下载到控制系统中，必须建立有针对性的控制系统防病毒措施，严禁外来储存设备与DCS连接。

（7）控制系统的逻辑组态及参数修改、软件的更新与升级和保护联锁信号的临时强置与解除均应履行审批授权及责任人制度。相关工作必须经调总批准后方可进行，且只能由系统专职工程师进行操作，其他任何人员不得以工程师以上级别登录控制系统。工作完成后系统专职工程师须负责对修改情况作详细记录，记录内容包括修改原因、执行人、修改前情况、修改后情况。

（8）机组调试期间，宜择机进行设备故障应急处理预案演习，演习可进行实际动作试验，并根据演习结果的评价，完善应急处理预案。

（9）进行组态下载时，应将控制模件所控制的设备尽可能地全部切至就地手动操作，并隔离该控制模件的所有通信点和强制与之对应的控制模件联锁关系点及相关联控制柜的硬接线点。

（10）下列工作完成后，应及时按规定验收签证，并作为进入168h满负荷试运行的必要条件：

1）保护、联锁、顺控逻辑冷态试验和投运。

2）FSSS冷态调试、热态投运。

3）MFT冷态保护试验、热态投运。

4）ETS冷态试验、热态投运。

5）机电炉大联锁保护试验和投运。

6）DEH冷态调试和仿真试验、热态投运。

7）TSI冷态调试、热态投运。

8）MCS冷态调试、热态投运和扰动试验。

9）CCS投运和负荷变动试验。

10）RB试验。

2. 分系统调试阶段工作

（1）重大控制策略的修改，宜由项目公司组织工程建设管理公司、监理单位、设计单位、调试单位、施工单位、生产单位、制造厂等进行专题讨论，并上报试运指挥部批准。

（2）调试过程中，设备及系统的启动条件不宜临时强制，确需强制的应经调试当班总值和当班运行值长的批准，条件满足时应尽快恢复，并记录在案。

（3）DCS 装置复原应完成下列项目，并达到合同和制造厂说明书提供技术标准。

1）供电电源、查询电源测试，并进行 DCS 冗余电源切换时间测试。

2）检查 DCS 的接地系统，测试接地电阻和绝缘电阻。

3）进行全部 I/O 通道测试，宜在工作站和机柜接线端子排间施加和读取信号。

4）进行全部模拟量通道、脉冲 I/O 的精度测试，宜按 0、50%、100%施加和读取信号。

5）进行全部主控制器的主、副模件切换试验。

（4）分散控制系统在第一次上电前，应检查两路冗余电源电压，保证电压在允许范围之内。电源为浮空的，还应检查两路电源，其零线与零线、相线与相线间静态电压不大于 70V。

（5）对设计屏蔽功能的测点进行信号屏蔽性检查，屏蔽电缆的屏蔽层应单点接地，屏蔽效果应满足设计要求。

（6）调试过程中，宜进行热控信号报警等级配置方案的综合分析、研究和完善，使之达到对可能发生的事故进行预警的能力。

（7）DCS 中热力参数测量量程应依据设计提供的量程设置，并核对变送器校验量程，确保三者统一，应核对热电阻、热电偶分度号符合设计要求。

（8）调试过程中应根据制造厂提供的流量计算书，进行相应流量测量结果的核查，并验证流量测量的准确性。

（9）执行机构在单体调试完成后，应进行联调和操作试验，调节门的联调宜按 5%、25%、50%、75%、95%施加信号，并验证线性度在标准范围内。

（10）调试过程中应择机进行 DCS 负载状态下的供电电源切换试验，供电电源切换后，控制系统应工作正常，中间数据及累加数据不应丢失。

（11）调试过程中应择机进行 DCS 负载状态下的控制器主、副模件切换试验，切换结果应满足任一控制器故障（包括控制器本体故障、软件出错、通信故障、失去电源等）时，冗余控制器仍能正常承担控制任务，并满足任一控制器出/入系统时，相应的控制系统仍能正常工作，且中间数据及累加数据不应丢失。

（12）在引风机、送风机、一次风机、给水泵、凝结水泵等辅机自动调节的大功率变频器进行参数整定时，应充分考虑系统电压波动的影响。

（13）保护、联锁、顺控等逻辑功能校验前，宜根据控制工艺编制保护、联锁、顺控等逻辑功能校验单/卡，并进行冷态试验和验收。

（14）热工保护、联锁试验宜采用物理方法进行实际传动，如条件不具备，宜在现场信号源点施加试验信号，汽轮机润滑油系统的保护试验宜采用就地泄油压的方法。

（15）MCS控制策略宜按控制工艺进行冷态模拟试验，验证方向、回路的正确性。

（16）汽轮机、锅炉等辅助系统单机/分系统试运时，所有操作应在DCS上进行，相应的保护、联锁逻辑系统宜随机投入，顺序控制系统宜择机投入。

（17）择机投入相应的MCS，进行相应的扰动试验，需要时，宜进行系统优化和调整。

（18）电调系统阀门进行位置反馈调整时，阀门应关闭严密，且调节器不出现积分饱和。

（19）DAS调试的控制要点：

1）与施工单位联合，逐点核对信号取样点和CRT显示位置的正确性，试验信号应在就地施加，并确认“三取二”等信号采样的独立性。

2）应分别选取不同类型（4～20mA、热电阻、热电偶）、不同距离（远、中、近）的模拟量输入信号，分别在就地施加全量程10%、50%、90%的模拟信号，验证信号传输衰减度，发现问题应进行处理。

3）在就地远程I/O柜输入端施加模拟量信号，并与CRT上显示值比较，检验远程I/O柜的信号转换和通信传输的正确性。

4）测取、计算微压和微差压取样点与变送器物理位差，并进行信号补偿。

（20）FSSS调试的控制要点：

1）进行MFT条件接入信号检查，各跳闸条件宜采用硬接线接入的方案，信号采样点宜遵守冗余和物理分散（接入点不在同一卡件）的原则。

2）进行MFT硬回路可靠性检查，跳闸继电器柜应独立于DCS；手动MFT按钮应独立于其他跳闸逻辑，可直接驱动跳闸继电器。

3）进行MFT保护传动试验，应分别单独进行硬回路和软逻辑回路的模拟试验，应验证各项保护逻辑、首出功能、定值设置的准确性。

4）火焰检测系统调试前，应根据燃料（油、气）的种类，检查火检探头的适宜性及火检探头安装位置的合理性，并在火检探头处用明火试验其相应能力。

5）锅炉启动初期，应随燃烧器的逐层启动，进行相应火焰检测系统的初调。

6）炉膛火焰形成火球时，应对每个火焰检测系统设置的参数进行细调，并在燃烧器启、停时进行验证。安装位置和参数设置应合理，避免火焰检测探头互相“偷窥”。

（21）SCS调试的控制要点：

1）功能组和功能子组实际步序应满足热力系统工艺流程的要求。

2）联锁保护条件应优先功能子组条件。

3）功能子组步序完成条件的引用应符合工艺需求。

4）功能子组每一步执行时间和等待时间的设置检查与试验、修正，应符合工艺需求。

5）功能组及功能子组的传动试验前，所涉及的设备单体传动、相应联锁保护功能试验均应完成。

（22）MCS调试的控制要点：

1）进行执行机构指令跟随检查，按间隔20%的阶跃指令施加，分别开、关动作一次，记录实际反馈值与指令值的偏差值，应不大于3%。

2）主要调节系统的阀门特性试验应符合 DL/T 657《火力发电厂模拟量控制系统验收测试规程》的规定。

3）检查系统中偏差报警、超驰控制、保护功能、闭锁增/减功能、迫增/迫降功能等，应满足工艺需求，各种控制方式间的切换应无扰。

4）各自动系统投入后，宜按 DL/T 657《火力发电厂模拟量控制系统验收测试规程》的规定进行动态扰动试验，并满足相关指标。

（23）DEH 调试的控制要点：

1）进行调门线性度检查，实际反馈值与指令值的偏差值，按间隔 20%的阶跃指令施加，分别开、关动作一次，记录应不大于 2%。

2）进行转速信号冗余配置、屏蔽、超速保护等功能检查，3 个转速信号应分配在 3 个不同的专用测速卡件，超速保护功能应具备软逻辑和硬回路的两路设置，硬回路应直接送 ETS，软逻辑进 DEH。

3）进行阀门快速关闭时间、调门时间常数、速度变动率及迟缓率的测试和转速调节回路开环阶跃响应等测试。

4）控制功能仿真试验，应分别进行纯仿和混仿试验，应视功能设计，分别进行高压缸启动模式，中压缸启动模式，高、中压缸联合启动模式，ATC 启动方式等功能试验，各功能应满足汽轮机组启动控制要求。

（24）ETS 调试的控制要点：

1）进行信号的冗余检查，各个跳闸条件信号均应采用硬接线接入方式，满足冗余设计和分散性原则（接入点不应在同一卡件上）。

2）进行 AST 电磁阀供电电源、动作回路冗余等检查，应满足设计要求。

3）进行润滑油压低、EH 油压低、真空低等信号配置检查，进行保护开关回路和试验电磁阀回路的正确性检查，手动停机信号应独立于其他跳闸逻辑，可直接驱动跳闸继电器。

4）进行系统传动试验，确认各项保护逻辑、启动条件、首出功能、定值设置等正确，且满足工艺要求，润滑油压低、EH 油压低、真空低等跳闸信号的动作试验，宜采用泄压等模拟实际动作的方法；跳闸信号，宜在一次测量元件处加模拟信号。

（25）TSI 调试的控制要点：

1）根据轴向位移、高压缸胀差、低压缸胀差探头及前置转换器的校验结果，选择相对线性的区域作为检测段。

2）进行报警、保护定值和保护逻辑设置的检查，应符合汽轮机制造厂的规定。

（26）机炉电大联锁试验：

1）机炉电大联锁逻辑应进行专题讨论确定，应根据旁路系统等辅助系统的配置决定联锁保护功能，应遵守设备安全第一的原则，严禁采用停炉、不停机的方式。

2）保护项目应逐条进行试验，并检查 SOE 记录及首出显示的准确性。

（四）典型热工安装流程图

660MW 火电机组热工施工参考流程图如图 4-5 所示。

（五）典型热工系统调试流程图

350MW 火电机组热工调试参考流程图如图 4-6 所示。

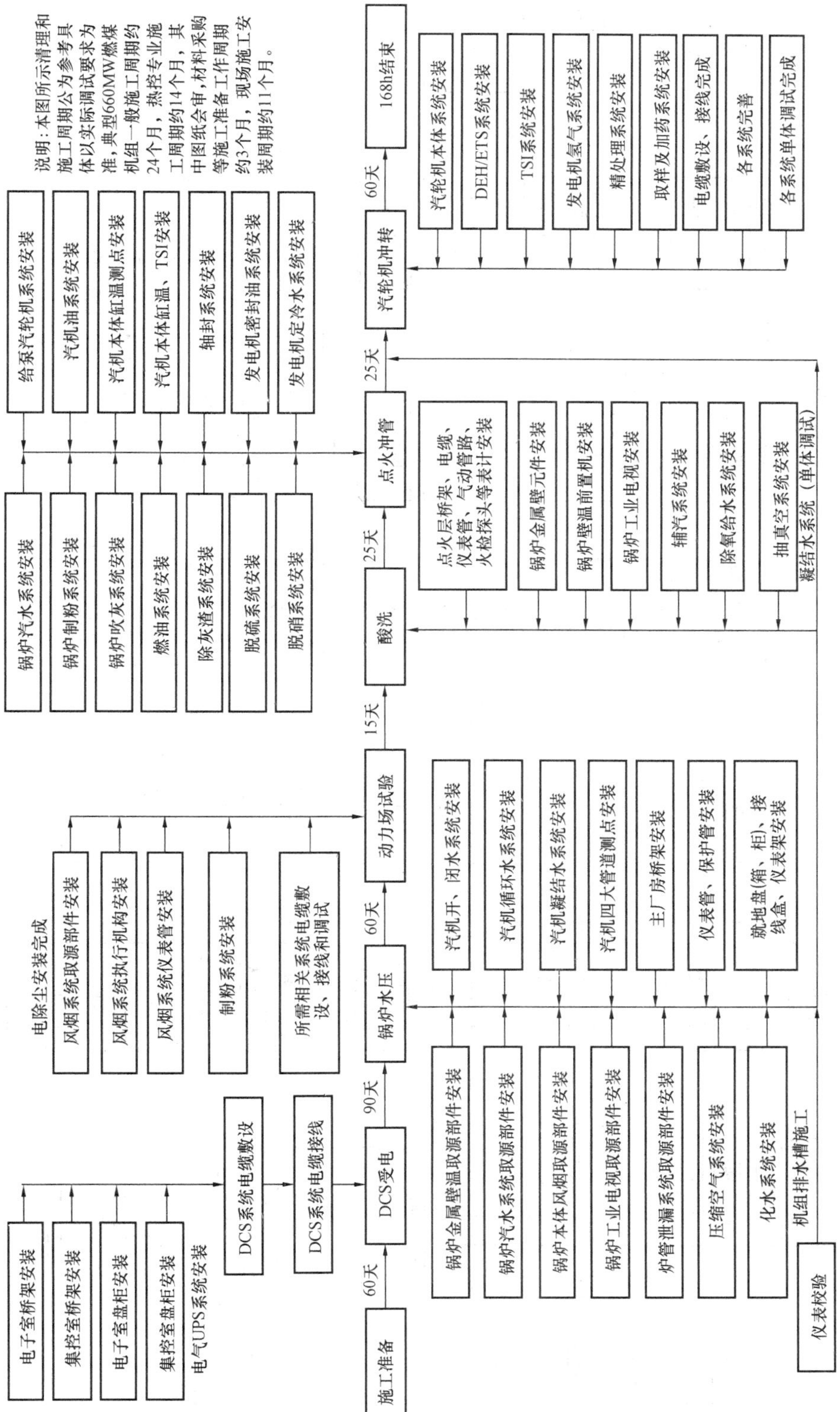

施工准备 —60天→ DCS受电 —90天→ 锅炉水压 —60天→ 动力场试验 —15天→ 酸洗 —25天→ 点火冲管 —25天→ 汽轮机冲转 —60天→ 168h结束

电子室桥架安装
集控室桥架安装
电子室盘柜安装
集控室盘柜安装
电气UPS系统安装
DCS系统电缆敷设
DCS系统电缆接线

电除尘安装完成
风烟系统取源部件安装
风烟系统执行机构安装
风烟系统仪表管安装
制粉系统安装
所需相关系统电缆敷设、接线和调试

锅炉汽水系统安装
锅炉制粉系统安装
锅炉吹灰系统安装
燃油系统安装
除灰渣系统安装
脱硫系统安装
脱硝系统安装

给泵汽轮机系统安装
汽机油系统安装
汽机本体缸温测点安装
汽机本体缸温、TSI安装
轴封系统安装
发电机密封油系统安装
发电机定冷水系统安装

说明：本图所示清理和施工周期公为参考具体以实际调试要求为准，典型660MW燃煤机组一般施工周期约24个月，热控专业施工周期约14个月，其中图纸会审，材料采购等施工准备工作周期约3个月，现场施工安装周期约11个月。

锅炉金属壁温取源部件安装
锅炉汽水系统取源部件安装
锅炉本体风烟取源部件安装
锅炉工业电视取源部件安装
炉管泄漏系统取源部件安装
压缩空气系统安装
化水系统安装
机组排水槽施工
仪表校验

汽机开、闭水系统安装
汽机循环水系统安装
汽机凝结水系统安装
汽机四大管道测点安装
主厂房桥架安装
仪表管、保护管安装
就地盘(箱、柜)、接线盒、仪表架安装

点火层桥架、电缆、仪表管、气动管路、火检探头等表计安装
锅炉金属壁元件安装
锅炉壁温前置机安装
锅炉工业电视安装
辅汽系统安装
除氧给水系统安装
抽真空系统安装
凝结水系统（单体调试）

汽轮机本体系统安装
DEH/ETS系统安装
TSI系统安装
发电机氢气系统安装
精处理系统安装
取样及加药系统安装
电缆敷设、接线完成
各系统完善
各系统单体调试完成

图 4-5 660MW 火电机组热工施工参考流程

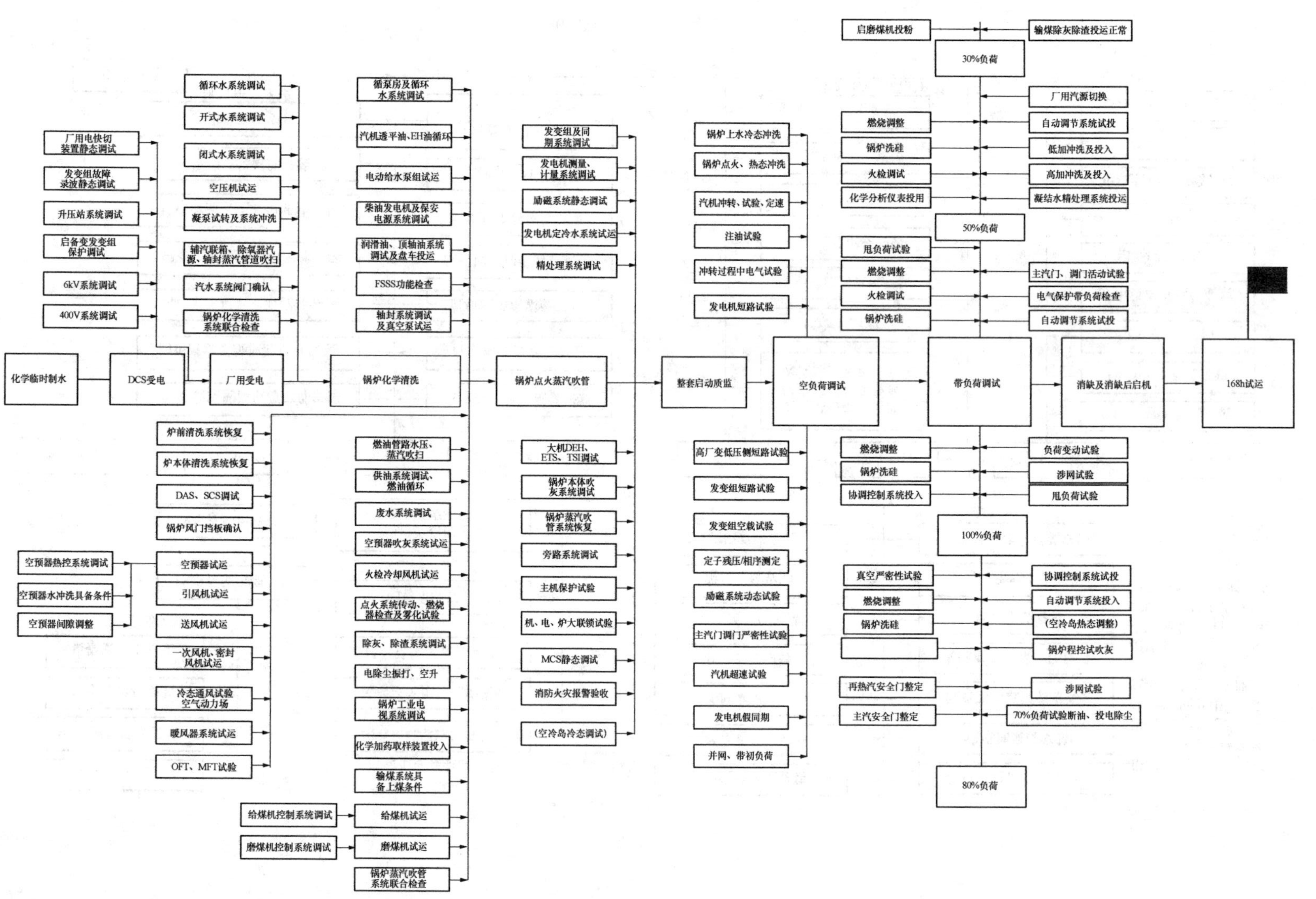
化学临时制水
DCS受电
厂用电快切装置静态调试
发变组故障录波静态调试
升压站系统调试
启备变发变组保护调试
6kV系统调试
400V系统调试
厂用受电
循环水系统调试
开式水系统调试
闭式水系统调试
空压机试运
凝泵试转及系统冲洗
辅汽联箱、除氧器汽源、轴封蒸汽管道吹扫
汽水系统阀门确认
锅炉化学清洗系统联合检查
炉前清洗系统恢复
炉本体清洗系统恢复
DAS、SCS调试
锅炉风门挡板确认
空预器热控系统调试
空预器水冲洗具备条件
空预器间隙调整
空预器试运
引风机试运
送风机试运
一次风机、密封风机试运
冷态通风试验空气动力场
暖风器系统试运
OFT、MFT试验
锅炉化学清洗
循泵房及循环水系统调试
汽机透平油、EH油循环
电动给水泵组试运
柴油发电机及保安电源系统调试
润滑油、顶轴油系统调试及盘车投运
FSSS功能检查
轴封系统调试及真空泵试运
燃油管路水压、蒸汽吹扫
供油系统调试、燃油循环
废水系统调试
空预器吹灰系统试运
火检冷却风机试运
点火系统传动、燃烧器检查及雾化试验
除灰、除渣系统调试
电除尘振打、空升
锅炉工业电视系统调试
化学加药取样装置投入
输煤系统具备上煤条件
给煤机控制系统调试
给煤机试运
磨煤机控制系统调试
磨煤机试运
锅炉蒸汽吹管系统联合检查
锅炉点火蒸汽吹管
发变组及同期系统调试
发电机测量、计量系统调试
励磁系统静态调试
发电机定冷水系统试运
精处理系统调试
大机DEH、ETS、TSI调试
锅炉本体吹灰系统调试
锅炉蒸汽吹管系统恢复
旁路系统调试
主机保护试验
机、电、炉大联锁试验
MCS静态调试
消防火灾报警验收
(空冷岛冷态调试)
整套启动质监
锅炉上水冷态冲洗
锅炉点火、热态冲洗
汽机冲转、试验、定速
注油试验
冲转过程中电气试验
发电机短路试验
高厂变低压侧短路试验
发变组短路试验
发变组空载试验
定子残压/相序测定
励磁系统动态试验
主汽门调门严密性试验
汽机超速试验
发电机假同期
并网、带初负荷
空负荷调试
启磨煤机投粉
输煤除灰除渣投运正常
30%负荷
燃烧调整
锅炉洗硅
火检调试
化学分析仪表投用
厂用汽源切换
自动调节系统试投
低加冲洗及投入
高加冲洗及投入
凝结水精处理系统投运
50%负荷
甩负荷试验
燃烧调整
火检调试
锅炉洗硅
主汽门、调门活动试验
电气保护带负荷检查
自动调节系统试投
带负荷调试
燃烧调整
锅炉洗硅
协调控制系统投入
负荷变动试验
涉网试验
甩负荷试验
100%负荷
真空严密性试验
燃烧调整
锅炉洗硅
协调控制系统试投
自动调节系统投入
(空冷岛热态调整)
锅炉程控试吹灰
再热汽安全门整定
主汽安全门整定
涉网试验
70%负荷试验断油、投电除尘
80%负荷
消缺及消缺后启机
168h试运

附　　录

附录A　P&ID图形符号

检测仪表和设备的图形符号说明	
符号	说明
	热电偶
	热电阻
	壁温测量热电偶
	壁温测量热电阻
	流量测量孔板
	流量测量喷嘴

检测仪表的安装与设备的控制地点说明	
符号	说明
	在就地安装控制的仪表和设备
	在就地盘上安装控制的仪表和设备
	在控制室盘山安装控制仪表和设备

阀门类型符号说明	
阀门类型	说明
	电动机
	电动机
	电动门
	电动门
	电动调节挡板
	电动调节挡板
	电动蝶阀
	电动蝶阀

表示被测量字母代表含义说明	
字母	说明
P	压力/真空
T	温度
Pd	差压
F	流量
L	液位
J/E	功率
S	转速
M	湿度
I	电流
LM	检漏
A/Q	化学分析

续表

阀门类型符号说明		表示被测量字母代表含义说明	
阀门类型	说明	字母	说明
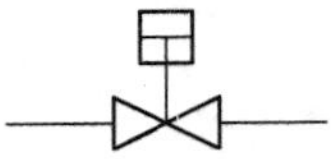	气动阀常开	C	电导率
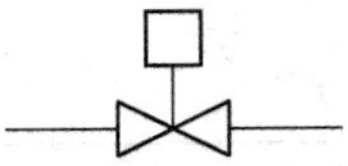	气动阀常开	B	火焰
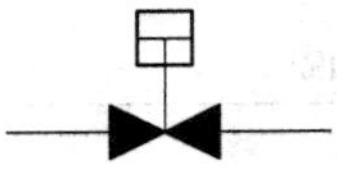	气动阀常闭	Z	行程
	气动阀常闭	G	位置或状态
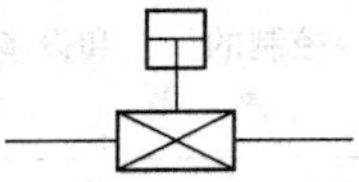	气动调节阀	Y	机械监视参数
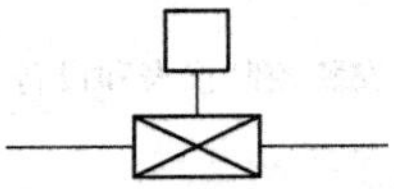	气动调节阀	表示被测量处理功能字母代表含义说明	
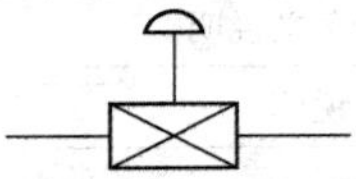	气动薄膜调节阀	I	指示
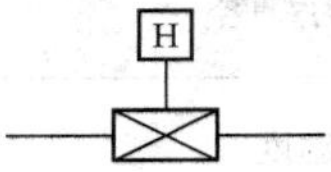 H	液动调节阀	T	传感器
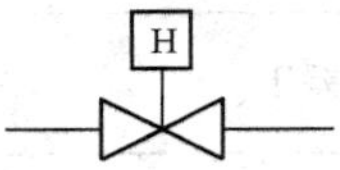 H	液动阀	E	检查元件
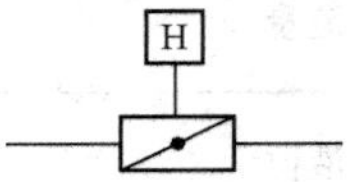 H	液控蝶阀	S	二进制信号处理
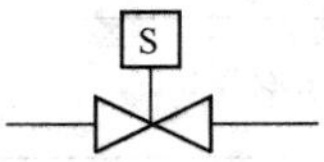 S	电磁阀	P	试验

附录B　仪表端子常用标志

符号	代号	项　目	说明	符号	代号	项　目	说明
+		正端				双向晶闸管	
—		负端				熔断器	
		热电偶	相线表示负端	∼	AC	交流	
In		热电阻	采用三线制		DC	直流	
		滑线式变阻器			E	接地	
		滑动触点电位器			PE	保护接地	
		电阻器		或	MM	接机壳或底板	
		正脉冲	也可表示电平开关信号		L	相线	
		负脉冲			N	中性线	
		线圈或绕组			C	公共端	
		常开触点	也可表示常开状态		FB	反馈	
		常闭触点	也可表示常闭状态		FF	前馈	
*		电机	符号内*必须由下述字母代替：M—电动机；SM—伺服电机；TM—力矩电机		BCD	二-十进制码	

附录C　垫片材质的选用

垫片		适用范围		
种类	材料	压力 （×0.098MPa）	温度（℃）	介质
纸垫	青壳纸		＜120	油、水
橡胶垫	天然橡胶	≈6	－60～100	水、海水、空气
	普通橡胶板		－40～60	水、空气
夹板橡胶垫	夹布橡胶	≈6	－30～60	海水、空气
软聚氯乙烯垫	软聚氯乙烯板	≤16	＜60	稀酸、酸溶液、具有氧化性的蒸汽及气体
聚四氯乙烯垫	聚四氯乙烯板	≤30	－180～250	浓酸、碱、溶剂、油类、抗燃油
橡胶石棉垫	高压橡胶石棉板 中压橡胶石棉板 低压橡胶石棉板	≤60 ≤40 ≤15	≤450 ≤350 ≤220	空气、压缩空气、蒸汽，惰性气体、水、海水、酸、盐
	耐油橡胶石棉板	≤40	≤400	油、油气、溶剂、碱类
缠绕垫片、金属包平垫或波形垫	金属部分：铜、铝、08钢、1Cr13、1Cr18Ni9Ti；非金属部分：石棉带、聚四氟乙烯	≤64	≈600	蒸汽、氢、空气、油、水
金属平垫	A3、10、20、1Cr13	≈200	550	汽、水
	1Cr18Ni9Ti	≈200	600	汽
	铜、铝	100	250	水
		64	425	汽
金属齿形垫	08钢、1Cr13 合金钢 软钢	同金属平垫 ≥40 ≥40	同金属 平垫　660	同金属平垫抗燃油

注　选用垫片的材质不得与被测介质起化学反应。

附录D　自动调节系统常用图形符号说明表

图形符号	名称	图形符号	名称	图形符号	名称
FT	流量变送器	>	高值选择器	△	比较器
LT	液位变送器	<	低值选择器	Σ	加法器
PT	压力变送器	≯	高值限幅器	Σ/n	均值器
TT	温度变送器	≮	低值限幅器	K	比例调节
ST	转速变送器	≮≯	高低值限幅器	∫	积分调节
GT	位置变送器	H/	高值监视器	d/dt	微分调节
I	指示器	L/	低值监视器	TR	跟踪组件
R	记录器	H/L	高低值监视器	$f(t)$	时间函数转换器
T	自动/手动切换开关	V≯	速率限制器	$f(x)$	函数转换器
↕	手操信号发生器	√	开方器	$f(t)$	不指定形式的执行器
A	模拟量信号发生器	×	乘法器		死区组件
T	切换	÷	除法器	V	速度控制器
		±	偏置器	A/M	自动/手动操作器

附录E 热控标准参考目录清单

序号	编 号	名 称	实施时间
1	GB/T 1226—2010	《一般压力表》	2010年12月1日实施
2	GB/T 1227—2010	《精密压力表》	2010年12月1日实施
3	GB/T 2624.2—2006	《用安装在圆形截面管道中的差压装置测量满管流体流量 第2部分：孔板》	2007年7月1日实施
4	GB/T 2624.3—2006	《用安装在圆形截面管道中的差压装置测量满管流体流量 第3部分：喷嘴和文丘里喷嘴》	2007年7月1日实施
5	GB/T 2624.4—2006	《用安装在圆形截面管道中的差压装置测量满管流体流量 第4部分：文丘里管》	2007年7月1日实施
6	GB/T 2887—2011	《计算机场地通用规范》	2011年11月1日实施
7	GB/T 3733—2008	《卡套式端直通管接头》	2008年11月1日实施
8	GB/T 3765—2008	《卡套式管接头技术条件》	2008年11月1日实施
9	GB/T 4213—2008	《气动调节阀》	2009年2月1日实施
10	GB/T 4989—2013	《热电偶用补偿导线》	2014年8月15日实施
11	GB/T 5625—2008	《扩口式端直通管接头》	2008年11月1日实施
12	GB/T 5653—2008	《扩口式管接头技术条件》	2008年11月1日实施
13	GB/T 7721—2007	《连续累计自动衡器（电子皮带秤）》	2008年9月1日实施
14	GB/T 11826—2002	《转子式流速仪》	2003年3月1日实施
15	GB/T 11828.4—2011	《水位测量仪器 第4部分：超声波水位计》	2012年6月1日实施
16	GB/T 12222—2005	《多回转阀门驱动装置的连接》	2005年8月1日实施
17	GB/T 12223—2005	《部分回转阀门驱动装置的连接》	2005年8月1日实施
18	GB/T 13399—2012	《汽轮机安全监视装置技术条件》	2012年11月1日实施
19	GB/T 13639—2008	《工业过程测量和控制系统用模拟输入数字式指示仪》	2009年1月1日实施
20	GB/T 13978—2008	《数字多用表》	2009年3月1日实施
21	GB/T 15561—2008	《静态电子轨道衡》	2009年9月1日实施
22	GB/T 15969.1—2007	《可编程序控制器 第1部分：通用信息》	2007年12月1日实施
23	GB/T 15969.2—2008	《可编程序控制器 第2部分：设备要求和测试》	2009年1月1日实施
24	GB/T 15969.3—2005	《可编程序控制器 第3部分：编程语言》	2006年2月1日实施
25	GB/T 16701—2010	《贵金属、廉金属热电偶丝热电动势测量方法》	2011年5月1日实施
26	GB/T 17213.6—2005	《工业过程控制阀 第6-1部分：定位器与控制阀执行机构连接的安装细节定位器在直行程执行机构上的安装》	2006年4月1日实施
27	GB/T 17213.13—2005	《工业过程控制阀 第6-2部分：定位器与控制阀执行机构连接的安装细节定位器在角行程执行机构上的安装》	2006年4月1日实施
28	GB/T 18404—2001	《铠装热电偶电缆及铠装热电偶》	2002年3月1日实施

续表

序号	编　号	名　称	实施时间
29	GB/T 18459—2001	《传感器主要静态性能指标计算方法》	2002 年 5 月 1 日实施
30	GB/T 18659—2002	《封闭管道中导电液体流量的测量　电磁流量计的性能评定方法》	2002 年 8 月 1 日实施
31	GB/T 18761—2007	《电子数显指示表》	2007 年 10 月 1 日实施
32	GB/T 18940—2003	《封闭管道中气体流量的测量　涡轮流量计》	2003 年 1 月 17 日实施
33	GB/T 20727—2006	《封闭管道中流体流量的测量　热式质量流量计》	2007 年 7 月 1 日实施
34	GB/T 20728—2006	《封闭管道中流体流量的测量　科里奥利流量计的选型、安装和使用指南》	2007 年 7 月 1 日实施
35	GB/T 20729—2006	《封闭管道中导电液体流量的测量　法兰安装电磁流量计　总长度》	2007 年 7 月 1 日实施
36	GB/T 22137.1—2008	《工业过程控制系统用阀门定位器　第 1 部分：气动输出阀门定位器性能评定方法》	2009 年 1 月 1 日实施
37	GB/T 22137.2—2008	《工业过程控制系统用阀门定位器　第 2 部分：气动输出智能阀门定位器性能评定方法》	2009 年 1 月 1 日实施
38	GB/T 24922—2010	《隔爆型阀门电动装置技术条件》	2010 年 12 月 31 日实施
39	GB/T 24923—2010	《普通型阀门电动装置技术条件》	2010 年 12 月 31 日实施
40	GB/T 25752—2010	《差压式气密检漏仪》	2011 年 10 月 1 日实施
41	GB/T 26155.1—2010	《工业过程测量和控制系统用智能电动执行机构　第 1 部分：通用技术条件》	2011 年 6 月 1 日实施
42	GB/T 26155.2—2012	《工业过程测量和控制系统用智能电动执行机构　第 2 部分：性能评定方法》	2012 年 11 月 1 日实施
43	GB 26786—2011	《工业热电偶和热电阻隔爆技术条件》	2011 年 12 月 1 日实施
44	GB 26788—2011	《弹性式压力仪表通用安全规范》	2011 年 12 月 1 日实施
45	GB/T 27505—2011	《压力控制器》	2012 年 1 月 1 日实施
46	GB/T 28013—2011	《非连续累计自动衡器》	2012 年 2 月 1 日实施
47	GB/T 28270—2012	《智能型阀门电动装置》	2012 年 12 月 1 日实施
48	GB/T 28474.1—2012	《工业过程测量和控制系统用压力/差压变送器　第 1 部分：通用技术条件》	2012 年 11 月 1 日实施
49	GB/T 28474.2—2012	《工业过程测量和控制系统用压力/差压变送器　第 2 部分：性能评定方法》	2012 年 11 月 1 日实施
50	GB/T 29247—2012	《工业自动化仪表通用试验方法》	2013 年 6 月 1 日实施
51	GB/T 29815—2013	《基于 HART 协议的电磁流量计通用技术条件》	2014 年 3 月 15 日实施
52	GB/T 29816—2013	《基于 HART 协议的阀门定位器通用技术条件》	2014 年 3 月 15 日实施
53	GB/T 29817—2013	《基于 HART 协议的压力/差压变送器通用技术条件》	2014 年 3 月 15 日实施

续表

序号	编　号	名　称	实施时间
54	GB/T 30121—2013	《工业铂热电阻及铂感温元件》	2014年6月1日实施
55	GB/T 30243—2013	《封闭管道中流体流量的测量 V形内锥流量测量节流装置》	2014年7月1日实施
56	GB/T 30429—2013	《工业热电偶》	2014年8月1日实施
57	GB/T 30432—2013	《液体活塞式压力计》	2014年8月1日实施
58	GB 30439.8—2014	《工业自动化产品安全要求 第8部分：电动执行机构的安全要求》	2015年2月1日实施
59	GB 50093—2013	《自动化仪表工程施工及质量验收规范》	2013年9月1日实施
60	GB 50115—2009	《工业电视系统工程设计规范》	2010年6月1日实施
61	GB 50116—2013	《火灾自动报警系统设计规范》	2014年5月1日实施
62	GB 50166—2007	《火灾自动报警系统施工及验收规范》	2008年3月1日实施
63	GB 50174—2008	《电子信息系统机房设计规范》	2009年6月1日实施
64	GB 50217—2007	《电力工程电缆设计规范》	2008年4月1日实施
65	GB 50311—2007	《综合布线系统工程设计规范》	2007年10月1日实施
66	GB 50312—2007	《综合布线系统工程验收规范》	2007年10月1日实施
67	GB 50462—2008	《电子信息系统机房施工及验收规范》	2009年6月1日实施
68	JJG 34—2008	《指示表（指针式、数显式）检定规程》	2008年11月23日实施
69	JJG 49—2013	《弹性元件式精密压力表和真空表检定规程》	2013年12月27日实施
70	JJG 52—2013	《弹性元件式一般压力表、压力真空表和真空表检定规程》	2013年12月24日实施
71	JJG 59—2007	《活塞式压力计检定规程》	2007年12月14日实施
72	JJG 67—2003	《工作用全辐射温度计检定规程》	2003年9月1日实施
73	JJG 74—2005	《工业过程测量记录仪检定规程》	2006年6月20日实施
74	JJG 105—2000	《转速表检定规程》	2000年10月1日实施
75	JJG 130—2011	《工作用玻璃液体温度计》	2012年3月20日实施
76	JJG 134—2003	《磁电式速度传感器检定规程》	2004年3月23日实施
77	JJG 186—1997	《动圈式温度指示、指示位式调节仪表》	1998年5月1日实施
78	JJG 195—2002	《连续累计自动衡器（皮带秤）检定规程》	2003年5月4日实施
79	JJG 226—2001	《双金属温度计检定规程》	2001年10月1日实施
80	JJG 229—2010	《工业铂、铜热电阻检定规程》	2011年3月6日实施
81	JJG 233—2008	《压电加速度计检定规程》	2009年3月27日实施
82	JJG 234—2012	《自动轨道衡检定规程》	2012年9月2日实施
83	JJG 257—2007	《浮子流量计检定规程》	2008年2月21日实施
84	JJG 310—2002	《压力式温度计检定规程》	2003年5月4日实施
85	JJG 351—1996	《工作用廉金属热电偶检定》	1997年7月31日实施
86	JJG 368—2000	《工作用铜—铜镍热电偶检定》	2000年9月15日实施
87	JJG 415—2001	《工作用辐射温度计检定规程》	2001年5月1日实施

续表

序号	编　号	名　称	实施时间
88	JJG 444—2005	《标准轨道衡检定规程》	2005 年 10 月 28 日实施
89	JJG 490—2002	《脉冲信号发生器检定规程》	2003 年 5 月 4 日实施
90	JJG 499—2004	《精密露点仪检定规程》	2004 年 12 月 1 日实施
91	JJG 535—2004	《氧化锆氧分析器检定规程》	2005 年 3 月 21 日实施
92	JJG 544—2011	《压力控制器检定规程》	2012 年 6 月 28 日实施
93	JJG 617—1996	《数字温度指示调节仪检定》	1997 年 4 月 1 日实施
94	JJG 633—2005	《气体容积式流量计检定规程》	2005 年 10 月 28 日实施
95	JJG 640—1994	《差压式流量计检定规程》	1994 年 12 月 1 日实施
96	JJG 644—2003	《振动位移传感器检定规程》	2004 年 3 月 23 日实施
97	JJG 781—2002	《数字指示轨道衡检定规程》	2002 年 7 月 1 日实施
98	JJG 874—2007	《温度指示控制仪检定规程》	2007 年 8 月 28 日实施
99	JJG 875—2005	《数字压力计检定规程》	2006 年 6 月 20 日实施
100	JJG 882—2004	《压力变送器检定规程》	2004 年 12 月 1 日实施
101	JJG 919—2008	《PH 计检定仪检定规程》	2009 年 4 月 14 日实施
102	JJG 968—2002	《烟气分析仪检定规程》	2002 年 7 月 1 日实施
103	JJG 971—2002	《液位计检定规程》	2002 年 12 月 13 日实施
104	JJG 1003—2005	《流量积算仪检定规程》	2005 年 12 月 5 日实施
105	JJG 1012—2006	《化学需氧量（COD）在线自动监测仪检定规程》	2006 年 8 月 23 日实施
106	JJG 1029—2007	《涡街流量计》	2007 年 11 月 21 日实施
107	JJG 1030—2007	《超声流量计检定规程》	2007 年 11 月 21 日实施
108	JJG 1033—2007	《电磁流量计检定规程》	2008 年 2 月 21 日实施
109	JJG 1037—2008	《涡轮流量计检定规程》	2008 年 9 月 25 日实施
110	JJG 1086—2013	《气体活塞式压力计》	2013 年 10 月 4 日实施
111	JJG 2063—2007	《液体流量计器具检定系统表检定规程》	2008 年 5 月 21 日实施
112	JJF 1033—2008	《计量标准考核规范》	2008 年 9 月 1 日实施
113	JJF 1059.1—2012	《测量不确定度评定与表示》	2013 年 6 月 3 日实施
114	JJF 1069—2012	《法定计量检定机构考核规范》	2012 年 6 月 2 日实施
115	JJF 1183—2007	《温度变送器校准规范》	2008 年 5 月 21 日实施
116	JJF 1184—2007	《热电偶检定炉温度场测试技术规范》	2008 年 2 月 21 日实施
117	JJF 1333—2012	《数字指示轨道衡型式评价大纲》	2012 年 6 月 2 日实施
118	JJF 1358—2012	《非实流法校准 DN1000～DN15000 液体超声流量计校准规范》	2012 年 12 月 3 日实施
119	JJF 1359—2012	《自动轨道衡（动态称量轨道衡）型式评价大纲》	2012 年 12 月 3 日实施
120	JJF 1418—2013	《压力控制器型式评价大纲》	2013 年 10 月 4 日实施

续表

序号	编　号	名　称	实施时间
121	JB/T 6804—2006	《抗震压力表》	2007 年 2 月 1 日实施
122	JB/T 7340—2007	《液位检测器》	2007 年 9 月 1 日实施
123	JB/T 7352—2010	《工业过程控制系统用电磁阀》	2010 年 7 月 1 日实施
124	JB/T 7392—2006	《数字压力表》	2007 年 2 月 1 日实施
125	JB/T 8864—2004	《阀门气动装置技术条件》	2004 年 8 月 1 日实施
126	JB/T 10233—2001	《符合 HART 协议的智能电动执行机构通用技术条件》	2001 年 9 月 1 日实施
127	JB/T 10387—2002	《符合 FF 协议的智能电动执行机构》	2003 年 4 月 1 日实施
128	HJ/T 75—2007	《固定污染源烟气排放连续监测技术规范（试行）》	2007 年 8 月 1 日实施
129	HJ/T 76—2007	《气排放连续监测系统技术要求及检测方法（试行）》	2007 年 8 月 1 日实施
130	CECS 31:2006	《钢制电缆桥架工程设计规范》	2006 年 8 月 1 日实施
131	DL/T 261—2012	《火力发电厂热工自动化系统可靠性评估技术导则》	2012 年 7 月 1 日实施
132	DL/T 337—2010	《给煤机故障诊断及煤仓自动疏松装置》	2011 年 5 月 1 日实施
133	DL/T 367—2010	《火力发电厂大型风机的检测与控制技术条件》	2010 年 10 月 1 日实施
134	DL/T 589—2010	《火力发电厂燃煤锅炉的检测与控制技术条件》	2010 年 10 月 1 日实施
135	DL/T 590—2010	《火力发电厂凝汽式汽轮机的检测与控制技术条件》	2010 年 10 月 1 日实施
136	DL/T 591—2010	《火力发电厂汽轮发电机的检测与控制技术条件》	2010 年 10 月 1 日实施
137	DL/T 592—2010	《火力发电厂锅炉给水泵的检测与控制技术条件》	2010 年 10 月 1 日实施
138	DL/T 641—2015	《电站阀门电动执行机构》	2015 年 12 月 1 日实施
139	DL/T 655—2006	《火力发电厂锅炉炉膛安全监控系统验收测试规程》	2007 年 3 月 1 日实施
140	DL/T 656—2006	《火力发电厂汽轮机控制系统验收测试规程》	2007 年 3 月 1 日实施
141	DL/T 657—2006	《火力发电厂模拟量控制系统验收测试规程》	2007 年 3 月 1 日实施
142	DL/T 658—2006	《火力发电厂开关量控制系统验收测试规程》	2007 年 3 月 1 日实施
143	DL/T 659—2006	《火力发电厂分散控制系统验收测试规程》	2007 年 3 月 1 日实施
144	DL/T 677—2009	《发电厂在线化学仪表检验规程》	2009 年 12 月 1 日实施
145	DL/T 701—2012	《火力发电厂热工自动化术语》	2012 年 7 月 1 日实施
146	DL/T 774—2015	《火力发电厂热工自动化系统检修运行维护规程》	2015 年 12 月 1 日实施
147	DL/T 775—2012	《火力发电厂除灰除渣控制系统技术规程》	2012 年 7 月 1 日实施
148	DL/T 907—2004	《热力设备红外检测导则》	2005 年 6 月 1 日实施
149	DL/T 980—2005	《数字多用表检定规程》	2006 年 6 月 1 日实施
150	DL/T 996—2006	《火力发电厂汽轮机电液控制系统技术条件》	2006 年 10 月 1 日实施
151	DL/T 1056—2007	《发电厂热工仪表及控制系统技术监督导则》	2007 年 12 月 1 日实施
152	DL/T 1083—2008	《火力发电厂分散控制系统技术条件》	2008 年 11 月 1 日实施
153	DL/T 1091—2008	《火力发电厂锅炉炉膛安全监控系统技术规程》	2011 年 12 月 1 日实施
154	DL/T 1211—2013	《火力发电厂磨煤机检测与控制技术规程》	2013 年 8 月 1 日实施

续表

序号	编　号	名　称	实施时间
155	DL/T 1212—2013	《火力发电厂现场总线设备安装技术导则》	2013年8月1日实施
156	DL/T 1329—2014	《火力发电厂经济性实时在线监测技术导则》	2014年8月1日实施
157	DL/T 1340—2014	《火力发电厂分散控制系统故障应急处理导则》	2014年8月01日实施
158	DL/T 5028.1—2015	《电力工程制图标准　第1部分：一般规则部分》	2015年12月1日实施
159	DL/T 5028.2—2015	《电力工程制图标准　第2部分：机械部分》	2015年12月1日实施
160	DL/T 5028.3—2015	《电力工程制图标准　第3部分：电气、仪表与控制部分》	2015年12月1日实施
161	DL/T 5028.4—2015	《电力工程制图标准　第4部分：土建部分》	2015年12月1日实施
162	DL/T 5175—2003	《火力发电厂热工控制系统设计技术规定》	2003年6月1日实施
163	DL/T 5182—2004	《火力发电厂热工自动化就地设备安装、管路、电缆设计技术规定》	2004年6月1日实施
164	DL/T 5187.3—2012	《火力发电厂运煤设计技术规程　第3部分：运煤自动化》	2012年3月1日实施
165	DL/T 5190.4—2012	《电力建设施工技术规范　第4部分：热工仪表及控制装置》	2012年3月1日实施
166	DL/T 5210.4—2009	《电力建设施工质量验收及评价规程　第4部分：热工仪表及控制装置》	2009年12月1日实施
167	DL/T 5227—2005	《火力发电厂辅助系统（车间）热工自动化设计技术规定》	2005年6月1日实施
168	DL/T 5294—2013	《火力发电建设工程机组调试技术规范》	2014年4月1日实施
169	DL/T 5295—2013	《火力发电建设工程机组调试质量验收及评价规程》	2014年4月1日实施
170	DL/T 5344—2006	《电力光纤通讯工程验收规范》	2007年3月1日实施
171	DL/T 5428—2009	《火力发电厂热工保护系统设计技术规定》	2009年12月1日实施
172	DL/T 5437—2009	《火力发电建设工程启动试运及验收规程》	2009年12月1日实施
173	DL/T 5455—2012	《火力发电厂热工电源及气源系统设计技术规程》	2012年12月1日实施
174	DL/T 5461.9—2013	《火力发电厂施工图设计文件内容深度规定　第9部分：仪表与控制》	2014年4月1日实施

附录F 热工验评标准强制性条文清单

序号	标准号	名称	强制性条款号及内容	备注
1	GB 50093—2013	自动化仪表工程施工及质量验收规范	3.5.10 质量检验不合格时，应及时处理，经处理后的工程应按下列规定进行验收：3 返修后仍不能满足安全使用要求，严禁验收	
2	GB 50093—2013	自动化仪表工程施工及质量验收规范	5.1.3 在设备或管道上安装取源部件的开孔和焊接工作，必须在设备或管道的防腐、衬里和压力试验前进行	
3	GB 50093—2013	自动化仪表工程施工及质量验收规范	6.5.1 节流件的安装应符合下列要求：3 流件必须在管道吹洗后安装	
4	GB 50093—2013	自动化仪表工程施工及质量验收规范	7.1.6 单线路周围环境温度超过 65℃时，应采取隔热措施。当线路附近有火源时，应采取防火措施	
5	GB 50093—2013	自动化仪表工程施工及质量验收规范	7.1.15 测量电缆电线的绝缘电阻时，必须将已连接上的仪表设备及部件断开	
6	GB 50093—2013	自动化仪表工程施工及质量验收规范	8.1.4 仪表管道埋地敷设时，必须经试压合格和防腐处理后再埋入。直接埋地的管道连接时必须采用焊接，并应在穿过道路、沟道及进出地面处设置保护套管	
7	GB 50093—2013	自动化仪表工程施工及质量验收规范	8.2.8 低温管及合金管下料切断后，必须移植原有标识。薄壁管、低温管及钛管，严禁使用钢印做标识	
8	GB 50093—2013	自动化仪表工程施工及质量验收规范	8.6.2 单仪表管道引入安装在有爆炸和火灾危险、有毒、有害及有腐蚀性物质环境的仪表盘、柜、箱时，其管道引入孔处应密封	
9	GB 50093—2013	自动化仪表工程施工及质量验收规范	8.7.8 测量和输送易燃易爆、有毒、有害介质的仪表管道，必须进行管道压力试验和泄露性试验	
10	GB 50093—2013	自动化仪表工程施工及质量验收规范	8.7.10 当采用气体压力试验时，试验温度严禁接近管道材料的脆性转变温度	
11	GB 50093—2013	自动化仪表工程施工及质量验收规范	9.1.7 脱脂合格的仪表、控制阀、管子和其他管道组成件应封闭保存，并应加设标识；安装时严禁被油污染	
12	GB 50093—2013	自动化仪表工程施工及质量验收规范	9.2.5 采用擦洗脱脂时，应使用不易脱落纤维的布或丝绸，不得使用棉纱。脱脂后，脱脂件上严禁附着纤维	
13	GB 50093—2013	自动化仪表工程施工及质量验收规范	10.1.2 安装在爆炸危险环境的仪表、仪表线路、电气设备及材料，其规格型号必须符合设计文件的规定。防爆设备必须有铭牌和防爆标识，并应在铭牌上标明国家授权的机构颁发的防爆合格证编号	
14	GB 50093—2013	自动化仪表工程施工及质量验收规范	10.1.5 当电缆桥架或电缆沟道通过不同等级的爆炸危险区域的分隔间壁时，在分隔间壁处必须做充填密封	

续表

序号	标准号	名称	强制性条款号及内容	备注
15	GB 50093—2013	自动化仪表工程施工及质量验收规范	10.1.6 安装在爆炸危险区域的电缆导管应符合下列要求：2 单电缆导管穿过不同等级爆炸危险区域的分隔间壁时，分界处电缆导管和电缆之间、电缆导管和分隔间壁之间应做好充填密封	
16	GB 50093—2013	自动化仪表工程施工及质量验收规范	10.1.7 本质安全型仪表的安装和线路敷设，除应符合本规定第 10.1.2 条、10.1.5 条和 10.1.6 条第 2 款的规定外，还应符合下列要求：12 本质安全型仪表及本质安全关联设备，必须有国家授权的机构颁发的产品防爆合格证，其型号、规格的替代，必须经原设计单位确认。13 本质安全电路的分支接线应设在增安型防爆接线箱（盒）内	
17	GB 50093—2013	自动化仪表工程施工及质量验收规范	10.1.8 当对爆炸危险区域的线路进行连接时，必须在设计文件规定采用的防爆接线箱内接线。接线必须牢固可靠、接地良好，并应有放松和防拔脱装置	
18	GB 50093—2013	自动化仪表工程施工及质量验收规范	10.1.9 用于火灾危险环境的装有仪表及电气设备的箱、盒等，应采用金属或阻燃材料制电缆和电缆桥架应采用阻燃材料制品	
19	GB 50093—2013	自动化仪表工程施工及质量验收规范	10.2.1 供电电压高于 36V 的现场仪表的外壳，仪表盘、柜、箱、支架、底座等正常不带电的金属部门，均应做好保护接地	
20	DL/T 5210.4—2009	电力建设施工质量验收及评价规程第 4 部分：热工仪表及控制装置	12.1.5 仪表工程在系统投用前应进行回路试验	
21	DL/T 5210.4—2009	电力建设施工质量验收及评价规程第 4 部分：热工仪表及控制装置	12.1.10 设计文件规定禁油和脱脂的仪表在校准和试验时，必须按其规定进行	
22	DL/T 5210.4—2009	电力建设施工质量验收及评价规程第 4 部分：热工仪表及控制装置	弹簧压力表有下列情况之一者，禁止使用；有限止钉的压力表，无压力时指针移动后不能回到限制钉时；无限止钉的压力表，无压力时指针离零位的数值超过压力表规定的允许误差量；表面玻璃破碎或表盘刻度模糊不清；封印损坏或超过校验有效期限；表内泄漏或指针跳动；其他影响正确指示压力的缺陷	
23	DL/T 5210.4—2009	电力建设施工质量验收及评价规程第 4 部分：热工仪表及控制装置	汽轮机组保护装置的各项表计和电磁传感元件安装前应经热工仪表专业人员检查合格	
24	DL/T 5210.4—2009	电力建设施工质量验收及评价规程第 4 部分：热工仪表及控制装置	对于超速监测保护、振动监测保护、轴向位移监测保护等电子保护装置，应配合热工人员装好发送元件，做到测点位置正确，试验动作数字准确，并将引线妥善引至机外	

续表

序号	标准号	名称	强制性条款号及内容	备注
25	DL/T 5210.4—2009	电力建设施工质量验收及评价规程第4部分：热工仪表及控制装置	电缆与热力管道、热力设备之间的净距，平行时不应小于1m，交叉时不应小于0.5m，当受条件限制时，应采取隔热保护措施。电缆通道应避开锅炉的看火孔和制粉系统的防爆门；当受条件限制时，应采取穿管或封闭槽盒等隔热防火措施。电缆不宜平行敷设于热力设备和热力管道的上部	
26	DL/T 5210.4—2009	电力建设施工质量验收及评价规程第4部分：热工仪表及控制装置	严禁将电缆平行敷设于管道的上方或下方。特殊情况应按下列规定执行：电缆与热管道（沟）、油管道（沟）、可燃气体及易燃液体管道（沟）、热力设备或其他管道（沟）之间，虽净距能满足要求，但检修管路可能伤及电缆时，在交叉点前后1m范围内，尚应采取保护措施；当交叉净距不能满足要求时，应将电缆穿入管中，其净距可减为0.25m	
27	DL/T 5210.4—2009	电力建设施工质量验收及评价规程第4部分：热工仪表及控制装置	3.1.6 合金钢部件、取源管安装前、后，必须经光谱分析复查合格，并应作记录	
28	DL/T 5210.4—2009	电力建设施工质量验收及评价规程第4部分：热工仪表及控制装置	8.4.12 屏蔽电缆、屏蔽补偿导线的屏蔽层均应接地，并符合下列规定：1 总屏蔽层及对绞屏蔽层均应接地。2 全线路屏蔽层应有可靠的电气连续性，当屏蔽电缆经接线盒或中间段子柜分开或合并时，应在接线盒或中间端子柜内将其两端的屏蔽层通过端子连接，同一信号回路或同一线路屏蔽层只允许有一个接地点。3 屏蔽点接地的位置应符合设计要求，当信号源浮空时，应在计算机侧接地；当信号源接地时，屏蔽层的接地点应靠近信号源的接地点；当放大器浮空时，屏蔽层的一端宜与屏蔽罩相连，另一端宜接共模地，其中，当信号源接地时接现场地，当信号源浮空时接信号地	